DIE MÜCKE
DAS GEFÄHRLICHSTE TIER DER WELT UND DIE GESCHICHTE DER MENSCHHEIT

TIMOTHY C. WINEGARD

DIE MÜCKE

DAS GEFÄHRLICHSTE TIER DER WELT UND
DIE GESCHICHTE DER MENSCHHEIT

Aus dem Amerikanischen von
Henning Dedekind und Heike Schlatterer

Sämtliche Angaben in diesem Werk erfolgen trotz sorgfältiger Bearbeitung ohne Gewähr. Eine Haftung der Autoren bzw. Herausgeber und des Verlages ist ausgeschlossen.

Die englische Originalausgabe erschien 2019 unter dem Titel
The Mosquito: A Human History of Our Deadliest Predator bei Dutton, USA.

1. Auflage
© 2020 Terra Mater Books bei Benevento Publishing Salzburg – München, eine Marke der Red Bull Media House GmbH, Wals bei Salzburg

Alle Rechte vorbehalten, insbesondere das des öffentlichen Vortrags, der Übertragung durch Rundfunk und Fernsehen sowie der Übersetzung, auch einzelner Teile. Kein Teil des Werkes darf in irgendeiner Form (durch Fotografie, Mikrofilm oder andere Verfahren) ohne schriftliche Genehmigung des Verlages reproduziert oder unter Verwendung elektronischer Systeme verarbeitet, vervielfältigt oder verbreitet werden.
Gesetzt aus der Minion Pro, Fairfield LT Std

Medieninhaber, Verleger und Herausgeber:
Red Bull Media House GmbH
Oberst-Lepperdinger-Straße 11–15
5071 Wals bei Salzburg, Österreich

Satz: MEDIA DESIGN: RIZNER.AT
Umschlaggestaltung: Benevento Publishing, nach einem Entwurf von Dutton, USA.
Redaktion: Jonas Wegerer
Printed by Finidr, Czech Republic
ISBN: 978-3-99055-022-9

*Für meine Eltern, Charles und Marian,
die meine prägenden Jahre mit Wissen, Reisen,
Neugier und Liebe erfüllten.*

INHALT

Einleitung 11

1. KAPITEL
Böse Zwillinge:
Die Krankheiten der Stechmücke 17

2. KAPITEL
»Survival of the Fittest«:
Fieberdämonen, Football und Sichelzellen 47

3. KAPITEL
General Anopheles:
Von Athen zu Alexander dem Großen 81

4. KAPITEL
Legionen von Mücken:
Aufstieg und Untergang des Römischen Reiches 113

5. KAPITEL
Mücken ohne Gnade:
Glaubenskrisen und Kreuzzüge 145

6. KAPITEL
Horden von Mücken:
Das Reich des Dschingis Khan 179

7. KAPITEL
Kolumbus' blinde Passagiere:
Die Mücke und das globale Dorf 193

8. KAPITEL
Zufällige Eroberer:
Sklaverei und die Annexion Amerikas durch die Mücke 223

9. KAPITEL
»The Seasoning«:
Landschaften von Mücken, Mythologie und
die Saat Amerikas 247

10. KAPITEL
»Rogues in a Nation«:
Die Stechmücke und die Entstehung des
Königreichs Großbritannien 283

11. KAPITEL
Die Feuerprobe der Seuche:
Kolonialkriege und eine neue Weltordnung 313

12. KAPITEL
Das unveräußerliche Recht zu stechen:
Die Amerikanische Revolution 339

13. KAPITEL
Die Mücke als Geburtshelferin:
Befreiungskriege und Staatenentwicklung in Nord-
und Südamerika 363

14. KAPITEL
Stichhaltige Bestimmung:
Baumwolle, Sklaverei und Manifest Destiny 387

15. KAPITEL
Billy Yank, Johnny Reb und die Mücke:
Der Amerikanische Bürgerkrieg 405

16. KAPITEL
Der Stechmücke auf den Fersen:
Krankheit und Imperialismus 445

17. KAPITEL
»Das ist Ann ... sie trinkt gern Blut!«:
Der Zweite Weltkrieg, Dr. Seuss und DDT 481

18. KAPITEL
Stummer Frühling und Superkeime:
Die Renaissance der Stechmücken 521

19. KAPITEL
Die Mücke und ihre Krankheiten heute:
An der Schwelle zur Ausrottung? 543

Schlussbemerkung 573
Dank 581
Weiterführende Literatur 587
Anmerkungen 603

EINLEITUNG

Wir befinden uns im Krieg mit der Mücke. Eine schwärmende und blutrünstige Armee von 110 Billionen feindlicher Stechmücken patrouilliert über jeden Quadratzentimeter des Globus, mit Ausnahme der Antarktis, Island, der Seychellen und einer Handvoll französisch-polynesischer Mikroinseln. Die stechwütigen Kriegerinnen dieser summenden Insektenpopulation verfügen über mindestens 15 tödliche und schwächende biologische Waffen gegen die 7,7 Milliarden Menschen, deren Verteidigungsstrategien bestenfalls fragwürdig sind und nicht selten zum eigenen Nachteil wirken. Tatsächlich beläuft sich unser Budget für persönlichen Schutz, Sprays und andere Abwehrmaßnahmen gegen ihre unablässigen Attacken auf elf Milliarden US-Dollar jährlich, mit rasch steigender Tendenz. Und doch setzt die Mücke ihre tödlichen Offensiven und Verbrechen gegen die Menschheit rücksichtslos und in großem Maßstab fort. Unsere Gegenangriffe mögen zwar die Zahl ihrer Opfer pro Jahr senken, doch bleibt sie der ärgste Feind menschlicher Wesen auf diesem Planeten. Im Jahr 2018 gingen *nur* 830 000 Menschenleben auf ihr Konto. Der ach so vernunftbegabte und kluge *Homo sapiens* belegte mit 580 000 Todesopfern innerhalb der eigenen Spezies Platz 2 dieser unrühmlichen Rangliste.

Im Jahresbericht der Gates Foundation, die seit ihrer Gründung im Jahr 2000 mehr als vier Milliarden US-Dollar in die Stechmückenforschung investiert hat, werden die Tiere als höchst gefährlich für den Menschen bezeichnet. Und der Wettkampf ist alles andere als fair. Seit 2000 lag die mittlere Zahl der durch die Stechmücke verursachten Todesfälle bei etwa zwei Millionen. Auf Platz 2 und weit abgeschlagen der Mensch mit 475 000 Opfern, gefolgt von Schlangen (50 000), Hunden und Sandfliegen (jeweils 25 000), der Tsetsefliege und der Raubwanze (jeweils 10 000). Die grausamen Killer aus Erzählungen und Hollywoodfilmen tauchen erst deutlich weiter unten auf der Liste auf. Das Krokodil belegt mit 1000 Todesopfern jährlich den zehnten Platz. Es folgen die Nilpferde mit 500 sowie Elefanten und Löwen mit jeweils 100 Opfern. Die viel gescholtenen Wölfe und Haie teilen sich mit durchschnittlich jeweils zehn Menschen pro Jahr Rang 15.[1]

Die Mücke hat mehr Menschen auf dem Gewissen als *jede* andere Todesursache in der Menschheitsgeschichte. Statistischen Hochrechnungen zufolge ist ihr *beinahe die Hälfte aller Menschen*, die je gelebt haben, zum Opfer gefallen. In Zahlen ausgedrückt, hat die Stechmücke während unserer relativ kurzen, 200 000-jährigen Existenz geschätzte 52 Milliarden von insgesamt 108 Milliarden Menschen ins Jenseits befördert.[2]

Freilich fügt die Stechmücke niemandem direkt Schaden zu. Es sind die schädlichen und hoch entwickelten Krankheitserreger, die sie überträgt, welche allerorten Tod und Verzweiflung verbreiten. Ohne die Mücke jedoch könnten diese bösartigen Pathogene nicht auf den Menschen übertragen werden und sich somit auch nicht weiter verbreiten. Vielmehr gäbe es diese Krankheiten ohne sie gar nicht. Ohne die Krankheiten wiederum würde man kaum über die Stechmücke sprechen. Das ruchlose Tier, das in Größe und Gewicht etwa einem Traubenkern entspricht, wäre so unschuldig wie eine gewöhnliche Ameise oder Stubenfliege, und Sie würden dieses Buch vielleicht nicht lesen; ohne ihre historische Todesherrschaft hätte ich keine aufregenden und interessanten Geschichten zu erzählen. Stellen Sie sich einmal einen Augenblick lang eine Welt ohne tödliche Stechmücken vor. Wir würden unsere Geschichte und die Welt, wie wir sie kennen oder zu kennen glauben, nicht mehr wiedererkennen. Es wäre, als lebten wir auf einem fremden Planeten in einer weit, weit entfernten Galaxie.

Als Hauptprotagonistin unserer Vernichtung stand die Stechmücke als Gevatter Tod, Sensenmann ganzer Bevölkerungen und entscheidende Kraft historischen Wandels stets an vorderster Front der Geschichte. Sie spielte eine größere Rolle für uns als jedes andere Tier, mit dem wir unser globales Dorf teilen. Auf den folgenden blutigen und verseuchten Seiten werden wir zu einer chronologischen, stechwütigen Reise durch die miteinander verwobene gemeinsame Geschichte von Mensch und Mücke aufbrechen. Schon 1852 stellte Karl Marx fest: »Die Menschen machen ihre eigene Geschichte, aber sie machen sie nicht aus freien Stücken, nicht unter selbst gewählten, sondern unter unmittelbar vorgefundenen, gegebenen und überlieferten Umständen.« Es war die hartnäckige und unersättliche Stechmücke, die unser Schicksal entscheidend lenkte und bestimmte. »Die Vorstellung, dass niedere Stechmücken und hirnlose Viren unsere internationalen Angelegenheiten beeinflussen, ist vielleicht ein harter Schlag für das Selbstwertgefühl unserer Spezies«, schreibt der gefeierte Geschichtsprofessor J. R. McNeill von der University of Georgetown. »Aber das können sie.« Wir vergessen gern, dass Geschichte nichts Zwangsläufiges ist.

Ein roter Faden dieser Geschichte ist das Wechselspiel von Krieg, Politik, Reisen, Handel und der sich verändernden Muster von natürlichem Klima und menschlicher Landnutzung. Die Mücke existiert nicht in einem Vakuum und ihr weltweiter Aufstieg ist die Folge miteinander korrespondierender historischer Ereignisse sowohl biologischer als auch gesellschaftlicher Natur. Unsere relativ kurze Reise von den ersten menschlichen Schritten in und aus Afrika bis zu unserer Herrschaft über den gesamten Planeten ist das Ergebnis einer koevolutionären Verbindung von Gesellschaft und Natur. Die Menschen haben durch Völkerwanderungen (freiwillige und unfreiwillige), Bevölkerungsdichten und Ballungsräume eine große Rolle bei der Verbreitung der von Stechmücken übertragenen Krankheiten gespielt. Historisch betrachtet, waren die Domestizierung von Pflanzen und Tieren (die Krankheitsherde sind), unsere Fortschritte in der Landwirtschaft, Abholzung, Klimawandel (natürlicher und von Menschen gemachter), Weltkriege, globaler Handel und Reisen wichtige Faktoren bei der Schaffung idealer Bedingungen für die Verbreitung jener Krankheiten.

Historiker, Journalisten und das kollektive Gedächtnis finden Pestilenz und Seuchen, verglichen mit Krieg, Eroberung und nationalen Heldenfiguren, die oft aus dem Militär kommen, jedoch eher langweilig. Die Literatur ist durchzogen von der Annahme, dass die Schicksale von Imperien und Nationen, entscheidende Kriegserfolge und die Beeinflussung historischer Ereignisse einzelnen Herrschern und Generälen zuzuschreiben oder mit menschlichem Tun auf breiterer Ebene wie Politik, Religion und Wirtschaft in Zusammenhang zu setzen sind. Die Mücke indes wurde im fortwährenden Prozess der Zivilisation bestenfalls als Zuschauer und weniger als aktiver Teilnehmerin betrachtet. Durch diesen verleumderischen Ausschluss sprach man ihr jeglichen Einfluss auf den Lauf der Geschichte ab. Stechmücken und die von ihnen übertragenen Krankheiten, die Händler, Reisende, Soldaten und Siedler auf der ganzen Welt begleitet haben, waren jedoch weitaus todbringender als sämtliche von Menschen ersonnenen Waffen und Erfindungen. Die Mücke hat die Menschheit seit grauer Vorzeit mit ungemildertem Zorn angegriffen und der modernen Weltordnung unauslöschlich ihren Stempel aufgedrückt.

Dabei rekrutierten die Stechmücken ganze Armeen von Krankheiten und zogen so über die Schlachtfelder dieser Erde, wobei sie nicht selten den Ausgang entscheidender Kriege bestimmten. Regelmäßig besiegte und vernichtete die Stechmücke die mächtigsten Armeen ihrer Zeit. Mit dem gefeierten Autor Jared Diamond gesprochen, verzerren die endlosen Regale militärhistorischer Bücher und das ganze Hollywoodtrara mit ihrer Verherrlichung berühmter

Kriegshelden eine wenig schmeichelhafte Wahrheit: Die von Stechmücken übertragenen Krankheiten erwiesen sich als weitaus tödlicher als Muskelkraft, Material oder die Strategien der klügsten Generäle. Wenn wir die Schützengräben durchstreifen und historische Kriegsschauplätze aufsuchen, sollten wir nicht vergessen, dass ein kranker Soldat der Militärmaschine schwerer auf der Tasche liegt als ein toter. Er muss nicht nur ersetzt werden, er verbraucht auch weiterhin wertvolle Ressourcen. In unserer vom Krieg durchzogenen Geschichte bringen von Stechmücken übertragene Krankheiten seit jeher Last und Leid auf die Schlachtfelder.

Unser Immunsystem ist fein auf unser lokales Umfeld abgestimmt. Durch unseren Wissensdurst, unsere Gier, unsere Arroganz und offene Aggression brachten wir allerlei Keime in den globalen Wirbelwind historischer Ereignisse ein. Stechmücken erkennen internationale Grenzen nicht an – ob mit oder ohne Mauern. Marschierende Armeen, Kolonisten und ihre afrikanischen Sklaven brachten neue Krankheiten in entlegene Länder, wurden andererseits aber auch von den Mikroorganismen jener Länder in die Knie gezwungen, welche sie zu erobern gedachten. Die Mücke veränderte die Landschaften der Zivilisation, und die Menschen reagierten auf ihre weltweite Machtdemonstration, ohne sich dessen im Kern bewusst zu sein. Die unangenehme Wahrheit ist, dass die Stechmücke, unser ärgster natürlicher Feind, mehr als jeder andere externe Faktor zum Motor der Menschheitsgeschichte wurde und damit die Welt, wie wir sie heute kennen, entscheidend prägte.

Ich glaube, man kann mit Gewissheit sagen, dass alle, die dieses Buch lesen, eines gemein haben: Sie hassen Stechmücken. Mücken zu klatschen, ist ein weltweiter Zeitvertreib und das schon seit Anbeginn der Menschheitsgeschichte. Durch die Zeitalter, von unseren ersten menschenähnlichen Vorfahren in Afrika bis zum heutigen Tag, befinden wir uns im Kampf um unser Leben gegen die Stechmücke, die alles andere als ein leichter Gegner ist. In diesem ungleichen Kampf und bei einem derart ungleichen Kräfteverhältnis hatten wir von Anfang an kaum eine Chance. Durch evolutionäre Anpassung ist es unserem hartnäckigen und tödlichen Erzfeind wiederholt gelungen, all unsere Anstrengungen zu seiner Ausrottung zu umschiffen und seine blutdürstige Schreckensherrschaft ungehindert fortzusetzen. Die Stechmücke bleibt eine Weltvernichterin und der weltweit gefährlichste und tödlichste Feind des Menschen.

Unser Krieg gegen die Mücke ist *der* Krieg unserer Welt.

KAPITEL 1

BÖSE ZWILLINGE: DIE KRANKHEITEN DER STECHMÜCKE

Seit 190 Millionen Jahren ist es eines der bekanntesten und lästigsten Geräusche, die es auf dieser Welt gibt: das Summen der Stechmücke. Nach einem langen Wandertag beim Camping mit Freunden oder Verwandten geht man rasch unter die Dusche, lässt sich in seinen Campingstuhl fallen, schnappt sich ein eiskaltes Bier und stößt einen tiefen, zufriedenen Seufzer aus. Doch noch bevor man seinen ersten Schluck genießen kann, hört man dieses allzu bekannte Geräusch, welches einem das Herannahen der gierigen Plagegeister signalisiert.

Es dämmert bereits, und für die Stechmücke ist nun Abendessenszeit. Obwohl man hört, wie sich ihr Summen nähert, landet sie unbemerkt auf dem Fußknöchel, da sie für gewöhnlich in Bodennähe beißt. Es ist übrigens immer ein Weibchen. Vorsichtig führt sie eine etwa zehnsekündige Erkundung durch, bei der sie ein primäres Blutgefäß sucht. Den Hinterleib in die Höhe gereckt, nimmt sie ihr Zielgebiet ins Visier und sticht mit sechs hochkomplexen Nadeln zu. Dann führt sie ein Paar gezackter Kiefer ein (diese erinnern an ein elektrisches Küchenmesser, bei dem sich die Klingen gegeneinander bewegen) und sägt sich in die Haut, während zwei Haken eine Öffnung für den Saugrüssel schaffen, eine subkutane Injektionsnadel, die nun aus ihrer schützenden Umhüllung hervordringt. Mit diesem Strohhalm beginnt die Stechmücke 3 bis 5 Milligramm Blut zu saugen, dessen Wasseranteil sie sofort absondert und den etwa 20-prozentigen Proteingehalt kondensiert. Die ganze Zeit pumpt eine sechste Nadel Speichel in die Wunde, der ein Antikoagulans enthält und somit verhindert, dass das Blut an der Einstichstelle gerinnt.[3] Dadurch verkürzt sich die Saugdauer, was wiederum die Wahrscheinlichkeit senkt, dass man den Stich bemerkt und die Mücke auf seinem Knöchel platt haut.[4] Das Antikoagulans ruft eine allergische Reaktion hervor, die Stechmücke hinterlässt eine juckende Quaddel als Abschiedsgeschenk. Der Mückenstich ist ein interessantes und innovatives Ernährungsritual, das für die Fortpflanzung unerlässlich ist. Die Stechmücke braucht unser Blut, um ihre Eier wachsen und reifen zu lassen.[5]

Bitte fühlen Sie sich nicht übergangen oder als etwas Besonderes und halten Sie sich schon gar nicht für einen Auserwählten. Die Mücke sticht alle. Das liegt in ihrer Natur. Es ist nichts, aber auch gar nichts Wahres daran, dass Stechmücken lieber weibliche als männliche Opfer stechen, dass sie Blonde und Rothaarige gegenüber Dunkelhaarigen bevorzugen, oder, dass man mit möglichst brauner und gegerbter Haut vor ihren Stichen sicherer ist. Was jedoch stimmt, ist, dass die Stechmücke gewisse Vorlieben hat und daher manche Menschen lieber anzapft als andere.

Blutgruppe Null scheint im Gegensatz zu Blutgruppe A oder B oder einer Mischung aus beiden die erste Wahl zu sein. Menschen mit Blutgruppe Null werden doppelt so häufig gestochen wie Menschen mit Blutgruppe A, die Blutgruppe B liegt irgendwo dazwischen. Bei Disney-Pixar hat man offensichtlich seine Hausaufgaben gemacht, als man die beschwipste Mücke in dem Streifen *Das große Krabbeln* von 1998 eine »Bloody Mary, Blutgruppe Null« bestellen ließ. Wer einen höheren natürlichen Anteil bestimmter Chemikalien auf der Haut hat, insbesondere Milchsäure, scheint ebenfalls attraktiver zu sein. Mithilfe solcher Stoffe kann die Mücke feststellen, welche Blutgruppe man hat. Es sind dieselben Stoffe, die das Vorkommen von Hautbakterien und den persönlichen Körpergeruch bestimmen. Auch wenn es die eigene und die Nasen anderer beleidigt, ist es in diesem Falle von Vorteil, ungewaschen zu sein, denn dadurch erhöht sich die Bakteriendichte auf der Haut, was den Betreffenden für Stechmücken weniger anziehend macht. Reinlichkeit ist hier also nicht höchstes Gebot. Eine Ausnahme bilden stinkende Füße, welche ein Bakterium verströmen (dasselbe, das bestimmte Käsesorten reifen und eine Rinde bilden lässt), das als Aphrodisiakum auf die Mücken wirkt. Stechmücken sind auch ganz wild auf Deodorants, Parfüms, Seife und andere aufgetragene Düfte.

Vielen mag das ungerecht erscheinen, doch auch für Biertrinker hat sie eine Schwäche. Der Grund dafür bleibt ein Geheimnis. Helle Farben zu tragen, ist ebenfalls keine kluge Wahl, da die Mücke sowohl nach Sicht als auch nach Geruch jagt. Hauptsächlich ist es die Menge an Kohlendioxid, die das potenzielle Opfer ausatmet. Das ganze Herumfuchteln und Fluchen und Keuchen zieht die Stechmücken also nur magnetisch an und erhöht das Risiko, gestochen zu werden. Sie riechen Kohlendioxid aus einer Entfernung von über 60 Metern. Wenn man zum Beispiel Sport treibt, hat man durch Atemfrequenz und -volumen einen höheren Kohlendioxidausstoß. Obendrein schwitzt man und setzt dadurch appetitliche Chemikalien frei (in erster Linie Milchsäure), welche die Aufmerksamkeit der Stechmücke wecken. Schließlich steigt die Körpertemperatur, was für die kleinen Quälgeister eine leicht erkennbare Wärmesignatur darstellt. Im Durchschnitt werden schwangere Frauen etwa doppelt so häufig gestochen, da sie 20 Prozent mehr Kohlendioxid ausatmen und eine marginal erhöhte Körpertemperatur besitzen. Wie wir sehen werden, kann dies für Mutter und Fötus gefährlich werden, wenn es um Infektionen mit dem Zikavirus oder Malaria geht.

Bitte treten Sie jetzt aber in keinen Dusch-, Deo- oder Sportstreik. Auch brauchen Sie das geliebte Bier nicht im Keller stehen zu lassen und Sie dürfen weiterhin helle T-Shirts tragen. Denn leider sind 85 Prozent davon, was uns für Stechmücken attraktiv macht, im genetischen Schaltplan festgelegt, sei es die Blutgruppe, natürliche Duftstoffe, Bakterien, Kohlendioxidwerte, der Stoffwechsel oder Mief und Gestank. Und am Ende findet die Stechmücke immer jemanden, dem sie etwas Blut abzapfen kann.

Im Gegensatz zu ihren weiblichen Gegenstücken stechen männliche Stechmücken nicht. Ihre gesamte Welt dreht sich um zwei Dinge: Nektar und Sex. Wie andere geflügelte Insekten versammeln sich auch die männlichen Mücken zur Paarungszeit über einem aufragenden Gebilde. Das kann ein Kamin oder eine Antenne sein, aber auch ein Baum oder ein Mensch. Viele Leute schimpfen und fuchteln, wenn uns diese verdammte Wolke summender Insekten wie ein Schatten über dem Kopf verfolgt und sich einfach nicht auflösen will. Nein, Sie sind nicht paranoid, Sie bilden sich dieses Phänomen nicht ein. Betrachten Sie es als Kompliment. Männliche Stechmücken haben ihnen eine große Ehre zuteilwerden lassen und Sie als »Schwarmmacher« auserkoren. Es gibt Fotos von Mückenschwärmen, die mehrere Hundert Meter in die Luft reichen und einer Windhose ähneln. Wenn sich die Mücken erst einmal über Ihrem Kopf versammelt haben, fliegen Weibchen in den rein männlichen Schwarm, um einen Partner zu finden. Männchen paaren sich im Laufe ihres Lebens regelmäßig, dem Weibchen hingegen genügt eine einzige Dosis Sperma, um zahllose Schübe von Nachkommen zu produzieren. Es speichert das Sperma und gibt bei jedem Eierlegen etwas davon ab. Der kurze Augenblick der Leidenschaft hat also eine der beiden Komponenten erbracht, die für die Fortpflanzung notwendig sind. Alles, was jetzt noch fehlt, ist Blut.

Kehren wir noch einmal zu unserem Campingszenario zurück. Sie haben gerade eine anstrengende Wanderung hinter sich und gehen unter die Dusche, wo Sie sich mit reichlich Seife und Shampoo erfrischen. Nach dem Abtrocknen tragen Sie großzügig Körperlotion und Deospray auf, bevor Sie die leuchtend rot-blaue Strandkleidung anziehen. Es dämmert bereits ein wenig, Abendessenszeit für die Anophelesmücke, und Sie lassen sich in den Campingstuhl fallen, um bei einem wohlverdienten Bierchen zu entspannen. Dann haben Sie alles in Ihrer Macht Stehende getan, um eine ausgehungerte weibliche Anophelesmücke anzulocken (übrigens habe ich mich gerade auf den Stuhl gesetzt, der am weitesten von Ihnen entfernt ist). Das Weibchen, das sich eben in einem berauschten Schwarm eifriger männlicher Verehrer gepaart hat, schnappt nach dem Köder und macht sich mit einigen Tropfen Ihres Blutes davon.

Die Blutmahlzeit entspricht dem Dreifachen des eigenen Körpergewichts, also sucht das Weibchen so rasch wie möglich die nächste vertikale Fläche auf, wo es mithilfe der Gravitationskraft fortfährt, dem Blut das Wasser zu entziehen. Mit diesem Blutkonzentrat bildet es in den nächsten paar Tagen seine Eier. Dann legt es etwa 200 schwimmende Eier auf der Wasseroberfläche einer winzigen Pfütze ab, die sich auf einer zerdrückten Bierdose gebildet hat, die Sie beim Aufräumen vergessen haben. Das Weibchen legt seine Eier stets im Wasser ab, braucht allerdings nicht viel davon. Ein Teich und ein Bach sind gut, doch eine winzige Ansammlung am Boden eines alten Behälters, eines weggeworfenen Reifens oder eines Sandkastenspielzeugs tut es ebenso. Manche Stechmückenarten bevorzugen bestimmte Arten von Wasser – frisch, salzig oder brackig. Andere wiederum kommen mit jedem Wasser aus.

Während ihrer kurzen Lebensspanne von einer bis drei Wochen (in seltenen Fällen bis zu maximal fünf Monaten) sticht unsere Stechmücke munter weiter und legt auch weiterhin Eier. Sie kann zwar mehr als drei Kilometer hoch fliegen, doch wie die meisten Insekten entfernt sie sich kaum weiter als 400 Meter vom Ort ihrer Geburt. Bei kaltem Wetter dauert es etwas länger, doch bei angenehmen Temperaturen verwandeln sich die Eier innerhalb von zwei, drei Tagen in zuckende Wasserlarven (Kinder). Auf der Suche nach Nahrung durchstreifen diese das Wasser und werden rasch zu auf dem Kopf stehenden, kommaförmigen Puppen (Teenager), die durch zwei »Trompeten« atmen, welche aus ihrem Hinterteil über die Wasseroberfläche ragen. Ein paar Tage später reißt die Puppenhaut, und gesunde erwachsene Stechmücken erheben sich in die Lüfte, darunter auch eine neue Generation gieriger Weibchen, die es kaum erwarten können, den Menschen Blut abzuzapfen. Dieser beeindruckende Reifeprozess bis zur ausgewachsenen Mücke dauert etwa eine Woche.

Seit dem ersten Auftreten moderner Stechmücken auf dem Planeten Erde hat sich dieser Lebenszyklus ununterbrochen fortgesetzt. Die Wissenschaft nimmt an, dass es bereits vor 190 Millionen Jahren Stechmücken gab, die mit den heutigen Tieren identisch waren. Bernstein, im Grunde nichts als versteinertes Baumharz, stellt das Kronjuwel bei der Erforschung fossiler Insekten dar, weil darin winzige Details wie Gewebe, Eier und das vollständige Innenleben der Mücken erhalten sind. Die ältesten bekannten, in Bernstein eingeschlossenen Stechmücken stammen aus Kanada und Myanmar und sind etwa 80 bis 105 Millionen Jahre alt. Die Welt dieser frühen Blutsauger würden wir vermutlich nicht wiedererkennen, doch die Mücke ist dieselbe.

Die Erde unterschied sich damals drastisch von unserem heutigen Planeten. Dasselbe gilt für die meisten Tiere, die auf ihm lebten. Wenn wir die Evolution des Lebens zurückverfolgen, wird die verheerende Partnerschaft von Insekten und Seuchen verblüffend klar. Einzellige Bakterien waren die erste Lebensform, die nicht lange nach der Entstehung unseres Planeten vor etwa 4,5 Milliarden Jahren auftrat. In einem Kessel von Gas und urzeitlichem Meeresschlamm verbreiteten sie sich rasch und bildeten eine Biomasse, die 25 Mal größer war als die sämtlicher anderer Pflanzen und Tiere zusammen – und die Grundlage für Erdöl und andere fossile Brennstoffe bildete. An einem einzigen Tag kann ein einziges Bakterium eine Kultur von mehr als vier Trilliarden (21 Nullen) hervorbringen, mehr als jede andere Lebensform auf der Erde. Diese Bakterien sind die Grundlage allen Lebens auf dem Planeten. Mit fortschreitender Spezifikation passten sich asexuelle, zellteilende Bakterien an und fanden auf oder in anderen Kreaturen eine sicherere und angenehmere neue Heimat. Der menschliche Körper etwa enthält mehr als hundert Mal so viele Bakterienzellen wie menschliche Zellen. In den meisten Fällen sind solche symbiotischen Beziehungen für den Wirt ebenso vorteilhaft wie für die bakteriellen Kostgänger.

Es ist die Handvoll negativer Paarungen, welche Probleme verursacht. Derzeit sind mehr als eine Million Mikroben identifiziert, doch besitzen lediglich 1400 das Potenzial, dem Menschen Schaden zuzufügen.[6] Die Menge einer Getränkedose jenes Toxins, welches von dem Bakterium produziert wird, das die Lebensmittelvergiftung Botulismus hervorruft, würde beispielsweise genügen, um die gesamte Menschheit dahinzuraffen. Den Bakterien folgten Viren, dann bald Parasiten, die sich die häuslichen Gegebenheiten ihrer bakteriellen Vorreiter zunutze machten und die für Krankheit und Tod verantwortlichen Kombinationen bildeten. Die einzige elterliche Verantwortung dieser Mikroben ist es, sich zu vermehren, zu vermehren und zu vermehren.[7] Bakterien, Viren und Parasiten haben, neben Würmern und Pilzen, unsägliches Elend hervorgerufen und den Verlauf der menschlichen Geschichte bestimmt. Warum aber haben diese Pathogene irgendwann damit begonnen, ihre Wirte zu vernichten?

Wenn wir unsere Voreingenommenheit einen Moment lang ablegen, dann sehen wir, dass diese Mikroben, ebenso wie wir, einen Prozess der natürlichen Auslese durchlaufen haben. Deshalb machen sie uns immer noch krank und sind so schwer auszurotten. Dennoch: Auf den ersten Blick erscheint es nachteilig, den eigenen Wirt zu töten. Eine Krankheit bringt uns um, ja, aber durch deren Symptome machen die Mikroben uns zu Helfern bei ihrer Verbreitung und Vermehrung. Das ist verblüffend clever, wenn man einmal genauer darüber nachdenkt. In der Regel sorgen die Keime dafür, dass sie übertragen werden und sich vermehren, *bevor* sie ihre Wirte töten.

Manche, etwa Salmonellen und verschiedene Wurmarten, gelangen mit der Nahrung in den Wirt; das heißt, wenn ein Tier ein anderes frisst. Auch im Wasser gibt es eine breite Palette an Krankheitsüberträgern, darunter Giardia, Cholera, Typhus, Ruhr und Hepatitis. Andere, etwa die gewöhnliche Erkältung, die Magen-Darm-Grippe und die Influenza, werden durch Husten oder Niesen übertragen. Wieder andere, zum Beispiel die Pocken, werden direkt oder indirekt durch Schürfungen, offene Wunden, kontaminierte Gegenstände oder Husten übertragen. Meine persönlichen Favoriten – natürlich aus strikt evolutionsgeschichtlicher Sicht – sind diejenigen, die heimlich ihre Vermehrung sichern, wenn wir für unsere eigene sorgen! Darunter fallen sämtliche Mikroben, die Sexualkrankheiten auslösen. Viele bösartige Pathogene werden zudem bereits von der Mutter auf den Fötus übertragen.

Erreger von Typhus, der Beulenpest, der Chagaskrankheit, der Trypanosomiasis (der afrikanischen Schlafkrankheit) und des ganzen Katalogs von Seuchen, mit denen sich dieses Buch befasst, nehmen den Weg über einen sogenannten Überträger (einen Organismus, der Krankheiten überträgt) – also Flöhe, Milben, Fliegen, Zecken und unsere liebe Stechmücke. Um ihre Überlebenschancen zu maximieren, bedienen sich viele Keime einer Kombination mehrerer Methoden. Die vielen verschiedenen Symptome, also die von den Mikroorganismen herausgebildeten Übertragungsarten, sind evolutionär hoch entwickelte Methoden, um die Existenz und Fortpflanzung der eigenen Spezies zu gewährleisten. Diese Keime kämpfen um ihr Überleben ebenso wie wir, bleiben uns in der Evolution jedoch stets eine Nasenlänge voraus, indem sie sich laufend anpassen und ihre Gestalt ändern, um sämtliche Versuche ihrer Ausrottung zu umgehen.

Die Dinosaurier, deren Zeit vor etwa 230 Millionen Jahren begann und bis vor etwa 65 Millionen Jahren andauerte, beherrschten die Erde erstaunliche 165 Millionen Jahre lang. Doch sie waren nicht allein auf dem Planeten. Insekten und ihre Krankheiten waren schon vor, während und nach dem Zeitalter der Dinosaurier präsent. Nach ihrem ersten Auftreten vor rund 350 Millionen Jahren wurden Insekten bald für eine ganze Armee gefährlicher Krankheiten attraktiv. Und gemeinsam sollten sie eine nie da gewesene, tödliche Allianz schmieden. Bald schon waren jurassische Stechmücken und Sandfliegen mit diesen biologischen Massenvernichtungswaffen ausgestattet. Als sich Bakterien, Viren und Parasiten ungehindert weiter vermehrten, erweiterten sie ihren Lebensraum und ihr Immobilienportfolio um eine zoologische Arche Noah konspirativer Tierwohnungen. In einer klassischen darwinschen Auslese erhöhten sich durch mehr Wirte auch die Chancen auf Überleben und Fortpflanzung.

Von den Dinosauriern unbeeindruckt, nahmen angriffslustige Horden von Stechmücken die mächtigen Tiere als Opfer ins Visier. »Die Kombination von durch Insekten übertragenen Krankheiten und den bereits lange verbreiteten Parasiten wurde für die Immunsysteme der Dinosaurier zu viel«, so die Theorie der Paläobiologen George und Roberta Poinar in ihrem Buch *What Bugged the Dinosaurs?* »Mit ihren tödlichen Waffen waren die Stechinsekten die mächtigsten Raubtiere in der Nahrungskette und konnten das Schicksal der Dinosaurier ebenso lenken wie sie unsere heutige Welt formen.« Schon vor Millionen von Jahren fanden unersättliche Mücken eine Methode, an ihre Blutmahlzeit zu gelangen – und das hat sich bis heute nicht verändert.

Dünnhäutige Dinosaurier, vergleichbar mit unseren heutigen Chamäleons und Gila-Krustenechsen (beide Träger zahlreicher von Stechmücken übertragener Krankheiten), waren für winzige, unscheinbare Mücken fette Beute. Selbst die dick gepanzerten Kolosse müssen angreifbar gewesen sein, da die von den dicken Hornplatten (wie unsere Fingernägel) bedeckte Haut gepanzerter Dinosaurier ein leichtes Ziel darstellte, ebenso wie die Haut gefiederter Flugsaurier. Kurz gesagt, sie waren allesamt leichte Beute, ebenso, wie es Vögel, Säugetiere, Reptilien und Amphibien heute sind.

Denken Sie nur einmal an unsere Stechmückenzeit oder an Ihre eigenen, oft langwierigen Scharmützel mit diesen hartnäckigen Feinden. Wir bedecken unsere Haut, tragen literweise Abwehrspray auf, entzünden Zitronellölkerzen und Rauchspiralen, kauern uns um ein Feuer, wir fuchteln und dreschen und befestigen unsere Standorte mit Netzen, Fliegengittern und Zelten. Doch wie sehr wir uns auch bemühen – die Stechmücke findet stets die Schwachstelle in unserer Rüstung und packt uns an der Achillesferse. Sie lässt sich ihr natürliches, unveräußerliches Recht nicht absprechen, sich mithilfe unseres Blutes zu vermehren. Sie nimmt den einen, ungeschützten Bereich aufs Korn, durchdringt unsere Kleidung und umschifft erfolgreich all unsere Bemühungen, ihren unablässigen Angriffen ein Ende zu setzen. Bei den Dinosauriern war es keinen Deut anders, nur, dass diese über keinerlei Abwehrmaßnahmen verfügten.[8]

Angesichts der tropischen, feuchten Bedingungen im Zeitalter der Dinosaurier kann man annehmen, dass die Mücken ganzjährig aktiv waren und sich fortpflanzten, sodass ihre Zahl und damit ihre Macht rasch zunahmen. Experten vergleichen dies mit den Stechmückenschwärmen in der kanadischen Arktis. »In der Arktis gibt es für sie nicht viele Beutetiere«, sagt Lauren Culler, Entomologin am Institute of Arctic Studies in Dartmouth. »Wenn sie also eines finden, werden sie wild. Sie sind erbarmungslos. Sie hören nicht auf. Es kann vorkommen, dass man innerhalb weniger Sekunden vollständig bedeckt ist.« Je mehr Zeit Rentiere und Karibus darauf verwenden, dem Ansturm der Stechmücken zu entfliehen, desto weniger Zeit bleibt ihnen für Fressen, Wandern oder Sozialverhalten, was zu einem drastischen Rückgang der Populationen führt. Mit bis zu 9000 Stichen pro Minute saugen räuberische Stechmückenschwärme junge Karibus regelrecht aus. Zum Vergleich: In nur zwei Stunden können sie einem erwachsenen Menschen die Hälfte seines Blutes entziehen!

In Bernstein eingeschlossene Exemplare enthalten das Blut von Dinosauriern, infiziert mit zahlreichen von Stechmücken übertragenen Krankheiten, darunter Malaria, ein Vorläufer des Gelbfiebers und mit Würmern, die jenen ähneln, die heute für den Hundeherzwurm und die Elefantiasis beim Menschen verantwortlich sind. In

Michael Crichtons Roman *Jurassic Park* wurde das Dinoblut (und damit die DNS) aus den Gedärmen in Bernstein eingeschlossener Mücken entnommen. Mit einer CRISPR-artigen Technologie wurden künstlich neue, lebendige Dinosaurier geschaffen, um eine lukrative, prähistorische Variante der afrikanischen Löwensafari anbieten zu können. Im Drehbuch zu Steven Spielbergs gleichnamigem Blockbuster aus dem Jahr 1993 steckt nur ein winziger, aber wichtiger Fehler: Die im Film gezeigte Stechmücke ist eine der wenigen Spezies, die zur Fortpflanzung *kein* Blut benötigt!

Viele der von Stechmücken übertragenen Krankheiten, die Mensch und Tier heute plagen, gab es schon zu Zeiten der Dinosaurier, wo sie mit tödlicher Präzision ganze Populationen dezimierten. Das Blutgefäß eines Tyrannosaurus Rex wies unverkennbare Anzeichen sowohl für Malaria als auch für andere parasitäre Würmer auf, ebenso der Koprolith (versteinerter Dinosaurier-Dung) zahlreicher Spezies. Stechmücken übertragen derzeit 29 verschiedene Formen von Malaria auf Reptilien, wenngleich die Symptome ausbleiben oder erträglich sind, da die Reptilien inzwischen eine Immunität gegen diese uralte Seuche entwickelt haben.

Die Dinosaurier hingegen besaßen einen solchen Schutz nicht, weil die Malaria, als sie sich vor etwa 130 Millionen Jahren dem Team von Stechmücken übertragener Krankheiten anschloss, neu dabei war. »Als die durch Gliederfüßler übertragene Malaria noch eine relativ neue Krankheit war, wirkte sich dies auf die Dinosaurier möglicherweise verheerend aus, bis sich ein gewisser Grad an Immunität einstellte«, spekulieren die Poinars. Als man vor Kurzem einige dieser Krankheiten Chamäleons injizierte, starben sämtliche Versuchstiere. Zwar sind viele solcher Krankheiten nicht generell tödlich, doch wären sie selbst in ihrer heutigen Ausprägung kräftezehrend gewesen. Möglicherweise waren die Dinosaurier krank, langsam oder lethargisch und damit angreifbar und leichte Beute für Fleischfresser.

Die Geschichte verwahrt Ereignisse nicht in säuberlich etikettierten Kisten, da sie sich niemals isoliert zutragen. Vielmehr existieren sie innerhalb eines breiten Spektrums, und Ereignisse beeinflussen und formen sich gegenseitig. Geschichtliche Episoden haben daher in den seltensten Fällen nur eine einzige Grundlage. Die meisten sind Produkt eines wirren Netzes aus Einflüssen und stufenförmigen Ursache-und-Wirkungs-Beziehungen innerhalb eines weiteren historischen Narrativs. Bei der Mücke und ihren Krankheiten ist das nicht anders.

Nehmen wir unser Beispiel vom Niedergang der Dinosaurier. Zwar hat die Theorie eines Aussterbens durch Krankheiten in den letzten zehn Jahren immer mehr Befürworter gefunden, doch hat sie das weithin anerkannte und etablierte Modell des Asteroideneinschlags, der das Antlitz der Erde vollständig veränderte, weder ersetzt noch verdrängt. Auf mehreren wissenschaftlichen Gebieten wurden überzeugende Hinweise auf einen solchen Einschlag gewonnen, der sich vor 65,5 Millionen Jahren westlich von Cancun auf der heutigen Halbinsel Yucatán in Mexiko ereignete und einen Krater von der Größe des US-Bundesstaats Vermont hinterließ.

Der Niedergang der Dinosaurier war da jedoch bereits nicht mehr aufzuhalten. Man nimmt an, dass regional bis zu 70 Prozent der Spezies ausgestorben oder vom Aussterben bedroht waren. Der Asteroideneinschlag, der darauffolgende nukleare Winter und der verheerende Klimawandel waren lediglich der letzte Schlag, der ihr unvermeidliches Verschwinden beschleunigte. Meeresspiegel und Temperaturen fielen, die Lebensbedingungen auf der Erde verschlechterten sich gravierend. Bei den Poinars heißt es dazu weiter: »Ob man nun Katastrophist oder Gradualist ist, so kann man doch die Möglichkeit nicht ausschließen, dass Krankheiten, insbesondere jene, die von unbedeutenden [sic!] Insekten übertragen wurden, eine wichtige Rolle beim Aussterben der Dinosaurier spielten.« Lange vor dem Auftreten des modernen *Homo sapiens* richtete die Stechmücke Chaos und Verwüstung an und veränderte die Entwicklung des Lebens auf der Erde. Dank ihrer Hilfe bei der Ausrottung der alles beherrschenden Beutetiere konnten die Säugetiere, darunter auch unsere eigenen vormenschlichen Urahnen, entstehen und gedeihen.

Das relativ plötzliche Verschwinden der Dinosaurier gestattete den wenigen benommenen, aber entschlossenen Überlebenden, sich aus der Asche zu erheben und sich in einer finsteren, erbarmungslosen Einöde aus Flächenbränden, Erdbeben, Vulkanen und saurem Regen eine Existenz zu erkämpfen. Diese apokalyptischen Landschaften wurden auch von Legionen wärmesuchender Mücken überflogen. Nach dem Asteroidenaufprall gediehen vor allem kleinere, oft nachtsichtige Tiere. Diese benötigten weniger Nahrung, waren keine wählerischen Esser und mussten nicht länger um ihre Sicherheit fürchten. Zwei Gruppen, die aufgrund ihrer Anpassungsfähigkeit die besten Chancen besaßen zu überleben, sich zu verbreiten und schließlich eine Vielzahl neuer Spezies hervorzubringen, waren die Säugetiere und die Insekten. Eine andere waren die Vögel, die einzigen heute lebenden Tiere, die, so wird angenommen, direkte Nachfahren der Dinosaurier sind. Dank ihres langen und geraden Stammbaums übertrugen die Vögel zahlreiche von Stechmücken übertragene Krankheiten auf eine ganze Reihe anderer tierischer Spezies. Bis heute sind Vögel ein wichtiges Reservoir für zahlreiche von Mücken übertragene Viren, darunter für das West-Nil-Virus und eine Palette verschiedener Enzephalitiden. In diesem Malstrom aus Wiedergeburt, Regeneration und evolutionärer Verbreitung kam es zum bis heute andauernden Krieg zwischen Mensch und Mücke.

Die Dinosaurier starben zwar aus, doch die Insekten, die zu ihrem Niedergang beigetragen hatten, überlebten und brachten uns während unserer gesamten Geschichte Krankheit und Tod. Sie sind die ultimativen Überlebenskünstler. Nach wie vor bilden die Insekten die fruchtbarste und artenreichste Tierklasse auf unserem Planeten, die etwa 57 Prozent aller lebenden Organismen sowie verblüffende 76 Prozent allen tierischen Lebens ausmacht. Verglichen mit den Säugetieren, welche dürftige 35 Prozent aller Spezies stellen, unterstreichen diese Zahlen insgesamt die Bedeutung der Insekten. Rasch wurden sie zu optimalen Wirten für zahllose Bakterien, Viren und Parasiten. Ihre schiere Anzahl und Vielfalt bot diesen Mikroorganismen höhere Chancen einer fortdauernden Existenz.

Die natürliche Krankheitsübertragung von Tieren auf Menschen wird als Zoonose (vom altgriechischen »Tier« und »Krankheit«), allgemein auch als *Spill-over* bezeichnet. Derzeit ist die Zoonose für 75 Prozent aller menschlichen Krankheiten verantwortlich, Tendenz steigend. Die Gruppe, die in den vergangenen 50 Jahren den steilsten Anstieg verzeichnete, sind die Arboviren. Dabei handelt es sich um Viren, die von Arthropoden wie Zecken, Wanzen oder Stechmücken übertragen werden. Im Jahr 1930 waren nur sechs solcher Viren als Krankheitserreger beim Menschen bekannt, wovon das Gelbfiebervirus mit Abstand das tödlichste war. Heute sind es 505. Viele ältere Viren haben inzwischen eine formelle Bezeichnung erhalten, und neue, darunter das West-Nil-Virus und das Zikavirus, schafften den Sprung vom tierischen zum menschlichen Wirt mithilfe eines Insekts, in unserem Falle der Stechmücke.

Aufgrund unserer genetischen Ähnlichkeiten teilen wir uns 20 Prozent unserer Krankheiten mit unseren Vettern, den Menschenaffen, bei denen wir uns unter Mithilfe von Überträgern wie der Stechmücke auch anstecken können. Die Mücke und ihre Krankheiten haben uns während unserer gesamten Evolution mit geschickter darwinscher Präzision geplagt. Fossilfunde deuten darauf hin, dass eine frühe Form des Malariaparasiten, der erstmals vor etwa 130 Millionen Jahren bei Vögeln auftrat, vor 6 bis 8 Millionen Jahren auch schon unsere ersten menschlichen Urahnen plagte. Genau zu dieser Zeit hatten Frühmenschen und Schimpansen – mit 96 Prozent identischer DNS unsere engsten Verwandten – ihren letzten gemeinsamen Vorfahren. Ab diesem Punkt verlief die Entwicklung von Mensch und Menschenaffe getrennt.[9]

Unser gemeinsamer Malariaparasit jedoch überschattet bis heute beide evolutionäre Linien, die des Menschen und die der Menschenaffen. Es gibt Theorien, nach denen der Mensch deshalb nach und nach sein dickes Fell ablegte, weil es ihm in der afrikanischen Savanne zu heiß war *und* er gleichzeitig besser gegen Körperparasiten und Stechinsekten vorgehen konnte. »Malaria, die älteste und insgesamt tödlichste aller menschlichen Infektionskrankheiten, begleitet uns seit unserer Frühgeschichte«, betont der Historiker James Webb in seinem Buch *Humanity's Burden,* worin er einen umfassenden Überblick über die Krankheit bietet. »Malaria ist eine uralte und eine moderne Geißel. Lange Zeit hinterließ sie kaum Spuren. Wir erkrankten an ihr in frühen Epochen, lange bevor wir in der Lage waren, unsere Erlebnisse festzuhalten. Selbst in jüngeren Jahrtausenden bleibt sie in vielen historischen Berichten unerwähnt, da sie als gewöhnliche Krankheit offenbar kaum Beachtung fand. Zu anderen Zeiten haben Malariaepidemien die Landschaften der Weltgeschichte gewaltsam überzogen und Tod und Leid hinterlassen.« W. D. Tiggert, ein früher Malariologe am Walter Reed Army Medical Center, beklagt: »Wie das Wetter scheint auch die Malaria stets ein Begleiter der menschlichen Rasse gewesen zu sein, und, wie es Mark Twain so schön über das Wetter sagt, hat man offenbar herzlich wenig dagegen getan.« Verglichen mit den Mücken und der Malaria ist der *Homo sapiens* ein Neuling der darwinschen Nachbarschaft. Es besteht allgemein Einigkeit darüber, dass unser rascher Aufstieg als »einsichtiger Mensch« erst vor etwa 200 000 Jahren begann.[10] Auf jeden Fall sind wir eine relativ junge Spezies.

Um den wachsenden Einfluss der Stechmücke auf Geschichte und Menschheit zu begreifen, ist es notwendig, zunächst das Tier selbst und die von ihm verbreiteten Krankheiten näher zu betrachten. Ich bin weder Entomologe noch Malariologe oder Tropenmediziner. Noch bin ich einer jener zahllosen unbesungenen Helden, die in den Schützengräben des andauernden medizinischen und wissenschaftlichen Krieges gegen die Mücke kämpfen. Ich bin Historiker. Die komplizierten wissenschaftlichen Erklärungen der Stechmücke und ihrer Pathogene überlasse ich daher besser den Experten. Der Entomologe Andrew Spielman etwa gibt uns folgenden Rat: »Um den gesundheitlichen Bedrohungen zu begegnen, die in vielen Teilen der Welt zunehmen, müssen wir die Stechmücke und ihren Platz in der Natur genau kennen. Wichtiger noch ist, die vielen Facetten unserer langen Beziehung zu diesem winzigen, unscheinbaren Insekt zu verstehen und unser langes, historisches Ringen um eine Koexistenz auf diesem Planeten zu würdigen.« Um diese Geschichte angemessen würdigen zu können, müssen wir jedoch zuerst wissen, mit wem wir es überhaupt zu tun haben. Um aus Sunzis im 6. Jahrhundert v. Chr. verfassten zeitlosen Werk *Die Kunst des Krieges* zu zitieren: »Du musst deinen Feind kennen.«

Ein altbekanntes Zitat, welches irrtümlicherweise Charles Darwin zugeschrieben wird, lautet: »Nicht der Stärkste einer Spezies überlebt, auch nicht der Intelligenteste, sondern derjenige, der sich am besten an Veränderungen anpassen kann.« Ganz gleich, woher diese Passage auch stammt (in den Veröffentlichungen Darwins taucht sie jedenfalls nirgendwo auf), so sind die Stechmücke und ihre Krankheiten, allen voran die Malariaparasiten, das beste Beispiel dafür. Stechmücken sind in der Lage, sich innerhalb weniger Generationen auf veränderte Umweltbedingungen einzustellen. Während des deutschen »Blitzkriegs« von 1940 und 1941 etwa, als ein Bombenregen auf London niederging, waren isolierte Populationen von Culexmücken zusammen mit den tapferen Bürgern der Stadt in den Tunneln der U-Bahn eingesperrt, welche als Luftschutzkeller genutzt wurden. Diese gefangenen Stechmücken passten sich der neuen Lage rasch an und stachen – statt wie bisher Vögel – nun Mäuse, Ratten und Menschen. Heute bilden sie eine Spezies, die sich von ihren überirdischen Vorfahren klar unterscheidet. Was eigentlich Tausende Jahre der Evolution hätte dauern sollen, gelangte diesen im Untergrund wirkenden Pionieren in weniger als 100 Jahren. »Noch einmal hundert Jahre, dann gibt es in den Tunneln unter London vielleicht verschiedene Spezies der Circle Line, Metropolitan Line und Jubilee Line«, scherzt Richard Jones, der ehemalige Präsident der British Entomological and Natural History Society.

Die Mücke ist nicht nur eine erstaunlich anpassungsfähige, sondern auch eine äußerst narzisstische Kreatur. Im Gegensatz zu anderen Insekten bestäubt sie weder Pflanzen noch lockert sie den Boden oder ernährt sich von Abfällen. Entgegen einer weitverbreiteten Meinung dient sie auch nicht anderen Tieren als unverzichtbare Nahrungsquelle. Ihr einziger Lebenszweck ist die Vermehrung der eigenen Spezies – und vielleicht das Töten von Menschen. Als ärgstem Feind in unserer gesamten Geschichte kommt ihr im Rahmen unserer Beziehung offenbar die Rolle einer Gegenmaßnahme zu, und zwar gegen ein unkontrolliertes menschliches Bevölkerungswachstum.

Im Jahr 1798 veröffentlichte der englische Kleriker und Gelehrte Thomas Malthus sein bahnbrechendes Werk *An Essay on the Principle of Population*, in welchem er seine Gedanken über politische Ökonomie und Demografie darlegte. Wenn eine Tierpopulation ihre Ressourcen verbraucht habe, so heißt es in seinem Bevölkerungsgesetz, bewirkten Katastrophen oder Hemmnisse wie Dürre, Hunger, Krieg und Krankheit zwangsweise die Rückkehr zu nachhaltigen Bevölkerungszahlen, bis sich ein neues, gesundes Gleichgewicht eingestellt habe. Nüchtern schließt Malthus daraus: Die »Laster der Menschheit« seien wirksame »Diener des Bevölkerungsrückgangs. In der großen Heeresmacht der Zerstörung sind sie die Vorhut, und oft vollenden sie gleich selber ihr schreckliches Werk. Aber sollten sie in diesem Krieg der Auslöschung erfolglos bleiben, so treten Missernten, Seuchen, Pest und Plagen in schrecklichem Aufgebot an und schreiten fort, Tausende und Zehntausende mit sich reißend. Sollte das noch nicht genügen, so wird sich im Rücken eine gigantische Hungersnot breitmachen.« Bühne frei für die Stechmücke, die in dieser düsteren apokalyptischen Vision als wichtigstes malthusianisches Hemmnis für die Bevölkerungsentwicklung des Menschen auftritt. Das beispiellose Töten geht hauptsächlich auf das Konto von zwei Tätern, die dabei selbst keinerlei Schaden nehmen: die Anophelesmücke und die Aedesmücke. Die führenden Damen dieser beiden

Unser Feind, die Aedesmücke: ein Weibchen während der Blutentnahme von einem menschlichen Wirt. Aedesmücken übertragen mehrere Krankheiten, darunter Viren, die Gelbfieber, Denguefieber, Chikungunyafieber, West-Nil-Fieber, Zikafieber und verschiedene Arten der Enzephalitis hervorrufen.

Spezies verbreiten einen Gesamtkatalog von mehr als 15 von Stechmücken übertragbaren Krankheiten.

Während der gesamten Menschheitsgeschichte waren die bösen Zwillinge – Malaria und Gelbfieber – stets Todesbringer und wichtige Faktoren historischen Wandels. In dem lang andauernden Krieg zwischen Mensch und Mücke nehmen sie die Hauptrolle des Bösewichts ein. J. R. McNeill vertritt folgende These: »Es ist nicht immer leicht, daran zu denken, Gelbfieber und Malaria als historische Faktoren einzubeziehen, da Stechmücken und Pathogene keine Memoiren oder Manifeste hinterlassen haben. Vor 1900 erfasste das herrschende Verständnis von Krankheit und Gesundheit ihre Rolle nicht, daher erkannte niemand ihre volle Bedeutung. Nachfolgende Historiker, die im goldenen Zeitalter der Gesundheit lebten, versäumten dies in aller Regel ebenfalls ... Doch die Stechmücken und Pathogene waren

Unser Feind, die Anophelesmücke: Ein Weibchen nimmt durch ihren spitzen Saugrüssel das Blut eines Menschen auf. Beachten Sie das abgesonderte Tröpfchen: Die Mücke kondensiert in ihrem Innern den Proteingehalt des Blutes. Anophelesmücken sind die einzigen Überträger der fünf für den Menschen gefährlichen Malariatypen.

da ... und sie hatten einen Einfluss auf menschliche Angelegenheiten, der sich in Archiven und Erinnerungen widerspiegelt.« Dennoch sind Malaria und Gelbfieber nur 2 von mehr als 15 Krankheiten, die von Stechmücken auf den Menschen übertragen werden. Die anderen werden als Nebendarsteller in unserer Geschichte fungieren.

Von Mücken übertragene Pathogene lassen sich in drei Gruppen einteilen: Viren, Würmer und Protozoen (Parasiten). Am häufigsten sind die Viren: Gelbfieber-, Dengue-, Chikungunya-, Mayaro-, Zika- und West-Nil-Fieber-Viren sowie zahlreiche Enzephalitiden, darunter die Erreger der St. Louis-, Equine- und japanischen Enzephalitis. Abgesehen vom Gelbfieber wirken diese Krankheiten zwar schwächend, sind in der Regel aber nicht tödlich. Mayaro-, Zika- und West-Nil-Fieber sind relativ neue Einträge im Verzeichnis der von Stechmücken übertragenen Krankheiten. Derzeit gibt es, außer im Falle des Gelbfiebers, noch keine Impfstoffe, doch sind die Überlebenden meist mit einer lebenslangen Immunität gesegnet. Da die Krankheiten eng miteinander verwandt sind, ähneln sich auch die Symptome, darunter Fieber, Kopfschmerzen, Übelkeit, Ausschläge sowie Muskel- und Gelenkschmerzen. Diese beginnen normalerweise zwischen drei und zehn Tagen nach der Ansteckung durch einen Mückenstich. Die Mehrzahl der Infizierten erholt sich innerhalb einer Woche. Wenngleich extrem selten, kann es in Einzelfällen zu hämorrhagischem Fieber und einer Gehirnschwellung (Enzephalitis) kommen, die letztlich zum Tod führen. Alte, Kinder, schwangere Frauen und Menschen mit bestehenden Vorerkrankungen bilden die verhältnismäßig kleine Gruppe von Todesfällen bei diesen Virusinfektionen, welche allesamt in erster Linie durch die Aedesmücke übertragen werden. Auch wenn diese auf der ganzen Welt zu finden ist, verzeichnet man die höchsten Infektionsraten in Afrika.

An der Spitze der Virusinfektionen steht das Gelbfieber, welches oft mit einer Malariaepidemie einhergeht und durch diese verstärkt wird. Das Gelbfieber ist ein reichlich erfahrener Killer, der die Menschen erstmals vor 3000 Jahren in Afrika befallen hat. Bis vor Kurzem war es ein bedeutender Steuermann auf dem Meer der historischen Entwicklung. Der Virus hat es auf gesunde junge Erwachsene in der Blüte ihres Lebens abgesehen. Zwar wurde 1937 ein wirksamer Impfstoff entdeckt, doch sterben Jahr für Jahr immer noch zwischen 30 000 und 50 000 Menschen an Gelbfieber, davon 95 Prozent in Afrika. Bei 75 Prozent der Gelbfiebererkrankten ähneln die Symptome denen ihrer oben beschriebenen viralen Cousins und dauern etwa drei Tage an. Die verbleibenden rund 25 Prozent haben weniger Glück: Nach einem Tag Ruhe beginnt für sie eine zweite Krankheitsphase mit fiebrigen Delirien, durch Leberschädigung hervorgerufener Gelbsucht, heftigen Unterleibsschmerzen, Durchfällen und Blutungen aus Mund, Nase und Ohren. Durch die innere Zersetzung des gastrointestinalen Traktes und der Nieren erbrechen sie Galle und Blut. Konsistenz und Farbe des Erbrochenen erinnern an Kaffeesatz, woraus einst der spanische Name für das Gelbfieber abgeleitet wurde, *vómito negro* (schwarzes Erbrochenes). Dem folgen ein Koma und schließlich der Tod. Letzterer tritt in der Regel zwei Wochen nach den ersten Symptomen ein und ist für viele Opfer vermutlich der letzte sehnsüchtige Wunsch.

Diese Darstellung mag grausam sein, doch erklärt sie, warum das Gelbfieber bei wachsenden und sich rasch entwickelnden Bevölkerungen auf der ganzen Welt solchen Schrecken verbreitete, insbesondere in den europäischen Kolonien der Neuen Welt. Der erste gesicherte Ausbruch auf dem amerikanischen Kontinent ereignete sich im Jahr 1647. Vermutlich war die Seuche zusammen mit afrikanischen Sklaven und flüchtigen Stechmücken von Bord eines Schiffes gegangen.[11] Es muss quälend gewesen sein, sich zu fragen, wann und wo *Yellow Jack*, wie die Briten das Gelbfieber nannten, als Nächstes zuschlagen würde. Abhängig von den äußeren Umständen und der Belastung der Patienten betrug die durchschnittliche Mortalitätsrate beim Gelbfieber etwa 25 Prozent, doch waren auch bis zu 50 Prozent keinesfalls ungewöhnlich.

Bei einigen Ausbrüchen in der Karibik starben 85 Prozent der Kranken. Das Seemannsgarn über Geisterschiffe wie den *Fliegenden Holländer* beruht auf wahren Berichten; ganze Besatzungen erlagen dem Gelbfieber, und oft vergingen Monate, bis die ziellos treibenden Schiffe aufgebracht wurden. Wer an Bord ging, den begrüßten nur der beißende Gestank des Todes und das Klappern von Skeletten, ohne jeden Hinweis auf eine Ursache. Überlebende, die oft wochenlang außer Gefecht sind, haben Glück: Gelbfieber ist eine einmalige Angelegenheit. Wer den hinterhältigen Virus einmal besiegt, wird mit lebenslanger Immunität belohnt. Wesentlich gnädiger als das Gelbfieber ist sein Vetter, das Denguefieber, welches vermutlich erstmals vor 2000 Jahren in Asien oder Afrika (oder auf beiden Kontinenten) vom Affen auf den Menschen übertragen wurde. Die beiden Viren können eine begrenzte und teilweise Kreuzimmunität bewirken.

Stigmata: Dieser Stich aus einem britischen Medizinlehrbuch von 1614 zeigt eine Frau mit den unverkennbaren Symptomen einer Filariose oder Elefantiasis.

Die einzige durch Würmer hervorgerufene, von Aedes-, Anopheles- und Culexmücken übertragene Krankheit ist die Filariose, die meist als Elefantiasis bezeichnet wird. Die Würmer dringen in das Lymphsystem ein und verstopfen dieses, was zu Flüssigkeitsansammlungen und extremen, wenn nicht spektakulären Schwellungen der unteren Gliedmaßen und Genitalien sowie regelmäßig auch zur Erblindung führt. Geschwollene Hodensäcke, die leicht die Größe eines Wasserballs erreichen können, sind nichts Ungewöhnliches. Bei Frauen können die Schamlippen ähnlich groteske Formen annehmen.

Obwohl diese stigmatisierende Krankheit mithilfe der modernen Medizin kostengünstig therapierbar ist, leiden immer noch 120 Millionen Menschen jährlich an Filariose, vor allem in den afrikanischen und südostasiatischen Tropen.

Die Malaria steht in der Kategorie der Protozoen oder Parasiten allein da. Im Jahr 1883 bezeichnete der schottische Biologe Henry Drummond Parasiten als »Bruch mit den Gesetzen der Evolution und größtes Verbrechen gegen die Menschheit«. Malaria ist die größte Geißel des Menschen. Derzeit werden jedes Jahr über 800 Millionen Unglückliche durch den Stich einer Anophelesmücke mit Malaria infiziert – derselben Mücke, die Sie während des Campingausflugs (zu Beginn dieses Kapitels) gestochen und die Ihnen Blut abgezapft hat. Ohne, dass Sie auch nur die leiseste Ahnung hatten, ist der Malariaparasit in Ihren Blutkreislauf eingedrungen und hat es nun eilig, in Ihre Leber zu gelangen, wo er sich erholt, in aller Ruhe vermehrt und seinen Angriff auf Ihren Körper plant. Inzwischen sind Sie vom Ausflug zurück und kratzen wie wild an ihren Mückenstichen, während der Malariaparasit heimlich in Ihrer Leber überwintert. Wie krank Sie werden und wie die Überlebenschancen stehen, hängt davon ab, welchen Malariastamm Sie sich eingefangen haben.

Dabei ist es durchaus möglich, sich mit mehr als einem Stamm gleichzeitig zu infizieren, wenngleich der gefährlichste Stamm meist alle anderen in seiner Wirkung übertrifft. Sämtliche Stämme werden durch 70 der insgesamt 480 Anophelesarten übertragen. Weltweit existieren 450 verschiedene Arten von Malaria, die in erster Linie Tiere befallen; fünf davon sind für den Menschen gefährlich. Drei Typen – *Plasmodium knowlesi*, *Plasmodium ovale* und *Plasmodium malariae* – sind nicht nur extrem selten, sondern haben auch eine vergleichsweise niedrige Mortalitätsrate, wenn überhaupt eine. Der *Knowlesi*-Typus schaffte erst kürzlich den zoonotischen Sprung von den Makaken in Südostasien, während die seltenen Erreger *Plasmodium ovale* und *Plasmodium malariae* inzwischen fast ausnahmslos in Westafrika vorkommen. Wir können daher ausschließen, dass Sie sich einen dieser drei Malariatypen eingefangen haben, sodass nunmehr die zwei gefährlichsten und am weitesten verbreiteten Übeltäter übrig bleiben, die um die Herrschaft über Ihr Leben und Ihre Gesundheit wetteifern – *vivax* und *falciparum*.

Der Malariaparasit, der sich in Ihrer Leber eingenistet hat, durchschreitet einen beeindruckenden siebenstufigen Lebenszyklus. Um zu überleben und sich zu vermehren, nutzt er viele Wirte – die Stechmücke und eine ganze Armee sekundärer Überträger: Menschen, Menschenaffen, Ratten, Fledermäuse, Kaninchen, Stachelschweine, Eichhörnchen, eine ganze Voliere von Vögeln, Amphibien, Reptilien und noch einen Haufen anderer. Bedauerlicherweise sind diesmal *Sie* dieser Wirt.

Nach dem verhängnisvollen Mückenstich mutiert und vermehrt sich der Missetäter über einen Zeitraum von 1 bis 2 Wochen in Ihrer Leber, ohne dass bei Ihnen Symptome auftreten. Dann aber verlässt eine ganze Armee dieser neuen Form von Parasiten die Leber und stürmt Ihren Blutkreislauf. Sie hängen sich an die roten Blutkörperchen, überwinden rasch deren äußere Verteidigung und machen sich dann über das Hämoglobin im Innern der Blutkörperchen her. Hier durchlaufen sie eine weitere Metamorphose und einen weiteren Reproduktionszyklus. Die befallenen Blutkörperchen platzen schließlich und speien sowohl eine reproduzierte Form aus, die sofort zum Angriff auf weitere Blutkörperchen übergeht, als auch eine neue »asexuelle« Form, die sich entspannt in Ihrem Blutkreislauf treiben lässt und auf das nächste Mückentaxi wartet. Der Parasit ist ein wahrer Wechselbalg, und genau diese genetische Wandelbarkeit ist es auch, die es so schwierig macht, ihn mit Medikamenten oder Impfungen in den Griff zu bekommen oder auszurotten.

Sie sind nun ernsthaft krank. Mit schöner Regelmäßigkeit wird Ihnen eiskalt, gefolgt von Fieberanfällen, bei denen das Thermometer auf bis zu 41 Grad Celsius klettern kann. Diese voll entfaltete Malariaerkrankung hat Sie fest im Griff, Sie sind dem Parasiten auf Gedeih und Verderb ausgeliefert. Entsetzlich hilflos liegen Sie ausgestreckt auf schweißnassen Bettlaken, zucken und tasten herum, fluchen und stöhnen. Sie sehen an sich herab und entdecken, dass sich Milz und Leber sichtbar vergrößert haben. Die Haut hat die pergamentartige Tönung einer Gelbsucht angenommen, und gelegentlich müssen Sie erbrechen. In exakten Intervallen kehrt das hohe Fieber zurück, wenn neue Parasiten aus den Blutkörperchen hervorbrechen und in den Blutkreislauf gelangen. Während diese im Innern der Blutkörperchen fressen und sich vermehren, sinkt die Körpertemperatur wieder.

Der Parasit nutzt eine ausgeklügelte Methode der Signalübertragung, um diesen Prozess zu synchronisieren, der gesamte Zyklus folgt einer sehr strikten Abfolge. Die neue »asexuelle« Form sendet ein chemisches »Stich mich«-Signal ins Blut, was die Chance signifikant erhöht, dass eine Mücke den infizierten Menschen sticht und sie so den Fortpflanzungszyklus vollenden kann. Im Magen der Stechmücke mutieren diese Zellen dann noch einmal, und zwar in männliche und weibliche Varianten. Rasch paaren sie sich und produzieren einen fadenförmigen Nachwuchs des Parasiten, der sich seinen Weg aus den Gedärmen in die Speicheldrüsen der Stechmücke bahnt. Dort angelangt, manipuliert der gerissene Malariaparasit die Mücke dahingehend, dass sie regelmäßiger sticht, indem er ihre Antikoagulansproduktion hemmt und so die Blutaufnahme bei einem einzelnen Stich minimiert. Dies zwingt die Mücke, häufiger zu stechen, um die erforderliche Menge Blut zu bekommen. So sorgt der Malariaparasit für einen möglichst häufigen und verbreiteten Transfer und sichert damit seine Verbreitung und sein Überleben. Die Malaria ist ein bemerkenswertes Beispiel für evolutionäre Anpassung.

Diese Speicheldrüsenvariante des Parasiten war es auch, die Ihnen vor zwei Wochen auf dem Campingausflug durch die verdammte Mücke übertragen wurde. Eine Frage bleibt jedoch: Welcher Malariaerreger löst die wiederkehrenden schweren Symptome bei Ihnen aus? Wenn es sich um den gefürchteten *Plasmodium falciparum* handelt, gibt es zwei Möglichkeiten: Entweder Sie genesen oder Sie erkranken an einer zweiten Phase, der sogenannten cerebralen Malaria. Innerhalb von einem oder zwei Tagen kommt es zu Anfällen, Koma und Tod. Die Mortalitätsrate dieser Form der Malaria hängt von den Strapazen, dem Ort und vielen weiteren Faktoren ab, liegt jedoch regelmäßig zwischen 25 und 50 Prozent. Von denjenigen, die eine cerebrale Malaria überleben, tragen etwa 25 Prozent dauerhafte neurologische Schädigungen davon, darunter der Verlust des Augenlichts, der Sprachfähigkeit, schwere Lernbehinderungen oder Lähmungen der Gliedmaßen. Alle 30 Sekunden fordert die Malaria ein Menschenleben. Leider sind 75 Prozent der Todesfälle Kinder unter fünf Jahren. *Falciparum* ist der vampirische Serienkiller, der weltweit für 90 Prozent aller Todesfälle der Malaria verantwortlich ist, von welchen derzeit 85 Prozent in Afrika eintreten. Im Gegensatz zum Gelbfieber macht die Malaria Jagd auf die Jungen und Immunschwachen. Auch schwangere Frauen sind überproportional betroffen. Bedenkt man all dies, kann man von Glück sprechen, wenn man sich »nur« mit dem *Plasmodium vivax* infiziert hat. *Vivax* ist, insbesondere außerhalb Afrikas, die am weitesten verbreitete Form der Malaria, die etwa 80 Prozent aller Malariafälle ausmacht, aber meist nicht tödlich verläuft. Die Mortalitätsrate beträgt in Afrika etwa fünf Prozent, im Rest der Welt lediglich 1 bis 2 Prozent.

Es ist beinahe unmöglich, die Verheerung zu beschreiben, welche die Anophelesmücke anrichten kann. Heute noch ist das Grauen der Malaria schwer zu fassen, in einem historischen Kontext, dem die Ursachen unbekannt waren und eine ärztliche Versorgung nicht zur Verfügung stand, ist es indes schier unvorstellbar. Der Malariologe J. A. Sinton stellte Anfang des 20. Jahrhunderts fest, dass die Krankheit »eine der bedeutendsten Ursachen für den wirtschaftlichen Niedergang darstellt, Armut hervorruft, Quantität und Qualität der Nahrungsmittelversorgung mindert, das physische und intellektuelle Niveau eines Volkes senkt und schließlich höheren Wohlstand und ökonomischen Fortschritt in jeder Weise hemmt«. Hinzu kommen noch die physischen, emotionalen und psychologischen Auswirkungen solch enormer Opferzahlen. Man schätzt, dass die durch Malaria bedingt entgangene Wirtschaftsleistung in Afrika derzeit 30 bis 40 Milliarden US-Dollar jährlich beträgt. Das Wirtschaftswachstum in von Malaria betroffenen Ländern liegt 1,3 bis 2,5 Prozent unter dem bereinigten Weltdurchschnitt. Für die moderne Ära nach dem Zweiten Weltkrieg ergibt dies kumulativ ein um 35 Prozent niedrigeres Bruttoinlandsprodukt als ohne die Seuche. Malaria hemmt und hindert ganze Volkswirtschaften.

Sie hatten Glück und konnten innerhalb eines Monats von Ihrer *Vivax*-Infektion genesen. Ich muss Ihnen aber leider mitteilen, dass der Leidensweg damit möglicherweise nicht zu Ende ist. Weder das *Plasmodium falciparum* noch das *Plasmodium knowlesi* verursachen Malariarückfälle. Für eine Neuinfektion ist hier eine weitere Übertragung durch einen Mückenstich erforderlich. Die Parasiten der anderen drei Typen, darunter auch die Erreger *Plasmodium vivax*, liegen jedoch in der Leber auf der Lauer und können bis zu 20 Jahre lang Rückfälle hervorrufen. Ein britischer Weltkriegsveteran hatte noch 45 Jahre nach seiner Infizierung während des Burmakriegs 1942 einen Rückfall. In Ihrem Fall einer *vivax*-Infektion beträgt der Zeitrahmen eines möglichen Rückfalls zwischen 2 und 3 Jahren. Nichtsdestotrotz besteht freilich immer die Gefahr einer neuerlichen Infektion durch einen Mückenstich.

Die Temperatur ist ein wichtiges Element sowohl für die Fortpflanzung der Stechmücke als auch für den Lebenszyklus der Malaria. In ihrer symbiotischen Beziehung sind beide stark vom richtigen Klima abhängig. Bei niederen Temperaturen dauert es länger, bis die Eier der Mücke heranreifen und die Larven schlüpfen. Obendrein sind Stechmücken Kaltblüter und können, im Gegensatz zu Säugetieren, ihre eigene Körpertemperatur nicht regulieren. Sinkt das Thermometer unter zehn Grad Celsius, sind sie schlicht nicht überlebensfähig. Temperaturen über 24 Grad hingegen bieten der Stechmücke optimale Bedingungen. Eine direkte Hitzeeinwirkung von über 40 Grad wiederum ist tödlich. In gemäßigten, nicht tropischen Zonen ist die Stechmücke daher eine jahreszeitlich begrenzte Kreatur, die vom Frühjahr bis zum Herbst brütet, schlüpft und sticht.

Obwohl die Parasiten die Außenwelt niemals zu Gesicht bekommen, muss sich auch die Malaria sowohl auf die kurze Lebensspanne der Mücke als auch auf die Temperaturbedingungen einstellen, um ihre Fortpflanzung zu sichern. Deren Zeitrahmen ist abhängig von der Temperatur der kaltblütigen Stechmücke, die wiederum von der Außentemperatur abhängt. Je kälter die Mücke, desto langsamer wird die Malariareproduktion, bis diese schließlich einen unteren Schwellwert erreicht. Zwischen 16 und 22 Grad beträgt der Fortpflanzungszyklus der Parasiten (je nach Malariatyp) bis zu einem Monat, was die durchschnittliche Lebensdauer der Stechmücke übersteigt. Und stirbt die Stechmücke, stirbt die Malaria mit ihr.

Kurz: Ein wärmeres Klima begünstigt ganzjährige Mückenpopulationen und damit die *endemische* (chronische und allgegenwärtige) Verbreitung der von ihr übertragenen Krankheiten. Extrem hohe Temperaturen durch die Auswirkungen von El Niña oder El Niño können saisonale *Epidemien* auslösen (den plötzlichen Ausbruch einer Krankheit, der über mehrere Populationen anhält und dann erst wieder verebbt), und zwar auch in Regionen, wo die Stechmücke als Überträger in der Regel entweder nur kurz aktiv ist oder gänzlich fehlt. Zeiten natürlicher oder vom Menschen gemachter Klimaerwärmung gestatten der Mücke ebenfalls, ihre topografische Reichweite auszudehnen. Wenn die Temperaturen steigen, breiten sich Krankheitsüberträger, die ansonsten auf südlichere Gefilde und tiefere Lagen beschränkt sind, nach Norden und in höher gelegene Regionen aus.

Die Dinosaurier überlebten den Klimawandel nach dem Meteoriteneinschlag nicht und konnten sich nicht schnell genug anpassen, um dem Ansturm von Stechmücken übertragener Krankheiten etwas entgegenzusetzen. Die winzige Mücke half, den Weg zu ihrem Aussterben zu ebnen, und begleitete im nachfolgenden Zeitalter der Säugetiere zunächst unsere frühmenschlichen Urahnen und schließlich auch den modernen *Homo sapiens*. Als Überlebenskünstler stellte sie zudem die Weichen für ihren historischen Aufstieg zur weltweiten Vorherrschaft. Im Gegensatz zu den Dinosauriern jedoch entwickelte der Mensch Methoden, um zurückzuschlagen. Durch rasche natürliche Auslese wurden Immunabwehrmaßnahmen gegen die Stechmücke ausgebildet und entlang der Ahnentafel des *Homo sapiens* immer weiter vererbt. Unsere DNS weist diese genetisch codierten Andenken heute noch auf, als Erinnerung an den fortwährenden Überlebenskampf, den unsere frühen Vorfahren gegen die gnadenlose Stechmücke führten.

KAPITEL 2

»SURVIVAL OF THE FITTEST«: FIEBERDÄMONEN, FOOTBALL UND SICHELZELLEN

In der Blüte seines Lebens strotzte Ryan Clark Jr. nur so vor Gesundheit. Der 31-jährige Profisportler spielte in der National Football League (NFL), er war rund 102 Kilogramm schwer, durchtrainiert, athletisch und muskulös. Clark war mit seiner Highschoolflamme verheiratet und hatte drei kleine Kinder. Vor Kurzem hatte er bei den Pittsburgh Steelers einen neuen, lukrativen Vertrag für die Saison 2007 unterzeichnet. Das Leben war schön!

In der Mitte der Saison reiste er mit den Steelers nach Denver, um dort gegen die Broncos zu spielen. Seine Mannschaft hatte immenses Pech und verlor das Spiel in letzter Minute. Enttäuscht bestieg Clark die Maschine, die das Team nach Hause bringen sollte. Kurz vor dem Start spürte er plötzlich einen starken, stechenden Schmerz links unter den Rippen. Dass es ihn nach einer harten Partie hier und da zwackte, und er einige blaue Flecken und Schrammen davontrug, war nichts Ungewöhnliches. Dies hier aber war etwas vollkommen anderes, ein stechender und qualvoller Schmerz, der ihm bis dato unbekannt gewesen war. »Ich rief meine Frau an und sagte ihr, dass ich glaube, ich würde es nicht schaffen«, erinnerte er sich. »Solche Schmerzen hatte ich noch nie zuvor verspürt.« Seine besorgten Teamkollegen und das medizinische Personal der Steelers handelten unverzüglich. Das Flugzeug wurde noch auf der Rollbahn gestoppt und Clark nach Denver ins Krankenhaus gebracht. Als er nach ein paar Tagen so weit stabil war, flog er zurück nach Pittsburgh und wurde dort auf die Verletztenliste gesetzt, wenngleich seine Ärzte die Ursache der verwirrenden Symptome noch nicht festgestellt hatten.

Im Verlauf des folgenden Monats hatte er nächtlichen Schüttelfrost und Fieberanfälle mit bis zu 40 Grad Celsius. Clark verlor 20 Kilo an Gewicht und war im Vergleich zu seinem früheren, bärenstarken Selbst nur noch Haut und Knochen. Eines Nachts waren seine Schmerzen so stark, dass er glaubte, er müsse sterben. Er erinnert sich, dass er ein Gebet murmelte: »Gott, wenn meine Zeit nun gekommen ist, lass meine Frau einen guten Ehemann finden. Lass ihn nicht so gut aussehend sein wie ich, aber lass ihn einen guten Kerl sein. Kümmere dich um meine Familie. Bitte vergib mir meine Sünden. Ich bin bereit.« Er überlebte diese furchtbare Nacht, und nach einem weiteren Monat ergebnisloser medizinischer Untersuchungen fanden seine Ärzte schließlich den Grund für seine Qualen. Man diagnostizierte einen Milzinfarkt – sprich: das Absterben seines Milzgewebes. Die zugrunde liegende Ursache für dieses Organversagen bei einem derart gesunden jungen Erwachsenen musste jedoch noch isoliert und identifiziert werden.

Profisportler wussten seit Langem, dass es anstrengend und kräftezehrend war, in Denver zu spielen. Die Stadt liegt 1609 Meter über dem Meeresspiegel, was dem Heimteam einen Vorteil verschafft, da dessen Gäste nicht an die dünne Höhenluft gewöhnt sind. Sie atmen schwer und haben Mühe, ihre Muskeln mit ausreichend Sauerstoff zu versorgen. Das Ganze wird durch die körperliche Anstrengung des Wettkampfs noch verstärkt. Eine gewisse Atemnot ist durchaus zu erwarten, allerdings rechnet niemand damit, dass eine Reise zum Mile High Stadium in Denver tödlich verlaufen könnte.

Zur Überraschung aller kehrte Clark im Jahr 2008 zum Football zurück und gewann im folgenden Jahr mit den Steelers den Superbowl. Leider konnte er diesen Erfolg nicht lange feiern. Zwei Wochen nach dem Finale starb seine 27-jährige Schwägerin an einer angeborenen Bluterkrankung. Nach 13 Jahren in der NFL gab Clark 2014 schließlich sein Ausscheiden bekannt. Um aber zu verstehen, was Ryan Clark damals in Denver geschah, müssen wir zunächst ein paar Tausend Jahre in die Vorgeschichte zurückreisen.

Clarks Erkrankung und sein Nahtoderlebnis wurden ausgelöst durch eine in seiner DNS verborgene Erbanlage – gemeinhin bezeichnet als Sichelzellenanämie, eine Genmutation der roten Blutzellen, durch welche der Sauerstofftransport in Muskeln und Organe gehemmt wird. In der sauerstoffarmen Atmosphäre Denvers und gefördert durch die Anforderungen des Spitzensports, kam es zu einer Unterversorgung von Clarks Körpergewebe mit Sauerstoff. Seine Milz und seine Gallenblase gaben auf, eine Nekrose setzte ein.

Die durch natürliche Auslese weitergegebene Sichelzellanämie ist eine angeborene Genmutation, die deshalb vererbt wird, weil sie ursprünglich für die Betroffenen von *Vorteil* war. Ja, Sie haben richtig gelesen. Die evolutionäre Ausformung, die Ryan Clark beinahe umgebracht hatte, war einst eine lebensrettende genetische Anpassung des Menschen. Clarks Sichelzellanämie, die erstmals vor 7300 Jahren in Afrika bei einer Frau auftrat, ist die jüngste und bekannteste genetische Reaktion auf die durch den Erreger *Plasmodium falciparum* ausgelöste Malaria.

Das erste Auftreten einer Sichelzellenanämie folgte einer extensiven landwirtschaftlichen Nutzung vormals unberührter Mückenhabitate. Vor etwa 8000 Jahren begannen erste Bantubauern mit dem konzentrierten Anbau von Jamswurzeln und Kochbananen. Diese landwirtschaftliche Intensivierung in Westzentralafrika entlang des Nigerdeltas bis weit in den Süden und in das Gebiet des Kongo hinein erweckte die Mücke aus ihrem isolierten Schlummer. Die Konsequenzen hätten katastrophaler nicht sein können: Eine vampirische *Falciparum*-Malaria wurde auf ihren neuen menschlichen Wirt losgelassen. Innerhalb von nur 700 Jahren reagierte der Mensch jedoch mit einer evolutionären Gegenoffensive, die den Parasiten verwirrte: der zufälligen Mutation des Hämoglobins, die dafür sorgte, dass die roten Blutkörperchen eine sichelförmige Gestalt annahmen. Normalerweise sind die Zellen oval und erinnern bisweilen an ein Donut. An die nun seltsam geformte Sichelzelle kann der Malariaparasit nicht andocken.

Kinder, die von einem Elternteil eine Sichelzellenanämie und vom anderen das normale Genom erben, sind – wie Ryan Clark – Träger einer sogenannten Sichelzellenanlage und mit einer 90-prozentigen Immunität gegen die *Falciparum*-Malaria gesegnet. Die Kehrseite (vor dem Zeitalter der modernen Medizin) war jedoch, dass die durchschnittliche Lebenserwartung von Trägern der Sichelzellenanlage nur knappe 23 Jahre betrug. Da die Lebenserwartung in unserer »angestammten Umgebung«, wie sich die Anthropologen ausdrücken, aber ohnehin relativ kurz war, war das kein schlechtes Geschäft. Und 23 Jahre sind sicherlich lange genug, um die Erbanlage an 50 Prozent der Nachkommenschaft weiterzugeben. Im modernen Zeitalter hingegen erweist sich diese genetische Sicherheitsmaßnahme gegen das *Plasmodium falciparum* als ernstes gesundheitliches Hemmnis, nicht nur für NFL-Spieler, sondern auch für alle anderen Träger, die ein reifes, hohes Alter von, sagen wir, 24 Jahren erreichen wollen. Eine weitere Kehrseite ist, dass 25 Prozent der Nachkommenschaft keine Sichelzellengene – und damit auch keine Immunität – und die restlichen 25 Prozent zwei Sichelzellgene erhalten. Wer mit Sichelzellgenen von beiden Elternteilen oder einer Sichelzellenkrankheit (die zwei Wochen nach Clarks Sieg beim Superbowl seine Schwägerin umbrachte) auf die Welt kommt, erbt ein Todesurteil. Die meisten Träger versterben bereits im Kindesalter.

In Gegenden Afrikas, wo die *Falciparum*-Malaria ungehindert wütete, resultierte die durch die Sichelzellenkrankheit bedingte Mortalitätsrate also aus einem *Vorteil*, auch wenn das heute unfassbar erscheint. Zumindest war es angesichts der wahrscheinlich apokalyptischen Sterbeziffern durch Malaria ein akzeptabler Preis für das Überleben. Trotz des Sichelzellenschutzes betrug die präadulte Sterblichkeitsrate im subsaharischen Afrika vor 1500 mindestens 55 Prozent.

Angesichts der Tatsache, dass die Sichelzellenanämie Leben gibt und nimmt, war sie eine recht hastige und unvollkommene evolutionäre Antwort auf die von Stechmücken übertragene Malaria. Sie zeigt jedoch, welch gewaltige Bedrohung die *Falciparum*-Malaria für die frühen Menschen darstellte – und folglich auch für unsere eigene Existenz: Möglicherweise war die Malaria die höchste evolutionäre Hürde für unsere Spezies. Es scheint fast, als hätte der biologische Baumeister unserer selektiven genetischen Aufbauplanung implizit eines begriffen: »Es ist keine Zeit für Forschung und Versuchsketten. Beeile dich und finde eine schnelle Lösung, die das Überleben der Spezies sichert. Über den Rest machen wir uns später Gedanken.« Schwere Zeiten erforderten verzweifelte Maßnahmen.

Die genetische Verbreitung der Sichelzellenanämie begleitete die Ausbreitung von Menschen, Mücken und Malaria in und außerhalb Afrikas. Heute gibt es weltweit etwa 50 bis 60 Millionen Träger der Sichelzellenanämie, von denen 80 Prozent immer noch an deren Ursprungsort, im subsaharischen Afrika, leben. Regional gibt es Gebiete in Afrika, dem Nahen Osten und in Südasien, wo bis zu 40 Prozent der Bevölkerung das Sichelzellengen aufweisen. Die heutige globale Streuung der Sichelzellenanämie ist eine evolutionäre Erinnerung an unseren langen und andauernden Überlebenskampf gegen die Mücke.

Einer von zwölf Afroamerikanern (das entspricht etwa 4,2 Millionen Menschen) besitzt derzeit die Sichelzellenanlage. Für die National Football League bedeutet dies ein Sicherheitsproblem, da 70 Prozent aller Spieler potenzielle Träger sind. Clarks schreckliches und lebensbedrohliches Erlebnis war für die Liga so erschreckend, dass es Anstoß zu internen Nachforschungen gab. Rasch stellte man fest, dass auch andere Spieler Träger dieses uralten Schutzes gegen das *Plasmodium falciparum* waren. Jedes Jahr treten daher eine Handvoll Spieler wie Ryan Clark im hoch gelegenen Stadion der Denver Broncos nicht an, weil sie eine Sichelzellenanlage besitzen. »Das Gute ist, dass die Menschen länger leben und wesentlich produktiver sind«, sagte Clark im Jahr 2015 gegenüber Vertretern der Presse. »Die Leute verstehen die Sichelzellenanämie heute ein bisschen besser. Sie wissen nun, wie sie auf sich selbst aufpassen können.«

Im Jahr 2012 gründete er die Wohltätigkeitsorganisation Ryan Clark's Cure League, um das allgemeine Bewusstsein und die wissenschaftliche Forschung für die Sichelzellenkrankheit zu sensibilisieren. Der ehemalige Profi und Super-Bowl-Champion hält nun regelmäßig Vorträge und spricht bei Gastveranstaltungen. Er ist unterwegs, um über die Krankheit zu diskutieren und sein Publikum über deren Herkunft zu informieren, die tief in der von Stechmücken bestimmten Menschheitsgeschichte verwurzelt ist. Clarks Heimatstadt Pittsburgh ist zwar kaum eine Hochburg der Malaria, doch erbte eines seiner drei Kinder die Sichelzellenanlage – als lebendiges Vermächtnis des harten Kampfes seiner afrikanischen Vorfahren gegen die Mücke und dessen bis heute fortwirkenden genetischen Folgen. Die Stechmücke und ihre Pathogene, beide mindestens 165 Millionen Jahre alt, sind auf unserer wilden evolutionären Reise als Anhalter mit von der Partie.

In der ersten, ungleichen Schlacht jedoch waren die Stechmücke und ihr Malariaparasit klar im Vorteil. Auf der Reise von Evolution und natürlicher Auslese waren sie Millionen Jahre voraus. Der Malariaparasit begann sein Dasein vor 600 bis 800 Millionen Jahren als Wasseralge und enthält bis heute Überbleibsel seiner fotosynthetischen Eigenschaften. Als wir Menschen entstanden, passten sich die Viren und Parasiten entsprechend an, weil sie nach neuen Möglichkeiten suchten, ihr Überleben zu sichern. Zum Glück gelang es Lucy und ihrem hominiden Nachwuchs, den Ansturm durch von Mücken übertragener Krankheiten zu überdauern.[12] Um unsere eigene Spezies zu schützen, schlugen wir durch natürliche Auslese zurück und entwickelten dabei eine Reihe genetisch codierter Überlebensstrategien, darunter die Sichelzellenanlage gegen die Malaria. Solche immunologischen Abwehrmechanismen sind die evolutionäre Reaktion des Menschen auf die unausweichliche Bedrohung durch die Malaria.

In diesem endlosen, zyklischen Überlebenskampf von Mensch und Mücke übten wir durch genetische Mutationen unserer roten Blutkörperchen Rache an der Malaria. Etwa zehn Prozent aller Menschen haben in gewissem Umfang eine Art genetischen Schutz gegen die beiden am weitesten verbreiteten und gefährlichsten Typen der fünf humanen Malariaplasmodien: *vivax* und *falciparum*. Die Sache hat jedoch einen Haken: Diese Malariaschutzschilde bergen ernste, bisweilen tödliche Gesundheitsrisiken, wie sich an Ryan Clarks Beispiel gezeigt hat.

Die erste humangenetische Reaktion auf die Geißel der *Vivax*-Malaria war die sogenannte Duffy-Negativität, die erstmals vor etwa 97 000 Jahren innerhalb der afrikanischen Bevölkerung auftauchte. Das *Plasmodium vivax* nutzt das Duffy-Antigen des Hämoglobinmoleküls als Zugang zu unseren roten Blutkörperchen (wie ein Shuttle, das an einer Raumstation andockt, oder ein Spermium, das in eine Eizelle eindringt). Das Fehlen dieses Antigens, also die Duffy-Negativität, schließt dieses Portal und verwehrt dem Parasiten damit den Zugang zu dem roten Blutkörperchen. Derzeit weisen verblüffende 97 Prozent der West- und Zentralafrikaner diese Mutation auf, was sie unempfindlich gegenüber *Vivax*- und *Knowlesi*-Infektionen macht. Manche Gruppen, etwa die Pygmäen, sind praktisch zu 100 Prozent Duffy-negativ. Die Duffy-Negativität war evolutionär zwar die erste der vier genetischen Malariareaktionen des Menschen, doch die letzte, die wissenschaftlich entdeckt wurde. Dennoch erkannte die Forschung schnell mehrere unerwünschte gesundheitliche Korrelationen. Jüngere Studien zeigen, dass Menschen mit Duffy-Negativität eine stärkere Veranlagung zu Asthma, Lungenentzündung und verschiedenen Krebsarten aufweisen. Noch alarmierender ist, dass die Duffy-Negativität die Anfälligkeit für eine HIV-Infektion um 40 Prozent erhöht.

Mit der Ausbreitung von Mensch und Malaria über Afrika hinaus entwickelten isolierte, in sich geschlossene Populationen eigene genetische Antworten auf das Malariaproblem. Thalassämie, eine abnormale Produktion oder Mutation des Hämoglobins, reduziert das Risiko einer *Vivax*-Infektion um 50 Prozent. Heute tritt Thalassämie bei rund drei Prozent der Weltbevölkerung auf, insbesondere in Ländern Südeuropas, des Nahen Ostens und Nordafrikas. In der Geschichte des Menschen hatte die Malaria diese Mittelmeeranrainer lange Zeit fest im Griff, wobei dem Kampf gegen den weitaus gefährlicheren *Falciparum*-Stamm eine weitere faszinierende Genmutation entsprang.

Diese Veränderung wurde Anfang der 1950er-Jahre entdeckt und wird meist als G6PD(H)-Mangel bezeichnet (eine Abkürzung für den Zungenbrecher Glucose-6-phosphat-Dehydrogenase-Mangel). Dabei fehlt den roten Blutkörperchen ein Enzym, das die Zelle gegen sogenannte Oxidantien schützt, Substanzen, die im Rahmen von Stoffwechselprozessen mit Sauerstoff reagieren. Antioxidantien in modischem *Superfood* wie Heidelbeeren, Brokkoli, Grünkohl und Granatapfel kämpfen gegen Oxidantien, indem sie einen gesunden Sauerstofferhalt und die Transportkapazität unserer roten Blutkörperchen fördern. Ähnlich wie die Thalassämie, bietet der G6PD(H)-Mangel eine Teilimmunität gegen Malaria, jedoch keinen nahezu vollständigen Schutz wie die Duffy-Negativität oder die Sichelzellenanlage. Träger zeigen keinerlei negative Symptome, solange ihre roten Blutkörperchen nicht auf einen Trigger treffen, der die lange Zeit so bezeichnete »Bohnenkrankheit« auslöst. Deren Symptome reichen von Lethargie über Fieber und Übelkeit bis hin zum Tod, Letzteres allerdings nur in seltenen Fällen.

Zu den Triggern gehören leider auch Malariamedikamente wie Chinin, Chloroquin und Primaquin. Fans der TV-Serie *M*A*S*H* erinnern sich vielleicht an die Folge, in der Corporal Klinger nach der Einnahme von Primaquin schwer erkrankt. Bedenkt man Klingers libanesische Abstammung, hat das Drehbuch hier gut recherchiert, denn der G6PD(H)-Mangel betrifft in erster Linie Menschen aus dem mediterranen und nordafrikanischen Raum. Der am weitesten verbreitete Trigger ist jedoch die Favabohne, weshalb das Krankheitsbild allgemein auch als Favismus bekannt ist. Als Vorsichtsmaßnahme wurde es im Mittelmeerraum üblich, die Favabohnen zusammen mit Rosmarin, Zimt, Muskat, Knoblauch, Zwiebeln, Basilikum oder Nelken zu kochen, die allesamt die Symptome des Favismus mildern. Der berühmte griechische Philosoph und Mathematiker Pythagoras warnte seine Landsleute bereits im 6. Jahrhundert v. Chr. vor den Gefahren des Verzehrs von Favabohnen.

Neben der Duffy-Negativität, der Thalassämie, dem G6PD(H)-Mangel und der Sichelzellenanlage gibt es in unserem Verteidigungsarsenal noch eine weitere Malariaresistenz, nämlich die Gewöhnung durch wiederholte Infektion, die zu Kolonialzeiten als *Seasoning* bezeichnet wurde. Wer unter chronischer Malaria leidet, bildet eine marginale Toleranz gegenüber dem Parasiten aus, was bei jeder neuen Infektion mildere Symptome zur Folge hat und das Sterberisiko auf null sinken lässt. Es lässt sich nun nicht gerade behaupten, dass es sich dabei um eine angenehme Schutzstrategie handelt, doch in Gebieten mit extrem hohen Malariainfektionszahlen könnte man sagen: Je häufiger man leidet, desto weniger leidet man. Das *Seasoning* wird ein wichtiger Bestandteil unserer Geschichte werden. Angesichts des sogenannten *Columbian Exchange*, des kolumbianischen Austauschs von Menschen, Tieren, Pflanzen über die Kontinente hinweg (siehe Kapitel 7), spielte die örtliche Gewöhnung an von Stechmücken übertragene Krankheiten während der Kolonisierung und der Befreiungskriege des amerikanischen Kontinents eine bedeutende Rolle. Die Wurzeln der Malaria wie auch ihrer verschiedenen evolutionären Schutzstrategien liegen in Afrika. Die längere Gewöhnung der Afrikaner an von Mücken übertragene Krankheiten und die damit einhergehende, durch natürliche Auslese entwickelte Voll- oder Teilimmunisierung sollte in den finsteren Zeiten des Sklavenhandels schlimme Konsequenzen für die Betroffenen haben.

Die natürliche Auslese, unter welche auch unsere genetischen Malariapuffer fallen, ist ein Prozess von Trial-and-Error (Versuch und Irrtum). Wie Charles Darwin unterstellte, werden diejenigen Genmutationen weitervererbt, die dem Überleben einer Spezies zuträglich sind. Diejenigen, die solche Mutationen nicht besitzen oder gar andere, unerwünschte Mutationen erben, sterben im konstanten Überlebenskampf schlicht aus. Darwin nannte dies die »Erhaltung der vervollkommneten Rassen im Kampfe ums Dasein«. Individuen, die über vorteilhafte Mutationen wie die Sichelzellenanämie verfügen, leben lange genug, um sich fortzupflanzen, ihr Erbgut weiterzugeben und vor allen Dingen das Überleben ihrer Spezies zu sichern. Nach und nach »züchten« die anpassungsfähigen Überlebenden diejenigen heraus, die diese positiven Anlagen nicht besitzen – schlicht und einfach ein *survival of the fittest*.[13]

Die Heilwirkung natürlicher und synthetisch erzeugter Medikamente wurde ebenfalls durch eine experimentelle Form der natürlichen Auslese ermittelt. Als unser hungriger frühmenschlicher Urahn starb, weil er appetitliche, aber giftige Beeren verspeiste, strichen seine aufmerksamen Begleiter diese verbotene Frucht eilig von ihrem Speiseplan. Mit der Zeit katalogisierten unsere frühmenschlichen und menschlichen Großeltern, Jäger und Sammler, in mündlicher Tradition eine Vielzahl essbarer und nicht essbarer Tiere und Pflanzen. Bei diesem Prozess entdeckten sie zudem die Heilwirkung bestimmter Pflanzen. Ihr Dasein war karg und gnadenlos, sie experimentierten mit der sie umgebenden Natur, um ihre Erkrankungen zu lindern und die hungrigen Mückenschwärme abzuwehren.

Wie der Malariaparasit selbst überlebte auch das Wissen um natürliche Krankheitslinderung den evolutionären Sprung vom Affen zum Menschen. Bis heute kauen Schimpansen Blätter der *Vernonia amygdalina*, um parasitische Infektionen wie Malaria zu lindern. Unter den

Völkern des äquatorialen Afrikas, dem Epizentrum der Malaria, ist die Pflanze eine beliebte Zutat für Suppen und Eintöpfe. Interessanterweise stammt der kleine Busch aus der Familie der Korbblütler – ebenso wie die Chrysanthemen, aus denen das erste kommerzielle Insektizid hergestellt wurde. Die getrockneten und pulverisierten Blüten wurden bereits etwa 1000 v. Chr. gezielt zur Schädlingsbekämpfung eingesetzt, bevor sie um 400 v. Chr. den Weg in den Nahen Osten fanden, wo sie als »Persisches Pulver« bekannt wurden. Zermahlen und in Pulverform aufgetragen oder mit Wasser oder Öl vermischt und versprüht, greifen die in den Blütenblättern enthaltenen Aktivstoffe, die Pyrethrine, das Nervensystem von Insekten an, auch das der Stechmücke.

Die in vielen Kulturen mit der Chrysantheme verbundene Symbolik wurde folglich unmittelbar von der Stechmücke geprägt. In Ländern, in denen von Mücken übertragene Krankheiten seit jeher weit verbreitet sind, werden sie mit Trauer und Tod assoziiert und dienen meist nur als Begräbnis- und Grabschmuck. Wo es dagegen kaum von Stechmücken übertragene Krankheiten gibt, steht die Blume für Liebe, Freude und Vitalität. Besonders deutlich wird dies am Beispiel der Vereinigten Staaten: Im Norden besitzt die Blume eine positive, im Süden jedoch eine gruselige Konnotation, insbesondere in New Orleans. Seit Beginn des 20. Jahrhunderts gilt die Stadt in Louisiana als Epizentrum von Gelbfieber- und Malariaepidemien. Ihre riesigen Friedhofsanlagen nennt man auch »Totenstädte« und »Nekropolis des Südens«. In Literatur und Film bilden sie häufig die Kulisse für moderne Vampirgeschichten.

Die insektiziden Eigenschaften der Chrysantheme wirken direkt gegen die Stechmücke, doch hat der Mensch auch mit einer Fülle organischer Mittel gegen von Stechmücken übertragene Krankheiten experimentiert. So haben sich etwa unsere Geschmacksknospen unter dem Einfluss der Mücke entwickelt. Nelken, Muskat, Zimt, Basilikum und Zwiebeln lindern die Symptome der Malaria, was möglicherweise erklärt, warum diese wenig nahrhaften Gewürze seit Jahrtausenden auf dem menschlichen Speiseplan stehen. In Afrika glaubte man an die lindernde Wirkung von Kaffee bei Malariafiebern, während im alten China dem Tee entsprechende Kräfte zugeschrieben wurden.

Durch die Entwicklung der Landwirtschaft kam um etwa 2700 v. Chr. in China sowohl die epidemische Malaria als auch die Teekultur auf. Es heißt, Shen Nung, einer der gottgleichen Kaiser, habe nicht nur den Pflug und die industrielle Exportlandwirtschaft erfunden, sondern auch zahlreiche Heilkräuter entdeckt – darunter eine Tasse homöopathischen Tees gegen Übelkeit und Malaria. Bevor man Tee als Getränk schätzte, wurden die gekochten Blätter mit Knoblauch, Trockenfisch, Salz und Tierfetten vermengt als medizinischer Brei verabreicht. Teeblätter wurden gekaut, ganz ähnlich wie die *Vernonia amygdalina*, die stimulierenden, amphetaminhaltigen Kokablätter in Südamerika oder der Khat am Horn von Afrika. Zerkaute Teeblätter wurden zudem als Wundauflage verwendet. Tee ist gegen den Malariaparasiten zwar wirkungslos, doch hat die moderne Forschung gezeigt, dass die im Tee enthaltene Gerbsäure Bakterien abtöten kann, die Cholera, Typhus und Ruhr verursachen. Befördert von buddhistischen und taoistischen Mönchen, die zur meditativen Anregung Unmengen von Tee tranken, wurde aus dem kaum bekannten medizinischen Trank im 1. Jahrhundert v. Chr. das beliebteste Getränk Chinas.

Die Popularität des Tees wuchs und wurde, zusammen mit seinem Anbau und der Malaria, bis zu den Mongoleneinfällen im 13. Jahrhundert in die Nachbarländer exportiert. Die Mongolen ersetzten den Tee durch Kumys (fermentierte, alkoholhaltige Ziegenmilch). Der venezianische Reisende und Kaufmann Marco Polo, der damals mehrere Jahre am mongolischen Hof verbrachte, erwähnt den Tee nicht, stimmt jedoch zu, dass Kumys »wie Weißwein und ein sehr gutes Getränk« sei. Der silberne Trinkbrunnen in der mongolischen Hauptstadt Karakorum sollte Größe und Vielfalt des riesigen Reiches zeigen. Aus seinen Ausgüssen flossen vier Getränke: Reisbier aus China,

Traubenwein aus Persien, slawischer Honigmet und natürlich mongolischer Kumys, aber kein Tee.

Was den Tee anbelangt, so findet sich in einem 2200 Jahre alten medizinischen Text aus China (mit dem nichtssagenden Titel *52 Rezepte*) eine kurze Darstellung der medizinischen und fiebersenkenden Eigenschaften eines bitteren Tees aus der kleinen und unscheinbaren *Artemisia annua*, des Einjährigen Beifußes. Dessen chemischer Bestandteil Artemisinin ist ein wahrer Malariakiller. Leider gerieten die Eigenschaften der unkrautartig wuchernden Pflanze, die praktisch überall wächst, weitgehend in Vergessenheit, bis sie 1972 von Mao Zedongs medizinischem Geheimprojekt mit der Bezeichnung »Projekt 523« wiederentdeckt wurden. Dieses geheime Projekt, auf das wir später noch zu sprechen kommen werden, hatte den Auftrag, eine Lösung für die Zustände in Vietnam zu finden, wo die Malaria in der nordvietnamesischen Armee ebenso wütete wie unter deren Verbündeten des Vietcongs, die sich in einem langwierigen Krieg gegen die Amerikaner befanden. Als eines der gleichzeitig ältesten und neuesten Malariamedikamente ist Artemisinin heute die bevorzugte Wahl westlicher Rucksacktouristen, die sich die Prophylaxe leisten können.

Auch der Kaffee, wie der Tee koffeinhaltig, ist tief mit der Malaria verbunden. Die Legende besagt, dass der äthiopische Ziegenhirte Kaldi im 8. Jahrhundert bemerkt habe, dass seine kranken oder geschwächten Tiere nach dem Verzehr hellroter Beeren von einem bestimmten Strauch wieder äußerst munter gewesen seien. Neugierig, wie es zu diesem plötzlichen Schwung gekommen sei, und in der Hoffnung, in derselben Weise sein Malariafieber zu unterdrücken, habe Kaldi selbst eine Handvoll gegessen und davon beflügelt einige Beeren in das nahe gelegene islamische Sufikloster gebracht. Der dortige Imam habe den Schafhirten für einfältig gehalten und die Beeren ins Feuer geworfen, wodurch sich der Raum mit jenem Wohlgeruch erfüllt habe, den viele von uns heute mit dem schönsten Aspekt des morgendlichen Aufstehens verbinden – einer Tasse Kaffee. Kaldi, so sagt man, habe die nunmehr gerösteten Bohnen aufgelesen, sie gemahlen und mit kochendem Wasser aufgebrüht. Im Jahr 750 soll es so zur ersten Tasse Kaffee der Geschichte gekommen sein.

Die Geschichte von Kaldi, seinen Ziegen und seinem Kaffee wird zwar oft bezweifelt, doch steckt in den meisten Legenden ein wahrer Kern. Der Kaffeestrauch stammt aus der Familie der *Rubiaceae*, die auch als Röte-, Krapp- oder Kaffeegewächse bezeichnet werden. Kaffeepflanzen werden systematisch von Insekten gemieden, welche eine tiefe Abneigung gegen das koffeinhaltige Unterholz zu haben scheinen. Wie unsere Beeren essenden frühmenschlichen Urahnen entwickelten die Insekten in einem eigenen Trial-and-Error-Prozess eine inbrünstige Aversion gegen Kaffee. Wie Pyrethrine wirkt das Koffein als natürliches Insektizid, das die Nervensysteme von Insekten angreift – auch die der Stechmücke. Der Chinarindenbaum, aus dem das erste wirksame Malariamedikament gewonnen wurde, das Chinin, gehört ebenfalls zur Familie der *Rubiaceae*. Seit seiner Entdeckung im 17. Jahrhundert durch spanische Jesuiten in Peru (welche wiederum die eingeborenen Völker der Quechua beobachteten) wurde das Chinin von den Europäern zur Linderung der Malariasymptome angewandt.

Die Geschichte von Kaldi und seinen Kaffeebohnen ist ebenso langlebig wie das Getränk selbst. Der äthiopische Schafhirte und seine Tiere finden sich oft in den Namen von Cafés und Röstereien wie *Kaldi's Coffee Roasting Company*, *Kaldi Wholesale Gourmet Coffee Roasters*, *Wandering Goat Coffee Company*, *Dancing Goat Coffee Company* und *Klatch Crazy Goat Coffee* – um nur einige zu nennen. Kaffee ist nach dem Petroleum die wertvollste (legale) Handelsware der Welt und die am weitesten verbreitete psychoaktive Droge, an deren Konsum die Amerikaner einen Marktanteil von 25 Prozent haben. Der Kaffee schafft obendrein Arbeitsplätze für weltweit mehr als 125 Millionen Menschen, weitere 500 Millionen sind direkt oder indirekt in den Kaffeehandel involviert. Im Jahr 2018 verzeichnete Starbucks mit etwa 29 000 Filialen in 75 Ländern einen beeindruckenden Umsatz von 25 Milliarden US-Dollar. Der Stechmücke ist es zu verdanken, dass das Phänomen Starbucks und die weltweite Kaffeekultur heute Kaffeesüchtige auf der ganzen Welt fest in ihrem Griff haben. Seine Eigenschaften und Wirkungen ließen den koffeinhaltigen Kaffee als brauchbares Malariamedikament erscheinen.

Erstmals erwähnt wird Kaffee in einem arabischen Text des berühmten persischen Arztes Rhazes aus dem 10. Jahrhundert. Der »Wein Arabiens«, wie Kaffee einst genannt wurde, verbreitete sich rasch nach Ägypten und in den Jemen und eroberte bald die muslimische Welt. Der Prophet Mohammed, der Gründer des Islams, behauptete, dass er dank der stimulierenden Wirkung und der medizinischen Eigenschaften des Kaffees »40 Männer vom Pferd stoßen und 40 Frauen besitzen« könne. Kurz nach Kaldis Entdeckung verbreitete sich der Kaffee wie ein Lauffeuer im Nahen Osten und wurde nach seiner Einführung in Europa im 16. Jahrhundert Teil des weltweiten kolumbianischen Austauschs.

Die Kaffee-Malaria-Stechmücken-Verbindung zieht sich wie ein roter Faden durch unsere Geschichte. In Amerika und Frankreich wurde Kaffee zur Droge der Revolution. Während der wissenschaftlichen Revolution war er das Getränk des intellektuellen Europas. Die ersten Kaffeehäuser entstanden im Jahr 1650 im englischen Oxford und 1689 in Boston. Sie wurden zu Brutstätten visionärer Diskussion und förderten neben einer nie da gewesenen Phase wissenschaftlichen Fortschritts in ganz Europa auch revolutionäres Gedankengut in den amerikanischen Kolonien. Kurz, sie waren das Medium für den Austausch und Dialog von Informationen und Ideen.

Die Beziehung von Kaffee und Stechmücke indes bildete einen weitaus finstereren und stärkeren Bund. Als sich das Getränk weltweit verbreitete und in den Kolonien der gesamten kolumbianischen Welt Kaffeepflanzungen entstanden, war der Kaffee untrennbar verbunden mit dem Sklavenhandel und der Ausbreitung von durch Stechmücken übertragener Krankheiten. Wie wir später noch sehen werden, brachte der transatlantische Sklavenhandel nicht nur Afrikaner, sondern auch die todbringenden Mücken und deren Krankheiten auf den amerikanischen Kontinent. Die afrikanischen Sklaven, gewappnet durch angeborene genetische Immunitäten gegen die Malaria (etwa der Sichelzellenanämie), widerstanden dem Zorn der Stechmücken. Anders erging es den wehr- und schutzlosen europäischen Arbeitern und Dienern. Afrikanische Sklaven wurden in kolonialen Außenposten und auf Plantagen daher zu einem wertvollen Handelsgut. Sie überlebten die von Stechmücken übertragenen Krankheiten und sorgten so für steigende Gewinne, wodurch sie selbst zu profitablen Wirtschaftsgütern wurden.

Ryan Clarks persönlicher Kampf gegen die Sichelzellenkrankheit ist ein winziges Nachbeben des seismischen Schockes, den die Stechmücke auf globaler Ebene ausgelöst hat, und unserer Versuche, uns durch genetische Veränderungen gegen ihr anhaltendes Bombardement mit Krankheiten zu schützen; seine Geschichte ist in einen weiten historischen Kontext eingebettet. Vor der imperialen, merkantilistischen Expansion Europas Mitte des 15. Jahrhunderts hatten Afrikaner stets *in* Afrika gelebt. Durch den Sklavenhandel wurden sie und ihre genetischen Schutzschilde nun in weit entfernte Gebiete auf dem amerikanischen Kontinent gebracht. Für heute in den Vereinigten Staaten lebende Menschen wie Ryan Clark, die mit einer Sichelzellenanämie umgehen müssen, ist dies allerdings mehr als nur Geschichte. Es ist tägliche Routine und Realität. Der Einfluss und die Auswirkungen der Stechmücke bleiben nicht auf ein paar Seiten in Geschichtsbüchern beschränkt, sondern umspannen sämtliche Entwicklungsstufen und Zeitalter der Menschheit. Das erste Auftreten der Sichelzellenkrankheit bei den Kochbananenpflanzern der Bantu setzte eine Kette von Ereignissen in Gang, die heute noch nachhallen und schließlich auch Ryan Clark erfassten.

Das Auftreten der Sichelzellenanämie hatte für Afrika und die dortige Bevölkerung direkte Auswirkungen und anhaltende Folgen. Mit dem Aufkommen bantusprechender Jamswurzel- und Kochbananenpflanzer in Westzentralafrika um 8000 v. Chr. explodierten dort die Stechmückenpopulationen. Ganzjährig kam es zu verheerenden Ausbrüchen von *Falciparum*-Malaria. Die natürliche Auslese beim Menschen konterte damit, dass sie den Bantuvölkern Schutz durch eine erbliche Sichelzellenanämie bot. Als sich die Malaria weiter verbreitete und nicht immune Bevölkerungen dahinraffte, siedelten sich die mit einem immunologischen Vorteil und Eisenwaffen ausgestatteten Bantu auch im Süden und im Osten Afrikas an. Auch die von ihnen angebaute Jamswurzel stärkte ihre genetische Resistenz gegen den Malariaparasiten. Die Pflanze enthält Stoffe, welche die Vermehrung des *Plasmodium falciparum* im Blut hemmen.

Während zweier großen Völkerwanderungen zwischen 5000 und 1000 v. Chr. vertrieben die Bantu die von Malaria geplagten überlebenden Jäger und Sammler wie die Völker der Khoisan, San, Pygmäen und Mande, die nur über eine begrenzte oder gar keine Immunität verfügten, in die Randzonen und Peripherien des Kontinents, deren Gebiete nicht den landwirtschaftlichen Anforderungen der Bantu entsprachen und sich auch nicht als Weideland für ihren vierbeinigen Wohlstand in Form von Vieh eigneten. Die vertriebenen Überlebenden der Khoisan fanden Zuflucht am Kap der Guten Hoffnung an der Südspitze Afrikas. »Der immunologische Schutzwall, den das *Plasmodium falciparum* um die Bantu errichtet hatte, wehrte Eindringlinge von außen ebenso wirksam ab wie eine stehende Armee«, meint die Malariaexpertin Sonia Shah. »Die Bantubauern brauchten nicht größer oder stärker zu sein, um die Nomaden zurückzuschlagen: Ein paar Mückenstiche, und die Sache war erledigt.« Die Stechmücke und die genetische Anpassung der Bantu an die Malaria ebneten den Weg für die mächtigen südafrikanischen Reiche der Xhosa, Shona und Zulu. Der von menschlichen – landwirtschaftlichen – Interessen getriebene Eingriff in die Natur, für welchen die Entwicklung der Bantu exemplarisch ist, war der Schlüssel zur Büchse der Pandora und ließ den Stechmücken und ihren tödlichen Seuchen freie Bahn.

Ursache der Eskalation unseres Krieges gegen die Mücke war die relativ junge Entwicklung des Menschen von Jäger-und-Sammler-Stammeskulturen zu größeren, dicht besiedelten Gesellschaften, die auf der Domestizierung von Pflanzen und Tieren im Zuge der landwirtschaftlichen Revolution gründeten. »Die vergangenen zweihundert Jahre, während derer stetig wachsende Zahlen von *Homo sapiens* ihr täglich Brot als Arbeiter und Büroangestellte in Städten verdienten, und die davor liegenden 10 000 Jahre, während derer die meisten Menschen Bauern und Hirten waren, sind nur ein Wimpernschlag im Vergleich zu den Zehntausenden von Jahren, in denen unsere Vorfahren jagten und sammelten«, erklärt Yuval Noah Harari in seinem Bestseller *Eine kurze Geschichte der Menschheit*. Der Ackerbau und das damit einhergehende Eingreifen des Menschen in die Natur setzte die ersten Bauern tödlichen Mückenstichen aus, während sie durch Abholzung und Urbarmachung unwissentlich den Lebensraum der Stechmücke erweiterten. Bewässerungsmaßnahmen und die gezielte Umleitung von Wasserwegen maximierten schließlich die Ausbreitungsmöglichkeiten der Stechmücke – und schufen den perfekten Nährboden für die von ihr übertragenen Krankheiten. Dank der Landwirtschaft machte die Menschheit zwar gewaltige soziokulturelle Fortschritte (darunter die Entwicklung der Schrift), aber sie setzte auch eine biologische Massenvernichtungswaffe der Natur frei – die Mücke. Der Ackerbau forderte seine Opfer.

Um etwa 4000 v. Chr. wurde im Nahen Osten sowie in China, Indien, Afrika und Ägypten intensiver Ackerbau betrieben, was den Aufstieg großer Zivilisationen mit allen Vor- und Nachteilen ermöglichte. »Die Zivilisation war der landwirtschaftliche Überschuss«, wie der Schriftsteller H. G. Wells einmal sagte. Diese Landwirtschaft im großen Stil war die Hauptursache für den bis heute andauernden Krieg zwischen Mensch und Mücke. Vor 12 000 bis 6000 Jahren gab es mindestens elf voneinander unabhängige Zentren, die sich als Ursprungsorte des Konflikts ausmachen lassen.

Die Entwicklung der Landwirtschaft, die zu einer Ausdehnung der Habitate und Brutstätten von Stechmücken führte, erforderte Lasttiere, bald gefolgt von anderen Nutztieren wie Schafen, Ziegen, Schweinen, Geflügel und Rindern. Diese Tiere waren ideale Reservoire für Krankheiten. Alfred W. Crosby schreibt dazu: »Als der Mensch Tiere domestizierte und sie am menschlichen Busen scharte – bisweilen wörtlich, da menschliche Mütter sich auch um mutterlose Tiere kümmerten –, schufen sie Krankheiten, von denen ihre jagenden und sammelnden Vorfahren kaum oder noch nie gehört hatten.« Von domestizierten Tieren wie Eseln, Yaks oder Wasserbüffeln, die der Nähe des Menschen weniger bedurften, gingen nur geringe oder keine zoonotischen Risiken aus. Die Tierhaltung innerhalb der menschlichen Sphäre hingegen hatte schwere Konsequenzen. Von den Pferden stammt das Erkältungsvirus; von den Hühnern die »Vogelgrippe«, Windpocken und Gürtelrose; Schweine und Enten bescherten uns die Influenza, und von Rindern gingen Masern, Tuberkulose und Pocken aus – um nur einige Beispiele zu nennen.

In Süd- und Mittelamerika erblühte der Ackerbau zwar bereits vor etwa 10 000 Jahren, doch anders als in der übrigen Welt ging er nicht einher mit einer extensiven Domestizierung von Tieren oder einem ungehinderten Siegeszug von Krankheiten. Auf dem amerikanischen Kontinent fand die Paarung von Ackerbau und Tierhaltung nicht statt. Folglich kam es auch nicht zu Zoonosen. Die Urbevölkerung des amerikanischen Kontinents blieb von sämtlichen zoonotischen Krankheiten verschont – auch vor denen, die von der Stechmücke übertragen werden. Während es in der westlichen Hemisphäre unter den größten Mückenpopulationen des Planeten schwärmte und summte, verfolgten die Mücken der Neuen Welt 95 Millionen Jahre lang einen eigenen evolutionären Pfad, der sie von der Bürde der Krankheitsübertragung entband – zumindest vorerst. Lediglich der Malaria gelang es noch in präkolumbianischer Zeit, den Fängen Afrikas zu entkommen.

Es gibt Hinweise, die auch für die Antike darauf schließen lassen, dass der Aufstieg des Ackerbaus, die Domestizierung von Tieren und die Ausbreitung von durch Stechmücken übertragene Krankheiten Hand in Hand gingen – ähnlich wie im Falle der Bantu. Japan beispielsweise importierte um 400 v. Chr. sowohl den Reisanbau als auch die Malaria aus China. »Sowohl die *Falciparum-* als auch die *Vivax-*Malaria wurden vermutlich erst dann zu chronischen Infektionen, als der Mensch begann, sich in den ersten subtropischen und tropischen Flussgebieten anzusiedeln«, bestätigt der Historiker James Webb. »An den Ufern des Nil, des Indus, des Gelben Flusses und im Flusssystem von Euphrat und Tigris entstanden die ersten großen auf Saatgut gestützten Gesellschaften.« Die Züchtung von Pflanzen und Tieren beschleunigte den Aufstieg der Mücke zur Weltherrschaft und eröffnete ihren Krankheiten schier unbegrenzte Möglichkeiten.

Im Herzen der antiken Welt, am Zusammenfluss von Euphrat und Tigris nahe der Stadt al Qurnah in Mesopotamien (480 Kilometer südöstlich von Bagdad, wo angeblich der Garten Eden gelegen haben soll), herrschte seit dem Aufkommen der Landwirtschaft um 8500 v. Chr. stets eine Form von Imperialismus. Landwirtschaftliche Aktivitäten begünstigten um 4000 v. Chr. die Entstehung der ersten sumerischen Stadtstaaten und gestatteten später einem relativ isolierten Ägypten, an den Ufern des Nils zur Hochkultur zu erblühen. Im Lauf der Geschichte expandierten große Reiche durch Imperialismus, Eroberung und politische oder ökonomische Macht. Irgendwann wurden alle besiegt, andere nahmen ihren Platz ein, sodass sich ein zyklisches Muster aus Aufstieg und Fall antiker Königreiche ergibt.

Die landwirtschaftliche Revolution führte zur Entstehung moderner Stadtstaaten, drastisch wachsenden Bevölkerungen und, was für die Ansteckungsgefahr von größter Bedeutung ist, zu wachsender Bevölkerungsdichte. Um 2500 v. Chr. gab es im Nahen Osten bereits Städte mit mehr als 20 000 Einwohnern. Der moderne Ackerbau bescherte den Menschen Überschüsse und Wohlstand. Gier ist ein starker Motor. Das dem Menschen angeborene Streben nach Wohlstand und Macht führte zu komplexen gesellschaftlichen Ordnungen, örtlicher wirtschaftlicher Spezialisierung, differenziert gestaffelten spirituellen, rechtlichen und politischen Strukturen und vor allem zu einer Ausweitung des Handels. Statistisch betrachtet, waren Gesellschaften, die auf hohem Niveau Handel trieben, im Lauf der Geschichte stärker durch Kriege bedroht. Politische und militärische Macht fußten auf Wohlstand, der wiederum an den Handel und die Kontrolle über wichtige Häfen, Handelsrouten und Transportknotenpunkte gekoppelt war. Die Realität der Wirtschaftswissenschaften ist recht simpel: Warum Handel treiben, wenn man auch einmarschieren kann? Erfolg und Scheitern früher Imperien in ihrem Streben nach territorialer Expansion und Wohlstand hingen jedoch zum großen Teil von der Stechmücke ab.

Im Kontext des antiken Mittelmeerraums bestimmte die Verbindung von Malaria und Mücke nicht nur die DNS, vielmehr fügte die Stechmücke auch die historischen Chromosomen der Zivilisation selbst zusammen. Hemmungslos fegte »General Anopheles« ganze Armeen hinweg und beeinflusste den Ausgang zahlloser entscheidender Kriege. Wie »General Winter«, der während der napoleonischen Kriege und im Zweiten Weltkrieg den Russen zu Hilfe eilte, war General Anopheles im Laufe der Kriegsgeschichte stets ein mächtiger und gefährlicher Guerillakämpfer, der über die Entstehung von Nationen und Imperien mitentschied. Die Stechmücke spielt die Rolle des Söldners, der abwechselnd Freund und Feind dient. Wie wir noch sehen werden, ist sie zwar unparteiisch, greift aber willkürlich dort an, wo sich ihr eine Gelegenheit bietet. In der Regel profitiert eine Seite vom Elend der anderen. Als die industrielle Landwirtschaft weltweit das Antlitz der Erde veränderte und aufblühenden Imperien zu Macht und Wohlstand verhalf, wurde die Mücke zum Weltzerstörer. Schriftgelehrte dieser antiken Agrargesellschaften in Mesopotamien, Ägypten, China und Indien dokumentierten – durch ihre Schilderung von Krankheitssymptomen – die Machtausübung der Stechmücke über die gesamte antike Welt.

Es war eine Welt voller mysteriöser Krankheiten und Tod. In der physischen und psychologischen Welt unserer Vorfahren waren Krankheit und Leiden unheimliche, übernatürliche, beängstigende Erscheinungen. Wie der englische Philosoph Thomas Hobbes 1651 in seiner Abhandlung *Leviathan* verkündete, würden menschliche »Gewalttätigkeiten durch eine anderweitige Macht gestraft, Unmäßigkeit durch Krankheiten usw.« Hobbes sieht darin »natürliche Strafen«; zudem herrsche die ständige »Furcht vor einem gewaltsamen Tod«. Insgesamt sei das Leben des Menschen »einsam, armselig, scheußlich, tierisch und kurz«. Stellen Sie sich das einen Augenblick lang vor: Was, wenn diese finstere, unheilvolle, furchterregende und apokalyptische Vision unsere tägliche Realität wäre? Unsere Vorfahren pflegten und interpretierten ein vollkommen anderes, abergläubisches Verständnis von Krankheit. Innerhalb eines Weltbilds, das von Mystik, Wundern und dem Zorn der Götter geprägt war, trieben sie in unbekannten Gewässern.

Unsere Ahnen suchten Antworten in den Elementen Erde, Wasser, Luft und Feuer. Krankheiten, Leiden und Tod wurden rachsüchtigen Göttern zugeschrieben. Durch Gebet und Opfer versuchten sie, die mächtigen Geister zu besänftigen, um Vergebung für ihr Fehlverhalten zu bitten und schließlich ein Ende ihrer Qualen herbeizuführen. Für uns ist es schwierig, wenn nicht gänzlich unmöglich, uns eine Welt ohne wissenschaftliche Vernunft vorzustellen, ohne konkrete Ursache-Wirkung-Bezüge und ohne Prävention und Behandlung der meisten Krankheiten. »Das vergangene Jahrhundert war für die menschliche Gesundheit und für die Fähigkeit des Menschen, den Rest der Biosphäre – innerhalb gewisser Grenzen und nicht ohne unbeabsichtigte Folgen – nach seinem Willen zu formen, eine außergewöhnliche Epoche«, meint J. R. McNeill. »Wir dürfen nicht vergessen, dass dies nicht immer so war.«

Natürlich experimentierten auch unsere frühen Vorfahren bereits mit organischen Behandlungsmethoden und kratzten sogar ein wenig an der Oberfläche der wahren Ursachen der von Stechmücken übertragenen Krankheiten. Der vorherrschende medizinische Konsens, bekannt als Miasmatheorie, schrieb die meisten Erkrankungen schädlichen Dämpfen, Partikeln oder schlicht »schlechter Luft« zu, die etwa von stillen Gewässern, Marschgebieten oder Sümpfen ausging. Mit dieser Annahme hatte man um ein Haar den wahren Schuldigen enttarnt – die Stechmücke, die in den fraglichen Gewässern lebte und brütete. Knapp daneben ist jedoch auch vorbei, wie man so schön sagt. Um ein besseres Verständnis ihrer Leiden und der Abläufe in der sie umgebenden Natur zu erreichen, dokumentierten unsere Vorfahren die Symptome zahlreicher Krankheiten, darunter auch derjenigen, die durch die Mückenstiche hervorgerufen wurden.

Einzelne Krankheitsbilder aus diesen uralten historischen Überlieferungen herauszulesen, ist eine zähe Arbeit. In alten Chroniken ist üblicherweise von Fieber die Rede, doch angesichts des embryonalen Zustands medizinischen Wissens vor Louis Pasteurs revolutionärer Keimtheorie sind die Beschreibungen vage, unspezifisch und entbehren jeglicher Grundlage. Die meisten Krankheiten werden von Fieber begleitet, darunter auch Cholera und Typhus, die beide relativ exemplarisch waren. Dank moderner Krankheitsbilder lassen sich im Laufe der Geschichte dokumentierte Plagen und Seuchen oft recht gut entschlüsseln.

Die Symptome von Filariose und Gelbfieber sind eindeutig und bereits von den ersten Schriftgelehrten glaubhaft geschildert. Fieberhafte Malaria hingegen ist schwieriger von anderen Erkrankungen zu unterscheiden, doch liefert auch sie uns Hinweise auf ihre historischen Ursachen und Folgen. Von den fünf für den Menschen gefährlichen Malariatypen beginnen die tödliche *Falciparum*-Malaria und der seltene Neuling *Knowlesi*-Malaria mit einem 24-stündigen Fieberzyklus aus Schüttelfrost, gefolgt von hohem Fieber und Schweißausbrüchen. Einmal am Tag erreicht das Fieber seinen Höhepunkt. Die historische Bezeichnung dieses Krankheitsbilds lautete Quotidianfieber. Die durch *Plasmodium ovale* und *Plasmodium vivax* hervorgerufenen Symptome treten in einen 48-stündigen Zyklus auf, genannt Tertianafieber. Das *Plasmodium malariae* wiederum verursacht Fieber in dreitägigen Intervallen und wurde daher als Quartanfieber bezeichnet.[14] Alle Malariaanfälle rufen zudem eine sichtbare Schwellung der Milz hervor. Sind in den historischen Beschreibungen – etwa des berühmten griechischen Arztes Hippokrates oder seines römischen Nachfolgers Galen – derartige Einzelheiten verzeichnet, kann es unter Heranziehung anderer archäologischen Materials wie den Überresten von Skeletten gelingen, den geheimnisvollen Schleier zu durchdringen und die Stechmücke als Übeltäter zu entlarven.

Die erste Bestätigung einer von Stechmücken übertragenen Krankheit stammt aus dem Jahr 3200 v. Chr. Die sumerischen Tafeln, die aus dem alten Mesopotamien stammen, der »Wiege der Zivilisation« zwischen Euphrat und Tigris, beschreiben eindeutig Malariafieberanfälle. Diese wurden Nergal zugeschrieben, dem babylonischen Gott der Unterwelt, dargestellt als mückenähnliches Insekt. Ähnliches gilt für die chaldäische Gottheit Baal. Der Gott Beelzebub der Kanaaniter und Philister (Herr der Fliegen oder Insekten) taucht in frühen hebräischen und christlichen Schriften als Teufel auf. Die bösen Dämonen der das Feuer verehrenden, vor allem in Persien und am Kaukasus lebenden Zoroastrier wurden als Fliegen oder Stechmücken dargestellt. Hobbes borgte seinen unheilvollen *Leviathan* aus hebräischen (und christlichen) Texten des Alten Testaments, in denen das Seeungeheuer Leviathan Chaos und Verderben verbreitet, indem es die See zum Kochen bringt. Dieser Leviathan erinnert stark an unsere muntere Stechmücke, die im Laufe der Geschichte ebenfalls für reichlich Chaos und Tumult gesorgt hat. Selbst heute noch wird der christliche Teufel oft mit blutroten Flügeln, hervorstechenden Hörnern und langem spitzem Schwanz dargestellt – eine Vision, die unterschwellig an Insekten erinnert.

Malaria – »und siehe, ein *fahles Pferd*. Und der darauf saß, des Name hieß Tod, und die Hölle folgte ihm nach«: Ein chinesisches Anti-Malaria-Plakat, das den Todesreiter auf dem fahlen Pferd aus der biblischen Offenbarung zitiert, um die Öffentlichkeit dafür zu sensibilisieren, dass »Prävention bedeutet, die Stechmücke zu töten; die furchterregende, verseuchte Stechmücke bringt die Hölle auf den Planeten Erde und löst Epidemien aus«.

Im Alten Testament sind Gottesurteile regelmäßig als Insektenplagen und damit verbundene tödliche Seuchen dargestellt. Ein zorniger Gott brachte Krankheit und Not über seine ungehorsamen Schäfchen oder deren Feinde, vor allem über die Ägypter und die Philister. Als Teil ihrer Kriegsbeute nach dem Sieg über die Israeliten in der Schlacht bei Aphek um 1130 v. Chr. raubten die Philister die Bundeslade. Daraufhin kam die Rache Gottes in Gestalt verheerender Krankheiten und Unglücksfälle über sie, bis die Lade ihren rechtmäßigen Besitzern zurückgegeben wurde. Während ich dies schreibe, denke ich an die Schlussszene des Indiana-Jones-Films *Jäger des verlorenen Schatzes*, in welcher Gott Todesengel zu den plündernden Nazis schickt, die soeben die Lade geöffnet haben. Von den vier apokalyptischen Reitern der Offenbarung war der Reiter des fahlen Pferdes der Tod, dem »die Macht gegeben [war] über den vierten Teil der Erde, zu töten mit dem Schwert und mit Hunger und mit Tod und durch die wilden Tiere der Erde«.

Die Bibel ist einer der am meisten studierten und untersuchten Texte der Welt, und doch können Experten aus verschiedenen Bereichen der Wissenschaft – etwa der Epidemiologie, der Theologie, der Linguistik, der Archäologie oder der Geschichtswissenschaft – die Ursachen der Seuchen nicht genau identifizieren, die im Alten Testament immer wieder auftauchen. Einigkeit besteht indes darüber, dass Malaria oder Mückenplagen mindestens viermal erwähnt werden, davon einmal bei der Vernichtung der assyrischen Armee unter König Sennacherib im Jahr 701 v. Chr., was zum Ende der Belagerung Jerusalems führte. Lord Byron machte dieses Ereignis in seinem stürmischen Gedicht *The Destruction of Sennacherib* 1815 unsterblich. Der romantische Politiker und Poet starb 1824 an Malaria, während er im griechischen Unabhängigkeitskrieg gegen das Osmanische Reich kämpfte. Kurz vor seinem Tod im Alter von 36 Jahren räumte Byron ein, er sei »für diese Malariasaison zu lange draußen gewesen«.

Wir wissen freilich, dass die Malaria und vermutlich auch die Filariose während und nach dem etwa auf das Jahr 1225 v. Chr.

datierten Exodus bereits in Ägypten und in weiten Teilen des Nahen Ostens verbreitet war. Reliefs in ägyptischen Begräbnistempeln in Theben, dem heutigen Tal der Könige in Luxor, und spätere Inschriften persischer und indischer Beobachter geben Hinweise darauf, dass die Filariose bereits um 1500 v. Chr. erstmals die Menschheit heimsuchte. In 9000 Jahre alten Knochen aus der jungsteinzeitlichen Stadt Çatalhöyük im Süden der Türkei sowie in bis zu 5200 Jahre alten ägyptischen und nubischen Funden, darunter auch der Mumie von König Tutanchamun, wurden unlängst Überreste gefunden, die auf eine Malariaerkrankung schließen lassen. Der Tod des erst 18-jährigen Tutanchamun an einer *Falciparum*-Malaria im Jahr 1323 v. Chr. markierte den Anfang vom Ende der imperialen Macht und kulturellen Blüte Ägyptens.[15] Das Land sollte nie wieder derartige internationale Bedeutung erlangen.

Im Tal der Könige: Die Stechmücke unter den Hieroglyphen am Tempel Ramses III. in Luxor, Ägypten. Der Bau des Tempels um 1175 v. Chr. fiel mit den Invasionen der sogenannten »Seevölker« und dem Zusammenbruch der frühen Kleinimperien Mesopotamien und Ägypten zusammen.

Der Zusammenschluss ägyptischer Stadtstaaten und die vom Nildelta ausgehende landwirtschaftliche Expansion begannen um 3100 v. Chr. Bedingt durch seine geografische Isolation und die umliegenden Wüstengebiete spielte Ägypten in den höheren Sphären der Geopolitik keine besondere Rolle. Die Ägypter drangen zwar bis in den östlichen Mittelmeerraum vor, was sie mit Israeliten und anderen in Konflikt brachte, doch gelang es ihnen nie, langfristig Fuß zu fassen. Die frühe ägyptische Zivilisation entwickelte sich im Allgemeinen außerhalb der wiederkehrenden politischen und militärischen Bestrebungen gen Osten. Damit war Ägypten ein in sich mehr oder weniger geschlossenes Imperium, welches seine Blütezeit in der Ära des sogenannten Neuen Reiches von 1550 bis 1070 v. Chr. erlebte, die für einige der berühmtesten Pharaonen bekannt ist, darunter Echnaton und seine Frau Nofretete, Ramses II. und Tutanchamun. Während der folgenden zwei Jahrhunderte gingen Gebietshoheit, Wohlstand und der Einfluss Ägyptens drastisch zurück. Schließlich wurde Ägypten zu einem Vasallenstaat von Eroberern, beginnend mit den Libyern um 1000 v. Chr, gefolgt von den Persern unter Kyros dem Großen, den Griechen Alexanders und den Römern unter Augustus.

Die Malaria oder das »Sumpffieber« wird bereits im frühesten auf Papyrus geschriebenen medizinischen Text Ägyptens aus dem Jahr 2200 v. Chr. erwähnt – ein Jahrtausend vor der malariösen Mumie König Tutanchamuns. Der angesehene griechische Geschichtsschreiber Herodot notierte im 5. Jahrhundert v. Chr. für die Nachwelt: »Gegen die Mücken, die es in ungeheurer Menge gibt, hat man folgende Schutzvorrichtungen. Im Oberland schützt man sich durch turmartige Schlafräume, zu denen man hinaufsteigt. Der Wind hindert nämlich die Mücken, hoch zu fliegen. Die Bewohner des Sumpflandes haben statt dieser Türme eine andere Einrichtung. Jeder ist dort im Besitz eines Fischernetzes, das er bei Tage zum Fischen braucht. Das befestigt er bei Nacht rings an dem Lager, auf dem er ruht. Zum Schlafen kriecht er darunter ... Durch die Maschen zu dringen, versuchen die Mücken aber gar nicht.« Die am weitesten verbreitete ägyptische Behandlungsmethode bei Malariafiebern sei ein Bad in frischem menschlichem Urin gewesen, so Herodot. Da ich mich noch nie mit Malaria infiziert habe, kann ich nur mutmaßen, dass die Symptome derart unerträglich sind, dass man für die Aussicht auf etwas Linderung offenbar schon damals nichts unversucht ließ.

Alte chinesische Schriften, darunter das berühmte *Nèijīng* (das »Buch des Gelben Kaisers zur Inneren Medizin«, 400–300 v. Chr.), differenzieren zwischen den Fieberschüben unterschiedlicher Malariaformen und auch sie beschreiben die Vergrößerung der Milz. Man nahm an, die Symptome der »Mutter aller Fieber« würden durch eine Störung des *Qi* (Lebensenergie) und des Gleichgewichts zwischen *Yin* und *Yang* (Gut und Böse) hervorgerufen, Vorstellungen, derer sich offenbar auch *Star Wars*-Schöpfer George Lucas bediente. Malaria wurde in der chinesischen Folklore und medizinischen Texten als dämonisches Trio dargestellt, bei welchem jeder böse Geist eine Stufe des Fieberkreislaufs symbolisierte. Der Dämon des Fröstelns war mit einem Eimer Eiswasser bewaffnet, der nächste Fieberdämon schürte ein loderndes Feuer, und der darauf folgende Dämon des Schwitzens und rasender Kopfschmerzen schwang einen Vorschlaghammer.

Die Heimsuchung durch diese Malariadämonen ist in einer Legende festgehalten. Darin bittet ein chinesischer Kaiser seinen zuverlässigsten Gesandten, eine entlegene südliche Provinz zu befrieden und deren Gouverneur zu werden. Der Botschafter dankte dem Kaiser und begann sich auf seinen neuen Posten vorzubereiten. Als die Zeit gekommen war, weigerte er sich jedoch, die Reise anzutreten – mit der Begründung, dass dieses Unterfangen den sicheren Tod bedeute, da in der fraglichen Provinz die Malaria wüte. Sein erzürnter Herrscher ließ ihn daraufhin sofort enthaupten. Sima Qian, der aufgrund seines Werkes *Aus den Aufzeichnungen des Chronisten* von 94 v. Chr. als Vater der chinesischen Geschichtsschreibung gilt, bestätigt, dass »in der Gegend südlich des Jangtse das Land flach und das Klima feucht ist; erwachsene Männer sterben früh«. Im alten China arrangierten Männer, die den malariaverseuchten Süden besuchen mussten, deshalb noch vor ihrer Abreise die Wiederverheiratung ihrer Frauen. Der preisgekrönte Historiker William H. McNeill schreibt: »Eine andere von Stechmücken übertragene Krankheit, das mit dem Gelbfieber eng verwandte, wenngleich nicht ganz so tödliche Denguefieber ... tritt auch in Teilen Südchinas auf. Wie die Malaria könnte es auch das Denguefieber bereits seit Urzeiten gegeben haben; vielleicht wartete es nur darauf, dass Einwanderer aus nördlicheren Gefilden kämen ... in den ersten Jahrhunderten der Expansion Chinas waren solche Krankheiten ein wichtiger Faktor ... vielleicht eines der bedeutendsten Hindernisse des chinesischen Vordringens in Richtung Süden.« Jahrhundertelang hemmten die Seuchen die wirtschaftliche Entwicklung im Süden Chinas, der hinter dem wohlhabenden Norden weit zurückblieb.

Die durch Malaria bedingte wirtschaftliche Ungleichheit zwischen Norden und Süden mit all ihren Auswirkungen für die Zukunft spiegelte sich auch in anderen Ländern wie Italien, Spanien oder den Vereinigten Staaten wider und wurde oft als *Southern Question* (»südliche Frage«) bezeichnet. Einem italienischen Politiker Anfang des 20. Jahrhunderts zufolge hatte Malaria »äußerst ernste gesellschaftliche Folgen. Fieber beeinträchtigt die Arbeitsfähigkeit, vernichtet Energie und macht ein Volk träge und gleichgültig. Daher hemmt Malaria unweigerlich die Produktivität, den Wohlstand und das Volkswohl.« In Amerika führte der ungleiche ökonomische Einfluss der Stechmücke schließlich zu den folgenschweren historischen Ereignissen von Sklaverei und Bürgerkrieg.

Medizinische Schriften aus Indien erwähnen bereits um das Jahr 1500 v. Chr. die verschiedenen malarischen Fieber. Der »König der Krankheiten« wurde von dem feurigen Fieberdämon Takman verkörpert, der während der Regenzeit aus einem Blitz heraus erscheint. Die Inder erkannten nicht nur, dass es einen Zusammenhang von

Wasser und Stechmücken gab, sondern waren offenbar auch die Ersten, die Mücken als Verursacher der Malaria ausmachten. In seinem detaillierten medizinischen Kompendium aus dem 6. Jahrhundert v. Chr. verzeichnete der indische Arzt Sushruta im nördlichen Indus-Tal fünf verschiedene Spezies von Stechmücken: »Ihr Biss ist so schmerzhaft wie der von Schlangen und ruft Krankheiten hervor … begleitet von Fieber, Gliederschmerzen, aufstehenden Haaren, Schmerzen, Erbrechen, Durchfall, Durst, Hitzewallungen, Schwindel, Gähnen, Zittern, Schluckauf, brennenden Gefühlen und starkem Frieren.« Daneben verweist er auf eine vergrößerte Milz, »welche die linke Körperhälfte ausdehnt, und hart wie Stein und gewölbt wie der Rücken einer Schildkröte ist«. Zwar verdächtigte er die Stechmücke als Krankheitsüberträger, doch fehlte Medizinern, Wissenschaftlern und zufälligen Beobachtern noch ein wissenschaftlicher Nachweis, sodass es bei einer reinen Theorie blieb. Sushrutas scharfsinnige Überlegungen und genaue Beobachtungen blieben Jahrtausende lang unbeachtet.

Die Mücke machte ihren Einfluss über das gesamte Raum-Zeit-Kontinuum hinweg ungehindert und uneingeschränkt geltend. Die landwirtschaftliche Expansion der Jamsbauern der Bantu vor 8000 Jahren in Afrika war eine Station in der Geschichte der afrikanischen Sklaverei und führte direkt zu Ryan Clarks Nahtoderlebnis infolge eines Footballmatchs 2007 in Denver. »Wir machen keine Geschichte«, räumte Martin Luther King Jr. ein. »Wir werden von der Geschichte gemacht.« Die Stechmücke begleitet unsere menschliche Reise auf ihrem Zickzackkurs ins Ungewisse und beeinflusst unseren Taumel durch die Zeiten auf geheimnisvolle, wenn nicht makabre Weise. Sie setzt historische Ereignisse miteinander in Bezug, die durch Raum, Epochen und Zeit bisweilen vollkommen voneinander isoliert erscheinen. Ihre Reichweite ist groß und verästelt.

Wenn wir uns noch einmal den Bantubauern zuwenden, sehen wir, wie stark die Stechmücke den Verlauf der Geschichte über die Jahrtausende mitbestimmt hat. Wir haben unsere Bantubauern zum letzten Mal vor etwa 3000 Jahren besucht, als sie dank ihrer eisernen Waffen und ihrer Sichelzellen die von Malaria geplagten Völker der Khoisan, der Mande und der San bis an die Küstengebiete des südlichen Afrikas treiben konnten.»Die schwerwiegende Konsequenz war, dass die holländischen Siedler 1652 keine dichte Population mit Stahlwerkzeugen ausgestatteter Bantubauern antrafen, sondern nur mit einer dünnen Population von Khoisanhirten fertig werden mussten«, schreibt der Anthropologe und bekannte Autor Jared Diamond. Die durch die Stechmücke Jahrtausende vor der europäischen Kolonisierung Südafrikas – beginnend mit den Holländern, rasch gefolgt von den Briten – bedingten ethnischen Gegebenheiten bildeten die Grundlage für die Unterdrückung durch die Apartheid und die Gründung von Nationalstaaten wie Südafrika, Namibia, Botswana und Zimbabwe.

Als im Jahr 1652 die Buren zusammen mit der Holländischen Ostindienkompanie das Kap erreichten, trafen sie dort auf die kleine, verstreute Bevölkerung der Khoisan, die durch militärische Übermacht und europäische Krankheiten leicht zu besiegen war. Europa sicherte sich einen Brückenkopf am Kap, und immer mehr Buren siedelten im südlichen Teil des Kontinents. Als sich diese und schließlich auch die Briten nördlich und östlich von der Kolonie am Kap ausbreiteten, stießen sie auf dichtere Populationen der Bantu, etwa die Xhosa und die Zulu, deren Gesellschaften sich zu militärisch und landwirtschaftlich mächtigen Gebilden entwickelt hatten und zudem über Stahlwaffen verfügten. Die Holländer und die Briten brauchten neun Kriege in 175 Jahren, bis es ihnen 1879 schließlich gelang, die Gebiete der Xhosa zu erobern. Rein rechnerisch entspricht dies einem militärisch-taktischen Vorstoß der Holländer und Briten von weniger als einer Meile pro Jahr.

Ein vergleichsweise unblutiger Staatsstreich, der von der Mehrheit der Zulubevölkerung getragen wurde, hatte es Shaka ka Senzangakhona im Jahr 1816 erlaubt, den Thron zu besteigen. Er vereinte benachbarte Stämme durch gnadenlose militärische Vorstöße und geschickte Diplomatie und führte umfassende kulturelle, politische und militärische Reformen ein. Dank Shakas weitreichender sozialer und militärisch-industrieller Revolution konnten die Zulu dem britischen Eindringling bis zu ihrer endgültigen Niederlage 1879 im Zulukrieg Widerstand leisten.

Die britischen Malariaraten während des Zulukriegs, der von Januar bis Juli 1879 dauerte, offenbaren einen alternativen Handlungsstrang. Von 12 615 britischen Soldaten wurden während dieser siebenmonatigen Phase 9510 wegen Krankheit behandelt, davon wiederum 4311 (das sind 45 Prozent) wegen Malaria. Die Übertragung der Malaria durch die Stechmücke war der Medizin während des Zulukriegs zwar immer noch verborgen, doch verfügten die Briten bereits über Kenntnisse der unlängst aufgestellten Keimtheorie sowie, was noch wichtiger war, über große Vorräte des Malaria unterdrückenden Mittels Chinin. Ich wage folgende These: Wären die Holländer (und die Briten) zu Beginn der Kolonialisierung am Kap Mitte des 17. Jahrhunderts (ohne die Hilfe des Chinins) auf die Zulu und Xhosa anstatt auf die Khoisan getroffen, wäre dies für die europäischen Eindringlinge eine hässliche Begegnung geworden. »Wie hätten sich die Weißen am Kap überhaupt ansiedeln können, wenn sich bereits die ersten holländischen Schiffe solch massivem Widerstand gegenüber gesehen hätten?«, fragt auch Diamond. »Die Ursachen der heutigen Probleme im heutigen Südafrika sind also zumindest teilweise in einem geografischen Zufall zu suchen ... Afrikas Vergangenheit hat sich tief in Afrikas Gegenwart eingeprägt.« Dieser lange historische Bogen, zu welchem auch die Apartheid und deren schweres Vermächtnis gehören, ist demnach ein Ergebnis der durch die Mücke übertragenen Malaria und der genetischen Reaktion darauf in Form der Sichelzellenanämie, die sich wiederum durch die agrikulturelle Expansion der Bantu ausbildete.

In diesem Fall reicht der historische Einfluss der Mücke sogar noch weiter. Die durch die Stechmücke herbeigeführten Entwicklungen in Afrika, etwa das Aufkommen der Sichelzellenanämie, gelangten über den transatlantischen Sklavenhandel auf den amerikanischen Doppelkontinent und betrafen schließlich Profisportler der heutigen NFL, darunter auch Ryan Clark. Seit Urzeiten hat die Stechmücke die Menschheit geplagt und den Lauf der Geschichte mitbestimmt. Wüsste ich es nicht besser, würde ich sagen, sie befriedigt ihre sadistischen und narzisstischen Neigungen auf unsere Kosten.

Zweieinhalb Jahrhunderte, nachdem Sushruta die tödlichen Stechmücken des Industals entlarvt hatte, sollte ein junger makedonischer Kriegerkönig den Zorn ihres Stiches zu spüren bekommen. Die Mücke setzte seinem Streben nach der Weltherrschaft Grenzen, zügelte seinen unstillbaren Machthunger und machte seine Eroberungsträume zunichte.

KAPITEL 3

GENERAL ANOPHELES: VON ATHEN ZU ALEXANDER

Vom athenischen Philosophen Platon stammt der Gedanke, Ideen seien die Grundlage aller Dinge. Die Ideen, Beobachtungen und Schriften Platons und dessen akademischer Zeitgenossen mit ihrem wegweisenden Denken im »Goldenen Zeitalter« der griechischen Antike – zu denen neben vielen anderen Sokrates, Aristoteles, Hippokrates, Sophokles, Aristophanes, Thukydides und Herodot zählen – kann man tatsächlich als Grundlage aller Dinge bezeichnen, sie bildeten die Basis der westlichen Kultur und modernen Geistesgeschichte. Ihre Namen sind fester Bestandteil unseres kulturellen Erbes. Sokrates, der sich selbst als »Stechfliege Athens« bezeichnete, entwickelte eine Methode, Fragen so zu stellen, dass sie immer weitere Fragen aufwerfen, am Ende aber auch Antworten liefern.[16] Folgt man dieser sokratischen Methode, muss man also fragen: Wie kam es dazu? Wie kam es, dass die Ideen einer Handvoll Griechen, die überwiegend aus Athen stammten, einem räumlich begrenzten Stadtstaat, der nur eine gewisse Zeit lang existierte, die westliche, wenn nicht sogar die gesamte Kultur und Gedankenwelt dominierten? Unsere Weltsicht gründet auch 2500 Jahre später noch auf den Konzepten und bahnbrechenden Arbeiten dieser Denker, die zum festen Bestandteil des philosophischen Kanons weltweit gehören und an Schulen und

Universitäten gelehrt werden. Eine Antwort liefert uns Aristoteles mit seiner Erklärung: »Das alleinige Anzeichen für fundiertes Wissen ist die Gabe der Lehre.«

Sokrates war der Lehrer Platons, der die Akademie von Athen gründete, eine Philosophenschule und die erste echte Einrichtung höherer Bildung. Platon gilt als Schlüsselfigur in der Entwicklung der westlichen Philosophie und Naturwissenschaften. Aristoteles, der 20 Jahre lang bei Platon studierte, prägte schließlich die modernen akademischen Disziplinen, von der Zoologie und Biologie (einschließlich des Studiums der Insekten) über die Physik, Musik und Theaterwissenschaften bis zu den Politikwissenschaften und der kollektiven sowie individuellen Psychoanalyse. Er verband genaue Untersuchungen und naturwissenschaftliche Methoden mit biologischen Begründungen, Empirismus und der natürlichen Ordnung der Dinge. Kurz gesagt, es gibt guten Grund, warum Platon, sein Lehrer Sokrates und sein Schüler Aristoteles sowie viele andere Griechen des Goldenen Zeitalters immer noch so hoch angesehen, studiert und zitiert werden.

Die Fackel des Fortschritts wurde von Sokrates über Platon an Aristoteles weitergegeben und fand schließlich ihren Weg zu einem ehrgeizigen jungen Prinzen in der nordgriechischen Wildnis Makedoniens. In seinem kurzen Leben sollte er die griechische Kultur, deren Werke und Ideen in der ganzen damals bekannten Welt verbreiten und fördern. Prächtige Bibliotheken bewahrten das Wissen, das durch die Schriften und Innovationen späterer Gelehrter bereichert wurde. Platons Feststellung, dass Bücher dem Universum eine Seele geben, dem Denken Flügel verleihen, die Fantasie beflügeln und allem Leben einhauchen, lässt sich direkt auf seine eigenen Schriften anwenden, etwa *Der Staat*, oder auf eine Vielzahl von Schriften seiner griechischen Philosophenkollegen einschließlich die seines Schülers Aristoteles.

Kurz nach Platons Tod verließ Aristoteles Athen. Der makedonische König Philipp II. hatte ihn gebeten, seinen 13-jährigen Sohn und Erben zu unterrichten. Noch bevor Philipp den Philosophen an seinen Hof berief, hatte er die Intelligenz, Neugier und den Mut seines Sohnes erkannt, wie folgende Anekdote zeigt: Als der Prinz zehn Jahre alt war, hatte ein frustrierter Händler ein Pferd in der Hauptstadt Makedoniens frei gelassen, weil es ihm zu wild war. Der kräftige rabenschwarze Hengst mit einem bedrohlich wirkenden weißen Stern über der Braue und einem durchdringend blickenden blauen Auge ließ sich nicht reiten und auch nicht einfangen. Philipp hatte ursprünglich Interesse an dem prächtigen Tier gezeigt, überlegte es sich aber anders, als er miterlebte, wie unbezähmbar das Pferd war. Der einäugige König hatte keine Verwendung für ein unruhiges Tier, das sich nicht unterordnen wollte. Das tobende Tier lockte rasch eine immer größere Zuschauerzahl an, die es neugierig und fasziniert betrachteten. Auch der junge Prinz beobachtete das stampfende Spektakel und bat seinen Vater, das Pferd zu kaufen. Aber zu seiner großen Enttäuschung ließ sich Philipp nicht überreden.

Doch der Thronfolger wollte ein Nein nicht akzeptieren, legte seinen wehenden, vom Wind gepeitschten Umhang ab und bewegte sich langsam auf das mittlerweile hysterische, panische Pferd zu. Er spürte, dass das Tier Angst vor seinem eigenen Schatten hatte, und verblüffte die mittlerweile schweigende Menge, als er nach den baumelnden Zügeln griff und das Pferd zur Sonne wendete, damit es seinen Schatten nicht mehr sah. Er hatte das wilde Tier gebändigt. »Oh mein Sohn«, rief Philipp stolz, »suche dir ein eigenes Königreich, das deiner würdig ist. Makedonien ist nicht groß genug für dich.« Das Schlachtross, dem der Prinz den Namen Bukephalos (»Ochsenkopf«) gab, wurde zum treuen Gefährten und sollte seinen Herrn durch bekannte und unbekannte Gebiete bis nach Indien tragen, den östlichen Rand seines riesigen Reiches – eins der größten Königreiche der Geschichte.

Aus der Asche, die die Stechmücken geplagten Perserkriege und Peloponnesischen Kriege hinterlassen hatten, erhob sich dieses neue Reich, da der junge Pferdeflüsterer das Machtvakuum zu nutzen verstand, das durch den Niedergang der griechischen Stadtstaaten entstanden war. Unter seiner Führung erreichte dieses Reich eine bis dahin einmalige Überlegenheit und höchstes Ansehen und war schon bald von zahlreichen Legenden umrankt. Er wurde wie ein Gott verehrt und galt als einer der größten Anführer in der Geschichte der Menschheit, der unter anderen die Titel Hegemon des Korinthischen Bundes, Schah von Persien, Pharao von Ägypten, Herr über Asien und Basileus von Makedonien führte. In der Geschichte ist er schlicht als Alexander der Große bekannt.

Unabhängig von den wenig zielführenden akademischen Erörterungen zu Alexanders Motivation und Persönlichkeit steht außer Frage, dass er ein ungeschliffener Rohdiamant mit genialen Zügen war. Man sollte auch nicht vergessen, wie jung er war und wie klein seine Streitkräfte waren, als er den persischen Herrscher Darius III. herausforderte, ihm die Vorherrschaft über sein Reich streitig machte und eins der größten Gebiete in der Geschichte eroberte.

Es gibt nur wenige Beispiele aus unserer Vergangenheit, bei denen verschiedene Zivilisationen so aufeinandertreffen, dass ein Umfeld entsteht, in dem ein einzelner Mensch so tiefe und unauslöschliche Spuren hinterlassen kann. Ein solches Umfeld wurde durch die Perserkriege und den Peloponnesischen Krieg geformt, die Alexanders kometenhaftem Aufstieg zum Eroberer vorausgingen. Die Kriege und die damit einhergehenden, von Mücken übertragenen Krankheiten trieben alle Beteiligten in den finanziellen Ruin und hinterließen eine erschöpfte, von Konflikten zerrissene Welt, die sich in politischer Auflösung befand. Die Tür zur Weltherrschaft (oder zu dem, was davon übrig geblieben war) öffnete sich inmitten von Trümmern und Ruinen und ermöglichte Alexander seinen Auftritt auf der Weltbühne. »Ein unreflektiertes Leben ist für einen Menschen nicht lebenswert«, ließ Platon Sokrates sagen. Um das Leben und Vermächtnis Alexanders des Großen zu betrachten, müssen wir zunächst einen Schritt zurücktreten und das von den Mücken heimgesuchte Umfeld betrachten, das Alexanders nachhaltigen Einfluss auf die moderne Welt erst möglich machte. Als Makedonien noch eine zerklüftete, von Stämmen beherrschte Berggegend war, bildete eine ganz andere Region den Dreh- und Angelpunkt für eine Entwicklung, die die westliche Kultur prägen sollte: Mesopotamien und Ägypten.

Bis zum Jahr 1200 v. Chr. bestand im Nahen und Mittleren Osten ein ausgeglichenes wirtschaftliches und politisches Kräfteverhältnis. Durch die wirtschaftliche Konzentration und Spezialisierung verschiedener kleiner Reiche wie dem der Babylonier, Assyrer und Hetiter gedieh der Handel, und es herrschte Frieden und allgemeiner Wohlstand. Doch diese Epoche war von kurzer Dauer. Innerhalb von nur 50 Jahren wurden diese Reiche ebenso wie Ägypten in die Knie gezwungen durch die Invasionen zahlreicher Inselbewohner und Mittelmeeranrainer, die aus ihrer ursprünglichen Heimat vertrieben worden waren. Unsterblich wurden sie durch Homer und den Mythos des trojanischen Pferdes. Infolge der Raubzüge und Plünderungen dieser »Seevölker«, wie sie allgemein bezeichnet werden, wurden Handelsrouten durchtrennt, Ernten vernichtet und Städte verwüstet. Dazu kamen Trockenperioden, Hungersnöte und mehrere Erdbeben und Flutwellen, die die gesamte Region in ein dunkles Zeitalter stürzten, die sogenannten »dunklen Jahrhunderte« der Antike. Dieser kulturelle, politische und wirtschaftliche Zusammenbruch wurde durch eine von Mücken verbreitete Malariaepidemie noch zusätzlich verschärft. Auf einer Tontafel aus Zypern wird die Ursache klar genannt: »Die Hand Nergals [ein babylonischer Gott der Unterwelt und Herr der Stechmücken] ist nun in meinem Land zu spüren; er hat alle Männer meines Landes dahingerafft.« Von den frühen Ackerbaukulturen blieben (nicht zuletzt durch das Einwirken der Mücken) nur verkohlte Relikte und Ruinen und ein riesiges Machtvakuum zurück.

Inmitten der Trümmer, die die marodierenden Seevölker hinterlassen hatten, war fast unbemerkt eine neue Macht im Osten entstanden, während der Großteil des Zweistromlands in einem dunklen Abgrund versank. Das Perserreich von Kyros II., der auch »der Große« genannt wird, war das größte unter den damals bekannten

Reichen. Es umfasste alle früheren Reiche des Mittleren Ostens und reichte bis nach Zentralasien, bis zum südlichen Kaukasus und zu den ionischen Kolonien Kleinasiens.

Kyros hatte sein persisches Reich 550 v. Chr. mit diplomatischem Geschick, wohlwollender Einschüchterung und gelegentlichen Feldzügen begründet, vor allem aber mithilfe einer Politik der Menschenrechte, die sogar die Vereinten Nationen gutheißen würden.[17] Überall in seinem immer größer werdenden und blühenden Reich sprach sich Kyros für den kulturellen, technologischen und religiösen Austausch aus und förderte Innovationen im Bereich der Künste, dem Ingenieurwesen und der Wissenschaften. Die Ausdehnung des persischen Einflusses unter Kyros und seinen Nachfolgern Dareios I. und Xerxes, durch deren Eroberungen das Reich auch Ägypten, den Sudan und das östliche Libyen umfasste, führte zu einem legendären Kräftemessen mit einer anderen aufstrebenden jungen Macht: Griechenland. Im Jahr 440 v. Chr. erklärte der griechische Geschichtsschreiber Herodot, auch bekannt als »Vater der Geschichtsschreibung«, Kyros habe »jedes Volk ohne Ausnahme zusammengeführt«. Eine Ausnahme gab es allerdings, nämlich Griechenland selbst.

Zu der Zeit gab es kein homogenes »Griechenland«, wie wir uns das heute vielleicht vorstellen. »Griechenland« war eine Ansammlung rivalisierender und sich gegenseitig bekriegender Stadtstaaten, unter denen die von Athen und Sparta geschmiedeten Bündnisse um die militärische und wirtschaftliche Vorherrschaft kämpften. Tatsächlich waren die Olympischen Spiele, die 776 v. Chr. erstmals abgehalten wurden, eine Art Friedensangebot, bei dem man den Krieg in Form von sportlichen Wettkämpfen nachahmte und sich in soldatischen Fähigkeiten maß, etwa im Ringen, Faustkampf, Speerwerfen, Diskuswerfen, Laufen, Pferderennen und im Pankration, was so viel wie »Gesamtkampf« bedeutet (einer frühen Form der Ultimate Fighting Championship [UFC], einem Kampfsport, bei dem mit Ausnahme von Beißen und in die Augen Stechen alles erlaubt ist).

Die Olympischen Spiele sollten den Frieden fördern, konnten jedoch nicht verhindern, dass die miteinander verfeindeten und sich bekriegenden griechischen Stadtstaaten in einen Kampf auf Leben und Tod mit den Persern hineingezogen wurden, der seinen Ursprung in einer Revolte der ionischen Griechen gegen die persische Vorherrschaft in Kleinasien hatte.

Unterstützt vom demokratischen Stadtstaat Athen begehrten die Ionier 499 v. Chr. gegen die Herrschaft des persischen Großkönigs Dareios I. auf, der über 50 Millionen Untertanen herrschte, was damals fast der Hälfte der Weltbevölkerung entsprach. Dareios konnte den Aufstand rasch niederschlagen, wollte jedoch die Athener für ihre Aufmüpfigkeit bestrafen und begann Pläne für die Eroberung Griechenlands zu schmieden, um die persische Vormachtstellung in der Region zu festigen und die Kontrolle über den Handel im Mittelmeer zu erlangen. Sieben Jahre später begannen schließlich die Perserkriege mit der Invasion der Perser in Griechenland, dem letzten unabhängigen Gebiet in der damals bekannten westlichen Welt.

Die persischen Streitkräfte überquerten die Dardanellen, die Meerenge zwischen Asien und Europa, marschierten nach Thrakien und Makedonien und forderten unterwegs von der lokalen Bevölkerung Gefolgschaft ein. Doch je weiter die Streitkräfte Richtung Süden und gen Athen vorrückten, desto mehr geriet der Rachefeldzug des Dareios zu einer Katastrophe. In der Nähe des Stadtstaates wurde die persische Flotte durch einen heftigen Sturm zerstört, während die persischen Landstreitkräfte den Rückzug antreten mussten, weil sie, wie Historiker vermuten, durch eine fatale Kombination aus Ruhr, Typhus und Malaria stark geschwächt worden waren.

Zwei Jahre später, 490 v. Chr., entsandte Dareios eine zweite Militärexpedition, bei der seine Feldherren die strapaziöse nördliche Marschroute über Land umgingen und stattdessen mit 26 000 Mann in Marathon landeten, 42 Kilometer nordöstlich von Athen. Die Bürger des Stadtstaats waren den Persern zahlenmäßig deutlich unterlegen (auf zwei Perser kam ein Athener) und noch dazu ungeübt im Kampf, dafür waren sie allerdings schwer bewaffnet und mit Rüstungen aus Bronze ausgestattet. Sie stellten sich den Persern entgegen, weshalb diese zunächst gezwungen waren, ihr Lager in einer tief liegenden, sumpfigen Ebene aufzuschlagen. Binnen einer Woche wurde die persische Streitmacht wie bereits zwei Jahre zuvor durch eine toxische Kombination von Krankheiten ausgedünnt. Das Gelände und die athenische Stellung bestimmten die Schlacht. Herodot berichtet, dass das Schlachtfeld mit den Leichen von 6400 Persern übersät war, dazu kam eine unbekannte Zahl von Opfern in den umliegenden Sümpfen. Die Perser zogen sich nun zurück und setzten die Segel, um die Stadt direkt vom Meer aus anzugreifen. Eilig wurden Boten von Marathon über die 42 Kilometer lange Strecke nach Athen gesandt, um die Stadt vor dem drohenden Angriff zu warnen.

Der Legende nach soll der moderne Marathonlauf an den Boten Pheidippides erinnern, der nach Athen rannte. Das stimmt so jedoch nicht, hier werden zwei verschiedene Ereignisse miteinander vermischt. Pheidippides legte nämlich in eineinhalb Tagen die Strecke von Marathon nach Sparta zurück, also knapp 245 Kilometer – dies jedoch vor der Schlacht gegen die Perser und mit dem Auftrag verbunden, die Spartaner um Hilfe zu bitten. Das Verhältnis zwischen Sparta und Athen war zwar alles andere als herzlich, dennoch waren die Spartaner laut Herodot »von der Bitte gerührt und bereit, Hilfe zu entsenden«. Wenn Athen fallen und sich der persischen Übermacht geschlagen geben sollte, würde Sparta zweifellos dasselbe Schicksal blühen. Wie heißt es so schön: Von zwei Übeln wählt man besser das, das man schon kennt. Allerdings kamen die 2000 Spartaner einen Tag zu spät und waren nicht mehr als bloße Touristen auf einem Schlachtfeld mit etwa 6500 gefallenen Persern und 1500 toten Athenern. Die athenische Armee marschierte direkt nach dem Sieg in der Schlacht von Marathon zurück nach Athen, um die Perser erfolgreich an einer Landung zu hindern. Die Perser erkannten, dass ihre Chance vertan war, zudem waren die überlebenden Soldaten durch Malariainfektionen und die Niederlage demoralisiert. Die Streitkräfte kehrten nach Persien zurück. Allerdings sollten sie schon bald wiederkommen, denn Dareios' Sohn und Erbe Xerxes startete wenige Jahre später einen neuen Feldzug.

Entschlossen, für die Niederlage seines Vaters Rache zu nehmen, kommandierte Xerxes 480 v. Chr. persönlich eine kombinierte Streitmacht aus Heer und Flotte, die fast 400 000 Mann umfasste, eine überaus beunruhigende und bis dahin beispiellose Menge. Um sich der überwältigenden persischen Übermacht entgegenzustellen, schoben die rivalisierenden griechischen Stadtstaaten unter Führung von Athen und Sparta ihre Differenzen vorerst beiseite und rüsteten eine gemeinsame Streitmacht von etwa 125 000 Mann aus. Die Perser überquerten die Dardanellen zwischen Asien und Europa mithilfe genial konstruierter Schiffsbrücken, wurden jedoch bei den Thermopylen, einem Engpass zwischen dem Meer und hoch aufragenden Bergen, von einem zahlenmäßig weit unterlegenen griechischen Kontingent aufgehalten. Die etwa 1500 Griechen, die zur Bewachung des Engpasses abgestellt worden waren, darunter 300 Spartaner unter dem Kommando ihres Königs Leonidas, kämpften bis zum bitteren Ende und konnten so den persischen Vormarsch vorübergehend stoppen. Die militärische Bedeutung der Schlacht bei den Thermopylen wurde später stark übertrieben und als Sensation dargestellt, mit Sicherheit jedoch verschafften Leonidas und seine Kämpferschar dem griechischen Hauptheer einen Vorteil, da es sich nach Athen zurückziehen konnte. Mit diesem Kampf auf verlorenem Posten war die Legende von den 300 mutigen Spartanern geboren, die im Lauf der Zeit bis zur Unkenntlichkeit ausgeschmückt wurde, wie das Beispiel der Graphic Novel *300* und ihrer historisch fragwürdigen Verfilmung zeigt.

Als die Nachricht von der Niederlage bei den Thermopylen die griechischen Seestreitkräfte erreichte, zogen sie sich nach zweitägigen Kämpfen mit der persischen Flotte zurück. Nun konnten die

Perser ungehindert Richtung Athen marschieren, dessen Bürger und Streitkräfte von der zurückweichenden Flotte evakuiert und auf die Insel Salamis gebracht wurden. Als Xerxes die begehrte Stadt erreichte, fand er sie verlassen. Impulsiv ließ er Athen in Schutt und Asche legen. Allerdings bereute er seine Entscheidung sofort, denn sie passte nicht zur persischen Tradition der Toleranz und des Respekts, die Kyros und Dareios I. vertreten hatten. Xerxes erkannte seinen Fehler und bot wiederholt an, die Stadt wiederaufzubauen, doch für einen derartigen Akt der Reue war es zu spät. Die Athener waren aus der Stadt geflohen, die Chance für Verhandlungen und eine Aussöhnung war mit der Stadt in Rauch aufgegangen. Jetzt ging es nur noch um Sieg oder Niederlage. Empört über die Dreistigkeit der Athener befahl Xerxes im September 480 v. Chr. seiner Flotte, die Schiffe des Hellenenbundes bei Salamis zu zerstören. Doch dort geriet die persische Marine in eine brillant gestellte Falle des athenischen Generals Themistokles.

Die zahlenmäßig überlegene persische Flotte, deren Schiffe jedoch weniger stabil waren, wurde in eine Meerenge gelockt, deren zwei Zugänge von den massiveren griechischen Schiffen, sogenannten Trieren, rasch blockiert wurden. Auf engstem Raum waren die persischen Schiffe nicht mehr manövrierfähig und verloren ihre Schlachtordnung. Die schweren, mit einem Rammbock ausgestatteten griechischen Schiffe brachen durch sie hindurch und erzielten einen deutlichen Sieg. Unbeeindruckt von der schweren Niederlage setzte Xerxes seinen Feldzug zur Eroberung Griechenlands fort, um die Allianz in die Knie zu zwingen. Doch am Ende war es Xerxes, der klein beigeben musste, bezwungen von einem Bündnispartner der Griechen, der sich erst spät auf ihre Seite geschlagen hatte – die Stechmücke.

Die persischen Bodentruppen hatten durch sumpfiges Gelände marschieren und ihre Lager im mückenverseuchten Schwemmland aufschlagen müssen, das viele griechische Städte umgab. Sobald die persischen Soldaten ins Terrain der Stechmücken vorgedrungen waren, fielen die Plagegeister über die ahnungslosen Soldaten her. Die Malaria im Verbund mit der Ruhr dezimierte die persischen Streitkräfte massiv, die Verluste lagen bei über 40 Prozent. Schon bald war die persische Streitmacht nur noch ein bloßes Zerrbild ihrer einstigen Stärke. Im August 479 v. Chr. wurde sie in der Schlacht von Plataiai vernichtend geschlagen, womit weiteren persischen Versuchen zur Eroberung Griechenlands endgültig ein Ende gesetzt wurde. Salamis und Plataiai bildeten die Wendepunkte im Krieg zwischen den Griechen und Persern. Mit der Unterstützung von General Anopheles konnte das Kräftegleichgewicht entscheidend verschoben werden, der Schwerpunkt der Zivilisation verlagerte sich nach Westen, nach Griechenland. Die Initiative und Dynamik waren Xerxes und seinen abziehenden Persern genommen und lagen nun dauerhaft bei den Griechen. Nachdem das Perserreich derart geschwächt und sein regionaler Einfluss geschwunden war, setzte in Griechenland eine wirtschaftliche und kulturelle Blüte ein, die die Grundlage für die moderne westliche Gesellschaft bildete.

Allerdings war damit die Frage noch nicht gelöst, wer unter den Griechen die Vorherrschaft übernehmen sollte. Aufgrund der Bedrohung durch die Perser hatte die anhaltende Rivalität zwischen Athen und Sparta vorübergehend geruht, doch nun flammte sie wieder auf und erreichte ihre Zuspitzung mit dem Peloponnesischen Krieg, der sich mit gelegentlichen Unterbrechungen von 431 bis 404 v. Chr. hinzog. Aristophanes' satirische, mit sexuellen Anspielungen gespickte Komödie *Lysistrata*, die 411 v. Chr. – auf dem Höhepunkt des Krieges und im Gefolge einer verheerenden, von Stechmücken herbeigeführten Niederlage der Athener auf Sizilien zwei Jahre zuvor – zur Uraufführung kam, befasst sich mit dem sinnlosen Blutvergießen in ganz Griechenland und darüber hinaus. Die gewitzte namensgebende Heldin Lysistrata überzeugt die Frauen der beiden kriegführenden Stadtstaaten, ihren Männern und Liebhabern sexuelle Beziehungen, Freuden und Privilegien zu verweigern, bis sie einen Frieden aushandeln und dem brutalen Konflikt und dem katastrophalen Abschlachten ein Ende setzen. Das Gemetzel des Peloponnesischen Krieges ließ sich jedoch nicht durch ein Theaterstück beenden oder abmildern, selbst wenn es sich dabei um ein so geniales und dauerhaft bedeutsames Stück wie *Lysistrata* handelte. Trotz des ständigen Krieges (oder vielleicht gerade deswegen) erfolgten im 5. Jahrhundert v. Chr. vor allem in Athen zahlreiche Innovationen im Bereich der Architektur, Naturwissenschaft, Philosophie, beim Theater und in der Kunst. So kämpften etwa Sokrates, Platon und Thukydides im Peloponnesischen Krieg für Athen.

Natürlich war dieses Zeitalter gar nicht so Golden, wie es häufig dargestellt wird. Malariaepidemien schwächten und dezimierten die griechische Bevölkerung, untergruben die militärische Stärke, reduzierten den wirtschaftlichen Einfluss und sorgten schließlich dafür, dass sich das Zentrum der Zivilisation weiter nach Westen verlagerte. Der griechische Dichter Homer erwähnt Malaria in der *Ilias* (750 v. Chr.), wenn er über den Herbst schreibt:»Denn er bringt ausdörrende Glut den elenden Menschen«. Zahlreiche bedeutende Griechen des Goldenen Zeitalters, praktisch ein Who's Who der damaligen Zeit, darunter Sophokles, Aristophanes, Herodot, Thukydides, Platon und Aristoteles, hinterließen exemplarische Beschreibungen der Malaria. Platon verglich den menschlichen Körper mit einem »angeschwollenen Sumpf«, der Ärzte dazu nötige, neue Namen für ihre Krankheiten zu erfinden. Der berühmte griechische Arzt Hippokrates (460–370 v. Chr.) verband die tödliche Malariasaison im Sommer und Frühherbst mit dem Auftauchen von Sirius, dem Hundsstern, am Nachthimmel und bezeichnete diese Krankheitsperiode als »Hundstage des Sommers«.

Hippokrates, der auch oft als der Vater der modernen Medizin bezeichnet wird, unterschied die Malaria klar von anderen Fieberkrankheiten. Er notierte detailgenau und wortgewandt die Vergrößerung der Milz, berichtete von den Fieberschüben, den zeitlichen Abständen und der Schwere der verschiedenen Malariainfektionen (etwa beim Tertianfieber, Quartanfieber und Quotidianfieber). Er ging sogar so weit, dass er festhielt, welche Faktoren einen Rückfall hervorrufen konnten. Laut Hippokrates war Malaria die »schlimmste und schmerzlichste aller vorkommenden Krankheiten«, die sich zudem am längsten hinziehe. Und er ergänzte: »Das angreifende Fieber ist besonders heftig, wenn die Erde nass vom Frühlingsregen ist.« Vor Hippokrates hatte sich niemand so methodisch und eingehend mit Malariasymptomen befasst, und auch Jahrhunderte nach ihm blieb die Krankheit weitgehend unerforscht. Damit war er der erste und für lange Zeit einzige Malarialoge überhaupt.

Hippokrates löste die Medizin aus ihrem religiösen Kontext und erklärte, dass Krankheit keine Strafe der Götter sei, sondern das Ergebnis von Umweltfaktoren und Missverhältnissen im menschlichen Körper. Das bedeutete eine monumentale Veränderung im Verhältnis von übernatürlicher und natürlicher Welt. Er verkündete, die beste Medizin sei Prävention, nicht Heilung. Benjamin Franklin formulierte diesen Aphorismus später um: »Eine Unze Prävention ist so viel wert wie ein Pfund Therapie«, auch wenn er sich damit auf Brände im kolonialen Philadelphia bezog und nicht auf Krankheiten, die von Stechmücken übertragen wurden. Hippokrates betonte auch die Bedeutung der klinischen Beobachtung und Dokumentation, mit deren Hilfe er zahlreiche Krankheiten korrekt diagnostizieren konnte, darunter auch die Malaria. Der hippokratische Eid, »Verordnungen zu treffen zum Nutzen der Kranken, nach bestem Vermögen und Urteil; sie vor Schaden und willkürlichem Unrecht zu bewahren«, wird von Ärzten bis heute eingehalten, begleitet von dem Versprechen, das Vertrauensverhältnis zwischen Arzt und Patient zu bewahren.

In der Tradition der hippokratischen Lehre glaubten Beobachter, Autoren und Heilkundige bis Ende des 19. Jahrhunderts, Krankheiten wie Malaria würden von giftigen Gasen und verwitterndem Unrat verursacht, die aus stehenden Gewässern, Sümpfen, Mooren und Feuchtgebieten aufsteigen würden. Daher rührt auch der Name Malaria – im Italienischen wörtlich »schlechte Luft« –, auch wenn das nicht ganz zu Platons Äußerung passt, dass Krankheiten oft ganz unzutreffende Bezeichnungen hätten. Hippokrates und seine Vorgänger kamen der Ursache der Malaria sehr nahe, denn sie brachten stehendes Wasser mit Malaria in Verbindung, allerdings erkannten sie nicht, dass die darin heranwachsenden Stechmückenlarven der wahre Grund waren. So ließ etwa Empedokles, ein Zeitgenosse von Hippokrates, der die Lehre von den vier Grundelementen Luft, Feuer, Erde und Wasser begründete, auf eigene Kosten zwei Flüsse nahe der sizilianischen Stadt Selinunt umleiten, um das Gebiet von den »faulen Ausdünstungen« der Sümpfe zu befreien, die »den Tod brachten und bei schwangeren Frauen zu Fehlgeburten führten«. Sein Konterfei wurde auf einer Münze abgebildet, damit die Bewohner der Stadt ständig an seine wundersamen und lebensrettenden humanitären Bemühungen erinnert wurden. Die Stechmücke hingegen blieb noch anonym.

Obwohl sich Hippokrates in seiner Annahme täuschte, Krankheiten würden durch ein Ungleichgewicht der vier Körpersäfte entstehen – schwarze Galle, gelbe Galle, Schleim und Blut –, bieten uns seine lebendigen Beschreibungen der Malaria Hintergrundinformationen zu deren ungehinderter Ausbreitung während des Peloponnesischen Krieges und zu deren Einfluss auf dessen Ausgang. Die von Mücken übertragene Malaria trug, wie der Biologe R. S. Bray bestätigt, »zweifellos zu den Belastungen des Peloponnesischen Krieges bei«. Tatsächlich war sie eine maßgebliche Belastung. Der Zoologe J. L. Cloudsley-Thompson geht noch einen Schritt weiter: »Hippokrates kannte die Malaria gut: Diese heimtückische Krankheit sollte später die Kultur im antiken Griechenland und Rom untergraben und nachhaltig schwächen.« Für die beiden damaligen Supermächte war die Stechmücke ebenso bedrohlich und todbringend wie die feindlichen Soldaten. Die Mücke beeinflusste den Ausgang von Schlachten und Feldzügen und trug sowohl zum Aufstieg als auch zum Untergang Griechenlands und Roms bei.

Während Hippokrates die vielen Erscheinungsformen der Malaria sorgfältig notierte und das Zusammenspiel zwischen Natur,

Krankheit und dem menschlichen Körper beobachtete, verschlechterte sich das Verhältnis zwischen Sparta und seiner Wahlheimat Athen immer weiter. Im Jahr 431 v. Chr. setzte Sparta in der Hoffnung auf einen schnellen Sieg zum ersten Schlag an, bevor die dominanten Athener ihre Verbündeten aktivieren konnten. Daraufhin entwickelte der athenische Stratege Perikles einen zweiteiligen Plan für den Kampf gegen die Spartaner. Zum einen wollte man den Konflikt möglichst in die Länge ziehen und entscheidende Feldschlachten vermeiden. Stattdessen sollten kleinere Rückzugsgefechte geführt werden, damit sich die Streitkräfte hinter die befestigten Mauern Athens zurückziehen konnten. Perikles war überzeugt, dass Athen dank seiner großen Vorräte und Ressourcen sowie seiner Fähigkeit, einer Belagerung standzuhalten, als Sieger aus diesem Zermürbungskrieg hervorgehen würde. Zum anderen verfügte Athen über eine starke Flotte und beherrschte unangefochten die See. Überfälle auf die Hafen-, Handels- und Küstenstädte Spartas und seiner Verbündeten sollten die Versorgungswege des Gegners abschneiden, die Bevölkerung aushungern und ihn so zur Aufgabe zwingen. Perikles hätte mit dieser schlauen Strategie womöglich Erfolg gehabt, wenn ihm nicht die Ausbreitung von Seuchen und Krankheiten einen Strich durch die Rechnung gemacht hätte.

Als ein Sieg Athens zum Greifen nah schien, brach 430 v. Chr. eine verheerende Epidemie aus, auch bekannt als Attische Seuche, die den berühmten General zu ihren ersten Opfern zählte. Sie zerstörte nicht nur die Grundlage und den Zusammenhalt des athenischen Militärs, sondern auch der athenischen Gesellschaft. Die Auswirkungen waren so verheerend, dass eine Rückkehr zu den gesellschaftlichen, religiösen und kulturellen Verhältnissen der Vorkriegszeit nicht mehr möglich war. Die Epidemie hatte ihren Ursprung in Äthiopien, erreichte dann die Hafenstädte Libyens und Ägyptens, bevor sie durch infizierte Seeleute über das Mittelmeer nach Piräus gelangte, den Seehafen von Athen. Über 200 000 Flüchtlinge hatten mitsamt ihrem Vieh Zuflucht hinter den Befestigungsmauern Athens gesucht, obwohl die Stadt bereits überbevölkert war. Die drangvolle Enge innerhalb der Stadt bot in Kombination mit den entsetzlichen hygienischen Bedingungen, der mangelnden Versorgung, fehlendem sauberen Wasser und zu wenigen Vorräten ideale Voraussetzungen für eine Epidemie.

Innerhalb von drei Jahren tötete die eingeschleppte mysteriöse Krankheit über 100 000 Menschen, was etwa 35 Prozent der athenischen Bevölkerung entsprach. Nachdem sich die gesellschaftliche und militärische Ordnung in Athen aufgelöst hatte, wäre die Stadt eigentlich eine leichte Beute für Sparta gewesen. Doch die Angst vor der Seuche war so groß, dass die Spartaner die Belagerung der Stadt aufgaben. Die Attische Seuche war eine der wenigen Epidemien, die überwiegend eine Seite traf, die Spartaner kamen relativ ungeschoren davon. Aus militärischer Sicht sorgte die Epidemie für Chancengleichheit, allerdings rückte der Sieg weder für die eine noch für die andere Seite näher. Schließlich wurde 421 v. Chr. aufgrund der rätselhaften Seuche und ihrer katastrophalen Folgen ein brüchiger Friede ausgehandelt.

Zur Frage, um welche Krankheit es sich bei der Attischen Seuche genau handelte, wurde mittlerweile vermutlich mehr Tinte und Schweiß aufgewandt, als Blut im Peloponnesischen Krieg vergossen wurde. Die nicht enden wollende Diskussion über die Gründe und Ursachen überrascht angesichts der detaillierten Augenzeugenberichte des angesehenen athenischen Geschichtsschreibers Thukydides, der die Epidemie überlebte. Seine schriftliche Darstellung des Peloponnesischen Krieges und der Seuche markiert einen Wendepunkt in der Geschichtsschreibung, weil er erstmals unparteiisch und auf wissenschaftlicher Grundlage berichtete. Seine objektiven Recherchemethoden, die Analyse von Ursache und Wirkung, die Berücksichtigung einer grundlegenden Strategie und des Einflusses der Initiative Einzelner waren innovativ und bahnbrechend. Sein Text wird heute noch an Universitäten und militärischen Hochschulen weltweit gelesen und analysiert. Als ich ein junger Offizier am Royal Military College of Canada war, zählte Thukydides zur Pflichtlektüre.

Seine hervorragende Beschreibung der Krankheitssymptome ist zu ausführlich, um sie hier wiederzugeben, außerdem ist sie so umfassend, dass sie schon wieder problematisch ist. Die Symptome passen zu allen möglichen Krankheiten, aber eben nicht so genau auf eine bestimmte, dass man die anderen ausschließen könnte. Historiker und Mediziner streiten und diskutieren seit Jahrhunderten über die Ursache, was dazu geführt hat, dass mittlerweile 30 verschiedene Erreger der Epidemie aufgeführt werden. Die ursprünglichen Verdächtigen wie Beulenpest, Scharlach, Milzbrand, Masern oder Pocken wurden mittlerweile alle verworfen. Typhus bleibt ein Kandidat, zu den wichtigsten Verdächtigen zählen jedoch Fleckfieber, Malaria und eine Form des von Stechmücken übertragenen hämorrhagischen Fiebers, die dem Gelbfieber ähnelt.

Angesichts der Vielzahl der Symptome, die Thukydides aufführt, könnte es sich auch um eine tödliche Kombination dieser drei Krankheiten handeln, die durch die beengten und unhygienischen Verhältnisse in der belagerten Stadt einen idealen Nährboden fanden. Hans Zinsser, Arzt und Bakteriologe an der Harvard School of Medicine, betont, dass die meisten historischen Epidemien durch zusätzlich auftretende Krankheiten verschärft wurden: »Soldaten gewinnen selten Kriege. Meistens räumen sie nach einem Sperrfeuer von Epidemien einfach auf ... Ganz selten gibt es eine Epidemie, die aus einer einzelnen Krankheit besteht. Es ist daher nicht unwahrscheinlich, dass die Beschreibung von Thukydides über die Tatsache hinwegtäuscht, dass zur Zeit der großen Seuche eine ganze Reihe von Krankheiten in Athen wütete. Die Bedingungen waren ideal ... Jedenfalls hatte die Attische Seuche, was immer sich dahinter verbergen mag, tief greifende Auswirkungen auf den Gang der Ereignisse.«

Nachdem sich Athen wieder etwas erholt hatte, brach der Stadtstaat 415 v. Chr. den Waffenstillstand und startete den größten und teuersten Feldzug der griechischen Geschichte, den Aristophanes zum Anlass nahm, *Lysistrata* zu schreiben. Zur Unterstützung der mit ihnen verbündeten Stadtstaaten auf Sizilien rüsteten die Athener eine gewaltige Flotte aus und belagerten die Stadt Syrakus, die mit Sparta verbündet war. Doch die Führung der athenischen Streitkräfte agierte ungeschickt und zögerlich, weshalb die Truppen während der Belagerung der Stadt im sumpfigen, mit Stechmücken verseuchten Umland von Syrakus kampieren mussten. Historiker vermuten, dass die Bewohner der belagerten Stadt die Athener absichtlich in die Malariasümpfe lockten und abdrängten, wo sie einer Art biologischer Kriegsführung ausgesetzt waren. Angesichts der weitverbreiteten Miasmatheorie, dass stehende Gewässer und Feuchtgebiete Krankheiten begünstigten, scheint es durchaus möglich, dass diese Strategie in der gesamten antiken Welt angewandt wurde.

Die athenischen Truppen vor Syrakus wurden durch die Malaria erheblich geschwächt. Während der zweijährigen Belagerung dezimierte sich die Streitmacht um über 70 Prozent. Die Athener taumelten 413 v. Chr. einer katastrophalen Niederlage entgegen. Der Sizilienfeldzug war ein Desaster. Die 40 000 Mann der athenischen Streitkräfte starben an Krankheiten, wurden im Kampf getötet, gefangen genommen oder in die Sklaverei verkauft. Zudem war die athenische Marine in einem Gefecht vor Syrakus vernichtet worden, die Staatskasse war leer. Die Stechmücken und das stümperhafte Agieren der Feldherren sorgten für einen der größten militärischen Fehlschläge der Geschichte mit weltweiten Auswirkungen.

Athen musste 404 v. Chr. nach der Belagerung der Stadt durch die Spartaner kapitulieren. Die Spartaner besetzten die Stadt, und die Herrschaft der Dreißig begann, eine von den Besatzern unterstütze Terrorherrschaft durch eine Oligarchie. Der Traum von Athen und seiner Demokratie starb endgültig mit dem erzwungenen Selbstmord seines berühmten Philosophen Sokrates 399 v. Chr. Doch wie Athen war auch Sparta wirtschaftlich und militärisch am Ende. Eine Zeitspanne von 56 Jahren fast ununterbrochener Kriegsführung hatten ihren Tribut gefordert und ließen Athen und Sparta und ihre kleineren Verbündeten wie Korinth, Elis, Delphi und Theben verarmt, erschöpft und geschwächt zurück. Darüber hinaus hatte der Krieg religiöse, kulturelle und gesellschaftliche Tabus gebrochen, weite Teile des Landes und ganze Städte waren zerstört oder dem Erdboden gleichgemacht, die Bevölkerung war durch Kriegshandlungen und Krankheiten dezimiert.

Zu diesen Auflösungserscheinungen und dem Zusammenbruch der Stadtstaaten kam noch eine Malariaepidemie in Südgriechenland hinzu. Die Malaria schwächte die Griechen und dezimierte ihre Lebens- und Arbeitskraft. Felder lagen brach, Scheunen, Minen und Häfen waren verwaist. Schwangere Frauen und kleine Kinder waren besonders von der Epidemie betroffen, weshalb die Bevölkerungszahl deutlich sank. Mit der Malaria gingen Tot- und Fehlgeburten einher. Kinder mit ihrem noch unzureichend ausgebildeten Immunsystem waren für den Erreger eine leichte Beute. Die hohen Temperaturen von bis zu 41 Grad Celsius bei den Fieberschüben beeinträchtigten die Potenz der Männer und dezimierten die Zahl der Spermien. Platon beklagte: »Was geblieben ist von dem, wie es einst war, erinnert an das Skelett eines kranken Mannes.« Der Peloponnesische Krieg und General Anopheles sorgten für ein abruptes Ende des Goldenen Zeitalters in Griechenland. Doch wie das so geht, ist ein Verlust auf der einen Seite meist mit einem Gewinn auf der anderen Seite verbunden. In diesem Fall profitierte das bis dahin relativ unbehelligte und isolierte Königreich Makedonien vom Niedergang Griechenlands.

Während sich der noch junge Alexander mit den Lehren des Aristoteles beschäftigte, baute sein Vater Philipp eine hervorragende Streitmacht auf und bildete sie aus. Philipps innovative Überrumpelungstaktik mit schwerer und leichter Kavallerie und Infanterie, begleitet von einem Wechsel der vorhandenen Waffen, stützte sich auf eine überaus mobile Streitmacht, die schnell zuschlagen konnte. Seine militärischen Verbesserungen, Formationen und seine Taktik wurden später von Alexander übernommen und auf die eigenen Bedürfnisse zugeschnitten. Die Makedonier betrachteten sich zwar selbst als Griechen, galten bei ihren südlichen Nachbarn jedoch als ungehobelte Barbaren und liederliche Trunkenbolde. Schriftliche Überlieferungen und archäologische Quellen bestätigen das Vorurteil, die makedonischen Adligen hätten einen Hang zu Alkohol gehabt und so einiges vertragen. Entsprechend rief der Aufstieg Makedoniens zur Supermacht in der antiken Welt allgemeines Erstaunen hervor. Doch angesichts des wirtschaftlichen und sozialen Elends seiner vom Krieg gezeichneten und von Stechmücken heimgesuchten südlichen Nachbarn war er alles andere als ein Zufall.

Während die griechischen Stadtstaaten mit den Verheerungen des Peloponnesischen Krieges zu kämpfen hatten, konnte König Philipp II. den Großteil der Städte im nördlichen und zentralen Griechenland von einer Allianz überzeugen, bevor er schließlich zum Angriff überging. Während sein Vater auf Kriegszug war, blieb der 16-jährige Alexander als Regent und Thronfolger zurück. Als in Thrakien ein Aufstand gegen die makedonische Herrschaft ausbrach, stellte Alexander eine kleine Armee aus den daheim gebliebenen Makedoniern zusammen und schlug den Aufstand rasch nieder. Das sprach sich unter seinen Untertanen und beim makedonischen Adel schnell herum. Alexanders militärische Fähigkeiten und das damit verbundene Ansehen wuchsen weiter, als er nachfolgende Aufstände im südlichen Thrakien und nördlichen Griechenland bekämpfte. Als Reaktion auf die Offensive im Süden Makedoniens schmiedeten Athen und Theben 338 v. Chr. ein Verteidigungsbündnis. Doch in der Schlacht von Chaironeia besiegten Philipp und Alexander, dessen berittene Truppen an der Flanke als Erste die feindlichen Linien durchbrachen, gemeinsam die Streitkräfte der Bündnispartner. Nach dieser Niederlage sollten die Stadtstaaten Griechenlands nie wieder außenpolitisch unabhängig agieren.

Alexander galt schon bald als entschlossener und bewundernswerter Anführer, der bei seinen Truppen Loyalität, Mut und Hingabe weckte, weil er in der Schlacht stets ganz vorne mitkämpfte. Er war das Idealbild eines Militärkommandanten in all seinen Facetten;

er verfügte nicht nur über ein ausgeprägtes strategisches und taktisches Denken, sondern konnte es auch gut umsetzen, besaß Führungsstärke und die Fähigkeit, ein direktes, kameradschaftliches Verhältnis zu seinen Truppen aufzubauen. Er aß mit den Soldaten, schlief in ihren Zelten und legte großen Wert auf die Versorgung von Verwundeten und deren Familien. Dass Alexander Seite an Seite mit seinem Vater kämpfte, bot ihm die bestmögliche Ausbildung, zudem gab sie ihm Selbstvertrauen und Energie. Der junge Prinz verfügte über den nötigen Ehrgeiz, den Intellekt und die Fähigkeit zur Kriegsführung. Schon bald sollte er überraschend schnell zum König aufsteigen.

Nachdem Griechenland unter makedonischer Herrschaft vereint war (mit Ausnahme Spartas, das jedoch schwach und relativ unbedeutend war; Alexander verspottete die Spartaner sogar als »Mäuse«), fürchtete Philipp, seine gestärkte, aber nun unterbeschäftigte Armee könnte sich ohne ein Ziel vor Augen langweilen und unberechenbar werden, womöglich würde sie sogar eine Revolte anzetteln. Also ersann er eine Sache, für die sich alle Griechen begeistern konnten, und holte einen alten Erzfeind aus der Versenkung. Es sei an der Zeit, verkündete er, dass ein geeintes Griechenland gegen Persien marschiere. Allerdings sollte Philipp die Invasion nicht mehr selbst anführen. Im Jahr 336 v. Chr. wurde er von einem seiner Leibwächter ermordet. Glaubt man den Mythen und Legenden, dann hatten Alexander und seine Mutter Olympias die Ermordung in Auftrag gegeben. Das ergibt natürlich eine illustre Geschichte, doch in Wirklichkeit war der Mord wohl eher die Tat eines verärgerten Einzeltäters. Und so kam Alexander unerwartet mit gerade einmal 20 Jahren auf den Thron und bereitete sich darauf vor, den von seinem Vater geplanten Eroberungsfeldzug in die Tat umzusetzen und zu einem ungeahnten Erfolg zu führen.

Ohne zu zögern, begann Alexander mit der Eroberung und war dabei so erfolgreich, dass er schon im Verlauf des Feldzugs zur Legende wurde. Wie bei den meisten Anführern, die unerwartet an die Macht kommen, bestand seine erste Tat darin, Rivalen und Kritiker auszuschalten. Als etwa in Theben eine Rebellion ausbrach, ließ Alexander die aufmüpfige Stadt zerstören. Nachdem er die Herrschaft im eigenen Land und die Grenzen zum Balkan gesichert hatte, machte er sich an die von seinem Vater geplante Kampagne. 334 v. Chr. stellte Alexander eine aus Makedoniern und Griechen bestehende Streitmacht von etwa 40 000 Soldaten zusammen, überquerte die Dardanellen und marschierte gegen Persien und dessen Herrscher Dareios III.

Obwohl Alexanders Truppen in der Unterzahl waren – die Streitmacht der Perser war dreimal so groß –, besiegten sie die Soldaten des persischen Großkönigs Dareios III. in den Schlachten von Granikos und Issos. Ein heftiger Malariaanfall zwang Alexander zu einer kurzen Pause, doch anschließend eroberte er rasch ein Gebiet, das das heutige Syrien, Jordanien, den Libanon und Israel/Palästina umfasste. Weil er die Ägypter von der Herrschaft Persiens befreit hatte, wurde er von ihnen zum Pharao gekrönt. Anschließend führte Alexander seine Truppen tief ins persische Kernland. Obwohl die Makedonier wie immer in der Unterzahl waren, bereiteten sie Dareios III. 331 v. Chr. in der Schlacht von Gaugamela eine schmerzliche Niederlage. Alexander hatte einen Großteil des Perserreichs unter seine Kontrolle gebracht.

Die persische Armee sah nun kaum noch einen Grund, den Krieg fortzusetzen, und rebellierte gegen Dareios, der kurz nach seiner Niederlage bei Gaugamela ermordet wurde. Bei seinen Eroberungen folgte Alexander dem Vorbild Kyros II. und förderte den kulturellen, technischen und religiösen Austausch. Wie Kyros unterstützte er die Künste und war vom Ingenieurwesen und den Naturwissenschaften fasziniert. Am Ende erhielt er wie sein Idol den Beinamen »der Große«. Und wie der Perserkönig damals unterwarf auch Alexander die eroberten Gebiete nicht einer autoritären Herrschaft. Er behielt die lokalen Verwaltungssysteme bei, bewahrte die Kultur, setzte Infrastrukturmaßnahmen um und ließ 24 Städte bauen (darunter Alexandria, Kandahar, Herat und İskenderun). Er nahm Landschenkungen vor und sorgte dafür, dass seine militärischen und politischen Anführer Einheimische heirateten. Alexander selbst nahm die Tochter des besiegten Dareios zur Frau.

Drei Jahre, nachdem Alexander in Makedonien aufgebrochen war, hatte er alle seine Schlachten gewonnen. Er stieß weiter nach Osten in bislang unbekanntes Gebiet vor, gelangte nach Turkmenistan, Usbekistan, Tadschikistan, Afghanistan und über den Khaiberpass im Hindukusch mit seinen feindseligen Bergvölkern bis nach Pakistan und Indien. Als er Indien erreichte, hatten seine Truppen neun Jahre lang ohne eine einzige Niederlage ununterbrochen gekämpft. Dennoch blieb Alexander rastlos. Getrieben von seinem manischen Ego war er wild entschlossen, seinen Eroberungsfeldzug bis an »das Ende der Welt und das Große Meer« fortzusetzen.

Alexanders Vorstoß nach Asien begann im Frühjahr 326 v. Chr. mit einem 70-tägigen Marsch durch den Monsunregen am Flusssystem des Indus entlang. Seine erschöpften und kranken Soldaten sicherten im Mai den Punjab, nachdem sie Poros, den König von Pauravas, und dessen Truppen mitsamt Kriegselefanten in der Schlacht am Hydaspes besiegt hatten. Alexander rastete mit seinen Truppen am Fluss Beas, wo er um seinen treuen tierischen Gefährten trauerte, das Schlachtross Bukephalos (dem zu Ehren er eine Stadt in Pakistan benannte), das vermutlich eines natürlichen Todes gestorben war. Bald darauf meldete sein zuverlässigster und loyalster General Koinos, die Soldaten würden »sich danach sehnen, ihre Eltern wiederzusehen, ihre Frauen und Kinder und ihre Heimat«, und sich weigern, noch weiter ins Unbekannte vorzudringen. Und so geriet Alexanders Indienfeldzug an den Ufern des Flusses Beas ins Stocken – hier war die östliche Grenze seiner Eroberungen und seines Reiches.

Der Vorfall wird oft als »Meuterei« aufgebauscht, doch es gab keine Rebellion. Als sich Koinos an Alexander wandte und ihm die Botschaft überbrachte, dass die Soldaten nach Hause zurückwollten, hatte es nicht den Anschein, als ob Alexander eifrig widersprochen hätte. Die angebliche Meuterei oder genauer, die üblichen und typischen Beschwerden der Soldaten, die über die Kommandokette nach oben weitergegeben wurden, war nur einer von mehreren Faktoren, die Alexander zu einer Umkehr bewogen. Seine Truppen waren schlichtweg erschöpft, die Nachschublinien waren viel zu lang und überlastet, und die Siege waren immer schwerer zu erringen. Seine Armee war in zunehmendem Maße auf fremde Söldner und Rekruten angewiesen, der Anteil der Griechen und Makedonier ging immer weiter zurück. Seine nächsten Ziele waren die mächtigen Königreiche der Nada und der Gangaridai; ein Sieg über sie war ungewiss. Die Truppen der Nada, die Alexanders Infanterie aus 40 000 Mann und seine 7000 Mann starke Kavallerie erwarteten, bestanden aus 280 000 Berittenen und Fußsoldaten, 8000 Streitwagen und 6000 Kriegselefanten (vor denen die griechischen Pferde scheuten). Und das war nicht der einzige Feind, der sich Alexander in den Weg stellte.

Im Flusstal des Indus waren Alexanders Truppen Stechmücken und Krankheiten ausgesetzt, die »mit Fieber einhergingen«, wie der indische Arzt Sushruta zwei Jahrhunderte zuvor geschrieben hatte. Nachdem die Soldaten während der Regenzeit im Frühjahr und der Stechmückensaison im Sommer an Flüssen entlanggezogen waren und Sümpfe durchquert hatten, waren sie nun mit Malaria geschlagen, die ihre Reihen dezimierte. In den historischen Darstellungen zu Alexanders Indienfeldzug finden sich zahlreiche Hinweise auf das belastende Klima und quälende Krankheiten (sowie auf Giftschlangen). So schreibt etwa der griechische Historiker Arrian: »Die griechischen und makedonischen Truppen haben einen Teil ihrer Verluste in der Schlacht erlitten; andere wurden durch Verwundungen zu Invaliden, sie ließ man in verschiedenen Teilen Asiens zurück; doch die meisten starben an Krankheiten, und die wenigen, die überlebten, waren deutlich entkräftet.« Alexanders einst kraftstrotzende Armee war mittlerweile nur noch ein Schatten ihrer selbst. »Die körperliche Verfassung der Soldaten hatte sich massiv verschlechtert«, schreibt der amerikanische Archäologe Frank L. Holt in seinem Buch *Into the Land of Bones*, »und viele wurden Opfer der zahlreichen Krankheiten.« So starb etwa Koinos kurz nach der Umkehr der Armee an einer Krankheit, die man als Malaria, vielleicht auch Typhus, deuten kann. Angesichts der angegriffenen, geschwächten Verfassung der Soldaten, des niedrigen Kampfgeistes und der Sehnsucht nach der Heimat, vor allem aber angesichts eines einschüchternden, gewaltigen Gegners sowie weiterer militärischer Komplikationen und Hindernisse, die sich aller Wahrscheinlichkeit nach einstellen würden, wurde der Indienfeldzug abgebrochen. Nicht einmal Alexander der Große war derart geballten Herausforderungen gewachsen.

Eine andere Theorie besagt, dass Alexander den ganzen Vorfall geschickt steuerte, weil er in seinem Egoismus eine persönliche Demütigung vermeiden, seine Ehre schützen und seine perfekte Schlachtenbilanz (er hatte alle seine 20 Schlachten gewonnen) bewahren wollte. Als er bei der Analyse der strategischen Lage erkannte, dass er nicht genügend Trümpfe in der Hand hatte, verging ihm die Lust, noch weiter nach Indien vorzustoßen. Entschlossen, seinen legendären Ruf als Feldherr zu bewahren, verbreitete er Gerüchte und sorgte so dafür, dass der geplante Feldzug seinen Männern unerträglich schien. Die gesamte »Meuterei« war demnach inszeniert, um seinen Soldaten die Schuld am Rückzug zuzuschieben. Doch egal welcher Theorie man folgt, das Ergebnis war dasselbe. Alexander wusste, dass ein weiterer Vorstoß aufgrund der Umstände unmöglich war. Der Wunsch seiner Soldaten, nach Hause zurückzukehren, war nur ein Aspekt von vielen, die gesamte Situation war ungünstig.

Schon bald nach Alexanders Kursänderung wurde das Maurya-Reich gegründet, das den indischen Subkontinent einte und das größte Reich in der indischen Geschichte bildete. Es ebnete den Weg zu einem modernen, einheitlichen indischen Staat und leistete der Verbreitung des Buddhismus Vorschub. Im Rückblick erwies sich Alexanders Entscheidung zum Rückzug aus Indien angesichts seiner unhaltbaren Position als klug und umsichtig.

Alexander machte sich also auf den Weg zurück nach Makedonien, allerdings war er keineswegs zufrieden mit seinen Großtaten und daher auch nicht bereit, einfach sang- und klanglos zu verschwinden. Als er bei seiner Rückkehr nach Persien erfuhr, dass die Mitglieder der Ehrengarde das Grabmal seines Helden Kyros geschändet hatten, ließ er sie alle hinrichten. Auf dem Weg nach Babylon gab er Anweisung, einen Feldzug nach Arabien und Nordafrika vorzubereiten, und auch das westliche Mittelmeer hatte er im Visier. Über Gibraltar und Spanien schien auch Europa erreichbar. Die Möglichkeiten schienen endlos und sie alle hätten gravierende Auswirkungen auf den weiteren Verlauf der Geschichte gehabt. Erneute Erkundungsmissionen wurden auch in Richtung Kaspisches und Schwarzes Meer entsandt, um die Grundlagen für eine eventuelle spätere Wiederaufnahme des Asienfeldzugs zu legen. Alexander bereitete zudem Marschbefehle für ähnliche Vorstöße in unerforschte, namenlose Gebiete einer unbekannten Welt vor. Doch er sollte nie »die Enden der Welt« erreichen, zumindest nicht in diesem Leben.

Im Frühjahr 323 v. Chr. machte Alexander in Babylon Station, um seine nächsten Feldzüge zu planen und Gesandte aus Libyen und Karthago zu empfangen. Er war mindestens achtmal schwer verwundet worden und hatte kürzlich seinen besten Freund (und vermutlich seinen Liebhaber) Hephaistion verloren (wahrscheinlich war dieser an der Malaria gestorben, vielleicht war es auch Typhus), dennoch war Alexander kein gebrochener Mann. Nachdem er den Fluss Tigris überquert hatte, warnten ihn die einheimischen Chaldäer, sie hätten eine Mahnung ihres Gottes Baal erhalten. Laut einer Prophezeiung werde sein Einzug in die Stadt von Osten her vom Tod begleitet. Sie schlugen daher vor, er solle durch das im Westen gelegene Königstor in die Stadt einziehen. Alexander nahm ihre Warnung ernst und änderte die Richtung. Auf diesem Umweg zogen er und sein Gefolge kreuz und quer durch ein Labyrinth von Sümpfen und konzentrisch verlaufenden Kanälen, über denen die aufgescheuchten Stechmücken nur so herumschwirrten.

Die ersten Tage in Babylon verbrachte Alexander damit, seine Feldzüge zu planen, Feste zu feiern, sich mit den städtischen Würdenträgern zu verbrüdern, religiöse Rituale zu vollziehen und natürlich jede Menge zu trinken. Doch schon bald überkam ihn eine ungewohnte Müdigkeit, auf die massive Fieberschübe folgten. Die Abfolge von Alexanders Leiden wurde von seinem inneren Kreis sorgfältig dokumentiert und in den »Königlichen Tagebüchern« festgehalten. Aus den Aufzeichnungen geht eindeutig hervor, dass zwischen dem Einsetzen der ersten Symptome und seinem Tod zwölf Tage lagen. Dieser Zeitrahmen, von der Durchquerung der Sümpfe und Alexanders Einzug in Babylon über seine ersten Symptome und den Fieberzyklus bis zu seinem Tod, verweist auf den Parasiten *Plasmodium falciparum*, der als Erreger der Malaria tropica gilt. Alexander der Überlebensgroße starb am 11. Juni 323 v. Chr. im Alter von 32 Jahren. Am Ende hatte ihn eine unscheinbare kleine Mücke besiegt.

Hätte die Malaria übertragende Stechmücke Alexander nicht gestochen, dann wäre er vermutlich noch einmal weiter nach Osten vorgestoßen und hätte Ost und West zum ersten Mal wirklich vereint. Und dann hätten sich der Lauf der Geschichte und die Entwicklung der Menschheit so stark verändert, dass unsere Gesellschaft heute praktisch nicht wiederzuerkennen wäre. Welche Auswirkungen dieser bis dahin beispiellose Austausch an Ideen, Wissen, Krankheiten und Technologie einschließlich des Schießpulvers gehabt hätte, kann man sich gar nicht vorstellen. Doch mit Alexanders Tod musste die Welt noch einmal 1500 Jahre warten, bis es dazu kam. Erst im 13. Jahrhundert wurde diese Verbindung durch europäische Händler wie Marco Polo gefestigt, die nach Osten zogen, und andererseits durch die Mongolen unter Dschingis Khan, die nach Westen vordrangen. Zu diesem vielfältigen interkulturellen Austausch gehörte auch der Schwarze Tod. Aber was wäre gewesen, wenn Alexander …? Dazu kam es nicht. Die Stechmücke raubte ihm diese Möglichkeit und den damit verbundenen Ruhm.

Im Laufe der Zeit wurden zahlreiche andere Ursachen für Alexanders Tod verantwortlich gemacht, allerdings fehlt es ihnen an stichhaltigen Belegen und Glaubwürdigkeit. Ein Mord ist für Anhänger von Verschwörungstheorien natürlich unwiderstehlich, entbehrt jedoch jeder Grundlage. Es gibt einfach keine überlieferten schriftlichen Beweise und auch kein stichhaltiges wissenschaftliches Argument für diese Behauptung. Die Mordgeschichte kam offenbar fünf Jahre nach Alexanders Tod auf und machte als Klatsch schnell die Runde. Ausgeschmückt und aufgebauscht wurde die Verschwörungstheorie durch die Behauptung, der Mord sei von niemand Geringerem als Alexanders altem Lehrer und Mentor durchgeführt worden, also von Aristoteles höchstpersönlich. Oder aber von einer seiner Ehefrauen oder von einem früheren Liebhaber. Allerdings sprach Alexander selbst, obwohl er zunehmend paranoid und unberechenbar wurde, nie von einem Mordkomplott.[18] Weitere Theorien reichen von einer akuten Alkoholvergiftung, einem Leberleiden aufgrund seines Alkoholismus und einer langen Liste natürlicher Todesursachen, darunter Leukämie und Typhus, bis zu der ziemlich seltsamen Diagnose, Alexander sei am West-Nil-Fieber gestorben (dessen Erreger erst etwa 1300 Jahre nach seinem Tod als gesonderte Spezies in Erscheinung trat), doch kaum eine These hält einer näheren Überprüfung stand. Eine Autopsie von Alexanders Überresten würde Klarheit schaffen (und vermutlich Malaria als Todesursache ergeben), doch diese ist leider nicht möglich. Denn obwohl Alexander zu den bedeutendsten Figuren der Menschheitsgeschichte zählt, weiß man heute nicht mehr, wo sich sein Grab befindet.

Auf dem Weg nach Makedonien wurde der Leichenzug nach Ägypten umgeleitet, und Alexander wurde in Memphis beigesetzt. Im späten 4. Jahrhundert v. Chr. wurden seine Gebeine exhumiert und in einem Mausoleum in Alexandria bestattet, der Stadt, die nach ihm benannt war. Römische Generäle wie Pompeius und Cäsar besuchten das Grabmal und erwiesen ihm die letzte Ehre. Kleopatra raubte Gold und Juwelen aus der Grabstätte, um ihren Krieg gegen Octavian (den späteren Kaiser Augustus) zu finanzieren. Octavian besuchte das Alexandergrab nach seinem triumphalen Einzug in Alexandria 30 v. Chr., nachdem er Marcus Antonius und Kleopatra, deren Liebe unter einem schlechten Stern stand, besiegt hatte. Mitte des 1. Jahrhunderts n. Chr. stahl der tyrannische römische Kaiser Caligula angeblich Alexanders Brustharnisch.

Im 4. Jahrhundert verschwindet Alexanders letzte Ruhestätte einfach aus der Überlieferung, was natürlich zur Mythen- und Legendenbildung beitrug (der zur Ruhmsucht neigende Alexander hätte sicher nichts dagegen einzuwenden). Über 150 umfangreiche archäologische Grabungen wurden auf der Suche nach seinen Gebeinen unternommen. Alexander ist eine der wenigen historischen Gestalten, die auch im Zeitalter der Mobiltelefone, virtuellen Realität, Gentechnologie und Nuklearwaffen Interesse weckt. Über die Jahrhunderte hinweg fasziniert und begeistert er die Menschen, zieht sie in seinen Bann und weckt ihre Bewunderung.

Als Alexander gefragt wurde, wer denn sein Reich eines Tages erben solle, antwortete er der Legende nach »der Stärkste« oder auch »der Beste«. In Wirklichkeit jedoch sorgten die Stechmücken dafür, dass sein riesiges Reich und seine Errungenschaften mit ihm starben. Nach seinem Tod brach unter seinen Generälen sofort ein blutiger Kampf um die Nachfolge aus. Ein Zusammenhalt oder eine einheitliche Reichsführung waren nicht mehr zu erkennen. Auch Alexanders direkte Verwandtschaft wurde ausgelöscht. Seine Mutter Olympias, seine Frau Roxane und sein Sohn Alexander IV. wurden aufgespürt und ermordet. Sein Reich zerfiel in drei Teile, die jeweils schwach waren und miteinander konkurrierten. In zwei Teilen setzte sich der Niedergang fort, bis sie nur noch kleine, unbedeutende Enklaven waren. In Ägypten konnte sich hingegen eine makedonische Dynastie halten. Die Ptolemäer blieben dort bis ins Jahr 31 v. Chr. an der Macht, als Marcus Antonius und Kleopatra in der Schlacht von Actium von Octavian besiegt wurden.[19]

Alexanders territoriale Eroberungen gingen aufgrund der Kämpfe um die Nachfolge rasch verloren, zudem fehlte es an einer zentralen Autorität, doch das geistige Erbe seines hellenistischen Reiches hat sich bis heute erhalten. Nach seinem Tod erlebte der soziokulturelle Einfluss der Griechen einen Höhepunkt in Europa, Nordafrika, dem Mittleren Osten und im westlichen Asien. Ausgehend vom Zentrum des hellenischen Reiches fanden griechische Literatur, Architektur, Naturwissenschaften, Mathematik, Philosophie, Militärstrategie und Kunst weite Verbreitung und gelangten in einem Zeitalter des akademischen Aufschwungs und Fortschritts zu neuer Blüte. Große Bibliotheken wurden in der arabischen Welt eingerichtet, Gelehrte beschäftigten sich mit den Lehren und Ideen von Sokrates, Platon, Aristoteles, Hippokrates, Aristophanes, Herodot und den zahlreichen Büchern und Schriften anderer griechischer Autoren des Goldenen Zeitalters.

Während Europa im dunklen Zeitalter in einem kulturellen und intellektuellen Abgrund versank, in dem es 400 Jahre lang blieb, gedieh das Geistesleben im neu entstandenen Verbreitungsgebiet des Islams. Beim interkulturellen Austausch während der Kreuzzüge sollten die islamischen Gelehrten Europa eine helfende Hand reichen, auf dass die Europäer die Tiefen der Unwissenheit hinter sich lassen konnten. Die griechische und römische Literatur und Kultur gelangten so über islamische Gelehrte zurück nach Europa, zusammen mit ihren eigenen Verfeinerungen und geistigen Errungenschaften der muslimischen Renaissance.

Doch zurück zu Alexander. Nachdem er den Stechmücken zum Opfer gefallen war, entstand im Gefolge der Auflösung und des Zusammenbruchs seines Reiches ein Machtvakuum im Mittelmeerraum. Dieses Vakuum sollte von einer Stadt in der tiefsten Provinz genutzt werden, die mitten in einem von Mücken geplagten Sumpf über 1000 Kilometer weit entfernt von Athen lag. Nach Zwischenstationen in Persien und Griechenland verlagerte sich das Epizentrum der Macht und der westlichen Kultur weiter nach Westen und landete schließlich in Rom. »Über das Schicksal von Rom entschieden Kaiser und Barbaren, Senatoren und Generäle, Soldaten und Sklaven«, schreibt Kyle Harper in seinem 2017 erschienenen hochgelobten Buch *The Fate of Rome*. »Doch eine ebenso große Rolle spielten Bakterien und Viren … Das Schicksal Roms könnte uns auch als Mahnung dienen, dass die Natur raffiniert und launisch sein kann.« Nachdem Stechmücken den Griechen in den Perserkriegen einen Vorteil verschafft, zur Selbstzerstörung der griechischen Stadtstaaten im Peloponnesischen Krieg beigetragen, den Aufstieg Makedoniens begünstigt, Alexanders einst unbezwingbare Armee nach und nach dezimiert und so gezeigt hatten, dass auch er nur ein Sterblicher war, richteten sie nun ihren Stechrüssel nach Westen. Ihren unstillbaren Durst sollten sie fortan in Rom stillen, wo sie sowohl zur Entstehung als auch zum Untergang des mächtigen Römischen Reiches beitrugen.

Doch die Vorherrschaft Roms stand nicht von vornherein fest. Die Römer errangen im Ersten Punischen Krieg einen überraschenden, aber wenig überzeugenden Pyrrhussieg gegen die Karthager. Bei Ausbruch des Zweiten Punischen Krieges schienen die Römer erneut unterlegen und wirkten wenig überzeugend im Vergleich zu ihrem furchteinflößenden und scheinbar unbesiegbaren Gegner, der von einem Feldherrn befehligt wurde, dessen Genie es mit dem Alexanders aufnehmen konnte – einem einfallsreichen und brillanten karthagischen Krieger, dessen Name auch heute noch Furcht und Schrecken verbreitet: Hannibal.

KAPITEL 4

LEGIONEN VON MÜCKEN: AUFSTIEG UND UNTERGANG DES RÖMISCHEN REICHES

Wie Xerxes und Alexander hatte Hannibal den Krieg von seinem Vater geerbt. Der 29-Jährige war entschlossen, die Niederlage seines (mittlerweile verstorbenen) Vaters im Ersten Punischen Krieg zu rächen und die Demütigung der Kapitulation zu überwinden, die er als Junge persönlich miterlebt hatte. Hannibals sorgfältig geplante Route bei seinem Kriegszug gegen Rom, bei der er die starken Garnisonen der Römer und deren Verbündeter umging und die Überlegenheit der römischen Flotte ausmanövrierte, führte ihn direkt durch Feindesgebiet und löste so den Zweiten Punischen Krieg aus. Der Ausgang der Punischen Kriege, die mit Unterbrechungen von 264 bis 146 v. Chr. geführt wurden, sollte den Lauf der Geschichte für die folgenden 700 Jahre bestimmen. Hannibal und seine karthagische Streitmacht mit 60 000 Mann, 12 000 Pferden und 37 Kriegselefanten überwanden die Schluchten und Pässe der Alpen und drangen mitten ins Herz des Römischen Reiches vor.

Doch die Römer hatten einen starken Verbündeten, von dem sie nichts wussten, und der in den 800 Quadratkilometer großen Pontinischen Sümpfen südlich von Rom lebte und die Hauptstadt beschützte. In den Sümpfen in der Umgebung von Rom, die oft auch als Campagna romana bezeichnet wird, lebten Legionen todbringender Stechmücken, die es mit ganzen Armeen aufnehmen konnten. Ein römischer Gelehrter schrieb, die Pontinischen Sümpfe »sorgen für Angst und Schrecken. Wer dorthin reist, sollte Hals und Gesicht gut bedecken, bevor Schwärme großer blutsaugender Insekten, die im Schatten der Bäume wie Raubtiere auf Beute lauern, in der großen Sommerhitze über ihn herfallen … In diesem grünen Gebiet, faulig und übelerregend, schwirren Tausende Insekten, und Tausende furchtbare Sumpfpflanzen wachsen unter einer alles versengenden Sonne«. Ob in den Punischen Kriegen oder im Zweiten Weltkrieg, Invasionstruppen, die gegen Rom vorrückten, wurden in den Sümpfen der Pontinischen Ebene praktisch bei lebendigem Leib aufgefressen.

Die Anfänge von Rom wie Karthago gingen auf kleine, isolierte Siedlungen von Bauern und Fischern zurück, die jedoch im Lauf der Zeit so mächtig wurden, dass sie sich einen erbitterten Zweikampf um die Vorherrschaft im Mittelmeerraum lieferten, mit den Mücken der Pontinischen Sümpfe als Schiedsrichter. Karthago und Rom griffen Alexanders (ebenfalls von Stechmücken heimgesuchten) Traum von der Weltherrschaft auf und konkurrierten als seine Erben um die wirtschaftliche und territoriale Hegemonie. Beide blieben in ihren Anfangszeiten relativ unbehelligt von den großen Kriegen der Perser und Griechen. Alexander hatte bei seiner Suche nach den unbekannten »Enden der Welt« den Blick auf den fernen Horizont gerichtet und dabei die beiden aufstrebenden Stadtstaaten Karthago und Rom übersehen.

Der Legende nach wurde Rom 753 v. Chr. von den Zwillingen Romulus und Remus gegründet, die als Säuglinge ausgesetzt und von einer Wölfin aufgezogen wurden. Als junge Männer scharten sie aufgrund ihres Führungstalents die lokale Bevölkerung um sich. Bei einem Streit, wer von den beiden das Sagen hatte, tötete Romulus seinen Bruder Remus und wurde der erste König von Rom. Anders als die griechischen Stadtstaaten expandierte Rom, indem es umliegende Gebiete in sein einheitliches Rechtssystem integrierte. Die Bereitschaft der Römer, die Bürgerrechte auch auf Nichtrömer zu übertragen, war einzigartig und spielte eine entscheidende Rolle bei der Ausdehnung und Verwaltung des Reiches. Im Jahr 506 v. Chr. wurde die ursprünglich despotische Monarchie nach einem Volksaufstand zur demokratischen Republik. Unter Führung des Senats mit seinen aristokratischen Mitgliedern dehnte sich die Römische Republik im Lauf der Zeit immer weiter aus und umfasste bis zum Jahr 220 v. Chr. den gesamten italienischen Stiefel südlich des Flusses Po.

Aus ein paar verstreuten Hütten entwickelten die Römer allmählich einen Staat, der zahlreiche Kriege führte und eine beeindruckende Zahl von Bürgern, Sklaven und Händlern an neuen Orten ansiedelte, um ein Reich zu sichern, das einen Großteil Europas, Englands, Ägyptens, Nordafrikas, der Türkei, des südlichen Kaukasus und des Mittelmeerraums umfasste und sich im Jahr 117 n. Chr. bis zum Fluss Tigris im Osten und zu seiner Mündung im Persischen Golf erstreckte. Und mit den Handelskarawanen und den Kolonnen der Händler und Siedler, die auf den Handelsstraßen und im stetig wachsenden Gebiet des Römischen Reiches kreuz und quer unterwegs waren, reiste die Stechmücke. Die enorme geografische Ausdehnung und die vielfältige ethnische Zusammensetzung des Römischen Reiches sowie die aufeinandertreffenden Handels- und Sklavenrouten trugen zur Ausdehnung der Jagdreviere der Stechmücken und damit auch zu einer größeren Verbreitung des Malariaerregers in ganz Europa (sogar bis nach Schottland) bei. Auf dem Zenit der römischen Macht war es dann unausweichlich, dass Rom mit dem einzigen anderen größeren Reich der Region aneinandergeriet – Karthago.

Kurz vor der legendären Gründung Roms durch Romulus und Remus hatten phönizische Händler und Seefahrer aus dem heutigen Libanon und Jordanien (dem damaligen Kanaan) Niederlassungen im gesamten Mittelmeergebiet gegründet, zu denen im Jahr 800 v. Chr. auch weit westlich vorgelagerte Stützpunkte an der spanischen Atlantikküste gehörten. Eine dieser Anlaufstationen für Handelsschiffe war die Hafenstadt Karthago im heutigen Tunesien. Aufgrund ihrer zentralen Lage und der Nähe zu Sizilien entwickelte sich Karthago rasch zu einem wichtigen Handels- und Kulturzentrum. Und schon bald rivalisierte es mit den griechischen Stadtstaaten um die Kontrolle über das Mittelmeer.

Nach der gescheiterten Belagerung der Stadt Syrakus durch die Athener 413 v. Chr., an der Stechmücken einen wesentlichen Anteil hatten, wagte Karthago mit dem Sizilienfeldzug 397 v. Chr. den ersten eigenen imperialistischen Vorstoß. Die Karthager riegelten Syrakus ab und verschanzten sich im sumpfigen Marschland rund um die Stadt, um im folgenden Frühjahr mit der Belagerung zu beginnen. Im Sommer waren die karthagischen Truppen wie schon ihre athenischen Vorgänger durch die Malaria massiv dezimiert. Ihr Feldzug endete wie der Vorstoß der Athener in einer Katastrophe, zu der die Stechmücken erheblich beigetragen hatten. Der römische Geschichtsschreiber Livius berichtet, die Karthager seien »bis auf den letzten Mann gestorben, zusammen mit ihren Generälen«. Doch bei allen anderen kolonialen Unternehmungen machten die Karthager gute Fortschritte, sodass ihr Reich bald einen Großteil der Mittelmeerküste Nordafrikas sowie Südspaniens mit Gibraltar und den Balearen, Sizilien (mit Ausnahme von Syrakus), Malta und die Küsten der Inseln Sardinien und Korsika umfasste. Rom wiederum war damit beschäftigt, ein eigenes Reich zu erobern, und entwickelte sich von einem unbedeutenden Dorf zu einer Weltmacht. Als nun Rom und Karthago ihre Tentakel immer weiter ausstreckten, kamen sie sich schließlich beim Mittelmeerhandel ins Gehege.

Auslöser für den Ersten Punischen Krieg (264–241 v. Chr.) war der Streit um Sizilien, wo Karthago seinen Einfluss als Handelsmacht geltend machte, während Rom die Macht Karthagos vor der eigenen Haustür beschränken wollte. Obwohl es auch vereinzelte Gefechte auf Sizilien und in Nordafrika gab, wurde der Konflikt in erster Linie auf See ausgetragen. Da die Römer mit Seekriegen keine große Erfahrung hatten, wandten sie enorme Summen, Energie und Arbeit für den Bau einer Flotte auf, deren Schiffe nach dem Vorbild eines erbeuteten karthagischen Kriegsschiffes gestaltet waren. Obwohl oder vielleicht gerade weil Rom bei seinem ersten Krieg auf fremdem Boden über 500 Schiffe und 250 000 Mann opfern musste, konnte sich die Republik am Ende durchsetzen.

Die Römer eroberten Sizilien, Sardinien und Korsika und besetzten die dalmatische Küste mit ihren zahlreichen Inseln. Doch bedeutsamer war, dass der Sieg und der mit dem Erwerb der neuen Kolonien einhergehende wirtschaftliche Aufschwung den Römern erst so richtig Appetit auf weitere Eroberungen und eine Ausdehnung des Reiches machten. Der Krieg hatte zwar die karthagische Flotte empfindlich reduziert und den Römern die Kontrolle über das Meer gegeben, doch die karthagischen Truppen waren nahezu unversehrt. Kaum hatten sie sich etwas erholt, sannen sie auf Rache und beschlossen zurückzuschlagen. Hannibal war fest entschlossen, die Auseinandersetzung direkt in Rom auszutragen.

Im Frühjahr 218 v. Chr. brach Hannibal von Carthago Nova (Cartagena) an der Südküste Spaniens auf und zog durch Ostspanien, über die Pyrenäen und quer durch Gallien, bis er mit 60 000 Mann und seinen 37 mittlerweile legendären Kriegselefanten die westlichen Ausläufer der Alpen erreichte. Seine Überquerung der Alpen gilt als logistische Meisterleistung der Militärgeschichte. Seine Armee musste sich durch die Gebiete feindlicher gallischer Stämme kämpfen, außerdem setzte ihr der einsetzende Winter im rauen Terrain zu. Die Nachschublinien waren unzuverlässig. Doch obwohl Hannibal 20 000 Mann und einen Großteil seiner Elefanten bei der gefährlichen Alpenüberquerung verlor, schafften schließlich 40 000 Mann, wenn auch angeschlagen, unterernährt und vom Wetter gebeutelt, den steilen Abstieg und erreichten Ende November Norditalien.

Zur Wintersonnwende am 18. Dezember griff seine erschöpfte Armee, die jedoch um verbündete Kelten und Iberer ergänzt worden war, eine römische Streitmacht an, die sich ihr mit 42 000 Mann an der Trebia in den Weg stellte. Dank sorgfältiger Planung und innovativer Taktik konnte Hannibal die Römer immer wieder zu nutzlosen Frontalangriffen provozieren und sie in nicht zu verteidigende Positionen manövrieren. Indem seine Truppen das Zentrum der römischen Linien umgingen und über die Flügel angriffen, konnten sie den desorganisierten Römern eine vernichtende Niederlage beibringen, bei der mindestens 28 000 römische Legionäre getötet und die übrigen in alle Richtungen zerstreut wurden.

Nach dem deutlichen Sieg der Karthager in der Schlacht an der Trebia schleppten sich die ausgezehrten Elefanten, Pferde und Soldaten weiter und schlugen ihr Lager »auf den Ebenen in der Nähe des Flusses Po« auf, wo Hannibal »die besten Voraussetzungen« hatte, »die Moral der Truppe wiederzubeleben und den Männern und Pferden die Möglichkeit zu geben, ihre alte Kraft und Verfassung zurückzuerlangen«.[20] Im März 217 v. Chr. erteilte Hannibal den Marschbefehl, und die Truppen brachen zu einer taktisch klugen und durchdachten Operation auf.

Der Erfolg des Feldzugs beruhte auf dem Überraschungseffekt, den das Auftauchen der Karthager nach dem überaus strapaziösen Weg über die Alpen, gefolgt von einem viertägigen Marsch durch malariaverseuchte Sümpfe, verursachte. Die Karthager bewältigten die krankmachenden Sümpfe, allerdings zu einem hohen Preis. Die Stechmücken griffen Gesundheit und Moral der Truppe an und auch die ihres außergewöhnlich begabten Feldherrn. Hannibal erkrankte an Malaria und wurde infolge des hohen Fiebers auf dem rechten Auge blind. Zu der Zeit waren bereits seine spanische Frau und sein Sohn der Krankheit zum Opfer gefallen. Schwer angeschlagen, aber unbesiegt, setzte Hannibal seine geplante Marschroute fort.

Mit seinem brillant ersonnenen, aber leider von Malaria durchkreuzten Schachzug führte Hannibal die erste dokumentierte Umfassungsschlacht der Militärgeschichte, indem er die linke Flanke der Römer gezielt umging. Durch dieses Ausweichmanöver drehte er die Front oder Ausrichtung der Schlacht, wodurch die römischen

Verteidigungsstellungen und vorteilhaften Bodenverhältnisse nun zu ihrem Nachteil wurden. Die Römer saßen in der Falle, gefangen zwischen ihren eigenen Verteidigungslinien, in der Todeszone der Schlacht waren sie manövrierunfähig. Hannibals innovative Vorbereitungen und Strategie sicherten den Karthagern auch in der Schlacht am Trasimenischen See am 21. Juni 217 v. Chr. einen überwältigenden Sieg. Geschickt und genau zur richtigen Zeit ließ er seine Truppen heimlich Stellung beziehen und nutzte Hinterhalte, die Kavallerie und eine Flankentaktik. 30 000 Römer wurden getötet oder gefangen genommen, damit hatten sie fast die gesamte in der Schlacht eingesetzte Streitmacht verloren. Nach den vernichtenden Niederlagen in der Schlacht an der Trebia und der Schlacht am Trasimenischen See waren die Römer auf der Hut und mieden eine weitere offene Schlacht mit Hannibal, stattdessen schnitten sie seine Versorgungslinien und seinen Nachschub ab. Doch erneut konnte Hannibal die Römer ausmanövrieren und sie mit ihrer eigenen Strategie schlagen.

Anstatt direkt auf Rom vorzurücken, ergriff Hannibal im August 216 v. Chr. die Initiative, um sich dringend benötigte Vorräte bei Cannae zu sichern. Dadurch wurde Rom von der lebensnotwendigen Getreideversorgung aus dem Süden abgeschnitten. Obwohl die Römer in der Schlacht bei Cannae zahlenmäßig weit überlegen waren, verwickelte Hannibal das Zentrum der Römer mit ihren 86 000 Mann in ein Gefecht, bevor er genau zur richtigen Zeit ein beeindruckendes und perfekt umgesetztes Zangenmanöver durchführte: Die Mitte seiner Fußtruppen gab systematisch nach, die Römer rückten vor und wurden daraufhin von den an den Flanken aufgestellten karthagischen Truppen in die Zange genommen. Die Karthager umzingelten die Römer und töteten sie in so großer Zahl, dass von einer Armee keine Rede mehr sein konnte.[21] Hannibals Sieg bei Cannae gilt als eine der größten taktischen Leistungen der Militärgeschichte. Seine Methoden und Manöver werden bis heute an Militärakademien auf der ganzen Welt gelehrt und finden sich immer wieder in den Schlachtplänen und Taktiken von Strategen und Generälen.

Der preußische Generalfeldmarschall und Chef des deutschen Generalstabs Alfred von Schlieffen orientierte sich bei seinem legendären Schlieffenplan zur Invasion Frankreichs bei Anbruch des Ersten Weltkriegs an »demselben Plane, wie ihn Hannibal in vergessenen Zeiten erdacht hat«. Als das Afrikakorps des deutschen Generalfeldmarschalls Erwin Rommel im Zweiten Weltkrieg die bedrängten britischen Truppen in ganz Libyen versprengte, schrieb er 1941 in einem Brief: »Es wird ein modernes ›Cannae‹ werden.« In Stalingrad bemerkte Friedrich Paulus 1942, Oberbefehlshaber der 6. Armee, arrogant und völlig unzutreffend, wie sich bald zeigen sollte, er stehe kurz davor, »sein Cannae« zu vollenden. General Dwight D. Eisenhower, Oberbefehlshaber der alliierten Streitkräfte in Europa, wollte die Vernichtungsschlacht gegen Hitlers Wehrmacht »nach dem klassischen Beispiel von Cannae« gestalten. Und im Zweiten Golfkrieg nannte General Norman Schwarzkopf Hannibals Cannae als Vorbild für das Vorgehen der Koalitionstruppen bei der Befreiung Kuwaits 1990.

Nach dem umfassenden Sieg Hannibals über die römischen Legionen bei Cannae schien der Vormarsch der Karthager unaufhaltbar. Eine komplette römische Armee war vernichtet worden, der Weg nach Rom war frei. Die »Ewige Stadt« war zum Greifen nah. Hannibal konnte endlich Vergeltung an Rom üben und die Schmach seines Vaters im Ersten Punischen Krieg ausmerzen. Allerdings lauerte im Verborgenen noch ein weiterer Wächter, der die Stadt beschützte – Legionen ausgehungerter Stechmücken, die in den Pontinischen Sümpfen patrouillierten. Nachdem der römische Militärapparat in Cannae ausgeschaltet worden war, wurden die Mücken rekrutiert und stürzten sich in den Kampf. Die Stechmücke begann ihre 2000 Jahre währende Herrschaft als Botin von Tod und Elend in den Pontinischen Sümpfen. Sie agierte als inoffizielle Botschafterin Roms, deren einzige Aufgabe darin bestand, feindliche Armeen und ausländische Würdenträger in Empfang zu nehmen und über sie herzufallen.

Nach der Schlacht von Cannae 216 v. Chr. sorgten zwei Ereignisse für eine Wende im Zweiten Punischen Krieg und änderten mit Unterstützung der Stechmücken den Lauf der Geschichte. Zum einen zögerte Hannibal, Rom direkt anzugreifen. Obwohl die Karthager über 15 Jahre Krieg auf der italienischen Halbinsel führten, war es ihnen nie gelungen, Rom zu bedrohen. Historiker nennen mehrere Gründe für Hannibals Zögern. Die Befestigungen der Stadt wurden von frischen, ausgeruhten Truppen bemannt. Eine direkte Einnahme war daher nicht möglich, die Karthager hätten die Stadt belagern müssen. Aber das war keine Option. Hannibals Taktik war auf einen Krieg mit schnellen Manövern und direkten Gefechten ausgelegt, für eine Belagerung waren seine Truppen weder ausgerüstet noch ausgebildet, und auch der entsprechende Nachschub fehlte.

Noch gravierender waren jedoch die begrenzten Zugänge und das Fehlen geeigneter Stellen, wo die Truppen ihr Lager aufschlagen konnten. Die Karthager wären gezwungen gewesen, in den von Stechmücken verseuchten Pontinischen Sümpfen Stellung zu beziehen, wo die Malariaerreger das ganze Jahr über gediehen. In seiner akribischen Untersuchung *Malaria and Rome: A History of Malaria in Ancient Italy* bestätigt Robert Sallares, dass Feuchtgebiete in ganz Italien, vor allem in den berüchtigten Pontinischen Sümpfen der Campagna, »von Malaria durchseucht« waren. Während des gesamten Italienfeldzugs forderte die von Mücken übertragene Malaria zahlreiche Opfer bei den Karthagern, deren Truppen dadurch stetig dezimiert wurden. Die legendären Anophelesmücken waren schon lange vor Hannibals Invasion in Italien heimisch geworden, sie gediehen dort prächtig und hatten sich einen furchterregenden Ruf erworben. Knapp zwei Jahrhunderte zuvor hatten die Gallier im Jahr 390 v. Chr. unter ihrem Heeresführer Brennus Rom geplündert und verwüstet, doch anschließend hatte die Malaria ihre Reihen derart ausgedünnt, dass sie sich auf die Zahlung eines Lösegelds in Gold einließen und sich zurückzogen, allerdings streiften die kranken Truppen noch eine Weile plündernd durch Oberitalien. Die Malaria forderte in kurzer Zeit so viele Opfer unter den Galliern, dass sie gezwungen waren, ihre üblichen Bestattungsformen aufzugeben und die Leichen in großen Scheiterhaufen zu verbrennen. »Hannibal war zu klug«, erklärt Sallares, »um den Sommer in einem Gebiet zu verbringen, in dem die Malaria so massiv grassierte.« Die Mücken bewachten Rom mindestens so effektiv wie menschliche Soldaten.

Der zweite kriegsentscheidende Faktor war ein Wechsel an der Spitze des römischen Militärs. An die Stelle politisch motivierter Konsuln, die wenig militärische Erfahrung hatten, trat Publius Scipio (Africanus), der von Militärhistorikern als einer der besten Kommandeure überhaupt betrachtet wird. Scipio war in erster Linie Soldat und hatte die Schlacht von Cannae überlebt. Er verfügte über großes Ansehen und konnte einige militärische Erfolge vorweisen, weshalb er schnell in politische Führungsränge aufstieg. Unter Scipio durchlief das römische Militär grundlegende Reformen und wurde zu einer professionellen und todbringenden Kriegsmaschine. Er bestand darauf, Männer für seine Legionen aus Gebirgsregionen zu rekrutieren, in denen es keine Malaria gab. Und während die Hauptarmee der Karthager immer noch Italien unsicher machte, beschloss Scipio, den Krieg zurück nach Karthago zu bringen.

203 v. Chr. landeten seine Truppen an der afrikanischen Küste, drangen in karthagisches Gebiet vor und zogen nach Utica. Hannibal war gezwungen, sich aus Italien zurückzuziehen, um seine Heimat zu verteidigen. Trotz gegenseitiger Hochachtung scheiterten die Verhandlungen zwischen den beiden Feldherren. Den entscheidenden Schlag fügten die Römer den Karthagern in der Schlacht von Zama im Oktober 202 v. Chr. mit ihrer schnellen Kavallerie zu. Nachdem der Krieg mit diesem Sieg über Hannibal entschieden war, begann der kometenhafte Aufstieg Roms zur Weltmacht. Der Historiker Adrian Goldsworthy schreibt dazu: »Hannibal genießt wie viele militärische Genies einen ganz besonderen Ruf, der sich dadurch auszeichnet, dass er beeindruckende Siege errang, am Ende aber den Krieg verlor, ähnlich wie Napoleon und Robert E. Lee. Der Marsch von Spanien

über die Alpen nach Italien und die Schlachten, die er gewann, waren für sich genommen bereits monumentale Leistungen.«

Der Sieg über Hannibal in der Schlacht von Zama markierte das Ende des 17 Jahre währenden Konflikts. Doch der Niedergang Karthagos hatte bereits viel früher in den malariaverseuchten Sümpfen Italiens seinen Anfang genommen. Die Mücken leisteten einen entscheidenden Beitrag, Rom gegen Hannibal und seine Truppen zu verteidigen. Damit war der Grundstein für den Aufstieg des Römischen Reiches und die Vorherrschaft über den Mittelmeerraum und darüber hinaus gelegt. »Der trügerische Reichtum der kampanischen Landschaft«, erklärt Diana Spencer in ihrem Buch *Roman Landscape*, »hatte Hannibal von Rom und damit auch von einem Sieg abgelenkt.« Hannibal musste schließlich ins Exil, die karthagische Kultur ging im Gefolge des römischen Triumphs in den Punischen Kriegen unter.

Der von den Stechmücken unterstützte Sieg der Römer hatte weitreichende Folgen. Die griechisch-römische Kultur dominierte Europa, Nordafrika und den Nahen Osten für die folgenden 700 Jahre und hatte tief greifenden Einfluss auf die weitere Entwicklung der Menschheit und vor allem der westlichen Kultur. Der lange (stechmückendurchschwirrte) Schatten des Römischen Reiches ist auch heute noch zu spüren. In vielen Ländern wird eine auf dem Lateinischen basierende oder stark davon beeinflusste Sprache gesprochen; das Rechtssystem vieler Staaten gründet auf dem Römischen Recht, und auch das politische System orientiert sich an der Demokratie der Römischen Republik; und auch wenn die Römer die Christen anfangs verfolgten und sie zu Märtyrern machten, ebneten sie am Ende der Verbreitung des Christentums in ganz Europa den Weg.

Ein weiterer bedeutender Nebeneffekt des römischen Triumphes in den Punischen Kriegen zeigt sich in der römischen Literatur. Vor dem Jahr 240 v. Chr. finden sich nur wenige Werke. Doch der permanente Kriegszustand, der Kontakt zur Außenwelt und die Übernahme der hellenisch-griechischen Kultur aufgrund der von Alexander vorangetriebenen Hellenisierung hatten eine stimulierende Wirkung auf die römische Geisteswelt. Renommierte Autoren haben uns eine Vielzahl von Werken hinterlassen, in denen sich lebhafte Schilderungen der Stechmückenplagen und deren historischer Bedeutung und Tragweite für die römische Welt finden. Im 1. Jahrhundert n. Chr. warnte Varro, einer der bedeutendsten römischen Gelehrten, man müsse »in der Nachbarschaft von Sümpfen Vorkehrungen treffen, dort brüten gewisse winzige Kreaturen, die das Auge nicht sehen kann, die aber in der Luft schweben und durch Mund und Nase in den Körper eindringen und schwere Krankheiten verursachen.« Wer es sich leisten könne, empfahl er, solle sein Haus auf höher gelegenem Grund oder auf Anhöhen errichten, die frei von der Luft der Sümpfe seien und wo der Wind die unsichtbaren Kreaturen wegblase. Innerhalb der römischen Elite wurde ein Haus auf einer Anhöhe schnell zur Modeerscheinung. Diese Vorliebe erhielt im Zeitalter der Kolonialisierung weiteren Auftrieb und währt bis heute. In den USA gelten Häuser in Höhenlage als Statussymbol und sind 15 bis 20 Prozent teurer als vergleichbare Anwesen auf der Ebene. Auch der Immobilienmarkt zählt also zum Einflussbereich der Stechmücken.

Der hippokratischen Tradition folgend, vertraten römische Ärzte und Gelehrte die Miasmatheorie oder das Konzept der *mal aria*, nach dem Krankheiten durch schlechte Luft übertragen wurden. Ähnlich, wie sich Hippokrates schon über die »Hundstage des Sommers« geäußert hatte, wurde nun der Monat September im römischen Kalender mit dem Hundsstern (Sirius) und einer Warnung vor durch »schlechte Luft« hervorgerufene Krankheiten in Verbindung gebracht. »In der Luft herrscht große Unruhe«, heißt es da. »Der Körper gesunder Menschen, aber vor allem der Körper kranker Menschen verändert sich mit dem Zustand der Luft.« Die Stechmücke blieb als Übeltäter noch unentdeckt, doch die von ihr übertragenen Krankheiten wurden von römischen Gelehrten durchaus erkannt und in deren Schriften berücksichtigt.

Die klassischen Autoren im antiken Rom wie etwa Plinius, Seneca, Cicero, Horaz, Ovid und Celsus berichten alle von Krankheiten, die von Mücken übertragen werden. Besonders akkurat in seinen Schilderungen war der Autor Galen, der als Wundarzt im 2. Jahrhundert n. Chr. auch Gladiatoren versorgte. Seine Darstellung der Physiologie des Menschen folgte zwar noch der hippokratischen Tradition, liefert jedoch eine nuancierte und komplexe Interpretation. Galen hinterließ eine detaillierte Beschreibung der verschiedenen Formen des Malariafiebers, gestützt auf die Beobachtungen und Schlussfolgerungen des Hippokrates, die er dann weiterentwickelte. Er erkannte die ferne, primitive Herkunft der Malaria und bemerkte, er könne drei Bände mit dem füllen, was bisher über die Krankheit geschrieben worden sei. »Wir brauchen das Wort des Hippokrates oder anderer nicht mehr als Zeugen dafür, dass es ein derartiges Fieber gibt«, schrieb er, »da wir es jeden Tag direkt vor Augen haben, vor allem in Rom.« Freiheraus beschrieb Galen eine zweite von Stechmücken übertragene Krankheit und nannte definitiv als Erster in der Medizingeschichte die eindeutigen Symptome der Filariose oder Elefantiasis.

Galen betonte, dass Gesundheit immer im Zusammenhang mit Gewohnheiten stehe, etwa mit der Ernährung, körperlicher Bewegung, der natürlichen Umgebung und den Lebensumständen. Er begriff, dass das Herz das Blut durch die Arterien und Venen pumpt, und praktizierte den Aderlass als praktisches Heilmittel bei vielen Krankheiten, auch bei der Malaria. Ein weiteres in Rom beliebtes Heilmittel war ein Stück Papyrus oder ein Amulett, auf dem die mächtige Beschwörung »Abrakadabra« stand. Die Herkunft der Formel ist nicht bekannt, möglicherweise wurde sie dem Aramäischen entlehnt, wo sie »ich werde erschaffen, während ich spreche« bedeutet, im Grunde wollte man also eine Heilung herbeirufen.[22] Die Römer beteten auch zur Fiebergöttin Febris und baten sie um eine Atempause bei einem Malariaanfall, auf den Hügeln rings um die Stadt mit ihrer gesünderen Luft gab es drei Tempel, die der Göttin geweiht waren. Der Febriskult, der über eine erhebliche Schar von

Anhängern verfügte, zeugt von dem Ausmaß und den Auswirkungen der Malaria auf Rom und das Römische Reich.

Mit den römischen Legionären und Händlern, die nun in ganz Europa unterwegs waren, verbreitete sich auch die Malaria. Das riesige Reich, das sich von Afrika bis nach Nordeuropa erstreckte, ermöglichte einen noch nie da gewesenen Austausch von Ideen und Innovationen, aber eben auch von Krankheiten. In unmittelbarer Folge der römischen Expansion breitete sich die Malaria weit in den Norden aus, bis nach Dänemark und Schottland. Wo die Römer waren, war auch die Malaria nicht weit. Während die Mücke die Vorherrschaft der Römer über die Karthager gesichert hatte, wirkte sie eineinhalb Jahrhunderte später am Niedergang der demokratischen Römischen Republik mit, auf die dann, beginnend mit Julius Cäsar, die Kaiserzeit folgte.

Nach einer Reihe von Siegen in Gallien zog Julius Cäsar mit seiner Armee 50 v. Chr. Richtung Süden und wandte sich damit offen gegen den Senat, der seinen militärischen und politischen Rivalen Pompeius mit diktatorischen Vollmachten ausgestattet und zum Verteidiger der Republik ernannt hatte. Der Senat hatte auch entschieden, Cäsar den Oberbefehl über seine Truppen zu entziehen und die ihm treu ergebene Legion aufzulösen. Doch Cäsar weigerte sich, den Forderungen Folge zu leisten, und überschritt mit seinen Truppen den Grenzfluss Rubikon, wobei er angeblich die unsterblichen Worte *alea iacta est* (»Die Würfel sind gefallen«) sprach. Von da an gab es kein Zurück mehr. Allerdings waren seine Soldaten genau wie er selbst durch Malaria geschwächt und gar nicht in der Verfassung zu kämpfen. Cäsar rang sein Leben lang mit der Krankheit. Shakespeare schrieb später: »Als er in Spanien war, hatt er ein Fieber, Und wenn der Schaur ihn ankam, merkt ich wohl Sein Beben: ja, er bebte, dieser Gott!« Wenn Pompeius, der über eine viel größere Armee verfügte, Cäsar in der Schlacht gestellt hätte, anstatt zu fliehen, hätte Cäsars Vabanquespiel beim Überschreiten des Rubikons wohl in einem malariaverseuchten martialischen Desaster geendet.

Doch so wurde Pompeius in einer Reihe von Schlachten von Cäsars Truppen besiegt, die um gesunde Legionäre aufgestockt worden waren. Pompeius suchte Zuflucht in Ägypten, wurde jedoch von Höflingen des Pharaos Ptolemäus XIII. ermordet. Als man Cäsar den abgeschlagenen Kopf von Pompeius präsentierte, ließen Cäsar und seine Geliebte Kleopatra (eine Schwester des Ptolemäus) entsetzt den Pharao absetzen, wodurch Kleopatra auf dem Thron landete. Nach Cäsars Ermordung am 15. März 44 v. Chr. wurden die Geschicke Roms von einer Reihe Diktatoren und Kaisern gelenkt, die alle an Malaria litten, einige starben sogar daran, etwa Vespasian, Titus und Hadrian. Cäsars Erbe Augustus und sein Nachfolger Tiberius litten wiederholt unter Malariaanfällen, die sie natürlich ebenfalls den Mücken in den Pontinischen Sümpfen zu verdanken hatten.

Die Ironie der Geschichte liegt darin, dass Cäsar, bevor er seinen 23 Stichwunden erlag, ein ehrgeiziges Vorhaben zur Trockenlegung der Sümpfe geplant hatte, um die landwirtschaftliche Produktion zu steigern. Der im frühen 2. Jahrhundert n. Chr. lebende griechisch-römische Schriftsteller Plutarch erwähnt in den sogenannten *Parallelbiographien*, Cäsar habe vorgehabt, »das Wasser aus den Sümpfen zu ziehen und sie trockenzulegen … und dadurch für Zehntausende von Menschen ergiebigen Ackerboden [zu] gewinnen«. Wenn das Vorhaben gelungen wäre, hätte es (wenn auch unbeabsichtigt) zu einer massiven Minderung der Stechmückenpopulation geführt, wodurch sich der Gang der Ereignisse und damit auch der weitere Verlauf des römischen Zeitalters ganz anders entwickelt hätten. Doch mit Cäsar starb auch dieser alternative Verlauf der Geschichte. Das ehrgeizige Vorhaben zur Urbarmachung der Pontinischen Sümpfe, das später auch von Napoleon erwogen wurde, sollte erst 2000 Jahre später von einem anderen Diktator in die Tat umgesetzt werden, von Benito Mussolini.

Während die malariaverseuchte Campagna Rom vor seinen Feinden beschützte, setzte die Malaria den durch fremde Länder ziehenden römischen Armeen erheblich zu. Ähnlich wie Bakterien oder Viren unterscheiden sich auch Malariaerreger je nach Region. Römische Legionäre, Verwaltungsbeamte und Händler waren an die fremden Malariaparasiten in fernen Ländern nicht gewöhnt, ihr Immunsystem war nicht darauf eingestellt. Bei den Feldzügen in Germanien im 1. Jahrhundert n. Chr. zwangen die Germanen die überlegenen römischen Legionen ständig dazu, in Sümpfen und Feuchtgebieten zu kämpfen und zu lagern, wo die Malaria und verschmutztes Wasser die Kampfkraft der Soldaten drastisch reduzierte. Wenn man bedenkt, dass die Miasmen in Sümpfen als krankmachend galten, hat die Taktik der Germanen schon etwas von einer gezielten biologischen Kriegsführung. Als der Oberbefehlshaber Nero Claudius Germanicus durch den Teutoburger Wald kam, berichtete er, dass er Berge von Skeletten römischer Legionäre, Pferde und verstümmelter Leichen gesehen habe, die »im nassen Boden der Moore und Gräben« verwesten. Die Historikerin Adrienne Mayor schreibt über biologische und chemische Kriegsführung in der Antike: »Die Manipulation der römischen Legionen durch die Germanen ... war aller Wahrscheinlichkeit nach eine biologische Kriegslist.« Bleibt man bei der Miasmatheorie, wurden hier jedoch die Sümpfe zur Waffe gemacht; die eigentlichen Killer blieben jedoch verborgen: die Stechmücken. Die Schlacht im Teutoburger Wald im Jahr 9 n. Chr., bei der drei römische Legionen samt Hilfstruppen vernichtet wurden, gilt als größte Niederlage der Römer in der Geschichte. Das Desaster in Kombination mit den unermüdlichen Malariaerregern zwang die Römer, ihre Eroberungspläne östlich des Rheins aufzugeben. Im 5. Jahrhundert sollten die unabhängigen kriegerischen Stämme Mittel- und Osteuropas schließlich zum Fall des Römischen Reiches beitragen.

Der Versuch der Römer, Schottland zu unterwerfen, das sie Caledonia nannten, wurde ebenfalls durch einen lokalen Malariaerreger unterbunden, dem die Hälfte der 80 000 Mann starken römischen Armee zum Opfer fiel. Der römische Rückzug hinter den

Schutz des Hadrianswalls begann 122 n. Chr. und bewahrte den Schotten ihre Unabhängigkeit. Auch im Mittleren Osten hielt die Malaria die Römer davon ab, dort dauerhaft Fuß zu fassen. Die exotischen Formen der Malaria stürzten sich in Nordeuropa wie im Mittleren Osten auf die römischen Neuankömmlinge, bis diese sich entweder akklimatisiert hatten oder gestorben waren.

Während die Stechmücken römische Armeen daran hinderten, an den Grenzen des Römischen Reiches und auf den Schlachtfeldern ferner Regionen zu kämpfen, richteten sie an der Heimatfront ihre Giftpfeile direkt gegen Rom. Für die Stadt Rom waren die Mücken, die sich häufig als wankelmütige und unzuverlässige Verbündete erwiesen, zugleich Schutzmacht und todbringende Plage. Standhaft patrouillierten sie durch die Pontinischen Sümpfe und schützten Rom vor feindlichen Angreifern, doch gleichzeitig machten sie sich auch über diejenigen her, die sie bewachten und behüteten. Malariainfizierte Stechmücken nagten am Fundament des Römischen Reiches und sogen das Leben aus dessen Bewohnern. Mit ihren Ingenieurleistungen und Fortschritten in der Landwirtschaft trugen die Römer dazu bei, dass sich die Mücken vom Freund zum Feind entwickelten, und lieferten damit die Blaupause für ihren eigenen Untergang.

Die römische Vorliebe für Gärten, Zisternen, Brunnen, Bäder und Wasserbecken in Kombination mit ihrer ausgeklügelten Wasserversorgung über Aquädukte sowie häufigen natürlichen Überschwemmungen und einer Phase der Klimaerwärmung boten ideale Voraussetzungen für die Vermehrung der Stechmücken, sodass aus Gestaltungselementen zur Verschönerung der Stadt wahre Todesfallen wurden.[23] Mit dem massiven Bevölkerungsanstieg in den beiden Jahrhunderten v. Chr. (die Einwohnerzahl der Stadt wuchs von 200 000 auf über eine Million) ging eine rasche Abholzung der Wälder einher, an deren Stelle landwirtschaftliche Flächen traten. Für die Stechmücken entstanden so in den ländlichen Stadtrandgebieten weitere Lebensräume, unter anderem auch in den Pontinischen

Sümpfen. »Die Römer veränderten die Landschaft nicht nur, sie drückten ihr ihren Willen auf … Doch Eingriffe des Menschen in natürliche Lebensräume sind immer gefährlich«, erklärt Kyle Harper. »Im Fall des Römischen Reiches schlug die Natur massiv zurück. Das wesentliche Element der Vergeltung war die Malaria. Von Stechmücken übertragen war die Malaria der Fluch der römischen Zivilisation … und machte die Ewige Stadt zu einem krankheitsverseuchten Sumpf. In der Stadt wie auf dem Land entfaltete die Malaria überall, wo die Anophelesmücke gedeihen konnte, ihre tödliche Wirkung.« Der Zusammenhang zwischen dem Römischen Reich und Malaria war so eng, dass Außenstehende die Krankheit auch einfach als »Römisches Fieber« bezeichneten. Der abwertende Beiname war zutreffend und wirklich verdient.

Rom war der ständigen Gefahr gewaltiger Malariaepidemien ausgesetzt. Nach dem »Großen Brand« zur Regierungszeit des Kaisers Nero tobte im Jahr 65 n. Chr. ein Wirbelsturm durch die Campagna, der Feuchtigkeit und Stechmücken mit sich brachte. Bei der anschließenden Malariaepidemie verloren mehr als 30 000 Menschen ihr Leben. Die Stechmücken griffen die Stadt nun direkt an. Tacitus, ein römischer Senator und Geschichtsschreiber, berichtet: »Die Häuser waren gefüllt mit leblosen Körpern, in den Straßen drängten sich die Trauerzüge.« Nach dem Ausbruch des Vesuvs 79 n. Chr., bei dem Pompeji unter Vulkanasche verschüttet wurde, wütete in Rom und auf dem italienischen Land eine Malariaepidemie, die vor allem die Bauern der Campagna zwang, ihre Felder und Dörfer zu verlassen. Tacitus sah, wie Flüchtlinge »nicht einmal mehr Rücksicht auf ihr eigenes Leben nahmen und in den ungesunden Bereichen des Vatikanischen Hügels lagerten, was zu vielen Todesfällen führte«. Die ausgedehnten fruchtbaren Ackerflächen direkt vor den Toren der Stadt einschließlich der Campagna mit ihren Pontinischen Sümpfen lagen brach, bis das Gebiet vor Ausbruch des Zweiten Weltkriegs im Rahmen der Arbeitsbeschaffungsmaßnahmen unter Benito Mussolini trockengelegt und wieder urbar gemacht wurde.

Als in Folge der Naturkatastrophen die Landwirtschaft in der näheren Umgebung Roms aufgegeben wurde, konnten sich die Sümpfe weiter ausdehnen. Dadurch stieg nicht nur die Malariagefahr, auch die Lebensmittelversorgung der wachsenden Stadtbevölkerung war bedroht. Dieser Schneeballeffekt war eine direkte Ursache für den Niedergang und Fall des Römischen Reiches. Eine Gesellschaft mit ihren weiten Verzweigungen in der Wirtschaft, Landwirtschaft und Politik kann nicht gedeihen, ja nicht einmal den Status quo bewahren, wenn sie immer wieder von Malariaepidemien heimgesucht wird, die sie ihrer Arbeitskräfte beraubt. Die römische Gesellschaft war nach allen Seiten hin eingeschränkt, weniger als die Hälfte der Kinder erreichte das Erwachsenenalter. Die Lebenserwartung jener, die dem Schicksal trotzten, lag bei kläglichen 20 bis 25 Jahren. Die Grabinschrift für Veturia, die Frau eines Zenturios, gibt Auskunft über das Leben einer durchschnittlichen Römerin: »Hier liege ich, nachdem ich 27 Jahre gelebt habe. 16 Jahre war ich mit demselben Mann verheiratet, sechs Kinder gebar ich, von denen fünf vor mir starben.« Zusätzlich zur heimtückischen Malaria gab es noch zahlreiche andere Krankheiten, die das Leben im Römischen Reich lähmten und den politischen und gesellschaftlichen Fortschritt hemmten.

Der römische Geschichtsschreiber Livius, der im 1. Jahrhundert v. Chr. lebte, nennt mindestens elf verschiedene Epidemien zu Zeiten der Römischen Republik. Dazu kommen zwei bis heute berüchtigte Pandemien, die das Reich bis ins Mark erschütterten. Die erste dieser Seuchen, die von 165 bis 189 n. Chr. wütete, wurde von Truppen eingeschleppt, die von einem gescheiterten (und von Stechmücken heimgesuchten) Feldzug in Mesopotamien zurückkehrten. Die als »Antoninische Pest« bezeichnete Pandemie, die von Galen detailliert beschrieben wurde, verbreitete sich wie ein Lauffeuer im gesamten Römischen Reich. Zuerst traf sie Rom, von dort griff sie auf das restliche Italien über und entvölkerte ganze Regionen. Wer überlebte, zog als heimatloser Flüchtling durch die Gegend. Zu den Opfern zählten auch die beiden Kaiser Lucius Verus und Mark Aurel, dessen Gentilname Antoninus der Seuche ihren Namen gab. Die Pandemie zog weiter nach Norden bis zum Rhein, nach Westen bis zum Atlantik und nach Osten, wo sie schließlich Indien und China erreichte. Auf ihrem Höhepunkt soll sie nach zeitgenössischen Berichten allein in Rom jeden Tag 2000 Todesopfer gefordert haben. Aus römischen Archiven und den Schriften Galens ergibt sich eine Sterberate von 25 Prozent, woraus sich eine Gesamtzahl von bis zu fünf Millionen Opfern errechnen lässt. Die hohen Zahlen deuten darauf hin, dass der Erreger bis dahin in Europa nicht bekannt war. Galen liefert uns eine Beschreibung der Symptome, bleibt darin aber ungewöhnlich vage. Die ursächliche Krankheit bleibt ungeklärt, vieles weist jedoch auf die Pocken hin, gefolgt mit einigem Abstand von den Masern.

Die zweite Pandemie, die sogenannte Cyprianische Pest, hatte ihren Ursprung in Äthiopien und breitete sich von 249 bis 266 n. Chr. über Nordafrika und den Ostteil des Römischen Reiches bis nach Europa und dort bis nach Schottland aus. Der Name leitet sich vom Heiligen Cyprian ab, dem Bischof von Karthago, der das Elend als Augenzeuge beschrieb und von einer Sterberate von 25 bis 30 Prozent berichtet, mit einer täglichen Todesrate von 5000 Personen in der Stadt Rom. Zu den Opfern der Pandemie zählten auch die Kaiser Hostilian und Claudius Gothicus. Die Gesamtzahl der Toten ist nicht bekannt, doch man schätzt sie auf 5 bis 6 Millionen, was einem Drittel der damaligen Bevölkerung des Römischen Reiches entspricht. Einige Epidemiologen gehen davon aus, dass es sich bei der Antoninischen und Cyprianischen Pest um die erste zoonotische Übertragung der Pocken und Masern handelte, die Krankheiten also erstmals von Tieren auf Menschen übertragen wurden. Andere betrachten die erste Pandemie als ein Auftreten einer der beiden Krankheiten oder möglicherweise als Kombination von beiden. Die zweite Seuche, die Cyprianische Pest, könnte dagegen ein von Stechmücken übertragenes hämorrhagisches Fieber gewesen sein, ähnlich wie das Gelbfieber oder das gefürchtete Ebolafieber (das allerdings nicht von Mücken übertragen wird).

Der durch die Seuchen angerichtete Schaden war in Kombination mit der allgegenwärtigen Malaria dauerhaft und irreparabel. Das Römische Reich war eine implodierende Supermacht, die nicht mehr zu retten war. Der weitverbreitete Mangel an Arbeitskräften in der Landwirtschaft und die fehlende Zahl an Soldaten in den römischen Legionen schwächte die Vorherrschaft Roms. Die Überlebenden gingen in Deckung, während das riesige Reich um sie herum bröckelte und auseinanderzubrechen begann. Zusätzlich zum krankheitsbedingten Massensterben gab es während der sogenannten Reichskrise des 3. Jahrhunderts zahlreiche Aufstände, Bürgerkriege und Attentate auf Kaiser und Politiker, ausgeführt von Militärkommandeuren, außerdem die massive und brutale Verfolgung der Christen, die als Sündenböcke herhalten mussten. Die unkontrollierte ausufernde Gewalt wurde verschärft durch Wirtschaftskrisen, Erdbeben, Naturkatastrophen und die wiederholten Einfälle von Völkern, die innerhalb des Reiches vertrieben wurden, und von kriegerischen Völkern außerhalb des Reiches während der sogenannten Völkerwanderungszeit, die um 350 n. Chr. einsetzte. General Anopheles griff wieder einmal ein und konnte als Notmaßnahme eine ganze Reihe von Invasoren ausschalten, doch damit wurde nur hinausgezögert, was die Stechmücken gleichzeitig vorantrieben – den Untergang des Römischen Reiches.

Während der Unruhen der Völkerwanderungszeit nahmen gleich mehrere Invasoren, so wie einst die Gallier und Karthager, die Stadt Rom selbst ins Visier, die nicht mehr länger die Hauptstadt eines geeinten Römischen Reiches war. Aufgrund der für Handel und Militär günstigen strategischen Lage hatte Kaiser Konstantin die Hauptstadt im Jahr 330 von Rom nach Konstantinopel verlegt. Die Neuausrichtung und Destabilisierung wurde unter Kaiser Theodosius fortgesetzt, der das nicänische Christentum 380 praktisch zur Staatsreligion erhob, bevor er 395 das Reich zwischen seinen zwei Söhnen aufteilte und damit eine dauerhafte Trennung zwischen Ost und West schuf. Mit dieser Spaltung wurde auch die militärische und wirtschaftliche Schlagkraft halbiert. Konstantinopel (Byzanz) blieb die Hauptstadt des Oströmischen Reiches bis zu dessen Eroberung durch die islamischen Osmanen 1453. Im Weströmischen Reich wurde Rom aufgrund der immer wieder auftretenden Malaria von anderen Städten als Hauptstadt abgelöst, behielt jedoch ihre Position als spirituelles, kulturelles und wirtschaftliches Zentrum des Reiches bei. Allerdings wurde die Ewige Stadt deshalb auch immer wieder Opfer von Überfällen und Plünderungen.

Den ersten Schlag gegen Rom führten die Westgoten unter ihrem König Alarich. 408 drangen die »Barbaren« durch Italien nach Süden vor und belagerten die Stadt und ihre etwa eine Million Einwohner. Hunger und Krankheiten schwächten den Kampfeswillen der Römer. Als ein römischer Gesandter bei den Verhandlungen mit Alarich fragte, was den bedrängten Einwohnern Roms denn noch bleibe, soll Alarich sarkastisch geantwortet haben: »Ihr Leben«. Der griechische Geschichtsschreiber Zosimos erklärte bedauernd: »Das Wenige, was von der römischen Tapferkeit und Unerschrockenheit noch geblieben war, wurde völlig ausgelöscht.« Im Jahr 410 belagerte Alarich die Stadt ein drittes und letztes Mal. Es sollte keine Verhandlungen, keine Schonung oder Gnade geben. Als seine Truppen innerhalb der Stadtmauern waren, setzte eine dreitägige Orgie der Zerstörung und Gewalt ein. Die Einwohner Roms wurden ausgeraubt, vergewaltigt, als Sklaven verkauft oder getötet. Zufrieden mit der Plünderung und ihrer Beute verließen die Westgoten die Stadt und zogen weiter nach Süden. Kampanien, Kalabrien und die Stadt Capua erlitten das gleiche Schicksal. Überall, wohin die Westgoten kamen, hinterließen sie eine Schneise der Verwüstung. Die landwirtschaftliche Produktion im Umland von Rom, die ohnehin bereits instabil war, fiel noch weiter zurück. Ursprünglich wollten Alarichs Truppen nach Rom zurückkehren, waren durch die Malaria aber zu geschwächt. Der mächtige Heerführer, dem es nach 800 Jahren, in denen Rom allen Überfällen getrotzt hatte, gelungen war, in die Stadt einzudringen und sie auszurauben, starb im Herbst 410 an der Malaria. Die Mücken hatten Rom wieder einmal verteidigt.

Nach Alarichs Tod nahmen die stechmückengeplagten Westgoten ihre Beute und zogen sich Richtung Norden zurück, wo sie 418 ein Königreich im südwestlichen Gallien gründeten. Die dortigen Einheimischen umschmeichelten die neuen Herrscher, es gibt sogar die Legende, dass die keltischen Adligen die neuen westgotischen Führer beim Backgammon gewinnen ließen, um ihre Gunst zu erlangen. Oder wie man bei *Star Wars* sagen würde: »Lass den Wookie gewinnen.« (Was sich meistens als kluge Strategie erweist.) Später halfen die neuen Bewohner Galliens sogar, das Weströmische Reich gegen den nächsten Angreifer zu verteidigen – gegen Attila und seine plündernden Hunnen.

Die flinken Hunnen waren geschickte Reiter, welche die europäische Bevölkerung in Angst und Schrecken versetzten. Mit ihren tätowierten Armen, den Narbenverzierungen im Gesicht und den verlängerten Schädeln, die davon herrührten, dass ihnen der Schädel als Kind zwischen zwei Platten gebunden worden war, wirkten sie überaus furchteinflößend. Ursprünglich stammten die Hunnen aus der Ostukraine und dem nördlichen Kaukasus, von dort hatten sie sich um das Jahr 370 aufgemacht und waren in Osteuropa eingefallen, wo sie schon bald bis an die Donau in der Pannonischen Tiefebene im heutigen Ungarn gelangten. Als die Überfälle Ende des 4. Jahrhunderts immer zahlreicher wurden, begann Byzanz, die Hunnen mit Geldzahlungen zu beschwichtigen. Nachdem der Osten bereits Tributzahlungen leistete, wandte sich ein kühner und ehrgeiziger neuer Anführer namens Attila gen Westen, um seinen Machtbereich über die österreichischen Alpen auszudehnen. Es war nur eine Frage der Zeit, bis seine kampferprobten Reiterhorden Rom angreifen würden.

Doch die Hunnen waren nicht die einzigen, die marodierend durch Europa zogen und begehrliche Blicke auf die Ewige Stadt warfen. Neben den Hunnen bedrohte das Kronjuwel des Weströmischen Reiches auch eine weitere plündernde Kriegerhorde, die Vandalen. Während die Hunnen ihre Stellung in Osteuropa festigten, zogen die Vandalen, eine umfangreiche Gruppe germanischer Stämme aus Polen und Böhmen, durch Mitteleuropa bis nach Gallien und Spanien. Im Jahr 429 setzten 20 000 Vandalen unter Führung des Kriegerkönigs Geiserich über die Straße von Gibraltar nach Nordafrika über. Dies schwächte das Weströmische Reich nochmals, da die Vandalen die Steuerzahlungen, die Nordafrika an Rom in Form von Getreide, Gemüse, Olivenöl und Sklaven entrichtete, für sich beanspruchten. Als die Vandalen die römische Hafenstadt Hippo (die heutige Stadt Annaba im äußersten Nordosten Algeriens) belagerten, bat der örtliche Bischof Augustinus von Hippo um Gnade, um die Kirche und die umfangreiche Bibliothek, die eine bemerkenswerte Sammlung griechischer und römischer Schriften einschließlich seiner eigenen Werke umfasste, vor dem Feuer zu retten. Der Tod seiner Mutter, der frommen und vielfach verehrten Monika, die 387 an der Malaria gestorben war, die sie sich in den Pontinischen Sümpfen zugezogen hatte, inspirierte Augustinus zu einigen der schönsten Passagen in seinem autobiografischen, 13 Bände umfassenden Meisterwerk, den *Confessiones*.

Wie seine geliebte Mutter starb auch Augustinus (der später heiliggesprochen wurde und nach Paulus von Tarsus zu den einflussreichsten frühen Christen zählt, da er das westliche Christentum maßgeblich prägte) an Malaria, und zwar im August 430 kurz nach Beginn der Belagerung Hippos durch die Vandalen. Schon bald nach seinem Tod legten die Vandalen die Stadt in Schutt und Asche. Das heutige Wort Vandalismus, die »blinde Zerstörungswut oder mutwillige Beschädigung von Eigentum«, leitet sich von den Vandalen und ihrem entsprechenden Ruf ab. Allerdings wurden die Vandalen bei der Zerstörung der Stadt Hippo der Definition im Wörterbuch nicht ganz gerecht. Die von Augustinus so geliebte Kirche und Bibliothek blieben tatsächlich verschont und erhoben sich nach dem

Überfall unangetastet zwischen den rauchenden Ruinen. Von Nordafrika aus eroberten die Vandalen in rascher Folge Sizilien, Korsika, Sardinien, Malta und die Balearen. Damit war Rom für Geiserich zum Greifen nahe gerückt, aber es war Attila, der als Erster zum Schlag ansetzte.

Attilas Versuch zur Eroberung Galliens endete mit einer Niederlage in der Schlacht auf den Katalaunischen Feldern in den Ardennen. Im heutigen Grenzgebiet zwischen Frankreich und Belgien unterlag er im Juni 451 einer Koalition zwischen Westgoten und dem Weströmischen Reich. Daraufhin wandte sich Attila Richtung Süden und fiel flink in Norditalien ein, wo er Städte und Dörfer plünderte. Eine verbliebene kleine römische Einheit, die an die Spartaner bei den Thermopylen erinnerte, konnte die Hunnen am Fluss Po aufhalten. Legionen von Stechmücken rückten zur Verstärkung an und sorgten für eine Pattsituation. Wieder einmal rettete das rechtzeitige Eingreifen von General Anopheles die Stadt Rom.

Wie bereits Hannibal ließ Attila seine erschöpften Truppen am Po rasten, wo er Papst Leo I. empfing. Es klingt herzerwärmend romantisch, dass ein frommer christlicher Papst den Barbaren Attila im Gespräch davon überzeugen konnte, auf die Eroberung Roms zu verzichten und sich aus Italien zurückzuziehen – doch damit überschreitet man die Grenzen dichterischer Freiheit. Wie die Gallier unter ihrem Heerführer Brennus, die Karthager unter Hannibal und die Westgoten unter Alarich wurden die Hunnen unter Attila am Ende von Stechmücken bezwungen. »Die Hunnen«, berichtete der römische Bischof Hydatius in seiner Chronik, »fielen der Strafe Gottes anheim und wurden von gottgesandten Katastrophen heimgesucht: Hunger und eine Art Krankheit ... Derart niedergedrückt, schlossen sie Frieden mit den Römern und kehrten alle in ihre Heimat zurück.« Die Malaria raubte den Hunnen ihre militärische Schlagkraft. Zudem war Attila das Schicksal Alarichs und der Westgoten durchaus bewusst, die 40 Jahre zuvor der Malaria erlegen waren. Hinzu kam, dass die Hunnen über einen unzureichenden Nachschub verfügten,

Lebensmittel knapp waren und es immer schwieriger wurde, sich mit Überfällen im Umland über Wasser zu halten. Die Hunnen hatten die Felder in Norditalien verwüstet, die Importe aus Nordafrika waren durch das Eingreifen der Vandalen ins Stocken geraten, die Campagna war zum unfruchtbaren Sumpf geworden, und in Rom herrschte eine Hungersnot, weil eine Dürre der Landwirtschaft im Umland zusetzte.

Dass Attila auf das Flehen des Papstes einging, war nichts anderes als der Versuch, sein Gesicht zu wahren. Die malariainfizierten Mücken hatten ihn dazu gezwungen. »Ein Aufenthalt im Kernland des Reiches glich einem Spießrutenlauf gegen Krankheitserreger«, erklärt Kyle Harper. »Der unbesungene Held und Retter Italiens war in diesem Fall wohl die Malaria. Die Hunnen, die ihre Pferde in den feuchten Niederungen weiden ließen, wo Stechmücken gedeihen und die todbringenden Protozoen übertragen, waren eine leichte Beute für die Malaria. Insgesamt betrachtet war es durchaus klug, dass der Hunnenkönig seine Reiterei zurück in die höher gelegenen Steppengebiete jenseits der Donau führte, wo es kalt und trocken war und die Anophelesmücke nicht überleben konnte.« Der Hunnenkönig starb im Gegensatz zu Alexander oder Alarich nicht an Malaria, doch sein Tod im Jahr 453 war ähnlich unrühmlich. Er starb an Komplikationen, die durch seinen akuten Alkoholismus aufgetreten waren. Schon bald kam es zu Nachfolgekämpfen, das Reich zerbrach. Die temperamentvollen, in Stämmen organisierten Hunnen verloren ihre Einheit und sollten für den weiteren Verlauf der Geschichte keine Rolle mehr spielen.

Während die römischen Legionen mit dem Kampf gegen Attila in Italien beschäftigt waren, machten die Vandalen das Mittelmeer unsicher und überfielen Häfen und Handelsschiffe. Das wilde Treiben der Vandalen im Mittelmeer war so präsent, dass das Meer im Altenglischen *Wendelsae* (»Vandalenmeer«) hieß. Angesichts der doppelten Bedrohung durch die Hunnen und Vandalen wurden die römischen Legionäre aus Britannien abgezogen. Die Gelegenheit ließen sich die Angeln aus Dänemark und die Sachsen aus dem Nordwesten Deutschlands nicht entgehen, sie taten sich als Angelsachsen zusammen und fielen in den 440er-Jahren auf der Insel ein. Nach und nach verdrängten sie die ursprüngliche keltische Bevölkerung und deren Kultur sowie die der römischen Besatzer.

Nach Attilas stechmückengeplagtem Rückzug aus Italien konnten sich die Römer auf die vandalische Bedrohung in Nordafrika und auf den Mittelmeerinseln konzentrieren, die gefährlich nahe vor der eigenen Haustür lagen. Politische Stümperei und Machtkämpfe innerhalb der römischen Elite veranlassten Geiserich zum Handeln. Im Mai 455, zwei Jahre nach Attilas Tod, landeten die Vandalen in Italien und marschierten Richtung Rom. Papst Leo I. flehte Geiserich wie schon zuvor Attila an, die Stadt und ihre Einwohner zu verschonen. Zum Ausgleich würde Rom die Tore für Geiserich und seine Truppen öffnen, die dann Beute machen könnten.

Die Vandalen hielten Wort, trieben innerhalb von zwei Wochen die Sklaven zusammen und rafften sämtliche Schätze an sich, die sie finden konnten, einschließlich der Edelmetalle, die Gebäude oder Statuen schmückten. Doch sobald die Stechmücken unter den vandalischen Truppen ihren Tribut forderten, zogen sie wieder ab und kehrten nach Karthago zurück. Die Plünderung Roms durch die Vandalen war bei Weitem nicht so sadistisch, wie uns die Legenden glauben machen wollen, was unter anderem daran liegt, dass sie ihren Aufenthalt aufgrund der Malaria nicht übermäßig in die Länge zogen. Ähnlich wie sich die Hunnen nach Attilas Tod auflösten und das Reich zerfiel, bröckelte auch die Vorherrschaft der Vandalen im Mittelmeerraum nach Geiserichs Tod 477. Was von ihnen übrig blieb, verschmolz mit der bunt zusammengewürfelten einheimischen Bevölkerung.

Der Zusammenbruch des Weströmischen Reiches war ein allmählicher Prozess, der bereits im 3. Jahrhundert eingesetzt hatte. Letztlich ging Rom in die Knie, da der gesellschaftliche Druck aufgrund der endemischen Malaria, der Epidemien, Hungersnöte, Entvölkerung, Kriege und Invasionen mit ihrer destabilisierenden Wirkung einfach zu groß wurde. Der Zoologe J. L. Cloudsley-Thompson fasst zusammen: »Es wäre falsch, der Epidemiethese als Grund für den Niedergang Roms zu große Bedeutung einzuräumen, allerdings trugen die Beulenpest und Malaria maßgeblich dazu bei. Dabei kam der Malaria wohl die größere Rolle zu.« Philip Norrie, der an der University of New South Wales Mediziner ausbildet, schreibt, dass das Römische Reich »476 im Klammergriff einer von *Plasmodium falciparum* ausgelösten Malariaepidemie endete«. Die Zermürbungstaktik der Mücken begleitete zweifellos die allmähliche Zersetzung Roms und den endgültigen Zusammenbruch.

Als die einfallenden Ostgoten in den 490er-Jahren ein Königreich in Italien errichteten, hatte es seit fast 20 Jahren keinen römischen Kaiser mehr gegeben, und es sollte auch nie wieder einen geben. Während des 20 Jahre währenden Gotischen Krieges (535–554), den die Ostgoten und ihre Verbündeten gegen das Oströmische oder Byzantinische Reich unter der brillanten Führung des Kaisers Justinian führten, überfielen und plünderten die Ostgoten im Jahr 546 Rom. Der Krieg war der letzte Versuch, einen Teil des verlorenen Territoriums im Westen zurückzugewinnen und noch einmal ein vereintes Römisches Reich zu schaffen. Doch es sollte nicht sein. Eine Welle von Krankheiten zerstörte Justinians Traum von einem wieder errichteten Reich.

Ab 541 wütete eine Pandemie in noch nie da gewesenem Ausmaß im Byzantinischen Reich. Die Pandemie, die auch als Justinianische Pest bekannt ist, hatte ihren Ursprung vermutlich in Indien, breitete sich jedoch über die Hafenstädte des Mittelmeers bis weit nach Europa aus und erreichte Britannien innerhalb von drei Jahren. Sie gilt als eine der tödlichsten Seuchen der Geschichte, der etwa 30 bis 50 Millionen Menschen zum Opfer fielen, also etwa 15 Prozent der Weltbevölkerung. In Konstantinopel wurde die Hälfte der Einwohner in nicht einmal zwei Jahren von der Beulenpest ausgelöscht. Das entging auch den zeitgenössischen Chronisten nicht, welche die Seuche aufgrund ihrer Reichweite und ihrer Beschaffenheit als global bezeichneten. Prokop, der Sekretär des brillanten, jedoch mit Malaria geschlagenen byzantinischen Generals und Feldherrn Belisar, berichtete: »In jener Zeit gab es eine Seuche, durch die beinahe die gesamte Menschheit ausgerottet worden wäre … sie erfasste die ganze Welt und vernichtete das Leben aller Menschen.« Die einzige andere dokumentierte Epidemie, die dieses Ausmaß erreichte, war ein zweiter Ausbruch der Beulenpest Mitte des 14. Jahrhunderts, die heute als Schwarzer Tod bekannt ist.

Kaiser Justinians kulturelles Vermächtnis ist auch heute noch an und in den prächtigen Gebäuden zu erkennen, die er in Konstantinopel errichten ließ, darunter die imposante Hagia Sophia. Seine Sammlung des Römischen Rechtes hat sich als Grundlage des kodifizierten Zivilrechts in den meisten westlichen Ländern erhalten. Obwohl er zu seiner Regierungszeit nicht so populär war wie in späteren Zeiten, sorgte seine Liebe zu den Künsten, der Theologie und zum Geistesleben für eine kulturelle Blüte in Byzanz. Er gilt als einer der visionärsten Führungspersönlichkeiten der Spätantike und wird oft als »der letzte Römer« gepriesen. Die sogenannte Klassische Welt – die griechische und römische Kultur – war zu einem abrupten Ende gekommen. Der Historiker William H. McNeill schreibt, durch die Justinianische Pest habe sich »der Bedeutungsschwerpunkt der europäischen Zivilisation erkennbar verlagert, vom Mittelmeerraum als dem ehemaligen Zentrum weiter nach Norden«. Das Zentrum der europäischen Zivilisation setzte seine Wanderung Richtung Westen fort, von Frankreich nach Spanien und dann weiter zu den Britischen Inseln.

Für Rom hatte sich die Stechmücke letztlich als zweischneidiges Schwert erwiesen. Anfangs beschützten die Mücken Rom vor dem militärischen Genie Hannibals und seiner Karthager und förderten die Errichtung eines Reiches und die weite Verbreitung römischer Errungenschaften in der Kultur, Wissenschaft, Politik und im Geistesleben, wodurch das Vermächtnis des römischen Zeitalters dauerhaft gesichert war. Doch auch wenn die Stechmücken von ihrem Hauptquartier in den Pontinischen Sümpfen aus Rom gegen fremde Eroberer verteidigten, unter anderem gegen die Westgoten, Hunnen und Vandalen, richteten sie ihre tödlichen Waffen im Lauf der Zeit doch auch gegen die Stadt selbst.

Die Verbrüderung mit dem Bösen und der faustische Pakt mit den Stechmücken führten die Römer auf einen gefährlichen Weg, der am Ende ihren Ruin bedeutete. In seiner zweiteiligen Tragödie *Faust* erwähnt Johann Wolfgang von Goethe die fauligen Gerüche, aber auch das Potenzial der Pontinischen Sümpfe: »Ein Sumpf zieht am Gebirge hin, / Verpestet alles schon Errungene; / Den faulen Pfuhl auch abzuziehn, / Das Letzte wär' das Höchsterrungene / Eröffn' ich Räume vielen Millionen, / Nicht sicher zwar, doch tätig-frei zu wohnen.« Auch außerhalb der Buchseiten gediehen die Stechmücken der Pontinischen Sümpfe weiterhin prächtig, erwiesen sich für Rom jedoch als unberechenbare Verbündete, waren mal Freund, mal Feind. Die Stechmücken zehrten an der Gesundheit und Stärke der römischen Gesellschaft und trugen damit zum Zusammenbruch eines der mächtigsten, ausgedehntesten und einflussreichsten Reiche der Geschichte bei. Dabei prägten die Mücken auch die weitere Entwicklung der Religion.

Der Aufstieg und Niedergang des Römischen Reiches ging einher mit der Entstehung und Verbreitung des Christentums. Diese neue Religion, die als Splittergruppe oder »Jesusbewegung« innerhalb des Judentums im 1. Jahrhundert ihren Anfang nahm, löste sich von den Überzeugungen der Mutterreligion, was unter anderem auch auf die Behandlung der – wie wir heute wissen – von Stechmücken übertragenen Krankheiten und die damit verbundenen Rituale zurückzuführen ist, sowie auf den Streit um die Göttlichkeit und Rolle des Heilens. Nach einem holprigen und von Gewalt gekennzeichneten Start fand das Christentum schon bald als Religion der Heilung und Versöhnung eine Heimat im Denken und Wirken der Menschen in ganz Europa und im Nahen Osten, wodurch sich das globale Machtgleichgewicht dauerhaft neu ausrichtete.

Doch direkt nach dem Zusammenbruch des Römischen Reiches war Europa zuerst einmal mit sich selbst und seinen inneren Konflikten beschäftigt. Könige, Adlige und Päpste regierten uneingeschränkt und mit diktatorischer Macht. Das Christentum erlebte eine Kursänderung, aus dem heilenden Glauben wurde Fatalismus, aufgeladen und belastet mit Feuer und Schwefel und einer umfassenden spirituellen und ökonomischen Korruption. Die im Rückgang begriffene europäische Bevölkerung ging während des dunklen Zeitalters in Deckung; Fortschritt, kulturelle und geistige Errungenschaften und das Wissen der Antike verschwanden aus dem kollektiven Gedächtnis. Während Europa mit Krankheiten und religiöser wie kultureller Instabilität zu kämpfen hatte, gedieh im Mittleren Osten eine neue geistige und politische Ordnung. Die Entstehung des Islams im frühen 7. Jahrhundert in Mekka und Medina bewirkte eine kulturelle und intellektuelle Renaissance im gesamten Mittleren Osten. Während Europa in einen intellektuellen Abgrund schlitterte, erlebten Bildung und Fortschritt in den Gebieten unter muslimischer Herrschaft eine neue Blüte. Dass die beiden geistigen Zentren schon bald um die territoriale und wirtschaftliche Hegemonie konkurrieren würden, war unvermeidlich. Inmitten von Wolken weltlich gesinnter Stechmücken kam es zum Aufeinanderprallen der Kulturen: den Kreuzzügen.

KAPITEL 5

MÜCKEN OHNE GNADE: GLAUBENSKRISEN UND KREUZZÜGE

Das Christentum fand anfangs nur allmählich Verbreitung. Zwei Jahrhunderte nach Jesu Kreuzigung waren seine Anhänger immer noch eine verfolgte, verstreut lebende Minderheit, die als illoyal gegenüber dem Römischen Reich und damit als Bedrohung betrachtet wurde. Die Römer waren eine vielfältige, sich immer wieder verändernde Gemeinschaft und zeigten eine bemerkenswerte Bereitschaft, ein breites Spektrum an Völkern und Bräuchen in ihre Kultur und ihr Glaubenssystem aufzunehmen. Das Christentum erwies sich allerdings als schwer verdaulich, daher verfolgte man seine Anhänger und fand dabei viele kreative Hinrichtungsmethoden. Sie wurden in Tierhäute gehüllt, um sie von Hunden zerfleischen zu lassen, oder an Pfähle gefesselt und im Dunkeln angezündet, meist in Gruppen, um die Wirkung des feurigen Spektakels noch zu verstärken. An anderen wurde die damals übliche Kreuzigung vorgenommen. Doch die Christenverfolgung verfehlte nicht nur ihr Ziel, den christlichen Glauben zu unterdrücken, sie weckte bei vielen auch die Neugierde und brachte sie letztlich dazu, zum Christentum zu konvertieren. Im größeren Zusammenhang betrachtet untergrub das Christentum die soziale Stabilität in Rom und im umkämpften Reich, das mit Krankheiten, ständig drohenden Invasionen und den damit verbundenen Belagerungen bereits genug zu tun hatte.

Während der Reichskrise des 3. Jahrhunderts erlebte das Christentum in vielen römischen Gebieten eine Stärkung und Weiterentwicklung. Der Zuwachs ging mit den verheerenden Auswirkungen der Antoninischen und Cyprianischen Pest einher sowie einer weiteren Verbreitung der endemischen Malaria in Rom und im Reich. Christen wurden während der beiden Seuchenwellen verfolgt. Ihre Ablehnung der polytheistischen Götter und ihre Verehrung des monotheistischen Jahwe oder Jehova wurden als Ursache für die Epidemien ausgemacht, nun mussten sie als Sündenböcke herhalten. Die Seuchen brachten dem Christentum jedoch auch viele neue Anhänger, die den christlichen Glauben als »heilende Religion« betrachteten. Schließlich hieß es, Jesus habe Wunderheilungen vollbracht, die Lahmen wieder gehen lassen, die Blinden sehend gemacht, Lepra geheilt und Lazarus sogar von den Toten auferweckt. Damals glaubte man, dass die Kraft zu heilen auf die Apostel und deren Nachfolger übergegangen sei.

Inmitten der Krise des 3. Jahrhunderts mit ihren kulturellen Umbrüchen und den Einfällen fremder Stämme, die von den Stechmücken der Pontinischen Sümpfe zur Völkerwanderungszeit erfolgreich zurückgeschlagen wurden, war die chronische Malaria eine Herausforderung für den religiösen und sozialen Status quo und erschütterte, wie die Journalistin Sonia Shah schreibt, »alle alten Gewissheiten«. Der Fluch der Malaria ließ die Mängel der traditionellen römischen Glaubensinhalte, Medizin und Mythologie deutlich hervortreten. Amulette, Zaubersprüche und Opfergaben für Febris verblassten im Vergleich zur neu gefundenen Hoffnung therapeutischer christlicher Rituale und philanthropischer Krankenpflege.

Ich würde nie so weit gehen und die historisch nicht haltbare These vertreten, dass allein die Stechmücken die Menschen zum Konvertieren bewogen, doch die Malaria war einer von vielen Faktoren, die zur Verbreitung und späteren Dominanz des Christentums in Europa beitrugen. »Das Christentum predigte im Gegensatz zum Heidentum die Pflege der Kranken als anerkannte religiöse Pflicht. Wer wieder gesund gepflegt wurde, empfand Dankbarkeit und fühlte sich dem neuen Glauben verpflichtet, was zur Stärkung der christlichen Kirchen in einer Zeit beitrug, in der andere Institutionen versagten«, erklärt Irwin W. Sherman, emeritierter Professor für Biologie und Infektionskrankheiten an der University of California. »Die Fähigkeit der christlichen Glaubenslehre, dem psychischen Schock einer Epidemie etwas entgegenzusetzen, machte sie für die Bewohner des Römischen Reiches attraktiv. Das Heidentum hingegen war im Umgang mit der Willkür des Todes weniger erfolgreich. Im Lauf der Zeit akzeptierten die Römer die christliche Sichtweise.« Die Stechmücke war eine der Hauptverantwortlichen für diesen »psychischen Schock«, der das Römische Reich erschütterte, und es war das Christentum, das seinen Anhängern Trost, Fürsorge und möglicherweise sogar Erlösung bot.

In den frühen christlichen Gemeinden galt die Pflege der Kranken als Verpflichtung für die Gläubigen, es wurden sogar die ersten richtigen Krankenhäuser eingerichtet. Die Sorge um den Nächsten schuf zusammen mit anderen wohltätigen christlichen Praktiken ein starkes Gemeinschafts- und Zugehörigkeitsgefühl, zudem entstand ein weites Netzwerk für Bedürftige. Wenn Christen als Händler oder Geschäftsreisende unterwegs waren, fanden sie bei lokalen Gemeinden immer herzliche Aufnahme. Im Jahr 300 kümmerte sich die christliche Gemeinde der Stadt Rom um über 1500 Witwen und Waisen. Aufgrund der ungehemmten Gewaltausbrüche, der Hungersnöte, Seuchen und der immer wiederkehrenden Malaria, die das 3. bis 5. Jahrhundert kennzeichneten, fand das Christentum als »heilende« Religion immer mehr Anhänger.

Der Mikrobiologe David Clark fasst die Verbindung zwischen Malaria und der Verbreitung des Christentums zusammen und weist auf einen wichtigen Punkt hin: »Auch wenn die modernen Christen das heute nicht gerne zugeben, praktizierten die frühen Christen etwas, was man als eine Form der Magie bezeichnen muss. Beschwörungen wurden auf Papyrus geschrieben, der dann zu langen Streifen gewickelt und als Amulett getragen wurde ... Solche Sprüche hielten sich bis ins 11. Jahrhundert, Fundstücke enthalten oft magische Formeln aus der mittelalterlichen jüdischen Kabbala, gemischt mit einer eher orthodoxen christlichen Terminologie. Diese Zaubersprüche illustrieren die große Bedeutung der Malaria und Magie unter den Christen ... Und sie bestätigen auch, dass das frühe Christentum in vielerlei Hinsicht ein Heilkult war.«

So gibt es etwa eine Inschrift auf einem römisch-christlichen Amulett aus dem 5. Jahrhundert, das eine Frau namens Joannia von der Malaria heilen sollte: »Hinfort, verhasster Geist! Gott verjagt dich; der Sohn Gottes und der Heilige Geist haben dich überwältigt. O Gott des Schafteiches, erlöse deine Magd Joannia von allem Übel ... O Herr, Jesus Christus, Sohn und Wort des lebenden Gottes, der jede Krankheit heilt und jedes Gebrechen, heile und behüte auch deine Magd Joannia ... und nimm von ihr jede Fieberhitze und jeden Schüttelfrost – das Quotidianfieber, das Tertianfieber, das Quartanfieber – und alles Böse.« AnneMarie Luijendijk, Religionswissenschaftlerin an der University of Princeton, stellt im Kapitel »A Gospel Amulet for Joannia« des Buches *Daughters of Hecate* eine Verbindung zwischen der großen Zahl der Amulette aus jener Zeit und der Zunahme der Malaria in der Spätantike her. Sie führt aus, dass es sich bei Malariaamuletten und Talismanen um »scheinbar unbedeutende Alltagsgegenstände handelt, die jedoch im größeren Zusammenhang von Heilung, Religion und Macht durchaus von Bedeutung sind, da sie eine legitime und gesellschaftlich akzeptable christliche Praxis schufen«. Der Historiker Roy Kotansky, der sich mit antiken Religionen und Papyrologie beschäftigt, kommt zu dem Schluss: »Offenbar erforderte die Behandlung von Krankheiten mit Amuletten im Römischen Reich eine genaue Diagnose der Krankheit. Die Texte auf Amuletten verweisen häufig auf spezifische Krankheiten, für die sie verfasst wurden.« So eindringlich die persönliche und speziell auf Malaria zugeschnittene Bitte auf Joannias Amulett auch sein mag, wir wissen nicht, ob der Gott, den sie anrief, sie vor allem Bösen bewahrte und die von Stechmücken übertragene Krankheit von ihr nahm.

Es überrascht nicht, dass die frühen Christen, wie Joannias Flehen zeigt, verschiedene Glaubensvorstellungen nach ihren jeweiligen Bedürfnissen vermischten. In Zeiten endemischer Malariaerkrankungen und religiöser Verunsicherung ging man davon aus, dass man bessere Chancen hatte, wenn man eine breite Auswahl an Gebeten und Amuletten für verschiedene Götter, heidnische wie christliche, zur Verfügung hatte. Einer davon, vermutlich der wahre, authentische Erlöser, würde die Bitten schon hören und Heilung bringen. Mit seinem Gebot der Nächstenliebe, das auch die Pflege der Kranken und im speziellen Fall der vom Fieber geschüttelten Malariakranken einschloss, wirkte das Christentum durchaus attraktiv und bot einen Gott, der Krankheiten von einem nehmen konnte und gleichzeitig Erlösung und ein Leben nach dem Tod verhieß, das frei von Fieber, Schmerzen und Leid war. Die Stechmücken gaben der Verbreitung des Christentums eine zusätzliche Dynamik, die jedoch auch von zwei berühmten Kaisern einen kräftigen Schub erhielt – Konstantin und Theodosius.

Im turbulenten 4. Jahrhundert gewann das Christentum im zerfallenden Römischen Reich zunehmend an Boden. Einen besonderen Auftrieb erhielt es durch Kaiser Konstantins Bekenntnis zum Christentum 312 und durch das Mailänder Edikt ein Jahr später. Nach der »großen Christenverfolgung« unter seinem Vorgänger Diokletian machte Konstantin mit dem Mailänder Edikt das Christentum zwar nicht zur offiziellen Religion im Reich, wie häufig behauptet wird, er gewährte jedoch allen römischen Bürgern die Freiheit, ihren eigenen Glauben zu wählen und zu praktizieren, ohne Angst vor Verfolgung haben zu müssen. Damit war Polytheisten wie Christen gedient. 325 ging Konstantin mit dem ökumenischen

Konzil von Nicäa noch einen Schritt weiter. Um die Anhänger der vielen verschiedenen polytheistischen und christlichen Fraktionen miteinander zu versöhnen und religiösen Verfolgungen ein Ende zu bereiten, verschmolz er ihre Vorstellungen zu einem Glauben. Konstantin setzte das Glaubensbekenntnis von Nicäa und das Konzept der heiligen Dreieinigkeit durch und bereitete damit den Weg für die Zusammenstellung der heutigen Bibel und die moderne christliche Glaubenslehre.

Nach der Kodifizierung des Glaubenskanons durch Konstantin führte Kaiser Theodosius, der letzte unabhängige Herrscher, der den westlichen und östlichen Teil des Römischen Reiches regierte, das Christentum und Europa für immer zusammen. Er hob die religiöse Toleranz des Mailänder Ediktes wieder auf, schloss polytheistische Tempel, ließ Anhänger von Febris oder die Träger heidnischer Abrakadabra-Amulette hinrichten und erhob den römischen Katholizismus zur offiziellen und einzigen Staatsreligion im Reich. Die Stadt Rom sollte das pulsierende Zentrum der Christenheit werden und den irdischen Sitz Gottes auf dem Vatikan beherbergen.

Die Etablierung des Christentums in Rom und der Bau der ersten Peterskirche und anderer Monumente der Christenheit im 4. Jahrhundert wurden von einer hartnäckigen Malariawelle begleitet. »Die ersten christlichen Basiliken der Stadt wie San Giovanni, die Peterskirche, San Paolo, San Sebastiano, Sant' Agnesi und San Lorenzo wurden in Tälern gebaut, die später zu furchtbaren Infektionsherden wurden«, schreibt der Zoologe Cloudsley-Thompson. Es ist allerdings bekannt, dass malariainfizierte Stechmücken bereits vor dem Bau der ersten Peterskirche im Gebiet des Vatikans zu finden waren. Wie bereits im vorigen Kapitel erwähnt, berichtet Tacitus, dass nach dem Ausbruch des Vesuvs 79 *n.* Chr. zahlreiche Flüchtlinge und Obdachlose »in den ungesunden Bereichen des Vatikanischen Hügels lagerten, was zu vielen Todesfällen führte«. Tacitus weiter: »Durch die Nähe zum Tiber ... wurden ihre Körper geschwächt, die ohnehin eine leichte Beute für Krankheiten waren.«

Die Frühgeschichte des Vatikans ist nicht bekannt, doch der Name wurde bereits in vorchristlicher Zeit für ein sumpfiges Gelände am Westufer des Tibers verwendet, das gegenüber der Stadt Rom lag. Das umliegende Gebiet galt als heilig; bei archäologischen Grabungen wurden polytheistische Kultstätten, Mausoleen, Gräber und Altäre gefunden, die verschiedenen Göttern geweiht waren, unter anderen auch der Göttin Febris. Kaiser Caligula ließ im Jahr 40 das heilige Gebiet mit einem Circus für Wagenrennen überbauen (der später von Nero erweitert wurde) und einen Obelisken aufstellen, den er zusammen mit dem Brustharnisch Alexanders des Großen in Ägypten gestohlen hatte. Der hohe Steinpfeiler ist das einzige erhaltene Relikt, das von Caligulas Tummelplatz erhalten blieb. Nach dem großen Brand von Rom – für den man die Christen verantwortlich machte – wurde der Standort des Obelisken ab dem Jahr 64 zum Schauplatz für das Märtyrertum vieler Christen, darunter auch von Petrus, der mit dem Kopf nach unten im Schatten des Obelisken gekreuzigt worden sein soll.

Auf Konstantins Anweisung wurde die erste Peterskirche um 360 auf dem Gelände des ehemaligen Circus und der angeblichen letzten Ruhestätte des Heiligen Petrus erbaut. Die konstantinische Basilika wurde schon bald zu einer wichtigen Pilgerstätte und zum Mittelpunkt einer regen Bautätigkeit auf den Vatikanischen Feldern, auf denen zahlreiche Gebäude in einem weiten Bogen errichtet wurden, darunter auch ein Krankenhaus, das häufig überbelegt war, weil dort so viele Malariapatienten aus Rom und den umliegenden Pontinischen Sümpfen gepflegt wurden.

Die Legionen von Stechmücken in den Pontinischen Sümpfen schützten das Hauptquartier der katholischen Kirche vor fremden Invasoren, töteten aber auch diejenigen, die sie bewachten. In dieser Zeit residierten die Päpste nur selten auf dem Vatikan. Aus Angst vor Malaria lebten sie in den kommenden 1000 Jahren lieber im Lateranpalast auf der anderen Seite der Stadt. Es überrascht daher nicht, dass die Gläubigen ihr geistliches Zentrum eher mit Schrecken als mit Respekt betrachteten, vielleicht könnte man auch von respektvollem Schrecken sprechen. Trotz aller Vorsichtsmaßnahmen starben vor der Fertigstellung des neuen Petersdoms im Jahr 1626 (gestaltet von Michelangelo, Bernini und anderen) mindestens sieben Päpste, darunter auch der einflussreiche Alexander VI. im späten 15. Jahrhundert (Netflix-Fans als Rodrigo Borgia aus der Fernsehserie *Borgia* bekannt), und fünf Herrscher des Heiligen Römischen Reiches am »Römischen Fieber«. Auch der berühmte Dichter Dante starb 1321 an einem durch Malaria verursachten Fieber oder, wie er es selbst in seiner *Göttlichen Komödie* formulierte, »gleich einem, den des Wechselfiebers Schauer befallen«.

Dass Rom einer Todesfalle glich, blieb Außenstehenden, Besuchern und Geschichtsschreibern nicht verborgen. Der oströmische Beamte und Autor Johannes Lydos vermutete, dass Rom der Schauplatz einer langwierigen Schlacht zwischen den Geistern der vier Elemente der Natur und einem wütenden Fieberdämon sei. Andere glaubten, dort lebe ein Fieberschwaden speiender Drache in einer unterirdischen Höhle, der die Stadt mit seinem fauligen, krank machenden Atem überziehe, oder die verschmähte, rachsüchtige Febris strafe die Stadt, weil sich die Bewohner von ihr abgewandt und dem christlichen Glauben zugewandt hätten. Ein Bischof, der im Mittelalter nach Rom reiste, bemerkte, wenn sich der funkelnde Hundsstern am morbiden Fuße des Orions zeige, würden Malariaepidemien die Stadt heimsuchen. »Es gab kaum jemanden, der nicht von der sengenden Hitze und der schlechten Luft geschwächt gewesen wäre.« Die von Miasmen heimgesuchten »Hundstage« des Hippokrates waren nach wie vor präsent, die griffige Formulierung taucht in der gesamten Antike immer wieder auf.

Das Christentum mit seinem Sitz in Rom war vielleicht bekannt für Heilungen, doch das konnte an Roms Ruf als Malariahauptstadt Europas nichts ändern. Noch 1740 schrieb der englische Politiker und Kunsthistoriker Horace Walpole in einem Brief aus Rom: »Es gibt hier etwas Schreckliches namens Malaria, das jeden Sommer nach Rom kommt und die Menschen dahinrafft.« Es ist das erste Mal, dass das Wort Malaria in der englischen Sprache auftaucht. Die Briten nannten die Krankheit im Allgemeinen *ague*. Ein Jahrhundert später griff der englische Kunstkritiker John Ruskin den Begriff Malaria auf und berichtete, ein »seltsamer Schrecken« liege über ganz Rom. »Es ist der Schatten des Todes, der sich über alles legt und alles durchdringt … doch stets verbunden mit der Angst vor dem Fieber.« Als der dänische Dichter und Schriftsteller Hans Christian Andersen, bekannt für seine Märchen, Rom Mitte des 19. Jahrhunderts besuchte, war er entsetzt über die »blassen, gelblichen, krank wirkenden« Einwohner. Die berühmte englische Krankenschwester Florence Nightingale beschrieb die stille, leblose Umgebung Roms als »Tal der Todesschatten«. Der romantische Dichter Percy Shelley klagte, als er über den Tod seines

La Mal'aria: Das 1850 entstandene Gemälde des französischen Künstlers Ernest Hébert zeigt von der Malaria gezeichnete italienische Bauern, die aus der Todesfalle der Pontinischen Sümpfe in der Campagna romana fliehen. Das düstere, Verzweiflung ausstrahlende Bild war von Héberts eigenen Reisen und Beobachtungen in Italien inspiriert.

engen Freundes Lord Byron (trotz anderslautender Gerüchte waren die beiden kein Liebespaar) schrieb, er selbst leide »an einem Malariafieber, das ich mir in den Pontinischen Sümpfen zuzog«. Noch im frühen 20. Jahrhundert äußerten sich Reisende schockiert über das Elend, die Schwäche und die ausgemergelten Körper der wenigen bedauernswerten Einheimischen, die in der malariaverseuchten Campagna ihr Dasein fristeten. Wie wir bereits festgestellt haben und noch feststellen werden, unterhielten Rom, der Vatikan und die Mücken eine langfristige Beziehung in wechselseitiger Abhängigkeit und standen in einem komplizierten, oft tödlichen Verhältnis zueinander.

Die Belastung durch die Malaria war in Rom sicher groß, doch auch das übrige Europa war nicht dagegen gefeit, da sich die Krankheit stetig nach Norden ausbreitete. Die Römer hatten bei der Eroberung neuer Gebiete bereits Malariaerreger eingeschleppt, was zu sporadischen Epidemien in Schottland oder Germanien geführt hatte. Doch erst im 7. Jahrhundert trat die Malaria in Nordeuropa regelmäßig auf. Der tödliche Parasit *Plasmodium falciparum* hielt zwar dem unwirtlichen Klima im kühleren Norden nicht stand, doch die Plasmodien *malariae* und *vivax*, die ebenfalls tödlich sein können, fühlten sich dort wohl und vermehrten sich noch in weit nördlich gelegenen Regionen wie England, Dänemark oder gar in Archangelsk, der russischen Hafenstadt im Arktischen Ozean.

Die Verbreitung der Stechmücken in Europa wurde durch menschliches Zutun begünstigt. Wie immer folgten die Mücken dem Pflug und den Wanderbewegungen, Siedlungen und Handelsrouten der Menschen. Die Expansion des Römischen Reiches und die Verbreitung des Christentums sorgten dafür, dass von Stechmücken übertragene Krankheiten in bis dahin unbehelligte Gebiete vordringen konnten. Die kontinuierliche Erschließung neuer Gebiete, vor allem von neuen Anbauflächen, in denen das natürliche Gleichgewicht durcheinandergeriet, ließen ideale Brutgebiete für Stechmücken entstehen. Wir ernten, was wir säen. Oder anders formuliert: Wo wir säen, kommt der Schnitter.

Das empfindliche Gleichgewicht aller Lebensformen war in zunehmendem Maße den Eingriffen des Menschen und dessen Impulsen unterworfen. Der im 6. Jahrhundert in Europa eingeführte Streichbrettpflug wurde von Ochsen durch schwere Lehmböden gezogen. Dadurch konnten Bauern die festen Schwemmböden Mittel- und Nordeuropas urbar machen. Die Bevölkerungsdichte nahm ebenso zu wie die Zahl der Haustiere; Städte und größere Dörfer entstanden im Umfeld der landwirtschaftlichen Siedlungen, der Verkehr auf den Wasserwegen und in den geschäftigen Hafenstädten nahm deutlich zu. Die Verbindung von Landwirtschaft, einer zunehmenden Bevölkerungsdichte und dem Außenhandel ermöglichte die Ausbreitung malariainfizierter Stechmücken.

Mit dem Übergang von der Subsistenzwirtschaft zu einer Wirtschaftsform, in der Überschüsse erzeugt wurden, wurde Nordeuropa Teil des globalen Marktes. Händler und Kaufleute drangen aufgrund der vielversprechenden wirtschaftlichen Möglichkeiten in immer entlegenere Gebiete vor. »Menschliche Migranten«, erklärt der Historiker James Webb, »wurden schon früh zu wandernden Infektionsherden.« Das Elend des dunklen Zeitalters wurde um neue Krankheiten ergänzt und von neuen Glaubensansätzen geprägt. In Begleitung der Stechmücken fand sich auch eine weitere Bewegung, die eine neue globale Philosophie bringen sollte: der Islam.

Im Gegensatz zur langsamen, mühevollen Ausbreitung des Christentums (unter Mithilfe der Stechmücken) eroberte der aus den Visionen des Propheten Mohammed entstandene Islam rasch die Welt. Als sich Mohammed wie jedes Jahr zurückzog, um Buße zu tun, erschien ihm 610 der Erzengel Gabriel in einer Vision und forderte ihn auf, Allah (»den Gott«) anzubeten, die gleiche Gottheit, die auch die Juden und Christen verehrten. Mohammed hatte weitere göttliche Offenbarungen und verkündete diese Worte Gottes schließlich einer kleinen, aber stetig wachsenden Anhängerschaft von Muslimen (»die sich dem Islam unterwerfen«) in Mekka und Medina. Seine Predigten und Botschaften wurden Teil des Korans (»Rezitation«).

Der Islam (»Hingabe an Gott«) fand rasch Verbreitung auf der Arabischen Halbinsel.

Im 7. Jahrhundert, während sich Mücken und Malaria in Europa heimtückisch Richtung Norden ausbreiteten, erweiterte der Islam seinen Einflussbereich im Mittleren Osten. Die neue monotheistische und am christlichen Gott orientierte Religion gewann zunehmend an Boden, erreichte Nordafrika, die byzantinische und persische Welt. Als muslimische Mauren die Straße von Gibraltar überquerten und 711 Spanien eroberten, lösten sie eine erneute Malariawelle aus und sorgten für die Verbreitung des Erregers im gesamten europäischen Mittelmeerraum. Im Jahr 750 erstreckte sich das muslimische Reich vom Indus im Osten über den gesamten Mittleren Osten nach Norden bis in die östliche Türkei und den Kaukasus und im Süden bis nach Nordafrika. Im Westen wurden Spanien, Portugal und Südfrankreich besetzt. Der Islam und das Christentum standen sich nun an zwei Fronten gegenüber – im Westen in Spanien und im Osten zunächst in der Türkei, schließlich auf dem Balkan. Europa wurde von Stechmücken und vom Islam bedrängt.

Während Dunkelheit, Krankheit und Tod Europa fest im Griff hatten, gelang es einem fränkischen Hausmeier namens Karl Martell und dessen bunt zusammengewürfelter Truppe aus Bauern und Verbündeten, die Mauren unter dem Kommando des erfolgreichen muslimischen Generals Abdul ar-Rahman ibn Abdallah al-Ghafiqi im Jahr 732 in der Schlacht von Tours zu schlagen und damit die Muslime in Frankreich zurückzudrängen. Karl Martells Enkel, Karl der Große, der erste Kaiser des neu getauften Heiligen Römischen Reiches, verpasste den Mauren weitere Rückschläge in Frankreich und Spanien. Das Christentum färbte die Landkarte Europas blutrot. Nach dem Untergang des klassischen Römischen Reiches vereinte Karl der Große wieder einen Großteil Westeuropas unter einer Herrschaft. Unter seiner visionären, aber auch brutalen Führung ließ Europa allmählich die Finsternis des dunklen Zeitalters hinter sich, weshalb ihm Historiker den Beinamen »Vater Europas« gaben.

Der eloquente und kluge Karl wurde 768 zum König der Franken gekrönt. Er führte über 50 Feldzüge zur Expansion seines Herrschaftsgebiets und zur Rettung heidnischer Seelen. Der unnachgiebige Beschützer und Förderer des Christentums setzte der muslimischen Expansion auf der Iberischen Halbinsel Grenzen und führte anschließend im Norden Krieg gegen die Sachsen und Dänen sowie im Osten gegen die Slawen. Zudem festigte er seine Herrschaft in Norditalien. Die Militärkampagnen Karls des Großen zerstörten Pufferstaaten im Umfeld seines fränkischen Reiches und setzten eine Welle von Invasionen und neuen Bedrohungen frei.

Die eifrige, geradezu fanatische Christianisierung der eroberten Völker und Stämme durch Karl den Großen wird zwar nicht offiziell den Kreuzzügen zugerechnet, war jedoch so extrem, dass man sie durchaus als religiösen Völkermord bezeichnen könnte. Unter Karl dem Großen entwickelte sich das Christentum von einer Religion der Hingabe und Bekehrung durch Heilung und Buße zu einem Glauben, der das genaue Gegenteil zur Erlösung vertrat: Mit vorgehaltenem Schwert wurden die Ungläubigen aufgefordert, den christlichen Gott anzunehmen oder sofort vor ihren Schöpfer zu treten. So befahl Karl der Große 782 in Verden, über 4500 Sachsen zu töten, nachdem sie sich geweigert hatten, sich ihm und dem christlichen Gott zu unterwerfen. Während Karl seine militärische, politische und spirituelle Macht konsolidierte, erkannte der bedrängte und geschmähte Papst Leo III. in ihm ein Mittel, seine eigene Autorität und Herrschaft zu festigen und zu stärken.

Papst Leo war aufgrund von Schweigegeldzahlungen, Ehebruch, stürmischen Affären, politischen Absprachen und wirtschaftlichen Machenschaften bei den italienischen Eliten in Misskredit geraten. Unter dem Schutz Karls des Großen wollte er die Legitimation des Papsttums sichern und seine Gegner in Schach halten. Als Papst Leo am Weihnachtstag des Jahres 800 Karl den Großen zum ersten Kaiser krönte, war Karls Position von allen Seiten bedroht. Er war der erste Herrscher, der seit dem Untergang des Weströmischen Reiches drei Jahrhunderte zuvor wieder ein zusammenhängendes Gebiet in Westeuropa regierte, doch seine Politik der Christianisierung und der militärischen Vorstöße in alle Richtungen brachten das Kräftegleichgewicht durcheinander und forderten Vergeltungsmaßnahmen heraus. Als Karl der Große 814 im Alter von 71 Jahren eines natürlichen Todes starb, standen seine Erben vor der Aufgabe, das von ihm geschaffene fragile christliche Reich zu verteidigen.

Das ausgedehnte Heilige Römische Reich erwies sich schon bald als instabil und geriet durch die Einfälle der Magyaren, einem nomadischen Volk, das ursprünglich aus einem Gebiet zwischen der Wolga und dem Ural stammte, in Bedrängnis. Um das Jahr 900 störten die Magyaren die etablierte Ordnung, indem sie sich an der Donau im Gebiet des heutigen Ungarns niederließen. Von dort aus fielen sie in Deutschland und Italien ein und gelangten bei ihren Plünderungszügen im Lauf der folgenden 50 Jahre sogar bis nach Südfrankreich. In Spanien hatte sich der Islam zwar allmählich nach Westen zurückgezogen, war dort aber immer noch fest verwurzelt. Im Osten gewann er weiter an Schwung und stand an der Schwelle des Byzantinischen Reiches.

Das Vordringen der Magyaren in Europa wurde 955 vom deutschen König Otto I. in der Schlacht auf dem Lechfeld bei Augsburg gestoppt. Sein Sieg brachte ihm den Ruf eines Retters der Christenheit und 962 auch die Kaiserkrone ein, mit der er zum Herrscher über das im Niedergang begriffene Heilige Römische Reich wurde. Mit Otto begann die Tradition, dass der deutsche König auch zum Kaiser des Heiligen Römischen Reiches gekrönt wurde, allerdings nicht immer mit dem Segen des Papstes. Nach ihrer Niederlage wurden die heidnischen Magyaren durch König Stephan (der später heiliggesprochen wurde) christianisiert und lebten als sesshafte Bauern in der Pannonischen Tiefebene. Doch die von den Magyaren betriebene Landwirtschaft störte das ökologische Gleichgewicht und schuf den Stechmücken neue Brutgebiete, in denen sie weiter die Malaria verbreiten konnten. Für die übrigen Europäer sollte sich das von den

Magyaren geschaffene neue Malariagebiet an der Donau später noch als Segen erweisen. Bei den gnadenlosen Mongoleneinfällen im 13. Jahrhundert bildeten die durch den magyarischen Ackerbau begünstigten, malariainfizierten Stechmücken einen starken Verteidigungsring und taten das ihre zur Rettung Europas.

Die Offensiven der Muslime und Magyaren markieren zugleich das Ende der Einfälle fremder Völker ins europäische Kernland. Das Heilige Römische Reich zerfiel schon bald in verschiedene kleinere Königreiche einzelner Volksstämme. In vielerlei Hinsicht kann man die Einfälle als Fortsetzung der von Stechmücken abgewendeten Invasionen der Westgoten, Hunnen und Vandalen in der Völkerwanderungszeit und der Kriege betrachten, die das Fundament des Weströmischen Reiches im 4. und 5. Jahrhundert erschütterten. Wie die marodierenden Nomaden früherer Zeiten blieben die Eindringlinge in Europa und wurden entweder in die lokale Bevölkerung integriert oder schufen sich neue Territorien wie die ungarischen Magyaren, die Franzosen, Deutschen, Kroaten, Polen, Tschechen und die russischen Slawen (Russen und Ukrainer). Die ethnische Zusammensetzung und Landkarte des modernen Europas nahm allmählich Gestalt an.

Damit setzte eine Periode des relativen Friedens und der religiösen Homogenität in Europa ein. Sie ermöglichte einerseits eine Diversifizierung des Wirtschaftslebens, eine Spezialisierung des Handwerks, den Ausbau des Handels und einen wachsenden Wohlstand. Andererseits fanden die Stechmücken aufgrund der intensiveren Landwirtschaft, der freien Märkte und des ausgedehnten Handels weitere Verbreitung. Die prosperierende Wirtschaft ermöglichte die Herausbildung lokaler Herrschaften und die Entstehung erster, auf dem Lehenswesen und der Grundherrschaft basierender Königreiche oder Fürstentümer. Die despotischen Herrscher und ihre Lehensleute wurden von privaten Söldnertruppen beschützt, die sich aus Rittern und Gutspächtern zusammensetzten, die zu bestimmten Zeiten Militärdienst leisten mussten.

Die neuen Reiche wurden von Königen von Gottes Gnaden regiert, mit der Billigung und unter den stets wachsamen, argwöhnischen Augen des Papsttums, das sich jedoch im Laufe der Zeit stärker mit der Anhäufung von Macht und Reichtum befasste als mit der Rettung armer Seelen. Die Ursprünge der Kirche als heilende Einrichtung eines therapeutischen Glaubens zur Malariaabwehr waren nicht mehr zu erkennen. Stattdessen wurde die Aussicht auf Erlösung nun als Mittel der Einschüchterung benutzt, zur Bestechung und als Waffe, um die unwissende Masse der geknechteten Bauern um ihr Hab und Gut zu bringen. Bei dieser lukrativen Revolution der Wirtschaft und des Handels, die Europa und weitere Regionen erfasst hatte, war das Papsttum eifrig bemüht, sich seinen Anteil zu sichern.

Beginnend mit Otto I. versuchten die Kaiser des Heiligen Römischen Reiches vergeblich, das habgierige Rom und andere rebellische italienische Stadtstaaten in die Schranken zu weisen und gleichzeitig die zunehmend mächtigen und unabhängigen Päpste dazu zu bringen, ihre Oberhoheit zu legitimieren. Die Mücken der Pontinischen Sümpfe beschützten Rom und den Vatikan weiterhin vor fremden Eindringlingen in kriegerischen Zeiten, wie sie es bereits früher gegen die Karthager, Westgoten, Hunnen und Vandalen getan hatten. Wie schon Hannibal, Alarich, Attila und Geiserich wurden auch die Armeen, die Kaiser Otto I., Otto II., Heinrich II. (nicht zu verwechseln mit dem späteren englischen König Heinrich II.) und Heinrich IV. nach Italien entsandten, von den malariainfizierten Stechmücken geschlagen.

Die Armee Ottos I. wurde beim Versuch, einen italienischen Aufstand niederzuschlagen, von Malaria heimgesucht. Der Konflikt schwelte weiter und konnte auch von seinem Sohn Otto II. nicht beigelegt werden, der 983 an Malaria starb. Mit seinem plötzlichen Tod im Alter von 28 Jahren begann eine Phase der Unruhen, in der verschiedene deutsche und andere Adlige um den Thron kämpften, den eigentlich sein dreijähriger Sohn Otto III. geerbt hatte. Später hielt sein Nachfolger Heinrich II. das schrumpfende Heilige Römische

Reich, das eigentlich nur noch dem Namen nach existierte, lose zusammen. Da sich um das Deutsche Reich immer mehr eigenständige Königreiche und Fürstentümer bildeten, bestand das sogenannte Heilige Römische Reich in erster Linie aus dem in Mitteleuropa gelegenen deutschen Königreich.

Bei seinem Versuch zur Befriedung Italiens 1022 wurde Heinrich II. von einer verheerenden Krankheitswelle dazu gezwungen, seinen Feldzug zur Bestrafung der aufmüpfigen italienischen Stadtstaaten abzubrechen. Der Benediktinermönch und Kardinal Petrus Damiani (1828 zum Kirchenlehrer ernannt), der zu der Zeit in Rom tätig war, fasste die Atmosphäre in der Stadt zusammen, die den Menschen jede Lebenskraft raubte: »Das unersättliche, Menschen verschlingende Rom bricht die stärkste menschliche Natur«, schrieb er. »Rom, Brutstätte des Fiebers, verteilt bereitwillig die Früchte des Todes. Die römischen Fieber sind laut einem unveräußerlichen Recht treu: Wen sie einmal ergriffen haben, den lassen sie sein Leben lang nicht mehr los.« Von 1081 bis 1084 belagerte Heinrich IV., geschwächt durch innere und äußere Aufstände gegen seine Herrschaft und fünf separate Exkommunizierungen durch drei verschiedene Päpste, die Stadt vier Mal. Rom und seine päpstlichen Herrscher hielten jedes Mal stand, weshalb Heinrich den Großteil seiner stechmückengeplagten Truppen im Sommer aus der Campagna abzog. Die Teile, die er zurückließ, fielen unweigerlich den römischen Verbündeten zum Opfer, den Anophelesmücken, die eifrig durch die Pontinischen Sümpfe patrouillierten.

Nach einer Reihe zu vernachlässigender Herrscher übernahm 1155 schließlich eine beeindruckende Führungspersönlichkeit die Macht im Heiligen Römischen Reich. Friedrich I. war bei seinen Zeitgenossen so beliebt, dass sie ihm den Kosenamen Barbarossa (»Rotbart«) gaben, der sich bis heute gehalten hat. Friedrich war eine imposante Gestalt, der sämtliche Begabungen und Tugenden eines starken Anführers auf sich vereinte. Sein Name ist auch noch Jahrhunderte später mit hohem Ansehen verbunden, birgt aber auch negative Assoziationen. Adolf Hitler, der für Friedrich schwärmte, gab dem Überfall der deutschen Wehrmacht auf die Sowjetunion den Codenamen Barbarossa, als Hommage an den mittelalterlichen deutschen Kaiser und Visionär.[24]

Barbarossa wollte dem Reich seinen früheren Ruhm und Glanz zurückgeben. Die Stechmücken hatten jedoch andere, wenig glanzvolle Pläne für Barbarossas Truppen. Seine fünf Feldzüge gegen Italien und das Papsttum, die 1154 begannen, wurden von malariainfizierten Mückenschwärmen lahmgelegt. Ein Soldat Barbarossas berichtete, Italien sei »verdorben von giftigen Nebeln, die aus den umliegenden Sümpfen aufsteigen und allen, die sie einatmen, Tod und Verderben bringen.« Kardinal Boso, Mitglied des päpstlichen Hofes, bestätigt: »Plötzlich brach ein derart tödliches Fieber unter seinen Soldaten aus, dass innerhalb von sieben Tagen fast alle … unerwartet einen elenden Tod starben … und [Barbarossa] im August seine schwindende Armee abzog. Doch die tödliche Seuche folgte ihm und er musste mit jedem versuchten Schritt nach vorn unzählige Tote zurücklassen.« Der Versuch zur Eroberung Roms war durch die standhafte Verteidigung der Stechmücken abgeschmettert worden. Barbarossa musste sich in die Heimat zurückziehen und sich den Wünschen seiner Untertanen und seiner zunehmend unabhängigen Adligen beugen, das Reich mit der Eroberung slawischer Gebiete im Osten zu vergrößern. Gut 750 Jahre später sollte unter Hitler im »Dritten Reich« der Gedanke der »Osterweiterung« und der Schaffung von »Lebensraum« im Osten wiederaufgegriffen werden.

Nachdem Papst Urban III. an Malaria gestorben war, hob sein Nachfolger Gregor VIII. die Exkommunikation Barbarossas auf und schloss Frieden mit Friedrich, mit dem er ohnehin befreundet war. Als Gregor den europäischen Adel zum mittlerweile schon Dritten Kreuzzug aufrief, um das Heilige Land zurückzuerobern, schloss sich Barbarossa voll christlichem Eifer an. Papst Gregor hatte in seiner Papstbulle voller Sorge über die Herrschaft des Sultans Saladin über Ägypten und die Levante und die Eroberung der Stadt Jerusalem durch die Muslime sowie die Bedrängnis der christlichen Kreuzfahrerstaaten gesprochen.

Obwohl Gregor nach nur 75 Tagen im Amt von der Malaria dahingerafft wurde, fanden sein Ruf zu den Waffen und die Aufforderung zur Rückeroberung des Heiligen Landes unter dem Vorwand, der Kreuzzug biete »eine Gelegenheit zur Buße und zu guten Taten«, großen Anklang bei den europäischen Herrschern. Barbarossas Soldaten Christi marschierten zusammen mit den Armeen Philipps II. von Frankreich, Leopolds V. von Österreich und des frisch gekrönten Richards I. von England, besser bekannt als Richard Löwenherz. Doch die vereinten Kreuzfahrer unter Führung der größten Herrscher Europas gerieten in einen todbringenden Strudel, angetrieben von Mücken und Muslimen, die ihre Heimat verteidigten.

Die Stechmücken hatten das Christentum und das Papsttum mit ihren Patrouillen in den Pontinischen Sümpfen von seinen zaghaften Anfängen an beschützt und dazu beigetragen, dass aus einem unbedeutenden Kult, der auf Heilung setzte, ein gewaltiges und korruptes, spirituelles, wirtschaftliches und militärisches Imperium wurde. Es scheint, dass die Stechmücken im Heiligen Land nicht begeistert über diesen Rollenwechsel von fürsorglichen Hütern zu machtlüsternen Kreuzfahrern waren. In jedem Fall nahmen sie Rache an den christlichen Eindringlingen und ließen ihren Vormarsch in der Levante ins Stocken geraten, während sie gleichzeitig auch den christlichen Kreuzfahrerstaaten zusetzten.

Die Bezeichnung »Kreuzzug« war damals noch nicht gebräuchlich. Richtig gängig wurde sie erst um 1750 als Überbegriff für neun verschiedene christliche Feldzüge, die in den Jahren 1096 bis 1291 das Ziel hatten, die Muslime aus dem Heiligen Land zu vertreiben. Zeitgleich stattfindende Kriege in Europa, die mit der *Reconquista* endeten – der Rückeroberung der von Muslimen beherrschten Gebiete in Spanien –, und zwar 1492 mit der Eroberung Granadas, dem Jahr, in dem Kolumbus unwissentlich die Welt veränderte, werden oft dazugezählt oder zumindest im Zusammenhang mit den

Vorstößen ins Heilige Land erwähnt. Mit dem Ersten Kreuzzug 1096 begann eine Reihe von Feldzügen ins Heilige Land in einem Zeitraum von zwei Jahrhunderten. Sie waren geprägt von einer Kombination aus Gier und Ideologie, die vielen zusagte, obwohl die Religion nur ein dürftiges Deckmäntelchen für Eroberungen zur Ausweitung des Handels lieferte.

Prediger, Filme und Kinderbücher wie etwa *Robin Hood* möchten uns heute weismachen, dass mit den Kreuzzügen die Herrschaft der Muslime im Heiligen Land beendet werden sollte, doch die religiöse Motivation reichte noch viel weiter, da sie auch die Unterdrückung und Vernichtung aller anderen nicht christlichen Glaubensrichtungen umfasste. Es wäre viel zu kurz gegriffen, die Kreuzzüge als Glaubenskrieg aufgehetzter Christen gegen die islamische Herrschaft in der Levante darzustellen, bei dem galante europäische Ritter in schimmernden Rüstungen auf ihren edlen Schlachtrössern muslimische Festungen stürmten. Die Kreuzzüge waren deutlich komplizierter als die übliche märchenhafte, bildgewaltige Darstellung mit ihrer hohen Symbolkraft. Ein Zeitgenosse des Ersten Kreuzzugs erklärte schon damals, es sei dumm, weite Strecken zurückzulegen, um gegen die Muslime zu kämpfen, wenn man andere nicht christliche Heiden direkt vor der eigenen Haustür habe. »Damit«, meinte er, »zäumt man das Pferd von hinten auf.«

Tatsächlich sind die frommen Ritter mit dem Kreuz auf dem Schild, die auf einen Ablass durch ihre weltlichen oder geistlichen Herren hofften, eher mit den Gangster- und Schlägertrupps von Al Capone oder Pablo Escobar zu vergleichen als mit den mythischen Rittern der Tafelrunde, die Jungfrauen in Bedrängnis retteten und die Christenheit beschützten. Die Routen durch Europa ins Heilige Land wurden so gewählt, dass sie durch von möglichst vielen Juden und Heiden besiedelte Gebiete führten, die Opfer einer gnadenlosen Orgie der ethnischen und religiösen Säuberungen wurden. Damit ging ein hemmungsloses Plündern einher, die gesamte lokale Bevölkerung, auch die christliche, wurde ausgeraubt. Die Kreuzzüge trugen zur

Beilegung von Konflikten unter rivalisierenden christlichen Fraktionen bei, auch sahen die Monarchen und Kleriker über die gewalttätigen Auswüchse, getreu dem Motto *Deus vult!*, »Gott will es«, hinweg. Um möglichst viele Kämpfer für die Kreuzzüge zu begeistern, stellten die Päpste den Kämpfenden die Vergebung aller Sünden in Aussicht, die Mühen und Entbehrungen eines Kreuzzugs sollten deutlich schwerer wiegen als die üblichen Bußübungen.

Vom Bauerntum bis zum Adel schlossen sich die Männer und Frauen Europas der Kreuzzugbewegung an, um für Gott zu kämpfen. Viele sahen darin eine Möglichkeit, als Freiwillige oder reguläre Soldaten eine Pilgerfahrt mit militärischer Unterstützung zu unternehmen, sich im leichtlebigen Fernen Osten auszutoben, zu vergewaltigen und zu plündern. Es gab keinen großen, einigenden Beweggrund, der alle gleichermaßen zur Teilnahme am Kreuzzug inspiriert hätte. Der mittlerweile verstorbene Historiker Alfred W. Crosby verglich die Kreuzzüge mit einer »Art selbstmörderischer Ansturm von Horden gottesfürchtiger Christenmenschen, die das Heilige Grab aus den Händen der Moslems befreien wollten ... eine Vorstellung, zusammengesetzt aus religiösem Idealismus, Abenteurertum und, wie sich zeigen sollte, hemmungsloser Gier«. Die religiöse Komponente war nur ein Teil der Motivation und wurde von den Initiatoren der Kreuzzüge meist zur Verschleierung der wahren Absichten benutzt, die im Kern politisch waren und auf territorialen wie wirtschaftlichen Gewinn schielten.

Mit ihrer zunehmenden Zahl wurden die Kreuzzüge zu einem lukrativen kommerziellen Unterfangen. Der Transport, die Verpflegung und Ausstattung der Armeen und Scharen frommer Pilger, die von Europa ins östliche Mittelmeergebiet zogen, waren keine Kleinigkeit und bedeuteten einen hohen finanziellen Aufwand. Wenn sich die Levante in christlicher Hand befand, würde der gesamte Wirtschaftsraum des Mittelmeers der Rechtsprechung der europäischen Herrscher und ihrer Kirche unterstehen. Und so vermittelten habgierige Herrscher in den kommenden Jahrzehnten den aufgepeitschten Massen immer wieder die Botschaft, mit der Papst Urban II. zum Ersten Kreuzzug aufgerufen hatte: »Tretet den Weg zum Heiligen Grab an, nehmt das Land dort dem gottlosen Volk, macht es euch untertan!«

Getrieben von christlichem Eifer brachen etwa 80 000 Personen aus allen Gesellschaftsschichten zum Ersten Kreuzzug (1096–1099) von Europa aus auf und wagten die gefährliche Reise nach Jerusalem. Zur Vorbereitung plünderten und verwüsteten sie auch nicht christliche Siedlungen, die auf dem Weg lagen. Als die bunt zusammengewürfelte Truppe das Heilige Land erreichte, war ihre Zahl schon deutlich geschrumpft. In Byzanz griff die Malaria um sich. Das Frühjahr 1098 war von sintflutartigen Regenfällen gezeichnet, die beste Voraussetzung für einen stechmückenreichen Sommer und die von ihnen verbreitete Malaria. Im Frühherbst waren bereits Tausende Kreuzfahrer dem tödlichen Parasiten zum Opfer gefallen, darunter auch ein vollständiger deutscher Verstärkungstrupp mit 1500 Mann. Doch die übrigen Kreuzfahrer hielten an ihrem Vorhaben fest und errichteten im Norden von Jerusalem mehrere Kreuzfahrerstaaten. Im Juni 1099 eroberten sie schließlich Jerusalem. »Nun, da unsere Männer die Mauern und Türme überwunden hatten«, schrieb der französische Krieger und Priester Raymond D'Aguilers, »boten sich ihnen wunderbare Anblicke. Einige Männer schlugen den Feinden die Köpfe ab, andere beschossen sie mit Pfeilen, sodass sie von den Türmen stürzten; andere folterten sie länger und warfen sie in die Flammen.« So barbarisch die Eroberung auch ausfiel, die Stadt befand sich nun in christlicher Hand.

Bis 1110 waren zahlreiche kleine Kreuzfahrerstaaten an der Küste der Levante gegründet worden, darunter auch Antiochia und Jerusalem (und die wichtige Hafenstadt Akkon). Die Region, die große Bedeutung für den Handel hatte, war lange Zeit ein kulturell vielfältiger ethnischer Schmelztiegel gewesen. Da ein Großteil der Kreuzfahrer mit reicher Beute nach Europa zurückkehrte, waren die Kreuzfahrerstaaten mit ihren winzigen europäischen Enklaven zu einer friedlichen Koexistenz und Kooperation mit der einheimischen Bevölkerung gezwungen, zu der Muslime, Juden, Aramäer, Perser und Griechen zählten. In den geschäftigen multiethnischen Hafenstädten wurden Waren aus der gesamten damals bekannten Welt umgeschlagen, der östliche Mittelmeerraum wurde zum wirtschaftlichen Zentrum des Handels. Auch wenn die Kreuzzüge von gewalttätigen Konflikten geprägt waren, sorgten sie nun für eine Belebung des Handels und einen breiten Austausch von Kenntnissen und Innovationen. Ein Handelsmonopol in diesem Raum war also durchaus einen Krieg wert, weshalb auf den ersten Vorstoß ins Heilige Land eine ganze Reihe weiterer Kreuzzüge folgte.

Der Erfolg des Ersten Kreuzzugs und die Errichtung christlicher Staaten in der Levante waren ebenso kurzlebig wie trügerisch. Trotz der Gründung des Templerordens (der sich einem militanten Mönchtum verschrieben hatte) im Jahr 1139 verloren die Christen im Nahen Osten unweigerlich an Boden. Doch religiöser Fanatismus und die blinde Hingabe an Gott liefern in Kombination mit maßloser Gier einen starken Anreiz. Und so kam es in den folgenden zwei Jahrhunderten immer wieder zu christlichen Vorstößen zur Sicherung des Mittelmeerhandels und zur Vertreibung der Muslime aus Jerusalem, der Stadt des Heiligen Grabes.

Der Zweite Kreuzzug (1147–1149) unter der gemeinsamen Führung König Ludwigs VII. von Frankreich, der in Begleitung seiner klugen, lebensfrohen und eigenwilligen Gattin Eleonore von Aquitanien in den Krieg zog – die, nebenbei bemerkt, aus ihren Mitteln eine größere Armee aufstellte als er –, und des Stauferkönigs Konrad III. war zur Rettung der Grafschaft Edessa eilig ins Leben gerufen worden. Bei der Belagerung von Damaskus im Zuge des Kreuzzugs wurden Mittel der biologischen Kriegsführung genutzt, denn die Verteidiger zerstörten absichtlich die Wasserversorgung im Umfeld der Stadt, wodurch bei Ankunft der Kreuzfahrer ideale Bedingungen für Malaria herrschten. Die fünftägige Belagerung von Damaskus im Juli 1148 mitten in der Malariasaison war schlecht geplant und wurde noch schlechter ausgeführt. Kein Wunder, dass sie in einer parasitenbefallenen Katastrophe mündete.

Die wichtigste Konsequenz der von Stechmücken eingeleiteten Niederlage bestand darin, dass Ludwig die Enttäuschung darüber an seiner Frau Eleonore ausließ, die ihm immer noch keinen Sohn geboren hatte und die er nun verdächtigte, ihn mit ihrem Onkel Raimund von Poitiers, dem Fürsten von Antiochia, betrogen zu haben. Nach der Rückkehr in die Heimat gelang es Ludwig, die Ehe von der Kirche annullieren zu lassen. Eleonore heiratete daraufhin kurzerhand ihren Cousin Heinrich Plantagenet, der 1154, also nur zwei Jahre nach der Hochzeit, als Heinrich II. zum König von England gekrönt wurde. Die Verbindung zwischen Heinrich und Eleonore (die in Frankreich über ausgedehnte Ländereien verfügte) sollte langfristige Auswirkungen haben, denn zwei ihrer acht Kinder, König Richard und König Johann, prägten die Entwicklung Englands und Frankreichs maßgeblich, so führte etwa Johanns Herrschaft zur Unterzeichnung der Magna Carta.

Nach dem fehlgeschlagenen Zweiten Kreuzzug rief Papst Gregor VIII. Europa dazu auf, Jerusalem von Saladin und seiner muslimischen Armee zurückzuerobern. Der neu gekrönte König Richard Löwenherz zog für das Christentum in den Kampf und begab sich zusammen mit Leopold V. von Österreich, Philipp II. von Frankreich und Friedrich Barbarossa, dem Kaiser des Heiligen Römischen Reiches, auf den Dritten Kreuzzug, allerdings kam Barbarossa bereits auf dem Weg ins Heilige Land bei einem Unfall ums Leben. Ein erster Zusammenstoß zwischen den Kreuzfahrern und Saladin erfolgte 150 Kilometer nördlich von Jerusalem bei der befestigten Hafenstadt Akkon. Begonnen hatte die Belagerung der Stadt im August 1189 unter Führung von Guido von Lusignan, dem ehemaligen König von Jerusalem, der nach der Schlacht bei Hattin in muslimische Gefangenschaft geraten, aber nach Zugeständnissen wieder freigekommen war. Zu den Belagerern aus den Kreuzfahrerstaaten gesellte sich eine bunte Mischung Soldaten aus verschiedenen europäischen Ländern, darunter die Armeen von Philipp und Leopold. Als die Malaria einsetzte und die Reihen der Belagerer ausdünnte, umzingelte Saladin in einem genialen und unerwarteten Schachzug seine Feinde. Die Kreuzfahrer saßen in der Falle und waren für die Stechmücken eine leichte Beute.

Im Juni 1191 traf Richard Löwenherz mit seiner Armee vor Akkon ein. Zu der Zeit hielten die Kreuzfahrer die Belagerung schon fast zwei Jahre lang aufrecht, geplagt von endemischer Malaria und immer wieder ausbrechenden Epidemien. Die Malaria hatte bereits 35 Prozent der Kreuzfahrer dahingerafft, der Rest hatte einen Großteil seines christlichen Eifers und Kampfeswillens eingebüßt. Direkt nach der Landung infizierte sich auch Richard mit Malaria, die sein Leibarzt als »schwere Krankheit« beschrieb, »vom gemeinen Volk als Arnoldia bezeichnet, die durch einen Klimawechsel und dessen Auswirkungen auf den Organismus hervorgerufen wird«. Trotz Malaria und Skorbut konnte der vom Fieber geschwächte Richard die Belagerung beenden und die Stadt innerhalb eines Monats einnehmen. Seine europäischen Truppen verfügten jedoch nicht mehr über die Stärke oder Kampfbereitschaft, um weiter nach Jerusalem zu ziehen. Die Mücken hatten ihnen ihre Kraft geraubt. Außerdem fühlten sich sowohl Philipp, der ebenfalls an Malaria und Skorbut litt, als auch Leopold vom arroganten Richard übervorteilt, weil er ihnen nach dem Fall Akkons nur einen geringen Anteil an der Kriegsbeute zukommen ließ. Die beiden Könige erkannten ihre militärische und wirtschaftliche Unterlegenheit, sammelten den kläglichen Rest ihrer Truppen und traten im August verdrossen und erschöpft den Rückzug aus dem Heiligen Land an. Doch sie sollten noch die Gelegenheit bekommen, sich an Richard zu rächen.

Unbeeindruckt von der Fahnenflucht seiner Mitstreiter beschloss Richard, allein gegen Jerusalem zu ziehen. Als Verhandlungen zwischen ihm und Saladin scheiterten, ließ der englische König 2700 Gefangene in Sichtweite von Saladins Armee köpfen. Saladin vergalt Gleiches mit Gleichem. Richard marschierte weiter Richtung Süden, besiegte Saladins Truppen in einer offenen Feldschlacht und konnte ohne große Gegenwehr die Stadt Jaffa erobern, die er anschließend befestigen ließ. Dank dieser Erfolge wurden schon bald sein Mut, sein militärisches Talent und seine Tapferkeit gerühmt, und man gab ihm den Beinamen *cœur de lion* (Richard sprach Französisch, nicht Englisch). Doch sein erster Vorstoß gegen Jerusalem blieb im heftigen Regen und Schlamm des Monats November stecken, der in der Levante oft auch der schlimmste Monat für Malariaerkrankungen ist. »Krankheiten und Entbehrungen«, heißt es in einem Bericht, »schwächten viele so sehr, dass sie sich kaum noch auf den Beinen halten konnten.« Auch ein zweiter Ansturm auf Jerusalem musste aufgrund von Malaria abgebrochen werden. Richard fühlte sich erneut krank, seine Ärzte flüsterten, es handle sich um eine »akute semi tertiana«, eine Kombination aus Malaria *vivax* und Malaria *falciparum*.

Den in alle Winde zerstreuten Kreuzfahrern erging es nicht besser als ihrem Kommandanten. Jerusalem, die Heilige Stadt, von der Richard immer geträumt hatte, war zum Greifen nah, konnte jedoch nicht erobert werden. Die Stechmücken hatten dafür gesorgt, dass Jerusalem in muslimischer Hand blieb. Richard und Saladin als De-facto-Herrscher der christlichen beziehungsweise muslimischen Welt, die sich gegenseitig respektierten und schätzten, handelten ein Abkommen aus. Jerusalem sollte unter islamischer Herrschaft bleiben, allerdings sollte christlichen und jüdischen Pilgern sowie Händlern und Kaufleuten der freie Zugang ermöglicht werden, die Stadt sollte also eine »internationale« Stadt werden.[25] Als die Muslime 1291 die Festung Akkon eroberten, den letzten Rückhalt der malariageplagten Kreuzfahrerstaaten, versank der erste groß angelegte christliche Kolonialisierungsversuch außerhalb Europas im Wüstensand.

Das Heilige Land blieb in muslimischer Hand bis zum Ersten Weltkrieg, als der britische General Sir Edmund Allenby an Weihnachten 1917 triumphierend in die Heilige Stadt einzog. Allenby of Armageddon, wie er von seinen militärischen Vorgesetzten und von

Politikern genannt wurde, war der 34. Eroberer Jerusalems und der erste »christliche« (eigentlich war er Atheist) seit den Kreuzzügen. Der Sanitätsdienst der Royal Army lobte Allenby, er habe als »erster Kommandeur in einer malariageplagten Region, in der schon viele Armeen untergingen, das Risiko richtig eingeschätzt und entsprechende Maßnahmen ergriffen«. Der britische Außenminister und ehemalige Premierminister Arthur Balfour erklärte 1917 in der heute berüchtigten Balfour-Deklaration: »Die Regierung Seiner Majestät betrachtet mit Wohlwollen die Errichtung einer nationalen Heimstätte für das jüdische Volk in Palästina und wird ihr Bestes tun, die Erreichung dieses Zieles zu erleichtern.« Die christliche Besetzung des östlichen Mittelmeerraums im Ersten Weltkrieg und die Umsetzung von Balfours utopischer Ankündigung stürzten das Heilige Land ein weiteres Mal in Unruhen und schufen die Voraussetzungen für die bis heute anhaltenden Feindseligkeiten und Auseinandersetzungen im Nahen Osten.

Allenby erreichte 1917 das, was Richard 1192 nicht möglich war – er konnte die Stechmücken ausschalten. Die Malaria und seine Selbstüberschätzung wurden Richard während des Dritten Kreuzzugs zum Verhängnis. Im Oktober 1192 brach er, immer noch von hartnäckigen Fieberschüben geplagt, Richtung England auf. Die Rückreise war geprägt von Verrat und Täuschung und sollte letztendlich zu seinem Tod führen. Während Richard noch im Heiligen Land kämpfte, verschworen sich der gekränkte Philipp von Frankreich und Richards Bruder Johann gegen ihn.

Kaum war Philipp wieder in Frankreich, unterstützte er heimlich Johanns Revolte gegen seinen abwesenden Bruder. Außerdem besetzte er englische Gebiete in Frankreich, die durch die frühere Heirat von Eleonore und Heinrich an die englische Krone gefallen waren. Zu guter Letzt verweigerte Philipp Richard die Landung in französischen Häfen, wodurch der heimkehrende englische König gezwungen war, die gefährliche Landroute quer durch Mitteleuropa zu nehmen. Kurz vor Weihnachten wurde er prompt gefangen genommen,

Leopold hatte nur auf diese Gelegenheit gewartet. Als Lösegeld wurde die erstaunliche Menge von 100 000 Pfund Silber festgesetzt. Die Summe, das Dreifache der jährlichen Steuereinnahmen der englischen Krone, wurde schließlich von Richards Mutter Eleonore aufgebracht. Dazu musste Eleonore bereits vorhandene Steuern erhöhen und willkürliche neue Steuern auf Land, Vieh und Besitz erheben und Bauern ebenso wie Barone und Geistliche zur Kasse bitten. Als die enorme Summe schließlich beisammen war, kam Richard frei. Philipp sandte daraufhin eilig eine Nachricht an Johann: »Gebt acht, der Teufel ist auf freiem Fuß.«

Nach seiner Freilassung und einer kurzen Stippvisite in England begann Richard einen Feldzug zur Rückeroberung der verlorenen englischen Gebiete in Frankreich, der weitere Ressourcen und Einnahmen verschlang. Bei der Belagerung einer unbedeutenden Burg in Aquitanien 1199 kam es zu einem Zwischenfall mit gravierenden Folgen. Bei einem nächtlichen Kontrollgang erspähte der König einen einsamen Wächter auf den Zinnen der Burg. Amüsiert betrachtete er den Mann, der in der einen Hand eine Armbrust und in der anderen Hand, in bester Monty-Python-Manier, eine Bratpfanne als Schildersatz hielt. Dadurch abgelenkt, wurde Richard von einem Armbrustbolzen getroffen und starb wenig später an Wundbrand. Sein Bruder Johann Ohneland folgte ihm auf den englischen Thron. Im folgenden Jahrzehnt sicherte sich Johann mit allen verfügbaren Mitteln weitere Einnahmen, um seine wiederholten erfolglosen Feldzüge in Frankreich zu finanzieren, mit denen er die schrumpfenden englischen Besitzungen verteidigen wollte. Er erhöhte die Steuern und verlangte zahlreiche zusätzliche Gebühren, Brautgelder und Erbschaftssteuern, mitunter griff er auch zu Bestechung und Erpressung.

Diese düsteren Zeiten, in denen in England unter König Johann Armut und Unterdrückung herrschten, ist die Zeit von Robin Hood, der allerdings keine historisch reale Person ist, sondern vielmehr eine fiktive Figur und ein Symbol der Hoffnung und des Wandels. Man nimmt an, dass die Geschichte von Robin Hood eine längere mündliche Überlieferung hat, schriftlich erwähnt wurde der Rächer der Armen jedoch erstmals in William Langlands allegorischem Gedicht *Piers Plowman* (um 1370), das neben der Ritterromanze *Sir Gawain and the Green Knight* zu den größten Werken der frühen englischen Literatur zählt. Die etwa zur gleichen Zeit entstandenen *Canterbury Tales*, Geoffrey Chaucers bahnbrechende Sammlung von 24 Erzählungen über eine Pilgergruppe auf dem Weg nach Canterbury, enthalten den Satz: »Dem kalten Fieber kannst Du nicht entgehn, Und packt Dich dieses, ist's um Dich geschehn.« Er zeigt, dass die Malaria in den tief liegenden Moor- und Marschgebieten der Fens im Osten Englands heimisch war und ihren Weg in die englische Literatur fand, lange bevor Shakespeare sie in acht seiner Theaterstücke erwähnt.

Die frühen Versionen von Robin Hood weisen nur eine entfernte Ähnlichkeit mit dem Helden auf, der von Sean Connery, Kevin Costner, Cary Elwes und Russell Crowe auf der Leinwand verkörpert wurde. Ihre endgültige Ausgestaltung mit ergänzenden Figuren und Nebenhandlungen erfuhr die Geschichte erst im Abenteuerfilm *The Adventures of Robin Hood* von 1938 mit Errol Flynn und Olivia de Havilland in den Hauptrollen. Im Film, einem der ersten Farbfilme überhaupt, stehen die aufmüpfigen, lebensfrohen Bewohner des Sherwood Forest den gierigen Tyrannen aus Nottingham gegenüber, eine Geschichte, die mittlerweile Kultstatus hat und das Kinopublikum (ebenso wie vorlesende Eltern) weltweit im Sturm eroberte. Ihre Vollendung erfuhr die moderne Legende im 1973 erschienenen Zeichentrickfilm von Disney, einem Klassiker, der bis heute unübertroffen ist. Unvergessen ist darin die Darstellung König Johanns als feiger, daumenlutschender Löwe.

Die Niederlage, die König Johann 1214 in der Schlacht von Bouvines gegen die Franzosen erlitt, führte dazu, dass sich die unzufriedenen englischen Barone zusammenschlossen und gegen die drückende Abgabenlast revoltierten. Am 15. Juni 1215 wurde Johann bei Runnymede gezwungen, sich den Forderungen der rebellischen

Barone zu beugen und die *Magna Carta Libertatum* zu unterzeichnen, die »große Urkunde der Freiheiten«. Das revolutionäre Dokument benannte die Rechte und persönlichen Freiheiten aller freien Engländer (die nicht allzu zahlreich waren). Eine Betrachtung der zahlreichen Interpretationen der Magna Carta aus heutiger Sicht würde hier zu weit führen, allerdings möchte ich einen Punkt erwähnen. Die heute allgegenwärtige Ergänzung der Magna Carta unter dem umfassenden Schlagwort »Niemand steht über dem Gesetz« basiert auf einer Fehlinterpretation. Die Formulierung ist in den ursprünglichen 63 Artikeln der bahnbrechenden Vereinbarung nicht zu finden. Die moderne Interpretation und Konstruktion ergibt sich aus der Kombination der beiden Artikel 39 und 40. Artikel 39 besagt: »Kein freier Mann soll verhaftet, gefangen gesetzt, seiner Güter beraubt, geächtet, verbannt oder sonst angegriffen werden; noch werden wir ihm anders etwas zufügen, oder ihn ins Gefängnis werfen lassen, als durch das gesetzliche Urtheil von Seinesgleichen, oder durch das Landesgesetz.« Und in Artikel 40 heißt es: »Wir werden das Recht oder die Gerechtigkeit an niemanden verkaufen, niemandem verweigern und für niemanden aufschieben.«

Diese beiden Konzepte bereiteten unabhängig von ihrer Bedeutung im Jahr 1215 den Weg für die moderne Demokratie, für die Bürgerrechte und die allgemeinen, unveräußerlichen Grundrechte des Einzelnen auf Leben, Freiheit und den Schutz des Eigentums. Die Magna Carta bewirkte eine der bedeutsamsten Veränderungen in der Geschichte des politischen und rechtlichen Denkens. Ihr Einfluss findet sich in sämtlichen Verfassungen moderner Demokratien, darunter auch die Bill of Rights der Verfassung der Vereinigten Staaten, die kanadische Charter of Rights and Freedoms und die Allgemeine Erklärung der Menschenrechte der Vereinten Nationen von 1948. Wenn wir in der Zeit zurückspringen und den damaligen Kontext betrachten, dann schuf der missglückte Dritte Kreuzzug die Voraussetzungen für die Magna Carta und deren frühe demokratische Ansätze.

Die Magna Carta war letztlich ein erfreulicher Nebeneffekt des gescheiterten Kreuzzugs, dennoch muss man feststellen, dass der Versuch der Europäer, das Heilige Land für sich zu beanspruchen, ein massiver Fehlschlag war, der sich nicht kleinreden lässt. Die Stechmücken hatten der Christenheit eine Glaubenskrise beschert. Während die Verbreitung des christlichen Glaubens mit seinen Aspekten des Heilens aufgrund der von Mücken übertragenen Krankheiten während der Reichskrise des 3. Jahrhunderts begünstigt worden war, bereiteten die Stechmücken den von wirtschaftlichen Erwägungen getriebenen Vorstößen der Christen bei den Kreuzzügen ein jähes Ende.

Die Kreuzzüge waren der erste groß angelegte Versuch der Europäer zur Kolonialisierung und zur Erweiterung ihres Einflussbereichs außerhalb ihres eigenen Kontinents. Die Stechmücken trugen dazu bei, dass diese ersten imperialistischen Vorstöße scheiterten. Alfred W. Crosbys Überlegungen zum folgenschweren Wirken der Stechmücken bei den Kreuzzügen sollen hier ungekürzt wiedergegeben werden:

> Mit wenigen Ausnahmen haben die Westler, die im Lauf der Geschichte den östlichen Mittelmeerraum in kriegerischer Absicht heimsuchten, ihre Hauptschwierigkeiten stets auf der militärischen, logistischen und diplomatischen, vielleicht auch noch auf der theologischen Ebene gesehen; in Wirklichkeit lagen ihre akuten und unmittelbaren Probleme jedoch auf medizinischem Gebiet. Häufig sind die Westler bald nach ihrer Ankunft gestorben, und noch häufiger blieben ihnen Kinder versagt, die unter den Bedingungen des Orients bis zur Geschlechtsreife überlebt hätten ... Als die Kreuzfahrer in der Levante eintrafen, mussten sie einen Prozess durchlaufen, den die britischen Siedler in den nordamerikanischen Kolonien einige Jahrhunderte später als *seasoning*, als Abhärtung oder Anpassung, bezeichneten ... Sie mussten die Infektionskrankheiten überleben, um mit den Mikro-

organismen und Parasiten des Orients ihren spezifischen *Modus Vivendi* zu entwickeln. Dann erst konnten sie gegen die Sarazenen antreten. Diese Anpassungsperiode kostete Zeit, zehrte an ihrer Kraft und Leistungsfähigkeit und endete für Zehntausende mit dem Tod. Von allen Krankheiten hat wahrscheinlich die Malaria den Kreuzfahrern am heftigsten zugesetzt. Sie war in den feuchten Tiefebenen und Küstenregionen der Levante endemisch, wo sich die Bevölkerungsmassen der Kreuzfahrerstaaten konzentrierten ... Die Levante und das Heilige Land waren malariaverseucht und sind es in einigen Gebieten noch heute ... Jeder neue Trupp von Kreuzfahrern aus Frankreich, Deutschland oder England muss daher wie eine Schaufel Kohle im Heizkessel des malariaverseuchten Orients gewirkt haben. Die Erfahrung der zionistischen Palästinaeinwanderer zu Beginn unseres Jahrhunderts bestätigt das: 42 Prozent hatten 1921 ihre ersten Malariaanfälle innerhalb der ersten sechs Monate nach ihrer Ankunft, 64,7 Prozent innerhalb des ersten Jahres ... Die Kreuzfahrerstaaten starben wie Blumen in der Vase.

Im Gegensatz zu den Kreuzfahrern kämpften die Muslime bei der Verteidigung ihrer Heimat auf ihrem ureigenen Terrain. Sie waren an die lokalen Malariaerreger gewöhnt und hatten sich eine gewisse Immunität erworben. Vermutlich besaßen viele auch die bereits erwähnten ererbten Abwehrmechanismen wie Duffy-Antigen, Thalassämie, Favismus und vielleicht sogar Sichelzellenanämie. Der englische Mönch und persönliche Schreiber von Richard Löwenherz, ein gewisser Richard von Devizes, schrieb beim Dritten Kreuzzug mit offensichtlichem Neid: »Das Wetter war für sie ganz natürlich; in dieser Gegend waren sie heimisch; die Anstrengung war für sie gesund; die Kargheit Medizin.« Wer sein Land verteidigt, ist im Krieg generell in einer besseren Position, weil er entscheidet, wo, wann und wie eine Schlacht ausgetragen wird, doch für den Islam erwies sich die Widerstandsfähigkeit gegen Malaria als einer der größten Vorteile bei der Verteidigung – und als eine Waffe, die Kriege entscheiden konnte.

Die Kreuzzüge als wirtschaftliches Unterfangen waren kläglich gescheitert, dennoch bereiteten sie den Weg für zukünftige erfolgreiche imperialistische Vorstöße, wenn nicht sogar für das europäische Zeitalter der Entdeckungen und den damit einhergehenden Veränderungen. Wie bereits erwähnt, ging es bei den Kreuzzügen nicht nur um Eroberungen, sondern auch und vor allem um den Handel. Mit dem interkulturellen Austausch zwischen Muslimen und Christen kehrten die Werke der alten Griechen und Römer zurück nach Europa, das zu der Zeit weitgehend geistiges Ödland war. Muslimische Innovationen in allen akademischen Bereichen reisten im Gepäck der heimkehrenden Kreuzfahrer und Händler mit. Die islamische Renaissance oder das Goldene Zeitalter brachten in den kriegerischen Jahrhunderten der Kreuzzüge erhellende Ideen und kulturelle Erleuchtung zurück in die dunklen, vergessenen Ecken Europas.

Die Kreuzzüge beschleunigten die Verbreitung technischer Errungenschaften aus dem arabischen Raum, darunter etwa das Heckruder und das dreieckige Lateinersegel bei dreimastigen Schiffen, mit dem Schiffe gegen den Wind kreuzen konnten. 1218 berichtete ein französischer Bischof aus Akkon aufgeregt und verwundert von einer »Eisennadel, die sich, nachdem sie Kontakt mit dem Magnetstein hatte, stets zum Polarstern dreht, der reglos am Himmel steht, wohingegen die übrigen Gestirne kreisen, wodurch er wahrhaftig die Achse des Firmamentes ist. Sie ist daher unabdingbar für Seereisende.« Der Empfänger des Briefes muss den Bischof für völlig verrückt gehalten haben. Der Erkenntnisgewinn, dank dem die Europäer aus den düsteren Tiefen des dunklen Zeitalters emporklettern konnten, beruhte auf den Errungenschaften der arabischen Welt, die muslimische Geisteswelt bildete quasi die Leiter. Neben der Suche nach dem Heiligen Gral, auf die sich später nicht nur Monty Python begaben, sondern auch Indiana Jones und Robert Langdon, und zahlreichen anderen romantischen Gutenachtgeschichten, Filmen und Fernsehserien (*Knightfall*) ist dieser Austausch von Wissen vielleicht das eigentliche Vermächtnis der Kreuzzüge.

Der kulturelle Austausch und der Horizont der Europäer sollten nach den Erschütterungen durch die Kreuzzüge im 13. Jahrhundert um einen weiteren Mitspieler in diesem *Game of Thrones* erweitert werden. Während Europa dank muslimischer Unterstützung das dunkle Zeitalter hinter sich ließ, wartete im Osten, direkt vor der eigenen Haustüre, bereits eine tödliche Bedrohung. Flinke Reiter aus der asiatischen Steppe sollten Ost und West zum ersten Mal verbinden. Sie verbreiteten die tödlichste Epidemie der Menschheitsgeschichte und bedrohten damit die schiere Existenz Europas. Mit seinen mongolischen Reiterscharen drang der clevere Stratege und gewitzte Krieger Dschingis Khan bis nach Europa vor und schuf das größte zusammenhängende Territorialreich sowie eines der größten Reiche in der Geschichte.

KAPITEL 6

HORDEN VON MÜCKEN: DAS REICH DES DSCHINGIS KHAN

Die unwirtlichen, entlegenen Hochsteppen und Graslandschaften des kargen und sturmgepeitschten nordasiatischen Plateaus waren von kriegerischen Stammesclans und opportunistischen Splittergruppen bevölkert. Allianzen waren brüchig und änderten sich so rasch wie die Launen des tosenden Windes. In dieser erbarmungslosen Gegend wurde 1162 Temüdschin geboren. Der Junge wuchs in einer Clangesellschaft auf, in der sich alles um Raubzüge, Plünderungen, Rache, Korruption und natürlich um Pferde drehte. Als sein Vater von rivalisierenden Clans gefangen genommen wurde, gerieten Temüdschin und seine Familie in bittere Armut. Sie ernährten sich von wilden Früchten, Gräsern und toten Tieren, jagten kleine Murmeltiere und Nagetiere. Mit dem Tod des Vaters verlor der Clan dann an Prestige und Einfluss auf der größeren politischen Bühne mongolischer Bündnis- und Stammesmacht. In diesem Augenblick der Trostlosigkeit und Verzweiflung konnte Temüdschin freilich nicht ahnen, dass er aus diesen ärmlichen, bescheidenen Verhältnissen heraus zu Ruhm und Reichtum gelangen würde – mit einem neuen Namen sollte er während seiner Kriegszüge im Kampf um die Weltherrschaft Angst und Schrecken unter seinen Feinden verbreiten.

Der 15-jährige Temüdschin, der sich fest vorgenommen hatte, die Familienehre wiederherzustellen, geriet bei einem Beutezug ehemaliger Verbündeter seines Vaters zunächst in Gefangenschaft. Es gelang ihm, der Sklaverei zu entkommen, und er schwor, sich an seinen Widersachern zu rächen, die mittlerweile eine lange Liste aus traditionellen Feinden und ehemaligen Partnern füllten. Obwohl es Temüdschin verhasst war, Macht zu teilen, erkannte er doch, dass wahre Macht und Ansehen auf einer Vielzahl starker und stabiler Bündnisse beruhten. Das hatte ihn seine Mutter schon als Junge gelehrt.

In dem Bestreben, gegnerische Gruppierungen zu vereinen, brach Temüdschin mit der mongolischen Tradition. Statt die Besiegten zu töten oder zu versklaven, versprach er ihnen Schutz und Kriegsbeute aus künftigen Eroberungen. In hohe militärische und politische Positionen gelangte man zudem nicht mehr durch Clanverbindungen und Vetternwirtschaft, sondern nur durch Verdienste, Loyalität und Verstand. Dieser gesellschaftspolitische Einfallsreichtum festigte den Zusammenhalt seiner Konföderation, sorgte für Bündnistreue bei den Besiegten und stärkte seine militärische Macht. So konnte Temüdschin bis 1206 die verfeindeten Stämme der asiatischen Steppen unter seiner Herrschaft vereinen und eine beeindruckende, geschlossene politische und militärische Macht schaffen, die schließlich eines der größten Reiche der Geschichte erobern sollte. Ihm gelang es, den von der Stechmücke zunichtegemachten Traum Alexanders – die »Enden der Welt« miteinander zu verbinden – in die Realität umzusetzen. Und doch durchkreuzte die Mücke auch seine Visionen von Größe und Glorie, wie sie es schon 1500 Jahre zuvor bei Alexander getan hatte.

Nachdem Temüdschin, dem die Mongolen inzwischen seinen neuen Namen gegeben hatten – Dschingis Khan, der »Weltenherrscher« –, seine Koalition konkurrierender oder verfeindeter Stämme geschmiedet hatte, begannen er und seine geschickten berittenen Bogenschützen mit einer Serie rascher militärischer Schläge, um neuen Lebensraum zu gewinnen … und noch viel mehr.

Die mongolische Expansion unter Dschingis Khan war zum Teil die Folge einer Mini-Eiszeit. Die sinkenden Temperaturen verringerten die Fläche des Graslands, das die Grundlage für Pferdehaltung und den nomadischen Lebensstil bildete. Für die Mongolen bedeutete dies, entweder zu sterben oder neuen Lebensraum zu erschließen. Die verblüffende Geschwindigkeit des mongolischen Vorrückens beruhte auf den militärischen Fähigkeiten Dschingis Khans und dessen Generäle, einer beeindruckend geschlossenen militärischen Kommando- und Kontrollstruktur, einer breitflächigen Flankentaktik, speziellen Verbundbögen und insbesondere auf der beispiellosen Geschicklichkeit im Sattel. Im Jahr 1220 erstreckte sich das mongolische Reich von den Pazifikküsten Koreas und Chinas über den Jangtse-Fluss im Süden und das Himalajagebirge bis zum Euphrat im Westen. Die Mongolen waren wahre Meister einer Taktik, welche die Nazis später als *Blitzkrieg* bezeichneten. Sie umkreisten ihre unglücklichen Feinde mit atemberaubender Geschwindigkeit und wüteten mit beispielloser Grausamkeit.

Am Euphrat teilte Dschingis Khan seine Armee und erreichte, was Alexander nicht gelungen war – die Verbindung beider Hälften der bekannten Welt. Zum ersten Mal begegnete der Osten offiziell dem Westen, wenn auch unter feindseligen Umständen. Dschingis Khan führte seine Hauptarmee zurück in Richtung Osten durch Afghanistan und Nordindien bis in die Mongolei. Eine zweite Armee von ungefähr 30 000 Reitern stieß gen Norden über den Kaukasus bis nach Russland vor und eroberte den italienischen Handelshafen Kaffa (Feodossija) auf der ukrainischen Halbinsel Krim. Die Mongolen überfielen den europäischen Teil Russlands und das Baltikum. Die Bevölkerungen wurden ausgeraubt, ermordet oder als Sklaven verkauft. Gegnerische Soldaten durften kaum auf Gnade hoffen. Als sich der Staub wieder legte und die Hufschläge der Mongolen in der Ferne verhallten, hatte man bis zu 80 Prozent der betroffenen Einwohner entweder getötet oder versklavt. Die Mongolen stießen sogar nach Polen und Ungarn vor, um dort Informationen zu sammeln, dann zogen sie sich im Sommer 1223 rasch zurück und schlossen sich Dschingis Khans Truppen auf dem Rückweg in die Mongolei an.

Warum die Mongolen beschlossen, Europa aufzugeben, ist Stoff für Diskussionen. Allgemein wird angenommen, dass die letzten Vorstöße dieses Kriegszugs lediglich als Erkundungsmissionen für eine spätere, groß angelegte Invasion Europas dienten. Manche Historiker haben zudem spekuliert, dass die Entscheidung, die Invasion zu verschieben, auf einer Schwächung der mongolischen Armee durch Malaria beruhte, welche sich die Truppen im Kaukasus und im Flusssystem des Schwarzen Meeres, geschwächt durch fast 20 Jahre ununterbrochener Kriegsführung, eingefangen hatten. Man weiß, dass Dschingis Khan damals selbst unter regelmäßigen Malariaanfällen litt. Die am weitesten verbreitete Theorie ist, dass er im Alter von 65 Jahren seinen hartnäckigen, eitrigen Wunden erlag, hervorgerufen durch eine ernste Schwächung seines Immunsystems infolge chronischer Malaria.

Der große Kriegsherr starb im August 1227 und wurde ohne großes Trara und Grabstein beerdigt, wie es die Tradition erforderte. Der Legende nach tötete die kleine Begräbnisgesellschaft jeden, den sie unterwegs traf, um seine letzte Ruhestätte geheim zu halten, leitete einen Fluss über das Grab um oder ließ es von Pferdehufen bis zur Unkenntlichkeit zertrampeln. Wie das Alexandergrab ist auch Dschingis Khans Ruhestätte Gegenstand von Mythen und Märchen. Sämtliche Versuche, sein Grab zu finden, endeten mit einer Enttäuschung. Der Durst der Stechmücke nach mongolischem Blut war mit dem Tod des Großkhans jedoch noch nicht gestillt. Die Stechmücke plagte das beeindruckende Reich weiterhin.

Dschingis' Sohn und Nachfolger Ögedei Khan führte von 1236 bis 1242 einen ungehemmten Westfeldzug, den sogenannten Mongolensturm. In Windeseile bahnten sich die Reiterhorden ihren Weg durch Ostrussland, die baltischen Staaten, die Ukraine, Rumänien, die Länder der Tschechen und Slowaken, Polen und Ungarn, bis sie am ersten Weihnachtsfeiertag 1241 Budapest und die Donau erreichten. Von Budapest setzten sie ihren Weg gen Westen durch Österreich fort, dann wandten sie sich nach Süden und schließlich wieder zurück nach Osten. Im Jahr 1242 verließen die Mongolen Europa und kehrten nie wieder zurück. Wie sich zeigt, konnten die unbesiegbaren Mongolen die Stechmücke nicht besiegen und ihre hartnäckige Verteidigung Europas nicht durchbrechen.

Über diesen scheinbar spontanen und überraschenden Rückzug schrieb Winston Churchill: »Einen Augenblick lang hatte es den Anschein gehabt, als würde ganz Europa einer schrecklichen Bedrohung erliegen, die von Osten her heraufzog. Heidnische Mongolenhorden aus dem Herzen Asiens waren rasch über Russland, Polen und Ungarn hinweg gefegt und brachten den Deutschen in der Nähe von Breslau und der europäischen Kavallerie in der Nähe von Buda gleichermaßen vernichtende Niederlagen bei. Deutschland und Österreich waren ihnen zumindest auf Gnade und Verderb ausgeliefert. Glücklicherweise … eilten die mongolischen Führer die Tausenden von Meilen bis zu ihrer Hauptstadt Karakorum zurück … und Westeuropa kam noch einmal davon.« Im Sommer und Herbst 1241 hatte der Großteil der mongolischen Streitkräfte in der ungarischen Tiefebene gerastet. Die vorangegangenen Jahre waren zwar überdurchschnittlich warm und trocken gewesen, doch waren Frühling und Sommer des Jahres 1241 ungewöhnlich feucht. Die größeren Niederschlagsmengen verwandelten das vormals trockene Grasland Osteuropas in einen sumpfigen Morast und damit in ein wahres Minenfeld malariöser Stechmücken.

Für Europa stellten die negativen Auswirkungen dieser Klimaveränderung den perfekten Schutz vor der mongolischen Militärmaschine dar. Zunächst einmal beraubten Morast und Hochwasser die Mongolen ihrer unverzichtbaren Weideflächen für die zahllosen Pferde, die das Rückgrat ihres militärischen Erfolgs bildeten.[26] Die ungewöhnlich hohe Luftfeuchtigkeit wiederum machte die mongolischen Verbundbögen unbrauchbar, da der Leim in der feuchten Luft nicht binden und trocknen wollte. Durch die verringerte

Straffheit der sich in der Hitze ausdehnenden Bogensehnen büßten die Waffen zudem den Vorteil höherer Pfeilbeschleunigung, Zielgenauigkeit und Reichweite ein. Zu diesen militärischen Rückschlägen gesellte sich eine explodierende Population ausgedörrter Mücken, und der Malariaparasit begann eine kunstvolle Invasion jungfräulicher Adern. Den mongolischen Reiterhorden, so der Historiker John Keegan, »grausam und wild wie sie waren, gelang es nicht, ihre leichte Kavallerie, die in den gemäßigten Zonen und Wüstenregionen so erfolgreich gewesen war, den regenreichen Gebieten Westeuropas anzupassen ... Sie mussten die Niederlage eingestehen.« Die Mongolen hatten Ost und West miteinander verbunden, und in ihrem Gefolge sollten tatkräftige Kaufleute wie Marco Polo die Verbindung aufrechterhalten. Es war jedoch die Stechmücke, die verhindert hatte, dass der Westen vollständig überrannt worden war. Die Mücke übte ihre malariöse Macht aus, zügelte die mongolische Eroberung und wehrte sie von Europa ab.

Die Stechmücke hatte zwar den Traum einer Unterwerfung Europas zunichtegemacht, doch stießen die Mongolen unter Dschingis Khans Enkel Kublai Khan 1260 erstmals ins Heilige Land vor – eine weitere Partei in den andauernden, wenngleich abebbenden Kreuzzügen. Ihr Eintritt in diesen nachlassenden Wettbewerb erfolgte in der Phase zwischen dem Siebten (1248–1254) und dem Achten (1270) Kreuzzug. Es ist bezeichnend für die Verwirrung, welche die späteren Kreuzzüge prägte, dass sich während der folgenden 50 Jahre, in denen es vier große mongolische Invasionen gab, die Bündnisse zwischen muslimischen, christlichen und mongolischen Fraktionen stetig verschoben und Allianzen regelmäßig neu begründet und abgestimmt wurden. Wie die Stechmücke schmiedete der Freund von gestern heimlich neue Ränke und wurde zum Feind von morgen. Als innere Querelen den Zusammenhalt der drei großen Mächte immer mehr zerrütteten, kam es in zahlreichen Fällen dazu, dass sich Splittergruppen auf die jeweils gegnerische Seite schlugen.

Wenngleich die Mongolen gewisse Erfolge verbuchen konnten, darunter kurze Zwischenhalte in Aleppo und Damaskus, wurden sie angesichts von Malaria, anderer Krankheiten und mächtigen Verteidigungsbündnissen doch wiederholt zum Rückzug gezwungen. General Anopheles, der Hüter des christlichen Roms, hütete das Heilige Land für den Islam. Wie er es bei früheren christlichen Feldzügen getan hatte, darunter Richard Löwenherz' erfolglosem Dritten Kreuzzug, trotzte er nun der mongolischen Bedrohung. Das Heilige Land und die Heilige Stadt Jerusalem blieben in muslimischer Hand.

Nachdem Kublai Khan sowohl in Europa als auch in der Levante eine Schlappe durch die Stechmücke erlitten hatte, wollte er diese Rückschläge durch eine Eroberung der letzten unabhängigen Gebiete Kontinentalasiens östlich des Himalajas wieder wettmachen. Mit seiner ganzen Stärke griff er also nach Südchina und Südostasien, auch nach Angkor, dem Zentrum des mächtigen Reiches der Khmer. Von seinen Ursprüngen um das Jahr 800 an hatte sich die Angkorkultur rasch über Kambodscha, Laos und Thailand ausgebreitet und erreichte ihren Höhepunkt zu Beginn des 13. Jahrhunderts. Landwirtschaftliche Expansion, unzureichender Umgang mit Wasser und Klimaveränderungen boten für die Stechmücke jedoch eine Gelegenheit wie aus dem Lehrbuch, um den totalen Zusammenbruch einzuleiten. »Wenn man sich vor Augen führt, dass die Khmer stehende, eingefasste Gewässer nutzten, und dabei an die Fortpflanzung der Anophelesmücke denkt, wird deutlich, dass das Mekongdelta gleichermaßen Quell von Wohlstand und Malaria war«, stellt der Biologe R. S. Bray fest. Das ausgeklügelte System aus Kanälen und Reservoirs, das für Handel, Reisanbau und Fischzucht genutzt wurde, die extensive Rodung und Entwaldung zur Steigerung des Reisanbaus, um eine wachsende Bevölkerung zu ernähren, sowie regelmäßige heftige Monsunregen und Überflutungen schufen die perfekten Gegebenheiten für die Verbreitung von Denguefieber und Malaria.

Bei seinen 1285 beginnenden Südfeldzügen verzichtete Kublai auf die bisherige Taktik, seine Truppen während der Sommermonate in den nicht malarischen Norden zurückzuziehen. Folglich bekamen es seine etwa 90 000 Mann starken Heerscharen mit einem unbeugsamen Verteidiger zu tun – der Stechmücke. In ganz Südchina und Vietnam wütete die Malaria unter seinen Streitkräften. Es kam zu schweren Verlusten. Im Jahr 1228 war Kublai schließlich gezwungen, seine Pläne für die Region gänzlich aufzugeben. Eine zerstreute, geschwächte Truppe von 20 000 Überlebenden schleppte sich nordwärts zurück in die Mongolei. Sowohl dieser Rückzug aus Südostasien als auch der mit ihr einhergehende Zusammenbruch der mächtigen hinduistisch-buddhistischen Zivilisation der Khmer wurden durch die Stechmücke ausgelöst. Bis zum Jahr 1400 verschwand die Zivilisation der Khmer und hinterließ als Erinnerung an ihre einstige Pracht und Kultur nur Reste beeindruckender und majestätischer Ruinen, darunter Angkor Wat und Bayon.

Im Verlauf des 13. Jahrhunderts zerfiel, zerbrach und kollabierte auch das riesige Mongolenreich, bis es um 1400 politisch und militärisch bedeutungslos geworden war. Politische Grabenkämpfe, militärische Verluste und die Malaria hatten das einst unbesiegbare Imperium ausgeblutet. Überreste mongolischer Provinzen gab es noch bis etwa 1500, eine davon, im Hinterland der Halbinsel Krim und im Nordkaukasus, hielt sich bis Ende des 18. Jahrhunderts. Das Vermächtnis der Mongolen und des größten zusammenhängenden Landreichs der Geschichte lebt jedoch in unserer heutigen DNS fort. Genforscher glauben, dass 8 bis 10 Prozent aller Menschen, die heute in dem ehemaligen Mongolenreich leben, in direkter Linie von Dschingis Khan abstammen.[27] Anders gesprochen, hat er rund 40 bis 45 Millionen direkte Nachfahren. Zu einer Nation vereint, kämen diese aktuell auf Platz 13 der bevölkerungsreichsten Länder der Welt, noch vor Kanada, Irak, Polen, Saudi-Arabien und Australien.

Die Mongolen eroberten Europa zwar nicht, was zum Teil den undurchdringlichen Verteidigungslinien der Stechmücke geschuldet ist. Ihre aus China eingeschleppte Krankheit hingegen durchbrach die Linien. Während der erneuten Belagerung der Hafenstadt Kaffa im Jahr 1346 katapultierten die Mongolen Beulenpestleichen über die Stadtmauern, um die Bewohner zu infizieren und die Stadt einzunehmen. Kaffa war ein pulsierendes italienisches Handelszentrum, und so gingen wenig später, im Jahr 1347, erkrankte Seeleute aus Kaffa und Schiffsratten mit infizierten Flöhen in Sizilien vor Anker, dann in Genua und Venedig und im Januar 1348 schließlich in Marseille. Zeitgleich reiste die Seuche entlang der Seidenstraße auf den Rücken von Händlern und mongolischen Kriegern. Der Schwarze Tod verbreitete sich – im modernen Sprachgebrauch – »viral«, wenngleich *Yersinia pestis* eigentlich ein Bakterium ist, das durch Flöhe übertragen wird, zu deren Wirten auch zahlreiche Landnagetiere gehören – darunter, in diesem Fall, die Ratte.

Zwischen 1347 und 1351 erreichte die Pest in Europa ihren Höhepunkt, doch kam es bis ins 19. Jahrhundert regelmäßig zu weiteren Ausbrüchen, darunter die große Pest von London 1665/66, der 100 000 Menschen zum Opfer fielen, rund ein Viertel der gesamten Stadtbevölkerung. Zu allem Unglück fiel die Seuche mit dem Großen Feuer von London des Jahres 1666 zusammen – für die Stadt war es kein besonders gutes Jahr. Keiner der regelmäßig wiederkehrenden Ausbrüche der Beulenpest war hinsichtlich Intensität und Todesopfern mit dem Schwarzen Tod vergleichbar. Teile der Wissenschaft siedeln die Opferzahlen bei rund 60 Prozent an, der allgemeine Konsens liegt heute jedoch bei etwa 50 Prozent. Philip Daileader, Professor für mittelalterliche Geschichte am College of William and Mary, betont allerdings: »Die regionalen Unterschiede waren durchaus groß. Im Mittelmeerraum, etwa in Italien, Südfrankreich oder Spanien, wo die Pest vier Jahre hintereinander wütete, waren es wahrscheinlich bis zu 75 oder 80 Prozent der Bevölkerung. In Deutschland und England eher um die 20 Prozent.« Im Nahen Osten erreichte die Sterbeziffer rund 40 Prozent, in Asien 55 Prozent.

Um das Ganze noch schlimmer zu machen, überschnitt sich der Schwarze Tod mit der Hungersnot von 1315–1317, die vermutlich mit einem fünfjährigen Ausbruch des Mount Tarawera in Neuseeland zusammenhing. In Nordeuropa verursachte die nachfolgende Klimaveränderung eine plötzliche Zunahme von Mückenpopulationen und Malaria. Verlässliche Opferzahlen zu errechnen, ist schwierig, doch wird allgemein angenommen, dass die betroffenen Bevölkerungen um 10 bis 15 Prozent dezimiert wurden. Ein anonymer Augenzeuge weiß zu berichten, dass »durch die Regenfluten fast das gesamte Saatgut verrottete ... vielerorts lag das Heu so lange unter Wasser, dass man es weder mähen noch einbringen konnte. Zahllose Schafe starben, andere Tiere fielen einer plötzlichen Seuche zum Opfer.« In Europa regierte der Tod.

In nackten Zahlen gesprochen, starben in Europa 40 Millionen Menschen an der Pest, die weltweit geschätzten Opferzahlen liegen zwischen etwa 150 und 200 Millionen. Es sollte 200 Jahre dauern, bis die Weltbevölkerung ihren vorherigen Stand wieder erreichte. Solche Zahlen sind schlicht unvorstellbar und daher rational schwer zu erfassen. Der Schwarze Tod war beispiellos, die größte und verheerendste malthusianische Katastrophe in der Geschichte der Menschheit. Wir wir bereits gesehen haben, tötete die zweitgrößte Epidemie, die Justinianische Pest des 6. Jahrhunderts, *nur* 30 bis 50 Millionen Menschen.[28] Seit Entdeckung der Antibiotika gegen Ende des 19. Jahrhunderts und des Durchbruchs von Alexander Flemings Penicillin ist die Pest weitgehend verschwunden. Der Weltgesundheitsorganisation WHO zufolge sterben derzeit jährlich etwa 120 Personen an der Pest.

Abgesehen von den katastrophalen Todeszahlen, die der Schwarze Tod über die Menschheit brachte, waren die Nachwirkungen und Folgen für die überlebenden Europäer bemerkenswert positiv. Große Flächen freien und nicht bewirtschafteten Landes konnten von den Lebenden übernommen werden, was diesen zunehmenden Wohlstand bescherte. Mehr Land für die Menschen bedeutete einen Nachfragerückgang beim Hauptgetreide Weizen, was wiederum zu einer Diversifikation im Ackerbau führte und schließlich eine gesündere und vollwertigere Ernährung gestattete. Da Nahrungsmittel nun verfügbarer, billiger und nahrhafter waren, stiegen die Bevölkerungszahlen. Bislang bestellte Randflächen wurden wieder als Viehweiden oder Wälder genutzt, was die Brutstätten malariöser Stechmücken deutlich reduzierte. Innerhalb der Berufe war der Wettbewerb zurückgegangen, was sich in höheren Löhnen sowohl für ausgebildete Handwerker als auch für ungelernte Arbeiter niederschlug. Da es sich Paare leisten konnten, schon in jüngeren Jahren zu heiraten, stiegen die Geburtenzahlen. Wachsender Wohlstand und ein gemilderter beruflicher Wettbewerb gestatteten die langsame, aber stete Entwicklung höherer Bildungseinrichtungen und einer universitären Landschaft. Der allgemeine Fortschritt der Wissenschaft mündete schließlich in die Renaissance, das Zeitalter der Aufklärung und die weltweite Vorherrschaft europäischer Macht.

Die Invasionen der Mongolen, die sich grob über 300 Jahre erstreckten, veränderten die Weltordnung demografisch, kommerziell, spirituell und ethnisch. Die Mongolen gestatteten Händlern, Missionaren und Reisenden, sich in ihrem gesamten Riesenreich frei zu bewegen. China und der übrige Osten öffneten sich somit erstmals für Europäer, Araber, Perser und andere. Bald entstanden in diesen bislang unbekannten und unerschlossenen östlichen Landstrichen kleine Gemeinden christlicher und muslimischer Konvertiten, die ihren Platz zwischen den größten östlichen Glaubensgruppen der Buddhisten, Konfuzianer und Hindus fanden. Die im Rahmen der mongolischen Expansion entstandenen Landwege schufen eine unermesslich viel enger zusammengerückte globale Gesellschaft, indem sie zwei große, bis dato nicht nur geografisch getrennte Welten miteinander verbanden.

Gewürze, Seide und exotische Waren jenseits aller Vorstellung bereicherten das Angebot auf europäischen Märkten. Das mongolische Reich war ein flexibler, vielfältiger und vernetzter Knotenpunkt des internationalen Warenaustauschs. Als ein flämischer Priester 1254 in der mongolischen Hauptstadt Karakorum eintraf (und zur Begrüßung hoffentlich keine Tasse Tee erwartete), wurde er von einer Frau aus dem Nachbardorf seiner Heimat in seiner Muttersprache begrüßt. Sie war 14 Jahre zuvor als Kind bei einem mongolischen Raubzug verschleppt worden. Zeitgenössische Literatur und Archive zeigen eine unglaublich sichere und durchlässige eurasische Zone für Reisende, Mogule und Kaufleute. Die Erzählungen von Marco Polo und anderen befeuerten die neue Reiselust und den Wirtschaftsmotor Europas.

Dabei entstand der berühmte Reisebericht Marco Polos jedoch rein zufällig. Um die Langeweile und die Monotonie seiner Haft in Genua von 1298 bis 1299 zu durchbrechen, unterhielt Polo einen anderen Insassen mit Geschichten aus den Jahren 1271 bis 1295 über seine Reisen durch Asien und seine Zeit am Hof des Kublai Khan. Der neugierige und begeisterte Mithäftling zeichnete diese epischen Geschichten auf und veröffentlichte sie im Jahr 1300 als *Il Milione*, heute meist bekannt unter dem Titel *Die Wunder der Welt* oder *Marco Polos Reisen*. Manche Experten bezweifeln, dass Polo bis nach China gelangte, und glauben, dass er lediglich Erzählungen wiedergab, die er von anderen Reisenden aufgeschnappt hatte. Die Wissenschaft ist sich jedoch darin einig, dass die Geschichten selbst, ob nun eigene oder fremde Erlebnisse, authentische und akkurate Schilderungen zeitgenössischer Ereignisse sind. Zu Christoph Kolumbus' kostbarsten Besitztümern zählte sein abgenutztes und vielfach markiertes Exemplar von Polos Buch.

Polos Darstellung des Ostens und dessen endloser Möglichkeiten beflügelte Kolumbus' Versuch, die Reichtümer Asiens über den westlichen Seeweg zu erreichen. Im Jahr 1492 brach er also gen Westen auf, um in den Osten zu gelangen. Barbara Rosenwein, Historikerin an der Loyola University, formuliert es folgendermaßen: »In gewisser Weise initiierten die Mongolen die Suche nach exotischen Gütern und missionarischen Möglichkeiten, die schließlich in der europäischen

›Entdeckung‹ einer neuen Welt gipfelte, des amerikanischen Kontinents.« Durch die unbeabsichtigte »Entdeckung« brach über die isolierte und nicht immunisierte indigene Bevölkerung Nord- und Südamerikas eine historisch beispiellose Sturmflut von Mücken, Krankheiten und Tod herein.

Vor der Ankunft der Europäer gab es auf dem amerikanischen Doppelkontinent noch keine todbringenden Anopheles- und Aedesmücken. Zwar lebten dort massenhaft Stechmücken, doch waren sie keine Überträger von Krankheiten, sondern nichts weiter als lästige Quälgeister, die juckende Stiche hervorriefen. Die westliche Hemisphäre befand sich also in einer Art Quarantäne, sicher vor den Bedrohungen durch fremde Eindringlinge. Von der Besiedlung Amerikas vor mindestens 20 000 Jahren bis zum Beginn des permanenten Kontakts mit Europa im Jahr 1492 waren die rund 100 Millionen indigenen Einwohner der Mücke und ihren Krankheiten nicht ausgesetzt gewesen und verfügten daher über keinerlei Form der Abwehr. Amerikanische Stechmücken vernichteten keine menschlichen Populationen, zumindest noch nicht.

In dem von Kolumbus eingeläuteten Zeitalter des Imperialismus und des biologischen Austauschs gingen an den jungfräulichen Gestaden der »Neuen Welt« stetig neue Wellen von Europäern, afrikanischen Sklaven und, als blinde Passagiere, eingeschleppten Stechmücken an Land. Die unbeabsichtigte biologische Kriegsführung durch schleichende Fremdinfektion erschütterte den Kontinent in seinen Grundfesten und raffte die indigene Urbevölkerung in Rekordzeit dahin. Die merkantilistischen Mächte Europas – Spanien, Frankreich, England sowie, in geringerem Ausmaß, Portugal und die Niederlande – dürstete es nach imperialem Reichtum. Über die Grenzen Europas und Afrikas hinaus brachten sie arglosen Völkern auf der ganzen Welt das Kreuz der Kolonisierung und damit einen Cocktail völkermordender Seuchen, darunter Malaria und Gelbfieber. »Stark war der Odem des Todes«, klagte ein Überlebender der Maya. »Nachdem unsere Väter und Großväter unterlegen waren, floh die Hälfte unseres Volkes in die Felder. Hunde und Geier verschlangen die Leichen. Die Sterblichkeit war entsetzlich ... Es betraf uns alle. Wir waren geboren, um zu sterben!« Die Stechmücke, ein zufälliger Akteur der Geschichte, war der erste und gleichzeitig der schlimmste Serienmörder, der auf dem amerikanischen Kontinent je sein Unwesen trieb.

KAPITEL 7

KOLUMBUS' BLINDE PASSAGIERE: DIE MÜCKE UND DAS GLOBALE DORF

Im Kielwasser von Kolumbus' vierter und letzter Reise traf der in Spanien geborene Priester Bartolomé de Las Casas im Jahr 1502 auf Hispaniola ein (der Insel, die heute die Dominikanische Republik und Haiti umfasst). Später schrieb er seinen berühmten, schockierenden *Kurzgefassten Bericht von der Verwüstung der Westindischen Länder*. König Ferdinand und Königin Isabella waren entsetzt von den Schilderungen spanischer Brutalität und verliehen Las Casas 1516 eilig den offiziellen Titel des »Universellen Prokurators aller Indios in Westindien«. Las Casas berichtet über das erste Jahrzehnt der Kolonisierung mit einem direkten, klaren und ungeschönten Fokus auf die zahllosen Gräueltaten, die seine spanischen Landsleute am Volk der Taino verübten. Sein Augenzeugenbericht ist eine lange Kritik an der spanischen Kolonisierung, in welcher er unter anderem die unmittelbaren Opferzahlen durch Malaria, Pocken und andere Seuchen beklagt.

Las Casas schreibt, die Behandlung der indigenen Völker Hispaniolas durch die Spanier sei »der Gipfel von Ungerechtigkeit und Tyrannei ... Die Indianer wurden all ihrer Freiheiten beraubt und der härtesten, grausamsten und schlimmsten Knechtschaft und

Gefangenschaft unterworfen, von der man sich keine Vorstellung macht, wenn man es nicht mit eigenen Augen gesehen hat ... Wenn sie erkrankten, was sehr häufig vorkam ... glaubten ihnen die Spanier nicht, nannten sie faule Hunde und traten und schlugen sie gnadenlos ... Die Mehrheit der Menschen, die ursprünglich auf diesem Eiland lebten ... wurden in derartiger Geschwindigkeit dahingerafft, dass innerhalb dieser 8 Jahre 90 Prozent von ihnen starben. Von hier aus verbreitete sich diese mächtige Seuche weiter nach San Juan, Jamaika, Kuba und auf den Kontinent und verheerte die gesamte Hemisphäre.« Schwärme malariaübertragender Stechmücken machten einen großen Teil dieser »mächtigen Seuche« aus.

Als Las Casas 1534 die Darién-Kolonie in Panama besuchte, sah er zu seinem Entsetzen die offenen Massengräber der von Mücken gepeinigten Spanier. »Es starben sehr viele jeden Tag«, berichtete er. »Sie wollten [die Gräber] nicht schließen, weil sie mit Bestimmtheit wussten, dass innerhalb weniger Stunden der Nächste sterben würde.« Er schloss damit, dass die spanischen Einwohner von Darién von »Stechmücken in großen Schwärmen angegriffen« und gnadenlos geplagt würden. »Erst wurden sie krank, dann starben sie.« Die Stechmücken von Darién sollten zudem, wie wir später noch sehen werden, der schottischen Souveränität ein Ende setzen. Darién war eine von blutrünstigen Stechmücken beherrschte Gegend. Die Küste sei »von schädlichen Ausströmungen verseucht«, wie ein früher Chronist schrieb, und galt bald als »Tor zur Hölle«. Die tief liegende Siedlung Darién war von Sümpfen umgeben und den Worten eines spanischen Neuankömmlings zufolge eine Kloake, wo »dichte und giftige Dämpfe aufstiegen, und die Männer bald starben, und es starben zwei Drittel von ihnen«. Las Casas und andere zeitgenössische Quellen schätzen, dass zwischen 1510 und 1540 allein in dieser Wildnis mehr als 40 000 Spanier den Tod fanden. Das mag erschreckend klingen, doch waren Leiden und Sterben der indigenen Völker weitaus schlimmer. Man schätzt, dass in den ersten 15 Jahren nach der Gründung von Darién rund zwei Millionen indigener Menschen in Panama an Krankheiten starben, vor allem an Malaria.

Im Jahr 1545, kurz nach der Errichtung einer spanischen Zucker-Sklavenkolonie, erreichte Las Casas die im Westen der mexikanischen Halbinsel Yucatán gelegene Stadt Campeche. Die indigenen Maya waren längst verschwunden, gestorben, geflohen oder versklavt. Las Casas beklagte, seine Begleiter »fühlten sich bald krank, weil das Dorf ungesund ist«, und seien »fiebrig und unpässlich« geworden. Einer seiner von Malaria geplagten Gefährten klagte über die »vielen langschnabeligen Stechmücken ... ein grausiger Anblick, denn diese Mückenart ist sehr giftig«. Auf seinen Reisen durch das aufstrebende spanische Weltreich betrübte Las Casas der Tod von Spaniern und Indianern gleichermaßen.

Was Las Casas freilich nicht wusste, war, dass seine sterbenden Landsleute die Seuchen und deren Überträger auf dem Weg in die Karibik direkt aus Spanien und ihren afrikanischen Zwischenstationen selbst eingeschleppt hatten. Für die Stechmücken aus Afrika und Europa war die Fahrt über die Mittelpassage des Atlantiks eine zwei- bis dreimonatige All-inclusive-Vergnügungsreise mit All-you-can-eat-Buffet und einer Fortpflanzungsorgie in den vielen leicht zugänglichen Zisternen und Fässern mit einladendem Wasser. An Bord der ersten europäischen Schiffe – unter dem Kommando einer der meistgepriesenen und meistgehassten Figuren der Geschichte, Christoph Kolumbus – trafen sie in der unberührten, jungfräulichen Umgebung des amerikanischen Kontinents ein.

Im 14. und 15. Jahrhundert erstreckte sich das Osmanische Reich von seinem Epizentrum in der Türkei über den Nahen Osten, den Balkan und Osteuropa – und blockierte für christliche Händler und europäische Reisende sowohl den Zugang zur Seidenstraße als auch zum asiatischen Markt. Angesichts einer wirtschaftlichen Rezession gedachten die großen europäischen Mächte, diese kommerzielle Lebensader durch Umgehung des wachsenden und zunehmend streitlustigen Osmanischen Reiches neu zu erschließen. Sechs Jahre lang bettelte ein exzentrischer Spinner namens Cristóbal Colon (wie Kolumbus damals hieß) die Monarchien Europas um finanzielle Unterstützung für seine erste Reise an, bis König Ferdinand und Königin Isabella von Spanien schließlich weich wurden und die entsprechenden Mittel zusagten, um den Handel mit Fernost wieder aufzunehmen. Kolumbus war gewillt, bei diesem Unterfangen die Vorreiterrolle einzunehmen und, wie er sagte, »die Länder des Großkhans zu erreichen«. Mit einer Tasche voller königlicher Empfehlungsschreiben und einem Stapel Blanko-Handelsabkommen, die er den asiatischen Herrschern andienen sollte, setzte er schließlich Segel.

Das Zögern der europäischen Königshäuser, in ein solch kühnes und riskantes Unternehmen zu investieren, ist verständlich, da Seereisen extrem kostspielig waren. Die letztliche Investition des spanischen Königspaars in Kolumbus – ein Dreißigstel der Hochzeitskosten ihrer Tochter – zeigt nicht nur, mit welcher Bedacht man finanziell agierte, sondern auch, welch geringes Vertrauen man in die Fähigkeiten des Seefahrers legte. Er segelte mit lediglich drei Schiffen und einer Mannschaft von insgesamt 90 Seeleuten. Kolumbus musste 25 Prozents des Budgets selbst aufbringen und war daher gezwungen, sich von seinen Brüdern, italienischen Kaufleuten, Geld zu borgen. Rational betrachtet war sein Unterfangen eine tollkühne und finanziell ruinöse Angelegenheit.

Im August 1492 brach Kolumbus ins Ungewisse auf. Er war fest entschlossen, den Zugang zu den Reichtümern Asiens dadurch wieder zu öffnen, indem er gen Westen segelte. Er glaubte, die Welt besäße Untermaß und bestünde vorwiegend – zu sechs Siebteln, um genau zu sein – aus Land. »Kolumbus veränderte die Welt nicht, weil er recht hatte«, kommentiert der Autor, Journalist und Pulitzer-Preisträger Tony Horowitz, »sondern, weil er stur an das Falsche glaubte. Überzeugt, dass der Globus klein sei, begann er ihn tatsächlich zu schrumpfen, indem er eine neue Welt in die Umlaufbahn der alten brachte.« Wenngleich er fast 13 000 Kilometer vom Kurs abkam und glaubte, Ostindien erreicht zu haben (was sich auf ganz

Asien östlich der Grenze von Alexanders Vorstoß bezog, des Indus), war sein erster kleiner Schritt auf die Insel Hispaniola im Dezember doch ein wahrhaft großer Schritt für die Menschheit.

Diese erste Reise von Kolumbus markierte den Beginn einer neuen Weltordnung, zu welcher auch die Einschleppung todbringender Mücken und ihrer Seuchen nach Amerika zählte, die sich dort bald dauerhaft einnisteten. Der Historiker Alfred W. Crosby stellte in seinem wegweisenden Werk, das 1972 unter dem Titel *The Columbian Exchange* erschienen ist, die These auf, dass in Folge der Reisen Kolumbus' durch den größten Austausch in der Natur- und Menschheitsgeschichte, den kolumbianischen Austausch, die weltweiten Ökosysteme dauerhaft verändert wurden, sei es gezielt oder zufällig.

Die Besiedelung Amerikas vor etwa 20 000 Jahren (wahrscheinlich früher) durch eine kleine Gruppe Jäger und Sammler aus Sibirien bereitete sämtlichen Kreisläufen parasitärer Übertragung ein frostiges Ende.[29] Ihre Überquerung der Beringstraße – zu Fuß über die damals noch bestehende Landbrücke oder, eher wahrscheinlich, mit seetüchtigen Booten – war zu kalt für Tiere oder Insekten, die sich unter diesen Bedingungen nicht fortpflanzen und somit auch keine Infektionen verbreiten konnten. Zudem waren die Bevölkerungsdichte und die Mobilität der Menschen in diesen ersten Siedlungsgebieten gering, was dem Lebenszyklus zoonotischer Krankheiten zuwiderlief. Die Infektionsketten wurden durchbrochen. Dies erklärt auch, warum es während des kurzen Besuchs der Wikinger in Neufundland um das Jahr 1000 offenbar keine oder schlimmstenfalls flüchtige Ansteckungen indigener Völker gab. Obwohl die amerikanischen Anophelesmücken durchaus in der Lage gewesen wären, den Malariaparasiten zu übertragen, wurde dies durch die klimatischen Bedingungen auf den Routen der ersten amerikanischen Siedler und deren skandinavischer Besucher vorerst auf Eis gelegt. Anders lag der Fall, als die Europäer viel später die südlichen Gefilde und Strände der Neuen Welt erstürmten.

Zu Beginn des kolumbianischen Austauschs waren sowohl die Anophelesmücken der Neuen Welt als auch ihre aus Afrika und Europa eingereisten Vettern (Anopheles- und Aedesmücken) Teil des weiteren Kreislaufs der von Stechmücken übertragenen Krankheiten auf dem amerikanischen Doppelkontinent. Die in Amerika heimischen, bis dahin friedlichen Spezies der Anopheles wurden prompt Überträger von Malaria. Bedenkt man, dass sie seit 95 Millionen Jahren eine eigene Evolutionslinie beschritten hatten und niemals mit dem Parasiten in Kontakt geraten waren, ist das eine für Mücke und Malaria gleichermaßen erstaunliche adaptive Leistung. Der Harvard-Entomologe Andrew Spielman verriet dem angesehenen Autor Charles Mann einmal: »Theoretisch könnte der Parasit durch eine einzige Person auf dem Kontinent eingeschleppt worden sein. Es ist ein bisschen wie beim Dart. Man bringe unter günstigen Bedingungen genügend kranke Leute in Kontakt mit genügend Stechmücken, und früher oder später trifft man ins Schwarze – die Malaria fasst Fuß.« Spielmans Theorie war in der gesamten westlichen Hemisphäre Realität geworden – von Südamerika über die Karibik und die Vereinigten Staaten bis in die kanadische Hauptstadt Ottawa hoch im Norden. Patient Null, jener eine menschliche Überträger, war ein Mitglied von Kolumbus' erster Reise.

Am Weihnachtstag des Jahres 1492 fand diese Reise ein jähes Ende, als das Flaggschiff *Santa Maria* in den Untiefen nördlich von Hispaniola auf Grund lief. Die verbleibenden Schiffe, *Nina* und *Pinta*, konnten die schiffbrüchigen Matrosen nicht aufnehmen, sodass Kolumbus vor seiner Rückkehr nach Spanien gezwungen war, 39 Mann zurückzulassen. Als er elf Monate später, im November 1493, im Zuge seiner zweiten Reise zurückkehrte, herrschten auf der Insel katastrophale Zustände. Die schiffbrüchigen Spanier waren tot, und das indigene Volk der Taino kämpfte mit einem Doppelausbruch von Malaria und Grippe. Das jungfräuliche Blut der Taino, die Kolumbus nonchalant »zahllos« nannte und meinte, es müsse »Millionen und Abermillionen von ihnen geben«, war wie ein ausgerollter roter Teppich für den ausgehungerten Parasiten. Kolumbus beobachtete, dass bei seinem zweiten Besuch auf Hispaniola »all meine Leute an Land gingen, um sich dort niederzulassen, und erkannten sämtlich, dass es sehr viel regnete. Sie erkrankten alle schwer am Tertianfieber.« Einer der Betroffenen notierte, dass »es in diesen Ländern sehr viele Stechmücken gibt, was äußerst lästig ist«. Ein anderer schrieb: »Es gibt viele Stechmücken unterschiedlichster Art, eine arge Plage.« Der Mücke war es egal, ob ihre Opfer eine Immunität gegen Malaria besaßen oder nicht, und forderte unter Spaniern und Taino gleichermaßen einen hohen Tribut. Die fremden Mücken und ihre Krankheiten waren zügig in der Neuen Welt angekommen.

Von seiner vierten und letzten Reise (1502–1504) berichtete Kolumbus: »Ich war schwer erkrankt und näherte mich viele Male mit hohem Fieber dem Tode; oft war ich so erschöpft, dass die einzige Hoffnung auf ein Entrinnen der Tod war.« Zur selben Zeit, als Kolumbus und seine Seeleute bei ihrer Fahrt durch die Karibik Schübe malarischer »Delirien und Raserei« erlitten, befand auf der anderen Seite des Atlantiks ein verbitterter und missgünstiger Hernán Cortés, dass ihm seine Chance auf Abenteuer, Schätze und Bewunderung entgangen sei. Ein schwerer Anfall spanischer Malaria hatte verhindert, dass er Kolumbus' letzte Reise auf einer Hilfsflotte begleiten konnte. Bald schon sollte Cortés jedoch Ruhm, Ehre und unvorstellbaren Reichtum erlangen, und zwar durch seinen Sieg über ein riesiges und mächtiges Reich – so oder so ähnlich heißt es jedenfalls.

Die ganzen neuen zoonotischen Pathogene, die auf dem amerikanischen Doppelkontinent Amok liefen, waren europäischen oder afrikanischen Ursprungs. Während des von Kolumbus 1492 eingeläuteten sogenannten Zeitalters der Entdeckungen – oder besser: des Imperialismus – regierten Pocken, Tuberkulose, Masern, Grippe und natürlich die von Stechmücken übertragenen Seuchen. Diese Krankheiten, gegen welche auch die Europäer keinesfalls immun waren, gestatten es den Eindringlingen jedoch, einen großen Teil der

Welt zu erobern und zu kolonisieren, darunter auch Amerika. Europäische Siege, so auch der von Cortés, fanden regelmäßig im Gefolge von Infektionen statt, und keineswegs umgekehrt. Konquistadoren und Kolonisten brauchten nur noch aufzuräumen, nachdem der Sieg durch die Seuche errungen war. Die Europäer betrieben ihre globale Expansion mithilfe ansteckender Krankheiten. Das ist die Erklärung und der einzige Grund dafür, warum sie die Welt erobern konnten. Die »Krankheitserreger« in Jared Diamonds Dreigestirn aus Kanonen, Krankheitserregern und Stahlwerkzeugen waren das mit Abstand wirkungsvollste Instrument der Kolonisierung, Unterwerfung und Ausrottung indigener Völker.[30] In zahlreichen (ich möchte fast sagen, in allen) europäischen kolonialen Außenposten gab es einen durch Krankheitserreger ausgelösten Genozid an indigenen Völkern.

Heute sind die gemäßigten Zonen der Welt hauptsächlich von Menschen europäischer Abstammung besiedelt. Da die Gegenden der Vereinigten Staaten und Kanada bis nach Neuseeland und Australien vergleichbar mit denen ihrer Heimatländer waren, konnten sich die Siedler relativ leicht an ihr neues Umfeld anpassen. Selbst heute noch sind wir durch unsere Akklimatisierung oder Gewöhnung an unsere unmittelbare Umgebung und deren lokale Keime geschützt. Unser Zuhause, in dem wir über lange Zeiträume leben, ist eine natürliche Schutzzone. Unsere Immunabwehr stellt sich auf die verschiedenen Bakterien und Viren ein, die unsere lokale Ökosphäre bevölkern, und schafft so ein Kräftegleichgewicht. Dank dieses Gleichgewichts können wir uns im Großen und Ganzen friedlich fortpflanzen und leben, ohne einander übermäßigen Schaden zuzufügen. Kurz: Es handelt sich um eine vorsichtige Koexistenz. Wenn aber neue, fremde Keime in unsere sichere kleine Blase gelangen und dieses labile Gleichgewicht stören, werden wir krank. Wenn wir in fremde Umgebungen mit unbekannten Erregern reisen, erkranken wir, bis wir lange genug dort anwesend sind, um uns anzupassen. Dann werden wir zu einem Teil des neuen Ökosystems, welches wiederum ein Teil von uns wird.

Nach meiner Ankunft in Oxford, wo ich meine Doktorarbeit schreiben wollte, ging es mir einen Monat lang nicht gut. Meine mitleidlosen Kameraden der Universitäts-Hockeymannschaft sagten, so ergehe es jedem »Neuling«. Ich fand bald heraus, dass diese Phase der biologischen Eingewöhnung legendär war und als »Oxford-Grippe« bezeichnet wurde. Impfungen und Medikamente können die Krankheit lindern und die Risiken solcher Ortswechsel senken. Während des kolumbianischen Austauschs hatten viele Europäer den Vorteil erworbener Immunität, da sie bereits lange Zeit ihren eigenen Infektionskrankheiten ausgesetzt gewesen waren. Sie nahmen ihre Keime einfach mit.

Von Kolumbus und den Scharen nachfolgender Kolonisten eingeschleppte Krankheiten wie Malaria oder Gelbfieber wirkten verheerend für die nicht immunisierten indigenen Völker, die bald am Rande der totalen Auslöschung standen. Kolumbus persönlich überwachte die brutalen Akte von Barbarei und sexueller Gewalt, die seine spanischen Gefolgsleute an der indigenen Bevölkerung begingen, und nahm sogar selbst daran teil. In den Vereinigten Staaten ist der *Columbus Day* am zweiten Montag im Oktober (Kolumbus landete am 12. Oktober 1492) ein landesweiter Feiertag – obwohl seine Lebensleistung Stoff für schreckliche Albträume ist, obwohl er 13 000 Kilometer von seinem beabsichtigten Kurs abgekommen war (also völlig die Orientierung verloren hatte) und obendrein weit entfernt von den heutigen USA an Land ging. Im Jahr 1992 goss der Sioux-Aktivist Russell Means an diesem Feiertag Blut über eine Kolumbusstatue und erklärte, neben dem »Entdecker« der Neuen Welt wirke »Hitler wie ein Fall fürs Jugendstrafrecht«. Obwohl die Wikinger unter Leif Eriksen rund 500 Jahre vor Kolumbus in L'Anse aux Meadows auf der kanadischen Insel Neufundland einen kolonialen Außenposten errichtet und baskische Walfänger und Fischer die Fischgründe der Grand Banks im Osten Kanadas ebenfalls vor 1492 besucht hatten, steht Kolumbus' Name immer noch synonym für die »Entdeckung« der Neuen Welt.

Nüchtern betrachtet ist freilich unstrittig, dass seine Reisen nach Amerika und die damit einhergehende unbewusste Einschleppung fremder Krankheiten die Geschichte der Menschheit von Grund auf veränderten.

Der angesehene Historiker Daniel Boorstin argumentiert, dass, im Gegensatz zu Kolumbus, der Besuch der Wikinger in Amerika »weder ihr eigenes noch irgendjemandes Weltbild veränderte. Gab es jemals eine so lange Reise (L'Anse aux Meadows liegt volle 7200 Kilometer Luftlinie von Bergen entfernt!), die so wenig bewirkte? ... Besonders bemerkenswert ist nicht, dass die Wikinger tatsächlich Amerika erreichten, sondern, dass sie Amerika erreichten und eine Zeit lang dort siedelten, ohne Amerika zu *entdecken*.« Freilich entdeckte auch Kolumbus den amerikanischen Kontinent nicht, da dort schon Jahrtausende vor seiner zufälligen Ankunft indigene Völker lebten. Kolumbus war nicht einmal der erste Ausländer in Amerika. Er war allerdings der Erste, der die Pforten der Neuen Welt für eine dauerhafte Anwesenheit von Europäern, Sklaven und deren Krankheiten öffnete.

Es gibt zahlreiche gut erforschte Gründe, warum es im präkolumbianischen Amerika keine zoonotischen Krankheiten gab. So hielten indigene Völker etwa kaum Vieh, wodurch ein Überspringen vom Tier auf den Menschen höchst unwahrscheinlich, wenn nicht gänzlich unmöglich wurde. Ich habe das zwar bereits erwähnt, aber angesichts seiner Bedeutung verdient dieser Punkt eine nochmalige Betrachtung. Ende der letzten großen Eiszeit vor etwa 13 000 Jahren waren auf dem amerikanischen Kontinent rund 80 Prozent der großen Säugetiere ausgestorben. Die wenigen domestizierten Tiere, die gehalten wurden, etwa Truthähne, Leguane und Enten, lebten nicht in großen Gruppen, benötigten keine ständige Überwachung oder Pflege und wurden im Allgemeinen sich selbst überlassen. Schließlich sind Federn für unsere Sinne weniger verlockend als Fell, auch wenn das von individuellen Präferenzen abhängig sein mag. Ein Truthahnküken oder einen kleinen Leguan zu knuddeln, klingt nicht gar so attraktiv, wie mit einem neugeborenen Lamm, Fohlen oder Kalb zu kuscheln.

Abgesehen von der geringen Zahl zoonotischer Haustiere betrieben die indigenen Völker auch keinen industriellen Ackerbau, der das ökologische Gleichgewicht gefährdet hätte, wie wir es in großen Teilen der Alten Welt beobachten konnten. Ressourcen und Klima erlaubten lediglich eine Landwirtschaft zur Selbstversorgung. Anders als ihre europäischen Zeitgenossen hatten die indigenen Völker Amerikas auch keine großen Nutztiere, was neben der Anbaufläche auch die Möglichkeiten, einen kommerziell interessanten Überschuss zu erzielen, eng begrenzte. Das einzige Arbeitstier auf dem amerikanischen Kontinent war der Hund, und selbst dessen Einsatz beschränkte sich auf die nördlichen Prärien der Vereinigten Staaten und Kanadas. In Süd- und Mittelamerika war der Hund halbwild (und zähmte sich mehr oder minder selbst, wenn er um Reste bettelte) und stand auf der Speiseliste. Sicher, auch indigene Völker machten Land urbar, in der Regel durch kontrollierte Brandrodung, um die Migration von Tierherden zu steuern, oder, um Mais, Bohnen, Kürbis und andere Feldfrüchte anzubauen, doch das relative Gleichgewicht lokaler Ökosysteme blieb unberührt.

Es wäre jedoch Unsinn, einen edlen, Lendenschurz tragenden, ökologischen, Bäume umarmenden »indianischen Umweltschützer« zu imaginieren und romantisieren und das präkolumbianische Amerika als eine Art Biogarten Eden darzustellen. Die Eingriffe indigener Völker in ihre unmittelbare Umgebung und deren Veränderung waren von vollkommener Harmonie weit entfernt. Schon unser menschliches Wesen und unsere angeborenen Überlebensinstinkte machen so etwas unrealistisch oder gar unerreichbar. Die Landnutzung der indigenen Völker war schlicht nicht intensiv genug, um den Rhythmus der Natur und den Status quo zu verändern. »Sie produzierten ihre Lebensmittel nicht für einen fernen Marktplatz«, schreibt James E. McWilliams, »sondern vorwiegend für sich selbst und für ihre Gemeinschaften. Der Handel [mit Lebensmitteln] fand eher auf lokaler Ebene statt und war auch nicht übermäßig kapitalistisch. Das Ökosystem spiegelte die Auswirkungen dieses Unterschieds wider ... Diese Abgrenzung zwischen lokaler und marktorientierter Produktion war entscheidend.« Am Vorabend der Ankunft Kolumbus' und des bevorstehenden Ansturms aus Europa wurden östlich des Mississippis in den Vereinigten Staaten und in Kanada nur 0,5 Prozent des Landes bestellt. In europäischen Ländern schwankte diese Zahl zwischen 10 und 50 Prozent! Als die Europäer Anfang des 17. Jahrhunderts die amerikanische Ostküste erreichten, rodeten sie 0,5 Prozent des Primärwalds pro Jahr.

Mit der Einführung der kommerziellen Landwirtschaft und des Dammbaus schufen die europäischen Siedler unbeabsichtigt eine toxische Umgebung für sich selbst, da diese Maßnahmen ideale Bedingungen für die Fortpflanzung von Mücken boten. Entomologen nehmen an, dass einheimische und eingeschleppte Stechmückenpopulationen innerhalb eines Jahrhunderts der Kolonisierung auf das 15-fache anwuchsen, was Thomas Jefferson zu der ominösen Äußerung veranlasste, die Heimsuchungen durch die Mücken seien nicht beeinflussbar und lägen »außerhalb menschlicher Kontrolle«. Bald verbreiteten sich an der Atlantikküste Nordamerikas Malaria und Gelbfieber.

In den frühen Kolonien der landgierigen Europäer wimmelte es zwar von Stechmücken, doch waren sie noch nicht von den krankheitsübertragenden Arten Anopheles und Aedes verseucht. Diese Todesengel reisten als blinde Passagiere an Bord europäischer Schiffe. Eingeschleppte Mückenpopulationen gediehen im idealen Klima ihrer neuen Heimat prächtig und verdrängten oder vernichteten mehrere einheimische Stechmückenarten. Ihre menschlichen Gegenstücke taten dasselbe, denn die Europäer verdrängten oder vernichteten einheimische Völker. Das Blut der Siedler kochte nur so vor Seuchen, die von Stechmücken übertragen wurden. Mit jedem einzelnen neuen kolonialen Fußabdruck schleppten die Europäer die Malaria weiter, sie befiel die Vorposten der Spanier und Portugiesen in Südamerika ebenso wie multinationale Gebiete in der Karibik, die nördlich gelegene britische Ansiedlung in Jamestown, Virginia, oder den Zufluchtsort der Puritaner in Plymouth, Massachusetts.

Unmittelbar nach Kolumbus' erster Reise überzogen wahre Krankheitswellen entlang bestehender Handelsrouten den amerikanischen Kontinent. Verstärkt wurde dies bald durch Juan Ponce de Leóns Forschungs- und Sklavenhandelsexpedition nach Florida im Jahr 1513.[31] Wissenschaftler nehmen an, dass in den 1520er- und 1530er-Jahren von den Großen Seen in Kanada bis nach Kap Horn Epidemien wie Pocken, Malaria und andere Seuchen unter der indigenen Bevölkerung wüteten.

Die gesamte westliche Hemisphäre war von untereinander vernetzten Handelsrouten der Ureinwohner durchzogen. Prärievölker schmückten ihre Kleidung mit Meeresmuscheln, obwohl sie die salzige Brise des Ozeans noch nie gekostet hatten; Bewohner der Küstenregionen, die dort in den Wellen planschten, trugen Bisonfelle, hatten aber selbst noch nie eine dieser gewaltigen Kreaturen zu Gesicht bekommen. Indigene Nationen rauchten aus zeremoniellen Gründen Tabak, wenngleich sie sich nur vorstellen konnten, wie die Pflanze im Rohzustand aussah. Kupfer von den Großen Seen wurde in Südamerika zu Schmuck verarbeitet. Entlang dieser Handelsrouten verbreiteten sich auch die Kolonialkrankheiten wie Malaria und Pocken und rafften indigene Völker dahin, lange bevor diese zum ersten Mal einen Europäer sahen – der Handel blieb einer der effizientesten Träger ansteckender Krankheiten. William H. McNeill bestätigt, dass »die Malaria offenbar die Vernichtung der amerikanischen Indianer besiegelte ... und dies in einem Maße, dass vormals dicht besiedelte Gebiete beinahe menschenleer wurden«.

Als die ersten europäischen Expeditionen von Hernando de Soto und Francisco Vázquez de Coronado in den 1540er-Jahren auf der Suche nach großen goldenen Städten den Süden der heutigen USA durchquerten, fanden sie den Chronisten zufolge nur die Ruinen zahlloser Dörfer, die, abgesehen von grasenden Bisons, völlig unbewohnt waren. Von Mexiko-Stadt über den Grand Canyon in Arizona bis nach Kansas im Nordosten reiste Coronado durch die Überreste einst pulsierender Gemeinschaften. Auch de Sotos Erkundungsritt von Florida zu den Appalachen, durch die Golfstaaten, Arkansas und entlang des Mississippis führte über Friedhöfe und durch Geisterstädte einer bereits dezimierten Urbevölkerung. Hinweise auf die Ursache des Kollapses dieser indigenen Gemeinden und ihrer von den spanischen Konquistadoren angetroffenen, verfallenen Siedlungen finden sich in einem Augenzeugenbericht, der zehn Jahre früher datiert ist.

Vier versprengte spanische Seeleute hatten von Florida aus den Weg nach Westen eingeschlagen und waren 1536 schließlich in Mexiko-Stadt eingetroffen. Dort erstatteten sie dem Gouverneur von Neuspanien Bericht und unterhielten eine gebannte Menge mit Erzählungen über ihre unglaubliche achtjährige Odyssee. Bemerkenswert war dabei ihre Schilderung indigener Völker, die bereits mit Malaria infiziert waren. Nach eigenen Aussagen stießen die Seeleute »in jenem Land auf eine sehr große Anzahl von Stechmücken dreier Arten, welche sehr schlimm und lästig sind und uns während des restlichen Sommers großes Ungemach verursachten«. Die »Indianer«, so berichteten sie, »werden von den Mücken derart gestochen, dass man meinen könnte, sie hätten die Krankheit des heiligen Sankt Lazarus … Viele lagen benommen da. Wir sahen, dass sie schwer krank und abgemagert waren und einen geschwollenen Bauch hatten, so sehr, dass es uns verblüffte … Ich kann mit Fug und Recht behaupten, dass kein anderes Leiden der Welt diesem gleichkommt. Es machte uns äußerst traurig, zu erkennen, wie fruchtbar und schön das Land war, voller Quellen und Flüsse, und dabei allerorten verlassene, niedergebrannte Dörfer und dürre, kranke Menschen zu sehen.« In den gesamten Südstaaten der heutigen USA eilte die Malaria den Europäern voraus, raffte die indigene Bevölkerung dahin und ebnete den Weg für die europäische Besiedelung. In de Sotos Fußstapfen durchquerte im 17. Jahrhundert ein französischer Entdecker die verlassenen

Siedlungen der Natchez am unteren Mississippi. Er schrieb, mit »diesen Wilden hat es eine Bewandtnis, die ich Ihnen nicht vorenthalten kann, scheint es doch offensichtlich der Wille Gottes zu sein, dass sie neuen Völkern ihren Platz räumen«. Europäische Seuchen, darunter die Malaria, hatten das nordamerikanische Inland lange vor dem Eintreffen der Europäer selbst heimgesucht.

Die karibischen Arawak, die Inka und die Azteken Mesoamerikas, die Beothuk Neufundlands und eine schwindelerregende Anzahl weiterer indigener Kulturen auf der ganzen Welt sollte dasselbe Schicksal wie die Taino auf Hispaniola ereilen – die Auslöschung. Hernán Cortés besiegte keine sechs Millionen Azteken, ebenso wenig, wie Francisco Pizarro zehn Millionen Inka unterwarf. Nach verheerenden Pockenepidemien und endemischen Malariaausbrüchen trieben diese beiden Konquistadoren lediglich die wenigen, geschwächten Überlebenden zusammen und verkauften sie in die Sklaverei. Als Pizarro 1531 an der Küste Perus landete, konnten seine gerade einmal 168 Männer dank der Pocken (die fünf Jahre zuvor eingeschleppt worden waren) eine Inkazivilisation besiegen, die nur eine Dekade früher in die Millionen gegangen war. Crosby stellt fest, dass »die wundersamen Triumphe dieses *Konquistadors* und jene von Cortés, den er so erfolgreich nachahmte, zum großen Teil Triumphe des Pockenvirus sind«. In ganz Amerika hatten Europäer bei ihren »Siegen« über indigene Völker regelmäßig leichtes Spiel, da eingeschleppte Krankheiten die Vorhut bildeten. Für die Urbevölkerung muss es zudem ungemein demoralisierend gewesen sein, festzustellen, dass die Krankheiten ihre eigenen Leute dahinrafften, viele Europäer hingegen verschont blieben.

Einer der wenigen überlebenden Azteken klagte, vor der Ankunft der Spanier »gab es keine Krankheit; sie hatten keine schmerzenden Glieder; sie hatten kein hohes Fieber; sie hatten keine Unterleibsschmerzen; sie hatten damals keine Kopfschmerzen … Doch die Fremden änderten das mit ihrem Eintreffen.« Cortés unterstanden während seiner erfolgreichen 75-tägigen Belagerung von Tenochtitlan (des heutigen Mexiko-Stadt) nicht mehr als 600 Mann und ein paar Hundert lokaler Verbündeter. Die Hauptstadt der Azteken, in welcher einst über eine Viertelmillion Menschen lebten, war wesentlich dichter bevölkert als sämtliche europäischen Städte der damaligen Zeit. Tenochtitlan war eine prächtige Metropolis, die, neben anderen technischen Wunderwerken, auch über ein ausgeklügeltes System miteinander verbundener Seen, Kanäle und Aquädukte verfügte, in welchen während der spanischen Belagerung Stechmücken und Malaria prächtig gediehen. Nach der Vernichtung der aztekischen Zivilisation fegten im 16. Jahrhundert weitere Epidemien über Mexiko. Bis zum Jahr 1620 schrumpfte die mexikanische Urbevölkerung von ursprünglich 20 Millionen auf 1,5 Millionen Menschen (7,5 Prozent).

Die militärischen Leistungen europäischer Armeen von Cortés oder Pizarro lassen sich scheinbar leicht erklären. Immer wieder heißt es in den Geschichtsbüchern, die Urbevölkerung habe mit ihren Holz- und Steinwaffen gegen die Stahlpanzer und Schusswaffen der siegreichen Europäer nichts ausrichten können. Der wahre Grund, warum die europäischen Kolonisten indigene Völker so leicht vertreiben oder vernichten konnten, ist jedoch vorwiegend in der Ausbreitung von Seuchen und in den unterschiedlichen Immunitätsgraden zu suchen. Exotische europäische Erreger und fremde Stechmücken wurden also zu unbewusst eingesetzten biologischen Waffen, die für indigene Bevölkerungen die Todesglocke läuteten.

Wenn Stechmücken und Seuchen ihr grausiges Werk verrichtet hatten, wandten europäische Siedler und nachfolgende koloniale oder nationale Regierungen eine Reihe verschiedener Strategien an, um die Ureinwohner vollends zu unterwerfen. Dazu gehörten unter anderem gezielte militärische Aktionen, die Destabilisierung politischer Organisationen, das Verbot identitätsstiftender Kultur, die Erzeugung wirtschaftlicher Abhängigkeit, ein drastischer demografischer Wandel zugunsten der Europäer (wofür die Stechmücke und ihre Krankheiten sorgten) sowie Landnahme und die Verbannung in Reservate. Im Angesicht kultureller Umwälzungen und mörderischer

Epidemien durch europäische Seuchen wie Malaria oder Gelbfieber versuchten indigene Völker, ihre Interessen und Bedürfnisse zu schützen.

Im Gefolge des durch Kolumbus' blinde Passagiere ausgelösten, tsunamiartigen Umbruchs und mit Einsetzen der intensiven europäischen Kolonialisierung ließ Sir Thomas Mores *Utopia* aus dem Jahr 1516 bereits die vorherrschenden Muster erahnen, welche die Beziehungen zwischen Europäern und Ureinwohnern weltweit kennzeichneten:

> [W]o die Eingeborenen viel überschüssiges unbebautes Land haben, wird eine Kolonie angelegt, indem sie sich mit den Eingeborenen vereinigen, wenn diese in Gemeinschaft mit ihnen leben wollen. Die sich mit ihnen zur selben Lebensweise mit denselben Sitten und Gebräuchen vereinigen wollen, verschmelzen leicht mit ihnen, zu beider Völker Bestem. Denn so wird bewirkt, dass dasselbe Land für beide Überfluss bietet, das vorher für ein Volk allein dürftig und unergiebig schien. Solche, die sich weigern, nach ihren (der Utopier) Gesetzen zu leben, drängen sie soweit zurück, als sie selbst das Land zu besetzen sich vorgenommen haben. Widerstrebende werden mit Krieg überzogen. Denn für den gerechtesten Grund zum Kriege halten sie es, wenn ein Volk von dem Lande, das es besitzt, keinen Gebrauch macht, sondern es nur als toten Besitz innehat, andern aber gleichwohl diesen Besitz und dessen Nutznießung, worauf diese, nach dem Gebote der Natur, zu ihrer Ernährung angewiesen wären, vorenthält.[32]

In seinem äußerst lesenswerten Buch *Amerika vor Kolumbus* argumentiert Charles Mann, dass von allen Menschen, die je auf der Erde wandelten, Kolumbus der Einzige sei, der ein neues Kapitel in der Geschichte des Lebens aufgeschlagen habe. Dies mag ein wenig übertrieben sein, doch steht es außer Frage, dass seine

Reisen eine Kette weltbewegender Ereignisse in Gang setzten, die, wie von Thomas More prophezeit, die heutige Sinfonie globaler Macht arrangierten.

In den Jahrhunderten nach Kolumbus schlugen Seuchen eine Schneise der Ansteckung durch indigene Bevölkerungen. Europäische Krankheiten, gegen die keinerlei Immunschutz bestand, dezimierten lokale Populationen bis an die Grenze der vollständigen Ausrottung. Charles Darwin beobachtete im Jahr 1846: »Wohin der Europäer seinen Fuß auch setzt, scheint die Eingeborenen der Tod zu ereilen. Blicken wir über die großen Weiten Amerikas, nach Polynesien, zum Kap der Guten Hoffnung oder nach Australien, so finden wir stets dasselbe Resultat.«[33] Von den rund 100 Millionen indigener Bewohner der westlichen Hemisphäre im Jahr 1492 waren um 1700 noch etwa fünf Millionen am Leben. Mehr als 20 Prozent der Weltbevölkerung waren ausgelöscht worden. Die Mücke, die von ihr übertragenen und andere Krankheiten wie die Pocken hatten weltweit gewütet.[34] Die überlebenden kleinen, versprengten Gruppen erwartete anschließend ein gnadenloses Karussell aus Kriegen, Massakern, Zwangsumsiedlung und Versklavung.

Bis vor Kurzem unterschätzten Wissenschaftler aus verschiedensten Bereichen die Wirkung von Seuchen bei der Dezimierung indigener Bevölkerungen auf dem amerikanischen Doppelkontinent, was auch zu einer Falschberechnung der tatsächlichen Bevölkerungszahlen vor dem Kontakt führte. Die extrem niedrigen Schätzungen nahm den Nachfahren europäischer Siedler nicht unerheblich die Last und Schwere der Schuld der Kolonisation. Bis in die 1970er-Jahre lehrte man an den Schulen, die Vereinigten Staaten seien überwiegend unbewohnt gewesen und hätten nur auf die europäische Besiedelung gewartet. Schließlich brauchten die angeblich eine Million »Indianer« nicht dieses ganze Land, das sich nach seiner amerikanischen *Manifest Destiny*, seiner offensichtlichen Bestimmung, sehnte. Die Expansion galt somit als unausweichlich, gerechtfertigt und von göttlicher Vorsehung bestimmt. Heute indes nimmt man an, dass allein in Florida beinahe eine Million Ureinwohner lebten. Aktuellen Schätzungen zufolge belief sich die indigene Gesamtbevölkerung der heutigen USA vor Kolumbus auf etwa 12 bis 15 Millionen Menschen; hinzu kamen 60 Millionen Bisons.[35]

Wie Jared Diamond erklärt, waren die niedrigen Zahlen »recht nützlich, wenn man die weiße Eroberung eines so gut wie unbesiedelten Kontinents rechtfertigen will ... Für die Neue Welt insgesamt wird der Rückgang der indigenen Bevölkerung in den ein, zwei Jahrhunderten nach Kolumbus' Ankunft auf bis zu 95 Prozent geschätzt.« In nackten Zahlen und vorsichtig ausgedrückt sind das 95 Millionen Tote in ganz Amerika – die größte Katastrophe einer einzelnen Bevölkerung in der Menschheitsgeschichte, die beinahe einer vollständigen Ausrottung gleichkam. Ihr Ausmaß übertraf sogar den Schwarzen Tod um Längen. Gleichzeitig stellte die Migration von Europäern und deren Sklaventransporte nach Amerika die größte Bevölkerungsumsiedlung der Geschichte dar. Wie immer war die Stechmücke einer der Stars in diesem gruseligen Wanderzirkus, der auf Kolumbus' Ankunft folgte.

Die Folgen waren wahrhaft universal und umfassten Völker, Waren, Pflanzen und Seuchen aus allen Winkeln der Erde. Neben den Stechmücken brachte Kolumbus auf seiner zweiten Reise auch zoonotische tierische Wirte wie Pferde, Vieh, Schweine, Hühner, Ziegen und Schafe in die Neue Welt. Tabak, Mais, Tomaten, Baumwolle, Kakao und die Kartoffel wurden von Amerika verschifft und weltweit auf fruchtbare Felder verpflanzt, während Äpfel, Weizen, Zuckerrohr, Kaffee und verschiedene Gemüse ein neues Zuhause auf dem amerikanischen Kontinent fanden. Die Kartoffel beispielsweise wurde bald in ganz Europa allerorten auf den Äckern angebaut, eine halbe Welt entfernt von ihren ursprünglichen Wurzeln. Während der Großen Hungersnot in Irland sollte sie noch einmal eine entscheidende Rolle spielen. Dort kam es von 1845 bis 1850 zu mehreren Missernten. Der dadurch ausgelösten Massenhungersnot fielen über eine Million Iren zum Opfer. Innerhalb dieser fünf Jahre ging die Einwohnerzahl der Insel um volle 30 Prozent zurück, da weitere 1,5 Millionen Iren der Hungersnot entflohen und vorwiegend in die Vereinigten Staaten, aber auch nach Kanada, England und Australien auswanderten.

In der kolumbianischen Zeit wurde der Planet demografisch, kulturell, wirtschaftlich und biologisch grundlegend neu geordnet. Die natürliche Ordnung von Mutter Natur und das natürliche Gleichgewicht wurden auf den Kopf gestellt und wie ein Kartenspiel neu gemischt. In gewisser Weise entstand so, als singuläres, vollständig vereintes Gebilde einer nun wesentlich kleineren Welt, das globale Dorf. Die Globalisierung mitsamt aller von Stechmücken übertragenen Krankheiten wurde zur neuen Realität.

Amerikanischer Tabak beispielsweise wurde zu einer weitverbreiteten Droge, die außerdem regelmäßig dazu verwendet wurde, Ungeziefer zu vertreiben. Überall auf der Welt wird Rauch gegen Insekten eingesetzt, vermutlich, seit sich die Menschen erstmals das Feuer zunutze machten. Manche menschlichen Spezies hätten schon vor 800 000 Jahren gelegentlich Feuer genutzt, erklärt Yuval Noah Harari, und »vor rund 300 000 Jahren scheint das Feuer für viele zum Alltag gehört zu haben.« Vielleicht lag in seiner Tauglichkeit zur Mückenabwehr auch der Reiz des Tabaks. In jedem Fall verbreitete sich die Sucht so rasch, dass Anfang des 17. Jahrhunderts Beschwerden beim Vatikan eingingen, Priester würden die Messe mit der Bibel in einer Hand und einer Zigarre in der anderen lesen. Zur selben Zeit war der Kaiser von China erzürnt darüber, dass seine Soldaten ihre Waffen veräußert hatten, um Tabak zu kaufen. Er konnte noch nicht ahnen, dass Tabak nur eine Einstiegsdroge war, die allerorten bald mit Opium vermengt wurde.

Der britische Opiumhandel war um die Mitte des 19. Jahrhunderts eine späte Folge des von Kolumbus losgetretenen Austauschs und ein heimliches Instrument des britischen Imperialismus. Die britische Regierung nutzte die endemische Präsenz der Malaria und stellte die kreative Behauptung auf, dass Opium für Inder und Asiaten ein hochwirksames Malariamedikament sei. Der Bericht der Königlichen

Opium-Kommission von 1895 stellte »Opium als wirksames Mittel zur Vorbeugung und Heilung von Malaria dar«, schreibt Paul Winther in seiner Studie über den britischen Opiumhandel. »Im Jahr 1890 tauchte der Zusammenhang zwischen Opium und ›Malaria‹ regelmäßig auf ... 1892 war er zum Gemeinplatz geworden. Die Heftigkeit der Malaria in Südasien erlaubte es der Kommission schließlich, sich gegen drastische Einschnitte bei der Opiumproduktion zu wenden ... Diejenigen, die nicht wollten, dass sich Großbritannien aus Anbau, Verarbeitung und Vertrieb von Opium heraushielt, hatten die Erkenntnisse der Kommission als moralischen Imperativ interpretiert.« Fälschlicherweise wurde die Stechmücke zum Sündenbock, zum Drogendealer und Rauschgiftschmuggler. Sowohl Opium als auch Tabak eroberten Asien, insbesondere China. Im Jahr 1900 rauchten 135 Millionen Chinesen – das sind ein Drittel der damaligen Gesamtbevölkerung von 400 Millionen – mindestens einmal täglich Opium, anfänglich als Malariagegenmittel, später dann, als Abhängige, zur Suchtbefriedigung.

Als John Rolfe 1612 die erste Ladung Virginiatabak nach England brachte, gab es in London schon mehr als 7000 »Tabakhäuser«. Diese Cafés boten Nikotinjunkies einen Platz zum Sitzen und Reden, während sie dabei Tabak »tranken« (wie man sich anfänglich ausdrückte). Bald bereicherte Kaffee, ein Neuling der kolumbianischen Zeit, die rauchgeschwängerten Gesprächsrunden. Erst in Oxford, wo sie ihren Ursprung als Treffpunkte für Intellektuelle hatten, dann an Straßenecken in ganz England tauchten Kaffeehäuser auf, so allgegenwärtig wie heute Starbucks, wo die Menschen mit wichtiger Miene an ihren Laptops sitzen und dazu ihre aromatisierten Lattes schlürfen. Im Jahr 1700 belegten Kaffeehäuser in London bereits mehr Lokalitäten und zahlten höhere Mieten als der gesamte übrige Einzelhandel. Innerhalb der Mauern dieser sogenannten *Penny Universities* konnte man endlos sitzen, wissenschaftlich-intellektuellen Gesprächen lauschen oder sich an Diskussionen beteiligen, ob man seine Tischgenossen nun kannte oder nicht. »Die Ergebnisse wurden von der

Gesellschaft gleichgesinnter Männer im Kaffeehaus ausgetauscht, eingehend debattiert und weiterentwickelt«, erklärt Antony Wild in seinem Buch *Coffee*. »Die Aufklärung in England wurde dort geboren und genährt.« Als sich der Kaffee in England und ganz Europa wie ein Virus verbreitete, war er freilich immer noch mit seinen Wurzeln als Malariamittel verbunden, das unser äthiopischer Schafhirte Kaldi im 8. Jahrhundert so gern getrunken hatte.

Kaffee half aber nicht nur gegen Malaria, sondern wurde darüber hinaus als Allheilmittel bei Pest, Pocken, Masern, Gicht, Skorbut, Verstopfung, alkoholbedingtem Kater, Impotenz und allgemeiner Niedergeschlagenheit vermarktet. Wie bei allem, was neu und modisch ist, kam irgendwann der unvermeidliche Rückschlag. Im Jahr 1674 veröffentlichte eine Londoner Frauenvereinigung das Pamphlet *Petition der Frauen gegen den Kaffee*, in welchem beklagt wurde, dass »die Männer nie *despotischer* sind als nach einem langen Tag im Kaffeehaus, obwohl sie überhaupt keinen *Mumm* mehr in den Knochen haben … Sie kommen nach Hause, und das Einzige, was an ihnen *feucht* ist, sind ihre Rotznasen, nichts ist *steif* außer ihren Gelenken, nichts ist *aufgestellt* außer ihren Ohren.« Das sexuell nicht weniger explizite und anschauliche Gegenpamphlet *Antwort der Männer auf die Petition der Frauen gegen den Kaffee* hielt dagegen, das Getränk »macht die Erektion härter, die Ejakulation voller und verleiht dem Samen eine spirituelle Essenz«. Ich überlasse der modernen Medizin die Schlichtung dieses Liebesstreits.

Bis ins frühe 20. Jahrhundert wurde behauptet, Kaffee sei »ein wirksames Mittel zur Heilung, vor allem zur Vorbeugung, wenn es zu Epidemien … der verschiedenen Typen von malarischem Fieber kommt.« In seinem 1922 erschienenen Buch *All about Coffee* betonte William Ukers sogar: »Wo immer er eingeführt wurde, hat er eine Revolution ausgelöst. Es ist insoweit das radikalste Getränk der Welt, dass es seine Konsumenten stets zum Denken angeregt hat. Und wenn die Menschen zu denken anfangen, werden sie gefährlich für Tyrannen.« Tee oder Kaffee? Das war eine Frage, die im politischen Um- und Vorfeld der Amerikanischen Revolution gestellt wurde. Beide ließen sich entweder mit etwas Zucker oder mit Honig süßen. Zwei weitere Neulinge auf der kolumbianischen Speisekarte.

Englische Siedler brachten nicht nur Stechmücken, sondern auch Honigbienen nach Amerika. Wilde Schwärme begannen, die einheimischen Pflanzen massenhaft zu bestäuben, und sorgten so für reiche Ernten auf Feldern und Obstplantagen.[36] Die Insektenbestäubung wurde zwar erst Mitte des 18. Jahrhunderts entdeckt, doch unterstützten die Bienen die landwirtschaftlichen Bestrebungen der Europäer so stark, dass indigene Völker rasch erkannten, dass der Anblick dieser fremden »englischen Fliegen« mit einer aggressiven europäischen Expansion einherging. Hatten die Mongolen Asien und Europa für immer miteinander verbunden, wie der Schwarze Tod grausig verdeutlicht hatte, so war nun ein weltweiter Hinterhoflohmarkt entstanden. Im Angebot waren nicht nur Stechmücken, sondern auch ein Gegenmittel.

Chinin, das erste wirksame Mittel zur Vorbeugung und Behandlung von Malaria, wurde während der späteren Kolonisierungswellen entdeckt und verbreitete sich weltweit. Mitte des 17. Jahrhunderts kursierten in der Alten Welt die wildesten Gerüchte über eine wundersame Begebenheit in einem mysteriösen Land namens Peru. Innerhalb weniger Jahrzehnte erschienen überall in Europa Werbeanzeigen, die die Heilkräfte der »Jesuitenrinde«, des »Komtessenpulvers« und der »Cinchona« priesen. Der Gerüchteküche zufolge war 1638 nämlich die schöne Dona Francisca Henriquez de Ribera, die vierte Gräfin der spanischen Provinz Chinchon in Peru, auf wundersame Weise vom malarischen Fieber geheilt worden.

Die Gräfin, so hieß es jedenfalls, fing sich eine virulente Malaria ein. Obwohl die herbeigeeilten Mediziner einen Aderlass nach dem anderen durchführten, schien ihr Verfall nicht aufzuhalten und ihr baldiger Tod bevorzustehen. Ihr liebender Ehemann, der Graf von Chinón, wollte seine Gattin retten. Er erinnerte sich an die Erzählung einer alten Frau, die er einige Jahre zuvor gehört hatte. Diese handelte von einem spanischen Jesuitenmissionar, der den Gouverneur von Ecuador mithilfe der Schwarzen Magie der örtlichen Indianer geheilt hatte: *ayac cara* oder *quinquina*. Dabei handelte es sich weder um ein magisches Steinamulett noch um eine *Expecto-patronum*-Anrufung oder irgendein Abrakadabra-Klagelied. Es war vielmehr die »bittere Rinde« oder die »Rinde der Rinden« eines seltenen und empfindlichen Baumes, der in großer Höhe in den Anden wuchs. Der Graf, der das Ganze für eine Art Volksmärchen gehalten hatte, wollte nun versuchen, seine kranke Frau damit zu retten. Eilig beschaffte er sich bei den Überresten der einst florierenden Quechuakultur ein kleines Stück der geheimnisvollen Rinde.

Die Gräfin wurde vor dem Tode gerettet und bei ihrer triumphalen Rückkehr nach Spanien verbreitete sich die Neuigkeit von der wunderkräftigen »Fieberrinde«. Es war in etwa so, als würde heute plötzlich jemand mit einem Heilmittel für Krebs oder Aids daherkommen. Malaria war nicht nur ein großes Hemmnis für den Imperialismus in den tropischen Kolonien, sondern stellte auch in Europa selbst ein schwerwiegendes, ungelöstes Problem dar. Genau in diese Phase fiel nun die Entdeckung des lebensrettenden Chinins, welches eine für den Malariaparasiten toxische Wirkung entfaltet.

Durch breit gefächerten Austausch, neue Handelswege, eine zunehmend globale Landwirtschaft und ein starkes Bevölkerungswachstum erlebte die Malaria zwischen 1600 und 1750 ihren Höhepunkt in Europa. Der Parasit infizierte die Massen mit rücksichtsloser Hemmungslosigkeit. Man bedenke, dass in derselben Phase eine Masseneinwanderung europäischer Siedler und ihrer Malariaparasiten nach Amerika stattfand, was den ohnehin bereits gefährlich brodelnden Kessel kolonialer Pathogene weiter füllte. Bestimmte Gebiete in Europa galten bald als besonders malariaverseucht, etwa die küstennahe Flusslandschaft der Schelde in Belgien und in den Niederlanden, das Loire-Tal und die Mittelmeerküste in Frankreich, das salzige Marschland der Fens östlich von London, das Delta des Dons in der Ukraine, einige Gebiete entlang der Donau in Osteuropa und natürlich die angestammten Spielplätze der Stechmücke, die Pontinische Ebene und die Po-Ebene in Italien. Endlich gab es nun ein Mittel gegen Römisches Fieber, Englisches Wechselfieber und das in ganz Europa grassierende Höllenfeuer.

In Wirklichkeit starb unsere Gräfin, die zweifellos malarische Fieberanfälle gehabt hatte, am Ende an Gelbfieber und gelangte nie wieder nach Spanien. Die Geschichte, die sie mit dem Chinin in Verbindung bringt, scheint also vielmehr ein umgemünztes Volksmärchen zu sein. Der Gattungsname *Chinona*, so die eigentliche Bezeichnung für die »wunderkräftigen Fieberbäume«, verweist jedoch auch heute noch auf die Liebesgeschichte des Grafen und der Gräfin von Chinón. Die Rinde wurde für Spanien rasch zu einem kolonialen Kassenschlager und reihte sich ein in die Liste von Produkten, Nahrungsmitteln, Völkern und Krankheiten, die im kolumbianischen Zeitalter die Weltmeere überquerten. Chinin und Malaria bilden ein perfektes Beispiel für die beispiellose Durchmischung und gegenseitige Befruchtung extrem unterschiedlicher, vormals isolierter und evolutionär eigenständiger Welten, die mit den Reisen von Christoph Kolumbus ihren Anfang nahm. Chinin war ein Mittel der Neuen Welt für eine Seuche der Alten Welt. Die Krankheit selbst und ihre Überträger, die Mücken, stammten aus Afrika und der Alten Welt und gelangten in die Neue Welt, wo sie sich unter idealen Bedingungen vermehrten.

Mitte des 19. Jahrhunderts konnten europäische Mächte dank des Chinins selbst in tropischen Regionen wie Indien, Ostindien oder Afrika Fuß fassen. In großen Teilen dieser üppigen Zone zwischen den Wendekreisen sind Völker europäischer Abstammung hinsichtlich natürlicher Auslese und Evolutionsgeschichte noch heute kaum mehr als Rucksacktouristen auf der Durchreise. Ihnen fehlen die lebensrettenden, genetischen Immunantworten auf die Malaria, über die manche afrikanischen Völker und Menschen aus dem Mittelmeerraum verfügen. Obwohl Malaria Mitte des 17. Jahrhunderts noch ein Mysterium

Die Heilung der Gräfin von Chinón, 1638: Dieses um 1850 entstandene Gemälde ist eine Darstellung der Legende um die schöne Doña Francisca Henriquez de Ribera, der vierten Gräfin von Chinchón, einer spanischen Provinz in Peru, die von ihrem Malariafieber durch einen »Indianerzauber« namens *ayac cara* oder *quinaquina* der lokalen Quechua auf unerklärliche Weise geheilt wurde. Das aus den Chinarindenbäumen gewonnene Chinin war die erste wirksame Medizin im Kampf gegen die Malaria. Es war ein Mittel der Neuen gegen eine Krankheit der Alten Welt.

war, wurde das Chinin seit seiner Entdeckung – und der sagenhaften Geschichte der Gräfin von Chinón, die das höllische Fieber schließlich besiegte – als Malaria unterdrückendes Mittel eingesetzt.

Das imperialistische Abenteuer der Briten in Indien ist ein hervorragendes Beispiel, um jene Dominoeffekte zu veranschaulichen, die im Zuge des kolumbianischen Austauschs auftraten. Dasselbe Szenario bietet sich jedoch auch in den europäischen Kolonien Afrikas oder Ostindiens. Um Indien zu kontrollieren, musste man die Malaria in den Griff bekommen, also konsumierten die dort lebenden Briten in Wasser gelöstes, pulverförmiges Chinin – *Indian Tonic Water*. Um 1840 wurden rund 700 Tonnen Chinarinde pro Jahr verarbeitet, damit die schützende Tagesdosis Chinin für britische Bürger und Soldaten in Indien gewährleistet war. Um den bitteren Geschmack zu überdecken (und bestimmt auch wegen der berauschenden Wirkung), gossen sie etwas Gin in die Flüssigkeit. Der Gin Tonic war geboren. Er wurde zum Lieblingsgetränk der Anglo-Inder und ist heute in Bars auf der ganzen Welt ein Klassiker.

Das Chininpulver hielt die britischen Truppen am Leben, erlaubte Regierungsvertretern, in den tief liegenden und feuchten Regionen Indiens zu bestehen, und bildete die Basis für den Wohlstand einer stabilen (wenngleich überraschend geringen) britischen Bevölkerung in den tropischen Kolonien. Im Jahr 1914 herrschten rund 1200 britische Beamte und eine Garnison von nur 77 000 Mann über mehr als 300 Millionen Inder. Das Gerangel um die Kolonien des Imperialismus war verknüpft mit der Epidemiologie; der Wettlauf um wissenschaftliche Erkenntnis, darunter die Entdeckung des Chinins, war ein kleiner, aber historisch gewichtiger Baustein im großen Austausch, der Kolumbus' Reisen folgte. Die europäische Kolonisierung, die Einschleppung von Seuchen, die Vernichtung indigener Völker und das Streben nach imperialer Macht in Übersee – all dies war durch die Stechmücke blutig ineinander verwebt.

Christoph Kolumbus erkannte seinen geschichtlichen Einfluss nie und glaubte bis zu seinem Tod im Alter von 55 Jahren, er hätte vorgelagerte Teile Asiens entdeckt. Er starb 1516 an »reaktiver Arthritis«, einem Herzversagen, das in der Regel einer Syphiliserkrankung zugeschrieben wird. Als seine geografischen Fehlkalkulationen und persönlichen Irrtümer ans Tageslicht gelangten, wurde er von den höheren Gesellschaftsschichten diffamiert und vom spanischen Hof verstoßen. Man entzog ihm seine Privilegien und Ehrungen. Er war zwar ein reicher Mann, doch waren seine letzten Jahre von Schmach,

Verbitterung und einem allmächtigen Messiaskomplex gekennzeichnet, der in seinem Manuskript *Das Buch der Prophezeiungen* umrissen ist. Aufgrund dauernder Isolation und Depressionen, vielleicht aber auch im letzten Stadium der Syphilis, dem Wahnsinn, glaubte er, er wäre ein Prophet Gottes, dazu bestimmt, der Welt »das neue Gefüge von Himmel und Erde« zu offenbaren, »von welchem unser Herr durch den Heiligen Johannes in der Apokalypse sprach«. Kurz vor seinem Tod schrieb Kolumbus an den wenig amüsierten König von Spanien, dass nur er allein, der treue Kolumbus, in der Lage sei, den chinesischen Kaiser und dessen Volk zum Katholizismus zu bekehren.

In den letzten Jahrzehnten wurde sein Vermächtnis zunehmend kritischer gesehen. Kolumbus öffnete dem Entdeckergeist und der Wirtschaftsexpansion Europas zwar die Tür zu einer neuen Welt, aber der Preis war entsetzlich hoch – erst wurde die amerikanische Urbevölkerung nahezu vollständig ausgelöscht, darauf folgte der transatlantische Handel mit afrikanischen Sklaven.

Die afrikanische Sklaverei war ein zentrales Element des transatlantischen Austauschs und zeichnete für die Blüte der Plantagenwirtschaft verantwortlich. Als die gefangenen Ureinwohner von Infektionskrankheiten dahingerafft wurden, verschiffte man afrikanische Sklaven direkt zu ihrem jeweiligen Einsatzort in Amerika und auf der ganzen Welt. Ihre Krankheiten hatten sie im Gepäck. Die Mücke spielte dabei eine wichtige Rolle, denn sie sorgte unter den Millionen von Afrikanern, die als Ersatz für den schwindenden Pool indigener Sklaven nach Amerika gebracht wurden, für eine Selektion derer, die gegen durch sie übertragene Krankheiten immun waren. Ungeachtet berechtigter moralischer Zweifel wurde die Frage »Warum Handel treiben, wenn man einmarschieren kann?« nun mit »Warum bezahlen, wenn man versklaven kann?« verbunden. In seinem Kern beruhte der kolumbianische Austausch stets auf der europäischen Mehrung von Wohlstand, welcher durch afrikanische Sklavenarbeit in amerikanischen Pflanz- und Bergwerkskolonien erwirtschaftet wurde. Die Neue Welt war eine riesige und biologisch vielfältige Landmasse mit schier grenzenlosen wirtschaftlichen Potenzialen, erschlossen von Pionieren wie Kolumbus, den spanischen Konquistadoren und der siegreichen Stechmücke.

KAPITEL 8

ZUFÄLLIGE EROBERER: SKLAVEREI UND DIE ANNEXION AMERIKAS DURCH DIE MÜCKE

Im Jahr 1514, nur 22 Jahre nach Kolumbus' schicksalhaften ersten Schritten auf Hispaniola, führte das spanische Kolonialregime eine Volkszählung mit dem Ziel durch, die überlebenden Taino als Sklaven unter den Kolonisten aufzuteilen. Man kann nur erahnen, mit welcher Enttäuschung sie feststellen mussten, dass von einer einst 5 bis 8 Millionen starken Bevölkerung lediglich 26 000 Menschen übrig waren. Im Zusammenwirken mit spanischer Brutalität hatten Malaria, Grippe und die 1518 in die Neue Welt eingeschleppten Pocken die Taino bis 1535 an den Rand der Ausrottung gebracht. Zum Vergleich: Eine entsprechende Sterberate in Europa hätte mehr als die gesamte Bevölkerung der Britischen Inseln ausradiert. Es liegt mir zwar fern, die Grausamkeit der Spanier, die unter dem Begriff *Leyenda negra* gefasst wird, zu bagatellisieren, doch spielte sie bei der verheerenden Dezimierung lokaler Bevölkerungen eine eher untergeordnete Rolle. In den spanischen Kolonien waren Malaria, Pocken, Tuberkulose und schließlich das Gelbfieber für die überwiegende Zahl der Todesfälle verantwortlich. Die Mücke und, wenn auch in weit geringerem Umfang, die spanischen Kolonisten hatten jede Aussicht auf ein stabiles, sich selbst reproduzierendes Arbeiterheer aus den Reihen der Taino zunichtegemacht. Als also sowohl die Europäer als auch die einheimischen Völker der Malaria und anderen Krankheiten unterlagen, benötigte man alternative Arbeitskräfte, um die lukrative Produktion von Tabak, Zucker, Kaffee und Kakao weiter anzukurbeln. So geriet der afrikanische Sklavenhandel in den Sog des kolumbianischen Austauschs.

Die ersten afrikanischen Sklaven trafen im Gefolge von Kolumbus' vierter und letzter Reise 1502 auf Hispaniola ein, gemeinsam mit dem spanischen Priester Bartolomé de Las Casas. Diese ersten Afrikaner unterstützten eine schwindende Zahl von Taino-Sklaven bei der Suche nach vermuteten Goldvorkommen und der Arbeit auf den neuen Tabak- und Zuckerrohrpflanzungen der Insel. Nach Meinung von Las Casas waren die Sklaven jedoch nicht alle gleich. Kurz nach seiner Ankunft stellte er fest, dass die Ureinwohner, darunter auch die Taino, »wahrhaftig Menschen« seien und nicht »wie stumpfsinnige Tiere« zu behandeln seien, und bat die spanische Krone um einen entsprechend humanen Umgang. »Die gesamte menschliche Rasse ist eins«, verkündete er und bat darum, den Ureinwohnern »Freiheit und Gerechtigkeit in vollem Umfange zuteilwerden zu lassen. Gewiss ist nichts kostbarer für den Menschen, gilt nichts mehr als die Freiheit.«

Lange vor 1776 pries Las Casas damit die Werte der Amerikanischen und Französischen Revolutionen und die philosophischen Ideale von John Locke, Jean-Jacques Rousseau, Voltaire, Thomas Jefferson und Benjamin Franklin: »dass alle Menschen gleich geschaffen sind, dass sie von ihrem Schöpfer mit gewissen unveräußerlichen Rechten ausgestattet sind; dass dazu Leben, Freiheit und das Streben nach Glück gehören« – und, wie Locke hinzufügte, »der Schutz des Eigentums«. Wie bei den amerikanischen Gründervätern folgte jedoch auf Las Casas' Definition des Menschenbegriffs und seinen Moralvorstellungen das Kleingedruckte: Sowohl bei Las Casas als auch in der Unabhängigkeitserklärung sind nämlich keinesfalls alle Menschen gleich. So wurden afrikanische Sklaven nicht als Personen, sondern als bewegliche Habe und Eigentum betrachtet, selbst von einem Priester, der sich zur selben Zeit leidenschaftlich dafür einsetzte, die versklavten indigenen Bevölkerungen Amerikas als Menschen anzuerkennen.

Derselbe Las Casas, der Milde gegenüber den Taino forderte, befürwortete die Einfuhr afrikanischer Sklaven und begründete dies damit, dass sich diese körperlich besser für die Arbeit in tropischen Gebieten eigneten, was zum Teil ihrer »dicken Haut« und den »abstoßenden Gerüchen ihrer Leiber« geschuldet sei. In den über die ganze Karibik verstreuten spanischen Kolonien, so prahlte er, »starb ein Schwarzer nur auf eine Weise, nämlich, wenn man ihn hängte«. Das Glück der spanischen Kolonien in Amerika, mutmaßte er, hinge von der Einfuhr afrikanischer Sklaven ab.

In seinem 1776 erschienenen Meisterwerk *Der Wohlstand der Nationen* verkündete der Ökonom und Philosoph Adam Smith: »Die Entdeckung Amerikas und die eines Weges nach Ostindien um das Kap der Guten Hoffnung sind die beiden wichtigsten und größten Begebenheiten, welche die Geschichte der Menschheit aufgezeichnet hat ... Allein für die Eingeborenen Ost- und Westindiens haben alle Handelsvorteile, die aus jenen Begebenheiten entspringen konnten, sich in den schrecklichen Unglücksfällen, die durch sie veranlasst wurden, gänzlich verloren ... Eine von den Hauptwirkungen dieser Entdeckungen [ist] die gewesen, das Merkantilsystem auf eine Stufe des Glanzes und der Herrlichkeit zu heben, die es sonst niemals hätte erreichen können. Es ist der Zweck dieses Systems, eine große Nation ... zu bereichern.« Der europäische Imperialismus basierte auf Ressourcen aus den Kolonien. Das Rückgrat der Nutzbarmachung dieses Kapitals und des Merkantilismus, auf welchen sich Smith bezog, war der afrikanische Sklavenhandel, dessen Nebeneffekt die Einschleppung afrikanischer Aedes- und Anophelesmücken und der durch sie übertragenen Krankheiten auf den amerikanischen Kontinent war.[37]

Als die Ressourcen unter der indigenen Bevölkerung erschöpft waren, stellten Sklaventransporte aus Afrika einen gewinnbringenden

Ersatz dar. Ein früher Beobachter stellte fest: »Die Indianer sterben so schnell, dass sie schon beim Anblick und Geruch eines Spaniers den Geist aufgeben.« Als die Verfügbarkeit einheimischer Sklavenarbeiter in den feuchtwarmen Stechmückengebieten spanischer und anderer europäischer Kolonien durch Malaria und später auch durch Gelbfieber drastisch sank, erblühte der transatlantische Sklavenhandel. Dank Duffy-Negativität, Thalassämie und Sichelzellenanämie verfügten die Afrikaner über ererbte Schutzschilde gegen Malaria. Zudem waren viele bereits durch Vorinfektionen mit Gelbfieber in Afrika immunisiert, was Neuerkrankungen verhinderte. Diese Faktoren waren damals zwar unbekannt, doch es war für europäische Minen- oder Plantagenbesitzer schnell ersichtlich, dass afrikanische Sklaven von Malaria und Gelbfieber relativ ungeschoren blieben und die Sterberaten schlicht niedriger lagen als bei Nichtafrikanern. Ihre genetischen Immunitäten und Vorinfektionen machten sie für die weitere Entwicklung der merkantilistisch geprägten Märkte der Neuen Welt unverzichtbar.

Die Europäer kamen, aber sie eroberten die einheimischen Völker und den amerikanischen Doppelkontinent nicht allein. Es waren die Aedes- und Anophelesmücken, die kamen und siegten. Als unfreiwillige Akteure waren sie, wie Jared Diamond es formuliert, »zufällige Eroberer«. In den ersten Jahrhunderten nach Kolumbus profitierten im Allgemeinen die Europäer von jenem einseitigen globalen Austausch und dessen Transaktionen, den Crosby *Columbian Exchange* nannte.[38] »Die Ereignisse vor vier Jahrhunderten stellten die Weichen für Ereignisse, die wir heute durchleben«, erklärt Charles Mann. »Dank dieses neu geschaffenen Ökosystems konnte Europa mehrere wichtige Jahrhunderte lang die politische Initiative ergreifen, was wiederum den Grundstein unseres heutigen, weltumspannenden Wirtschaftssystems in seiner ganzen vernetzten, allgegenwärtigen und kaum begreifbaren Pracht legte.« Mann betont zudem, dass »vor allem jene mikroskopischen Wesen, die Malaria und Gelbfieber auslösen, die Gesellschaften von Baltimore bis Buenos Aires formten«.

Die Einschleppung dieser bösen Zwillinge sowie anderer von Stechmücken übertragener Krankheiten nach Amerika durch infizierte Europäer, afrikanische Sklaven und als blinde Passagiere reisende Stechmücken veränderte den Lauf der Geschichte. »Wären durch den Sklavenhandel nicht Gelbfieber und Malaria nach Amerika gelangt, wäre die ganze hier erzählte Geschichte nicht passiert«, bemerkt J. R. McNeill. Das Gelbfieber hatte einen schwer zu unterschätzenden Einfluss auf die politische, geografische und demografische Neuordnung der westlichen Hemisphäre.

Das tödliche Gelbfiebervirus ging zusammen mit afrikanischen Sklaven in Amerika von Bord. Mit von der Partie war auch eine eingeschleppte Art der Aedesmücke, welche die Reise auf den Sklavenschiffen problemlos überstand, wo sie sich in den zahlreichen Fässern und Wasserpfützen prächtig vermehrte. Europäische Sklavenhändler und ihre menschliche Fracht boten während der Reise reichlich Gelegenheit für einen kontinuierlichen Kreislauf viraler Infektion, bis mit der Einfahrt in den Zielhafen frisches Blut auf die Stechmücke wartete. Die Aedesmücke fand in dem idealen Klima der Neuen Welt rasch ihre Nische und ein passendes Zuhause. Da sie einheimischen Spezies überlegen war, gedieh sie bestens und entwickelte sich zu einem mächtigen Überbringer von Elend und Tod.

Es war ein holländisches Sklavenschiff, das im Jahr 1647 auf Barbados anlegte und das Gelbfieber auf den amerikanischen Kontinent brachte. In weniger als zwei Jahren starben bei diesem ersten gesicherten Ausbruch der Seuche auf Barbados mehr als 6000 Menschen. Im Jahr darauf fielen einem Ausbruch auf den Inseln Kuba, St. Kitts und Guadeloupe innerhalb von sechs Monaten 35 Prozent der Bevölkerung zum Opfer, bevor sich das Fieber weiter bis ins spanische Florida ausbreitete. In Campeche, einer armen spanischen Garnison auf der Halbinsel Yucatán, schilderte ein traumatisierter Einwohner die eindeutigen Anzeichen des Gelbfiebers und stellte fest, dass die gesamte Region »verwüstet« sei. Für die verstreuten Überlebenden der Mayakultur bedeutete die Verseuchung »eine hohe Sterblichkeit der Menschen im Lande, und [Strafe] für unsere Sünden«. Innerhalb von nur fünf Jahrzehnten konnte sich das gefürchtete *vómito negro*, *Yellow Jack* oder *Saffron Scourge* weit verbreiten und forderte seinen Tribut von der Karibik und den Küstenregionen Amerikas bis hoch in den Norden nach Halifax und Quebec in Kanada.

In Nordamerika verdankte das tödliche Virus seinen ersten Auftritt der Royal Navy, die von der Karibik zu einem Angriff auf Quebec aufbrach. Das Gelbfieber legte mit der Flotte 1693 im Hafen von Boston an, wo es gnädig nur etwa zehn Prozent der Stadtbevölkerung von 7000 Menschen dahinraffte. Wie vorherzusehen, traf es später im selben Jahr auch Philadelphia und Charleston. New York unterlag dem Gelbfieber erstmals im Jahr 1702. Vor der Amerikanischen Revolution kam es in den britischen Kolonien in Nordamerika mindestens zu 30 größeren Gelbfieberepidemien. Entlang des 1600 Kilometer langen Küstenstreifens von Nova Scotia bis nach Georgia blieben kein größerer städtischer Raum und kein Hafen verschont.

Auf dem gesamten amerikanischen Kontinent war das Gelbfieber ebenso gefürchtet wie verhasst und bald auch Stoff für Legenden, insbesondere in den Hafenstädten, die als Umschlagplätze für Sklaven- und Handelsschiffe aus aller Welt dienten. Diese Todesschiffe verbreiteten von Stechmücken übertragene Seuchen in der gesamten westlichen Hemisphäre und darüber hinaus. New Orleans, Charleston, Philadelphia, Boston, New York und Memphis führen eine lange Liste amerikanischer Städte an, in denen tödliche Gelbfieberepidemien wüteten. Tatsächlich waren es die schlimmsten Ausbrüche *aller* Krankheiten in der gesamten amerikanischen Geschichte. Diese Epidemien, gepaart mit chronischer Malaria, sind für die heutige Struktur der Vereinigten Staaten mitverantwortlich. Rund 4800 Kilometer von seiner angestammten Heimat im westlichen Zentralafrika entfernt, nahm das Gelbfiebervirus signifikanten Einfluss auf die Bevölkerungsdichte Amerikas. Ohne den Sklavenhandel wäre die Geschichte einem vollkommen anderen Muster gefolgt.

Von Beginn an war die Sklaverei mit Wirtschaftsimperialismus und territorialer Machtprojektion verknüpft. Diese Verbindung zieht sich wie ein roter Faden durch unsere Geschichte, seit den Griechen, Römern und Mongolen. In der Antike war die Sklaverei jedoch nicht diskriminierend – Rasse, Glaube oder Hautfarbe spielten keine Rolle. Die Sklaven im Römischen Reich etwa, die rund 35 Prozent der Gesamtbevölkerung ausmachten, stammten aus allen Schichten und einem weiten geografischen Einzugsbereich. Sklaven waren häufig Verbrecher, Schuldner oder Kriegsgefangene. Für die Völker dieses Planeten, von den indigenen Bevölkerungen Amerikas über die neuseeländischen Maori bis zu den afrikanischen Bantu, waren Sklaven nicht selten die Hauptmotivation für Feindseligkeiten und zudem eine wichtige Kriegsbeute. Diese Form der Sklaverei, die sich durch eine Vielzahl kleiner Beutezüge auszeichnete, war lokal begrenzt und unterlag strengen Konfliktkodizes und gesellschaftlichen Sitten. Nach einer Zeit der Knechtschaft wurden Sklaven entweder getötet oder, wie eher üblich, vollwertig in ihre neue Stammesfamilie aufgenommen. In Westasien verkauften verarmte Eltern häufig ihre Kinder in die Knechtschaft. Als die Osmanen Ende des 14. Jahrhunderts auf dem Balkan einfielen und die Seidenstraße für den Asienhandel sperrten, wurden viele Einheimische zu Sklaven, die fortan auf dem Land schufteten, das ihnen zuvor gehört hatte. Innerhalb der osmanischen Armee hingegen bildeten Sklaven Eliteeinheiten mit Rang, Privilegien und Befehlsgewalt.

Meistens wurden Sklaven im weiteren Sinne als Teil der Familie behandelt. Oft waren sie emanzipiert; sie durften nicht körperlich gezüchtigt werden; ihre Nachkommen durften nicht versklavt oder verkauft werden. Generell waren sie durch die Fesseln der Sklaverei nicht denselben sozialen oder physischen Einschränkungen unterworfen, wie es später auf den amerikanischen Plantagen der Fall sein sollte. Viele Sklavengesetze, gesellschaftliche Konventionen und Sitten der antiken Welt waren erstaunlich mitfühlend und um das Wohlergehen und eine angemessene Behandlung von Sklaven besorgt. In anderen Kulturen war die Sklaverei lokal begrenzt, bewegte sich in relativ kleinem Maßstab und wies keines der grausamen Merkmale der afrikanischen Sklaverei auf.

Im 12. Jahrhundert hatte sich Nordeuropa größtenteils von der Sklaverei abgekehrt und stattdessen ein raffiniertes und komplexes System der Leibeigenschaft hervorgebracht. In den kälteren Klimazonen mit kürzeren Ackerbauphasen war der Leibeigene für seinen Unterhalt selbst verantwortlich, was dem Landeigentümer Geld und Nebenkosten ersparte. Vereinfacht gesagt, vor Kolumbus hatte die Sklaverei noch keine allzu große Ähnlichkeit mit jenem Monster, zu welchem sie nach der Kolonisierung Amerikas wurde. Der transatlantische Sklavenhandel von Afrika nach Amerika nutzte einen bereits bestehenden afrikanischen Sklavenmarkt, den er jedoch zu einer industrialisierten Form der Besitzsklaverei in großem Stil erweiterte.

Die islamische Eroberung Nordafrikas im 8. Jahrhundert öffnete Westafrika erstmals für ein erweitertes Handelssystem mit Sklaven. Muslimische Karawanenrouten zogen sich kreuz und quer durch die Sahara. Auf ihnen wurden Sklaven aus Westafrika nach Südeuropa, in den Nahen Osten und weit darüber hinaus transportiert. So galten afrikanische Eunuchen am chinesischen Hof als kostbarer und begehrter Besitz. Im Jahr 1300 brachten muslimische wie christliche Händler, die oft einträchtig zusammenarbeiteten, bereits rund 20 000 Westafrikaner pro Jahr in den Norden. Mit Beginn des europäischen Kolonialismus zwischen 1418 und 1452 unter dem portugiesischen Prinzen Heinrich dem Seefahrer wurde die Region zur Keimzelle des transatlantischen Sklavenhandels. Mit seinen Reisen zu den Azoren, den Kanarischen Inseln und nach Madeira sowie entlang der atlantischen Küste Nordwestafrikas läutete Prinz Heinrich das Zeitalter der Entdeckungen ein. Immer weiter drangen die Portugiesen gen Süden vor, bis Bartolomeu Dias 1488 das Kap der Guten Hoffnung an der Südspitze Afrikas umrundete und den Indischen Ozean erreichte.

Als Vasco de Gama 1498 endlich nach Indien gelangte, war der portugiesische Handel mit afrikanischen Sklaven bereits in vollem Gange, wie auch die damit einhergehende Verbreitung von Mücken und Malaria. Mit den Stechmücken begleiteten auch ihre Krankheiten die Sklaventransporte oder wurden im Blut der afrikanischen Sklaven an ihre neuen Bestimmungsorte gebracht. Als Kolumbus die westliche Grenze der bekannten Welt endgültig verschob, waren bereits 100 000 afrikanische Sklaven aus ihrer Heimat entführt worden und machten drei Prozent der portugiesischen Gesamtbevölkerung aus.

Der erste portugiesische Sklavenhafen in Westafrika war bereits 1442 in Betrieb genommen worden. Zucker und Sklaven aus Afrika wurden zu den Pflanzkolonien auf Madeira gebracht, die zum Vorläufer und Vorbild der prototypischen Sklavenwirtschaft und des Plantagensystems der Neuen Welt wurden. Kolumbus lebte zu dieser Zeit selbst auf der Insel Madeira, wo er als Nutznießer des neuen Wohlstands die Tochter des Gouverneurs ehelichte. Daneben arbeitete er für eine italienische Reederei als Zuckertransporteur und besuchte regelmäßig die Sklavenforts Westafrikas. Kolumbus fand Gefallen am europäischen Modell der Bergbau- und Plantagenwirtschaft mit afrikanischen Sklaven und exportierte dieses System später nach Amerika. Seine ersten Reisen veranlassten Spanien dazu, im Jahr 1501 offiziell Sklavenforts in Westafrika einzurichten. Im Jahr 1593 stiegen die Engländer als neue Wettbewerber in den Sklavenhandel ein. Wie Antony Wild in seinem Buch über die Geschichte des Kaffees schreibt, ritt Kolumbus »auf dem Kamm der Welle schwarzer Sklaven, die sich an den Gestaden der Neuen Welt brach und erst Zucker, dann Kaffee mit sich brachte«. Ein anderer Mitreisender auf dieser Flutwelle war Gevatter Tod in Gestalt afrikanischer Stechmücken, die Malaria, Dengue und Gelbfieber einschleppten.

Im Großen und Ganzen hatte die Stechmücke die Europäer aus Afrika ferngehalten. Dies änderte sich jedoch mit dem gezielten Massenexport von in Indonesien produziertem Chinin durch die

Holländer in der Mitte des 19. Jahrhunderts. Der Chinarindenbaum ist hinsichtlich Anbauhöhe, Temperatur und Bodenbeschaffenheit sehr empfindlich und wächst daher nur in ganz bestimmten Umgebungen. Das knappe und teure Angebot bewirkte, dass der Markt bald von zahlreichen Fälschern und Betrügern überschwemmt wurde, die vorgaben, die große Nachfrage zu befriedigen. William H. McNeill betont, dass »der Vorstoß ins Innere Afrikas, der zu einem wichtigen Bestandteil der europäischen Expansion in der zweiten Hälfte des 19. Jahrhunderts wurde, ohne das Chinin aus den hollän-

Pflanzung von Chinarindenbäumen in Niederländisch-Ostindien, um 1900. Der Chinarindenbaum ist hinsichtlich Höhe, Temperatur und Bodenbeschaffenheit sehr empfindlich. Er wächst nur in besonderen Umgebungen, weshalb die Rinde, aus der das Chinin gewonnen wurde, extrem knapp und teuer war. In ihrer indonesischen Kolonie gelang den Holländern 1850 erstmals ein erfolgreicher Anbau außerhalb kleiner, isolierter Flächen in den südamerikanischen Anden. Großbritannien und Amerika wurden die Hauptimporteure des wertvollen und lebensrettenden Chinins, das bald in ganz Niederländisch-Ostindien gewonnen wurde.

dischen Pflanzungen nicht möglich gewesen wäre«. Unter dem Schutz dieses importierten Chinins begann um 1880 der Wettlauf europäischer Großmächte um Afrika, der bis zum Ersten Weltkrieg fortdauerte. Allerdings war auch Chinin kein Allheilmittel: Europäer, die sich in die afrikanische Wildnis wagten, hatten weiterhin mit dem Gelbfieber zu kämpfen.

So erging es auch dem wahnwitzigen Vorhaben des belgischen Königs Leopold II., der zwischen 1885 und 1908 versuchte, den Kongo auszubeuten. Nachdem er die internationale Gemeinschaft davon überzeugt hatte, dass seine Beweggründe vorwiegend humanitärer und menschenfreundlicher Natur seien, erhielt Leopold absolute Gewalt und Herrschaft über den sogenannten Freistaat Kongo. Er häufte ein persönliches Vermögen in Elfenbein, Gummi und Gold an, während die einheimische Bevölkerung Opfer weitverbreiteter und unvorstellbarer Gräueltaten wurde. Der polnisch-britische Schriftsteller Joseph Conrad diente als Kapitän eines belgischen Flussdampfers, der wertvolle Fracht auf dem Kongo transportierte. Sein 1899 erschienener Roman *Herz der Finsternis* ist eine halb fiktive Schilderung seiner Abenteuer, darunter auch seiner Nahtoderfahrungen durch Malaria und Gelbfieber.[39] Sein Buch warf Fragen zum imperialen Rassismus auf und führte zu einem internationalen Aufschrei der Entrüstung über belgische Grausamkeiten und Massaker. Als direkte Folge von Leopolds Politik und Herrschaft starben rund zehn Millionen Afrikaner. Seinen europäischen Händlern und Söldnern erging es kaum besser; Berichte aus dem Kongo sprachen davon, dass »lediglich sieben Prozent ihre dreijährige Dienstzeit vollenden können«.

Vor dem Intensivanbau auf den Chinarindenbaumplantagen in Niederländisch-Ostindien, der den »Wettlauf um Afrika« der 1880er-Jahre erst ermöglichte, wirkten die von Stechmücken übertragenen Krankheiten wie ein Schutzwall gegen europäische Einmischung und Landnahme in Afrika. Jeder Versuch der Europäer, ins Innere des Kontinents vorzudringen, um Sklaven zu fangen, Goldminen zu graben, wirtschaftliche Ressourcen auszubeuten oder das Wort ihres

Gottes zu verbreiten, prallte auf eine undurchdringliche Verteidigungsmauer todbringender Mücken. Derartige Expeditionen endeten erfolglos, mit europäischen Todesraten, die sich regelmäßig zwischen 80 und 90 Prozent bewegten. Für Europäer war Afrika nichts weniger als ein Todesurteil. So warf während des 16. Jahrhunderts der Vatikan dem portugiesischen Königshaus vor, gegen das Hinrichtungsverbot unsittlicher katholischer Priester zu verstoßen, wenn es die verbrecherischen Geistlichen nach Afrika verbanne, »wohl wissend, dass sie dort innerhalb kurzer Zeit den Tod finden«. Sir Patrick Manson, ein Pionier der Malariaforschung und oft als »Vater der Tropenmedizin« bezeichnet, bestätigte 1907, dass die Stechmücke »der Cerberus ist, der den afrikanischen Kontinent, seine Geheimnisse und Rätsel bewacht, und sein Schatz ist die Seuche, die ich mit einem Insekt in Verbindung bringen möchte!« Für die indigenen Völker Amerikas waren die von Stechmücken übertragenen Krankheiten eine biologische Angriffswaffe der Europäer; für die Afrikaner hingegen stellten sie eine biologische Abwehrwaffe gegen die Europäer dar.

In den ersten drei Jahrhunderten weltweiter europäischer Expansion blieb Afrika der »schwarze Kontinent«. Angesichts der Schreckensherrschaft der Stechmücke verliehen die Briten Afrika den Beinamen »Grab des weißen Mannes«. Die Europäer besetzten kaum mehr als ein paar primitive Sklavenbaracken, genannt *Barracoons*.[40] Und selbst diese waren Friedhöfe. Man schätzt, dass die jährlichen Sterberaten unter Europäern in diesen westafrikanischen Sklavenzentren an der Küste bei etwa 50 Prozent lagen. »Wenn zivilisierte Nationen mit Barbaren in Berührung kommen«, schrieb Charles Darwin im Jahr 1871, »so ist der Kampf kurz, mit Ausnahme der Orte, wo ein tödliches Klima der eingeborenen Rasse zu Hilfe kommt.« Man ersetze »Klima« durch »von Stechmücken übertragene Seuchen«. Die Stechmücke schützte Afrika und war dabei Mörder und Retter zugleich. Ein früher König von Madagaskar prahlte zu Recht, keine fremde Macht könne die dichten Wälder und das erdrückende malarische Fieber seines Landes besiegen. Die Mücke, sagte er, habe nicht nur sein Heimatland, sondern ganz Afrika gerettet. Diese Aussage hätte sich bewahrheitet, wäre es nicht schließlich zu einer Zusammenarbeit von Afrikanern und Europäern gekommen.

Denn die Bereitschaft von Afrikanern, sich am Sklavenhandel in Afrika zu beteiligen, brachte diesen erst zum Erblühen. Afrikaner verkauften Afrikaner in die europäische Unterjochung und Knechtschaft – was die Europäer wegen der Stechmücke unmöglich selbst bewerkstelligen konnten. Ohne die innerafrikanische Sklaverei wäre die merkantilistische Plantagenwirtschaft der Neuen Welt gescheitert, wäre das Chinin nicht entdeckt worden und Afrika afrikanisch geblieben. Der gesamte kolumbianische Austausch wäre vollkommen anders verlaufen.

So aber konnten sich die Portugiesen und schließlich auch die Spanier, Engländer, Holländer und andere Europäer die bestehende innerafrikanische Sklavenkultur zunutze machen, bei der es hauptsächlich um Kriegsgefangene ging. Anfangs verkauften Afrikaner ihre Gefangenen an die Portugiesen. Ein kleiner, örtlich begrenzter Sklavenmarkt entstand, der ursprünglich unter dem kulturellen Schirm traditioneller und konventioneller afrikanischer Sklaverei betrieben wurde. Durch Ausnutzung des traditionellen Fehdewesens zwischen verschiedenen afrikanischen Völkern und sozialen Gemeinschaften gelang es den Europäern, eine vollkommen andere Form der Sklaverei aufzubauen, eine kommerzielle Exportindustrie im großen Stil. Afrikanische Monarchen überfielen bald traditionelle Feinde und Verbündete gleichermaßen, einzig zu dem Zweck, Sklaven zu fangen, die sie hernach in einer wachsenden Anzahl von Barracoons entlang der Küste, welche wiederum von einer breiter werdenden Palette europäischer Nationen betrieben wurden, verkaufen konnten. Die europäische Nachfrage wurde durch ein afrikanisches Angebot afrikanischer Sklaven befriedigt. Gewalt und Beutezüge in den Küstengebieten nahmen zu und erfassten schließlich auch das Innere dessen, was nach seinen wichtigsten Exportgütern benannt wurde: die Sklavenküste, die Goldküste oder die Elfenbeinküste.

Mit der Entdeckung Amerikas durch die Europäer, der fast gänzlichen Auslöschung der dortigen Urbevölkerung durch Seuchen und das Bestreben, das portugiesische System der Zuckerplantagen Madeiras auf andere gewinnbringende Landwirtschaftsprodukte auszuweiten, kam der afrikanisch-transatlantische Sklavenhandel erst richtig in Schwung. Die Schleusen wurden geöffnet, und durch die neuen Handelsrouten wurde auch die Stechmücke von diesen epochalen Veränderungen ergriffen. Dank Kolumbus gebührt Spanien die Ehre, als erste Nation afrikanische Sklaven und damit Stechmücken und Malaria in die Neue Welt verschifft zu haben. Wenngleich die Anfänge relativ bescheiden waren, da immer weniger indigene Arbeitskraft zur Verfügung stand, wurde die Einfuhr afrikanischer Sklaven rasch zu einem stetig wachsenden und florierenden Menschenhandel.

Als sich spanische Ausbeutungskolonien als zunehmend profitabel erwiesen, erbrachte ein Mehr an Arbeitskräften auch mehr Rohstoffe, was wiederum mehr Geld bedeutete. Genetische Immunität und ein durch Vorinfektion erworbener Schutz gegen Malaria, Gelbfieber, Dengue und andere von Stechmücken übertragene Krankheiten machten die Afrikaner schlicht produktiver. Wo andere auf den mückenverseuchten Plantagen starben, überlebten sie. Lebende Afrikaner erwirtschafteten Profite und wurden dadurch selbst profitabel.

Die ersten europäischen Siedler hingegen spielten praktisch russisches Roulette mit Stechmücken, welche Malaria und Gelbfieber übertrugen. Es war ein persönlicher Einsatz in einem Spiel um Leben und Tod. Doch trotz der gewaltigen Risiken und hohen Sterberaten unter europäischen Grundbesitzern und Aufsehern sorgte die Aussicht auf die möglichen Gewinne für ein außergewöhnliches Wachstum der von Sklavenarbeit getragenen Plantagenwirtschaft in Amerika. Auf dem Höhepunkt des Sklavenhandels Mitte des 18. Jahrhunderts importierten die Franzosen und die Engländer jeweils mehr als 40 000 Sklaven pro Jahr. Die Tatsache aber, dass die afrikanische

Sklaverei Ende des 17. und Anfang des 18. Jahrhunderts derart an Fahrt aufnehmen konnte, ist direkt der Stechmücke geschuldet.

Afrikanische Sklaven wurden aufgrund ihrer genetischen Immunabwehr gegen von Stechmücken übertragene Krankheiten zu einem widerstandsfähigen und somit begehrten Handelsgut. Deren Erbgutentwicklung war eng mit der lokalen Umgebung ihrer Herkunft verbunden, einen territorialen Austausch von Afrikanern, Stechmücken und ihren Krankheiten hatte Mutter Natur hingegen nicht vorgesehen. So wurden die Afrikaner mitsamt den anderen Elementen ihrer natürlichen Umgebung als untrennbare, zusammenwirkende Einheit nach Amerika exportiert. Die Merkmale natürlicher Auslese, die ihre Träger gegen Krankheiten schützen sollten, trugen so gleichzeitig auch zu ihrer Versklavung bei – eine unerwartete und durch die Stechmücke herbeigeführte Ironie des Schicksals, das für die Betroffenen deshalb freilich nicht weniger grausam war.

Die afrikanischen Sklaven brachte ihre komplexe und hoch entwickelte Beziehung zwischen Mensch, Mücke und Krankheit in den kolumbianischen Austausch ein – und das in tödlichem Maßstab. Und als Zucker, Kakao und Kaffee aus Afrika als bedeutsame Anbaugüter in der Neuen Welt eintrafen, schloss sich der Kreis dieses nach Amerika exportierten afrikanischen Ökosystems. »Erst, als sich ein signifikanter Handel mit afrikanischen Sklaven entwickelte, begann die Seuchenumgebung in der britisch-amerikanischen Neuen Welt der des tropischen Westafrika zu ähneln«, bestätigen die Krankheitsökonomen Robert McGuire und Philip Coelho. »Das veränderte Umfeld machte den amerikanischen Süden zu einem Seuchenhaus und die Tropen der Neuen Welt zu einem Friedhof für Europäer.« Für die afrikanischen Stechmücken unterschied sich ihr neues Zuhause, wenngleich eine halbe Welt entfernt, offenbar nicht allzu sehr von ihrer bisherigen Heimat, sodass sie sich rasch an die neue Umgebung anpassten. Afrika wurde nach Amerika verpflanzt, zusammen mit ganzjährig auftretenden Seuchen wie Malaria, Dengue und Gelbfieber.

Karl Marx kritisierte diesen frühen, örtlich versetzten Kolonialkapitalismus 1848 mit der Mahnung: »Sie glauben vielleicht, meine Herren, dass die Produktion von Kaffee und Zucker die natürliche Bestimmung von Westindien sei. Vor zwei Jahrhunderten hatte die Natur, die sich nicht um den Handel kümmert, dort weder Kaffeebäume noch Zuckerrohr gepflanzt.« Ungeachtet von Marx' Beobachtungen der natürlichen Weltordnung und seiner Abneigung gegenüber der Bourgeoisie blieben doch afrikanische Sklaven die Grundlage dieser groß angelegten Zwangsumsiedlung des kapitalistischen Systems. Mit steigender Nachfrage nach Kaffee und Zucker (und dessen Abfallprodukt, der Melasse, die zur Herstellung von Rum verwendet wurde) stieg auch die Einfuhr afrikanischer Sklaven. Der Kaffee- und Zuckeranbau stand nicht im Wettbewerb zueinander, sondern ergänzte sich.

Um 1820 importierte die portugiesische Kolonie Brasilien jährlich 45 000 Sklaven, wobei die Gewinne für Kaffee und Zucker bei zwischen 400 und 500 Prozent der Vorlaufinvestitionen lagen. Damals machten Zucker und Kaffee etwa 70 Prozent der Gesamtwirtschaft Brasiliens aus. Es ist also kein Wunder, dass Brasilien das Hauptziel für afrikanische Sklaven war, deren Anteil (mit 5 bis 6 Millionen Menschen) am gesamten transatlantischen Sklavenhandel beeindruckende 40 Prozent betrug. Ende des 18. Jahrhunderts wurde Kaffee in geeigneten Anbaugebieten der gesamten westlichen Hemisphäre angepflanzt: von Brasilien und Jamaika über Kuba, Costa Rica und Venezuela bis nach Martinique und Haiti.

Um die merkantilistischen Ökonomien Europas am Laufen zu halten, darunter die Kaffee-, Zucker-, Tabak- und Kakao-Pflanzkolonien in Amerika, wurden mehr als 15 Millionen Afrikaner über die Mittelpassage des Atlantiks transportiert und trafen *lebend* auf den Plantagen und in den Minen der Neuen Welt ein. Weitere zehn Millionen starben zwischen ihrer Gefangennahme und ihrem neuen Bestimmungsort, und noch einmal fünf Millionen wurden zum Verkauf auf den Sklavenbasaren in Kairo, Damaskus, Bagdad und Istanbul zu Fuß durch die Sahara getrieben. Insgesamt wurden während des Sklavenhandels also rund 30 Millionen Menschen in Westafrika entführt, um für neue Herren Gewinne zu erwirtschaften. In den Kolonien auf dem gesamten amerikanischen Kontinent waren diese afrikanischen Sklaven, die Anhäufung von Wohlstand auf den Plantagen und der Erhalt imperialer Macht untrennbar mit der Mücke verbunden. Mit den Reisen von Kolumbus und seiner verwegenen Konquistadoren hatte Spanien diese kapitalistischen Möglichkeiten auf dem amerikanischen Kontinent eröffnet.

Nach dem ersten Eintreffen der Spanier entstand durch die verheerende Wirkung von Krankheiten und Seuchen rasch ein riesiges spanisches Reich in Übersee. Um 1600 erstreckten sich spanische Minen- und Pflanzkolonien über Süd- und Mittelamerika, die karibischen Inseln und bis in den Süden der heutigen USA. Der spanische Imperialismus besaß gegenüber seinen anderen europäischen Mitbewerbern zwei Vorteile: Erstens waren manche Spanier, insbesondere Menschen von der Südküste, durch G6PD(H)-Mangel (Fauvismus) und Thalassämie immun gegen die *Vivax*-Malaria. Als erste Europäer in Amerika kamen die Spanier zweitens auch als Erste in den Genuss immunisierender Vorinfektionen mit Malaria und Gelbfieber der Neuen Welt.

Eine Teilimmunität gegen Malaria ist das Ergebnis wiederholter Infektion. Dieser Segen ist zugleich Fluch und braucht jedoch Zeit. So waren etwa von den 2100 Spaniern, die Kolumbus zu kolonialen Stützpunkten begleitet hatten, gegen Ende seiner letzten Reise nur noch 300 am Leben. Für die durstigen Mücken und ihre Malariaparasiten war das Blut der ersten spanischen Entdecker und das der frisch eingetroffenen Pioniere ein gefundenes Fressen. Die frühen Konquistadoren bahnten sich ihren Weg durch tropische Landschaften, die auf keiner Karte verzeichnet waren, während sie mit der einen Hand das Schwert umklammert hielten und mit der anderen nach Stechmücken schlugen. Europäer in den Tropen der Neuen Welt und im Süden der heutigen USA waren praktisch mit einem Magneten ausgestattet, der Stechmücken anzog.

Vor 1600 beherrschte Spanien die Neue Welt, pflückte auf Zucker- und Tabakplantagen deren ökonomische Früchte und kontrollierte die Profite des afrikanischen Sklavenhandels. Mit der Zeit bauten spanische Siedler, Händler, Soldaten und die Sklaven, die dauerhaft in Amerika lebten, eine Immunabwehr gegen Malaria und Gelbfieber auf. Nationen wie England und Frankreich beneideten Spanien um seine Vorreiterrolle im kolonialen Handel. Anfang des 17. Jahrhunderts, nach einer hartnäckigen Phase von Trial-and-Error sowie mit etwas Glück, zimmerten die beiden Nachzügler schließlich ihre eigenen, auf Ausbeutung beruhenden Wirtschaftsimperien in der Neuen Welt. Die Anfälligkeit der Europäer gegen Malaria und Gelbfieber in der Karibik beobachtete ein reisender französischer Missionar, der feststellte, dass »von je zehn Männern [jeder Nationalität], die auf die Inseln gehen, vier Engländer, drei Franzosen, drei Holländer, drei Dänen und ein Spanier sterben«. Diese Beobachtung bestätigt die Wirkung der – im Vergleich mit anderen, später eingetroffenen Europäern – längeren spanischen Kolonialpräsenz, die damit verbundenen Vorinfektionen und die so entstandene genetische Immunität. Diese frühe ethnische Kartografie Amerikas ist heute noch erkennbar.

Nach McGuire und Coelho bewirkte die Einschleppung der von Stechmücken übertragenen Krankheiten »beträchtliche Sterbeziffern unter Europäern in den Zucker produzierenden Regionen der Neuen Welt, was zur Folge hat, dass die Bevölkerungen der ehemals britischen, französischen und niederländischen Kolonien in der Karibik heute vorwiegend afrikanischer Abstammung sind. Eine Ausnahme bilden die ehemals spanischen Kolonien (Kuba, Puerto Rico und Santo Domingo). Auf diesen Inseln lebt immer noch ein bedeutender europäischstämmiger Bevölkerungsanteil.«

Während des 17. und 18. Jahrhunderts starb fast die Hälfte aller Europäer, die sich in karibische Gewässer vorwagten, an von Mücken übertragenen Krankheiten. Dadurch stieg die Nachfrage nach afrikanischen Sklaven. In den ersten zwei Jahrhunderten industrieller Sklaverei auf dem amerikanischen Kontinent erzielten aus Afrika importierte Sklaven Höchstpreise. Sie kosteten dreimal so viel wie ein europäischer Schuldknecht und doppelt so viel wie ein einheimischer Sklave. Afrikaner, die vor Ort gezeigt hatten, dass sie gegen die von Stechmücken übertragenen Krankheiten der Neuen Welt durch Erbgut oder Vorinfektion immun waren, waren doppelt so teuer wie importierte, noch nicht erprobte Afrikaner. Mit der Zeit jedoch nahm die genetische Immunität der im Lande geborenen Sklaven durch Fortpflanzung und das Verbot des Sklavenhandels ab.

Großbritannien ächtete der Sklavenhandel 1807, im Jahr darauf kapitulierten die Vereinigten Staaten, Spanien lenkte 1811 ein. Die Einfuhr neuer Sklaven in diese Länder oder deren Kolonien direkt aus Afrika war nun gesetzwidrig. Und doch wuchs die Sklavenpopulation weiter. Ein abscheuliches, weit verbreitetes Merkmal der Sklaverei war der zügellose sexuelle Missbrauch von Frauen durch ihre Herren. Schließlich legte das Gesetz fest, dass Abkömmlinge von Sklaven rechtlich in die Sklaverei geboren wurden. Angesichts der extrem hohen Anschaffungskosten für Sklaven waren Vergewaltigungen eine ebenso sichere wie sadistisch befriedigende Methode, an neue Sklaven zu kommen. Solche sexuellen Übergriffe, die für die Opfer emotional und körperlich äußerst qualvoll waren, hatten jedoch auch ernste biologische Folgen. Der damit verbundene genetische Austausch führte zum graduellen Verlust von Immunität durch Duffy-Negativität und Sichelzellenanämie, insbesondere im Süden der Vereinigten Staaten. Das Resultat war ein höherer und stetig wachsender Anteil nicht immuner in Amerika geborener Sklaven. Die Malaria griff sich nun auch im Lande geborene Sklaven in großer Zahl, was die Rolle der Afrikaner innerhalb der irrwitzigen rassischen Konstrukte des Sozialdarwinismus veränderte. Die Amerikaner ignorierten die schwächenden Malariasymptome und hielten die Afrikaner nun für antriebslos und faul.

Der Verlust erblicher Immunität hatte unvorhergesehene und anhaltende Konsequenzen. Wie wir im Zusammenhang mit dem Amerikanischen Bürgerkrieg noch sehen werden, bedeutete die zunehmende Anfälligkeit für die von Stechmücken übertragenen Krankheiten auch höhere Sterbeziffern, was die Nachfrage nach mehr und immer teureren Sklaven verstärkte. Da der Sklavenhandel illegal war und die königlich-britische Marine eifrig entlang der afrikanischen Westküste patrouillierte, waren Zwangsfortpflanzung und Vergewaltigung nicht nur extrem lukrativ, sondern bald auch allgemein weit verbreitet. Die Bedingungen der Sklaverei, die wachsende Zahl der Geknechteten und die abscheulichen Methoden, diese wachsende Population zu vermehren, schürten jedoch Rebellionen.

Um Sklavenaufständen und Rassenkonflikten vorzubeugen, begannen die Vereinigten Staaten und Großbritannien Mitte des 19. Jahrhunderts damit, befreite Afrikaner in die westafrikanischen Kolonien Sierra Leone und Liberia zu verbringen. Da sie außerhalb Afrikas geboren waren und über keine Erbimmunität verfügten, starben vier von zehn dieser umgesiedelten ehemaligen Sklaven während des ersten Jahres in ihrer neuen Heimat, während die Hälfte ihrer nicht afrikanischen Aufpasser dasselbe Schicksal erlitt. Die Mücke, die innerhalb des afrikanischen Sklavenhandels eine boshafte und grausame Rolle spielte, sorgte so abermals für eine mysteriöse und makabere Wendung im Lauf der Geschichte.

Die afrikanische Resistenz gegen viele von Stechmücken übertragene Krankheiten trug zum Entstehen einer Rassenhierarchie bei, mit lang anhaltenden und weitreichenden Folgen wie der Sklaverei und deren Vermächtnis, dem Rassismus. Die Immunität wurde dazu benutzt, die afrikanische Sklaverei im Süden der Vereinigten Staaten »wissenschaftlich« und juristisch zu rechtfertigen, einer der vielen Gründe für den Amerikanischen Bürgerkrieg, in dessen Verlauf die Stechmücke in einen wahren Blutrausch geriet. Dem Historiker Andrew McIlwaine Bell zufolge glaubten die Gegner der Sklaverei vor dem Bürgerkrieg, die ominösen Gelbfieberepidemien, von welchen die Bewohner der Südstaaten heimgesucht wurden, wären eine »göttliche Strafe für die Sünde der Sklaverei, und behaupteten (zu Recht, wie sich herausstellte), die Krankheit sei eine Folge des Sklavenhandels«. Tatsächlich stellte der Sklavenhandel unbestreitbar die direkte Ursache für das Gelbfieber und dessen gewaltige Macht auf dem amerikanischen Kontinent dar.

Trotz des Vorkommens geeigneter Stechmücken blieben Asien und der pazifische Raum vollständig vom Gelbfieber verschont. Da der Ferne Osten nicht in den afrikanischen Sklavenhandel involviert war, trat die gefürchtete Seuche dort nicht auf. Während also andere von Mücken übertragene Krankheiten wie Malaria, Denguefieber und Filariose endemisch waren, verringerte dieses Fehlen von Gelbfieber den historischen Einfluss der Mücke im asiatisch-pazifischen Raum beträchtlich.

In Amerika waren die Seuchen wichtige historische Faktoren. Sie hatten die indigene Bevölkerung in weiten Teilen des Landes ausgelöscht. Europäische Siedler eigneten sich die leer gefegten, mückenverseuchten Regionen an. Charles Mann stellt fest, dass »diese zuvor gesunden Gebiete durch Malaria und Gelbfieber ungastlich wurden. Ihre früheren Bewohner flohen in sicherere Landstriche; Europäer, die den frei werdenden Grundbesitz bezogen, überlebten häufig nicht einmal ein Jahr … Selbst heute sind die Gegenden, in denen die europäischen Kolonisten nicht bestehen konnten, in der Regel ärmer als diejenigen, die von den Europäern als gesünder empfunden wurden.«

Die südlichen Kolonien Britisch-Amerikas etwa waren »kein Land für alte Männer, beziehungsweise für Männer, die alt werden wollten«, schreibt Peter McCandless in seiner Studie über Krankheiten in den amerikanischen Küstenregionen. »Oft stellten Beobachter fest, dass Menschen rasch alterten und starben … Mit den menschlichen Migranten kamen auch ihre Mikroben, die über die kleine Halbinsel Charleston auf den Kontinent gelangten wie eine Injektion mit einer Nadel.« Ein Einwohner berichtete, die Kolonisten im

Süden würden ruiniert von »den zahlreichen Fiebern, die jeden Sommer und Herbst allerorten auftreten«. Sehr zum Missfallen der Investoren erwarben die südlichen Kolonien und später die Südstaaten der USA einen schlechten Ruf als von Mücken beherrschte Seuchengebiete. Zahllose Tagebücher, Briefe und Aufzeichnungen teilen die Beobachtung eines deutschen Missionars, der feststellte, diese Regionen seien »ein Paradies im Frühling, eine Hölle im Sommer und ein Siechenhaus im Herbst«. Die amerikanischen Kolonien boten den frühen Siedlern zwar ein neues Leben und finanzielle Möglichkeiten in Form von Land, daneben aber, dank der Stechmücke, auch die Aussicht auf einen frühen Tod.

So wurde die britische Kolonie South Carolina von Gelbfieber und Malaria übel heimgesucht. Vor 1750 starben in den am stärksten betroffenen Anbaugebieten von Reis und Indigopflanzen beängstigende 86 Prozent aller europäisch-amerikanischen Kinder vor Erreichen des 20. Lebensjahres; 35 Prozent starben vor ihrem fünften Geburtstag. Ein typisches junges Paar aus South Carolina, das im Jahr 1750 heiratete, steht hier stellvertretend: Von ihren 16 Kindern erlebten nur sechs das Erwachsenenalter. In den südlichen Kolonien wurde der erwirtschaftete Wohlstand rasch in einen üppigen Lebensstil umgesetzt. Man kann Geld nicht mit ins Grab nehmen, und die dort herrschende Mentalität orientierte sich an dem Spruch »Lebe schnell, stirb jung«. Wer es sich leisten konnte, bezog während der riskanten Jahreszeit ein Quartier im Norden. Der Kapitän eines Schiffes berichtete seinen Passagieren auf der Fahrt nach Charleston, South Carolina, dass von den 32 »streng gläubigen Puritanern«, die er auf einer früheren Reise im Jahr 1684 von der Kolonie Plymouth in die Stadt gebracht habe, innerhalb eines Jahres alle bis auf zwei verstorben seien. Seine schockierten Zuhörer forderten ihn auf, sofort kehrtzumachen. So erging es auch einer französisch-spanischen Invasionsflotte, die im Queen Anne's War im Spätsommer 1706 von einer Gelbfieberepidemie zurückgeschlagen wurde. Es überrascht nicht, dass Charleston einen Ruf als Malaria- und Gelbfieberzentrum besitzt. Man schätzt, dass 40 Prozent der heutigen afroamerikanischen Bevölkerung Abkömmlinge von Sklaven sind, die mitsamt ihren von Stechmücken übertragenen Krankheiten über den Hafen von Charleston nach Amerika gelangten.[41]

Der englische Freibeuter und spätere Pirat Edward Thatch, besser bekannt als Blackbeard, blockierte 1718 zwar den Hafen von Charleston, ließ seine Flotte jedoch aus Furcht vor *Yellow Jack* in sicherer Entfernung ankern. Allerdings hielt er alle ein- und auslaufenden Boote und Schiffe an und nahm deren Passagiere an Bord ihrer eigenen Schiffe als Geiseln gefangen, um Lösegeld zu erpressen. Der gefürchtete Pirat Blackbeard war jedoch nicht auf Wertsachen oder andere Schätze aus. Seine Anweisungen waren simpel. Er wollte die Geiseln erst dann freigeben – und den Hafen wieder friedlich verlassen –, wenn sämtliche in Charleston verfügbare Medizin sicher an Bord seines Schiffes *Queen Anne's Revenge* gelangt sei. Seine verkommene, verwegene Mannschaft litt an von Stechmücken übertragenen Krankheiten. Innerhalb weniger Tage kamen die verängstigten Bürger Charlestons seinen Forderungen nach. Als die Kisten mit Arznei überbracht wurden, hielt Blackbeard Wort. Er gab alle Schiffe und Gefangenen unbeschadet frei, wenngleich er sie zuvor doch noch um Wertsachen, Schmuck und teure Kleider erleichterte.

Charleston war ein Seuchenherd, doch die Stadt war innerhalb des kolonialen Britisch-Amerikas keineswegs ein Sonderfall. Die herausragende Bedeutung der Stadt als Sklavenumschlagplatz – und damit als Brutstätte für Malaria und Gelbfieber, als Höhle des Verderbens – resultierte aus der sich ausbreitenden britischen Besiedlung, des Plantagensystems und der Sklaverei entlang der Atlantikküste, die bis zur ersten erfolgreichen Kolonie in Jamestown zurückreichten. Die 1607 gegründete britische Ansiedlung in Virginia, war, wie wir noch sehen werden, beherrscht von Stechmücken, Seuchen, Elend und Tod. Ihrer im Jahr 1620 von den Puritanern in Plymouth gegründeten Schwesterkolonie erging es nicht besser.[42]

Diese ersten britischen Satelliten stellten die Weichen für die durch Stechmücken beeinflussten historischen Ereignisse, aus welchen die 13 Kolonien und schließlich die Vereinigten Staaten hervorgingen. Britische Siedlergesellschaften in Amerika wurden auch von der Mücke und damit von Malaria und Gelbfieber kolonisiert. Wagemutige Siedler, machtlose Sklaven und instinktgesteuerte Stechmücken waren allesamt Hauptdarsteller in einer Tragödie, die bald ihren Lauf nahm. Mit der Verbindung von Stechmücke und Sklaverei begab sich der amerikanische Kontinent auf eine Reise in eine ungewisse Zukunft. Als zufälliger Eroberer im kolumbianischen Austausch beeinflusste die Stechmücke jede Facette der Vereinigten Staaten, von Pocahontas und Jamestown bis hin zur Politik und den Vorurteilen unserer Zeit.

KAPITEL 9

»THE SEASONING«: LANDSCHAFTEN VON MÜCKEN, MYTHOLOGIE UND DIE SAAT AMERIKAS

Die arme Matoaka. Die elfjährige Tochter des Häuptlings der Powhatan würde sich wohl kaum wiedererkennen in der fiktiven Geschichte über ihre unglückliche Romanze mit John Smith, die 1995 in einem Zeichentrickfilm von Walt Disney verewigt wurde. Ihre Filmfigur ähnelt mehr der üppigen Kim Kardashian als einem präpubertären indigenen Mädchen. Doch der Mythos um die englische Kolonie Jamestown, John Smith und die junge Matoaka, in der Geschichtsschreibung und in Hollywood besser bekannt als *Pocahontas*, wird weiterhin gepflegt und sorgt dafür, dass sich die fiktive Erzählung hartnäckig hält.

Der Name John Smith ist nicht nur mit der Gründung von Jamestown eng verbunden, sondern auch mit einer einseitigen Darstellung der vermeintlich glanzvollen Besiedlung Amerikas. Letztlich war Smith einfach nur ein schamloser Selbstdarsteller. Angesichts der Fehlinformationen, Eigenwerbung und gezielten Täuschung fällt es schwer, seine fünf Autobiografien, die in einem Zeitraum von nicht einmal 18 Jahren erschienen, ernst zu nehmen. Glaubt man den wilden Geschichten des aus den englischen East Midlands stammenden

Smith, begannen seine fantastischen Abenteuer, als er mit 13 Jahren zum Waisen wurde. Mit gerade einmal 26 Jahren hatte er gegen die Spanier in den Niederlanden gekämpft und mehrere Monate in einer selbst gebauten Hütte mit der Lektüre von Machiavelli, Platon und anderen Klassikern verbracht, bevor er als Pirat das Mittelmeer und die Adria unsicher machte. Er war als Spion für die Habsburger tätig und warnte vor den vorrückenden Osmanen, indem er Fackeln auf Berghöhen anzündete. Im Kampf gegen die Türken verschlug es ihn nach Transsylvanien im heutigen Rumänien, wo er gefangen genommen und als Sklave verkauft wurde. Es gelang ihm aus der Sklaverei zu entfliehen, indem er seinen Peiniger mit geübter Hand ermordete oder, wie er selbst schrieb, ihm »das Hirn zu Brei schlug«. In den Kleidern des Ermordeten zog Smith durch Russland, Frankreich und Marokko, wo er die Piraterie wieder aufnahm und spanische Schiffe vor Westafrika überfiel. 1604 schlug er sich schließlich nach England durch. Zwei Jahre später heuerte er für die Jamestownexpedition der Virginia Company an, die im Dezember 1606 in die Neue Welt aufbrach. Eine beeindruckende Bilanz für einen Zeitraum von nur 13 Jahren, die Smith wie den Inbegriff des jugendlichen Draufgängers wirken lässt. Allerdings sind sich die meisten Experten einig, dass John Smith ein Hochstapler und Betrüger war. Unzweifelhaft scheint aber, dass er in den zwei Jahren, die er sich in der elenden, stechmückengeplagten Kolonie Jamestown aufhielt, Pocahontas zumindest flüchtig kennenlernte.

Man weiß, dass Smith nach der Gründung von Jamestown im Mai 1607 einen Frieden mit den Powhatan aushandelte, um die Versorgung mit dringend benötigten Lebensmitteln sicherzustellen und die kleine Schar der Kolonisten davor zu bewahren, massakriert zu werden. Das Kräftegleichgewicht stand eindeutig zuungunsten der Siedler. Im Dezember wurde Smith bei der Nahrungssuche gefangen genommen und dem Häuptling der Powhatan vorgeführt. Was dann geschah, bleibt legendenumwoben. Smith behauptet, dass er nach einem Spießrutenlauf zwischen keulenschwingenden Kriegern im zentralen Langhaus den Tod finden sollte, allerdings erst, *nachdem* ein großes Festmahl zu seinen Ehren ausgerichtet worden war. Angeblich ging die elfjährige Pocahontas dazwischen: »Im Augenblick meiner Hinrichtung«, prahlte Smith, »wagte sie sich vor, um mein Leben zu retten, obwohl sie damit riskierte, dass man ihr den Schädel einschlug; aber nicht nur das, sie setzte ihrem Vater so zu, dass ich sicher zurück nach Jamestown geleitet wurde, wo ich etwa achtunddreißig elende, arme und kranke Kreaturen vorfand.« Die angeblich schockverliebte Pocahontas »brachte so viel Proviant, dass vielen das Leben gerettet wurde, die ansonsten verhungert wären«. Seit der Erstveröffentlichung im Jahr 1624 wurde Smiths Darstellung einer gründlichen Überprüfung unterzogen. Dem »Spießrutenlauf« der Forschung hielt sie nicht stand, was nicht weiter verwundert, da die Geschichte zahlreiche Ungereimtheiten aufweist. So ist erstens die zeitliche Abfolge nicht schlüssig. Smiths frühester Bericht aus dem Jahr 1608, der wenige Monate nach seiner Gefangennahme entstand, enthält noch keinen Hinweis auf seine spätere Version, laut der er von einer liebeskranken Prinzessin des Stammes gerettet wurde. Tatsächlich behauptete er in der ersten Darstellung, Pocahontas und er hätten sich erst einige Monate nach seiner Gefangennahme kennengelernt. Andererseits erwähnt er das große Festmahl, auf das ein langes Gespräch mit dem Häuptling der Powhatan folgte oder, wie er es ausdrückt, »gute Worte und große Platten mit vielerlei Kost«. Dieser erste Bericht wurde für eine private Leserschaft verfasst, daher gab es im Gegensatz zu seinen auf Selbstdarstellung und Profit schielenden Autobiografien keinen offensichtlichen Grund, die tatsächlichen Ereignisse auszuschmücken oder zu übertreiben. Wir werden noch mehrfach feststellen, dass der klein gewachsene und unscheinbare Smith einer Geschichte gern zusätzliche Würze verlieh, indem er das Motiv einarbeitete, eine in ihn vernarrte Frau habe ihn gerettet; immerhin greift er viermal auf dieses Stilmittel zurück.

Zweitens, das zeigen ethnologische Studien, gaben die Powhatan kein Festmahl für Kriegsgefangene vor deren Hinrichtung, zudem durften Kinder wie Pocahontas bei offiziellen Banketten nicht dabei sein. Smith verhedderte sich in seinen eigenen Lügen und brachte die traditionellen Praktiken der Powhatan völlig durcheinander. Die Anthropologin Helen Roundtree, die mehrere Bücher zu diesem Thema veröffentlicht hat, erklärt: »Kein Teil seiner Geschichte passt zur Kultur der Powhatan. Ein Festmahl war Ehrengästen vorbehalten und nicht für Kriminelle gedacht, die hingerichtet werden sollten. Man kann auch schwer nachvollziehen, warum die Powhatan einen so wertvollen Informanten umbringen sollten.« Vielmehr musste Smith einen Spießrutenlauf absolvieren und wurde anschließend mit einem Festmahl geehrt, aber nicht, weil Häuptling Powhatan ihn töten lassen wollte, sondern weil er ihn auf die Probe stellen und anschließend als Mittelsmann einsetzen wollte, der einen Friedensschluss mit den englischen Siedlern und gute Handelsbeziehungen anbahnen sollte. Pocahontas war nicht dabei und spielte auch keine Rolle. Smith schrieb die Geschichte um und baute die Häuptlingstochter ein. Damit ihm John Rolfe, der wahre englische Ehemann von Pocahontas, nicht als frühes amerikanisches Idol den Rang ablief, änderte Smith 1616 seine Geschichte und ergänzte sie um die romantische Note, und dies *nachdem* Pocahontas bereits in England bekannt war. Er nutzte ihre Berühmtheit auf kreative Art und Weise, um seine eigene zu erhöhen.

Der Disneyfilm wollte uns glauben machen, dass Jamestown auch in schwierigen Anfangszeiten eine friedliche und vielversprechende Siedlung war. In der Vorstellung der Disney Company laufen Pocahontas und Smith barfuß durch die üppige, prachtvolle Natur der Neuen Welt und vergnügen sich unter idyllischen Wasserfällen. Doch in Wirklichkeit war die Lage in der stechmückenverseuchten Kolonie katastrophal. Die ersten schlecht vorbereiteten Siedler fielen der Malaria zum Opfer. Es gibt Berichte, dass einer der ersten Siedler auf dem Scheiterhaufen verbrannt wurde, weil er im Winter 1609/10, dem sogenannten Hungerwinter, seine schwangere Frau ermordet und gekocht haben soll. Doch obwohl Jamestown am Rande des Abgrunds stand, konnte sich die Siedlung im Gegensatz zu früheren englischen Kolonialisierungsversuchen einschließlich der legendären verlorenen Kolonie Roanoke halten, was sie vor allem dem Tabak und später der Sklaverei zu verdanken hatte. Allerdings war es nicht John Smith, sondern John Rolfe, der 1610 die Saat für die Vereinigten Staaten von Amerika legte – und zwar in Form von Tabaksamen.

Die Engländer, die künftig den nordamerikanischen Kontinent dominieren sollten, traten erst spät in den kolumbianischen Austausch und die damit verbundenen merkantilistischen Unternehmungen ein. Als John Smith die unschuldige und fröhliche Pocahontas angeblich 1607 in Jamestown traf, hatten andere Europäer bereits in der Hälfte der heute 48 Bundesstaaten Kontinentalamerikas ihre Spuren hinterlassen. Bevor sich die Engländer und Franzosen zu Beginn des 17. Jahrhunderts an der profitgetriebenen kolonialen Landnahme in Amerika beteiligten, waren die Spanier dort bereits seit einem Jahrhundert allein zugange und hatten ohne Rücksicht auf die indigene Bevölkerung und deren Kultur ein mächtiges Reich in Süd- und Mittelamerika für sich erobert.

Aufgrund der begrenzten territorialen Möglichkeiten boten die ersten englischen und französischen Kolonien in Kanada und im Nordosten der späteren USA kaum wirtschaftliches Potenzial. Schwaden hungriger Stechmücken suchten die frühen Siedlungen in Neufundland und Quebec heim, die für die Krankheitserreger jedoch zu weit nördlich lagen. Allerdings waren die ersten englischen und französischen Vorposten auch zu unwirtlich für gewinnbringende Agrarprodukte wie Tabak, Zuckerrohr, Kaffee oder Kakao, mit denen die Spanier ihre Kassen füllten. Dennoch wollten die beiden europäischen Konkurrenten, nachdem sie in Amerika Fuß gefasst hatten, weitere Gebiete unter ihre Herrschaft bringen und Kolonien gründen, um von den üppigen Ressourcen zu profitieren und im Land des Überflusses, das die beiden Amerikas verhießen, endlich auf ihre Kosten zu kommen. Die Profite des merkantilistischen Systems lockten.

Nun galt es durch Kolonialisierung oder Eroberungen in die tropischen Regionen Nordamerikas vorzustoßen und dort lukrative, auf Sklavenarbeit gründende Plantagen anzulegen.

Nach einem wackligen Start gelang es den Franzosen und Briten, die spanische Vorherrschaft in der Karibik zu brechen. In einer Reihe von Kolonialkriegen wurde die territoriale Beute in Nord- und Mittelamerika neu verteilt. Diese imperialistischen Vorstöße wurden von Stechmückenschwärmen und den von ihnen übertragenen Malaria- und Gelbfiebererregern entschieden. Die ersten Siedlungsversuche der Franzosen wie der Engländer waren von Verzweiflung und Krankheiten geprägt, darunter auch die von ihnen selbst eingeschleppte Malaria. Viele Siedlungen wurden aufgrund der Überfälle der einheimischen Bevölkerungen, mangelnder Versorgung und gnadenloser Epidemien wieder aufgegeben oder verschwanden einfach. Die Stechmücken waren aktiv an den imperialen Plänen und Ansiedlungen der Europäer in Amerika beteiligt.

Die Franzosen waren seit den drei Expeditionen von Jacques Cartier in den Jahren 1534 bis 1542 an der Nordostküste »Kanatas« aktiv, von wo aus sie über den Sankt-Lorenz-Strom weiter ins Landesinnere vordrangen.[43] Aus den Erkundungsmissionen entstand jedoch erst 1608 eine dauerhafte Siedlung, als Samuel de Champlain in Québec einen Stützpunkt für seinen Pelzhandel einrichtete. Neufrankreich war jedoch kein attraktives Ziel für Siedler. Die französische Präsenz in Nordamerika wurde von einer Handvoll junger französischer Abenteurer vorangetrieben, die friedliche Beziehungen zu den indigenen Algonkin und Huron suchten, um mit ihnen mit Pelzen zu handeln. Der französische Pelzhandel weitete sich rasch aus, schon bald hatten die Franzosen ein Monopol im Tal des Sankt-Lorenz-Stromes und in der Region der Großen Seen. Doch die Schar der assimilierten französischen Händler blieb klein. Zu Beginn des 18. Jahrhunderts hatten die Franzosen eine Reihe isolierter, in loser Verbindung stehender militärischer Forts und Handelsstationen gegründet, die sich von der kanadischen und amerikanischen Atlantikküste nach Westen am Sankt-Lorenz-Strom entlang über die Großen Seen und dann nach Süden über das Mississippi-Delta bis zum Golf von Mexiko bei New Orleans zog.

Die französische Bevölkerung, die in diesem ausgedehnten hufeisenförmigen Gebiet lebte, bestand aus Einwanderern, Indigenen und Métis (die Nachkommen französischer Männer und indigener Frauen). Ihre Zahl blieb niedrig, im Jahr 1700 waren es nur 20 000 Menschen. Junge Männer ohne Zukunftsperspektive und andere vergessene Mitglieder der französischen Gesellschaft stellten den Großteil der Einwanderer. Das natürliche Bevölkerungswachstum war gering, französische Frauen waren Mangelware. Für die französischen Pelzhändler war es daher üblich, sich eine indigene Frau zu nehmen und sich in die indigenen Gesellschaften zu integrieren. Mit der Zeit befand sich die geringe französische Bevölkerung wirtschaftlich und militärisch im Nachteil gegenüber den Bewohnern der robusteren britischen und spanischen kolonialen Ansiedlungen. Um dem abzuhelfen, schickte die französische Krone 800 alleinstehende Frauen zwischen 15 und 30, die sogenannten *filles du Roi* (»Töchter des Königs«), nach Quebec oder New Orleans. Die Krone bezahlte die Überfahrt und stattete sie mit einer Mitgift in Form von Geld und Sachleistungen aus. Angesichts des Frauenmangels in Neufrankreich war die Mitgift für die neuen Ehemänner vermutlich nicht mehr als ein zusätzlicher Bonus.

Das ursprüngliche französische Kolonialreich war auf Nordamerika beschränkt. Der Pelzhandel erforderte nicht viele Franzosen und schon gar keine afrikanischen Sklaven. Die Einheimischen verrichteten einen Großteil der Arbeit, fingen die Tiere (hauptsächlich Biber) in Fallen und tauschten die Pelze gegen Waffen, Metallwaren und Glasperlen. In Anbetracht der hohen Nachfrage nach Pelzen in Frankreich war das Kräfteverhältnis zwischen der kleinen, assimilierten französischen Siedlerschar und den einheimischen indigenen Stämmen relativ ausgeglichen. Weiter im Süden, in Französisch-Louisiana, sorgten die Stechmücken und die geringe französische

Einwanderung dafür, dass die Zahl der weit verstreuten Siedlungen relativ klein blieb.

Bei der offiziellen Gründung von *La Nouvelle-Orléans* (New Orleans) 1718 waren Gelbfieber und Malaria bereits Dauergäste in der Region, die Zahl der französischen Siedler im gesamten Territorium von Louisiana lag bei gerade einmal 700. Die französische Kolonie von New Orleans war das Zentrum der Gelbfieber- und Malariaepidemien, die an der Golfküste und entlang des Mississippis grassierten und zahlreiche französische Siedlungen gleich in den Anfangszeiten auslöschten. Auch die von Stechmücken geplagte Stadt hatte mit seiner endemischen Malaria und seinen Gelbfieberepidemien nur geringe Erfolgsaussichten. Als Hafen war New Orleans für die wirtschaftlichen und kolonialen Pläne Frankreichs zwar lebenswichtig, doch als Ort zum Leben war es nicht mehr als ein von Wirbelstürmen heimgesuchter Sumpf an der Küste, dessen Bewohner regelmäßig an von Stechmücken übertragenen Krankheiten starben.

Da die französische Siedlung New Orleans aber überleben musste, sorgte die Mississippi-Kompanie dafür, dass männliche französische Strafgefangene frei gelassen wurden, wenn sie eine Prostituierte heirateten und sich auf den Weg in die Neue Welt machten. Die frisch angetrauten Eheleute wurden aneinandergekettet und die Fesseln erst wieder gelöst, wenn ihr Schiff offenes Wasser erreicht hatte. Zwischen 1719 und 1721 kamen drei Schiffsladungen mit diesen seltsamen Paaren in New Orleans an, wo sie Kinder hervorbringen sollten, deren Immunschutz an die Bedingungen im Land angepasst war. So sehr sich die Mücken auch bemühten, New Orleans und die wenigen immunisierten Siedler überlebten. Allerdings wurde die Hafenstadt zum Einfallstor für zahlreiche verheerende, von Stechmücken übertragene Epidemien, vor allem für das Gelbfieber, das am Mississippi entlang grassierte, mit gravierenden Auswirkungen auf die weitere Entwicklung.

Abgesehen von der Subsistenzwirtschaft rund um New Orleans verhinderten die von Stechmücken übertragenen Krankheiten einen größeren Anbau von Zuckerrohr oder Tabak. Ab 1706 wurden auf Plantagen im kleineren Rahmen indigene Sklaven eingesetzt, die jedoch schon bald gegen afrikanische Sklaven ausgetauscht wurden. Beschafft wurden diese anfangs durch Überfälle auf spanische Schiffe, später wurden sie direkt aus Afrika importiert. Die Zahl der afrikanischen Sklaven in New Orleans war gering, denn es war gar nicht so einfach, sie in Leibeigenschaft zu halten. Häufig entkamen die Sklaven oder sie revoltierten, flohen in die Sümpfe oder wurden von indigenen Stämmen aufgenommen. 1720 gab es in der französischen Kolonie Louisiana 2000 Sklaven und doppelt so viele freie Afrikaner. Zuckerrohrplantagen entstanden in Louisiana erst infolge eines Sklavenaufstands, der 1791 in der französischen Kolonie Saint Domingue (Haiti), dem damals größten Zuckerproduzenten weltweit, ausbrach (ebenfalls unter Mitwirkung der Stechmücken) und in die Unabhängigkeitsbewegung unter Führung von Toussaint Louverture mündete. Das dortige Plantagenmodell wurde für Louisiana übernommen, wo 1795 die erste Zuckerrohrplantage entstand, nicht lange vor dem *Louisiana Purchase* von 1803, bei dem die USA unter Führung ihres Präsidenten Thomas Jefferson Frankreich die Kolonie Louisiana abkauften.

Während Frankreich bei seinen frühen kolonialen Schritten in Nordamerika darauf geachtet hatte, dem mächtigen spanischen Kolonialreich im Süden nicht in die Quere zu kommen, verfolgte England eine andere Strategie. Die Berater und Financiers im inneren Kreis um Königin Elisabeth I., die von 1558 bis 1603 regierte, wollten ihren Teil vom Reichtum abhaben, den Spanien in Übersee anhäufte. Außerdem hielt man es in England, das durch Elisabeths Vater König Heinrich VIII. seit seinem Act of Supremacy von 1534 protestantisch war, für eine fromme Pflicht, »die elenden Völker« zu retten, wie es damals hieß, denn »die Völker Amerikas flehen uns an, ihnen die Frohe Botschaft des Evangeliums zu bringen.«[44] Das katholische Spanien, argumentierten die Engländer, habe bereits »Millionen Ungläubige« bekehrt, und zur Belohnung habe Gott den Spaniern

»unendliche Schätze und Reichtümer« geschenkt. Spanien profitiere von den üppigen Reichtümern Amerikas, während England auf »abscheuliche, gemeine und tägliche Piraterie« beschränkt sei. Um diesem ungleichen imperialen und wirtschaftlichen Kräfteverhältnis entgegenzuwirken, stellte Königin Elisabeth Kaperbriefe aus und nahm zwei der berühmtesten Freibeuter und Kaufleute des Schreckens in ihre Dienste – Sir Francis Drake und Sir Walter Raleigh. Bei ihren waghalsigen Abenteuern in der Karibik, in Nord- und Südamerika mussten die Freibeuter und Glücksritter gegen die größte und vielseitigste Bedrohung antreten, die die Welt je gekannt hat – die Stechmücke.

Nach Ferdinand Magellans Weltumsegelung in den Jahren 1519 bis 1522 machte sich Francis Drake von 1577 bis 1580 auf zu seiner eigenen Weltreise. Unterwegs überfiel er spanische Handelsschiffe und Kolonien und erbeutete dabei Schätze im heutigen Wert von 115 Millionen US-Dollar. Damit war er der zweitreichste Pirat aller Zeiten, nur Samuel Bellamy, auch *Black Sam* genannt, erbeutete fünf Millionen US-Dollar mehr. Drake umsegelte Südamerika und trieb dann an der amerikanischen Pazifikküste sein Unwesen. Nach einer Verschnaufpause in der später nach ihm benannten Drakes Bay bei Point Reyes 50 Kilometer nördlich der Golden Gate Bridge von San Francisco setzte Drake die Segel für eine Pazifiküberquerung. Am Ende landete der mittlerweile äußerst wohlhabende Freibeuter (dessen Reichtum vor allem zulasten der spanischen Krone ging) wieder im englischen Plymouth. Spanien war über die Freibeuterei der Engländer und Niederländer auf beiden Seiten des Atlantiks extrem verärgert, außerdem störte sich das katholische Land an der Einmischung englischer Protestanten in die Geschicke der spanischen Niederlande.

Als es 1585 schließlich zum Krieg zwischen dem katholischen Spanien und dem protestantischen England (und den mit ihnen verbündeten niederländischen Provinzen) kam, wusste der vor Kurzem geadelte Drake die Situation für sich zu nutzen. Als gewiefter und schlauer Opportunist überzeugte er Königin Elisabeth, ihn für einen Präventivschlag gegen die spanischen Kolonien in der Karibik auszurüsten, dem Dreh- und Angelpunkt des spanischen Kolonialhandels. Auf *El Draque*, wie die Spanier ihn nannten, warteten an der Spitze einer riesigen Piratenflotte, die seine »jungfräuliche Königin« offiziell genehmigt hatte, Reichtum und Ruhm. Vor der Überfahrt über den Atlantik mit dem Ziel, »dem spanischen König auf den Westindischen Inseln zuzusetzen«, legte Drake einen kurzen Zwischenstopp ein und plünderte die portugiesischen Kapverdischen Inseln vor der Westküste Afrikas. Allerdings nahm er dort nichts ahnend einen unwillkommenen Flüchtling mit an Bord – mit fatalen Folgen.

Während Drakes Flotte Kurs auf die Karibik nahm, schwanden die Schiffsbesatzungen unter der *Falciparum*-Malaria dahin. »Wir waren noch nicht viele Tage auf See«, notierte Drake im Logbuch, »da setzte unter unseren Leuten eine hohe Sterblichkeit ein und in wenigen Tagen waren über 200 bis 300 Mann tot.« Er erwähnt auch, dass das tödliche Fieber erst »sieben oder acht Tage nach dem Ablegen in St. Iago [Santiago auf den Kapverdischen Inseln]« begann und »unsere Leute mit extrem heißem Brennen und ständigen Schmerzen ergriff, woraufhin nur wenige mit dem Leben davonkamen«. Drakes Flotte war bereits vor der Ankunft in der Karibik durch Malaria geschwächt, und die Stechmücken behielten das Ruder während der gesamten sechswöchigen erfolglosen Expedition fest in der Hand. In der Karibik, schrieb der englische Kaufmann Henry Hawk, gebe es »mannigfaltige Krankheiten, was an der großen Hitze liegt, und eine bestimmte Mücke oder Fliege, die Moskito genannt wird und die Männer wie Frauen beißt … und mit einem giftigen Wurm [infiziert]. Und diese Mücke verfolgt vor allem diejenigen, die neu ins Land gekommen sind. Gar viele sterben an dieser Belästigung.« Tatsächlich zwangen Hawks »Moskito« und der Malaria übertragende »Wurm«, Drake und seine Neuankömmlinge zurück nach England zu kehren.

Nachdem die Stechmücken Drake und seine Piraten der Karibik zur Aufgabe gezwungen hatten, erkannte der Freibeuter schnell: »Wer also im Ausland an der frischen Luft ist, wird gewisslich mit dem Tode infiziert.« Um nicht mit leeren Händen in die Heimat zurückzukehren, überfiel Drake zur Entschädigung im Frühjahr 1586 die wehrlose spanische Kolonie San Agustín (St. Augustine) in Florida und löste damit eine Malariaepidemie unter den indigenen Timucua aus. Drake selbst erwähnt, dass die Timucua, »die zuerst zu unseren Leuten kamen, sehr schnell starben und untereinander sagten, es sei der englische Gott, der sie so schnell sterben lasse«. Gerade einmal 21 Jahre nach der Gründung durch die Spanier waren in San Agustín (der ältesten durchgehend besiedelten europäischen Stadt der USA) nur noch 20 Prozent der ursprünglichen Timucuabevölkerung am Leben.

Nach der Plünderung von San Agustín segelte Drake nach Norden Richtung Roanoke (im heutigen South Carolina), wo sein Freibeuterkollege Sir Walter Raleigh eine Kolonie gegründet hatte, die jedoch gleich im ersten Jahr mit massiven Problemen zu kämpfen hatte. Drake hatte auf seinen Schiffen reichlich Platz, um die überlebenden Siedler wieder zurück nach England zu bringen. Von der ursprünglichen Besatzung mit 2300 Mann waren nur noch 800 einsatzbereit – 950 waren der Epidemie erlegen, weitere 550 waren krank oder lagen im Sterben. Die Mücken hatten Drakes ersten Versuch, die englische Flagge in der Karibik zu hissen, zunichtegemacht. Für Königin Elisabeth mussten die Kolonisierung der Karibik und die Eroberung spanischer Siedlungen erst einmal warten.

In der Heimat wurde Drake dennoch wie ein Eroberer empfangen und zum Vizeadmiral der englischen Flotte befördert, die der spanischen Armada 1588 dann eine vernichtende Niederlage bereiten sollte. Mit dem überzeugenden Sieg errang Drake den Status eines Nationalhelden. Er nutzte seinen Ruhm, um eine riesige Flotte für weitere offizielle Kaperfahrten in der Karibik auszurüsten und weitere Vorstöße gegen spanische Kolonien zu unternehmen. Obwohl der Krieg gegen Spanien immer noch andauerte, war England nach der Niederlage der Armada klar im Vorteil. Aufgrund der Schwäche Spaniens schienen die wertvollen karibischen Kolonien leichte Beute. Und wer wäre für einen solchen Raubzug besser geeignet als der gefürchtete Pirat *El Draque*?

1595 nahm Drake San Juan auf Puerto Rico ins Visier, um dort die erste dauerhafte englische Kolonie in der Karibik zu gründen. Doch General Anopheles und seine spanischen Verbündeten machten Drakes imperialistischem Traum und seinem Leben schon bald ein Ende. Wenige Wochen nach Drakes Ankunft war bereits ein Viertel seiner Mannschaft der Malaria zum Opfer gefallen. Die Krankheitswelle wurde durch eine verheerende Ruhr verstärkt, die unter seinen Leuten grassierte. Nach der erfolglosen Belagerung von San Juan ging Drake mit seiner geschwächten Mannschaft im Golfo de los Mosquitos (dem Kolumbus im Oktober 1502 bei seiner vierten und letzten Überfahrt diesen passenden Namen gegeben hatte) vor Anker, nicht weit von der heutigen nördlichen Einfahrt in den Panamakanal. Im Januar 1596 erlag Drake schließlich der tödlichen Kombination von Malaria und Ruhr, sein Leichnam wurde auf See bestattet. Die Stechmücken, die für Drakes Niederlage und seinen Tod verantwortlich waren, hatten die Hoffnungen der Engländer in der Karibik erneut zerschlagen; vorerst waren sie gezwungen, ihre imperialistischen Träume andernorts zu verwirklichen. Während sich Drake mit den Stechmücken herumschlug, hatte England seine erste Kolonie 3500 Kilometer weiter nördlich gegründet, weit entfernt von Hitze, Rum und warmen Gewässern der Karibik mit ihren Stechmücken.

1583 wurde die erste erfolgreiche englische Überseekolonie auf Neufundland errichtet. Zur Abwehr der Wolken von Stechfliegen und Kriebelmücken, die in riesigen Schwärmen den Himmel verdunkelten, rieben sich die einheimischen Beothuk mit einer Paste aus rotem Ocker und Tierfett ein, wodurch ihre Haut eine satte rotbraune Farbe erhielt. Die Beothuk, die nicht mehr als 2000 Köpfe zählten, waren bei den Europäern schon bald als »Rothäute« bekannt.[45] Eine Kette unglücklicher Ereignisse führte zum Aussterben des Stammes. Einige Historiker vermuten einen Völkermord, aber das ist eher unwahrscheinlich. Wahrscheinlicher sind Pocken und Tuberkulose als Ursache, gefolgt von Hunger, weil den Beothuk der Zugang zur traditionellen Küstenfischerei verwehrt wurde. Zudem machten sich mordlustige Siedler einen Sport daraus, die Einheimischen zu jagen und zu töten. Das hatte zur Folge, dass sich die ohnehin kleine Volksgruppe nicht ausreichend fortpflanzen und erhalten konnte. 1829 waren die Beothuk schließlich ausgelöscht, nachdem Shanawdithit, die letzte junge Frau des Stammes, an Tuberkulose verstorben war.

St. John's auf Neufundland bot einen wichtigen natürlichen Hafen, außerdem zählte die Neufundlandbank zu den fischreichsten Gewässern der Welt, allerdings lag die Kolonie zu weit nördlich für Tabak- oder Zuckerrohrplantagen.[46] Die Insel war auch zu abgelegen, um als Stützpunkt für Freibeuterschiffe zu dienen, die den mit reicher Fracht beladenen spanischen Galeonen auf ihrem Rückweg von den Minen in den Kolonien auflauerten. Da Neufundland wirtschaftlich nicht viel zu bieten hatte und die Karibik aufgrund akklimatisierter spanischer Verteidiger und hartnäckiger Krankheiten unerreichbar schien, versuchte es Drakes Zeitgenosse Sir Walter Raleigh mit der Gründung einer Kolonie auf einer Insel vor der Küste des heutigen Bundesstaats North Carolina, dem bereits erwähnten Stützpunkt Roanoke.

Die Koloniegründung wurde ursprünglich von Sir Humphrey Gilbert organisiert und finanziert. Gilbert, ein Abenteurer und Freibeuter wie Raleigh, ertrank jedoch (mit einem Zitat aus Thomas Morus' *Utopia* auf den Lippen) auf der Rückreise von Neufundland (wo er die erste Kolonie gegründet hatte). Die Gründung von Roanoke blieb damit seinem jüngeren Halbbruder Walter Raleigh überlassen. Als Günstling der »Piratenkönigin« Elisabeth erhielt Raleigh einen sieben Jahre gültigen Freibrief, »jedes abgelegene, heidnische und barbarische Land, Territorium und Gebiet« zu kolonisieren, »das nicht einem christlichen Herrscher angehört und auch nicht von einem christlichen Volk bewohnt wird«. Mit anderen Worten: jedes verfügbare Land oder Gebiet, das nicht schon von Spanien besetzt war. Dafür sollte die Krone 20 Prozent aller (unrechtmäßig) erworbenen

Gewinne erhalten. Insgeheim instruierte Elisabeth Raleigh auch noch, einen Stützpunkt nördlich der Karibik zu errichten, von dem aus Freibeuter die mit Schätzen beladenen spanischen Flotten auf deren Heimweg nach Europa überfallen konnten. In der Geschichte ging dieses Piratennest als die »verlorene Kolonie von Roanoke« ein. Besessen vom »Goldrausch« und dem Wunsch, das sagenhafte Goldland Eldorado in Südamerika zu finden, setzte Raleigh selbst nie einen Fuß auf nordamerikanischen Boden. Er bezahlte einfach die ursprünglichen Siedler von Roanoke, damit sie den Auftrag für ihn übernahmen.

Die ersten 108 Siedler trafen im August 1585 auf Roanoke Island ein und die Schiffe, auf denen sie gekommen waren, segelten weiter nach Neufundland mit dem leeren Versprechen, im April des Folgejahres mit Vorräten zurückzukommen. Als im Juni 1586 immer noch keine Unterstützung angekommen war, waren die noch verbliebenen Siedler dem Hungertod nahe und wehrten nur mühsam die Vergeltungsschläge der örtlichen Stämme der Croatan und Secotan ab. Wie bereits erwähnt, machte Drake auf dem Rückweg von seinen malariageplagten Abenteuern in der Karibik Station auf Roanoke Island. Die wenigen Überlebenden von Roanoke gingen an Bord seiner Schiffe, wo man sie gut gebrauchen konnte, da zwei Drittel von Drakes Besatzung entweder schon tot oder an Malaria erkrankt waren. Der erste Siedlungsversuch auf Roanoke wurde abgebrochen. Als der Nachschub endlich kam, war die Kolonie verlassen. Vom Versorgungsschiff blieben fünfzehn Mann zurück, sie wurden geopfert, damit England in der Region weiterhin vertreten war.

1587 schickte Raleigh einen zweiten Trupp von 115 Siedlern nach Amerika, die einen weiteren Stützpunkt nördlich von Roanoke in der Chesapeake Bay einrichten sollten. Die Siedler, die nicht aus den Fenlands, dem stechmückenverseuchten Malariagebiet des Marsch- und Sumpflands im Südosten England stammten, waren wahrscheinlich frei von Malaria. Als die neuen Siedler in Roanoke anlegten, um die kleine, verlorene englische Garnison einzusammeln, fanden sie nur ein einzelnes Skelett, von den anderen fehlte jede Spur. Der Kapitän der Flotte wies sie daraufhin an, in Roanoke von Bord zu gehen und sich dort anstatt in der Chesapeake Bay anzusiedeln. Nur der Anführer der Expedition, John White, ein Freund von Raleigh und einer der ursprünglichen Kolonisten, die von Drake gerettet worden waren, kehrte nach England zurück, um die Versorgung von Roanoke zu sichern, die aber wiederum niemals eintraf.

Durch den Krieg zwischen England und Spanien waren Whites Sorge um die Kolonie und die Bedürfnisse der Siedler in Roanoke in den Hintergrund gerückt. Alle Schiffe wurden beschlagnahmt, um sich der Bedrohung durch die mächtige spanische Armada entgegenzustemmen. Roanoke war verloren. Als White schließlich drei Jahre später zurückkehrte, fand er die Siedlung verlassen vor, nur das Wort *CROATAN* war in den letzten verbliebenen Zaunpfahl geschnitzt worden, und in einem nahestehenden Baum waren die Buchstaben *CRO* eingekerbt. Es gab keinerlei Anzeichen eines Kampfes, die Siedlung war auch nicht niedergebrannt worden, es wirkte eher so, als ob sie systematisch abgebaut worden wäre. In England verbreiteten sich verschiedenste Geschichten, wovon einige gezielt von den Akteuren des merkantilistischen Imperialismus in die Welt gesetzt wurden. Niemand war bereit, sich freiwillig als Siedler für eine Kolonie zu melden, wenn das den sicheren Tod bedeutete. Für die englische Krone und ihre finanziellen Unterstützer durfte die Gründung von Kolonien nicht mit dem Stigma behaftet sein, dass die Siedler Hunger, Krankheit und Folter durch wilde Ureinwohner ausgesetzt waren. Die Wahrheit wäre schlecht fürs Geschäft gewesen.

Es gibt zahlreiche Theorien über das Schicksal der verschwundenen Siedler. Im Fernsehen und bei Netflix finden sich reißerische Dokumentationen, doch es gibt nur eine Erklärung, die auf archäologischen Funden basiert und damit – anders als die These, die Siedler seien von Außerirdischen entführt worden – den Realitätstest besteht. Die meisten Siedler starben einfach an Krankheiten und Auszehrung und die übrigen, wahrscheinlich nur Frauen und Kinder, wurden von den lokalen Stämmen der Croatan und Secotan adoptiert, mit denen sie sich dann vermischten. Die kulturelle Praxis der Integration und Assimilation war bei den indigenen Völkern im Osten Nordamerikas üblich, wie wir bereits im Zusammenhang mit den französischen Pelzhändlern und ihren Métis-Nachkommen festgestellt haben. Bis das DNS-Projekt zur verlorenen Kolonie von Roanoke, das 2007 ins Leben gerufen wurde, wissenschaftliche genealogische Nachweise erbringt, werden Verschwörungstheoretiker jedoch noch weiter ihre Thesen in den Medien verbreiten und die historische Darstellung durch angebliche *Dare Stones* (Steine, auf denen Siedler ihre Geschichte einritzten) ebenso verzerren wie mit ihren Thesen über Entführungen durch Außerirdische und ihren gefälschten Landkarten.

Walter Raleigh, einer der Gründer von Roanoke, setzte nie einen Fuß auf das nordamerikanische Festland. Stattdessen war er, gestützt auf seine Freibeuterzüge, 1595 bis 1617 bei Militärunternehmungen gegen das spanische Kolonialreich im Englisch-Spanischen Krieg aktiv und führte unter anderem eine Expedition im heutigen Venezuela und Guyana an, um nach den sagenumwobenen goldenen Tempeln Eldorados zu suchen. Doch seine Abenteuer in der Neuen Welt waren zum Scheitern verurteilt, und die Stechmücke spielte hierbei eine bedeutende Rolle. Als Königin Elisabeth 1603 starb, wurde Raleigh vorgeworfen, er habe ein Komplott gegen ihren Nachfolger Jakob I. geplant, der das Todesurteil gegen Raleigh jedoch – wenn auch widerwillig – in eine lebenslange Haft umwandelte. Raleigh wurde im Tower von London inhaftiert, bis er 1616 begnadigt wurde. Gleich nach seiner Freilassung holte er sich die Genehmigung für eine weitere Expedition auf der Suche nach Eldorado, doch sie sollte seine letzte werden.

Auf Schatzsuche in Guyana wurde Raleigh immer wieder durch Malariaschübe außer Gefecht gesetzt. Während seiner Erkrankung überfiel ein Trupp seiner Männer entgegen seiner Befehle eine spanische Siedlung. Dabei wurde nicht nur Raleighs Sohn getötet, der

Überfall war auch ein direkter Verstoß gegen die Bedingungen seiner Begnadigung und den Vertrag von London, mit dem der 19 Jahre währende Englisch-Spanische Krieg 1604 geendet hatte. Als die empörten Spanier Raleighs Kopf forderten, blieb König Jakob keine andere Wahl, er musste das Todesurteil vollstrecken lassen. Raleighs letzte Worte vor seiner Hinrichtung 1618 in London waren nicht vom Stolz auf seine Heldentaten und auch nicht vom Ärger über sein Ende erfüllt, sondern galten den Stechmücken und seinen wiederkehrenden Fieberschüben: »Bringen wir es hinter uns«, sagte er dem Scharfrichter mit der Axt. »Zu dieser Stunde überkommt mich mein Schüttelfrost. Ich möchte nicht, dass meine Feinde denken, ich würde vor Angst zittern. Schlag zu, Mann! Schlag zu!«

Die bedeutendste »Leistung«, die Raleigh in seinem schillernden Leben vollbrachte, ist wohl die, das er den Tabak in England populär machte, den er bei einem seiner vielen Überfälle von den Spaniern erbeutet hatte. Auch die geretteten Siedler des ersten Kolonisierungsversuchs von Roanoke kehrten mit Tabak in der Tasche und dem »unstillbaren Verlangen und der Gier, den stinkenden Rauch einzusaugen«, nach England zurück. Thomas Harriot, ein berühmter englischer Mathematiker und Astronom, der Roanoke überlebt hatte, pries bei seiner Rückkehr die medizinischen Vorteile des Tabakrauchens und erklärte, es »öffnet alle Poren und Passagen des Körpers … Der Körper wird bemerkenswert gesund gehalten und kennt nur noch wenige beschwerliche Leiden, von denen wir in England sonst so oft befallen sind«. Auch wenn sich die Meinung des kettenrauchenden Harriot am Ende als tödlicher Irrtum erweisen sollte (er starb an Mund- und Nasenkrebs, verursacht durch das Rauchen, Kauen und Schniefen von Tabak), so war das spanische Monopol auf Tabak doch so lukrativ, dass dessen Umgehung durch den Verkauf von Tabaksamen mit dem Tod bestraft wurde.

Das spanische Tabakkartell wurde dennoch schon bald von einem fleißigen Engländer untergraben, in dem sich Abenteuerlust mit amerikanischem Unternehmergeist verbanden. Roanoke war gescheitert, doch der junge englische Tabakfarmer namens John Rolfe und seine Frau Pocahontas vom Stamm der Powhatan sorgten dafür, dass die Kolonie Jamestown ein Erfolg wurde. Sie legten die Saat für die Entstehung eines englischen Amerikas, aus dem schließlich die Vereinigten Staaten hervorgingen. Es war der lukrative Tabakanbau, welcher der englischen Kolonie Amerika Leben einhauchte, und Jamestown war der Filter. Allerdings zogen die englischen Kolonisten mit dem Tabakanbau auch Stechmücken und damit den Tod durch Malaria an.

Kaum war der erste Schreck über das Scheitern von Roanoke abgeklungen, wurden Pläne für eine weitere englische Handelskolonie geschmiedet. Nach Zwischenstationen auf den Kanaren und auf Puerto Rico landeten am 14. Mai 1607 drei Schiffe, finanziert von der London Company und der Plymouth Company (allgemein als Virginia Company bekannt), in der Chesapeake Bay. An Bord befanden sich 104 schlecht ausgerüstete und unterversorgte Männer, darunter auch John Smith. In Übereinstimmung mit der altehrwürdigen Miasmatheorie hatte die London Company klare und einfache schriftliche Anweisungen zum Standort der Siedlung erteilt. Die Kolonisten sollten den englischen Stützpunkt nicht an einem »tief gelegenen oder feuchten Ort« anlegen, da dieser ungesund sei. »Die gute Luft lässt sich anhand der Menschen beurteilen; in einigen Teilen der Küste, wo das Land niedrig liegt, haben die Menschen trübe Augen und geschwollene Bäuche und Beine.« Vorsichtig fuhr man den James River hinauf, dessen Ufer von frisch gepflanztem Mais gesäumt wurden, hin und wieder unterbrochen von Gruppen mächtiger Bäume.

Wie die Anweisungen der Company und die Fracht belegen, waren die Männer nicht gekommen, um das Land zu erkunden oder zu bebauen. Sie sollten nicht einmal eine dauerhafte Siedlung errichten. Frauen waren keine dabei, die Vorräte waren knapp, sie hatten kaum Vieh, keine Saat und auch keine landwirtschaftlichen Geräte oder Baumaterialien bei sich. Dafür war eine hochmütige Gruppe niedriger Adliger mit von der Partie, die körperliche Arbeit nicht gewohnt waren, dafür aber Gerät mitführten, um Gold zu schürfen und den Mineralienreichtum Virginias auszubeuten. Auf einer unbewohnten sumpfigen Halbinsel im James River sollten diese gut hundert tollkühnen Engländer schließlich die Grundlage für die britischen Kolonien in Nordamerika legen, auch wenn sie davon natürlich nichts ahnen konnten.

Schon bald zeigte sich, warum keine eingeborenen Powhatan in der Nähe der provisorischen englischen Kolonie zu finden waren. Aufgrund der Biberpopulation, die damals 40 Mal so groß war wie heute, war der Osten Nordamerikas größtenteils von Sümpfen und Mooren bedeckt, die im Vergleich zu heute die doppelte Fläche einnahmen. Für Stechmücken muss dieses Feuchtgebiet ein paradiesischer Tummelplatz gewesen sein.[47] Als die Biber im Zuge der Irokesenkriege (1640–1701), die auch den passenden Namen Biberkriege trugen, beinahe ausgerottet wurden, trockneten die Sümpfe und Schwemmgebiete aus und wurden unter dem Pflug der Engländer zu fruchtbaren Ackerflächen. In den Kriegen, bei denen es um den Pelzhandel ging, kämpfte die Konföderation der Irokesen zusammen mit den Briten gegen verschiedene Stämme der Algonkin und deren französische Verbündete. Das seit Langem bestehende Verhältnis der Stämme untereinander wurde dadurch nachhaltig erschüttert und verändert. Der Siebenjährige Krieg (1756–1763) bildete schließlich den Höhepunkt einer langen Reihe von kriegerischen Auseinandersetzungen in Nordamerika. Aufgrund seiner weitreichenden Auswirkungen war er auch der erste richtige *Weltkrieg*. Zwischen den Briten und Franzosen kam es zur entscheidenden Auseinandersetzung um die Vorherrschaft in Nordamerika. Dabei gelangten auch blutrünstige Stechmücken in die Feldlager und auf die Schlachtfelder. Doch im frühen 17. Jahrhundert richtete sich der englische Landhunger noch nicht gegen Neufrankreich, da das Überleben der ursprünglichen Kolonien Jamestown und Plymouth keineswegs sicher war.

Dank einer umtriebigen Biberpopulation war Jamestown nicht gerade ein idealer Standort für eine Ansiedlung. Doch die Anweisungen der London Company wurden fröhlich ignoriert – mit fatalen Konsequenzen. »Kein Indianer lebte auf der Halbinsel, denn es war kein guter Ort zum Leben«, stellt Mann nüchtern fest. »Die Engländer waren wie die Familie, die als letzte in eine neue Wohnsiedlung zieht – sie bekamen das Grundstück, das keiner wollte. Der Ort war sumpfig und mückenverseucht.« Das brackige Wasser war voller »Schlamm und Schmutz«, wie ein Siedler klagte, es war nicht nur untrinkbar, sondern machte auch den Boden ungeeignet für den Ackerbau.[48] Die Überflutungsgebiete boten keine Nahrung für Wild, und auch die Fischbestände waren dürftig und abhängig von den Jahreszeiten.

Malariainfizierte Stechmücken hingegen fanden ideale Lebensbedingungen vor. Sowohl die eingeschleppten als auch die einheimischen Anophelesmücken infizierten die kürzlich gelandeten Siedler mit Malaria, von denen viele bereits den Parasiten im Blut hatten oder eingekapselt in der Leber in sich trugen. Nathaniel Powell, ein früher Siedler von Jamestown, berichtete in einem Brief: »Noch habe ich mein Quartanfieber nicht verloren. Aber da ich es gestern hatte, rechne ich für den kommenden Donnerstag damit.« Jamestown lag in einem Gebiet, das für den Ackerbau, die Jagd und die Gesundheit seiner Bewohner denkbar ungeeignet war, und auch die Gold- und Silbervorkommen sowie die kostbaren Edelsteine, von denen die geplagten Siedler träumten, waren hier nirgends zu finden.

Stattdessen hatten sie mit Hunger, Krankheiten und den Überfällen der einheimischen Bevölkerung zu kämpfen, die die Engländer mit ihrer Statur und ihren Fähigkeiten in Erstaunen versetzten. Darüber hinaus verfügten sie über Pfeile und Bogen, die sie neunmal schneller abfeuern und »nachladen« konnten als die Engländer ihre Musketen. Anders als die kleine Schar der Franzosen, die sich anpassten und nur kurzzeitig blieben, um mit Pelzen zu handeln, waren die Engländer auf Landgewinne aus und gewillt, dauerhafte Kolonien zu gründen. Sie wollten von ihren Brückenköpfen an den Küsten immer weiter ins Landesinnere vorstoßen. Konflikte mit den einheimischen Stämmen waren daher unvermeidlich. Doch zunächst waren die von Krankheit geschwächten Engländer zahlenmäßig und waffentechnisch unterlegen. Die ausgedehnte Konföderation der Powhatan bestand aus über 30 Stämmen mit einer Gesamtbevölkerung von 20 000 Personen. Nach nur acht Monaten lebten gerade einmal noch 38 bemitleidenswerte Engländer, geschüttelt von Malariafieberschüben, in Jamestown, ihrer eigenen kleinen Hölle auf Erden.

Obwohl die Kolonie 1608 zweimal mit Nachschub versorgt wurde und die anlaufenden Schiffe auch neue Siedler und sogar einige wenige Frauen brachten, starben die Kolonisten schneller, als man sie ersetzen konnte. »Unsere Männer wurden durch grausame Krankheiten wie Geschwulste, Ausfluss und hohes Fieber vernichtet«, schrieb der demoralisierte Siedler George Percy. »Am Morgen wurden ihre Körper wie Hunde aus den Hütten getragen, um sie zu begraben.« Aufgrund des anfänglichen Frauenmangels wuchsen auch keine neuen Siedler in der Kolonie heran. Nach England wurde die Botschaft übermittelt, Neuankömmlinge auf »Fieber und Krankheiten« vorzubereiten, »namentlich die Krankheit des Landes, die die meisten kurze Zeit nach der Ankunft mit einem gravierenden Anfall (dem sogenannten *Seasoning*) heimsucht.« Die Siedler von Jamestown siechten in diesem stechmückenverseuchten Umfeld dahin. Nach dem Winter 1609/10, dem Hungerwinter, waren von den ursprünglichen 500 Siedlern nur noch 59 am Leben. Zusammenfassend wurde nach England gemeldet: »Das *Seasoning* hier ist wie in anderen Teilen Amerikas, ein Fieber oder Schüttelfrost, unter dem jeder Neuankömmling aufgrund des anderen Klimas oder der anderen Ernährung leidet.« Die ersten holprigen Schritte der Siedler auf dem sumpfigen Grund von Jamestown wurden zusätzlich erschwert durch unbeirrbare, malariaübertragende Mücken und schrecklichen Hunger.

»Die Probleme, mit denen die kleine Siedlung zu kämpfen hatte, hätten leicht dafür sorgen können, dass Jamestown ein ähnliches Schicksal wie Roanoke erlitt, was weitere Vorstöße der Engländer verzögert, wenn nicht sogar vereitelt hätte«, schreibt David Petriello in seinem Buch *Bacteria and Bayonets*, das sich mit den Auswirkungen von Krankheiten auf die Militärgeschichte der USA befasst. »Die Geschichte der Kolonie ist allgemein bekannt. Die Siedler mussten gegen die einheimischen Stämme kämpfen, litten unter Lebensmittelmangel, mussten sich mit Gier und internen Konflikten auseinandersetzen, bis aus Jamestown schließlich eine überlebensfähige Siedlung wurde. Aufgrund der Schwierigkeiten, mit denen die Kolonie anfangs zu kämpfen hatte, und der hohen Sterblichkeit unter den Siedlern werden diese ersten Jahre als Hungerzeit bezeichnet. Doch auch das ist eine stark vereinfachende, wenn nicht sogar irreführende Bezeichnung. Nicht der Mangel an Lebensmitteln, sondern die hohe Zahl der Krankheiten hätte beinahe zum Scheitern von Jamestown und Virginia geführt.« In der historischen Literatur werden die ursprünglichen Siedler von Historikern und Kommentatoren häufig als faul und apathisch dargestellt. Vermutlich waren sie das auch, immerhin hatten sie chronische Malaria. Die Einwohner von Jamestown litten Hunger, weil sie zu krank und vielleicht auch nicht bereit waren, schwere körperliche Arbeit zu verrichten, um Lebensmittel anzubauen, zu sammeln oder zu stehlen. Die Hungerzeit sollte in »Stechmückenzeit« umbenannt werden. Vor dem Hunger kamen Malaria, Typhus und Ruhr, die das Leben in der Kolonie auch weiterhin dominierten.

Die ersten Siedler gingen davon aus, dass sie mit den einheimischen Powhatan Vorräte tauschen würden, und hatten nicht vor, ihre Nahrung selbst anzubauen. Nachdem sie alles, was sie besaßen, gegen Lebensmittel eingetauscht hatten, begannen sie, die knappen Vorräte der Powhatan zu stehlen. Doch die Ernte im Jahr 1609 war aufgrund von Trockenheit sehr gering ausgefallen, Nahrungsmittel und Wild waren knapp. Es kam nun zu größeren Überfällen und Strafexpeditionen der Powhatan, bis die fast aufs Skelett abgemagerten, von Malaria geplagten Siedler gezwungen waren, sich hinter einer Holzpalisade in ihrem eigenen gärenden Unrat zu verschanzen. Als die richtige Hungersnot einsetzte, bestand ihr Speiseplan aus Baumrinde,

Mäusen, Lederstiefeln und -gürteln, aufgequollenen Ratten und den eigenen Leidensgenossen. Später wurde berichtet, die ausgehungerten Siedler hätten mit bloßen Händen in der Erde gewühlt, »um Leichen aus dem Grab zu holen und sie zu vertilgen«. Wie bereits erwähnt, tötete ein hungriger Siedler seine schwangere Frau und »legte sie in Salz ein, um sie zu verspeisen«, wie ein Beobachter berichtete. Zu allem Unglück kehrte John Smith, der Anführer, der einen dauerhaften Frieden und ein gegenseitiges Handelsabkommen mit den Powhatan vereinbart hatte, im Oktober 1609 nach England zurück, kurz vor der Hungerzeit und dem daraus entstehenden Konflikt mit den Powhatan. Smith hatte sich bei einem Unfall schwer verletzt, als er versehentlich einen Beutel mit Schießpulver in Brand setzte, der an seiner Kniehose baumelte. Mit schweren Verbrennungen brach er nach England auf und kehrte nie wieder nach Virginia zurück.

Kurz nach Smiths Abreise traf ein anderer John in Jamestown mit einer Handvoll Tabaksamen in der Tasche ein. Er war entschlossen, in Virginia ein neues Leben zu beginnen, ohne zu ahnen, dass er damit auch die Saat für eine neue Nation legte – für die Vereinigten Staaten von Amerika. Während John Smith von Hollywood und der Geschichtsschreibung glorifiziert wird, gebührt die eigentliche Hochachtung diesem anderen Einwohner Jamestowns: John Rolfe, dem wahren englischen Ehemann des Disneylieblings Pocahontas. Rolfe brach mit seiner Frau Sarah und 500 oder 600 weiteren Passagieren im Juni 1609 von England aus auf, an Bord von neun Schiffen, die zum dritten Mal die Kolonie mit Nachschub versorgten. Sieben der neun Schiffe erreichten Jamestown in jenem Sommer (Rolfes Schiff, die *Sea Venture*, war nicht darunter), setzten die Siedler und ihre Fracht ab und kehrten im Oktober nach England zurück. Sie brachten die Nachricht von der Hungerzeit mit ins Mutterland, ebenso wie einige kriminelle Siedler, die in der Kolonie nicht mehr erwünscht waren, und den verletzten und versengten John Smith. Die beiden Johns begegneten sich nie persönlich, zumindest nicht in Virginia.

Die *Sea Venture* war bei der Überfahrt von einem Hurrikan getroffen worden und lief schließlich auf einer Sandbank nördlich der Bermudainseln auf Grund. Die Überlebenden (Rolfes Frau und die neugeborene Tochter Bermuda zählten nicht dazu, sie wurden auf der Hauptinsel Bermuda begraben) saßen neun Monate lang auf der Insel fest, bis sie mithilfe zweier kleiner Boote, die sie selbst aus den Überresten des Wracks und Holz gebaut hatten, das sie auf der Insel fanden, wieder in See stechen konnten. Die beiden selbst gezimmerten Boote erreichten mit Mühe und Not Jamestown im Mai 1610, sieben Monate nach der Abreise von John Smith und des Versorgungskonvois.

Für alle Shakespeare-Fans sei kurz erwähnt, dass die unwahrscheinliche und kühne Reise der *Sea Venture* als Inspiration für *Der Sturm* (1610/11 verfasst) diente. In dem Stück finden sich zahlreiche Hinweise auf Sklaverei und Krankheiten. Shakespeare war mit Malaria vertraut, immerhin waren die Fenlands mit ihren Sümpfen bereits zu Lebzeiten des Barden berühmt-berüchtigt für ihre kränklichen, vom Wechselfieber geplagten Bewohner mit den fahlen Gesichtern. In *Der Sturm* verflucht der Sklave seinen Herrn Prospero und wünscht ihm die Malaria an den Hals: »Dass alle ansteckenden Dünste, so die Sonne aus stehenden Sümpfen und faulen Pfützen saugt, auf Prospero fallen, und ihn vom Haupt bis zur Fußsohle zu einer Eiterbeule machen möchten!« Später im Stück stolpert der betrunkene Stephano über Caliban und Trinculo, die vor einem Sturm unter einem Umhang zitternd Schutz gesucht haben, und hält sie für »ein vierbeinichtes Ungeheuer aus dieser Insel …, das hier das Fieber gekriegt hat«. Die unwahrscheinliche Fahrt der *Sea Venture* diente jedoch nicht nur als Inspiration für das – wie viele Kritiker und Historiker meinen – vermutlich letzte Theaterstück, das Shakespeare komplett selbst schrieb, sondern hatte noch eine andere langfristige Auswirkung.

Das Unglück der *Sea Venture* war Englands Glück. Obwohl Rolfe und seine Mitpassagiere nur die Toten auf Bermuda zurückließen, wehte fortan die englische Flagge auf der strategisch bedeutenden subtropischen Insel im Atlantik. Knapp 1800 Kilometer nördlich von Kuba gelegen und über 1000 Kilometer östlich von North und South Carolina, wurde Bermuda 1612 offiziell in die Charta der Virginia Company aufgenommen. Die Insel diente als Zwischenstation für englische Kriegs- und Handelsschiffe auf dem Weg zu ihrem endgültigen Ziel. Ein zeitgenössischer Kommentator schrieb, Bermuda könne als Sprungbrett für die weiteren kolonialen Interessen fungieren, doch einstweilen solle sie »dazu dienen, Virginia neues Leben einzuhauchen, und ein Lehrstück sein. Die dortige Kolonie ›unserer Landsleute‹ möge viel zur Stärke, zum Wohlstand und zum Ruhm des Königreichs beitragen, und sich von großem Nutzen für die eingeborenen Bewohner Virginias erweisen, auch dahingehend, dass unsere Landsleute dorthin übersiedeln.« Als die Puritaner 1625 Massachusetts besiedelten, war die koloniale Einwohnerzahl Bermudas deutlich höher als die Virginias. Während Plantagenkulturen wie Zuckerrohr und Kaffee noch in weiter Ferne lagen, stellte Tabak bereits einen wichtigen Wirtschaftsfaktor für beide Kolonien dar. Die Kolonisten von Bermuda besiedelten bis 1630 weitere Inseln wie die Bahamas und Barbados, wo nun doch Zuckerrohr für England angebaut werden konnte. Barbados stand schon bald an der Spitze des englisch-karibischen Zuckerhandels, was sich auch anhand der rasch anwachsenden Bevölkerung zeigte, die bis zum Jahr 1700 auf 70 000 anstieg, darunter 45 000 Sklaven.

Obwohl Barbados 1647 der erste Schauplatz für eine eindeutig belegte Gelbfieberepidemie in Amerika war, blieb die Insel interessanterweise von der malariaübertragenden Anophelesmücke verschont. Dank der fehlenden Malaria genoss Barbados trotz der Gelbfieberepidemien und anderen Krankheiten den Ruf einer hygienischen Kolonie mit »gesundem« Klima und wurde sogar als Heilstätte für Malariapatienten empfohlen. Hätte es damals schon Werbung gegeben, hätte sie geklungen wie jene für All-inclusive-Strandhotels heute: Barbados: Spaß, Rum und alles unter der Sonne – *außer Malaria!* Oder einfach: Barbados – es gibt nichts Schöneres, noch dazu ohne

Malaria! Das offensichtlich bekömmliche und gesunde Klima der Insel und die verheißungsvollen wirtschaftlichen Möglichkeiten lockten ganze Schiffsladungen voller Einwanderer an. Tatsächlich zog Barbados vor 1680 mehr Siedler an als jede andere englische Kolonie in der Neuen Welt. Endlich gelang England die lang ersehnte Beteiligung am lukrativen karibischen Zucker- und Tabakmarkt. Dank der missglückten Überfahrt von John Rolfe und den Abenteuern der *Sea Venture* erhielt England Zugriff auf die Karibik mit ihren wirtschaftlichen Möglichkeiten, geriet aber zugleich auch tiefer in das Verbreitungsgebiet der Stechmücken und die Wirren von Krankheit und Tod.

Nach der neunmonatigen Zwangspause in der Karibik gelangten Rolfe und seine findigen 140 Mitstreiter (sowie ein treuer widerstandsfähiger Hund) im Mai 1610 schließlich nach Jamestown, allerdings war davon nur noch ein trauriger Überrest vorhanden. Die 60 verbliebenen Bewohner, dem Hungertod nahe und geschwächt von Malaria, flehten um eine Evakuierung. Die Vorräte waren aufgebraucht, und die Neuankömmlinge bedeuteten für die ohnehin hungernde Kolonie nur weitere hungrige Mäuler, die man irgendwie sattkriegen musste. Die Siedler hatten keinerlei Handelsspielraum und waren auf die Gnade der Powhatan angewiesen. In den ersten Jahren hatten diese die Kolonie auf wertlosem Land geduldet, wenn ihnen die Siedler regelmäßig Handelsgüter wie Gewehre, Äxte, Spiegel und Glasperlen zukommen ließen. Solange die Fremden die beliebten Waren anbieten konnten, ließen die Powhatan sie am Leben und versorgten sie mit Nahrungsmitteln. In Anbetracht ihrer geringen Zahl und ihres geschwächten Zustands waren die Engländer keine Bedrohung und konnten jederzeit ausgemerzt werden. Die wichtigsten Waffen der Powhatan waren die Lebensmittelvorräte und ihre zahlenmäßige Überlegenheit.

Nach John Smiths Abreise im Oktober 1609 hatten die Engländer die Gastfreundschaft der Powhatan überstrapaziert, die allmählich genug von den Diebstählen und rüpelhaftem Benehmen der

Kolonisten hatten, die zudem keine Waren mehr zum Tauschen besaßen. Für die hartgesottenen Veteranen der Siedlung schien es ebenso wie für Rolfes erschöpfte Neuankömmlinge höchste Zeit, den Albtraum zu beenden und die Segel Richtung Heimat zu setzen. Jamestown versank in seiner eigenen stinkenden, malariaverseuchten Jauchegrube. Im Juni 1610 wurden die beiden selbst gebauten Boote, mit denen Rolfes Leute nach Jamestown gekommen waren, und die beiden einzigen anderen heruntergekommenen Schiffe, die Jamestown zur Verfügung standen, vorbereitet, um nach Neufundland zu segeln, wo die fliehenden Siedler die Fischer in den fischreichen Gründen vor Neufundland bitten wollten, sie nach England mitzunehmen. Wie Roanoke sollte die Kolonie von Jamestown aufgegeben werden.

Doch als die Besatzungen die Anker lichteten und über den James River den Rückzug antreten wollten, trafen die Schiffe von Lord De La Warr ein, die 150 Siedler mit sich führten. Zudem gingen militärische Ausrüstung, ein Arzt und vor allem Vorräte für ein ganzes Jahr von Bord. Jamestown erhielt gerade noch rechtzeitig die dringend benötigte Unterstützung und mit ihr neue Hoffnung. Englands ehrgeizige wirtschaftliche Ambitionen zur Errichtung einer dauerhaften Siedlung an der amerikanischen Ostküste, die beinahe an der Malaria gescheitert wären, blieben vorerst am Leben. Zum Dank wurde Lord De La Warr, der Retter von Jamestown, »von einem heißen und gewaltigen Fieberanfall begrüßt«, wie er es formulierte, gefolgt von »einem Rückfall in die frühere Krankheit, die mich mit erheblicher Gewalt über einen Monat lang niederwarf und große Schwäche brachte«. Mit den neuen Siedlern, die in die wiederbelebte Kolonie strömten, sorgte De La Warr ebenso wie John Rolfe und seine Mitstreiter dafür, dass die Stechmücken nie wieder hungern mussten.

Rolfe legte seine erste Tabakpflanzung im Landesinneren und in einiger Entfernung von den todbringenden Sümpfen an. Als die Ernte 1612 nach England exportiert wurde, erhielt er dafür 1,5 Millionen

US-Dollar in heutigem Wert. Zu Ehren von Sir Walter Raleigh, der den Tabak in England eingeführt hatte, gab Rolfe der aus Trinidad stammenden und von ihm angepflanzten milderen Tabaksorte den Namen »Orinoco« – in Erinnerung an Raleighs Expeditionen im Quellgebiet des Orinocos in Guyana auf der Suche nach dem sagenumwobenen El Dorado. Es war jedoch weniger eine goldene Stadt als vielmehr das krautige Nachtschattengewächs *Nicotiana tabacum*, das für Jamestown und das aus ihm hervorgehende Amerika zum El Dorado wurde. Ich verweise hier auf Charles Mann, der das rapide Wachstum und die große Bedeutung der Tabakindustrie in Virginia treffend kommentierte: »Wie Crack eine mindere, billigere Version des pulverisierten Kokains ist, war der Virginiatabak zwar von schlechterer Qualität als der karibische, dafür aber auch nicht annähernd so teuer. Und wie Crack war er ein riesiger kommerzieller Erfolg; binnen eines Jahres nach seiner Einführung bezahlten die Kolonisten aus Jamestown ihre Schulden in London mit kleinen Beuteln der Droge ab … 1620 lieferte Jamestown knapp 25 000 Kilogramm im Jahr; drei Jahre später hatte sich die Zahl fast verdreifacht. Innerhalb von 40 Jahren stieg der Export aus der Chesapeake Bay – von der Tabakküste, wie sie später genannt wurde – auf gut 11 Millionen Kilo pro Jahr.« John Rolfes Tabakpflanzung warf unglaubliche Dividenden ab und lockte so Scharen von Siedlern, Schuldknechten auf Zeit und Feldsklaven nach Jamestown. Die darniederliegende Kolonie erlebte einen ungeheuren Aufschwung.

Doch die Siedlung stand immer noch auf wackligen Beinen; es fehlte an Investitionen, an einer Bevölkerung, die sich selbst reproduzierte, an Arbeitskräften und vor allem an Land, denn das umliegende Gebiet gehörte bereits anderen. Die Virginia Company erkannte den Profit, den der Tabak versprach, und sparte nicht an Ressourcen und Nachschublieferungen, um das Überleben von Jamestown zu gewährleisten. Die Company finanzierte auch die Überfahrt männlicher und weiblicher Strafgefangener als Schuldknechte und -mägde, die auf den Tabakfeldern arbeiten und für Nachwuchs sorgen sollten, der an die örtlichen Gegebenheiten und Krankheiten gewöhnt war. Nach sieben Jahren sollten die Strafgefangenen, die in der Zeit hoffentlich bereits abgehärtete Nachkommen gezeugt hatten, die Freiheit und 50 Morgen Land in Virginia erhalten. Obwohl Jamestown im Gegensatz zu Australien nicht in erster Linie als Strafkolonie gegründet wurde, landeten über 60 000 britische Gefangene im kolonialen Amerika. Die Virginia Company entsandte auch sogenannte »Tabakbräute« in die Kolonie, die nicht in Schuldknechtschaft gebunden waren, aber arrangierte Ehen mit freien Siedlern eingehen mussten. Dadurch näherte sich das Verhältnis von Männern zu Frauen, das ursprünglich fünf zu eins betragen hatte, allmählich an. Die Investitionen flossen, nach und nach kamen immer mehr Arbeitskräfte in die Kolonie. Der Immunschutz der Bevölkerung passte sich an die Bedingungen an, die Siedler pflanzten sich fort. Nun benötigten sie nur noch fruchtbares Land, das in größerer Entfernung von den rund um die Kolonie liegenden brackigen Sümpfen lag, in denen es von Stechmücken wimmelte. Der Konflikt mit den Powhatan war nun unvermeidlich, vielleicht war er es auch schon immer gewesen.

Aufgrund seines Wohlstands wurde John Rolfe rasch zum De-facto-Anführer von Jamestown. Als sich das Kräftegleichgewicht zugunsten der Siedler zu verschieben begann, suchte der Häuptling der Powhatan eine Gelegenheit, den Frieden wiederherzustellen und den Handel wiederaufzunehmen. Seine junge, wissbegierige Tochter Matoaka war häufig in Jamestown zu Besuch. Sie spielte mit den Kindern der Siedler, lernte die englische Sprache und den christlichen Glauben kennen, stellte für den Geschmack der Siedler viel zu viele Fragen und spielte ihnen spitzbübische, aber stets gutmütige Streiche. Ihr Spitzname Pocahontas (»lästige Göre« oder »kleiner Teufelsbraten«) war selbsterklärend. Als die Auseinandersetzungen zwischen beiden Seiten zunahmen, wurde Pocahontas von den Engländern 1613 als Geisel genommen, um Druck auf die Powhatan auszuüben. Rolfe gehörte zum Verhandlungskomitee, das eine Einigung mit den Powhatan erzielte. Dazu gehörte unter anderem, dass die mittlerweile siebzehnjährige Pocahontas bei den Engländern bleiben sollte. Genauer gesagt sollte sie John Rolfe heiraten. Die Ehe erfolgte sicher aus der pragmatisch politischen Erwägung, den Frieden zu sichern. Doch nach allem, was man liest, hatten sich die beiden im Laufe ihrer dreijährigen Bekanntschaft ineinander verliebt. Rolfe war klar, dass die Beziehung Teil einer wirtschaftlichen und diplomatischen Übereinkunft war, doch in seiner persönlichen Korrespondenz schreckte er nicht davor zurück, sich zur emotionalen Bindung zu seiner zukünftigen Frau zu bekennen. In einem Brief an den Gouverneur, in dem er um Erlaubnis für die Ehe bat, erklärte er, seine Motivation sei nicht die »ungezügelte Fleischeslust«, sondern er heirate »zum Wohl der Pflanzung, zur Ehre unseres Landes … Pocahontas, der meine herzlichsten und besten Gedanken gelten und der sie schon lange gehören, hat mich so bezaubert und in ein so verwickeltes Labyrinth geführt, dass ich Mühe hatte, wieder herauszufinden«. Offensichtlich war John Rolfe ein hoffnungsloser Romantiker. Die beiden heirateten im April 1614, zehn Monate später kam ihr einziges Kind zur Welt, das auf den Namen Thomas getauft wurde. Ein Hochzeitsgast bemerkte über die Verbindung: »Seitdem haben wir freundschaftlichen Handel und Verkehr … ich sehe derzeit also keinen Grund, warum die Kolonie fürderhin nicht gedeihen sollte.« Die Hochzeit von John und Rebecca, wie Pocahontas nun genannt wurde, läutete eine inoffizielle achtjährige Friedensperiode ein, die oft als »Frieden der Pocahontas« bezeichnet wird.

Im Juni 1616 reisten die Rolfes zusammen mit ihrem kleinen Sohn nach England. Pocahontas, die »Prinzessin der Powhatan«, wurde dort als hochrangige Persönlichkeit mit großem Pomp empfangen und aufgenommen, vermutlich mehr aus Neugierde denn aus Ehrerbietung. Bei einer Abendgesellschaft trafen die überraschte Pocahontas und ihr Mann sogar auf John Smith (den Pocahontas für tot gehalten hatte). Ich nehme an, dass die beiden Johns peinlich berührt die erforderlichen Höflichkeiten austauschten. Pocahontas saß Modell für einen Kupferstich, das einzige Porträt, das zu ihren Lebzeiten angefertigt wurde und in Form einer »Postkarte« als kurioses Souvenir im ganzen Land verkauft wurde. Im März 1617, kurz vor der Rückkehr nach Virginia, erkrankte Pocahontas schwer und starb wenige Tage später im Alter von 21 Jahren. Die Art der Erkrankung bleibt bis heute ein Geheimnis, zumeist vermutet man Tuberkulose. Laut Rolfe starb sie mit den Worten: »›Wir alle müssen sterben‹, aber es genügte ihr zu wissen, dass ihr Kind leben würde.«[49] Ein Jahr später starb auch ihr Vater, und der Frieden der Pocahontas sollte schon bald gebrochen werden. Die Engländer wollten die Vormachtstellung im Stammesgebiet erringen. Das Schicksal hatte sich zu ihren Gunsten gewendet; zahlreiche Schiffsladungen mit Siedlern, Abenteurern, Investoren und afrikanischen Sklaven waren über den Atlantik nach Amerika gekommen.

Als sich die Siedler mit ihren Tabakplantagen auf dem fruchtbareren Land um den James River und den York River immer weiter ausbreiteten, nahmen die Überfälle ebenso drastisch zu wie die Ausbreitung von Krankheiten bei den einheimischen Stämmen. 1646 wurde eine Grenze gezogen, die das Land der Powhatan von dem der Siedler trennen sollte. Damit war im Grunde der erste Schritt für ein Reservatsystem getan. Nach der Bacon's Rebellion sollten dann mit dem Treaty of Middle Plantation von 1677 offizielle Indianerreservate eingerichtet werden.[50] Doch die Siedler ignorierten die Verträge, die den Indianerstämmen ihre angestammten Gebiete garantierten, ihnen Jagd- und Fischrechte und anderen Gebietsschutz gewährten. Damit begann das System der Vertragsabschlüsse und Vertragsbrüche in Amerika.

Am Ende wurde die Konföderation der Powhatan von Krankheit, Krieg und Hunger besiegt. Die verbliebenen Mitglieder zogen Richtung Westen, schlossen sich anderen Stämmen an oder wurden gefangen genommen und als Sklaven verkauft. Krankheiten, schreibt Petriello in seinem Buch, »führten zum endgültigen Konflikt zwischen Engländern und Ureinwohnern, der den Weg für die weitere Entwicklung Virginias bereitete. Der Sieg über die Stämme der Chesapeake Bay ermöglichte es Generationen von Engländern, weiter nach Westen vorzudringen, tiefer hinein in die Neue Welt.« Der ursprüngliche »amerikanische Traum« drehte sich um Landbesitz. Eigentum stand auf einer Stufe mit Möglichkeiten und Wohlstand.

Der Wunsch nach Landbesitz oder Reichtum durch Tabak war auch Antriebskraft der Bacon's Rebellion von 1676, bei der sich die mit hohen Abgaben belasteten kleinen Tabakfarmer, neu eingetroffene Siedler und Schuldknechte unter Führung von Nathaniel Bacon gegen den Gouverneur erhoben. Die Rebellen wandten sich gegen das in ihren Augen korrupte Kolonialregime, welches das Land der Powhatan schützte und mit restriktiven Vorschriften die Expansion der landhungrigen Siedler nach Westen beschränkte. Es war jene konfliktträchtige Konstellation, die auch ein Jahrhundert später das Feuer der Revolution wieder auflodern ließ. Einige wenige Plantagenbesitzer hatten durch den Einsatz von Schuldknechten ein Monopol auf den Tabakanbau und -handel geschaffen, das sie aufrechterhielten, indem sie die Taschen des langjährigen Gouverneurs William Berkley füllten, der wiederum die Landvergabe an neue Siedler beschränkte. Für die Monopolisten und Berkleys inneren Kreis bedeuteten die sich ausbreitenden Tabakpflanzungen in den fruchtbaren Tiefebenen Reichtum und politische Macht. Für die Schuldknechte, die auf den Feldern arbeiten mussten, bedeuteten sie oft den Tod; die Sterberate aufgrund von Malaria war erheblich. Am Ende scheiterte der Aufstand. Bacon selbst erlag nach wochenlangen Kämpfen im Regen den ortsüblichen Krankheiten und starb an einer Kombination aus Ruhr und Malaria.

Der Aufstand hatte jedoch zwei weitreichende und gravierende Konsequenzen. Die eine war das bereits erwähnte gescheiterte Reservatsystem und die Vertreibung und Auslöschung der Powhatan und der mit ihnen verbündeten Stämme, wodurch Land für den uneingeschränkten Tabakanbau zur Verfügung stand. Die andere Konsequenz war der massive Einsatz afrikanischer Sklaven in Virginia. Afrikaner kamen erstmals 1619 nach Jamestown. Englische Piraten hatten sie beim Überfall auf ein portugiesisches Sklavenschiff erbeutet und brachten sie auf der *White Lion* in die Kolonie. John Rolfe berichtet, dieses heruntergekommene Schiff aus der Freibeuterflotte von Francis Drake, das unter holländischer Flagge segelte, habe »nichts außer etwa 20 Negern« mitgebracht. Einige Tage später ankerte ein zweites beschädigtes Schiff, das auf Vordermann gebracht werden musste, und tauschte seine Ladung von 30 afrikanischen Sklaven gegen dringend benötigte Reparaturarbeiten. Noch gab es keinen offiziellen Sklavenhandel zwischen Afrika und den englischen Kolonien, den frühen Kolonisten war der warenförmige Sklavenhandel unbekannt. Doch trotz ihres unklaren Status wurden die Afrikaner vermutlich weiterverkauft und auf den Tabakplantagen eingesetzt, zunächst als Schuldknechte und später dann als Sklaven.

Beim Ausbruch der Bacon's Rebellion 1676 gab es etwa 2000 afrikanische Sklaven in Virginia. Der Aufstand machte deutlich, dass man mit dem Einsatz der bisherigen Arbeitskräfte, der Schuldknechte, an Grenzen gestoßen war. Auf den ausgedehnten, von Stechmücken heimgesuchten Plantagen starben sie zu schnell an Malaria. Nach dem Aufstand ging man zudem davon aus, dass sie nur schwer zu kontrollieren und zu unterjochen waren, mit wachsenden Zahlen stieg auch die Gefahr eines größeren Aufstands. Außerdem ergriffen viele einfach die Flucht, ließen sich auf unbebautem Land nieder und pflanzten ihren eigenen Tabak. Zu guter Letzt hatte sich die wirtschaftliche Situation in England selbst verbessert, weshalb immer weniger Engländer bereit waren, sich in Schuldknechtschaft zu begeben. Dreißig Jahre nach der Bacon's Rebellion lag die Zahl der afrikanischen Sklaven in Virginia bereits bei über 20 000. Kurz gesagt, die durch die sinkende Zahl der Schuldknechte lichter werdenden Reihen wurden einfach mit afrikanischen Sklaven aufgefüllt. Das war der Beginn der Sklavenhaltung auf dem nordamerikanischen Kontinent, die in der amerikanischen Wirtschaft, Politik und Kultur ihre Spuren hinterließ. Und es war der Beginn der weiteren Verbreitung der von Stechmücken übertragenen Krankheiten. Die englischen Kolonien in Amerika mit ihren Siedlern, dem Tabak, den Sklaven und Stechmücken waren bereit für mehr. John Rolfes erfolgreiches Tabakexperiment in Jamestown zog eine massive kommerzielle und territoriale merkantilistische Expansion nach sich. Die von Stechmücken übertragenen Krankheiten gediehen, doch nach und nach entwickelte sich eine im Land geborene koloniale Bevölkerung mit einem widerstandsfähigen Immunschutz.

Im Chaos der frühen Kolonialisierung kommen Drake, Raleigh, Smith, Pocahontas und Rolfe eine jeweils ganz eigene Rolle zu. Sie leisteten ihren individuellen Beitrag zur Etablierung der englischen Präsenz in der Neuen Welt und zur Errichtung eines mächtigen merkantilistischen englischen Imperiums. Doch diese bedeutenden, wenn auch häufig falsch dargestellten historischen Persönlichkeiten wurden von einem Ensemble aus Stechmücken, Siedlern und afrikanischen Sklaven unterstützt, die alle mit den lukrativen Handelsgütern (und Suchtmitteln) Tabak und Zucker zu tun hatten. Mit jedem neuen Fußabdruck der Engländer zwischen Plymouth und Philadelphia hinterließen auch die von Stechmücken übertragenen Krankheiten ihre Spuren auf der sich stetig verändernden Landkarte Amerikas. Die Mücken und ihre Krankheiten wurden von jenem neuen Wind erfasst, der nun von Europa über Afrika nach Amerika wehte.

Die weltweite Vorherrschaft der Engländer und die immer weiter um sich greifende Dominanz der Pax Britannica wurden durch die Stechmücken gefördert, gelegentlich aber auch behindert. Die Mücken bereiteten einem größeren britischen Königreich den Weg, indem sie die Annexion Nordirlands und Schottlands begünstigten. Die englische Herrschaft über Nordirland wurde dabei von Stechmücken aus den torfreichen Sümpfen der englischen Fenlands arrangiert, während die Mücken aus dem Dschungel Panamas die schottischen Träume von Souveränität und Selbstbestimmung zunichtemachten. Auch halfen die Stechmücken den Briten dabei, die Kontrolle über Französisch-Kanada zu erlangen, umgekehrt aber vertrieben sie diese zugleich aus ihren amerikanischen Kolonien und unterstützten die Vereinigten Staaten von Amerika mit ihrer Taktik der kleinen Nadelstiche auf dem Weg in die Unabhängigkeit.

Pocahontas hätte sich in der mythenumrankten Disneyversion selbst wohl kaum erkannt, doch auch die Neue Welt nur 100 Jahre nach ihrem Tod wäre ihr völlig fremd gewesen. »Jamestown war für Angloamerika der Startschuss des kolumbianischen Austauschs«, erklärt Charles Mann. »Aus biologischer Sicht markierte es den Moment, da aus dem *Vorher* das *Nachher* wurde.« Und so legte Pocahontas zusammen mit ihrem Ehemann John Rolfe und ihrem im Zeichentrickfilm angedichteten Liebhaber John Smith sowie Schiffsladungen voller Konquistadoren, Strafgefangener, Piraten und Kolonisten, darunter auch viele Bewohner der von malariainfizierten Stechmücken geplagten britischen Fenlandsümpfe, die Saat und schuf dieses Nachher und die weitere Zukunft.

KAPITEL 10

»ROGUES IN A NATION«: DIE STECHMÜCKE UND DIE ENTSTEHUNG DES KÖNIGREICHS GROSSBRITANNIEN

Das Epizentrum der Malaria in England, das Sumpfgebiet der Fenlands, erstreckt sich über 480 Kilometer an der englischen Ostküste entlang, von Hull im Norden bis nach Hastings im Süden. Ausgehend vom Kerngebiet in Essex und Kent ziehen sich die Sumpflandschaften voller malariainfizierter Mücken über sieben Verwaltungsbezirke im englischen Südosten. Im späten 16. und frühen 17. Jahrhundert erholte sich England allmählich wieder von den verheerenden Auswirkungen des Schwarzen Todes. Im 17. Jahrhundert stieg die Bevölkerung um mehr als das Doppelte und lag gegen Ende des Jahrhunderts bei 5,7 Millionen Menschen. Die Einwohnerzahl Londons stieg von 75 000 im Jahr 1550 auf 400 000 nur ein Jahrhundert später. Landstreicher, Schmuggler und Landlose zog es in die Fenlands, wo es noch unbeanspruchte Gebiete gab, die allerdings voll und ganz von Stechmücken in Beschlag genommen wurden.

Die Bewohner der Fenlands, die oft »Marschbewohner« oder aufgrund ihres von der Malaria gezeichneten gelbsüchtigen und verhärmten Aussehens *Lookers* genannt wurden, hatten mit einer Sterblichkeitsrate von bis zu 20 Prozent zu kämpfen. Die Überlebenden fristeten unter stetigen Malariaschüben mühsam ihr Dasein. Der Schriftsteller Daniel Defoe, der durch *Robinson Crusoe*, einen Roman über einen auf einer einsamen Insel gestrandeten Schiffbrüchigen, weltberühmt wurde, verfasste 1722 einen schockierenden Bericht über eine Reise durch den Osten Englands mit dem Titel *Tour through the Eastern Counties of England*. Er schrieb, dass man »sehr häufig Männer trifft, die fünf oder sechs, manche sogar vierzehn oder fünfzehn Ehefrauen gehabt hatten ... ein Bauer lebte damals mit seiner fünfundzwanzigsten Ehefrau, und auch sein Sohn, der nicht älter als fünfunddreißig war, hatte bereits um die vierzehn Frauen gehabt.« Da schwangere Frauen Stechmücken und Malariaerreger anziehen wie ein Magnet, erklärte ein laut Defoe »fröhlicher Zeitgenosse«, wenn eine junge Frau »aus ihrer heimatlichen Luft in

Ague and Fever: Ein wildes Fieberungeheuer bäumt sich mitten im Raum auf, während ein blaues Monster, das für das Wechselfieber (Malaria) steht, sein Opfer am Kamin umschlingt. Rechts schreibt ein Arzt ein Rezept für Chinin aus. Farbige Radierung von Thomas Rowlandson, London 1788.

die Marschgebiete mit ihrem Nebel und ihrer Feuchtigkeit komme, ändere sich sofort ihr Zustand, die Frauen bekämen ein oder zweimal das Wechselfieber und überstünden [überlebten] selten länger als ein halbes Jahr, höchstens ein Jahr; ›und dann‹, sagte er, ›gehen wir wieder ins Hochland und holen uns eine neue‹.« Auch Kinder starben hier unverhältnismäßig häufig.

In Charles Dickens' Roman *Große Erwartungen* wird der siebenjährige Protagonist Pip zur Waise, nachdem seine Eltern und seine »fünf kleinen Brüder ... welche sich ungemein früh von dem allgemeinen Kampfe um die Existenz zurückgezogen hatten« in den Fenlands an der Malaria starben. Der Roman beginnt damit, dass Pip auf dem Friedhof um seine Angehörigen trauert und dabei die Landschaft seiner Heimat schildert: »Wir wohnten in der Marschgegend am Flusse, welche – von Gräben, Dämmen und Schleusen durchschnitten – zerstreuten Viehherden zur Weide diente, hier kam ich zu der Gewissheit, dass die niedrige, bleifarbene Linie der Fluss; dass die ferne, wilde Wüste, aus welcher der Wind herüberbrauste, das Meer, und dass das kleine schaudernde Ding, das sich vor allem Diesen fürchtete und deshalb zu weinen anfing, Pip war.« Wenig später trifft Pip auf einen vor Kälte zitternden Mann, der von einem in der Themse liegenden Gefängnisschiff entkommen ist, und sagt ihm: »Ich glaube, Sie haben das kalte Fieber. Es ist sehr schlimm in dieser Gegend. Sie haben hier draußen in den Marschen gelegen und die sind schrecklich kaltfieberig und rheumatisch.«

Als sich der schlechte Ruf der Marschgebiete mit ihren ungesunden »Miasmen« in der zweiten Hälfte des 17. Jahrhunderts herumsprach, verließen viele Fenbewohner die Gegend, viele wanderten in die amerikanischen Kolonien aus. Tatsächlich zeigen Passagierlisten und Frachtbriefe, dass 60 Prozent der Siedler und Schuldknechte, die mit der ersten Kolonistenwelle nach Amerika kamen, aus dem englischen Malariagürtel stammten. Sie wollten der Malaria in England entkommen und fungierten dabei als ahnungslose Überträger im kolumbianischen Austausch der Keime. In der Neuen Welt sollten sie nicht nur unter der ihnen bekannten Malaria aus der Alten Welt leiden, sondern unter zahlreichen weiteren Varianten, darunter auch der tödlicheren Art, die vom Erreger *Plasmodium falciparum* übertragen wird. Ihre neue Heimat war in Hinblick auf Malariainfektionen schlimmer als die alte, die sie deswegen verlassen hatten.

Auf der Flucht vor der Malaria zogen die Marschbewohner nicht nur in die amerikanischen Kolonien, sondern auch nach Irland, wodurch das populäre Sprichwort *From Farm to the Fen, from the Fen to Ireland* (»Vom Hof ins Fenland, vom Fenland nach Irland«) entstand. Die derzeitige Teilung der Insel in die Republik Irland und Nordirland ist direkt verbunden mit den Siedlungsmustern der vor der Malaria fliehenden Fenlandbauern im 17. Jahrhundert. Es waren die Stechmücken, die die Grundlagen für die ethnonationalistischen Konflikte des 20. Jahrhunderts in Irland, die auch *The Troubles* genannt werden, legten. Die lang anhaltende Gewalt zwischen der Irish Republican Army und der Ulster Volunteer Force sowie der britischen Armee in Nordirland (mit Auswirkungen auf die gesamten Britischen Inseln) ist erst vor Kurzem abgeflaut.

Die Stechmücken zwangen über 180 000 protestantische englische Bauern zur Auswanderung ins katholische Irland, wo sie sich zusammen mit dem englischen Landadel und den protestantischen Schotten niederließen, die vor dem von 1642 bis 1651 wütenden Englischen Bürgerkrieg geflohen waren. Mit der Besiedlung durch diese bunt zusammengewürfelte protestantische Truppe entstanden im 16. und 17. Jahrhundert die Gebiete, die später als *Plantations* (»Ansiedlungen«) bezeichnet wurden, Gebiete in Irland, in denen gezielt englische und schottische Einwanderer angesiedelt wurden, etwa in Munster oder Ulster. Die Einwanderung, Ansiedlung und territoriale Ausdehnung bildete die Grundlage für einen nationalistischen, rassistischen und religiösen Krieg zwischen englischen Protestanten und irischen Katholiken. Seit ihrer Entstehung haben die Ansiedlungen tief greifende Auswirkungen auf die irische Geschichte. Doch die Mücken beteiligten sich nicht nur eifrig an der

Aufteilung der »Grünen Insel«, sie waren natürlich auch mit von der Partie, als die territoriale Integrität der schottischen Nachbarn angegriffen wurde.

Im religiös motivierten Englischen Bürgerkrieg führte der fanatische Protestant Oliver Cromwell das Parlamentsheer gegen König Karl I., um die Monarchie zu stürzen. Der umstrittene Cromwell herrschte fast ein Jahrzehnt lang als Lordprotektor über das Commonwealth von England, Schottland und Irland. In dieser Zeit ging er in einem brutalen, fast schon völkermordartigen Feldzug gegen die schottischen und irischen Katholiken vor.

Cromwell erweiterte die englischen Besitzungen in der Karibik um Jamaika. Nach einem Krieg gegen die Niederlande, bei dem es um den Kolonialhandel und Piraterie ging, war Cromwell nicht wohl bei dem Gedanken, dass die englischen Land- und Seestreitkräfte nichts zu tun hatten. England, Irland und Schottland befanden sich in religiösem Aufruhr, eine Rebellion gegen Cromwells von religiösem Eifer geprägte protestantische Herrschaft schien daher durchaus wahrscheinlich, ja die unterbeschäftigten Streitkräfte forderten sie geradezu heraus. Weit entfernte imperiale Ziele könnten dazu dienen, die verbitterten Fraktionen zu einen, das Militär mit einem ehrgeizigen Auftrag und der Plünderung spanischer Schiffe zu beschäftigen und so eine mögliche Revolution abzuwenden. Cromwell weigerte sich zwar, zur Behandlung seiner wiederkehrenden Malariaschübe das von seinen Ärzten verordnete südamerikanische Chinin zu nehmen, doch ein schöner altmodischer Krieg schien ihm genau das richtige Rezept.

Cromwells Feldzug gegen Spanien begann 1655. Die Flotte der Engländer war mit ihren 38 Schiffen die bis dahin größte, die je nach Amerika entsandt wurde. Über die Hälfte der 9000 Mann stammte aus England, die Mehrheit wurde als »Raufbolde« bezeichnet, dazu »gemeine Betrüger, Diebe, Beutelschneider und ähnlich unanständiges Gesindel, das von Taschenspielertricks und seinem wendigen Verstand lebte«. Die übrigen Besatzungsmitglieder, etwa 3000 bis

4000 Mann, die vom Leben nichts mehr zu erwarten hatten, Piraten und ausgezehrte Schuldknechte, wurden auf der malariafreien Insel Barbados angeheuert, deren Bewohner keine Immunität gegen den Erreger aufgebaut hatten. Ein Offizier der Expedition erklärte, die Männer seien »die verderbtesten, liederlichsten Männer, die ich je zu Gesicht bekam«. Dieser zusammengewürfelte Haufen erlebte seine erste Bewährungsprobe im April 1655 bei einem Angriff auf das spanische Fort von Santo Domingo auf Hispaniola. Die Engländer gaben die Belagerung bald wieder auf, nachdem sie 1000 Männer verloren hatten, darunter 700 durch Krankheiten, die von Stechmücken übertragen wurden.

Unbeeindruckt begannen die Engländer einen Monat später mit der Invasion ihres Hauptziels, der Insel Jamaika, wo 2500 Spanier und Sklaven lebten. Binnen einer Woche hatten die Engländer, die den Spaniern zahlenmäßig weit überlegen waren, die Insel mit nur geringen Verlusten erobert und die Spanier nach Kuba vertrieben. Die Mücken blieben jedoch auf ihrem Posten. Sie gediehen auf der Insel hervorragend, und die El-Niño-Saison sorgte für besonders warmes und feuchtes Wetter – perfekte Bedingungen, um über die 9000 frisch eingetroffenen Engländer herzufallen, deren Immunabwehr die übertragenen Erreger noch nicht kannte. Ein Augenzeuge schrieb: »In dieser Zeit sammeln sich diese Insekten in Schwärmen und führen Krieg gegen jeden wagemutigen Eindringling.« Bereits nach drei Wochen starben jede Woche 140 Männer an Malaria und Gelbfieber. Sechs Monate nach der Landung auf Jamaika war von den ursprünglichen 9000 Mann nur noch ein Drittel einsatzfähig. Robert Sedgwick, ein gewiefter Veteran, schildert in einem Augenzeugenbericht das Massaker durch die Mücken: »Es war seltsam, diese kräftigen jungen Männer zu sehen, die nach außen hin so gesund wirkten, und nach drei oder vier Tagen lagen sie im Grab, von einem Augenblick zum anderen dahingerafft vom Fieber, Wechselfieber, Ausfluss.« Auch Sedgwick starb sieben Monate nach seiner Ankunft auf Jamaika an Gelbfieber.

1750 hatte man schließlich genügend Soldaten und Siedler auf dem Altar der von Stechmücken übertragenen Krankheiten geopfert, um die Insel zu sichern und zur Bewirtschaftung der Zuckerrohrplantagen eine Bevölkerung von 135 000 afrikanischen Sklaven und 15 000 englischen Plantagenbesitzern zu etablieren, deren Immunabwehr die Krankheitserreger der Insel in Schach halten konnte. Dank der Sklavenarbeit entwickelte sich eine blühende merkantilistische Wirtschaft. Die Annexion der spanischen Insel durch die Engländer markierte einen Wendepunkt, zum letzten Mal ging eine große Karibikinsel mithilfe von Waffengewalt dauerhaft von einer imperialistischen Macht auf eine andere über.[51]

Jamaika ergänzte die wachsende Zahl englischer Besitzungen in der Karibik, zu denen bereits Bermuda, Barbados, die Bahamas und ein halbes Dutzend kleinerer Inseln der Kleinen Antillen gehörten. Um den Profit aus dem wachsenden englischen Imperium einzustreichen und den Wohlstand im eigenen Land zu fördern, erließ Cromwell die sogenannten *Navigation Acts*, die die merkantilistische Wirtschaft Englands stärken sollten. Cromwells erster Navigation Act besagte, dass englische Waren – Rohstoffe aus den Kolonien und in England hergestellte Waren – nur über englische Häfen gehandelt werden durften. Um Protesten englischer Kaufleute vorzubeugen und Investitionen in Unternehmungen in Übersee zu sichern, wurde Schottland von der Übereinkunft und dem Handel mit den englischen Kolonien ausgeschlossen. Allerdings lebte Cromwell nicht lange genug, um persönlich von diesen Maßnahmen zu profitieren. Sein tyrannisches – oder freiheitliches, je nachdem, auf welcher Seite der historischen Debatte man steht – Regime und sein Leben wurden durch eine malariainfizierte Stechmücke beendet. Seine Ärzte flehten ihn an, chininhaltige Chinarinde einzunehmen, doch er lehnte rundweg ab, da das Mittel von katholischen Jesuiten propagiert und vertrieben wurde. Cromwell wolle durch die »papistische Rezeptur« des »Jesuitenpulvers« nicht vergiftet werden. 1658, 20 Jahre, nachdem Chinin im Zuge des kolumbianischen Austauschs erstmals nach

Europa gekommen war, starb Cromwell an Malaria. Zwei Jahre nach seinem Tod wurde die Monarchie unter Karl II. wiederhergestellt. Im Gegensatz zu Cromwell wurde Karl, wenn auch widerwillig, dank der »katholischen« Chinarinde vor dem Malariatod bewahrt.

In Schottland hatte Cromwells Wirtschaftspolitik, die auf dem Prinzip basierte, Konkurrenten einfach auszuschließen, ebenso wie seine sadistischen Feldzüge ein Trümmerfeld hinterlassen. Zu allem Unglück hatte ein Jahrzehnt der Dürre dem Land zugesetzt, die Ernten waren verdorrt, es kam zu katastrophalen Hungersnöten, und die ohnehin angeschlagene schottische Wirtschaft lag am Boden. Während der großen Hungersnot, die Schottland und Skandinavien zwischen 1693 und 1700 heimsuchte, war die schottische Haferernte mit einer Ausnahme in jedem Jahr ausgeblieben. Man schätzt, dass 1,25 Millionen Schotten, fast ein Viertel der Bevölkerung, an den Folgen der Dürre starben. Aufgrund der Lebensmittelknappheit und Hungersnot wanderten Tausende protestantische Schotten nach Nordirland aus. Damit wurde, wie bereits erwähnt, der Zündstoff für kulturelle Konflikte und religiöse Auseinandersetzungen gelegt, die bis heute schwelen. Andere Schotten heuerten als Söldner für verschiedene Monarchien in Europa an. In England bettelten Schotten scharenweise um Arbeit, Geld und Essen. In dieser Zeit des Hungers und der Not spotteten die Engländer über ihre Nachbarn im Norden, sie bräuchten nur acht von zehn Geboten, weil es in Schottland nichts mehr zu stehlen oder zu begehren gebe.

In den amerikanischen Kolonien war der Bedarf an Schuldsklaven groß. Die Schotten waren naheliegende Kandidaten und noch dazu in großer Zahl verfügbar. »Seit Jahrhunderten beschäftigten englische Landwirte schottischstämmige Arbeiter«, schreibt Charles Mann. »Doch ausgerechnet in der Zeit, da die Zahl verzweifelt Arbeit suchender Schotten in die Höhe schnellte, entschieden sich die Kolonisten für gefangene Afrikaner ... Warum?« Die Antwort liegt weit entfernt, eingehüllt von Mückenschwärmen im wilden Dschungel von Panama.

Zur Milderung der wirtschaftlichen Rezession in Schottland und zur Verbesserung der staatlichen Finanzen ließen sich schottische Investoren 1698 auf ein waghalsiges Unternehmen in den Kolonien ein. Da den Schotten der Zugang zum merkantilistischen Wirtschaftssystem der Engländer verwehrt war, sah William Paterson, ein schottischer Nationalist, Unternehmer und Gründer der Bank of England, die Lösung darin, dass Schottland sich selbst am imperialistischen Machtpoker beteiligen und ein eigenes merkantilistisches Wirtschaftsgebiet schaffen müsse. Panama sollte das neue kommerzielle Herz eines schottischen Imperiums werden, das Geld nach Schottland pumpen sollte, damit seine geplagte Heimat »zum Schlüssel des Universums ... Schiedsrichter der Handelswelt« aufsteigen konnte. Paterson hatte das Land als junger Mann besucht und sich von den prallen, rumgetränkten Abenteuer- und Piratengeschichten um Francis Drake, Walter Raleigh und Henry »Captain« Morgan in Bann ziehen lassen.

Eine Handelsroute durch den Dschungel, der die Landenge von Panama bei Darién überwucherte, war keine neue Idee. Wie bereits erwähnt, legten die Spanier 1510 eine Siedlung bei Darién an, die von dem spanischen Theologen und Dominikaner Bartolomé de Las Casas besucht wurde. Las Casas berichtete von den offenen Massengräbern, die aufgrund der gnadenlos wütenden Malaria angelegt werden mussten. Die Spanier versuchten bereits 1534, eine Route durch Panama in den Dschungel zu schlagen, wurden jedoch von den Stechmücken abgehalten. Auch spätere Versuche endeten aufgrund der von Mücken übertragenen Krankheiten in einem Fiasko. Bei diesen erfolglosen Bemühungen ließen etwa 40 000 Spanier ihr Leben, die meisten starben an Malaria und Gelbfieber. Doch Paterson war überzeugt, dass seine zähen Schotten aus den Highlands dort Erfolg haben würden, wo die Spanier gescheitert waren.

Er stellte sich eine Straße und später einen Kanal vor, der die Landenge von Panama bei Darién durchziehen sollte, »gelegen zwischen den beiden größten Ozeanen des Universums ... Die Dauer und die Kosten einer Schiffspassage nach China, Japan und zu den Gewürzinseln sowie zu einem Großteil Ostindiens würden sich um mehr als die Hälfte reduzieren … Durch Handel wächst der Handel, und Geld bringt weiteres Geld hervor.« Mit solchen Worten wollte Paterson potenzielle englische Investoren überzeugen, bei denen sein Werben jedoch auf taube Ohren stieß, sie fürchteten vielmehr um ihr engmaschiges englisches Handelsmonopol. Paterson kehrte daraufhin London den Rücken und versuchte sein Glück in seiner unabhängigen schottischen Heimat. Er mobilisierte 1400 schottische Investoren, darunter auch das schottische Parlament, die ihm 400 000 Pfund zusagten, was ungefähr 25 bis 50 Prozent des Gesamtvermögens im bargeldarmen notleidenden Schottland waren. Verzweifelte Situationen erfordern verzweifelte Maßnahmen, das Spektrum der Investitionswilligen umfasste alle Bereiche der schottischen Gesellschaft, von der Elite in Edinburgh bis zu den Armen und Landlosen.

Im Juli 1698 wurde Patersons Vision in die Tat umgesetzt. Fünf Schiffe mit 1200 schottischen Siedlern an Bord stachen in See und machten sich auf den Weg nach Panama, um in Darién die Kolonie New Caledonia mit ihrer Hauptstadt New Edinburgh zu gründen. Die Kolonie sollte als Stützpunkt an der Kreuzung internationaler Handelsrouten dienen, entsprechend führten die Schiffe, die zum zukünftigen schottischen Handelszentrum aufbrachen, ein breites Sortiment an Waren und Tauschgütern mit sich, darunter hochwertige Perücken, Zinnknöpfe, Spitzenkleider, Kämme mit Perlmuttintarsien, warme Wolldecken und Socken, 14 000 Nähnadeln, 25 000 Paar modische Lederschuhe und Tausende Bibeln. Auch eine Druckerpresse wurde mitgeführt, um Verträge mit den Indianern zu drucken und Kassenbücher über das erhoffte enorme Handelsvolumen und die Einnahmen zu führen, die durch den Handel mit exotischen Gütern und schottischen Wollsachen für den Winter in den heißen Tropen erwirtschaftet werden sollten. Um für diese unpraktischen Dinge genügend Frachtraum zu schaffen, wurden die Lebensmittel- und Saatgutvorräte halbiert.

Patersons Glücksritterflotte legte einen Zwischenstopp auf Madeira ein und machte dann eine Woche auf der dänischen Karibikinsel St. Thomas Station, bevor sie nach Darién segelte. Zu der Zeit war das Gelbfieber, das 1647 mit einem Sklavenschiff von Afrika nach Barbados gekommen war, in der Karibik bereits fest etabliert. Dennoch starben während der dreimonatigen Überfahrt nur 44 Passagiere an Malaria und Gelbfieber, und das, obwohl zu der Zeit in den großen Hafenstädten wie Charleston, New York, Philadelphia, Boston und sogar in weit nördlich gelegenen Städten wie Quebec Epidemien wüteten. Zudem handelte es sich bei den Toten um blinde Passagiere, die in den beiden letzten Hafenstädten an Bord gekommen waren. Dies verwundert, da die Sterberate bei derartigen Überfahrten, wie wir etwa bei Drakes Reisen gesehen haben, meist deutlich höher lag. Für eine Atlantiküberquerung im 17. Jahrhundert lag die Mortalität auf den schottischen Schiffen sogar deutlich unter dem Durchschnitt, normalerweise starben 15 bis 20 Prozent der Passagiere und Besatzung. Sie war zudem auch deutlich niedriger als sie gewesen wäre, wenn die Passagiere im von Hungersnöten und Wirtschaftskrisen geplagten Schottland geblieben wären. Doch das Glück sollte nicht lange anhalten.

Was sich nach der Ankunft in Darién ereignete, erinnert an das Drehbuch für einen apokalyptischen Horrorfilm. In den Tagebüchern, Briefen und Berichten der schottischen Siedler finden sich immer wieder die Wörter Mücke, Fieber, Wechselfieber und Tod. Sechs Monate nach der Ankunft war fast die Hälfte der 1200 Kolonisten an Malaria oder Gelbfieber gestorben (vermutlich auch an einem ersten Auftreten des Denguefiebers in Amerika), jeden Tag starb mindestens ein Dutzend Siedler.[52] Als Informationen über die verzweifelte Lage der Siedler in Darién nach England gelangten, untersagte König Wilhelm III. sämtliche Hilfe aus Angst, Spanien oder Frankreich oder seine reichen englischen Untertanen gegen sich aufzubringen. Und so starben die Schotten in Darién weiter an den von Stechmücken übertragenen Krankheiten und ließen ihr Leben zwischen Stapeln von Wolldecken, Perücken, warmen Socken, Bibeln und natürlich der ungenutzten Druckerpresse.

Als nach drei Monaten in dieser Hölle Gerüchte über einen anstehenden Angriff der Spanier aufkamen, beluden die Überlebenden drei Schiffe. Wer zu krank war, um über eine Planke an Bord zu gehen, wurde sterbend am Strand zurückgelassen. Ein Schiff schaffte es nach Jamaika, verlor auf der kurzen Überfahrt jedoch 140 Passagiere. Die anderen schlugen sich bis Massachusetts durch, nachdem an Bord ein Fieber gewütet hatte, das der Kapitän als »umfassend« beschrieb, »und mit einer so hohen Sterblichkeit, dass ich 105 Leichen an die See übergeben musste«. Aufgrund der königlichen Anweisungen und aus Angst vor der »Verbreitung des schottischen Fiebers« gewährten die englischen Behörden den kranken Schotten in der Karibik und in Nordamerika kein Asyl. Schließlich beförderte ein Schiff die noch verbliebenen 300 Passagiere, darunter auch Paterson, zurück nach Schottland, das immer noch unter den Folgen der Wirtschaftskrise litt. Der erste Versuch einer Besiedlung Dariéns war gescheitert.

Ironischerweise oder vielmehr tragischerweise brach nur wenige Tage, bevor Paterson und der traurige Rest seiner Expedition in Schottland eintrafen, eine zweite Flotte mit vier Schiffen und 1300 Passagieren, darunter 100 Frauen, nach Darién auf. Die Verstärkung, die bei der Überfahrt 160 Personen verlor, versorgte die Mücken von Darién mit frischem Blut, als sie genau ein Jahr nach ihren Vorgängern landete. Wie die Verstärkung für Roanoke fand auch diese Flotte praktisch nichts vor. Die Spanier und die indigenen Guna hatten die provisorischen Palmhütten in Brand gesteckt und alles mitgenommen, was sie finden konnten, nur die Druckerpresse stand noch wie ein Mahnmal am Strand, umgeben von fragmentarischen, sandbedeckten Grabsteinen. Das Drehbuch des ersten Horrorfilms kam für »Darién II« gleich noch einmal zum Einsatz. Im März 1700, vier Monate nach der Landung, starben 100 Schotten pro Woche an Malaria und Gelbfieber, dazu kamen die Überfälle durch die Spanier.

Die ungenutzten Gräber blieben nicht lange leer. Mitte April ergaben sich die überlebenden Schotten den Spaniern. Als Abschiedsgeschenk suchten die von den Stechmücken übertragenen »bösen Zwillinge« die fliehenden Schotten weiterhin heim und töteten noch bei der Atlantiküberquerung weitere 450 Personen. Darién wurde endgültig aufgegeben. Die Mücken waren aus dem Zusammentreffen mit den nicht immunisierten Europäern als Sieger hervorgegangen.

Rechnet man alles zusammen, betrug die Sterberate bei den 2500 schottischen Siedlern, die nach Darién aufbrachen, 80 Prozent.[53] »Mit den Toten war auch jeder Penny verloren, der in das Unternehmen investiert worden war«, schreibt Mann. Da sich Schottland bereits vor der Darién-Expedition in finanziellen Schwierigkeiten befunden hatte, war das Land nach dem Scheitern der Unternehmung praktisch bankrott. Im Dschungel von Panama hatten die Stechmücken quasi den schottischen Staatshaushalt aufgezehrt. Tausende Schotten verloren ihre Ersparnisse, auf den Straßen kam es zu Unruhen, die Arbeitslosigkeit schnellte in die Höhe, und die Finanzen des Landes stürzten ins Chaos. England und Schottland hatten zu der Zeit zwar einen gemeinsamen Monarchen, waren aber zwei unabhängige Länder mit eigenen Parlamenten. England war wohlhabender, bevölkerungsreicher und ganz allgemein bessergestellt und setzte seinem ärmeren Nachbarn seit Jahrhunderten zu, um beide Länder miteinander zu vereinen.

Die Schotten, darunter der schwertschwingende William Wallace Ende des 13. Jahrhunderts, hatten sich bis dahin erbittert gegen die englischen Vorstöße zur Wehr gesetzt. »Doch als England vorschlug, die gesamten Schulden des schottischen Parlaments zu übernehmen und die Anteilseigner zu entschädigen«, erklärt der Historiker J.R. McNeill, »erschien dieses Angebot vielen Schotten unwiderstehlich.« Die Mücken Panamas hatten das Unabhängigkeitsstreben der Schotten bis ins Mark getroffen und sich höhnisch über William Wallace' Ruf nach Freiheit hinweggesetzt. »Selbst eingefleischte schottische Patrioten wie Paterson«, so McNeill weiter, »unterstützten den Act of Union von 1707. Und so entstand das Königreich Großbritannien, mit Unterstützung der Fieberepidemien von Darién.« Robert Burns, der später als schottischer Nationaldichter verehrt wurde, war über den Verlust der schottischen Unabhängigkeit so empört, dass er den Vorwurf erhob, korrupte Politiker und geldgierige Kaufleute (*rogues in a nation*) hätten das schottische Volk durch die Unterstützung des Acts of Union an die Engländer verhökert. »Wir sind verraten und verkauft für Englands Gold«, schimpfte Burns, »was für eine Bande von Schurken in dieser Nation«. Der Act of Union und der Verlust der schottischen Unabhängigkeit kamen in der breiten schottischen Bevölkerung alles andere als gut an, aber immerhin erholte sich die Wirtschaft im Gefolge der boomenden merkantilistischen englischen Kolonien in Amerika, die dem Mutterland hohe Einnahmen brachten.

Die Katastrophe von Darién diente englischen Plantagenbesitzern auch als Warnung, Schotten als Schuldknechte einzusetzen. Es hatte keinen Zweck, und vor allem brachte es keinen Gewinn, schottische Arbeitskräfte anzuheuern, wenn vier von fünf Arbeitern in den ersten sechs Monaten starben. Darién hatte nur allzu deutlich gezeigt, dass Schotten und andere Europäer viel zu schnell an von Stechmücken übertragenen Krankheiten starben, um von großem Nutzen zu sein. »Zwar gingen einzelne Briten mit ihren Familien nach wie vor auf eigene Faust nach Amerika«, berichtet Mann, »doch Geschäftsleute weigerten sich zunehmend, größere Gruppen von Europäern hinüberzuschicken. Stattdessen suchten sie nach einer anderen Möglichkeit zur Beschaffung von Arbeitskräften. Leider fanden sie sie.« Zudem wurde durch den Englischen Bürgerkrieg die Bevölkerung in England wie Schottland um 10 Prozent dezimiert, wodurch die Zahl der Arbeitskräfte im eigenen Land sank. Für die Überlebenden taten sich neue Möglichkeiten auf dem Arbeitsmarkt auf, und die Löhne schnellten nach oben. Dadurch war das Angebot an Schuldknechten deutlich geschrumpft. Aufgrund ihrer Anfälligkeit für Krankheiten waren Europäer als Massenarbeitskräfte aber ohnehin keine Option mehr. Ersatz fand sich in Form afrikanischer Sklaven, von denen viele immun gegen eben diese Krankheiten waren. Die Nachfrage, die die Sklaverei in Nord- und Lateinamerika befeuerte, erhielt nun weiteren Auftrieb.

Die englischen Kolonien in Nordamerika entgingen nur knapp einem ähnlich katastrophalen Schicksal wie die schottische Kolonie New Caledonia. Auch sie wären beinahe wieder aufgegeben worden und standen kurz vor dem Scheitern. Nur mit Mühe überstanden sie die Stechmückenangriffe, Hungersnöte und Kriege, und auch nach den schwierigen Anfängen war das Leben in den Siedlungen keineswegs leicht. Ich möchte hier nicht den Eindruck vermitteln, dass die späteren 13 Kolonien aufgrund des Tabakanbaus und der afrikanischen Sklaven von Anfang an mühelos wuchsen und gediehen. Die Siedler hatten einen tückischen, unbekannten Weg vor sich. Der Tagebucheintrag einer gewissen Mary Cooper fasst das Leben in den frühen Kolonien treffend zusammen: »Ich fühle mich schmutzig und bekümmert und bin fast zu Tode erschöpft«, klagte sie. »Heute ist es 40 Jahre her, dass ich das Haus meines Vaters verließ und hierher kam, doch seitdem habe ich wenig anderes erlebt als Kummer und harte Arbeit.« In mühsamer Plackerei rodeten die eifrigen Siedler die Wälder für ihre Tabakpflanzungen und schufen dadurch neue Lebensräume für Stechmücken, die wiederum Malaria und Gelbfieber verbreiteten und Not und Leid brachten.

Die Kolonien wuchsen, weil ständig neue Siedler, darunter auch Frauen, in so großer Zahl nachkamen, dass einige wenige Kolonisten Malaria, später auch Gelbfieber und andere Krankheiten überstanden. Sie bildeten die Grundlage für eine immunisierte, im Land geborene Bevölkerung. Die in den Kolonien geborenen späteren Generationen überlebten, weil sie sich an das vorhandene Ökosystem anpassten und schließlich ein Teil davon wurden. Die in Amerika geborenen Siedler und ihre lokalen Krankheitserreger erreichten nach einer gnadenlosen Auslese schließlich ein biologisches Gleichgewicht. Doch diese Immunisierung brauchte Zeit. Anfangs waren die Wellen nachrückender englischer Siedler, die überwiegend aus den stechmückengeplagten Fenlands stammten, ihr eigener schlimmster Feind, denn neben der Rodung und Schaffung neuer Lebensräume für Stechmücken waren sie die wichtigste Quelle für Malariaerreger.

Das Problem der Kolonisten bestand darin, dass sie einer völlig neuen Stechmückenart und Malariaumgebung ausgesetzt waren. Sie hatten mit einer Kombination aus endemischer und epidemischer Malaria zu kämpfen, dazu kamen zahlreiche unangenehme Begleitumstände. Die Engländer importierten ihren eigenen Malariaerreger, *Plasmodium vivax*, und in geringerem Maße auch *Plasmodium malariae*. Im Schmelztiegel der Kolonien entwickelten sich daraus neue Erregerstämme, während die afrikanischen Sklaven zusätzlich noch *Plasmodium falciparum* in die zunehmend vielfältige amerikanische Malarialandschaft einführten. In einem sich wiederholenden Ansteckungszyklus brachten Neuankömmlinge aus den Fenlands und dem westlichen Zentralafrika immer wieder fremde Malariavarianten mit, während sich gleichzeitig in den Kolonien der Siedler eigene Erregervarianten heranbildeten. Die Stechmücken und die zahlreichen von ihr übertragenen einzigartigen Malariaerreger fanden stets neue Nahrung.

In seinem Buch *The Making of a Tropical Disease* bestätigt Randall Packard, Leiter des Instituts für Medizingeschichte an der Johns Hopkins University, dass die Malaria »in England ihren Höhepunkt um die Mitte des 17. Jahrhunderts erreichte ... Eine Folge dieser Verlagerung nach außen könnte die Übertragung der Malariainfektionen auf die damals im Entstehen begriffenen englischen Kolonien in Amerika gewesen sein, wohin viele Männer und Frauen aus dem Südosten [den Fenlands] auswanderten, um dort ein neues Leben zu beginnen.« James Webb ergänzt Packards Beobachtung in seinem Buch zur globalen Geschichte der Malaria mit der Feststellung, dass »Infektionen aufgrund der dichteren Besiedlung Ende des 17. und Anfang des 18. Jahrhunderts zunahmen und sich die Malaria zur bedeutendsten Todesursache in den nordamerikanischen Kolonien entwickelte«.

Für die Kolonie Virginia sind die Zahlen tatsächlich beeindruckend. In den ersten beiden Jahrzehnten nach der Gründung der Kolonie, also von 1607 bis 1627, starben 80 Prozent der Neuankömmlinge in Jamestown und Virginia bereits im ersten Jahr. Die meisten fanden schon in den ersten Wochen oder Monaten den Tod. Von den etwa 7000 Einwanderern der Kolonie Virginia überlebten in diesem Zeitraum nur 1200 Personen das erste Jahr. Der Gouverneur von Virginia, ein Tabakpflanzer namens George Yeardley, erklärte seinen Londoner Kapitalgebern 1620, sie müssten sich darüber im Klaren sein, »dass von den neuen Männern im ersten Jahr wenig Arbeit zu erwarten ist, bis sie sich abgehärtet haben«. Doch der Tabakanbau war so lukrativ, dass die Virginia Company bereit war, enorme Summen zu investieren, um Siedler, Kriminelle, Prostituierte, Schuldknechte und schließlich auch afrikanische Sklaven in die Kolonie zu schicken, um deren Fortbestand zu sichern und die Wertschöpfung zu gewährleisten. Die Tabakpflanzer und Plantagenbesitzer erzielten eine schwindelerregende Gewinnmarge von 1000 Prozent auf ihre ursprünglichen Investitionen. Und die Gewinne in Virginia stiegen ebenso weiter wie die Bevölkerungszahlen. Ein Jahrhundert nach dem Tod von Pocahontas nannten 80 000 Europäer Virginia ihre Heimat, wo sie weitere 30 000 Afrikaner als Sklaven hielten. Die Kolonie gedieh und entwickelte sich für die Briten zu einem einträglichen Unternehmen, für das es sich zu kämpfen lohnte. Am Vorabend der Amerikanischen Revolution lebten in Virginia fast 700 000 Personen, darunter 200 000 Sklaven.

Der zweiten Kolonie, der Siedlung der Puritaner in Plymouth, Massachusetts, erging es anfangs nicht besser als der älteren Schwestersiedlung in Virginia. Doch schließlich bildete sich auch dort, wie bei den zwölf anderen, eine im Land geborene, immunisierte Bevölkerung, die der Malaria und anderen Epidemien trotzte. Nachdem die Puritaner in ihrer Heimat England und auch in den Niederlanden aufgrund ihrer extremen protestantischen Ansichten verfolgt worden waren, hatten sie sich in die Neue Welt aufgemacht, um dort eine neue Glaubensgemeinschaft zu gründen. 1517 hatte Martin Luther mit seinen 95 Thesen die Grundlagen für die Entstehung einer neuen Glaubensrichtung, des Protestantismus, gelegt, doch die Puritaner waren nach wie vor der Ansicht, dass die Kirche von England zu viele Elemente und Dogmen des Katholizismus beibehalten hatte. Anders als häufig angenommen, bildeten die 102 Pilger, wie sie später genannt wurden, die 1620 mit der *Mayflower* auf der Suche nach Religionsfreiheit nach Amerika aufbrachen, nur eine kleine Minderheit unter den Siedlern. Der Großteil der amerikanischen Siedler erhoffte sich Landbesitz oder wurde als Schuldknechte, Strafgefangene oder Sklaven in die Neue Welt verschleppt.

Aufgrund der stürmischen See landete die *Mayflower* über 300 Kilometer nördlich von ihrem ursprünglichen Ziel, dem Hudson River. Am 11. November 1620, gerade rechtzeitig, um alle Unannehmlichkeiten eines Winters in Neuengland zu erleben, ankerte die im Sturm beschädigte *Mayflower* in einer kleinen Bucht etwa drei Kilometer nördlich des Plymouth Rock. Der vier Tonnen schwere Granitfelsen hat sich im Lauf der Zeit zur mythenumrankten Touristenattraktion entwickelt und wird jährlich von über einer Million Schaulustiger besucht.[54] Den ersten Winter verbrachten die Puritaner zum Teil auf dem Schiff, zum Teil in einigen wenigen provisorischen Hütten. Als die *Mayflower* im April 1621 wieder nach England aufbrach, waren nur noch 53 der ursprünglich 102 Pilger am Leben. Von den 18 erwachsenen Frauen überlebten nur drei den fünf Monate währenden eisigen Winter.

Die Malaria fand in der Siedlung schon bald ein neues Zuhause. Der Insektenforscher Andrew Spielman schreibt: »In Anbetracht der Tatsache, dass Hunderte oder Tausende Siedler aus Malariagebieten [den Fenlands] stammten, ist das sehr gut vorstellbar. Wenn Malariaerreger die Möglichkeit haben, in ein Gebiet vorzudringen, dann tun sie das normalerweise sehr schnell.« William

Bradford, der Gouverneur der Plymouth-Kolonie, notierte nach der von Krankheiten geprägten Stechmückensaison 1623: »Gegen die Kolonie ließe sich vorbringen, dass die Bewohner sehr von Stechmücken geplagt werden.« Bradford erkannte die Vorteile einer Immunisierung und kam zu dem Schluss, die Neuankömmlinge seien »zu zart und ungeeignet für neue Siedlungen und Kolonien, wenn sie die Stiche der Stechmücken nicht ertragen können. Wir wünschen uns, dass diese daheim bleiben, zumindest bis sie abgehärtet gegen Stechmücken sind.« Allgemein wird angenommen, dass die Malariaerreger in den Kolonien von Massachusetts sofort heimisch wurden, doch erst in den Jahren 1634 bis 1670 wüteten alle fünf Jahre Epidemien in der Region.

Ihr Gott hatte die Puritaner angewiesen: »Seid fruchtbar und mehret euch und füllet die Erde und machet sie euch untertan.« Die Puritaner, die bis heute in dem Ruf stehen, sich weder vor Verantwortung noch vor harter Arbeit zu drücken, machten sich eifrig ans Werk, das göttliche Gebot in die Tat umzusetzen, und zwar auf eine sehr fruchtbare und unermüdliche Art und Weise: Man schätzt, dass 10 bis 12 Prozent der heutigen Amerikaner in direkter Linie von dieser kleinen Gruppe Puritaner abstammen. Wie in Jamestown stabilisierte sich die Bevölkerung nach der ersten Malariaimmunisierung und begann zu wachsen. 1690, als die sich ausdehnende Siedlung in die Massachusetts Colony eingegliedert wurde (mit einer Gesamtbevölkerung von fast 60 000 Personen), lag die Zahl der Einwohner bei 7000. Auch hier kam es zu Konflikten mit der lokalen indigenen Bevölkerung, als sich die Siedlungen über die ursprünglichen Brückenköpfe Richtung Westen ausdehnten. Am Ende wurden die Einheimischen durch Krankheiten, Kriege und Hungersnöte dezimiert. Die Überlebenden zogen weiter nach Westen oder wurden zusammengetrieben und als Sklaven verkauft.

In allen 13 ursprünglichen Kolonien ließ sich diese Entwicklung beobachten: Die Immunabwehr von Neuankömmlingen und Einheimischen stellte sich auf die neuen Erreger ein, die im Land geborenen Siedler und der stetige Zustrom von Einwanderern verursachten ein Bevölkerungswachstum, die Siedlungen dehnten sich nach Westen aus, es kam zu Kriegen mit den indigenen Stämmen, die den Neuankömmlingen unterlagen, abwanderten, vertrieben oder gefangen genommen wurden. Ab dem Jahr 1700 verdoppelte sich die Einwohnerzahl der Kolonien mit jeder neuen, im Land geborenen und immunisierten Generation. So lag die Gesamtbevölkerung der Kolonien (Sklaven und Indigene nicht mitgerechnet) im Jahr 1700 bei etwa 260 000 Personen, während es 1720 bereits 500 000 Personen und 1750 schon 1,2 Millionen waren. Sechs Jahre später, kurz vor Ausbruch des Siebenjährigen Krieges, war die Bevölkerung in den englischen Kolonien noch einmal um 300 000 angewachsen, während in Neufrankreich *insgesamt* gerade einmal 65 000 Personen lebten, die sich zu der Zeit nicht einmal mehr als Franzosen, sondern als eigenes Volk betrachteten. Als im April 1775 mit dem »Schuss, der in der ganzen Welt gehört wurde« in Lexington der amerikanische Unabhängigkeitskrieg begann, hatten die englischen Kolonien fast 2,5 Millionen Einwohner, während im britischen Mutterland acht Millionen Menschen lebten.

Die von Mücken bevölkerten Landschaften waren prägend für die Entwicklung in den Kolonien. Doch in der westlichen Hemisphäre waren die Lebensräume, in denen Stechmücken und Krankheitserreger gediehen, nicht alle gleich. Sie unterschieden sich je nach Region und nach ihrer jeweiligen Mischung verschiedener Stechmückenarten. Weitere Faktoren waren das Klima, die geografische Lage, Anbaumethoden und die Auswahl der Feldfrüchte sowie die Bevölkerungsdichte einschließlich der Zahl der afrikanischen Sklaven. Diese Unterschiede sollten eine entscheidende Rolle in den sich abzeichnenden Konflikten und Unabhängigkeitskriegen spielen, die Nord- und Südamerika im 17. und 18. Jahrhundert erschütterten. Die Entwicklung und der Ausgang dieser Konflikte wurden größtenteils von Mücken und ihren Malaria- und Gelbfieberkolonnen entschieden.

Für einen besseren Überblick über die Gebiete, in denen sich die Auseinandersetzungen abspielten, unterteilen wir Amerika in drei geografische Zonen oder Infektionszonen, die sich hinsichtlich der von Stechmücken übertragenen Krankheiten unterschieden. Wir beginnen mit der Zone, die besonders stark betroffen war, den südlichen Kolonien, beschäftigen uns dann mit den mittleren Kolonien und zu guter Letzt mit den nördlichen Kolonien, die (im Vergleich zu den südlichen) weniger hart getroffen wurden.

Die erste geografische Zone erstreckte sich vom Amazonasbecken in der Mitte Südamerikas bis in den Süden der heutigen USA, sie umfasste also, wie J. R. McNeill kurz und bündig erklärt, »die am Atlantik gelegenen Küstengebiete Süd-, Mittel- und Nordamerikas sowie die karibischen Inseln, wo im Verlauf des 17. und 18. Jahrhunderts Plantagen angelegt wurden: Von Surinam bis Chesapeake … Die Plantagen verbesserten die Brutbedingungen und das Nahrungsangebot für beide Stechmückenarten [Aedes und Anopheles] und trugen so dazu bei, dass die Stechmücken zu Schlüsselfaktoren in den geopolitischen Auseinandersetzungen in der atlantischen Welt der frühen Neuzeit wurden.« Die Zone bot ideale Lebensbedingungen für Stechmücken und die Malariaerreger *Plasmodium vivax* und *falciparum*. Auch die Erreger des Gelb- und Denguefiebers fühlten sich dort wohl. Die Zahl der Infektionen (aber auch der Grad der Immunisierung) war in dieser Zone (wie wir bereits für South Carolina und den Sklavenhandelshafen Charleston feststellten) extrem hoch, ebenso die Sterblichkeit, weshalb Versicherungsunternehmen von Klienten im stechmückengeplagten Süden einen höheren Beitrag für Lebensversicherungen erhoben. Im Vergleich zu den nördlicheren Tabakkolonien war South Carolina aufgrund des massiven Sklavenhandels und des Reisanbaus, der die wichtigste landwirtschaftliche Einnahmequelle darstellte, von den von Stechmücken übertragenen Krankheiten besonders schwer betroffen. *Plasmodium falciparum* wurde zur vorrangigen Todesursache. Georgia war eine Art Miniaturversion des »Reis-Königreichs« South Carolina.

Weltweit, von Japan über Kambodscha bis South Carolina, wurde der Reisanbau von malariaübertragenden Stechmücken begleitet.

In Nordamerika existiert ein praktisches, bekanntes kulturelles Symbol, das die nördliche Grenze dieser ersten tödlichen Infektionszone markiert. Die Grenze zwischen Pennsylvania und Maryland, 1768 von Charles Mason und Jeremiah Dixon vermessen, um einen Grenzkonflikt zwischen den beiden Kolonien sowie Delaware und Virginia (dem heutigen West Virginia) beizulegen, fungiert als nördliche Grenzlinie dieser tödlichen Stechmückenlandschaft. Während die von *Plasmodium vivax* übertragene Malaria beide Seiten der als Mason-Dixon-Linie bekannten Grenze heimsuchte, bildete sie die Schwelle für die *Plasmodium-falciparum*-Malaria und Gelbfieber. Es kam zwar gelegentlich zu sporadischen Epidemien beider Krankhei-

Sicherheitsnetz: Ein Holzschnitt aus dem Jahr 1797 zeigt eine typische Szene aus Japan: Mithilfe ihrer Dienerinnen ziehen sich Frauen unter einem Moskitonetz um.

ten nördlich dieser Linie, doch die Erreger verschwanden meist so schnell wieder, wie sie gekommen waren (jedoch nicht ohne entsprechende Todesopfer). Ein Besucher berichtete über eine Malariaepidemie 1690 in Maryland von den »bleichen Gesichtern der Leute, die an ihren Türen standen … wie stehende Geister … jedes Haus war ein Siechenhaus.«

Die Mason-Dixon-Linie steht heute für die Trennung zwischen Sklavenstaaten und freien Staaten, auch wenn das nicht ganz stimmt. Der Bundesstaat Maryland, der nördlich und östlich der Linie liegt, entschied sich zwar im Bürgerkrieg gegen die Konföderation der Südstaaten, schaffte die Sklaverei jedoch erst nach dem Inkrafttreten des 13. Zusatzartikels der amerikanischen Verfassung ab.[55] Mit dessen Ratifizierung 1865 nach dem Sieg der Nordstaaten im Bürgerkrieg wurde festgelegt: »Weder Sklaverei noch Zwangsdienstbarkeit darf, außer als Strafe für ein Verbrechen, dessen die betreffende Person in einem ordentlichen Verfahren für schuldig befunden worden ist, in den Vereinigten Staaten oder in irgendeinem Gebiet unter ihrer Gesetzeshoheit bestehen.« Die Mason-Dixon-Linie zieht sich wie eine Narbe durch die kulturelle Landschaft der Vereinigten Staaten. Sie schlängelt sich durch die amerikanische Geschichte wie ein Stromkabel, das seine Energie direkt aus den Unterschieden und der anhaltenden Trennung zwischen dem Dixie-Süden und dem Yankee-Norden bezieht.

Die Assoziation der Mason-Dixon-Linie mit Sklaverei, Plantagen und von Stechmücken übertragenen Krankheiten ist kein Zufall. Tabak und Baumwolle gediehen in den Nordstaaten nicht, deshalb gab es dort auch kein auf Sklaverei basierendes Plantagensystem. Die beiden Pflanzen fühlten sich im wärmeren Süden wohl, wo auch für Stechmücken ideale Bedingungen herrschten. Die Plantagen waren auf Sklaven angewiesen, nur mit ihnen konnten sie Gewinne erwirtschaften. Die aus Afrika verschleppten Sklaven brachten in die bereits bestehende Stechmückenpopulation Erreger vom Typ *Plasmodium falciparum* und den Erreger des Gelbfiebers ein, vielleicht auch *Plasmodium vivax*. Die endemischen und epidemischen Erreger gediehen südlich der Mason-Dixon-Linie prächtig. Plantagen, afrikanische Sklaven und tödliche, von Stechmücken übertragene Krankheiten waren eng miteinander verflochten, ähnlich wie mit der scheinbar willkürlich gezogenen Mason-Dixon-Linie.

Reist man entlang der Atlantikküste von den südlichen Kolonien Richtung Norden und überquert die Mason-Dixon-Linie, erreicht man die zweite Zone der von Stechmücken übertragenen Infektionen, die mittleren Kolonien. Diese Region erstreckte sich von Delaware und Pennsylvania bis nach New Jersey und New York. Hier war *Plasmodium vivax* fest etabliert, von Zeit zu Zeit traten auch einige der schlimmsten *Malaria falciparum*-Epidemien und Gelbfieberepidemien Amerikas auf. Die Epidemien forderten zahlreiche Opfer unter der nicht immunisierten Bevölkerung. In der damaligen Hauptstadt Philadelphia starben 1793 innerhalb von drei Monaten über 5000 Menschen an Gelbfieber. Weitere 20 000 flohen in Panik aus der Stadt, darunter auch der damalige Präsident George Washington. Die Regierung war handlungsunfähig. Politiker und Privatpersonen stellten bereits Überlegungen an, die Hauptstadt in ein sichereres Gebiet zu verlegen, zunächst noch im Flüsterton, dann immer lauter.

Die dritte und letzte Infektionszone bilden die nördlichen Kolonien einschließlich des kanadischen Teiles von Neufrankreich, der infolge des Siebenjährigen Krieges 1763 zur britischen Kolonie Kanada wurde. Diese Region war zu kalt für Gelbfieber oder eine endemische Malaria jedweder Form. Allerdings herrschten im Sommer durchaus geeignete Temperaturen, weshalb es aufgrund der von Kaufleuten und Matrosen, Soldaten und Durchreisenden eingeschleppten Erreger hin und wieder zu Ausbrüchen der von Stechmücken übertragenen Krankheiten kam. In den amerikanischen Kolonien, die sich von Connecticut bis Maine zogen, traten *Vivax*-Malaria und Gelbfieber auf. Von Stechmücken übertragene Krankheiten brachen in Toronto und in der Region der Großen Seen im südlichen Ontario aus, ebenso in Quebec, wie ein verheerendes Auftreten von Gelbfieber 1711 zeigt, und auch in der geschäftigen Hafenstadt Halifax in Nova Scotia waren die Erreger häufiger zu Besuch.

Bei den Recherchen für mein Buch erfuhr ich zu meiner Überraschung, dass in den Jahren 1826 bis 1832 beim Bau des 200 Kilometer langen Rideau-Kanals die Malaria in der kanadischen Hauptstadt Ottawa wütete, obwohl sie weit im Norden liegt. Jedes Jahr erkrankten in den Monaten von Juli bis September, bei den Bauarbeitern als die *sickly season* (»Krankheitssaison«) bekannt, etwa 60 Prozent der Beschäftigten an Malaria. Nach der Malariasaison von 1831 schrieb der Bauunternehmer und Ingenieur John Redpath, es liege an den »außerordentlich ungesunden Bedingungen vor Ort, die dafür sorgen, dass alle, die dort arbeiten, an Sumpffieber und Wechselfieber leiden, außerdem verzögert sich dadurch die Arbeit jedes Jahr um drei Monate.« Redpath selbst »erwischte die Krankheit im ersten und zweiten Jahr, blieb im dritten verschont, hatte aber dieses Jahr wieder einen schweren Anfall von Sumpffieber – der mich zwei Monate lang ans Bett fesselte. Anschließend dauerte es noch einmal zwei Monate, bevor ich wieder den aktiven Dienst antreten konnte.« Allerdings muss man sich um Redpath keine allzu großen Sorgen machen. Er überlebte seine Malariaanfälle und gründete 1854 die größte Zuckerfirma Kanadas, die heute noch besteht. Das Verwaltungsgebäude von Redpath Sugar ist ein Wahrzeichen des geschäftigen Hafens von Toronto.

Beim Bau des Rideau-Kanals starben etwa 1000 Arbeiter aufgrund von Krankheiten, darunter 500 bis 600 an Malaria. Die Malaria griff vom Kanal auch auf lokale Siedlungen über, wo vermutlich etwa 250 Zivilisten an der Krankheit starben. Auf dem Old Presbyterian Cemetery von Ottawa erinnert eine Gedenktafel an die Opfer: »Begraben auf diesem Friedhof sind die Sappeure und Mineure, die in den Jahren 1826 bis 1832 am Bau des Rideau-Kanals auf dieser Landenge beteiligt waren. Die Männer arbeiteten unter furchtbaren Bedingungen und starben an Malaria. Ihre Gräber sind bis heute namenlos.« Vor den Erkenntnissen von Walter Reed auf Kuba und William Gorgas in Panama Ende des 19. Jahrhunderts war der Bau von Kanälen ein gefährliches Unterfangen. Arbeiter in größerer Zahl, die eng aufeinander leben, Land roden, Gräben ausheben und das alles in Verbindung mit Wasser – derartige Bedingungen sind nahezu unwiderstehlich für Stechmücken und die von ihnen übertragenen Krankheiten, selbst im nördlichen Klima Kanadas.

Man nimmt an, dass die saisonale Malaria im Gefolge des Amerikanischen Unabhängigkeitskrieges nach Kanada eingeschleppt wurde, als über 60 000 dem britischen König verbundene Loyalisten über die Grenze nach British Canada kamen. Wie bereits festgestellt, schaffen Migration, umherziehende Armeen, Reisen und Handel ideale Voraussetzungen für die Übertragung ansteckender Krankheiten. Als in den 1790er-Jahren schlimmste Gelbfieber- und Malariaepidemien in den amerikanischen Atlantikstaaten wüteten, suchten weitere 30 000 »späte Loyalisten« und Flüchtlinge Zuflucht in Kanada und erweiterten damit den Einflussbereich der Malaria nichts ahnend bis nach Ontario, Quebec und in die kanadischen Seeprovinzen an der Atlantikküste.

So erkrankte etwa 1793 die Ehefrau von John Graves Simcoe, des Gouverneurs von Upper Canada, der als Offizier im Unabhängigkeitskrieg aufseiten der Briten eine wichtige Rolle gespielt hatte, in der Provinzhauptstadt Kingston an Malaria. Am Ufer des Ontariosees gelegen, bildet die Stadt den südlichen Endpunkt des Rideau-Kanals, der in Ottawa seinen Anfang nimmt. Simcoe fungierte auch kurz als Kommandant britischer Truppen während der Haitianischen Revolution, die 1791 von Toussaint Louverture angeführt und deren Ausgang ebenfalls von Stechmücken entschieden wurde. In der kürzlich ausgestrahlten Serie *Turn: Washington's Spies* wird Simcoe sehr zu meiner Verärgerung zum wichtigsten Gegenspieler der Revolutionäre stilisiert. Trotz gegenteiliger historischer Belege wird er als sadistischer und psychopathischer Kommandant einer mordlustigen Bande irregulärer britischer Ranger dargestellt.[56] Der echte, authentische Simcoe lebte mitten in einer historischen Umbruchphase, in der sich der Kolonialismus am Scheideweg befand. An die Stelle des europäischen Wettstreits um Kolonien und der damit verbundenen Konflikte in Amerika traten nun die von Stechmücken unterstützten Unabhängigkeitsbewegungen, geschmiedet im Fegefeuer des Gelbfiebers und der Malaria. Als Lohn bei all diesen Kämpfen winkte nach wie vor der enorme Reichtum, der dank Merkantilismus und kolumbianischem Austausch mit Plantagenprodukten wie Zucker, Tabak und Kaffee erwirtschaftet wurde.

In den ersten beiden Jahrhunderten der Kolonialisierung waren Spanien, Frankreich und England/Großbritannien (und in geringerem Maße auch die Niederlande, Dänemark und Portugal) mit sich selbst und ihren Konflikten untereinander beschäftigt. Nord- und Südamerika lockten mit ihren reichen natürlichen Ressourcen die imperialistischen Europäer an ihre Küsten. Kolonisten und Sklaven wurden in die Wildnis der westlichen Hemisphäre geschickt, um Territorien zu sichern und wirtschaftliche Imperien aufzubauen. Als Teil dieses globalen Austauschs wurden die frühen Siedler den von Stechmücken übertragenen Krankheiten geopfert, bis sie und ihre im Land geborenen Nachkommen sich den lokalen Gegebenheiten und Krankheiten angepasst hatten.

Diese Akklimatisierung und Immunisierung waren anfänglich ein entscheidender Faktor, warum sich das bereits etablierte spanische Kolonialreich gegen die beiden aufstrebenden europäischen Rivalen Frankreich und England verteidigen konnte, die zwei Jahrhunderte lang vergeblich versuchten, die stechmückengesicherten spanischen Bastionen in kolonialen Kriegen und im wirtschaftlichen Wettstreit zu brechen. Im 17. und 18. Jahrhundert mussten sich Neuankömmlinge gegen Gelbfieber, Denguefieber und Malaria zur Wehr setzen, wodurch die etablierten spanischen Besitzungen vor den plündernden und gierigen europäischen Herausforderern geschützt waren. In den Kolonialkriegen des späten 18. und frühen 19. Jahrhunderts sollten dann eben diese Krankheiten zum Erfolg der Revolutionen gegen die europäische Oberherrschaft beitragen.

Die immunisierte, im Land geborene Bevölkerung wandte sich schließlich gegen ihre ursprünglichen Herkunftsländer, um künftig selbst über ihr Schicksal zu bestimmen. Nachdem die Kolonisten den Stechmücken genügend Blutzoll entrichtet und sogar mit ihrem Leben bezahlt hatten, boten die Mücken den immunisierten, nach Unabhängigkeit strebenden Überlebenden nun Schutz vor den Armeen ihrer europäischen Herren. Die ortsansässigen Milizen, auch wenn sie europäischer Herkunft waren, hatten gegen die lokalen Krankheiten eine Immunabwehr aufgebaut. Die Armeen der imperialen Mächte, die zur Bekämpfung der Aufstände direkt aus Europa entsandt worden waren, waren für die von Stechmücken übertragenen

Krankheiten deutlich anfälliger. Mithilfe der blutrünstigen Mücken konnten sich die Revolutionäre vom Joch der europäischen Unterdrücker befreien. Die Länder Süd-, Mittel- und Nordamerikas sowie der Karibik sind den Stechmücken zu Dank verpflichtet. Sie ermöglichten ihnen den Aufstieg zu einem eigenständigen Nationalstaat. Und die englischen Siedler aus den Fenlands und ihre Nachkommen schafften es schließlich doch noch, der Malaria zu entkommen und ein freies Leben zu führen.

Die Helden der Unabhängigkeitskriege in Nord- und Südamerika, etwa Simón Bolívar und Antonio López de Santa Anna, wurden ebenso wie die legendären Gegenspielerpaare, darunter James Wolfe und Louis-Joseph de Montcalm, Häuptling Pontiac und Jeffrey Amherst, George Washington und Charles Cornwallis oder Napoleon und Toussaint Louverture, in jene Zeit des Umbruchs hineingeboren, die auch Simcoe erlebte. Ihr Schicksal, das sich auf den Schlachtfeldern Amerikas abspielte, wurde stets von ganz besonderen Söldnern mitbestimmt, den Stechmücken.

KAPITEL 11

DIE FEUERPROBE DER SEUCHE: KOLONIALKRIEGE UND EINE NEUE WELTORDNUNG

Das sind Teufel«, murmelte General Jeffery Amherst vor sich hin. »Sie müssen bestraft werden, nicht gekauft ... Wir müssen die Übeltäter mit völliger Vernichtung bestrafen.« Die Briten hatten zwar gerade den Siebenjährigen Krieg gewonnen und die Franzosen aus Nordamerika vertrieben, doch der Befehlshaber der britischen Streitkräfte war alles andere als in Feierlaune. Er hatte mit einer Rebellion zu kämpfen und verfügte nicht annähernd über die notwendigen Truppen und Geldmittel. Amherst war außer sich. Der Odawa-Häuptling Pontiac und die 3500 Krieger seiner ein Dutzend Nationen umfassenden Koalition ruinierten seinen Ruf. Da Pontiac mit einem Zustrom britischer Siedler in die unlängst geräumten französischen Gebiete rechnete, packte er die Gelegenheit beim Schopfe, eine geeinte indigene Heimstätte zu schaffen. »Engländer, ihr habt zwar die Franzosen besiegt, aber uns habt ihr noch nicht geschlagen!«, erklärte Pontiac. Und sein Volk rief er auf: »Was die Engländer betrifft, diese rot gekleideten Hunde, so müsst ihr das Kriegsbeil gegen sie erheben. Löscht sie aus, damit sie vom Antlitz der Erde verschwinden!« Im Juni 1763, nur einen Monat nach Beginn des Aufstands, hatten Pontiacs Krieger im Ohio-Tal und in der Region um die Großen Seen bereits acht britische Forts überrannt. Fort Pitt im Westen Pennsylvanias befand sich im Belagerungszustand. Berichte aus der Festung ließen nichts Gutes erahnen: »Wir leben hier drin so eng aufeinander, dass ich einen Seuchenausbruch befürchte … Es gibt bereits einige Fälle von Pocken.« In Ermangelung von Männern und Material sollte Amherst eine innovative Waffe in Anschlag bringen, um das Blatt von Pontiacs Rebellion zu seinen Gunsten zu wenden.

Amherst fragte Colonel Henry Bouquet, Kommandeur einer Befreiungsexpedition nach Fort Pitt: »Wäre es nicht denkbar, die Indianerstämme mit den Pocken zu infizieren? In diesem Falle müssen wir alles strategisch Mögliche unternehmen, um ihre Reihen zu lichten.« Bouquet erwiderte: »Ich werde versuchen, sie mittels einiger Decken zu inokulieren [sic!; infizieren], die in ihre Hände geraten könnten, und darauf achten, dass ich mich nicht selbst anstecke.« Amherst unterstützte offiziell diesen Plan. »Sie tun wohl daran, die Indianer durch Decken zu inokulieren [sic!]«, entgegnete er, »ebenso wie mit allen anderen Methoden, die dazu dienen, diese abscheuliche Rasse auszurotten.« Offenbar wusste keiner der beiden Männer, dass die beiden in Fort Pitt eingeschlossenen Milizionäre Simeon Ecuyer und William Trent bereits fünf Tage zuvor eine ebensolche Waffe eingesetzt hatten. »Was [die Indianer] betrifft«, lauten ihre identischen Tagebucheinträge, »so gaben wir ihnen zwei Decken und ein Taschentuch aus dem Pockenhospital. Ich hoffe, das wird den gewünschten Effekt haben.« Auch wenn heute allgemein angenommen wird, dass die biologischen Pockendeckenwaffen ihre Wirkung nicht entfalteten, offenbart ihre Verwendung doch, wie wenig Männer, Material und Geld Amherst nach dem Siebenjährigen Krieg zur Verfügung standen.

Als sich im Jahr 1756 die Wolken des Krieges über dem amerikanischen Kontinent zusammenballten, warnte der britische Kabinettsminister Philip Stanhope den König: »Betrachtet man die derzeitige immense Staatsverschuldung, droht eine der größten Gefahren meiner Meinung nach durch unsere *Ausgaben*.« Wie Stanhope vorhergesehen hatte, war Großbritannien nach Ende der Kriegswirren 1763 wirtschaftlich am Boden, militärisch bankrott und konnte sich innerhalb seiner neu definierten nordamerikanischen Grenzen keine weiteren Indianerunruhen mehr leisten. Eine Schuldenspirale und Pontiacs anfänglicher Erfolg ließen den Briten keine Wahl. Die Königliche Proklamation, mit der 1763 eine Grenzlinie (Proklamationslinie) gezogen wurde, besänftigte nicht nur Pontiac, weil sie durch ein Verbot kolonialer Expansion westlich der Appalachen ein Indianerterritorium schuf, sondern säte unter amerikanischen Kolonisten auch die Saat der Unzufriedenheit und entfachte damit die langsam brennende Lunte der Rebellion. Die Geldnöte und militärischen Sorgen Großbritanniens, aber auch diese revolutionären historischen Ereignisse waren die Folge von fast 100 Jahren von der Stechmücke begleiteter kolonialer Konflikte in Amerika, gekrönt vom Siebenjährigen Krieg.

Die militärischen Auseinandersetzungen in Amerika vor dem Siebenjährigen Krieg wurden durch eine Reihe importierter europäischer Konfrontationen und merkantilistischer Rivalitäten entfacht. Ein Jahrhundert lang schlossen sich Frankreich und Spanien gegen die wachsende Macht Großbritanniens zusammen. Kleinere Ländereien in der Karibik wechselten den Besitzer, die britischen Pläne für Quebec wurden vereitelt. Eine britische Streitmacht von 4500 Mann, die 1693 entsandt wurde, um Martinique und Kanada zu erobern, erlag dem Gelbfieber. Nach 3200 Todesfällen legte die Rumpftruppe zu Beginn der Stechmückenzeit im Hafen von Boston an. Ein Beobachter notierte, dass »eine Flotte unserer guten Freunde aus England eine schreckliche Seuche an Bord hatte«. Den folgenden Gelbfieberepidemien, den ersten, welche die amerikanischen Kolonien heimsuchten, fielen in Boston, Charleston und Philadelphia zehn Prozent der Bevölkerung zum Opfer.

Für die amerikanischen Kolonialtruppen wurden die Vorstöße in die Karibik nicht nur durch die Kampfhandlungen selbst, sondern vor allem durch die Mücken zu einer harten Prüfung. Eine Erfahrung, die noch lange nachhallen sollte, stellte vor allem die britische Offensive im April 1741 zur Eroberung der kolumbianischen Stadt Cartagena dar. Die Hafenstadt war ein spanischer Handelsknoten, kostbare Metalle und Edelsteine, Tabak, Zucker, Kakao, exotische Hölzer, Kaffee und Chinin aus dem gesamten südlichen Teil des spanischen Reiches trafen dort zusammen. Ein früherer Versuch, Cartagena einzunehmen, war 1727 ohne einen einzigen Schuss aufgegeben worden, nachdem 4000 der 4750 Mann – also 84 Prozent der britischen Invasionstruppen – während der Fahrt entlang der mückenverseuchten Küste am Gelbfieber gestorben waren. Die Expedition von 1741 hingegen stellte ihre Vorgängerin in den Schatten. Unter Admiral Edward »Old Grog« Vernon standen insgesamt 29 000 Mann für eine Invasion Cartagenas bereit, darunter 3500 amerikanische Kolonisten, »das gesamte Banditentum, das die Kolonien hergaben«.[57] Aus Sicht der Stechmücke war diese gewaltige, nicht immunisierte Streitmacht ein gefundenes Fressen für das Gelbfieber.

Drei Tage nach der Landung der Soldaten hatte die Mücke fast 3500 britische Soldaten dahingerafft. Die ganze Operation war zum Scheitern verurteilt, als »die Erkrankungen innerhalb der Truppe in einem solchen Maße zunahmen, dass jeder weitere Verbleib in dieser ungesunden Lage nicht weniger als ihr völliges Verderben zu bedeuten schien ... Die gesamte Flotte setzte daher Segel in Richtung Jamaika.« Nach nur einem Monat beschloss Vernon, aufzugeben und das Weite zu suchen. »So endete der erschöpfende Teil des Feldzugs, der sicher der unschönste war, den man sich nur vorstellen kann ... überall Krankheit und Tod ... Niemand blieb verschont; sie nennen diese Erkrankung ein galliges Fieber, das innerhalb von fünf Tagen tödlich endet; lebt der Patient länger, dann nur, um unter noch größeren Qualen am sogenannten Schwarzen Erbrechen zu sterben.« Die Stechmücke tötete 22 000 von Vernons insgesamt 29 000 Mann starker Streitmacht, also schaurige 76 Prozent. Die Mehrzahl der durch Vorinfektion immunisierten spanischen

Verteidiger, die bereits seit fünf Jahren in Cartagena stationiert waren, überlebten die Epidemie.

Einer der überlebenden Kolonisten von Vernons Feldzug war Lawrence Washington, der ältere Halbbruder von George, den dieser sehr bewunderte. Zurück in Virginia gründete Lawrence auf einem Stück der ausgedehnten Ländereien seiner Familie eine Plantage. Zu Ehren seines Kommandeurs nannte er sie Mount Vernon. Nach Lawrences Tod im Jahr 1752 erbte George das weitläufige Anwesen. Während des Cartagenafeldzugs erging es den Mitgliedern Lawrences kolonialer Abteilung nicht besser als ihren britischen Kameraden. Die Kolonialzeitungen berichteten ausführlich über die Katastrophe, die bittere Narben im kollektiven Bewusstsein der amerikanischen Kolonien hinterließ. Als die Briten im Siebenjährigen Krieg versuchten, Truppen für ein weiteres Karibikabenteuer aufzustellen (diesmal, um Havanna einzunehmen), meldeten sich weit weniger Freiwillige aus den Kolonien. Die Erinnerungen an Cartagena lasteten wie Blei auf den Schultern nachfolgender Kolonisatoren.

Angesichts dieser zwar isolierten, unregelmäßigen und vergleichsweise kleinen imperialen Feldzüge in der Karibik, darunter auch die britische Niederlage gegen die Stechmücke bei Cartagena, war es unvermeidlich, dass europäische Imperialmächte und merkantilistische Ökonomien in einem globalen Konflikt aufeinanderprallen würden. Der Siebenjährige Krieg, ausgefochten in Europa, auf dem amerikanischen Kontinent, in Indien, auf den Philippinen und in Westafrika, war somit der erste weltweite Krieg. Durch die von ihr übertragenen Seuchen erschwerte die Mücke britischen, französischen und spanischen Truppen den Kampf um koloniale Herrschaftsgebiete in Indien, auf den Philippinen und in Westafrika. Alle europäischen Soldaten waren gleichermaßen Neulinge an diesen Kriegsschauplätzen und wurden direkt aus ihren gemäßigten Heimatländern dorthin geschickt. Ohne lokale Gewöhnung wurden die Soldaten der konkurrierenden Imperialmächte ziemlich gleichmäßig von den Krankheiten heimgesucht. Der militärische und historische Einfluss der Stechmücke war in der Regel begrenzt auf die zahlreichen Kampfhandlungen sowie die damit verbundenen Planungen der Truppenstärke und Truppenentsendungen nach Nordamerika und in die umkämpften karibischen Kolonien.

In Amerika waren die Mannschaftsaufstellungen bereits in den vorangegangenen Kriegen entstanden. Team Großbritannien umfasste die amerikanischen Kolonien und die aggressive Konföderation der Irokesen. Der gegnerische Underdog, Team Frankreich, wurde unterstützt von vergleichsweise geringen Zahlen desinteressierter Kanadier und einer Handvoll verbündeter Algonquin. Im Jahr 1761 beschloss schließlich auch Spanien, auf der Seite Frankreichs im Spiel mitzumischen. Team Großbritannien hatte trotzdem die besseren Chancen, da es schlicht über mehr Manpower und Nachschub verfügte.

Während die europäischen Berufsarmeen ungefähr gleich stark waren, stellte die Zahl amerikanischer Kolonisten die französische Seite in einem Verhältnis von 23 zu 1 in den Schatten. Zudem verfügten die Briten über mächtigere indigene Verbündete. Während der Biberkriege Ende des 17. Jahrhunderts kam es zu einer ununterbrochenen Folge brutaler Konflikte zwischen der Konföderation der Irokesen und verfeindeten Nachbarstämmen, welche die Irokesen dazu nutzten, ihr Territorium auszudehnen und so den Pelzhandel stärker zu kontrollieren, der ihnen Schusswaffen und damit weitere Möglichkeiten zu Racheakten und Landnahme bot. Bislang hatten die Erzfeinde der Irokesen, die Algonquin und die Huronen, stets die Nase vorn gehabt, da sie dank der Franzosen fast ein Jahrhundert früher als ihre Widersacher Zugang zu Feuerwaffen erhalten hatten. Ausgestattet mit im Tausch gegen Pelze erworbenen britischen Waffen überzogen die Irokesen nun den gesamten Osten Nordamerikas mit Vergeltungsmaßnahmen und richteten ihren Zorn dann in Richtung der Großen Seen. Die Biberkriege bedeuteten das Ende für die Nationen oder Konföderationen der Mahican, Erie, Neutralen, Petun und Huronen. Andere, wie etwa die Shawnee, Kickapoo und

Odawa, flohen schlicht vor dem gewaltigen Ansturm der Irokesen. Wenngleich sie ihre eigene Agenda verfolgten, räumten die Irokesen nicht nur unbeabsichtigt Land für eine künftige britisch-amerikanische Besiedlung, sondern vernichteten auch die meisten indigenen Verbündeten Frankreichs, manche bis zur vollständigen Auslöschung.

Der Siebenjährige Krieg war ein wahrhaft globaler Konflikt. Strategie, Erwägungen zur militärischen Präsenz und territoriale Prioritäten waren eng miteinander verflochten, Truppenbewegungen wurden diesem Kalkül entsprechend vorgenommen. Für Frankreich überwogen der Krieg in Europa und die Verteidigung lukrativer Pflanzkolonien in der Karibik die Sicherung der im Fisch-, Holz- und Pelzhandel in Quebec erzielten Erträge bei Weitem. Der Schutz der karibischen Zucker- und Tabakkolonien hatte jedoch einen hohen Preis. Innerhalb der ersten sechs Monate starb die Hälfte der frisch eingetroffenen, nicht immunisierten französischen Verteidiger an Malaria und Gelbfieber. Auch die französischen Garnisonen auf Haiti, auf Guadeloupe und Martinique wurden von durch Stechmücken übertragenen Seuchen heimgesucht. Als die Truppenstärke in diesen belagerten Außenposten abnahm, wurde Verstärkung aus Quebec dorthin beordert. Letztlich hatten karibische Stechmücken in Kanada einen Mangel an Männern und Munition ausgelöst, sodass sämtliche Zahlungen auf kanadische Kostenforderungen zurückgestellt wurden. Diese kriegsentscheidenden Mittel – Soldaten, Waffen und Geld – wurden nach Europa und in die Karibik umgeleitet. Am Ende war der französische Kommandeur Marquis de Montcalm nicht in der Lage, eine auch nur halbwegs vernünftige Verteidigung Kanadas zu koordinieren.

Zur selben Zeit fegte eine Pockenepidemie über Quebec, der Franzosen, Kanadier und ihre verbleibenden indigenen Verbündeten scharenweise zum Opfer fielen. Im Jahr 1757 waren regelmäßig an die 3000 Menschen hospitalisiert, pro Tag starben 25. Innerhalb eines Jahres wurden 1700 französische Soldaten dahingerafft. Die Epidemie entzog den ohnehin bereits unterdimensionierten französischen

Bündnisstreitkräften in Kanada die Soldaten. Der Ausbruch der Pocken in Quebec und die von Stechmücken übertragenen Seuchen in der Karibik, welche die gesamte französische Verstärkung aufzehrten, machten Kanada schutzlos.

Die Briten wiederum brachten weitaus mehr Menschen und Material auf den kanadischen Kriegsschauplatz, weil sie die nördliche Flanke ihrer kostbaren und gewinnbringenden 13 Kolonien sichern wollten. Aus Furcht vor den in der Karibik grassierenden Seuchen erbaten britische und koloniale Kommandeure und Soldaten einen Einsatz in Nordamerika. Es kursierten Geschichten über gewöhnliche Soldaten und Matrosen, die lieber tausend Hiebe mit der neunschwänzigen Katze erduldeten, als eine Reise in die Karibik anzutreten. Andere meuterten, Offiziere kauften sich frei oder nahmen ihren Abschied, ganze Geleitzüge gingen auf See »verloren«. Die Verluste durch Krankheiten wie Malaria und Gelbfieber ließen sich nicht ignorieren, und das britische Oberkommando entsandte keine Elitetruppen mehr in die Tropen. Versetzungen in die Karibik fanden nun vielmehr Anwendung als Strafmaßnahme.

Amerikanische Kolonialversammlungen zitterten, wenn sie dazu aufgerufen wurden, Regimente für Expeditionskorps aufzustellen. Wenn Einsätze in der Karibik ausgeschrieben wurden, meldeten sich in den Rekrutierungsbüros kaum noch Freiwillige. Bis zur endgültigen Eroberung Kanadas im Jahr 1760 kämpften die meisten Kolonialtruppen, darunter auch die Miliz von Colonel George Washington, in Nordeuropa und stärkten die britische Position an diesem Kriegsschauplatz. »Nur selten wurden in Amerika Truppen für einen Dienst in einer anderen Region ausgehoben«, betont Erica Charters in ihrem detaillierten Werk über Seuchen im Siebenjährigen Krieg. »Die letzte Expedition, bei welcher dies gemacht wurde, war die verheerende Expedition nach Cartagena im Jahr 1741 ... Die Erfahrungen aus Cartagena führten zur Entwicklung eines ›selbstbewussten Amerikanismus‹.« Angesichts der zahllosen durch Mückenstiche ausgelösten Todesfälle während dieser verpfuschten Mission warnte der britische Offizier William Blakeney unheilverheißend, die amerikanischen Kolonisten »scheinen sich selbst großen Wert beizumessen und zu glauben, man müsse ihnen dankbar sein, insbesondere aufgrund ihres Beistands für das Mutterland bei solchen Gelegenheiten; da sie eine wachsende Macht darstellen, könnte es sich negativ auf künftige Gelegenheiten derselben Natur auswirken, sollten sie hinsichtlich dessen, was man ihnen verspricht und was sie erwarten, enttäuscht werden.« Scharfsinnig erkannte Blakeney den graduellen Wandel im amerikanischen Selbstverständnis und das Aufblitzen einer Revolution am Horizont.

Auf dem amerikanischen Kontinent führte Großbritannien zwei geografisch getrennte, aber strategisch verbundene Feldzüge gegen französische Hoheitsgebiete – in Kanada und in der Karibik. Bis 1758 gelang es den britischen Truppen unter General Amherst, ein französisches Kolonialgebiet an der Atlantikküste zu erobern, genannt Akadien. Rund 12 000 Akadier wurden zusammengezogen und vertrieben. Im Zusammenhang mit dem Kriegsende werden wir auf die schaurige, schockierende Geschichte ihrer Deportation auf die Teufelsinsel bei Guyana zurückkommen, was damals einem Todesurteil gleichkam. Im Januar 1759 versuchten die Briten dann eine Invasion der französisch-karibischen Inselfestung Martinique, die jedoch erfolglos blieb. Die Streitmacht wurde daraufhin nach Guadeloupe umgeleitet, das im Mai 1759 eingenommen wurde. Die Stechmücke trieb den Preis für diesen hart erkämpften Sieg in die Höhe, indem sie 46 Prozent der 6800 Mann starken britischen Einheit tötete. Von den 1000 Mann der winzigen Garnison, die auf der Insel zurückblieb, starben bis Ende 1759 etwa 800 an Gelbfieber und Malaria. Die Bedrohung der lukrativen französischen Zuckerinseln durch die Briten ließ sämtliche Alarmglocken läuten. Frankreich konnte den Krieg gegen Großbritannien inzwischen nur noch dank enormer Darlehen des neutralen Spaniens fortsetzen. Der Verlust dieser gewinnbringenden Pflanzkolonien hätte den gesamten französischen Kriegserfolg gefährdet, nicht nur in Amerika, sondern auch in Europa. Auf Kosten der Verteidigung Kanadas wurden fortwährend nicht immunisierte französische Nachschubtruppen in die mückenverseuchten Tropen gebracht und dort verheizt. Kanada blieb schutzlos.

Die wackelige Herrschaft Frankreichs über Kanada endete im September 1759. James Wolfe, ein junger, begabter und arroganter britischer Kommandeur, war fest entschlossen, Kanada um jeden Preis einzunehmen. Im Fieber schrieb der erkrankte Wolfe an seinen Vorgesetzten General Jeffery Amherst: »Sollte es sich durch einen Unfall auf dem Fluss, durch des Feindes Widerstand, durch Krankheit oder Verluste unter den Truppen als unwahrscheinlich erweisen, dass Quebec in unsere Hände fällt (gleichwohl wir bis zum letzten Augenblick durchhalten werden), so schlage ich vor, die Stadt durch Beschuss in Brand zu setzen, die Ernte, die Häuser und das Vieh im ganzen Umkreis zu vernichten, so viele Kanadier wie möglich nach Europa zu schicken und Hunger und Verzweiflung zu hinterlassen; *belle résolution & très chrétienne*! Aber wir müssen diese Halunken lehren, den Krieg mehr wie Gentlemen zu führen.« Solch militante und kompromisslose Taktiken waren jedoch nicht notwendig. Wolfes rascher Sieg über die belagerten und zahlenmäßig unterlegenen französischen Kräfte des Marquis de Montcalm auf der Abrahamebene in Quebec City ebnete den Weg für einen Zustrom britischer Siedler und die Entstehung des heutigen Kanadas. Zwar ließ Wolfe (wie auch Montcalm) dabei sein Leben, doch nahm Amherst die Herausforderung an und erzwang im Jahr darauf die Kapitulation Montreals. Mit Unterstützung karibischer Stechmücken wurde Kanada nun also offiziell britisch.

Nach der Eroberung Kanadas wurden britische Streitkräfte in die Karibik geschickt. Im Jahr 1761 trat Spanien offiziell in den Krieg ein, um wertvolle Kolonialgebiete zu schützen und seinem militärisch und wirtschaftlich erschöpften Verbündeten Frankreich zur Seite zu stehen. Großbritannien hatte inzwischen weitere Ziele ins Visier gefasst, vornehmlich Havanna, das Herzstück spanischer

Aktivitäten in Amerika. Zunächst aber folgte ein zweiter Versuch, Martinique einzunehmen. Nach dessen Kapitulation im Februar 1762 machten sich die Briten an die Eroberung der französischen Inseln St. Lucia, Grenada und St. Vincent. Die britischen Strategen nahmen an, diese kleineren Kolonien könnten bei den zu erwartenden Friedensgesprächen diplomatisches Gewicht gewinnen und als zusätzliche Verhandlungsmasse dienen. Dann richteten sie ihren Fokus direkt auf Havanna, den »Schlüssel zu den Westindischen Inseln«.

Die auf Barbados zusammengezogene gewaltige britische Streitmacht zählte grob 11 000 Soldaten. Amherst erwartete zudem noch weitere 40 000 »Provinzler«, also Milizionäre aus den Kolonien. Obgleich man ihn gedrängt hatte, insbesondere Einwohner der amerikanischen Kolonien zu rekrutieren, da diese »sehr akzeptabel und notwendig« seien, »um unsere Arbeit zu verkürzen und zu erleichtern, weil die Jahreszeit der Gesundheit von Europäern nicht zuträglich ist«, kamen die gewünschten Truppenzahlen nicht zusammen. Die von Stechmücken übertragenen Krankheiten, welche die Rekruten in der Karibik erwarteten, entfalteten als Horrorvision oder zumindest als beunruhigende Möglichkeit eine abschreckende Wirkung auf die Freiwilligen. Der Gouverneur von New Hampshire berichtete, es werde ihm nicht gelingen, seine Quote zu erfüllen, es sei denn, er könne »den Männern zusichern, dass sie Regimentern in Halifax, Quebec oder Montreal zugeteilt werden, da die Leute im Allgemeinen schreckliche Vorstellungen hegen, was den Dienst auf den Westindischen Inseln betrifft«. Verantwortliche aus New York betonten, dass die Freiwilligen verlangten, »ausschließlich auf dem nordamerikanischen Kontinent eingesetzt zu werden & dass sie nach dem Ende ihrer Dienstzeit unverzüglich in die Provinz zurückkehren dürfen«. Nach Drohungen von General Amherst segelten schließlich 1900 Kolonisten ohne Immunschutz, vorwiegend aus den nördlichen Kolonien, sowie 1800 reguläre britische Truppen gen Kuba.

Im Juni 1762 erreichte die britische Armada Havanna und begann mit der Belagerung der 55 000 Einwohner zählenden Stadt. Den rund 11 000 Verteidigern war bewusst, dass eine erfolgreiche Abwehr nur mittels von Stechmücken übertragener Krankheiten zu bewerkstelligen war, da »Fieber und Schüttelfröste ausreichen, um eine europäische Armeedivision zu vernichten«. Kuba und seine Mücken hatten eine lange und brutale gemeinsame Geschichte. Das Ökosystem der Insel war eines der geeignetsten für die Vermehrung von Aedes- und Anophelesmücken außerhalb Afrikas. Malaria gab es dort seit dem Eintreffen von Kolumbus. Nach seinem ersten Auftreten im Jahr 1648 war auch das Gelbfieber ein alljährliches Ereignis, wenngleich manche Jahre besonders schlimm waren. Das gilt auf jeden Fall für zwölf schwere Epidemien, von denen die Insel heimgesucht wurde. Bei den schlimmsten Ausbrüchen verloren mehr als 35 Prozent der Bevölkerung ihr Leben.

Während der ersten britischen Operationen im Juni und Juli 1762 war von den gierigen Mücken Havannas jedoch keine Spur zu sehen. Die Verteidiger tauchten schlicht nicht auf. Der Grund: Die Regenzeit, die normalerweise Anfang Mai begann und im Juni ihren Höhepunkt fand, war durch einen El-Niño-Effekt verzögert worden. Daher vertagten die Stechmücken ihre Fortpflanzung, womit sich auch die übliche Epidemiephase verschob. Den Briten gestattete der ungewöhnlich trockene Frühling, mit relativ gesunden Streitkräften einen Brückenkopf zu sichern und die Vororte Havannas einzunehmen. Ein endgültiger britischer Sieg erforderte nichtsdestotrotz einen Wettlauf mit dem Tod. Ende Juli, so schrieb ein Teilnehmer der Belagerung, »hat das dringend notwendige Eintreffen amerikanischer Einheiten zu unserer Verstärkung unseren schwindenden Kampfgeist belebt«. Doch die Ankunft des kolonialen Nachschubs weckte die Stechmücke aus ihrem Winterschlaf. Sofort geriet sie in einen Fressrausch.

Der Gouverneur von Havanna hatte die Stadt jedoch bereits evakuiert. Er wusste, dass ohne den üblichen Bannkreis aus Stechmücken und Seuchen das Spiel aus war. »Timing – selbst von Regen, Mücken und Erregern – ist alles ... Hätte er gewusst, dass die späte Regenzeit, die sich erst im August einstellte, eine riesige und aktive Stechmückenpopulation und eine Gelbfieberepidemie hervorbringen würde, hätte er vielleicht noch etwas länger ausgehalten«, versichert J. R. McNeill in seiner ausgezeichnet recherchierten Darstellung der Ereignisse. »Doch das konnte er nicht wissen ... Also versuchte er, Konditionen auszuhandeln, und gab die Stadt am 14. August 1762 auf.« Zwei Tage nach der Kapitulation von Havanna waren noch 39 Prozent der britischen Soldaten diensttauglich. »Statt zu genesen, verschlechtert sich unser Zustand mit jedem Tag«, berichtete ein höherer Offizier Anfang Oktober. »Seit der Kapitulation haben wir über 3000 Mann begraben, und leider muss ich sagen, dass viele Männer in Hospitälern liegen.« Durch den unersättlichen Hunger der Stechmücke grenzten die Opferzahlen Mitte Oktober ans Absurde. Von den ursprünglich 15 000 Mann waren nur noch 880 am Leben oder gesund genug, um auf ihrem Posten zu bleiben – also erschreckende sechs Prozent. Insgesamt fielen der Stechmücke in weniger als drei Monaten 10 000 Mann oder zwei Drittel der gesamten Streitmacht zum Opfer. Im Kampf selbst fielen weniger als 700 Soldaten und Kolonisten. Zwar gaben die Ärzte im Kampf gegen die Infektion ihr Bestes, doch war ihr medizinisches Wissen eigentlich kein Wissen, sondern eher eine Art Mischung aus Rätselraten und Aberglaube.

Die überaus seltsamen und bisweilen barbarischen Behandlungsmethoden zeigen die vollkommene Unwissenheit hinsichtlich der Ursachen der von Stechmücken übertragenen Krankheiten, was freilich für die meisten Krankheiten galt. In dem Wissen, welche sogenannten Heilmittel sie erwarteten, mieden die meisten Kranken die primitiven Hospitäler und die behandelnden Ärzte. Als in Havanna ein schwer an Gelbfieber erkrankter Soldat von seinem Vorgesetzten angewiesen wurde, die Krankenstation aufzusuchen, erwiderte er: »Tatsächlich geht es mir nicht schlecht, und wenn das so wäre, würde ich mich lieber sofort selbst erstechen als dorthin zu gehen, wo so viele sterben.« Sein Messer blieb in der Scheide, noch vor Tagesende hatte ihn das Fieber umgebracht. Gebräuchliche Heilmethoden umfassten die Einnahme von tierischen Fetten, Schlangengift, Quecksilber oder zerstoßenen Insekten. Die altägyptische Praxis, in frischem menschlichem Urin zu baden, fand immer noch Anwendung. Ebenfalls weit verbreitet war das Trinken von Eigenurin. Aderlass, Blasenbildung, Blutegel und Schröpfgläser gehörten ebenfalls zur medizinischen Grundausstattung. Auch wenn sie nicht wirksamer als Hausmittel wie Umschläge und Wickel mit frisch geschlachteten Tauben oder Streifenhörnchengehirnen war, so versprach eine reichliche Menge an Alkohol, Kaffee, Opium oder Cannabis wenigstens etwas Benommenheit und Linderung der schrecklichen Symptome. Auch Chinin wurde verwendet. Es war jedoch teuer und stets knapp, weshalb es in geringen, wirkungslosen Dosen verabreicht wurde oder gleich für Offiziere reserviert blieb. Wie Kokain und andere moderne Straßendrogen wurde es häufig mit fremden Substanzen gestreckt, was den Wirkstoff und damit die Wirkung verwässerte.

Wenn die Seuche sie nicht umbrachte, dann oft die Behandlung. Thomas Jefferson scherzte: »Der nach modernen Methoden behandelte Patient gesundet bisweilen trotz der Medizin.« Die meisten Erkrankten hofften auf Selbstheilung, anstatt sich in Behandlung zu begeben. Durch mangelnde medizinische Kenntnis und die weitverbreiteten Fehlannahmen hinsichtlich der Ursachen der von Mücken übertragenen Krankheiten waren die europäischen Feldzüge in Amerika während des Siebenjährigen Krieges von Seuchen und Tod gezeichnet. Gebiete mit hohen Ansteckungsraten von Malaria, Gelbfieber und Dengue, darunter die Karibik und die südlichen Vereinigten Staaten, blieben mückenverseuchte Senklöcher der Menschheit.

Die Briten kontrollierten nun zwar Kuba, doch waren Männer und Material inzwischen so knapp, dass alle weiteren Vorhaben, spanisches Hoheitsgebiet zu erobern, und der geplante Feldzug gegen Französisch-Louisiana verworfen wurden. Benjamin Franklin stellte fest, dass der Sieg von Havanna »der am teuersten erkaufte Sieg des gesamten Krieges war, wenn man einmal die Verheerung betrachtet, welche die Seuche in der Armee mutiger Veteranen anrichtete, die nun fast vollständig zugrunde gerichtet ist«. Der englische Dichter, Schriftsteller und Lexikologe Samuel Johnson klagte: »Möge mein Land niemals wieder mit einer solchen Eroberung gestraft sein!« Unter militärischen und monetären Gesichtspunkten war Großbritannien ebenso ausgeblutet wie seine Feinde. Der britische Politiker Isaac Barre äußerte die Meinung, der »Krieg schleppte sich mehr wie ein Begräbnis denn wie ein Triumphzug durch die Straßen. Uns ist das Geld ausgegangen & die Ressourcen sind äußerst knapp.« Soldaten und Nachschubtruppen ohne bereits bestehenden Immunschutz durchliefen weiterhin die Karibikkolonien aller Nationen. Sie starben weiterhin an von Stechmücken übertragenen Krankheiten, wobei die Raten meist zwischen 50 und 60 Prozent lagen. Die Stechmücke führte die Initiative der verfeindeten Mächte Europas weiter. Auf dem Papier waren die Briten siegreich, doch waren sie bei Kriegsende ebenso geschwächt wie ihre Gegner und konnten ihren Vorteil nicht nutzen. Heldengetue und Prahlerei waren leere Drohungen, wenn sie sich auf kranke Soldaten und leere Bankkonten stützten. Der einzige Weg aus dieser Sackgasse waren Verhandlungen und Kompromisse.

Am Ende war das unvorstellbare Leiden und Sterben in Havanna, auf Martinique, Guadeloupe und anderen Inseln umsonst gewesen. Ich vermute, die einzigen wirklichen Gewinner waren die unersättlichen karibischen Mücken, die bei den europäischen Eindringlingen einen reich gedeckten Tisch vorfanden. Im Februar 1763 wurde mit dem Frieden von Paris die Verteilung der Kriegsbeute festgeschrieben. Europa behielt seine Vorkriegsgrenzen. Für die beteiligten Mächte blieb es meist beim *Status quo ante bellum*, und nur wenige Gebiete wechselten den Herrscher.

Die eigentliche Überlegung der britischen Verhandlungsführer war, wie man sich gegenüber Frankreich verhalten sollte. Rasch wurde klar, dass Großbritannien nicht über ausreichend Druckmittel verfügte, um sowohl Kanada als auch die eroberten französischen Karibikinseln zu behalten. Sie wussten, dass sie mit einem schwachen Blatt pokerten. Auch Frankreich wusste es. Schließlich machte Großbritannien Abstriche in der Karibik, um Kanada zu halten. Der Schutz der nördlichen Flanke der amerikanischen Kolonien war wichtiger als die Territorien in der Karibik und in Übersee. Die Inseln Martinique und Guadeloupe, auf denen die Briten der Stechmücke unzählige Leben geopfert hatten, wurden ebenso wie das winzige St. Lucia an Frankreich zurückgegeben. Großbritannien erhielt drei kleinere Inseln auf den Kleinen Antillen in der südlichen Karibik und Spanisch-Florida. Havanna ging zurück an Spanien. Spanien erhielt zudem das Louisiana-Territorium von Frankreich, wenngleich es kurz vor dem Verkauf an die Vereinigten Staaten im Jahr 1803 heimlich an Napoleon zurückgegeben wurde. Frankreich überließ Großbritannien sämtliche kolonialen Ansprüche auf Indien – im Gegenzug für die Kontrolle über zwei Mini-Inseln etwa 25 Kilometer südlich von Neufundland, um sich die Fischereirechte auf den Great Banks zu sichern. Saint-Pierre und Miquelon, zusammen etwa 250 Quadratkilometer groß, waren die letzten Überbleibsel französischen Territoriums in Nordamerika. Obwohl sie nach territorialer und ökonomischer Logik eigentlich kanadisch sein müssten, sind diese Inseln bis heute offiziell selbstverwaltete überseeische Gebiete Frankreichs.

Kanada wurde jedoch nur dem Namen nach eine britische Kolonie. Nach dem Siebenjährigen Krieg behielt die kleine und kolonial eigenständige Bevölkerung Kanadas, die nicht gerade mit patriotischer Begeisterung zu den Waffen gegriffen hatte und sich Frankreich ohnedies nicht allzu stark verbunden fühlte, ihre Rechte auf ein herrschaftliches Landsystem, ein eigenes Zivilrecht, ihre Sprache, den katholischen Glauben und ihre Kultur. Neben dem Treueschwur gegenüber der britischen Krone blieb im Leben der Kanadier – oder *Quebecois* – mehr oder weniger alles beim Alten.

Bis zum massenhaften Zustrom britischer Loyalisten nach der Amerikanischen Revolution war die kleine Bevölkerung Kanadas vorwiegend französisch geprägt.

Die französischen Akadier an der Küste hingegen befanden sich in einer vollkommen anderen und äußerst widersprüchlichen strategischen Situation. Sie hatten in großen Zahlen gekämpft, den Treueeid auf ihre neuen Lehensherren verweigert und wurden direkt nach dem Friedensschluss von den Briten als potenzielle Aufwiegler betrachtet. Als vermeintlich illoyale Bedrohung wurden die unerwünschten Akadier im Zuge des *Grand Dérangement* (»Große Vertreibung«) gewaltsam deportiert, einige nach Guyana. Und die Stechmücken, die sich in der Hölle von Guyana sonnten, sollten in dieser einer der seltsamsten und ungeheuerlichsten Nebenhandlungen der Kolonialgeschichte eine wichtige Rolle spielen.

Nach einer Irrfahrt durch ganz Amerika, die von Charleston bis zu den unwirtlichen Falklandinseln im Südatlantik führte, erlaubte Spanien einem beträchtlichen Kontingent flüchtiger Akadier, sich in Louisiana niederzulassen, wo ihre Nachfahren noch heute leben. In der dortigen Isolation entwickelte sich so mit der Zeit die heutige Cajun-Kultur. Der Begriff selbst ist eine Umbildung des Wortes Akadier: *Acadian* wurde zu *Cajun*. Eine kleinere Zahl von Akadiern wurde 1763 jedoch zur Kolonisierung einer neuen französischen Ansiedlung in Guyana an die Nordküste Südamerikas geschickt. Diese Kolonie ist gemeinhin als Teufelsinsel bekannt.

Frankreich war über die territorialen Ergebnisse des Siebenjährigen Krieges enttäuscht. Gemessen an den Flaggen auf der Weltkarte hatte Großbritannien gewonnen, Spanien seine Position verteidigt und Frankreich verloren. Nach dem Krieg wurde klar, dass die untergeordnete Rolle Frankreichs auf dem amerikanischen Kontinent daraus resultierte, dass es auf zu wenige oder gar keine loyalen Kolonialbevölkerungen hatte bauen können. Dagegen kämpften britisch-amerikanische Kolonisten in relativ großer Zahl, ebenso wie die spanischen Verteidiger in der Karibik. Mit dem Verlust Kanadas bestanden Frankreichs verbleibende Bevölkerungen in der Karibik hauptsächlich aus Sklaven. Diese stufte man zu Recht bestenfalls als politisch unzuverlässig ein, schlimmstenfalls als hasserfüllt und rebellisch. Wie im Siebenjährigen Krieg waren diese Kolonien, in denen kaum französische Staatsbürger lebten, zudem leichte Beute für die Briten, wenn diese zu ihrem nächsten kolonialen Feldzug aufbrachen. Daher mussten sie durch ein lokales Bollwerk widerstandsfähiger, gesunder französischer Siedler geschützt werden. Guyana sollte dieses Bollwerk sein, eine tropische Reinkarnation Quebecs oder, noch besser, eine Wiedergeburt des kanadischen Akadiens selbst.

Frankreich hatte 1664 zwar einen kleinen Außenposten in Guyana errichtet, doch hatte sich dieser Berichten zufolge »seit seiner Gründung kaum entwickelt und blieb vielmehr ein Ärgernis für den König, da er hauptsächlich aus einer Gruppe fauler, verkommener Kolonisten bestand«. Ende des Siebenjährigen Krieges bestand die Bevölkerung aus 575 Franzosen und rund 7000 freien und unfreien afrikanischen Sklaven, die alle in der Siedlung Cayenne lebten. Die dreckige Kolonie war mit ihrem den Gezeiten unterworfenen Sumpfland und Mangroven, in denen Seekühe lebten, ein wahres Utopia für Stechmücken. Eine zeitgenössische französische Studie bezeugte freimütig, die Hauptbeschäftigung der Einwohner bestehe »vornehmlich darin, ihrem Vergnügen nachzugehen, und falls sie einmal unruhig werden, dann nur, weil dies gerade nicht möglich ist«. In seinem gegenwärtigen Zustand war Guyana zum Schattendasein einer halb vergessenen Kolonie verdammt. Die einzigen Kolonisten außerhalb Cayennes – eine Handvoll Jesuitenpriester sowie ein paar indigene und afrikanische Konvertiten – lebten 56 Kilometer entfernt weltabgeschieden in einer Kirchenmission in Kourou.

Schließlich machten sich 12 500 Siedler nach Kourou auf, denen man Land, die sagenhaften Reichtümer von El Dorado und hohe, durch Sklavenarbeit erwirtschaftete Zucker- oder Tabak-Ernteerträge versprochen hatte. Diese Träumer kamen hauptsächlich aus den kriegsgebeutelten Gebieten Frankreichs und Belgiens, doch in kleineren Zahlen waren auch Akadier, Kanadier und Iren darunter. Die Hälfte war unter 20. Alleinstehende männliche und weibliche Siedler wurden geschickt dazu gedrängt, einheimische indigene Partner zu heiraten, um so rasch wie möglich eine ansehnliche Bevölkerung auf die Beine zu stellen. Am ersten Weihnachtsfeiertag 1763 gingen die ersten Siedler mit ihrer utopischen Vision vom Paradies von Bord. Sie sollten die Vorhut einer mächtigen, widerstandsfähigen französischen Kolonialbevölkerung bilden, die den Briten die Stirn bieten und die Schmach des Siebenjährigen Krieges sühnen könnte.

Schiffsladungen von Siedlern strömten nach Kourou, und mit ihnen kamen die ersten Vorratslieferungen. Diese umfassten zwar keine Druckerpresse, muteten aber zum Teil ebenso grotesk an wie die im Darién entladenen Güter: Da sich Kanada nun in britischer Hand befand, sahen die französischen Behörden eine Gelegenheit, den ahnungslosen Siedlern im tropischen Kourou Gegenstände des täglichen Bedarfs für den kanadischen Winter zu schicken, darunter kistenweise Schlittschuhe, Wollmützen und andere unverzichtbare Dinge. Klassischer kolonialer Unsinn. Mitsamt ihrer Eishockeyausrüstung siedelte man die zahlreichen Neuankömmlinge auf einer küstennahen Insel an, die bereits den Namen Teufelsinsel trug. Rasch entwickelte sich Kourou zu einem höllischen, verlorenen Paradies. Im Juni 1764 machte die Insel ihrem Namen und den alten Göttern alle Ehre, als die Stechmücke eine der tödlichsten Mehrfachepidemien der Geschichte auslöste, bei der innerhalb eines Jahres 11 000 Siedler (90 Prozent) starben – Gelbfieber, Dengue und Malaria.

Trotz dieses Albtraums blieb die Insel in französischer Hand, da sie niemand anders haben wollte oder auch nur gewagt hätte, sie zu übernehmen. Als Waisenkind des Imperialismus wurde sie während der Französischen Revolution zur überseeischen Strafkolonie, wohin man politisch Andersdenkende und sonstige radikale Störenfriede deportierte. Im Jahr 1852 wurde ein groß angelegter Gebäudekomplex eröffnet und die Teufelsinsel damit in eine brutale französische Version von Alcatraz umgewandelt. Die Sterbeziffer unter den Insassen durch barbarische Behandlung, Hunger und heimtückische Seuchen, die meist von der Stechmücke übertragen wurden, erreichte mehr als 75 Prozent. Erst 1953 schloss die Teufelsinsel ihre Pforten.[58] Kourou und große Teile der ehemaligen Strafkolonie beherbergen heute den Weltraumhafen und die Abschussbasis der Europäischen Weltraumagentur. Dieses hausgemachte Desaster in den Nachwehen des Siebenjährigen Krieges hemmte die ohnehin am Boden liegende französische Wirtschaft jedoch zusätzlich. Einziger Hoffnungsschimmer war vielleicht, dass es der britischen Wirtschaft noch schlechter ging.

Der Siebenjährige Krieg und die Stechmücke hatten den britischen Kampfgeist und die Staatskasse erschöpft. Zu Beginn von Pontiacs Rebellion im Schatten des Friedens in Europa fasste General Jeffery Amherst seine militärische Lage folgendermaßen zusammen: Es herrscht »eine gewaltige Schwächung eines Regiments … das Regiment kam aus Havanna, und sowohl unter den Offizieren als auch unter den Mannschaften erleiden etliche Männer bis heute regelmäßig Rückfälle ihrer Unpässlichkeit.« Die Guerillamücken Havannas beeinflussten das Geschehen weit über ihre tropischen Speisesäle hinaus. Sie trugen dazu bei, dass Großbritannien auf einen Kollisionskurs mit seinen Kolonien geriet, der die Welt verändern sollte. Das Land steuerte direkt auf eine Revolution zu. In *Crucible of War*, seinem 900 Seiten starken Parforceritt durch das Thema, schreibt Fred Anderson: »Amherst wusste nur zu gut, dass alle Maßnahmen, die er nun ergreifen konnte, lediglich Lückenfüller waren und er damit bestenfalls Zeit gewinnen konnte – Aufrufe an die Kolonien, Milizen zu entsenden; die Einberufung von Invaliden aus den Havanna-Regimenten als Ersatz für Soldaten in den Garnisonen oder die Freilassung aller gesunden Männer, die er auftreiben konnte, um die Verteidigung von Fort Pitt oder Detroit zu stärken.« Zeit war ein kostbares Gut für die Briten.

Die Stechmücken in der Karibik hatten ihren Teil dazu beigetragen, dass die Briten nun knapp an Männern und Mitteln waren.

Anderson spricht von »grausigen Verlusten durch Krankheit gegen Ende des Krieges«. Von den 185 000 Mann, die während des Siebenjährigen Krieges in die Karibik verschifft wurden, verlor Großbritannien Regierungsaufzeichnungen zufolge 134 000 (72 Prozent) »durch Krankheit oder Fahnenflucht«. Zudem hatte der Krieg die britische Staatsverschuldung in die Höhe getrieben, und zwar von 70 auf 140 Millionen Pfund (das entspricht heute etwa 20 Billionen). Allein die Zinsen fraßen die Hälfte der jährlichen Gesamtsteuereinnahmen auf. Die britische Antwort auf die Rebellion in Form der Königlichen Proklamation von 1763 war also ebenso Sparmaßnahme wie Reaktion, die Pontiac und seine Kriegsparteien zu befrieden suchte, nachdem die Pockendecken ihre makabere Mission nicht erfüllt hatten.

Im Oktober 1763 beherrschte Pontiacs Koalition das Schlachtfeld. Dann jedoch trat die Proklamation in Kraft, die eine Besiedlung westlich der Appalachen untersagte. Die Gebiete westlich der Proklamationslinie bis hinab zum Mississippi und dem spanisch kontrollierten Louisiana-Territorium waren nun rechtlich und ausschließlich »für die Besiedlung und Nutzung durch die Indianer« vorgesehen. Die Proklamation, die in erster Linie als Sparmaßnahme zu begreifen ist, da sie endlose, sinnlose und kostspielige Grenzkonflikte abwenden wollte, war eine scharfe örtliche Trennung von Kolonisten und Einheimischen, mit der Zielsetzung, den Frieden an der Westgrenze wiederherzustellen. Die Amerikaner stilisierten (und tun es bis heute) den Siebenjährigen Krieg zum »Franzosen- und Indianerkrieg«, was ihre feindselige Reaktion auf den angetroffenen indigenen Widerstand gegen ihre gottgewollte Westexpansion widerspiegelt. Mitte des 19. Jahrhunderts wurden diese Ansprüche als *Manifest Destiny* in ein neues Deckmäntelchen gehüllt. Gemessen an der in den amerikanischen Kolonien herrschenden Weltsicht, wurde Pontiac durch die – finanziell notwendige – Proklamationslinie besänftigt und die Kolonisten bestraft.

Viele amerikanische Kolonisten waren außer sich vor Zorn über diesen tyrannischen Verrat. Die im Lande geborene Bevölkerung wuchs, die Augen waren gen Westen gerichtet, und immer noch trafen neue, landhungrige Migranten ein, doch die einzigen Expansionsmöglichkeiten wurden nun per Gesetz eingeschränkt. Koloniale Milizen, sogenannte »Provinzler«, hatten im Siebenjährigen Krieg in der Karibik und Nordamerika Seite an Seite mit den britischen Rotröcken gekämpft. Viele waren gefallen oder hatten durch britische Arroganz und Überheblichkeit in den mückenverseuchten Regionen ihr Leben gelassen. Die Kolonien leisteten einen Beitrag zum britischen Sieg, doch nun wurden ihnen diese ehemals französischen Gebiete als Kriegsbeute verweigert. Um das Ganze noch schlimmer zu machen, verlangte man, dass sie für Sicherung und Schutz der Proklamationslinie zahlten. Die jährlichen Kosten kolonialer Sicherheit beliefen sich auf etwa 220 000 Pfund, und Großbritannien erwartete, dass die Kolonisten wenigstens einen Teil dieser zu ihrer eigenen Sicherheit erbrachten finanziellen Last selbst trugen. Man versuchte, diese Unkosten durch eine ganze Reihe inzwischen berühmter Steuern und Auflagen hereinzuholen, beginnend mit dem Zuckergesetz von 1764 bis zu den vier Gesetzen von 1774, die bald als die »Unerträglichen Gesetze« bekannt werden sollten.

In harter Währung indes waren die Steuern nicht sonderlich relevant, zahlten die Kolonisten doch die niedrigsten Steuern im gesamten britischen Kolonialreich, zehnmal weniger als der durchschnittliche Engländer.[59] Insgesamt ergaben die in den Kolonien zusätzlich erhobenen Steuern und Abgaben im Jahrzehnt vor der Revolution lediglich eine Steuererhöhung von zwei Prozent. Eine Besteuerung ohne Vertretung im britischen Parlament führte jedoch zu Problemen. Der einflussreiche Unterhausvorsitzende William Pitt erkannte die Gefahren der wachsenden Verschuldung: »Wenn wir uns einmal anschauen, welch riesige Summen Geldes, die jedes Experiment in der Vergangenheit weit übersteigen, durch neue Anleihen beschafft werden müssen, die einen Schuldenberg von 80 Millionen weiter erhöhen, wer wird dann für die Konsequenzen gerade stehen oder uns vor dem Schicksal zerfallener antiker Staaten bewahren?« Die Briten mussten die Konsequenzen schließlich selbst tragen – den Verlust ihrer lukrativen amerikanischen Kolonien.

Für viele Kolonisten markierte der Siebenjährige Krieg und seine unmittelbaren Nachwehen, Pontiac und die Proklamationslinie eingeschlossen, einen Wendepunkt und den Beginn einer neuen Ära in Amerika. Die Kolonisten und ihre politischen Gremien begannen nun, die eigene Position *innerhalb* des Kolonialreichs und ihre Verbindung zum Mutterland neu zu bewerten. Dies hätte eigentlich zu gesteigerten Erwartungen hinsichtlich größerer Gleichberechtigung und Ausgewogenheit im Verhältnis *mit* Großbritannien führen müssen. Das Gegenteil war jedoch der Fall. Anderson stellt zutreffend fest: »Amerikanische Führer – Männer wie Washington und Franklin, die andernfalls nichts lieber getan hätten, als im Rahmen des britischen Kolonialreichs weiterhin nach Ehre, Wohlstand und Macht zu streben – waren gezwungen, sich diesen Fragen der Souveränität in einer Art und Weise zu stellen, die einer überlieferten Sprache von Rechten und Freiheiten eine neue, universelle Bedeutung verlieh ... Amerikaner, die eigentlich Imperialisten gewesen wären, wurden nun zu Revolutionären.« Großbritanniens zunehmende und einseitige Einmischung in Politik und Finanzen der Kolonien beherrschte in der Dekade der Proklamationslinie den amerikanischen Diskurs. Aus Unzufriedenheit mit Status und Bürgerschaft wurde schließlich eine offene Rebellion gegen die autoritäre britische Verwaltung in den Kolonien. Obwohl keine der beiden Parteien einen Krieg wollte, kam es zur Revolution.

Unerwartet, so die Worte von Richard Middleton, »drohte die mit der Mutter vereinende Nabelschnur zu einer Schlinge zu werden«. Die den ersten Pionieren folgenden Generationen waren durchweg im Lande geboren und auf die dortigen Lebensumstände eingestellt, nicht nur in Amerika, sondern auch auf Kuba oder Haiti und in einer Reihe anderer Kolonien. Ihre Nabelschnur hatte keine Verbindung mehr zum einstigen Mutterland, sondern vielmehr zu ihrer Heimat, dem Ort ihrer Geburt, ob das nun Boston, Port-au-Prince, Philadelphia oder Havanna war. So waren viele zu Amerikanern, Kubanern und Haitianern geworden und hatten dies vielleicht nicht einmal selbst erkannt. Angesichts der erworbenen Abwehrkräfte dieser Nachgeborenen gegen Krankheiten war solcher Nationalismus ein machtvolles Instrument der Revolution.

James Lind, Chefarzt der British Royal Navy, warnte seine Vorgesetzten 1768 in seinem bahnbrechenden *Essay on Diseases Incidental to Europeans in Hot Climates*: »Die jüngsten Beispiele hoher Mortalität in heißen Klimazonen sollten die Aufmerksamkeit aller Handel treibenden Nationen Europas auf sich lenken ... Der Gesundheit abträgliche Ansiedlungen erfordern einen konstanten Nachschub an Menschen, die im Mutterland freilich in ungeheuer großer Zahl fehlen.« Dann hängt er noch einen ominösen revolutionären Haftungsausschluss an: »Ein Kaufmann, Bauer oder Soldat, dessen Physis an das Land angepasst ist, ist nützlicher und seine Dienste verlässlicher als zehn nicht eingewöhnte Neuankömmlinge aus Europa.«[60]

Die Entwicklung zur Revolution in den amerikanischen Kolonien nahm während und unmittelbar nach dem Siebenjährigen Krieg ihren Anfang. »Insgesamt betrachtet, halfen die Seuchen den Engländern, Nordamerika zu erobern und für sich zu behaupten«, schreibt David Petriello. »Gleichzeitig aber wurde der britische Sieg mit einem gewaltigen Einsatz von Geldmitteln und Menschenleben teuer erkauft ... In der so entstandenen Leere kam Feindseligkeit auf. Durch Krankheiten gewann und verlor England einen Kontinent.« Während des Siebenjährigen Krieges hatten karibische Stechmücken dabei geholfen, die britische Hegemonie in Nordamerika zu sichern. Ihre nördlichen Vettern, die in den Sümpfen der beiden Carolinas und Virginias lebten, sollten bald darauf den rebellischen Amerikanern zum Sieg verhelfen.

In den Nachwehen des Siebenjährigen Krieges und mit der Neuordnung des kolonialen Schachbretts wurde Amerika von Revolutionen überzogen, beginnend 1775 mit George Washington und seiner zusammengewürfelten Truppe kolonialer Milizsoldaten. In seinem

2010 erschienenen Meisterwerk *Mosquito Empires* beschreibt J. R. McNeill das Ausgangsszenario für die nun folgenden Entwicklungen: Die Stechmücken stützen »die geopolitische Ordnung des amerikanischen Kontinents bis in die 1770er … danach höhlten sie diese aus und ebneten den Weg für ein neues Zeitalter unabhängiger Staaten«. McNeill untermauert seine These damit, dass die »europäische Vormachtstellung zwischen 1776 und 1825 endete, als sich die Bevölkerung in mehreren Teilen Amerikas erfolgreich [gegen die Kolonialmächte] erhob … Die Revolutionen in Britisch-Nordamerika, Haiti und Spanisch-Amerika schufen jeweils neue Staaten, stutzten die Kolonialreiche zurück und läuteten eine neue Ära atlantisch-amerikanischer Geopolitik und Geschichte ein. Dieser Erfolg war wenigstens zum Teil dem Gelbfieber und der Malaria geschuldet.« Abwehrkräftige amerikanische, haitianische und südamerikanische Revolutionäre kämpften mit Mut und Tapferkeit für ihre Unabhängigkeit. Letztlich waren es jedoch fiebrige Stechmücken, die ihnen die Freiheit gewährten.

KAPITEL 12

DAS UNVERÄUSSERLICHE RECHT ZU STECHEN: DIE AMERIKANISCHE REVOLUTION

Einen Monat nach den Eröffnungssalven der Amerikanischen Revolution in Lexington und Concord im April 1775 sandte der frisch ernannte Kommandeur der Kontinentalarmee, George Washington, eine Bitte an seine politischen Herren im Kontinentalkongress. Er drängte sie, so viel Chinarinde wie nur irgend möglich zu kaufen. Angesichts der finanziellen Notlage, in der sich die zankende Kolonialregierung befand, und dem eklatanten Mangel an so ziemlich allem, was man für eine ordentliche Kriegsführung benötigte, gestand man Washington nicht mehr als armselige 300 Pfund zu. Der General selbst ging häufig zur Chininkiste, da er unter wiederkehrenden Anfällen (und Neuinfektionen) von Malaria litt, seit er sich die Krankheit im Alter von 17 Jahren erstmals eingefangen hatte.[61]

Zum Glück für die Amerikaner herrschte während des gesamten Krieges auch bei den Briten drastische Knappheit an von den Spaniern bezogenem peruanischem Chinin. Im Jahr 1778, kurz bevor sie sich zugunsten der amerikanischen Sache ins Kampfgetümmel stürzten, drehten die Spanier diese Quelle vollends ab. Sämtliche verfügbaren Reserven wurden an britische Truppen in Indien und in der Karibik geschickt. Die gnadenlosen und unablässigen Angriffe der Stechmücke auf die nicht immunisierten britischen Truppen, die zudem über keinerlei Chinin verfügten, lenkten während der letzten Südoffensive der Briten – die 1780 mit der Einnahme von Charleston begann, einer strategisch wichtigen, aber mückenverseuchten Hafenstadt – das Schicksal der Vereinigten Staaten von Amerika.

Wie J. R. McNeill hierzu treffend erklärt, war »die Sachlage eindeutig: In der Amerikanischen Revolution führten die Südoffensiven der Briten schließlich zur Niederlage von Yorktown, und zwar teilweise deshalb, weil ihre Truppen wesentlich anfälliger für Malaria waren als die der Amerikaner ... Das Gleichgewicht kippte, weil die britischen Strategen einen größeren Teil ihrer Streitkräfte in Malaria- und Gelbfiebergebiete entsandte.« Rund 70 Prozent der britischen Armee, die in diesen Mückenmalstrom des Südens marschierte, rekrutierte sich aus den ärmeren, vom Hunger geplagten Gegenden Schottlands und den nördlichen Grafschaften Englands *außerhalb* der sumpfigen malariaverseuchten Fens. Diejenigen, die bereits in den Kolonien Dienst getan hatten, hatten dies in den nördlichen Infektionsgebieten getan und waren daher noch nicht mit der amerikanischen Malaria in Kontakt gekommen.

General Washington und der Kontinentalkongress hingegen besaßen den Vorteil, akklimatisierte, an Malaria gewöhnte Kolonialtruppen zu befehligen. Die amerikanischen Milizionäre waren während des Siebenjährigen Krieges und in jenen turbulenten Jahrzehnten abgehärtet worden, die schließlich in offener Feindseligkeit gegenüber ihrem König mündeten. Washington selbst erkannte trotz fehlender wissenschaftlicher Bestätigung und medizinischer Hilfe, dass er durch seine wiederholten Malariainfektionen »jenseits aller menschlichen Erwartung und Wahrscheinlichkeit geschützt war«. Die Amerikaner wussten es zwar damals noch nicht, doch war dies möglicherweise der einzige Vorteil, den sie gegenüber den Briten hatten, als nach zwölf Jahren gärender Verbitterung und Unzufriedenheit seit der Ziehung der Proklamationslinie von 1763 unerwartet der Krieg ausbrach. Die ersten Kampfhandlungen in Lexington und Concord wurden vom unlängst neu bestätigten Kontinentalkongress nicht gutgeheißen. Die Kolonialpolitiker wollten keinen Krieg und waren darauf auch nicht vorbereitet. Der Kongress, die Kolonisten, die er vertrat, und die 1775 aufgestellte Kontinentalarmee hatten so gut wie nichts, und sie wussten es. Washingtons schlecht ausgerüstete, zerlumpte Amateurmiliz als den Underdog zu bezeichnen, ist noch maßlos untertrieben.

Der Kontinentalkongress kam noch vor dem Krieg erstmals im Herbst 1774 in Philadelphia zusammen, als Reaktion auf die Boston Tea Party und den Strafcharakter der sogenannten Unerträglichen Gesetze. Sechsundfünfzig Delegierte aus den 13 Kolonien versammelten sich, um eine geeinte, solidarische Haltung in der Beziehung zum Mutterland auszuhandeln.[62] Im Grunde war es das Motto der drei Musketiere, »Einer für alle, und alle für einen«, oder Artikel 5 des NATO-Vertrags, »Ein Angriff auf einen Verbündeten ist ein Angriff auf alle Verbündeten«.[63] Die zentrale Frage, die das junge Gremium beschäftigte, lautete: Konfrontation oder Kompromiss?

Das war 1774 freilich nichts Neues mehr und von den *Sons of Liberty*, den »Söhnen der Freiheit«, bereits ausführlich diskutiert worden – einer geheimen, lose organisierten Gruppe Radikaler unter der Führung von Samuel Adams, John Hancock, Paul Revere, Benedict Arnold und Patrick Henry. Nach Erlass des Steuermarkengesetzes von 1765 trafen sich diese künftigen Aufwiegler im feuchten Keller des *Green Dragon Tavern and Coffeehouse* in Boston, der als »Hauptquartier der Revolution« historische Bedeutung erlangte. Ich stelle mir den *Green Dragon* gern wie das Wirtshaus »Zum Tänzelnden Pony« aus J. R. R. Tolkiens *Herr der Ringe* vor, wo verschlagene, in Mäntel und Kapuzen gehüllte Kolonisten bitteren Tee oder Kaffee schlürfen und derweil voller Verachtung für die Obrigkeit eine Revolution aushecken.

Ende des 17. Jahrhunderts war Tee das bevorzugte Getränk von Briten und Kolonisten gleichermaßen. Nach den Townshend-Zöllen von 1767, die zahlreiche Güter besteuerten, darunter auch den Tee, und dem sechs Jahre später erlassenen Teegesetz, wurde es jedoch zur patriotischen Pflicht für jeden guten Amerikaner, das Getränk zu meiden. Im Dezember 1773, kurz nach Ratifizierung des Teegesetzes, kam es zur berühmten Boston Tea Party: In einer gezielten Aktion warf eine Abordnung der trotzigen Sons of Liberty, mit Decken und Lampenruß notdürftig verkleidet (*nicht* in der mythischen Tracht der Mohawk, wie meist dargestellt), insgesamt 342 Kisten mit mehr als 40 Tonnen Tee ins Hafenbecken. Der Kontinentalkongress legitimierte diesen feindseligen Akt im Jahr darauf durch den Erlass einer Resolution, dass man sich »dem Verkauf von Tee … mit unserem Leben und Vermögen widersetzen« werde. »Man muss vollkommen auf Tee verzichten«, bellte der streitsüchtige John Adams seine kluge Frau Abigail an. »Ich muss mir das abgewöhnen, je schneller, desto besser.« Als die Amerikaner dem Tee abschworen, »machten sie diesen Verlust durch eines der Hauptprodukte des kolonialen Sklavensystems in ihrer Hemisphäre wieder wett – Kaffee«. Die amerikanische Hinwendung zum Kaffee, so der Historiker Antony Wild, wurde nun »zu einem patriotischen Imperativ«.

Kaffee war aufgrund kürzerer Wege nicht nur billiger, sondern wurde obendrein als Mittel gegen Malaria gepriesen, welche damals in den gesamten Kolonien grassierte, insbesondere in den südlichen Infektionsgebieten. Von Ärzten und Quacksalbern gleichermaßen als Wundermittel gegen »Schüttelfrost und Fieber« feilgeboten, verbreitete sich der Kaffee rasch in der amerikanischen Kolonialkultur, und sein Konsum stieg dramatisch an. »Die Ärzte hatten schon seit Langem vermutet, dass der Genuss von Kaffee antimalarisch wirkte«, bestätigt die Malariaforscherin Sonia Shah in *The Fever*. »Dies erklärte offenbar, warum die Kaffee trinkenden französischen Kolonisten seltener an Malaria litten als die Tee trinkenden Engländer, und trug möglicherweise dazu bei, dass eine ganze Nation amerikanischer Teetrinker die Seiten wechselte.« Angesichts der Tatsache, dass die Amerikaner derzeit etwa 25 Prozent der weltweiten Kaffeeproduktion konsumieren, müsste Starbucks eigentlich einen Toast auf die kleine Stechmücke ausbringen. »Die Malaria erklärt sogar, warum die Nation der Boston Tea Party von 1773 zum Land der Kaffeetrinker wurde«, bestätigt Alex Perry in *Lifeblood*.

In der Debatte um Konfrontation oder Kompromiss, die von den durch Kaffee angeregten Gesprächen im *Green Dragon* in die Carpenter's Hall in Philadelphia verlegt wurde, herrschte die Meinung vor, dass man einen Kompromiss anstreben solle. Tollkühne Gedanken an eine Revolution wurden abgetan (derer gab es nicht viele, und niemand nahm sie ernst). Mehrheitsmeinung und politisches Ziel war die Erlangung gleicher Rechte *innerhalb* des britisch-imperialen Rahmens durch Verhandlungen, darunter das Recht, gewählte Vertreter ins Parlament in London zu entsenden. Doch als der Kongress im Mai 1775 erneut tagte, war die Frage nach Kompromiss oder Konfrontation durch das Musketenfeuer in Lexington und Concord bereits einen Monat zuvor entschieden worden. Die grundlegenden Fragen betrafen nun vielmehr die tatsächlichen Ziele und Strategien dieses bewaffneten Aufstands. Ein unscheinbarer Querulant britischer Herkunft, der sich erfolglos als Seilmacher, Steuereintreiber und Lehrer versucht hatte, wusste die Antwort. Er war 1774 nur wenige Monate vor den ersten Scharmützeln des Krieges mit einem Empfehlungsschreiben von Benjamin Franklin nach Philadelphia emigriert. Thomas Paine veröffentlichte im Januar 1776 sein kurzes Pamphlet *Common Sense; Addressed to the Inhabitants of America*, und allein im ersten Jahr verkaufte es sich 500 000 Mal. Es wird bis heute gedruckt und ist das bestverkaufte Werk eines amerikanischen Autors aller Zeiten. Paine, der »nichts als simple Tatsachen, klare Worte und gesunden Menschenverstand« bot, fand überzeugende Argumente für die Unabhängigkeit und die Gründung einer demokratischen Republik als

»Zufluchtsort für die Menschheit«. Sein kurzer Aufruf erregte nicht nur die Aufmerksamkeit Frankreichs, sondern förderte auch die Unterstützung des Krieges in den Kolonien und setzte schließlich den Beratungen des Zweiten Kontinentalkongresses ein Ende. Da man den Löwen nun derart geärgert und gereizt hatte, gab es kein Zurück mehr.

Jefferson, Franklin und John Adams setzten einen Brief an König George III. auf, in welchem sie die Souveränität der Kolonien erklärten, sowie eine bahnbrechende philosophische und politische Stellungnahme – die bewegenden Worte der Unabhängigkeitserklärung vom 4. Juli 1776. Eine Verfassung, die Konföderationsartikel, wurde 1777 ratifiziert. Damit wurden die Kolonien offiziell vereint und der Kontinentalkongress als Regierungsorgan beibehalten. Nun musste man nur noch den Krieg gewinnen, natürlich in Zusammenarbeit und mit militärischer Hilfe der Mücke.

Ihre überzeugende Rolle und Darbietung als kriegsentscheidende Waffe auf dem Schlachtfeld, wo sie nicht immunisierte britische Soldaten in den gesamten südlichen Kolonien terrorisierte und die Kampfmoral untergrub, wurde bis heute kaum gewürdigt oder geflissentlich übersehen. Die Stechmücke war keinesfalls nur Zaungast der revolutionären Wirren, die sich in den Sümpfen, Tälern, Flussbassins und Gräben ihres eigenen Hinterhofs ereigneten. Für die Amerikaner bot die Stechmücke vielmehr einen entscheidenden Heimvorteil, der dazu beitrug, dass die Nation aus der Taufe gehoben werden konnte. In den Annalen der amerikanischen Geschichte blieb General Anopheles sein rechtmäßiger Platz bislang jedoch versagt.

In der detaillierten Studie *Slavery, Disease, and Suffering in the Southern Lowcountry* setzt sich Peter McCandless im Rahmen des sorgfältig recherchierten Kapitels »Revolutionäres Fieber« eingehend mit der Rolle der Stechmücke im Kampf um die amerikanische Unabhängigkeit auseinander. Er argumentiert, dass sich »bei Lektüre zeitgenössischer Berichte die Schlussfolgerung aufdrängt, dass die größten Gewinner der Kampfhandlungen im Süden die Mikroben und Mücken waren, die viele Soldaten begleiteten ... Hinsichtlich des Kriegsausgangs haben Mückenstiche möglicherweise mehr zum amerikanischen Sieg beigetragen als die Kugeln der Aufständischen.« Die Stechmücke raffte die britischen Streitkräfte dahin, entschied schließlich über das Schicksal der Revolution und damit auch der Welt, wie wir sie heute kennen.

Zu Beginn der Feindseligkeiten beherrschten die Briten sämtliche Facetten des Krieges. Wenngleich sie in den Jahren nach dem Siebenjährigen Krieg knapp bei Kasse waren, befanden sie sich doch in einer weitaus günstigeren wirtschaftlichen Lage als die unglückseligen Kolonien. Die britische Marine konnte nach Belieben überall an der Ostküste angreifen, gleichzeitig die Ressourcenlieferungen an die Kolonien blockieren und so ihre Kriegsanstrengungen und ihren Kampfgeist aushungern. Bei den Schlachten von Bunker Hill im Jahr 1775 und von New York 1776 nahmen die Briten die wichtigsten Kolonialhäfen Bostons ein und zogen damit die Schlinge der Seeblockade weiter zu. Das britische Militär war erfahren, gut ausgebildet und mit modernsten Waffen und Hilfsmitteln ausgerüstet. Es war die kampferprobteste und schlagkräftigste Streitmacht des Planeten. Neben ihrem formidablen nationalen Kontingent verfügte Großbritannien zudem über 30 000 hessische Söldner (darunter auch den legendären »Kopflosen Reiter« aus *Die Sage von Sleepy Hollow*), eine in der Unabhängigkeitserklärung angeprangerte Praxis. »Zu diesem Zeitpunkt transportiert er große Armeen fremder Söldner«, klagte Jefferson an, »um sein Werk des Todes, der Verheerung und der Tyrannei zu vollenden, das bereits mit Umständen von Grausamkeit & Perfidie begonnen hat, für welche sich selbst in den barbarischsten Zeiten kaum Parallelen finden und die des Führers einer zivilisierten Nation vollkommen unwürdig sind.« Die Amerikaner hatten, wenn überhaupt, nur wenige Vorteile auf der Hand.

Es mangelte ihnen an einer ausgebildeten Berufsarmee, modernen Waffen und Artillerie sowie, wenn wir schon dabei sind, einer

Industrie, die solche Kriegswaffen und anderes hätte produzieren können; es mangelte an langfristiger finanzieller Rückendeckung, an Verbündeten und vor allem an einer seetüchtigen Marine, um die britische Blockade zu durchbrechen und unverzichtbare Kriegsgüter wie die oben genannten einzuführen. Obwohl es ihnen bei Kriegsausbruch nicht bewusst war, erhielten die Amerikaner schließlich Unterstützung durch eine Söldnertruppe unter dem Kommando von General Anopheles. Diese Truppe ließ sich jedoch noch etwas Zeit und machte sich erst später verdient, als sie begann, die britischen Soldaten zu stechen. Erst nachdem die Briten ihr strategisches Augenmerk auf die mückenverseuchten südlichen Kolonien richteten, nahm die Stechmücke ihren rechtmäßigen Platz in der Bühnenmitte ein – volle fünf Jahre nach Beginn des Konflikts.

Bei Kriegsausbruch blieb Washington angesichts der schweren militärischen Defizite und Hemmnisse oft nichts anderes übrig, als sein Heil in der Flucht suchen. Wenn es ihm gelang, seine Kontinentalarmee in Bewegung zu halten und entscheidende Feldschlachten zu vermeiden, könnte die Revolution überleben, bis Hilfe eintraf, entweder in Gestalt weiterer amerikanischer Truppen oder einer Unterstützung durch Frankreich – beides war schließlich der Fall. Nach zweieinhalb Kriegsjahren feierten die Amerikaner im Oktober 1777 dank französischer Waffenlieferungen ihren ersten entscheidenden Sieg in den Wäldern bei Saratoga. Die Lage des Schlachtfelds am Hudson River im Inland des heutigen Bundesstaats New York glich die britische Vormachtstellung auf See aus und verschaffte den Amerikanern einen signifikanten taktischen Vorteil. Umgeben von Feinden, fast drei zu eins unterlegen und ohne, dass Verstärkung zu erwarten war, erkannte der britische General John Burgoyne die Aussichtslosigkeit seiner Lage und ergab sich. Unter dem Kommando von General Horatio Gates und eines kampflustigen, heldenmütigen Benedict Arnold wurden insgesamt 7500 britische Soldaten von den Amerikanern getötet oder gefangen genommen. Die eigenen Verluste betrugen lediglich 100 Mann. Diese Demonstration der Stärke reichte aus, um Frankreich zu überzeugen, dass die Amerikaner eine Siegeschance hatten.

Frankreich schloss sich im Jahr 1778 offiziell der amerikanischen Sache an, gefolgt von Spanien im Jahr darauf und schließlich, wieder ein Jahr später, den Niederlanden. Es ist fraglich, ob die Amerikaner den Krieg ohne diese rechtzeitige französische Intervention gewonnen hätten. Die französische Marine brach die Blockade. An den letzten Kampfhandlungen des Krieges nahmen 12 000 französische Berufssoldaten sowie 32 000 Seeleute teil. Der erschreckend junge und hoch intelligente französische General Marquis de Lafayette, ein enger Freund und Vertrauter Washingtons, der überdies beide Sprachen fließend beherrschte, koordinierte die vereinten franko-amerikanischen Streitkräfte gemeinsam mit seinem Kameraden Graf Rochambeau. Lafayette hatte sich schon vor dem Kriegseintritt Frankreichs der Kontinentalarmee angeschlossen. Im Alter von 19 Jahren wurde er 1777 vom Kontinentalkongress als Generalmajor in Dienst gestellt. Im Jahr 1780 ertönte auf den Schlachtfeldern sowohl das Summen von Stechmücken als auch die Mundart seiner französischen Kameraden.

Durch die Entscheidung Frankreichs (sowie Spaniens und der Niederlande), in den Konflikt einzutreten, wurde die Revolution zu einem globalen Nachschlag des Siebenjährigen Krieges, da die Kampfhandlungen auf Europa, die Karibik und Indien übergriffen. Davon profitierte die franko-amerikanische Allianz, da Großbritannien nun in einen größeren Krieg mit komplexeren strategischen Erwägungen hineingezogen wurde. Zudem konnte Großbritannien seine Verluste nicht so rasch ausgleichen wie die Amerikaner. Britische Streitkräfte waren daher im gesamten Kolonialreich dünn gesät, von Bournemouth bis Bengalen und von Barbados und den Bahamas bis nach Boston. Während der gesamten Revolution waren nie mehr als 60 000 Armeeangehörige im Einsatz, wodurch die Verluste in Saratoga sowie die darauf folgenden Todesfälle durch Stechmücken in den südlichen Kolonien und Nicaragua noch größeres Gewicht erhielten.

Als sich der Krieg über den Globus ausbreitete, wurden die britischen Streitkräfte in der Karibik wie gewöhnlich von den von Stechmücken übertragenen Seuchen dezimiert. Die grausigen Lektionen, die man 1741 in Cartagena und 1762 in Havanna gelernt hatte, waren vollständig in Vergessenheit geraten oder wurden geflissentlich ignoriert. Im Jahr 1780 segelte eine britische Flotte unter dem Kommando des 22-jährigen Kapitäns Horatio Nelson zur sogenannten Miskitoküste (nach der dort lebenden indigenen Bevölkerung der Miskito), um dort der spanischen Vorherrschaft ein Ende zu bereiten und auf einem Streifen Nicaraguas mit Zugang zur Karibik und zum Pazifik Marinestützpunkte zu errichten. Nelsons 3000 Mann starkes Kontingent erwartete das volle Paket: Gelbfieber, Dengue und Malaria. Als man nach sechs qualvollen Monaten endlich den Rückzug antrat, stolperten nur noch 500 Mann aus dem Dschungel. Gemessen an den Todesopfern war dies die kostspieligste Militäraktion des gesamten Revolutionskriegs. »Die Stechmücken Nicaraguas töteten mehr britische Soldaten als die Kontinentalarmee in den Schlachten von Bunker Hill, Long Island, White Plains, Trenton, Princeton, Brandywine, Germantown, Monmouth, King's Mountain, Cowpens und Guilford Courthouse zusammen«, betont J. R. McNeill. »In politischer Hinsicht indes kostete die Belagerung von Yorktown fünfzehn Monate später weitaus mehr.«

Von Stechmücken übertragene Krankheiten waren für Horatio Nelson nichts Neues. Während seiner Dienstzeit in Indien hatte er sich 1776 erstmals mit Malaria infiziert. Als er vier Jahre später auf seiner Nicaraguafahrt dem Tod durch die Seuche erneut ein Schnippchen schlug, genas er jedoch nie wieder vollständig und wurde für den Rest seines Lebens von zahllosen schweren Rückfällen und Neuinfektionen heimgesucht. Er lebte jedoch lange genug, um während der Napoleonischen Kriege auf seinem Flaggschiff *HMS Victory* in der Schlacht von Trafalgar 1805 Unsterblichkeit zu erlangen, als seine zahlenmäßig unterlegene Flotte die gesamte französisch-spanische Armada vernichtend schlug. Nelson kam zwar während der Gefechte ums Leben, doch er hatte durch seine unkonventionelle Taktik und seinen unerwarteten Sieg die britische Dominanz auf See erneuert und gefestigt.

Im weiteren Verlauf des britischen Feldzugs nach Mittelamerika im Jahr 1780 wurden Nelson und seine Mannschaft in der Wildnis Nicaraguas buchstäblich von Stechmücken aufgefressen. Während sich der historische Fokus auf die Ereignisse in den amerikanischen Kolonien im Norden richtete, erlitten die Briten in Nicaragua den schlimmsten Einzelverlust aller Kriegsteilnehmer oder Nationen während der Revolution, die inzwischen zu einem weltweiten Krieg ausgewachsen war. Bei Nelsons nicaraguanischem Fiasko erlagen beinahe 85 Prozent seiner Streitkräfte Dengue, Gelbfieber und Malaria, was sämtliche anderen Opferzahlen des gesamten Konflikts in den Schatten stellte und die britischen Truppen insgesamt schwächte.

Der britische Truppennachschub für die Karibik, darunter auch für Nelsons schicksalhaften und verlustreichen Nicaraguafeldzug, ging auf Kosten des amerikanischen Kriegsschauplatzes. Als die Briten 1780 ihre bislang größte Streitmacht von 9000 Mann nach South Carolina schickten (wo es zwölf Generationen von Stechmücken pro Jahr gab), waren bei den Abenteuern seiner Majestät zur Sicherung profitabler Pflanzkolonien bereits mehr als 12 000 britische Soldaten an von Stechmücken übertragenen Krankheiten gestorben. Schiffe zu den Westindischen Inseln verloren mehr als 25 Prozent ihrer menschlichen Fracht, bevor sie noch an ihrem Ziel anlegten. Nachschub ließ sich nicht schnell genug rekrutieren oder ausbilden, um diese Verluste auszugleichen. Sowohl in der Karibik als auch während der letzten britischen Militäraktionen in den Südstaaten entwerteten die Stechmücken unablässig Fahrkarten in den Tod.

Bis 1779 hatten beide Seiten Siege in den amerikanischen Kolonien errungen, weshalb der Krieg weiterging. Großbritannien kontrollierte die wichtigsten Häfen und Schlüsselstädte. Doch der frisch ernannte britische Oberbefehlshaber, General Henry Clinton, konnte Washington und seine umherstreifenden Amerikaner, die die ländlichen Gebiete beherrschten, nicht in größere Kampfhandlungen verwickeln. Frustriert vom spärlichen Erfolg und Washingtons beharrlicher Verweigerung eines alles entscheidenden finalen Showdowns verfiel Clinton auf eine neue Strategie, um den Krieg zu beenden, der in Großbritannien zunehmend unpopulär wurde, da er die bereits schwindelerregende und erdrückende Schuldenlast, die sich vor und nach dem Siebenjährigen Krieg aufgetürmt hatte, nochmals erhöhte.

Um die kritischen Stimmen in der Heimat zum Schweigen zu bringen, indem er die Rebellion mit einem einzigen gezielten Schlag beendete, befahl Clinton einen Vorstoß in den Süden. Basierend auf zweifelhaften Berichten von Spionen oder amerikanischen Exilanten in London glaubte man zudem, dass in den Reis-Sklavenkolonien Georgias sowie den beiden Carolinas, den jüngsten Kolonien mit mehr britischen Neuankömmlingen, eine große Anzahl Loyalisten lebte, die beim Anblick der britischen Befreier und des Union Jacks zu den Waffen greifen und dem Mutterland zu Hilfe eilen würden. Clinton hoffte, dies könnte die britischen Nachschubprobleme lösen.

Im Jahr 1778 eroberten die Briten die Hafenstadt Savannah. Die jährliche, durch Mückenstiche verursachte Verlustrate in der Verteidigungsgarnison betrug etwa 30 Prozent. Berichte sprechen von einer »unvorstellbar schweren Erkrankung ... unser krankheitsbedingtes Leid in diesem abscheulichen Klima ist in hohem Maße schrecklich und stetig«. Das Leid Savannahs wiederholte sich bald in Charleston, dem Herzstück von Clintons Strategie für den Süden. Ein früherer Versuch, diesen »Schlüssel zum Süden« einzunehmen, war von Clinton wohlüberlegt abgebrochen worden: »Ich musste mit Demut erkennen, dass die dämpfige, ungesunde Jahreszeit, in welcher alle Gedanken an militärische Operationen in den Carolinas aufgegeben werden müssen, mit hastigen Schritten auf uns zu eilte.« Im Mai 1780 hingegen, als es in Philadelphia zum ersten dokumentierten Ausbruch von Dengue in den Kolonien kam,[64] zogen die Briten die Sache durch und nahmen die Stechmückenbastion Charleston rasch ein.

Da er einen Angriff General Washingtons auf New York erwartete, kehrte Clinton in die wertvolle Hafenstadt zurück und überließ seinem Stellvertreter, General Charles Cornwallis, das Kommando über die 9000 Truppen der südlichen Regimente. Vor der Revolution war die verheerende Seuchenumgebung der südlichen Kolonien kein Geheimnis gewesen. Cornwallis erkannte diese Gefahr sofort und berichtete Clinton im August: »Das Klima ist von Ende Juni bis Mitte Oktober auf hundert Meilen entlang der Küste so schlecht, dass während dieser Zeit keine Truppen stationiert werden können, ohne dass sie für eine gewisse Zeit untauglich für den militärischen Dienst oder gar gänzlich verloren wären.« Schlau verlegte Cornwallis seine Armee ins Landesinnere, um durch eine starke britische Militärpräsenz Loyalisten zur Flagge zu rufen, vorgeschobene Stützpunkte und Außenposten zu sichern und natürlich, um mitten in der Stechmückenzeit den gefährlichen Feuchtgebieten Charlestons fernzubleiben. Cornwallis kannte den Ruf der Stadt als mückenverseuchte Todeszone nur zu gut.

Seine Truppenbewegungen ins Inland führten zu einer Reihe von Kämpfen mit amerikanischen Streitkräften unter den Generälen Gates und Greene, die zum großen Teil zugunsten der Briten entschieden wurden. Greene formulierte es so: »Wir kämpfen, werden geschlagen, stehen auf und kämpfen weiter.« In einem Geheimdienstbericht an Greene wurden die britischen Truppen als »ausgezehrtes Antlitz der Seuche« bezeichnet. Gegen die amerikanischen Aufständischen zu kämpfen, war eine Sache, gegen die marodierenden Schwärme gnadenloser Stechmücken eine ganz andere. Mehrfach und ziemlich fruchtlos verlagerte der frustrierte Cornwallis seine Streitkräfte, um während seines Südfeldzugs den »miasmatischen Seuchen« zu entgehen.

Hinter jeder Ecke lauerte General Anopheles den Truppen auf, die Cornwallis in ständiger Bewegung hielt. Er floh nicht vor den Amerikanern, sondern vor den von Stechmücken übertragenen Krankheiten. In der Hoffnung, ohne gesundheitliche Risiken an einem von einheimischen Loyalisten empfohlenen Ort rasten zu können, beschrieb er einen Zickzackkurs durch North und South Carolina. »Wenn uns das nicht vor Krankheit bewahrt, werde ich noch verzweifeln«, notierte er. Die aufgeschlagenen Biwaks, so der britische Befehlshaber, »wirkten zwar sicher, doch war das Gegenteil der Fall, sodass bald Krankheiten ausbrachen.« Als er seine geschwächte Armee in Camden lagern ließ, stellte Cornwallis fest, dass 40 Prozent seiner Truppen an »Fieber und Schüttelfrost [litten] und daher nicht diensttauglich waren«. Nachdem er Mitte August Gates' Armee in Camden versprengt hatte, wandte sich Cornwallis flehend an Clinton: »Unsere Krankenzahlen sind sehr hoch und äußerst beunruhigend.« Malaria, Gelbfieber und Dengue schwächten die britischen Truppen und deren Moral, was schließlich auch Cornwallis' Kampfbereitschaft schmälerte. Thomas Paine bezeichnete die Revolution als »Zeit, in denen die Seelen von Männern auf die Probe gestellt werden«. In diesem Fall verschlang die Mücke die britischen Seelen.

Die umfassende Recherche von McCandless offenbart: »Die am meisten gebrauchten Begriffe in der britischen Korrespondenz betreffend die Erkrankungen der Soldaten sind ›Wechselfieber‹, ›Schüttelfrost und Fieber‹, ›böse Fieber‹, ›grässliche Fieber‹ und ›widerliche Fieber‹, was alles auf Malaria und möglicherweise auch auf Dengue und Gelbfieber hindeutet.« Regelmäßig wurde auch das »Knochenbrecherfieber« genannt, ein Spitzname für Dengue, und die eindeutigen Symptome des Gelbfiebers beschrieben. In britischen Berichten aus dem Jahr 1778 hieß es: »Die Franzosen haben das Gelbfieber gebracht.« Angesichts der hohen Mortalitätsraten steht zu bezweifeln, dass dies allein der *Vivax*- oder selbst der *Falciparum*-Malaria zuzuschreiben ist, welche beide die Runde machten.

Nicht vergessen werden sollte zudem, dass amerikanische Soldaten während der Kämpfe im Süden ebenfalls an von Stechmücken übertragenen Krankheiten litten. In der amerikanischen Korrespondenz finden sich dieselben Begriffe. Aber *und das ist das große Aber*: Die Amerikaner waren an diese Krankheiten gewöhnt und auf gewisse Weise geschützt, sodass sie nicht im selben Maße erkrankten oder starben wie ihre nicht immunisierten britischen Kollegen. Folglich bewahrten die Amerikaner ihre Schlagkraft und ihre Einsatzfähigkeit.

Im Herbst 1780 berichtete Cornwallis, der selbst gegen einen bösen Anfall von »Wechselfieber« kämpfte, seine Armee sei durch die Malaria so gut wie aufgerieben, zahlreiche Einheiten seien »durch Krankheit vollkommen zerrüttet und einige Monate lang nicht diensttauglich«. Nach seinem teuer erkauften Sieg über Greenes zahlenmäßig überlegene amerikanische Streitmacht bei Guilford Court House im Frühjahr 1781 verlegte Cornwallis seine schrumpfende Armee nach Wilmington an der Küste von North Carolina. Trotz anderslautender Ratschläge immunisierter Einheimischer stellte er bald fest, dass man vor den Fängen der Seuche nirgendwo sicher war. »Sie sagen, geht 40 oder 50 Meilen weiter, dann bleibt ihr gesund«, klagte Cornwallis. »Vor Camden war es dasselbe Geschwätz. Von solchen Experimenten ist nichts zu erwarten.« Es war an der Zeit, dem Würgegriff der durch die Stechmücke übertragenen Seuchen zu entfliehen und weiter nördlich Schutz vor den lebensbedrohlichen Schwärmen zu suchen.

Als die Stechmückenzeit näher rückte, erkannte Cornwallis, dass er nicht genügend Männer zur Verfügung hatte, um das Landesinnere zu halten. Sehr zu seinem Missfallen hatten sich keineswegs scharenweise frisch rekrutierte Loyalisten eingefunden. Es mochte zwar sein, dass viele Bewohner der südlichen Kolonien insgeheim pro-britisch eingestellt waren, doch wollten sie sich nach außen hin schlicht nicht auf eine Seite schlagen, solange der Ausgang des Krieges ungewiss war. Wie fast 40 Prozent aller Kolonisten waren sie unschlüssig oder blieben neutral und wollten einfach nur ihre Ruhe haben. Auf dem höchsten Stand unterstützten 40 Prozent der Kolonisten die Revolution, während 20 Prozent ihrem britischen König die Treue hielten. Was General Anopheles betrifft, so war er ein eingefleischter Revolutionär.

Da ihm ein entscheidender Sieg in North und South Carolina verwehrt blieb und die Stechmückenzeit näher rückte, bemannte Cornwallis ein paar wichtige Garnisonen, darunter Charleston, und marschierte dann mit dem Gros seiner Armee nordwärts in Richtung Jamestown, »um die Truppen vor der schrecklichen Seuche zu bewahren, welche die Armee im vergangenen Herbst beinahe vernichtet hätte«. Er war zwar nicht glücklich damit, aber bereit, mit anderen britischen Kolonnen zu fusionieren, die Stechmückenzeit in der vermuteten Sicherheit Virginias auszusitzen und dann im späten Herbst seinen Feldzug fortzusetzen. Lafayette indes hatte andere Pläne.

In Virginia spielte der französische General mit Cornwallis ein geschicktes, höchst wirksames Katz-und-Maus-Spiel à la Tom und Jerry, indem er die britischen Truppen zwar ständig angriff, offene Gefechte aber konsequent vermied. Da er die Briten in kurze Scharmützel verwickelte, nahm er ihnen jede Möglichkeit auf eine Verschnaufpause, die sie so dringend benötigten. Während dieses Versteckspiels versuchte sich Cornwallis, wie schon Amherst vor ihm, an der biologischen Kriegsführung. Statt Decken sollten diesmal Sklaven herhalten. Er überfiel das Anwesen von Thomas Jefferson in Monticello und schnappte sich 30 Sklaven, die er mit Pocken infizieren und als Kampfmittel einsetzen wollte. Jefferson äußerte sich fast anerkennend über den Plan, da dieser »gewiss wirkungsvoll gewesen wäre, doch er wurde so ausgeführt, dass [nur die Sklaven] dem unausweichlichen Tod durch Pocken und grässliche Fieber anheimfielen«. Wie Amherst gelang es auch Cornwallis nicht, dem Feind die Seuche zu bringen. Mit ihren Versuchen in biologischer Kriegsführung waren die Briten nunmehr bei einem wenig überzeugenden null zu zwei angelangt.

Trotz Cornwallis' Einwänden und Besorgnissen hinsichtlich der Gesundheit seiner Truppen befahl ihm Clinton, einen passenden Lagerplatz an der Chesapeake Bay zu finden, da seine Armee von dort aus rasch nach New York beordert werden könnte. Clinton glaubte immer noch an einen unvermeidlichen franko-amerikanischen Angriff auf die strategisch wichtige Hafenstadt und war gewillt, die Leben von Cornwallis' Soldaten aufs Spiel zu setzen, um ihre Verteidigung zu sichern. Cornwallis stellte das Urteilsvermögen seines vorgesetzten Offiziers wiederholt infrage: »Ich gebe Eurer Exzellenz zu bedenken, ob es sich lohnt, in dieser Bucht einen Verteidigungsposten aus kranken Männern zu halten.« Er berichtete Clinton, dass seine momentane Position »uns nur wenige Morgen eines gesundheitsfeindlichen Sumpfs verschafft« und er bereits »viele Kranke« habe. Dennoch befolgte Cornwallis seine Anweisungen, wenngleich er sehr wohl wusste, dass »Clintons Strategie für den Süden die Gesundheit seiner Truppen untergrub und die Briten möglicherweise den Sieg kostete«, wie McCandless mutmaßt.

Am 1. August 1781 schlug Cornwallis mit seiner Armee inmitten von Reisfeldern und Salzwassersümpfen in einem unbedeutenden Weiler namens Yorktown zwischen dem James River und dem York River sein Lager auf. Der gerade einmal 2000 Einwohner umfassende Ort lag nur etwa 25 Kilometer Mückenfluglinie von Jamestown entfernt. Die von den Stechmücken in Jamestown begonnene Schöpfung Amerikas sollte von ihren weitaus tödlicheren, im Lande geschlüpften Erben in Yorktown vollendet werden. Während die Briten, Amerikaner und Franzosen ihre Truppen aufmarschieren ließen, versammelten sich im grünen Marschland um Yorktown Armeen gieriger Stechmücken zu einem riesigen Schwarm. Es war nicht nur ein Mückengebiet wie aus dem Bilderbuch, sondern obendrein die richtige Jahreszeit für einen Angriff von Washingtons Verbündetem, General Anopheles. Die Stechmücke sorgte für einen schweren Malariaausbruch unter ihren britischen Gästen und veränderte damit den Lauf der Geschichte.

General Clinton war verblüfft, als die französische Flotte Anfang September in Yorktown eintraf und nicht in New York. Als er von diesem Entschluss der Franzosen hörte, sah sich Washington nach Absprache mit Rochambeau gezwungen, »von einem Angriff auf New York abzusehen«, und ließ seine vereinten franko-amerikanischen Streitkräfte stattdessen in Richtung Süden auf Yorktown marschieren. Washingtons Kolonne traf Ende September dort ein und schloss sich mit Lafayettes Blockadestreitkräften zusammen, sodass nun insgesamt über 17 000 Mann auf den höheren Lagen um Yorktown positioniert waren. »Cornwallis hatte nun das Schlechteste aus beiden Welten«, kommentiert McNeil. »Seine Armee war bei maximalem Malariarisiko an der Küste verschanzt, doch die Royal Navy kam nicht durch, um ihn zu retten.« Da sie eine Kapitulation vor dem Ende der Stechmückenzeit und dem Beginn des Winters erzwingen mussten, inszenierten die Generäle Washington, Rochambeau, Lafayette und Anopheles am 28. September eine geschickte und hastige Belagerung an Land und auf See (und natürlich in der Luft).

Als der verzweifelte Cornwallis, dessen Männer buchstäblich den Kopf vor der Malaria einzogen, seine unterlegene Position erkannte, versuchte er sich noch einmal an der biologischen Kriegsführung. Er entließ einige pockeninfizierte Sklaven in die franko-amerikanischen Linien, doch ohne Erfolg. Die Pockenimpfung wurde zwar erst 1796 von Edward Jenner perfektioniert, doch praktizierte man bereits seit 1720 riskante Immunisierungstechniken. Von 1777 an bestand Washington darauf, dass seine Soldaten die gefährliche Impfung erhielten. Freilich starben einige, doch der Rest der Armee erwarb einen Herdenschutz gegen die Pocken. Cornwallis' zweiter fehlgeschlagener Versuch, eine Pockenepidemie gezielt auszulösen, brachte die britischen Biowaffenversuche auf einen neuen Stand von null zu drei.

Der glücklose Cornwallis bat Clinton um Verstärkung, Befreiung und Chinin. »Dieser Ort befindet sich nicht in verteidigungsfähigem Zustand … wenn nicht bald Hilfe eintrifft, müssen Sie sich auf das Schlimmste gefasst machen … Medizin ist dringend vonnöten.« Während die franko-amerikanische Streitmacht ihren Belagerungsring um Yorktown verengte, flog die Stechmücke unablässig Luftangriffe auf die eingeschlossenen Briten. Mit der Belagerung von Cornwallis im mücken- und malariaverseuchten Yorktown war Clintons fehlgeschlagene Südstrategie endgültig besiegelt. David Petriellos vernichtende Bemerkung dazu bringt es auf den Punkt: »Die Engländer wurden nicht durch die Gewehre der Aufständischen aus dem Süden vertrieben, sondern durch den Rüssel der Anophelesmücke.«

Zu Beginn der Belagerung von Yorktown am 28. September unterstanden Cornwallis 8700 Mann. Zum Zeitpunkt seiner Kapitulation am 19. Oktober waren noch 3200 Mann (37 Prozent) diensttauglich. Rechnet man die im Kampf Gefallenen (200) und Verwundeten (400) hinzu, war mehr als die Hälfte seiner gesamten Truppe nicht kampfbereit. Die britische Armee in Yorktown war von malariösen Stechmücken bei lebendigem Leibe aufgefressen worden. Als Cornwallis am Tag nach seiner Kapitulation Clinton Bericht erstattete, machte er für seine endgültige Niederlage nicht den Feind, sondern die Malaria verantwortlich: »Ich muss Eurer Exzellenz leider mitteilen, dass ich gezwungen war, den Posten aufzugeben … Die Truppen waren zu sehr durch Krankheit geschwächt … Unsere Reihen wurden durch Feindesfeuer, aber insbesondere durch Krankheit gelichtet … bis schließlich kaum mehr als 3200 Mann diensttauglich waren.« Der Kommandeur der hessischen Söldner, die in Yorktown mit Cornwallis eingekesselt waren, berichtete zwei Tage vor der Kapitulation, die Briten »leiden fast sämtlich an Fieber. Die Armee schmilzt dahin … unter ihnen können nicht einmal mehr tausend Mann als gesund bezeichnet werden«. Die Mücke hatte die Briten von den südlichen Schlachtfeldern der Revolution vertrieben und den langen und blutigen Kampf um die amerikanische Freiheit gewonnen.

J. R. McNeill unterstreicht, dass »Yorktown und seine Stechmücken die britischen Hoffnungen begruben und den Amerikanischen Unabhängigkeitskrieg entschieden«. Er schließt sein Kapitel »Revolutionäre Stechmücken« mit einer Verbeugung vor der kleinen Anophelesmücke, die »mit den Gründervätern der Vereinigten Staaten in einer Reihe steht«. Ihr Sieg in Amerika griff nicht nur in die Flugbahn der Geschichte ein und lenkte den Fokus der westlichen Zivilisation von Großbritannien auf die USA; sie generierte zugleich auch Schockwellen, die sich über den gesamten Globus ausbreiteten.

Der britische Außenposten Australien etwa war ein Nebenprodukt sowohl von Yorktown als auch der Stechmücke. In den Jahrzehnten vor der Revolution erhielten die amerikanischen Kolonien ein jährliches Kontingent von 2000 britischen Strafgefangenen. Insgesamt wurden so rund 60 000 britische Gefangene in die Kolonien entsorgt. Mit der amerikanischen Unabhängigkeit war das britische Parlament jedoch gezwungen, sich ernsthaft Gedanken darüber zu machen, wohin man die steigende Zahl heimischer Missetäter nun verfrachten könnte. Ursprünglich hatte man die junge Kolonie Gambia ins Auge gefasst, doch war man sich inzwischen einig, dass eine Verbannung nach Afrika praktisch einer Verurteilung zum Tode gleichkam. Innerhalb eines Jahres nach der Ankunft verstarben 80 Prozent der britischen Diaspora an von Stechmücken übertragenen Krankheiten. Dies stand dem doppelten Zweck einer Strafkolonie entgegen: zu bestrafen und das Mutterland von Kriminellen zu säubern, gleichzeitig aber die verbannten britischen Subjekte als Vorhut der Kolonisierung zu nutzen. Wenn die Verurteilten nicht überlebten, wie sollten diese Kolonien dann erblühen? So trafen im Januar 1788 die ersten 1336 britischen Gefangenen in Port Jackson (Sydney) ein, Britisch-Australien war geboren.

Wie sein Commonwealth-Vetter Australien war auch Britisch-Kanada ein Produkt des Ausgangs der von Stechmücken beeinflussten Amerikanischen Revolution. Zwar blieb Kanada vorerst britische Kolonie, doch durch den postrevolutionären Zustrom amerikanischer Loyalisten wandelten sich das demografische Profil und die herrschende Kultur von einer französischen zu einer britischen Prägung. Bis 1800 kamen mehr als 90 000 Loyalisten nach Kanada, die teils aus persönlichen politischen Gründen aus den Vereinigten Staaten flohen, teils, um der Strafverfolgung zu entgehen, oder, weil sie in Kanada Zuflucht vor den Gelbfieberepidemien suchten, die zwischen 1793 und 1805 die Küstenstaaten heimsuchten. Fünfundzwanzig Jahre, nachdem die Stechmücke ihren Beitrag zur amerikanischen Autonomie geleistet hatte, waren die britischen Kanadier ihren französischen Landsleuten zahlenmäßig zehn zu eins überlegen.

Beim Friedensschluss von Paris im September 1783, der nicht nur den Amerikanischen Unabhängigkeitskrieg, sondern auch den daraus erwachsenen globalen Konflikt beendete, bestand der einzige Trost für die Briten darin, dass sie Kanada behalten konnten. Florida ging zurück an Spanien, Frankreich erhielt den Senegal und Tobago. Sämtliche britischen Ländereien westlich des Mississippis zwischen Florida und den Großen Seen und dem Sankt-Lorenz-Strom wurden aufgegeben, woraus sich die nationalen Grenzen der neuen und international anerkannten Vereinigten Staaten von Amerika ergaben. Da die Proklamationslinie nunmehr null und nichtig war, wuchs Amerika zu mehr als doppelter Größe an. Ausgelöst durch die Amerikanische Revolution fegte eine Welle von Rebellionen gegen die europäische Herrschaft über den amerikanischen Doppelkontinent. Diese von Gelbfieber und Malaria entscheidend beeinflussten kolonialen Aufstände und Konflikte brachten nicht nur zahlreichen Völkern die Freiheit, sondern vergrößerten zudem ungewollt auch die nach Westen geneigte Landmasse der Vereinigten Staaten.

Die Stechmücke hatte George Washington und dem Marquis de Lafayette zwar bereits geholfen, die amerikanische Unabhängigkeit zu erringen, doch fehlten noch die letzten Pinselstriche zu ihrem Meisterwerk – der *Manifest Destiny* und der damit begründeten Landnahme. General Anopheles und ihr Mitstreiter, General Aedes, sind bekanntlich wankelmütige Freunde und Verbündete. Die Geburt der Vereinigten Staaten ging auf Kosten der von Stechmücken geplagten Briten. Die amerikanische Westexpansion in das Louisiana-Territorium sowie die nachfolgenden Eskapaden von Lewis und Clark resultierten aus den gnadenlosen Angriffen der Stechmücke auf Napoleons abwehrschwache französische Truppen, die im weiteren Rahmen der Französischen Revolution und der Napoleonischen Kriege alle Hände voll zu tun hatten, ihren eigenen Aufstand auf Haiti niederzuschlagen.

Wie sich die amerikanischen Stechmücken auf die Seite der Meuterer Washingtons geschlagen hatten, so unterstützten nun freiheitsliebende haitianische Mücken den Sklavenaufstand und die daraus folgende, von Toussaint Louverture angeführte Rebellion gegen die drakonische französische Herrschaft. Daneben halfen sie immunen Revolutionären in ganz Süd- und Mittelamerika in deren von der Lichtgestalt Simón Bolívar angeführten Befreiungskriegen gegen die Spanier. »Die Loslösung Amerikas von der spanischen Monarchie erinnert an den Zustand des Römischen Weltreichs, als dieses gewaltige Gebilde im Herzen der antiken Welt zerfiel«, verkündete Bolívar 1819. Wie sie es bereits 1500 Jahre zuvor mit dem Römischen Reich getan hatte, zerschlug die Stechmücke nun das mächtige spanisch-amerikanische Imperium in autonome, unabhängige Stücke. »Generationen von Historikern haben dieses Zeitalter der Revolution eingehend beleuchtet«, würdigt J. R. McNeill die Leistungen der Wissenschaft. »Es waren große Umwälzungen, Stoff für Politikgeschichte, voll von Heldentum und Dramen, Zeiten, in denen Männer wie George Washington, Toussaint Louverture und Simón Bolívar eine große Bühne bekamen. Eines ist jedoch aus dem Blickfeld geraten, nämlich die Rolle der Mücke, die diesen Revolutionären zum Sieg verhalf.« Mit der Amerikanischen Revolution begann eine Welle von Revolutionen, die wenig später die zerfallenden Kolonialreiche in ganz Europa erfasste. Die Stechmücke verbreitete Krankheit und Tod – und bereitete so den Boden für die Geburt einer neuen Freiheit.

KAPITEL 13

DIE MÜCKE ALS GEBURTSHELFERIN: BEFREIUNGSKRIEGE UND STAATENENTWICKLUNG IN NORD- UND SÜDAMERIKA

Im Frühjahr 1803 beauftragte Präsident Thomas Jefferson die Herren Meriwether Lewis und William Clark mit der Leitung der »Corps of Discovery Expedition« zur Erkundung und Kartografierung des neu erworbenen Territoriums Louisiana. Die 34 tatkräftigen Pioniere dieser Querfeldeinexkursion konnten kein großes Gepäck mitnehmen – nur unverzichtbare Kleidungs- und Ausrüstungsgegenstände, die dem Überleben in der exotischen, unentdeckten Wildnis des amerikanischen Westens dienlich waren. Mit Bedacht wählten und packten die Teilnehmer also das Nötigste. Neben anderen unverzichtbaren Utensilien waren darunter auch 3500 Dosen Chinarinde, ein halbes Pfund Opium, mehr als 600 Quecksilberpillen, die sie »Donnerschläge« nannten, flüssiges Quecksilber und Penisspritzen. Die Einnahme von Quecksilber oder dessen Injektion in die Harnröhre half zwar weder gegen Ruhr, den Tripper oder Syphilis, noch ließen sich dadurch Bären und andere Raubtiere vertreiben. Die quecksilberhaltigen Fäkalien und die Quecksilbertropfen, die sie hinterließen, sollte es der modernen Forschung jedoch gestatten, die Aufenthaltsorte und Routen der von der Indianerin Sacajawea geführten Expedition präzise nachzuvollziehen.« Trotz Ruhr, Sexualkrankheiten, Schlangenbissen und gelegentlichen Bärenangriffen kehrte die Expedition relativ unversehrt zurück«, schreibt David Petriello in *Bacteria and Bayonets*. Hinter ihnen lag eine Reise von mehr als zwei Jahren.

Das von Präsident Jefferson vorgegebene Hauptziel der Expedition von Lewis und Clark war es, »zum Zwecke des Handels den kürzesten und praktikabelsten Wasserweg über diesen Kontinent« zu finden. Sekundäre Ziele waren etwa die Aufnahme von Handelsbeziehungen mit indigenen Völkern sowie die Erforschung der Flora und Fauna zur Einschätzung des wirtschaftlichen Potenzials. Kurz gesagt ging es mehr oder weniger darum, herauszufinden, was zur Hölle Jefferson da gerade Napoleon abgekauft hatte, der eine rasche Kapitalspritze brauchte, um seinen unvollendeten Europafeldzug zu finanzieren und fortzusetzen.

Der Kauf Louisianas war ein Nebenprodukt sowohl der internationalen Verstrickungen im Umfeld der Französischen Revolution als auch des anschließenden Bestrebens von Napoleon Bonaparte, das im Siebenjährigen Krieg arg angeschlagene französische Kaiserreich auf dem amerikanischen Kontinent in alter Pracht neu erstehen zu lassen. In diesen Wirren erlebte die junge amerikanische Nation einen der schlimmsten Seuchenausbrüche ihrer Geschichte. Flüchtlinge aus den französischen Kolonien, die einer blutigen Sklavenrevolte gegen die französische Herrschaft auf Haiti entgehen wollten, trugen in großem Stil das Gelbfieber nach Philadelphia. Kurz nach der Amerikanischen Revolution war die Stechmücke verbindendes Element von vier Ereignissen, die scheinbar ohne jeden Bezug zueinander standen: des Ausbruchs der Französischen Revolution im Jahr 1789, der von Toussaint Louverture angeführten Rebellion auf Haiti 1791, gefolgt von der grauenerregenden Gelbfieberepidemie in Philadelphia und schließlich der Kauf Louisianas im Jahr 1803.

Während dieser 14 Jahre webte die Mücke ein weitverzweigtes Netz berüchtigter und wegweisender historischer Ereignisse. Sie ließ die Kolonialreiche in ihren Grundfesten erzittern, indem sie zur Rebellion aufwiegelte, befeuerte das weitere Vordringen gen Westen und kippte das Machtgleichgewicht auf dem gesamten amerikanischen Kontinent. Die Stechmücke richtete die finstereren und düstereren Seiten des kolumbianischen Austauschs gegen ihre europäischen Schöpfer und Verwalter, indem sie eine wahre Lawine von Gelbfieber- und Malariaausbrüchen auslöste. Diese überrollte die abwehrschwachen Soldaten, die versuchten, Sklavenaufstände und Unabhängigkeitsbestrebungen in den amerikanischen Kolonien zu unterdrücken. Die Kolonialmächte wurden zu unfreiwilligen biologischen Baumeistern ihres eigenen imperialen Niedergangs. In diesem Prozess ordnete die Mücke die Landkarte dessen neu, was längst nicht nur keine »neue« Welt mehr, sondern mittlerweile sogar schon eine ziemlich kleine Welt war. Die ökonomischen, politischen und philosophischen, im kolonialen Amerika herangereiften und von General Anopheles unterstützten Grundlagen revolutionären Gedankenguts brachten die elenden und geschundenen Massen Frankreichs schließlich dazu, das Joch der Unterdrückung abzuschütteln, das ihnen von einer repressiven und hochmütigen Monarchie auferlegt worden war.

Getrieben von den Statuten der Freiheit, die ihre amerikanischen Kampfgenossen festgeschrieben hatten, richteten die Franzosen ihre eigene Revolution gegen die Tyrannei König Ludwigs XVI. und seiner Braut Marie Antoinette. Es begann mit dem berühmten Sturm auf die Bastille am 14. Juli 1789. Die französischen Herrscher wurden 1793 zur Guillotine geführt, die Dynamik der Revolution war jedoch nicht zu bremsen. Bald erreichte sie auch die französischen Kolonien. Im Jahr 1799 gelang dem genialen 31-jährigen Napoleon Bonaparte ein unblutiger Staatsstreich gegen die republikanische Revolutionsregierung. Napoleon machte sich selbst zum Kopf eines stärker autoritär geprägten Regimes und beendete damit praktisch die Französische Revolution. In seinem Streben nach absoluter Macht ließ er sich 1804 zum Kaiser Frankreichs wählen. Er herrschte nun über ein imperiales System nach dem Vorbild des römischen Weltreichs. Seine Machtgier und Kriegslust entfachten die Napoleonischen Kriege, dem bis dato größten europäischen und internationalen Konflikt. Napoleons Versuch, die Weltherrschaft zu erlangen und ein neues amerikanisches Reich zu errichten, seine Interessen hinsichtlich der Grenzgebiete und Teilen der Vereinigten Staaten wurden indes von haitianischen Mücken zunichtegemacht.

Frankreich hatte Haiti, den westlichen Teil der Insel Hispaniola, im Jahr 1697 während der Kolonialkriege annektiert, die dem Siebenjährigen Krieg vorangingen. Zu Beginn des Sklavenaufstands 1791 gab es auf Haiti (das bis zur Vertreibung der Franzosen Saint-Domingue hieß) rund 8000 Plantagen, auf denen die Hälfte des weltweit konsumierten Kaffees angebaut wurde. Haiti war zudem ein führender Exporteur von Zucker, Baumwolle, Tabak, Kakao und Indigo, aus welchem ein leuchtend lila-blaues Stofffärbemittel gewonnen wurde. Die kleine Inselkolonie verantwortete somit beachtliche 35 Prozent der gesamten merkantilistischen Wirtschaft Frankreichs. Damit war sie auch Ziel der meisten Sklaventransporte (und eingeschleppter Stechmücken). Jährlich kamen etwa 30 000 Menschen aus Afrika. Im Jahr 1790 machte die halbe Million auf Haiti lebender Sklaven, von welchen zwei Drittel in Afrika geboren und vorimmunisiert waren, etwa 90 Prozent der Gesamtbevölkerung aus. Die meisten in Afrika geborenen Sklaven trafen bereits mit Abwehrkräften gegen Malaria und Gelbfieber auf Haiti ein.

Im August 1791 erhoben sich mehr als 100 000 Sklaven gegen eine Handvoll brutaler Unterdrücker – die französischen Plantagenbesitzer. Einer der Aufständischen fasste die Gräuel zusammen, die zur Revolte geführt hatten:

> Haben sie nicht Männer mit dem Kopf nach unten aufgehängt, sie in Säcken ertränkt, auf Brettern gekreuzigt, sie lebendig begraben und in Mörsern zerquetscht? Haben sie nicht Männer gezwungen, Kot zu essen? Und haben sie sie nicht ausgepeitscht

und dann den Würmern zum Fraß überlassen, auf Ameisenhügel geworfen oder an Stangen im Sumpf gefesselt, wo sie von Mücken verschlungen wurden? Haben sie nicht Männer in Kessel mit kochendem Zuckersirup geworfen? Haben sie nicht Männer und Frauen in mit Nägeln ausgekleidete Fässer gesteckt und sie an Berghängen hinab in die Hölle gerollt? Haben sie diese unglücklichen Schwarzen nicht menschenfressenden Hunden vorgeworfen, bis Letztere, vom Menschenfleisch gesättigt, von ihren verstümmelten Opfern abließen, denen dann mit Bajonett und Dolch der Garaus gemacht wurde?

Mark Twain bemerkte einmal zynisch: »Es gibt viele lustige Dinge auf der Welt, darunter die Auffassung des weißen Mannes, er wäre weniger wild als die anderen Wilden.« Dieselben aufgeklärten, durch Kaffee befeuerten Ideale von Leben, Freiheit und dem Streben nach Glück, welche die Revolutionen in Amerika und Frankreich entfacht hatten, wurden nun zur Triebfeder des haitianischen Unabhängigkeitskampfes gegen die französische Herrschaft. Anfangs waren die Ausschreitungen noch sporadisch, wirr und unzusammenhängend. Koalitionen waren brüchig und in stetem Wandel begriffen, Verbündete wechselten die Seiten. Alle Fraktionen jedoch beteiligten sich an den verbreiteten Gräueltaten.

Als der chaotische und unorganisierte Aufstand auf Haiti an Dynamik gewann, und die »alte« Welt auf einen gesamteuropäischen Krieg zusteuerte, festigte sich eine Koalition gegen Napoleons Frankreich, welcher neben anderen Klein- oder Fürstenstaaten (zu unterschiedlichen Zeiten) Russland, Österreich, Preußen, Portugal, die Republik der Vereinigten Niederlande und Großbritannien angehörten. Die Französische Revolution griff um sich und erfasste die Karibik. Großbritannien sah im haitianischen Sklavenaufstand ein gefährliches Vorbild für die Sklaven in den eigenen Karibikkolonien. Da die Briten einen Dominoeffekt fürchteten, intervenierten sie 1793. Da man sich bereits mit Frankreich im Krieg befand, ging es dabei nicht nur um die Niederschlagung der Revolte, sondern auch um die Annexion der kleinen, aber äußerst lukrativen französischen Kolonie.

Nicht an Tropenkrankheiten gewöhnte britische Truppen, die nach Haiti entsandt wurden, »starben erstaunlich schnell«, wie J. R. McNeill weiß, »und traten beim Ausschiffen praktisch schon den Weg zum Friedhof an«. Die von Seuchen geplagten Briten blieben fünf Jahre auf Haiti, wo sie nur sehr wenig erreichten – abgesehen davon, dass sie die Stechmücken fütterten und in Scharen das Zeitliche segneten. Im Jahr 1796 schrieb ein britischer Feldarzt: »Die auftretenden Symptome waren Kraftlosigkeit; schwere, bisweilen akute Kopfschmerzen; heftige Schmerzen in Lenden, Gelenken und Extremitäten; glasige, oft blutunterlaufene Augen; Übelkeit oder Erbrechen galliger, manchmal übel riechender schwarzer Substanz, die an Kaffeesatz erinnerte.« Von den etwa 23 000 britischen Soldaten, die auf Haiti stationiert wurden, starben 15 000 (65 Prozent) an Gelbfieber oder Malaria. Ein britischer Überlebender erinnerte sich später, der Tod habe »jedwede Gestalt angenommen, die sich eine grenzenlose Fantasie nur ausmalen konnte. Manch einer starb vollkommen von Sinnen. Die Erkrankung wurde gegen Ende so schlimm, dass Hunderte fast in ihrem eigenen Blut ertranken, welches ihnen aus jeder Pore des Körpers quoll.« Im Jahr 1798 vertrieb die Stechmücke die einst mächtige und nun sieche britische Armee aus Haiti.

Haiti war jedoch nur ein Schauplatz des großen britischen Karibikfeldzugs. Vergeblich versuchten die Briten, andere französische, spanische oder niederländische Gebiete zu erobern. Jede Unternehmung wurde von Heerscharen tapferer Stechmücken abgewehrt und endete mit unzähligen Toten. Als die Briten 1804 schließlich aufgaben, um ihre Kräfte in Kontinentaleuropa gegen Napoleon zu konzentrieren, hatte die Mücke 60 000 bis 70 000 Soldaten in der Karibik getötet (rund 72 Prozent). Die Briten »kämpften, um einen Friedhof zu erobern«, sagt McNeill. »Saint-Domingue war der größte

Teil, aber eben nur ein Teil dieses Friedhofs der britischen Armee.« Wirtschaftliche Erträge und unternehmerisches Potenzial überschatteten offenbar sämtliche Zweifel daran, dass man einen steten Strom abwehrschwacher Soldaten in das tödliche Schreckenskabinett der Stechmücke entsandte. Bartholomew James, Leutnant der Royal Navy, berichtete 1794 von Martinique: »Die furchtbare Seuche, die nun auf den Westindischen Inseln herrschte, ist weder mit der Macht der Zunge noch der Feder zu beschreiben. Die allgegenwärtigen, grausigen Szenen plötzlichen Todes [waren] ein wahrhaft entsetzlicher Anblick, und allerorten begegnete man Leichenzügen.«

In der Karibik missachteten die Briten und andere europäische Kolonialmächte beharrlich die oft falsch zitierte Warnung des Dichters und Philosophen George Santayana: »Wer die Vergangenheit nicht kennt, ist dazu verdammt, sie zu wiederholen.« Während der ersten Welle des britischen Karibikfeldzugs im Jahr 1793 bestätigte eine Depesche aus Guadeloupe, »dass jene grauenhafte Seuche, das Gelbfieber, welches seit unserem ersten Eintreffen auf den Westindischen Inseln abgeklungen war, nun offenbar durch die Ankunft frischer Opfer neu entfacht wurde«. Gierige Stechmücken labten sich im tropischen Dschungel an einer reich gedeckten Tafel nicht immunisierter Europäer, deren Nachschub nicht abriss, insbesondere nicht im von Seuchen und Kriegswirren gebeutelten Haiti. Diese lokal begrenzten Epidemien fanden bald schon ein Publikum empfänglicher internationaler Gastgeber, sodass sie sich wie ein tödlicher Schatten von der Karibik über ganz Amerika und darüber hinaus verbreiten konnten.

Die Revolution auf Haiti und imperiale Konflikte in der Karibik beschleunigten Truppenbewegungen, Flüchtlingsströme und die Verbreitung des Gelbfiebers in der gesamten atlantischen Welt. Soldaten und Flüchtlinge, die den tropischen Wirren nach Europa entflohen, wurden von Stechmücken und ihren Krankheiten begleitet. Das Gelbfieber fegte durch den Mittelmeerraum und Südfrankreich, bevor es eine Tournee in den Norden antrat, darunter nach Holland,

Ungarn, Österreich sowie in die deutschen Fürstentümer Sachsen und Preußen. In Spanien starben von 1801 bis 1804 rund 100 000 Menschen am gefürchteten *vómito negro*, 80 000 waren früheren Ausbrüchen der Seuche zum Opfer gefallen. Allein in Barcelona kamen in drei Monaten 20 000 Menschen ums Leben, was etwa einem Fünftel der Stadtbevölkerung entsprach.

Die europäischen Imperialmächte, die auf Kosten afrikanischer Plantagensklaven enorme Reichtümer angehäuft hatten, ernteten nun einen transatlantischen Wirbelsturm aus Krankheit und Tod, der direkt aus jenen amerikanischen Besitztümern und Stechmückenbiotopen importiert war, die sie selbst geschaffen hatten. Es war eine Laune des Schicksals, vielleicht sogar Bestimmung, wenn man so will, dass die Stechmücke nun die europäischen Mutterländer heimsuchte, die das globale Ökosystem durcheinandergebracht hatten. Doch auch ihre überseeischen Kolonien blieben von den grausigen Schrecken des Gelbfiebers keinesfalls verschont.

Zwischen 1793 und 1805 schoss die Seuche wie ein vergifteter Pfeil durch die westliche Hemisphäre und gewann während einer der heftigsten El-Niño-Oszillationen des Jahrtausends zusätzlich an Stärke. Außerhalb der haitianischen Horrorshow waren Havanna, Guyana, Veracruz, New Orleans, New York und vor allem Philadelphia am stärksten betroffen. Letzteres wurde in jenen zwölf Jahren jedes Jahr von einer Epidemie heimgesucht.

Vor der historischen Epidemie im Jahr 1793 war in Philadelphia 30 Jahre lang kein Gelbfieber mehr aufgetreten. Daher besaß die Bevölkerung nur einen geringen Immunschutz und war reif für die Infektion. Im Juli 1793 legte die *Hankey*, später auch »Todesschiff« genannt, mit rund 1000 französischen Flüchtlingen aus der Kolonie Haiti an Bord in der Hauptstadt der jungen Nation an. Wenige Tage später kam es in einem Bordell nahe der Landungsbrücken in einem heruntergekommenen Viertel namens Hell Town zum ersten Fall von Gelbfieber. Danach brach die Geißel über die ahnungslose, 55 000 Menschen zählende Bevölkerung Philadelphias

Vómito negro: Ein Ausbruch des gefürchteten Schwarzen Erbrechens, des Gelbfiebers, das in den Straßen Barcelonas im Jahr 1819 seine hässliche Fratze zeigt.

herein. Insgesamt 20 000 Einwohner flohen aus der Stadt, darunter die meisten Politiker und Beamten. Die Bundesregierung der Vereinigten Staaten und die Staatsregierung von Pennsylvania, die beide ihren Sitz in der Stadt hatten, legten die Arbeit nieder. Präsident Washington versuchte, von seinem Standort in Mount Vernon aus zu regieren, stellte jedoch fest, dass er bei seiner hastigen Flucht »keinerlei öffentliche Unterlagen mitgenommen habe (nicht einmal die Normen, die in diesen Fällen aufgestellt worden sind). Folglich bin ich an diesem Ort nicht in der Lage, in Angelegenheiten zu entscheiden, die eine Bezugnahme auf Unterlagen außerhalb meiner Reichweite erfordern.« Man setzte ihn darüber in Kenntnis, dass er ohnedies keine Befugnis habe, die Hauptstadt zu verlegen und den Kongress an einem anderen Ort einzuberufen, da dies »eindeutig verfassungswidrig wäre«. Ende Oktober, als die Mücken den ersten Vorboten des Winters wichen, meinte die First Lady, Martha Washington, die Stadt habe »so sehr gelitten, dass ihre Einwohner nicht so schnell darüber hinweg kommen werden – so gut wie jede Familie hat ein paar Freunde verloren. Es scheint, als wäre Schwarz die vorherrschende Farbe in der Stadt.« Bei der Gelbfieberepidemie von 1793 starben innerhalb von nur drei Monaten etwa 5000 Menschen, was annähernd zehn Prozent der Stadtbevölkerung entsprach. Um diese Mortalitätsrate heute zu erreichen, müssten bei einem vergleichbaren Seuchenausbruch – etwa durch einen mutierten West-Nil-Virenstamm im Stadtgebiet von New York – zwei Millionen Menschen sterben.

Das Gelbfieber suchte die Stadt auch weiterhin heim. Bei der Epidemie von 1798 etwa tötete das Virus allein in Philadelphia 3500 Menschen, weitere 2500 verloren in New York ihr Leben. »Das Gelbfieber wird das Wachstum … unserer Nation hemmen«, flüsterte ein mutloser Thomas Jefferson. Im Residence Act von 1790 war der neue Standort des Regierungssitzes zwar festgeschrieben worden, doch hatte sich Philadelphia trotzdem weiter um die Rolle dieser Vorzeigestadt bemüht. Die 1793 beginnenden Gelbfieberepidemien setzten allen Spekulationen um den endgültigen Standort ein Ende und beschleunigten den Bau und die Fertigstellung der neuen Hauptstadt. Im Jahr 1800 wurden in Washington, D.C., die Regierungsgeschäfte aufgenommen. Durch die Lage am Zusammenfluss der Flüsse Anacostia und Potomac war das Gebiet ein mückenverseuchter Sumpf, bevor es zum sogenannten politischen Sumpf wurde. George Washington selbst lebte jedoch nicht lange genug, um das nach ihm benannte architektonische Juwel noch mit eigenen Augen zu sehen.

Im Dezember 1799, als man in Philadelphia weitere 1200 Gelbfieberopfer beklagte, starb George Washington im Alter von 67 Jahren. In jenem Herbst hatte ihn ein erneuter Rückfall seiner immer wiederkehrenden Malaria niedergestreckt, was zu weiteren Komplikationen geführt hatte.[65] Als sich sein Gesundheitszustand im Dezember weiter verschlechterte, wandte man den Aderlass als Allheilmittel an. In weniger als drei Stunden wurde mehr als die Hälfte seines gesamten Blutes abgelassen. Am Tag darauf starb er. Napoleon ordnete für ganz Frankreich eine zehntägige Staatstrauer an, während er Kampfbefehle ausgab, um die Revolte auf Haiti niederzuschlagen und die Vereinigten Staaten zu bedrohen, jene Nation, die Washington und seine eigenen französischen Landsleute gemeinsam geschaffen hatten.

Wo die Briten gescheitert waren, war Napoleon entschlossen, den durch Sklaven erwirtschafteten Wohlstand Haitis für Frankreich zu erhalten. Unwissentlich schickte er Soldaten ohne Immunabwehr in den Tod und in die Klauen des brillanten Strategen Toussaint Louverture, der Gelbfieber und Malaria als starke Verbündete an seiner Seite wusste. Louverture hatte seit den frühen Tagen des Aufstands für verschiedene Parteien gekämpft. Als die Briten 1798 die Insel verließen, stieg er durch geschickte Diplomatie und militärischen Scharfsinn rasch zum unbestrittenen Anführer der Revolution auf. Sein Spitzname »schwarzer Napoleon«, den Gegner und Verbündete gleichermaßen gebrauchten, sagt alles über seinen Ruf. Er beschlagnahmte Plantagen und nutzte den Schwarzmarkt für Kaffee zur Finanzierung seiner Revolution.[66] Als er von dem Schmuggel erfuhr, rief Napoleon erbost aus: »Verdammter Kaffee! Verdammte Kolonien!« Diese eine Kolonie konnte man jedoch nicht einfach aufgeben, zu wichtig war sie für die französische Wirtschaft.

Napoleon hatte eine stolze Vision von der Wiederherstellung einstiger französischer Pracht in Amerika. Haiti war dabei entscheidend, nicht nur wegen seiner Hauptstadt, sondern auch als Ausgangspunkt zur Errichtung von Napoleons erträumtem nordamerikanischem Kolonialreich. Seine Kriegslust und Machtgier gaben Anlass zu wilden Spekulationen hinsichtlich seiner Absichten auf dem amerikanischen Kontinent. Es hieß, er wolle die britischen Karibikgebiete überfallen, in Kanada einmarschieren oder sogar vom unlängst erworbenen Louisiana aus die Vereinigten Staaten überfallen.

Während der Amerikanischen Revolution wurden Kolonialwaren, ungehindert von spanischen Zöllen und Abgaben, auf dem Mississippi transportiert. Um die Rebellion finanziell zu unterstützen, hatte Spanien dem Kontinentalkongress gestattet, Güter im Hafen von New Orleans zollfrei zu lagern und zu exportieren. Im Jahr 1800 trat ein ökonomisch ausgeblutetes und weltweit erschüttertes Spanien Louisiana dann still und leise an Napoleons Frankreich ab. Die Transport- und Exportprivilegien der Amerikaner in New Orleans wurden umgehend außer Kraft gesetzt. Spanien stand kurz davor, auch Florida zu verscherbeln. Der neue US-Präsident Jefferson erkannte sofort, dass ihm dadurch der Zugang zum Golf von Mexiko abgeschnitten würde – ein schwerer Schlag für die amerikanische Wirtschaft, den die finanziell erst erstarkende Republik kaum verkraftet hätte. Damals wurden rund 35 Prozent aller amerikanischen Exporte von New Orleans aus verschifft. Gezielt gestreute Gerüchte zirkulierten, dass Amerika bereit sei, 50 000 Soldaten zur Einnahme der Stadt zu entsenden, wobei das gesamte Militär der Vereinigten

Staaten lediglich 7100 Mann umfasste. Die Amerikaner, die sich nicht in einen Krieg mit Frankreich hineinziehen lassen wollten, sahen nervös zu, wie sich die Dinge in Europa und in der Karibik entwickelten.

Im Dezember 1801 begann Napoleon schließlich seinen lang geplanten und ehrgeizigen Feldzug auf dem amerikanischen Kontinent. Unter dem Kommando seines Schwagers, General Charles Leclerc, schickte er eine erste französische Einheit von 40 000 Mann nach Haiti, um die aufsässigen und ungehorsamen Sklaven zu disziplinieren. Die Stechmücke jedoch, die Toussaint Louverture die Stange hielt, hatte anderes vor. Durch Anwendung von Guerillataktiken und eine Politik der verbrannten Erde manövrierte Louverture die Franzosen in eine missliche Lage, aus der es kein Entrinnen gab. Während der Mückenhochsaison verfolgte er eine Taktik kleinerer Überfälle von den Hügeln aus, sodass die Franzosen an der mückenverseuchten Küste und in den tief liegenden Marschgebieten festsaßen, wo sie durch Krankheiten den Tod fanden.

Louvertures Streitkräfte dezimierten so nach und nach das französische Heer, während die geflügelten Verbündeten dauerhaft mit voller Wucht angriffen. Nach der Regenzeit, als die französischen Truppen durch Gelbfieber und Malaria ausgedünnt und geschwächt waren, griff Louverture im großen Stil an. Seinen Anhängern erklärte er seine ebenso simple wie geniale Strategie folgendermaßen: »Vergesst nicht, dass wir nur Feuer und Zerstörung als Waffen haben, solange wir auf die Regenzeit warten, die uns von unseren Feinden befreien wird. Die Weißen aus Frankreich können hier in Saint-Domingue nicht gegen uns bestehen. Am Anfang werden sie gut kämpfen, dann aber werden sie erkranken und wie die Fliegen sterben. Wenn von den Franzosen nur noch wenige, sehr wenige übrig sind, werden wir sie angreifen und besiegen.« Louverture war sich der unterschiedlichen Immunhaushalte seiner Männer und der Franzosen nicht nur bewusst – er nutzte sie als kriegsentscheidende Strategie.

Louvertures Freiheitskampf wurde in erster Linie von seinen Verbündeten gewonnen, den Stechmücken. »Wenn sich meine Lage von sehr gut zu sehr schlecht gewandelt hat, dann liegt dies einzig und allein an der Krankheit, die meine Armee vernichtet hat«, schrieb Leclerc in seinem Bericht an Napoleon im Herbst 1802. »Wenn Sie wünschen, Herrscher von Saint-Domingue zu werden, müssen Sie mir zwölftausend Mann schicken, ohne auch nur einen einzigen Tag unnötig verstreichen zu lassen. Können Sie mir die Truppen nicht schicken, um die ich Sie gebeten habe, und zwar zu dem von mir geforderten Zeitpunkt, wird Saint-Domingue für Frankreich auf immer verloren sein ... Meine Seele hat Schaden genommen, und kein freudvoller Gedanke wird mich diese grausigen Szenen je vergessen lassen.« Einen Monat, nachdem er diese düstere Vorahnung geäußert hatte, starb Leclerc am Gelbfieber. Mehr als 20 weitere französische Generäle, die man nach Haiti schickte, folgten ihm in sein von Stechmücken bereitetes Grab. Wie so viele andere Eroberungsversuche ehrgeiziger Feldherren, die von Glanz und Gloria träumten, fiel auch die französische Invasion der geflügelten Dämonin der Karibik zum Opfer.

Napoleon war einer der begabtesten Militärstrategen der Geschichte, doch nicht einmal er konnte die Generäle Aedes und Anopheles besiegen. Während seine Truppen die Schlachtfelder Europas beherrschten, kapitulierte er in der Karibik im November 1803 vor der übermächtigen Mücke. »Glückselig waren die französischen Soldaten, die rasch starben«, schrieb ein siegreicher Revolutionär. »Andere litten an Krämpfen, entsetzlichen Kopfschmerzen, die ihnen den Schädel zu sprengen schienen, und unstillbarem Durst. Sie erbrachen Blut und eine Substanz, die sie die ›schwarze Suppe‹ nannten, dann wurde ihr Gesicht gelb, und ihren Körper überzog übel riechender Schleim, bis sie schließlich der gnädige Tod holte.« Da die französischen Soldaten in einem derartigen Blutbad aus Malaria und Gelbfieber versanken, wurde Napoleons Haitifeldzug nach nicht einmal zwei Jahren aufgegeben. Schicksal und Zukunft der freiheitsliebenden Sklaven Haitis wurden also von der Stechmücke bestimmt. Von den etwa 65 000 französischen Soldaten, die man nach Haiti geschickt hatte, starben 55 000 an von Stechmücken übertragenen Krankheiten – eine Mortalitätsrate von sage und schreibe 85 Prozent. Zwei Monate später verdankte Haiti den Generälen Aedes und Anopheles seine offizielle Unabhängigkeit. »Der Sklavenaufstand auf Haiti war die einzige dieser Rebellionen, die zu einer freien und unabhängigen Nation führte«, betont Billy G. Smith in seinem Buch *Ship of Death*. »Mithilfe der Geburtshelferin Gelbfieber aus einem der brutalsten Sklavenregime der Geschichte geboren, war das eine spektakuläre Errungenschaft. Die Sklaven von Saint-Domingue hatten die besten Truppen geschlagen, die europäische Nationen gegen sie hatten aufbringen können.« Die Freiheit hatte jedoch einen schrecklichen Preis. Etwa 150 000 Haitianer, darunter eine beträchtliche Anzahl nicht kämpfender Zivilisten, wurden von britischen und englischen Streitkräften getötet. Louverture, der im Frühjahr 1802 unter höchst seltsamen Umständen in Gefangenschaft geriet, starb ein Jahr später in einem französischen Gefängnis einen Märtyrertod durch Tuberkulose. Wie George Washington und seine amerikanischen Milizen verdienen auch Toussaint Louverture und seine Freiheitskämpfer auf jeden Fall Anerkennung. Smith hebt dabei jedoch hervor, dass »ihnen dies nur durch das Fieber möglich war«. Insgesamt verloren die Briten, Franzosen und Spanier unfassbare 180 000 Mann durch die Stechmücken Haitis.

Nach drei Jahrhunderten schwindelerregender Verluste schwand schließlich das Interesse der europäischen Mächte an einer Herrschaft über die Karibik. Angesichts der allgegenwärtigen, mörderischen Krankheiten waren sie gezwungen, ihre imperialen Bestrebungen und Strategien neu zu überdenken und auszurichten. Mit ihrem Saugrüssel schrieb die Stechmücke einen unversöhnlichen Schlussakt mit Blut, dann schloss sie das Buch der Ära des europäischen Kolonialismus auf dem amerikanischen Kontinent für immer. Die

Besiegten hatten jedoch noch ein paar wirtschaftliche Asse im Ärmel. Sie schworen, die ehemaligen Sklaven Haitis zur Strafe für ihren Ungehorsam und die Aneignung kolonialen Reichtums ökonomisch zu schwächen.

Die sklavenhaltenden Nationen Europas und die Vereinigten Staaten rächten sich an den abtrünnigen Haitianern, um vor ähnlichen Revolten abzuschrecken. Jahrzehntelang wurde Haiti mit einem umfassenden Wirtschaftsembargo belegt, was die Nation in einen ökonomischen Abwärtsstrudel riss und die Bevölkerung verarmen ließ. Haiti, die einst reichste Volkswirtschaft der Karibik, ist heute die ärmste Nation der westlichen Hemisphäre und die siebtärmste Nation der Welt. Wenngleich das Land nicht mehr vom Gelbfieber heimgesucht wird, gibt es auf Haiti doch bis heute das volle Programm der von Mücken übertragenen Krankheiten, darunter epidemische *Falciparum*-Malaria (und *Malariae*), Dengue, Zika, Chikungunya sowie dessen erst kürzlich entstandener Cousin, der Mayarovirus.

Nach zwei Jahrhunderten schrecklicher Erfahrungen – nicht nur auf Haiti, sondern in der gesamten Karibik – wagten die Briten nie wieder eine größere militärische Aktion in der Region. Das imperiale Auge Großbritanniens wandte sich nun gen Osten nach Afrika, Indien und Zentralasien. Überdies hatte die erfolgreiche Haitianische Revolution in Großbritannien zum Aufkommen des Abolitionismus geführt, die öffentliche Meinung begann zunehmend den afrikanischen Sklavenhandel zu missbilligen. Dieser Aufschrei der Empörung führte 1807 schließlich zum Verbot des Sklavenhandels durch das Parlament. Im Jahr 1833 wurde die Sklaverei selbst im gesamten Empire abgeschafft.

Auch die Franzosen gaben nach ihrer schmerzlichen Niederlage auf Haiti den sinnlosen Kampf gegen die karibischen Stechmücken auf. Da die Seuchen all seine Hoffnungen auf ein französisches Kolonialreich in der Neuen Welt zunichtegemacht hatten, wandte sich Napoleon enttäuscht von der ganzen Angelegenheit ab. Ohne Haiti (und seine reichen Ressourcen) diente New Orleans keinem besonderen Zweck mehr und war zudem möglichen Angriffen der mächtigen British Royal Navy oder gar der schwächeren, aber gekränkten Vereinigten Staaten schutzlos ausgesetzt. Zudem fürchtete Napoleon, dass sich die Vereinigten Staaten ohne Konzessionen in Louisiana »mit der britischen Flotte und Nation verheiraten« würden, um Jeffersons Worte zu gebrauchen. Haitianische Stechmücken hatten die Wirtschaftsadern Frankreichs ausgeblutet. Da Napoleon für seinen Krieg in Europa in wachsendem Umfang Mittel und Ressourcen benötigte, erkannte er, dass es keinen Sinn mehr hatte, seine misslungene Nordamerikastrategie weiter zu verfolgen. Der schmerzhafte Erfolg der Sklaven Haitis zog ungeahnte historische Komplikationen nach sich, welche schließlich zum Verkauf Louisianas und damit zur Expedition von Lewis, Clark und Sacagawea quer durch die Vereinigten Staaten führten.

Napoleons Traum, das französische Kolonialreich in Amerika wiedererstehen zu lassen, war von der Stechmücke im Keim erstickt worden. Als reflexartige Reaktion darauf verfügte er die sogenannte Kontinentalsperre. »Wenn wir in früheren Zeiten reich zu sein wünschten, mussten wir Kolonien besitzen, uns in Indien und auf den Antillen, in Mittelamerika und Saint-Domingue niederlassen«, verkündete Napoleon vor seiner Handelskammer. »Diese Zeiten sind ein für alle Mal vorbei. Heutzutage müssen wir Produzenten werden. Wir werden alles selbst herstellen.« Von gnadenlosen Mückenschwärmen aus der Karibik vertrieben, führten die Franzosen in Industrie und Landwirtschaft moderne Innovationen ein. So ersetzten französische Botaniker etwa den ausbleibenden karibischen Rohrzucker durch den Extrakt aus europäischen Rüben.

Nach dem Verlust Haitis hatte Napoleon keine Verwendung mehr für New Orleans und das große, relativ karge Louisiana. Da sich Frankreich im Krieg mit Spanien und Großbritannien befand, blieb der Verkauf nicht nur von New Orleans, sondern des gesamten 2 144 510 Quadratkilometer großen Territoriums an die Vereinigten

Staaten die einzige Option. Jefferson hatte seinen Unterhändlern grünes Licht gegeben, allein für New Orleans bis zu zehn Millionen US-Dollar auszugeben. Daher fielen sie aus allen Wolken, als Napoleon für sämtliche französischen Gebiete einen Gesamtpreis von 15 Millionen (heute etwa 300 Millionen) nannte, welchen sie natürlich sofort akzeptierten. Das riesige Territorium, das sich vom Golf von Mexiko im Süden bis nach Südkanada im Norden und vom Mississippi im Osten bis zu den Rocky Mountains im Westen erstreckte, umfasste Landanteile von 15 heutigen US-Staaten und zwei kanadischen Provinzen. Durch den unter dem Druck der haitianischen Stechmücken herbeigeführten Kauf Louisianas von 1803 verdoppelte sich die Größe der Vereinigten Staaten über Nacht, und das für sieben US-Dollar pro Quadratkilometer. Angesichts ihres unermesslich großen Einflusses auf die Entwicklung der Vereinigten Staaten verdient die Stechmücke einen Platz am Mount Rushmore, zwischen den dankbaren Blicken der tief in ihrer Schuld stehenden Präsidenten Washington und Jefferson.

Nach dem Verkauf der nordamerikanischen Gebiete und der vernichtenden Niederlage der französischen Marine durch Admiral Lord Nelson in der Schlacht von Trafalgar 1805 endete Napoleons Europafeldzug im Jahr 1812, als die Generäle Winter und Typhus sowie ein von den Russen betriebener systematischer Rückzug der verbrannten Erde die vergebliche Invasion Russlands endgültig besiegelten. Von den 685 000 Mann seiner Grande Armée, die Napoleon im Juni in den Krieg geschickt hatte, waren bei ihrem Rückzug im Dezember noch 27 000 diensttauglich. Zurück blieben etwa 380 000 Tote, 100 000 Kriegsgefangene und 80 000 Fahnenflüchtige. Der gescheiterte Russlandfeldzug war der Wendepunkt des Krieges und führte 1815 schließlich zur Schlacht bei Waterloo, in der Napoleon den alliierten Truppen unter dem Kommando des britischen Herzogs von Wellington unterlag.

Einige Jahre vor seiner Niederlage hatte Napoleon als einziger Feldherr des 19. Jahrhunderts gezielt und erfolgreich eine biologische

Waffe zum Einsatz gebracht – den Malariaerreger, den er mithilfe der Stechmücke gegen eine gewaltige, britisch angeführte Invasionsstreitkraft in Anschlag brachte. Ermutigt durch Siege über die Franzosen in Portugal und Österreich, hatten die Briten im Jahr 1809 beschlossen, Napoleon im Norden Europas anzugreifen, um so eine zweite Front zu eröffnen und die bedrängten österreichischen Verbündeten zu entlasten. Als Schlachtfeld wählte man Walcheren, eine flache Insel an der Westerschelde in der heutigen niederländischen Provinz Zeeland, wo man die französische Flotte vermutete. Die britische Expedition, die Ende Juli in See stach, bestand aus 40 000 Mann und 700 Schiffen. Es war die größte Streitmacht, die Großbritannien je aufgestellt hatte. Der unerschrockene Napoleon hatte von der bevorstehenden Invasion erfahren, da eine Flotte dieser Größenordnung nicht unbemerkt bleiben konnte. Obendrein wusste er auch von den wiederkehrenden Fiebern, die regelmäßig im Sommer und Herbst die Region um Walcheren heimsuchten. »Wir brauchen den Engländern nur das Fieber entgegenzusetzen, welches sie bald verzehren wird«, versicherte er seinen Befehlshabern. »In einem Monat werden die Engländer wieder an Bord ihrer Schiffe gehen müssen.« Napoleon nahm sich ein Beispiel am Drehbuch seines haitianischen Kontrahenten Toussaint Louverture und führte die schlimmste Malariaepidemie herbei, die man in Europa je erlebt hatte.

Zuerst ließ er die Deiche durchbrechen, um das gesamte Gebiet mit Brackwasser zu fluten. Damit schuf er perfekte Rahmenbedingungen für die Vermehrung der Stechmücken und die Übertragung von Malaria. Im Gegensatz zu den frustrierenden Fehlschlägen von Amherst und Cornwallis mit früheren Versuchen der biologischen Kriegsführung, geriet Napoleons perverser Versuch zum durchschlagenden Erfolg. Als die Briten im Oktober die Aktion abbrachen, waren 40 Prozent der Truppen kampfunfähig durch Malaria.[67] Obendrein hatte das Unterfangen acht Millionen Pfund verschlungen. Das »Walcherenfieber«, wie man es nun nannte, hatte 4000 Männern das Leben gekostet, weitere 13 000 schwitzten es in provisorischen Lazaretten aus. Napoleons Einsatz der Malaria als biologische Waffe wurde im Zweiten Weltkrieg von den Nazis wieder aufgegriffen, als die Amerikaner 1944 im italienischen Anzio landeten.

Wo sich Großbritannien und Frankreich vor der grausigen Vergeltung der Stechmücke beugten, kämpften die Spanier stur weiter um ihre gefährdeten und schwindenden Besitztümer auf dem amerikanischen Kontinent und opferten den von Mücken übertragenen Krankheiten weiterhin Tausende von Menschenleben. Hatten die Briten und Franzosen ihre Duelle mit Washington, Lafayette und Louverture gehabt, so bekam es nun auch Spanien mit einem brillanten Revolutionsführer zu tun: Simón Bolívar. Wie die Briten und Franzosen bekamen auch sie den Zorn der mit den Aufständischen verbündeten Stechmücke zu spüren. Zwischen 1811 und 1826 errangen sämtliche spanisch-amerikanischen Kolonien außer Kuba und Puerto Rico die Unabhängigkeit. Dank der Stechmücke »konnte sich Spanisch-Amerika von Spanien lösen«, bestätigt J. R. McNeill.

Bei den ersten Gefechten der Napoleonischen Kriege war Spanien ein Verbündeter Frankreichs gewesen. Da Nelson in Trafalgar auch die spanische Marine unwiederbringlich zerschlagen hatte, schwand Spaniens Einfluss auf den Weltmeeren jedoch rapide. Nach der erfolgreichen franko-spanischen Besetzung Portugals im Jahr 1807 wandte sich Napoleon gegen seinen Verbündeten und marschierte im Jahr darauf in Portugal ein. Die Briten, nunmehr Herrscher der Meere, leiteten den spanischen Kolonialhandel daraufhin in ihr eigenes Reich um. Dies war für die spanischen Kolonien von Vorteil, da Handelshemmnisse gelockert wurden und man nun Zugang zu einer freien Marktwirtschaft erhielt. In ganz Spanisch-Amerika entstanden lokale Revolutionsräte oder Juntas, die sich aus spanischen oder »rassisch gemischten« Eliten rekrutierten. Die privat motivierten Anführer dieser selbst ernannten Freiheitskämpfer erkannten die wirtschaftlichen Vorzüge des Handels außerhalb des merkantilistischen Systems Spaniens.

Im Jahr 1814 entsandte Spanien über 14 000 Soldaten – das größte militärische Kontingent, das je für einen Einsatz auf amerikanischem Boden abkommandiert wurde –, um in »Neugranada« (Venezuela, Kolumbien, Ecuador und Panama) für Ordnung zu sorgen und die kolonialen Handelsbeziehungen wiederherzustellen. Schon bald zeigten die Stechmücken eine »eindeutige Vorliebe für Europäer und Neuankömmlinge«, wie ein spanischer Kämpfer feststellte. Im Jahr 1819, als Kolumbien seinen roten Teppich der Unabhängigkeit ausrollte, waren weniger als ein Viertel der spanischen Armee noch am Leben. Mit überraschender Akkuratesse teilte man dem spanischen Kriegsminister mit, dass in den umkämpften Kolonien »schon der Stich einer Mücke ausreicht, damit ein Mann sein Leben verliert ... dies führt zu unserer Vernichtung und zur Auslöschung unserer Truppen.« Unbeeindruckt davon entsandte das finanziell ins Trudeln geratene Spanien, das über kaum mehr als eine Badewannenmarine verfügte, auf gemieteten russischen Schiffen weitere 20 000 Mann, um Bolívar zu schlagen und die amerikanischen Gebiete doch noch zu retten.

Bolívar, der 1815 und 1816 Haiti besucht und mit Veteranen der Revolution Taktiken diskutiert hatte, machte von Mücken übertragene Krankheiten ebenso zum Teil seiner Strategie wie sein Vorgänger Louverture es getan hatte. Es war eine erprobte Strategie, einen Krieg zu gewinnen, und sie funktionierte auch bei Bolívar. Die Spanier – die ersten, die afrikanische Sklaven, Stechmücken und ihre Krankheiten nach Amerika gebracht hatten – wurden bei lebendigem Leibe aufgefressen, vollkommen geschwächt und schließlich vernichtet. Es waren die ungesühnten Taten ihrer Väter, offene Rechnungen aus finsteren Zeiten, die nun in Form von Krankheit und Tod beglichen wurden. Maß- und gnadenlos überfiel, infizierte und tötete die Stechmücke immunschwache Soldaten, die direkt aus Spanien kamen. Wie Napoleons französische Truppen auf Haiti bekamen nun die spanischen Soldaten die Auswirkungen der von ihnen selbst angestoßenen ökologischen Umwälzungen zu spüren.

Gelbfieber und Malaria rafften zwischen 90 und 95 Prozent aller spanischen Streitkräfte dahin, die zur Verteidigung von Reich und Wirtschaft nach Amerika entsandt worden waren.

Wie Louverture starb auch Bolívar 1830 an Tuberkulose. Im Gegensatz zu Louverture erlebte er aber noch, wie seine Träume wahr wurden. Er und seine kriegerischen Stechmücken hatten das spanische Reich auf amerikanischem Boden in zahlreiche unabhängige Nationen zernagt. Alles, was von diesem einst prachtvollen und riesigen Herrschaftsgebiet übrig blieb, waren Kuba, Puerto Rico und die Philippinen, die allesamt durch weitere Unabhängigkeitsbestrebungen, hilfreiche Stechmücken und den erblühenden amerikanischen Imperialismus 1898 endgültig dem spanischen Einfluss entglitten.

Die Welle von Sklaven- und Kolonistenaufständen gegen die europäische Herrschaft, die den gesamten amerikanischen Kontinent erfasste, zerstörte die alte Ordnung und läutete ein neues Zeitalter der Unabhängigkeit ein. Gnadenlose Stechmücken eilten ihren immunisierten, im Lande geborenen Kameraden zu Hilfe und brachten ein wahres Höllenfeuer der Vergeltung über ihre einstigen europäischen Herren. Den Freiheitskämpfen mit grimmiger Loyalität verpflichtet, töteten die Stechmücken britische, französische und spanische Soldaten und erzwangen so den letzten überstürzten Rückzug des europäischen Imperialismus vom amerikanischen Kontinent. Dabei wurden die wichtigsten ökonomischen und territorialen Adern gekappt, die Europa mit dem kolonialen Amerika verband. Die biologischen Folgen des kolumbianischen Austauschs trafen deren Verursacher nun direkt ins Mark, sie ernteten Krankheit und Tod, die sie selbst gesät hatten.

Eingeschleppte Stechmücken und Seuchen waren einst von Nutzen für die Europäer gewesen, als sie indigene Völker nahezu auslöschten und so den Weg frei machten für eine territoriale Expansion und ein europäisches Labyrinth lukrativer, ausbeuterischer, auf Sklavenarbeit gestützter merkantilistischer Kolonien. Während der Revolutionen aber infizierten unbarmherzige Stechmücken die an

Gelbfieber und Malaria nicht gewöhnten europäischen Truppen und zerstörten ihre Institutionen. Die europäische Vorherrschaft auf dem amerikanischen Kontinent, die afrikanische Stechmücken und Sklaven ermöglicht hatten, war durch diese zu Fall gebracht worden. Die Vereinigten Staaten wurden zunächst mit direkter Hilfe revolutionärer Stechmücken geboren, doch erst deren weiterer Kampfeinsatz bei der haitianischen Sklavenrebellion zwang Napoleon, seine nordamerikanischen Gebiete zu verkaufen.

Dank der Stechmücke, die bei Jeffersons Kauf von Louisiana als Immobilienmaklerin agierte, sowie Lewis' und Clarks anschließender kartografischer und ökonomischer Erkundungsreise zum Pazifik war die junge Nation nun einen Schritt weiter auf dem Weg zu seiner *Manifest Destiny* – der Westexpansion des Landes, das schließlich von Küste zu Küste reichen sollte. Indigene Völker wurden dabei, ebenso wie ihre Lebensgrundlage, der Bison, bekämpft, abgeschlachtet und gewaltsam vertrieben. Durch Kriegserklärungen an Britisch-Kanada, Mexiko und schließlich auch Spanien wurde die kontinentale Landmasse und der globale Status gefestigt. Die blutige Ernte dieser Konflikte beim Aufbau der amerikanischen Nation brachten opportunistische Stechmücken ein.

KAPITEL 14

STICHHALTIGE BESTIMMUNG: BAUMWOLLE, SKLAVEREI UND *MANIFEST DESTINY*

Im Herzen der jungen Vereinigten Staaten braute sich etwas zusammen: Die indigenen Völker westlich der ehemaligen Proklamationslinie von 1763 entlang der Appalachen leisteten der amerikanischen Expansion und dem aggressiven Vordringen feindseliger Siedler auf ihr Land gewaltsam Widerstand. William Henry Harrison, Gouverneur des Indianerterritoriums, warnte Präsident James Madison im Oktober 1811 vor der ernsten Bedrohung durch den Shawnee-Häuptling Tecumseh und dessen wachsender, von den Briten unterstützter Koalition. »Der implizite Gehorsam und der Respekt, den Tecumsehs Anhänger dem Häuptling entgegenbringen, ist wahrhaft erstaunlich und zeugt mehr als alles andere davon, dass er eines jener seltenen Genies ist, die dann und wann auftauchen, um Revolutionen zu entfachen und die alte Ordnung zu stürzen. Lebte er nicht in den Vereinigten Staaten, wäre er vielleicht Gründer eines Reiches, das sich mit der Pracht Mexikos oder Perus [der Maya-, Azteken- und Inkazivilisationen] messen könnte. Nichts bringt ihn von seinem Tun ab ... und wohin er auch geht, macht er einen Eindruck, der seinen Bestrebungen förderlich ist. Nun schickt er sich an, sein Werk zu vollenden.«[68] Dem von den Kriegstreibern im Kongress lautstark geäußerten Aufruf zum Handeln wurde durch eine Kriegserklärung an Großbritannien Folge geleistet, welche Madison im Juni 1812 unterzeichnete, um die 1783 im Friedensvertrag von Paris umrissenen Gedanken der Souveränität zu wahren und den USA die für den Handel bedeutsamen Transportwege auf den Großen Seen zu sichern.

Die expansionistischen Überzeugungen vieler Einwanderer und Siedler durchdrangen die Zivil- und Militärpolitik Amerikas. Als Deckmäntelchen diente die von den Medien verbreitete Ideologie eines vom Allmächtigen höchstpersönlich vorbestimmten Rechts auf die Ausdehnung amerikanischer Kultur und Demokratie vom Atlantik bis zum Pazifik. Diese Vision der *Manifest Destiny*, der »offensichtlichen Bestimmung«, ist in John Gasts Gemälde *American Progress* versinnbildlicht. Darauf zu sehen ist eine engelsgleiche, in ein wallendes weißes Gewand gekleidete Columbia, die sowohl die Vereinigten Staaten als auch den »Geist der Grenzregionen« personifiziert. Selbstgerecht schwebt sie von Osten heran, um der ungezähmten Wildnis des Westens die Zivilisation mit all ihren Insignien zu bringen.

Die mit dem Krieg von 1812 (auch Britisch-Amerikanischer Krieg, 1812–1815) beginnende Erfüllung der *Manifest Destiny* war jedoch alles andere als wohlmeinend oder altruistisch. Die aggressive und kriegerische Gebietsexpansion der USA stand im scharfen Kontrast zu dem milden und ruhigen Bild der unschuldig daherschwebenden Columbia. Die Expansion und ihre treibende Kraft, die Produktion auf den Baumwollfeldern, manövrierte die Vereinigten Staaten in eine Reihe von Kriegen gegen ihren nördlichen Nachbarn Britisch-Kanada, in einen internen Konflikt gegen indigene Bevölkerungen und schließlich in einen Krieg mit Mexiko im Südwesten, bei dem es vornehmlich um die begehrten Pazifikhäfen Kaliforniens ging. Die Stechmücke war eine aktive Teilnehmerin in diesen Eroberungskriegen und half dabei, die Landmasse der kontinentalen Vereinigten Staaten zu konsolidieren.

Der mexikanisch-amerikanische Krieg stellt eine Abkehr von der historischen Norm dar, dass Stechmücken fremde Eindringlinge befallen und den Ausgang eines Krieges bestimmen. In diesem imperialistischen Konflikt bezogen die amerikanischen Militärstrategen und Kommandeure die Mücke bewusst in ihre Planungen ein. Sie umgingen ihre sumpfigen Todesfallen, vermieden dadurch ihre tödlichen Krankheiten und sicherten sich so den Rest des Westens. Als 1850 der Staat Kalifornien gegründet wurde, hisste man die 70 Jahre zuvor aus dem Blut der Revolution geborene Flagge eines Landes, das sich nun von Küste zu Küste über den gesamten riesigen Kontinent erstreckte.

Nach dem amerikanischen Unabhängigkeitskrieg erkannte das unterlegene Großbritannien, welche Bedrohung eine wachsende amerikanische Wirtschaft für seine eigenen Interessen darstellte. Daher nutzten die Briten den Krieg gegen das napoleonische Frankreich, um den amerikanischen Handel zu untergraben. Von 1806 an belegten sie nicht nur amerikanische Exporte mit einem Embargo, um Napoleons Schlagkraft zu zermürben, sondern blockierten auch die Mittelpassagen des Atlantiks und gingen an Bord amerikanischer Handelsschiffe, um dort nach britischen Deserteuren zu suchen. Bis 1807 hatten die Briten bereits etwa 6000 amerikanische Seeleute »überzeugt«, in den Dienst der königlichen Marine einzutreten. Damit Amerika zu Hause beschäftigt blieb, versorgten die Briten außerdem von Kanada aus eine mächtige und wachsende indigene Koalition mit Waffen und Vorräten. Dieses vom hoch angesehenen Tecumseh geführte Bündnis reichte vom Süden Kanadas bis in den Süden der Vereinigten Staaten. Wie Pontiac vor ihm schwebte auch Tecumseh eine große vereinte indigene Heimstätte vor.

Da die Vereinigten Staaten militärisch wie finanziell nicht in der Lage waren, die Inselfestung Großbritannien direkt anzugreifen (was seit der Invasion Wilhelm des Eroberers im Jahr 1066 nicht mehr vorgekommen war), bot Kanada die näherliegende und lohnendste Gelegenheit. Während des Krieges von 1812, der häufig auch als zweite Amerikanische Revolution bezeichnet wird, wehrten indigene Koalitionen, reguläre britische Truppen und kanadische Milizen zahlreiche Invasionsversuche der USA ab. Sowohl Tecumseh als auch der britische Befehlshaber Sir Isaac Brock verloren dabei ihr Leben.

Im Jahr 1813 überfielen und plünderten amerikanische Truppen York (Toronto), die Hauptstadt Oberkanadas, bevor sie die verwüstete Stadt evakuierten. Die Vergeltung ließ nicht lange auf sich warten: Nach ihrem Sieg über Napoleon in Spanien trafen im August 1814 kampferprobte britische Truppen aus Europa in Washington ein und setzten das Weiße Haus, das Kapitol und andere Regierungsgebäude in Brand. Die First Lady Dolley Madison, die ihren ersten Ehemann und ihren kleinen Sohn 1793 bei der Gelbfieberepidemie in Philadelphia verloren hatte, rettete heldenhaft zahlreiche unschätzbare Artefakte aus dem lichterloh brennenden Weißen Haus.

Nach dem Angriff auf Washington beantragte der britische Kommandeur Admiral Alexander Cochrane den Rückzug, da er zum Beginn der warmen Jahreszeit Malaria und Gelbfieber fürchtete. In dem riesigen Labyrinth aus Flüssen und Sümpfen um die amerikanische Hauptstadt warteten die Stechmücken bereits. »Cochrane wollte Ende August die gesamte Flotte aus der Chesapeake Bay abziehen, um den Ausbruch von Gelbfieber und Malaria zu vermeiden«, berichtet David Petriello. »Er hätte den seuchenfreien Häfen von Rhode Island klar den Vorzug gegeben.« Wenngleich er seine Vorgesetzten eindringlich warnte, dass weitere Offensiven während der Stechmückenzeit nur erschwert möglich seien, wurde sein Ansinnen abgelehnt. Mücken hin oder her – man brachte ihn dazu, Baltimore anzugreifen. Sein erster Schlag gegen die Hafenfestung Fort McHenry geriet zu einem bedeutenden Moment in der Geschichte der Vereinigten Staaten. Im ersten Dämmerlicht des 14. September, nach einem vernichtenden 27-stündigen Beschuss durch die britische Marine, sah Francis Scott Key, dass die große amerikanische Flagge immer noch tapfer über den Ruinen von Fort McHenry wehte. Er brachte das Gedicht *Defence of Fort M'Henry* zu Papier, mit musikalischer Begleitung besser bekannt als *The Star-Spangled Banner*.

Gegen Ende 1814 wollte keine Seite einen Krieg verlängern, der sich zu einem kostspieligen Grabenkampf entwickelt hatte. Da Napoleon nunmehr besiegt und nach Elba verbannt war, entfielen auch die Kriegsgründe. Amerika hatte nun offenen Zugang zu ausländischen Märkten, darunter auch Großbritannien, es wurden keine Seeleute mehr gekidnappt. Während Präsident Madison mit Malaria darniederlag, wurde an Heiligabend 1814 der Friede von Gent geschlossen, der einen kleinen Krieg ohne eindeutigen Sieger offiziell beendete. Von den insgesamt 35 000 Toten des Krieges – indigene Verbündete und Zivilisten eingerechnet – starben 80 Prozent an Krankheiten, vor allem an Malaria, Typhus und Ruhr. Territoriale Veränderungen gab es keine, und im Grunde genommen war das einzige Ergebnis, dass Kanada und Amerika dicke Freunde wurden.

Nachdem durch das Rush-Bagot-Abkommen von 1817 und den nachfolgenden Vertrag von 1818 die Grenze und ihre Wasserwege entmilitarisiert worden waren (neben anderen freundschaftlichen Vereinbarungen), stellte Kanada niemals wieder eine »Bedrohung der nationalen Sicherheit« für die Vereinigten Staaten dar. Bis heute sind die beiden Staaten enge militärische Verbündete, die einen wechselseitig fairen und freien Handel treiben. Dank dieser für beide Seiten vorteilhaften Ehe gehen 70 Prozent der kanadischen Exporte in den Süden über die mit fast 8891 Kilometern längste internationale Grenze der Welt, die tagtäglich von 350 000 Menschen überquert wird, während 65 Prozent der kanadischen Importe von seinem südlichen Nachbarn stammen. Im Jahr 2017 betrug das Gesamthandelsaufkommen zwischen den beiden Nationen rund 675 Milliarden, mit einem Überschuss von acht Milliarden aufseiten der Vereinigten Staaten.

Es war eine Ironie der Geschichte, dass die größte Schlacht des Krieges nach dem offiziellen Friedensschluss stattfand. In der Schlacht von New Orleans befehligte General Andrew Jackson einen bunten Haufen aus Milizen, Piraten, Gesetzlosen, Sklaven, Spaniern, frisch befreiten Haitianern und sonstigen Leuten, die sich zum Militärdienst zwingen oder überreden hatten lassen – und wurde zur Legende. Im Januar 1815, als die Friedensbotschaft bereits auf dem Weg über den Atlantik war, schlugen Jackson und seine 4500 Mann starke zusammengewürfelte Armee eine zahlenmäßig um das dreifache überlegene britische Streitmacht. Jackson, Kind armer Hinterwäldler, der während der Amerikanischen Revolution als 13-Jähriger in Gefangenschaft geraten war, sollte dieser Ruhm den Weg zur Präsidentschaft ebnen.

Für seine Anhänger war Jackson der Fürsprecher des »Normalbürgers«. Er wurde gepriesen als Kriegsheld, als Selfmademan, als Anwalt des einfachen Volkes. Für seine Gegner war er ungehobelt, sprunghaft und geistig instabil. Er war ein ungebildeter Kneipenschläger mit einem Hang zu explosiven Zornausbrüchen.[69] Regelmäßig verprügelte er Männer auf offener Straße mit dem Stock, weil sie sich seiner Meinung nach respektlos gegenüber ihm oder seiner Frau verhielten, und forderte bei geringsten Anlässen Männer zum Duell, obwohl das Duellieren längst passé war. Den größten Teil seines Lebens hatte er zwei festsitzende Kugeln im Körper stecken. Darüber hinaus litt er an wiederkehrenden Malariaanfällen. Seine Kritiker nannten ihn oft *Jackass* (Esel) oder *Jackass Jackson*. In wahrhaft jacksonscher Manier übernahm er diesen Namen, und der Esel wurde zum Symbol für die Demokratische Partei. Jackson, den Jefferson als »gefährlichen Mann« bezeichnete, wurde 1828 zum Präsidenten gewählt. Die erste Amtshandlung von »General Jackson«, welches er dem üblichen »Mr. President« vorzog, war die Vertreibung der indigenen Bevölkerung östlich des Mississippis in Reservate (im späteren Oklahoma). Ihre Gebiete benötigte man zum Aufbau mit Sklavenarbeit betriebener Baumwollplantagen, die einer erlahmenden amerikanischen Wirtschaft neuen Schwung verleihen sollten.

In den 1820er-Jahren benötigte die Wirtschaft des expansionistischen und gen Westen strebenden Landes dringend eine Generalüberholung. Das Haupthandelsgut Tabak, für dessen industrielle Nutzung John Rolfe in Jamestown den Grundstein gelegt hatte, brachte nicht mehr dieselben Gewinne wie in der Vergangenheit ein. Der Tabakmarkt wurde überschwemmt, die Nachfrage ließ nach, und näher an Europa gelegene ausländische Märkte wie die Türkei produzierten massenweise billigeren und hochwertigeren Tabak. Die erwerbstüchtigen Amerikaner richteten ihr Augenmerk daher auf den Südwesten, wo eine großflächige Umstellung von Tabak auf Baumwolle die Wirtschaft ankurbeln und ihr als neuer Wachstumsmotor dienen sollte. Baumwolle war als Ersatz für Wolle stark gefragt und wuchs nur im amerikanischen Süden. Das Gebiet dieser Baumwollindustrie, die sich von Nord-Florida, Georgia und den beiden Carolinas entlang der Golfküste und über das innere Mississippi-Delta bis in den Osten von Texas ausbreitete, war von bevölkerungsreichen indigenen Nationen besiedelt, insbesondere den Cherokee, Creek, Chickasaw, Choctaw und Seminolen, die man unter dem Begriff der »Fünf Zivilisierten Stämme« zusammenfasste. Man betrachtete sie als Hemmnis für die auf Baumwolle basierende kapitalistische Expansion. Präsident Jackson, der sich selbst gern als leidenschaftlicher »Indianerkämpfer« brüstete, machte mit dem Erlass des Indianerumsiedlungsgesetzes von 1830 seine persönlichen Ansichten zur Bundespolitik.

Die indigene Bevölkerung stand vor einer simplen Entscheidung: entweder freiwillig ihre Sachen zu packen und sich auf den Weg zu einem zugewiesenen Flecken Land zu machen oder gewaltsam und brutal umgesiedelt zu werden. »Ihr habt nur eine Wahl, nämlich, nach Westen zu ziehen«, sagte der hitzköpfige Jackson 1835 zu den Cherokee. »Das Schicksal eurer Frauen und Kinder, das Schicksal eures Volkes hängt bis zur entferntesten Generation von dieser Frage ab. Macht euch nicht länger etwas vor.« In Jacksons bösen, aber erfolgreichen ethnischen Säuberungskriegen gegen die

Creek, Cherokee und Seminolen in Florida, Georgia und Alabama starben rund 15 Prozent der amerikanischen Soldaten an Krankheiten, die von Stechmücken übertragen wurden.

In den Seminolenkriegen, die zwischen 1816 und 1858 auch in dem von Alligatoren und Stechmücken verseuchten Marschland der Everglades in Florida ausgefochten wurden, standen rund 48 000 Soldaten kaum 1600 Kriegern der Seminolen und Creek gegenüber. Dennoch wurde der Konflikt zum längsten und – was Geld und Menschenleben betrifft – kostspieligsten »Indianerkrieg« in der amerikanischen Geschichte.[70] Neben ihm verblassen sogar die berüchtigten Strafaktionen der US-Kavallerie gegen Geronimo und seine Apachen oder die blutigen Siege der von Red Cloud, Sitting Bull und Crazy Horse angeführten Sioux im Schatten des Amerikanischen Bürgerkriegs. Für den amerikanischen Durchschnittssoldaten waren die sinnlosen und vernichtend unpopulären Seminolenkriege eine elende, scheußliche, mückenverseuchte Hölle auf Erden. »Die Vegetation war in den meisten Gegenden so dicht, dass die Sonnenstrahlen nur selten bis zur Erde durchdrangen«, bekundete ein von Malaria gepeinigter Soldat. »Das Wasser stand mit nur geringer Bewegung das ganze Jahr über, und eine dicke grüne Schleimschicht bedeckte weite Teile des Gebiets. Wenn die Oberfläche bewegt wurde, stiegen faule, giftige Dämpfe auf, welche[n] den Männern Würgereiz verursachten.« Die vor Ort herrschende Malaria und das Gelbfieber verstärkten das psychische Trauma und die Kriegsmüdigkeit der bereits angegriffenen, nervlich zerrütteten amerikanischen Truppen. »Der Krieg gegen die Seminolen ist gekennzeichnet von beispiellosen Entbehrungen und Leid«, räumte der oberste Befehlshaber General Winfield Scott ein. »Für den Einzelnen gibt es dabei nicht die geringste Aussicht auf Ruhm und Ehre.« Die methodische und erfolgreiche Anwendung innovativer Guerillataktiken durch die Seminolen, deren sporadische Hinterhalte, die unablässige Mückenplage, die Gefahr durch Alligatoren und schließlich die tödliche Mixtur aus Malaria, Gelbfieber und Ruhr erzeugten eine Atmosphäre permanenter Angst.

Die Vorräte an Chinin waren knapp. Krankenunterlagen zeigen, dass Soldaten an »einer durch Gehirnfieber hervorgerufenen Geistesstörung« starben, an »heftigen Qualen im Kopf« oder einem »Anfall von Verwirrung«, in »Wahn« oder »irrsinniger Raserei«. Der Sanitätsoffizier Jacob Motte war ebenso fassungslos wie entsetzt darüber, dass selbstgefällige, arrogante Politiker bereit waren, amerikanische Soldaten für wertloses, armseliges indianisches Sumpfland zu opfern. Es sei »das ärmste Land, um das sich je zwei Menschen gestritten haben. Es ist eine äußerst widerliche Region, um dort zu leben, ein perfektes Paradies für Indianer, Alligatoren, Schlangen, Frösche und allerlei andere Arten ekelhafter Reptilien.« Nicht zu vergessen die Stechmücken. Die Tagebücher und Briefe von Soldaten und die Akten der Militärärzte zeichnen ein gruseliges, fiebriges, paranoides und angsterfülltes Bild des Konflikts. Da die überlebenden Seminolen in den sumpfigen Gebieten Floridas zerstreut blieben (welche die amerikanischen Behörden für wertlos erachteten) und der abtrünnige Häuptling Osceola an Malaria starb, erreichte Jackson dennoch sein strategisches Ziel, die indigene Bevölkerung östlich des Mississippis zu vertreiben.

In einem der dunkelsten Kapitel der amerikanischen Geschichte ließ man mehr als 100 000 Ureinwohner auf dem »Pfad der Tränen« in das ihnen zugewiesene Territorium marschieren. Schätzungen zufolge starben während der Vertreibungskriege und auf der düsteren Reise insgesamt etwa 25 000 Menschen durch Hunger, Krankheiten, Unterkühlung, Mord und allgemeine Verwahrlosung. Ihre angestammten Gebiete standen nun bereit für Baumwollindustrie, Sklaverei und von Stechmücken übertragene Seuchen.

Baumwollproduktion und Sklaverei waren im Süden untrennbar miteinander verbunden. Die weltweite Nachfrage nach amerikanischer Baumwolle war buchstäblich endlos. Nordamerikanische und britische Textilfabriken und ausländische Märkte kauften so viel Baumwolle, wie sich produzieren ließ, wodurch wiederum der Bedarf an Sklaven in die Höhe schoss. Im Jahr 1793 erzeugten die USA etwa 2270 Tonnen Baumwolle. Dreißig Jahre später wuchs dieser Ausstoß dank Eli Whitneys Egreniermaschine und der Verbreitung von Sklavenarbeit auf fast 82 000 Tonnen an. Am Vorabend des Bürgerkriegs produzierte der Süden 85 Prozent der weltweiten Rohbaumwolle, womit *King Cotton* direkt oder indirekt 50 Prozent der gesamtamerikanischen Ökonomie ausmachte. Volle 80 Prozent der Wirtschaft im Süden waren von der Baumwolle abhängig, während im Norden 90 Prozent aller amerikanischen Waren hergestellt wurden. Die beiden Hälften des Landes, getrennt durch die Mason-Dixon-Linie, waren so unterschiedlich, dass sie nur dem Namen nach eine Nation bildeten.

Während der 30-jährigen Phase von 1793 bis 1823 stieg die Gesamtzahl an Sklaven von 700 000 auf 1,7 Millionen. Über die nächsten 40 Jahre wurden im Süden 2,5 Millionen Sklaven gekauft und verkauft. Viele von ihnen stammten von stillgelegten Tabakplantagen im Osten, weswegen die Redensart *sold down the river* in den alltäglichen Sprachgebrauch Einzug erhielt: Die Sklaven wurden verkauft und auf dem Mississippi in den tiefen Süden transportiert. Der in Afrika erworbene Immunschutz gegen Malaria und Gelbfieber, darunter die Sichelzellenerbanlage, war bei diesen im Lande geborenen Sklaven längst verwässert. Grund dafür war die »Rassenmischung« nach dem Verbot des Sklavenhandels durch den Kongress im Jahr 1808. Die Sklaven waren sich der erhöhten Krankheitsrisiken bewusst, die sie auf den Plantagen im Süden erwarteten, und übernahmen das 1838 verfasste Gedicht des Abolitionisten John Greenleaf Whittier *The Farewell* als Arbeitslied: »Fort, fort, verkauft und fort ... Wo die Sklavenpeitsche unablässig knallt / Wo das widerliche Insekt sticht / Wo der Fieberdämon / Mit dem fallenden Tau sein Gift verstreut / Wo die schwachen Sonnenstrahlen / Durch die heiße und feuchte Luft dringen.«

Dieser territoriale Vorstoß und die in der ersten Hälfte des 19. Jahrhunderts stattfindende Neuorientierung der Wirtschaft im amerikanischen Süden von Tabak zu Baumwolle hauchte der wankenden Institution der Sklaverei neues Leben ein. Die Baumwolle des Südens speiste eine industriell geprägte wirtschaftliche Verjüngung. Dieser neue Wohlstand durch Baumwolle und im Norden produzierte Güter erforderte freilich zusätzliche Handelshäfen.

Amerika drängte weiter gen Westen und erklärte 1846 Mexiko den Krieg, um das westliche Drittel der heutigen Vereinigten Staaten zu erobern, vor allem Kalifornien. Während der von Stechmücken befeuerten Revolutionen, durch die das spanisch-amerikanische Reich in selbstverwaltete Staaten zerfiel, hatte Mexiko 1821 die Unabhängigkeit erlangt. Schon seit Langem beäugte Amerika neidvoll die kalifornischen Häfen, die einen Zugang zu den asiatischen Märkten boten. Zahlreiche Kaufangebote für das Gebiet waren von Mexiko abgelehnt worden. Im Mai 1846 erkläre Präsident James K. Polk Mexiko den Krieg, um Kalifornien und den Rest des Westens per Kanonenbootdiplomatie zu annektieren – trotz lautstarker öffentlicher Antikriegsproteste. Während das US-Militär seine Invasionstruppen mobil machte, waren die mexikanischen Stechmücken voller Vorfreude auf frisches amerikanisches Blut.

Eine 75 000 Mann starke amerikanische Streitmacht marschierte auf Mexiko-Stadt, wo sie von einer gleichen Anzahl Mexikaner unter dem Kommando von General Antonio Lopez de Santa Anna, eines Veteranen des Mexikanischen Unabhängigkeitskriegs, erwartet wurden. Eine amerikanische Kolonne unter dem General (und künftigen Präsidenten) Zachary Taylor stieß von Norden vor, während die US-Marine Schlüsselhäfen in Kalifornien eroberte, darunter San Francisco, San Diego und Los Angeles. Gleichzeitig ließ General Winfield Scott, Befehlshaber der US-Armee während der Seminolenkriege, das Hauptkontingent im Hafen von Veracruz an Land gehen, was die kürzeste Route zur Hauptstadt Mexiko-Stadt darstellte.

Nach 40 Jahren Militärdienst war Scott ein sorgfältiger Planer und ein ebenso aufmerksamer wie belesener Schüler der Militärgeschichte. Er war sich daher durchaus bewusst, dass von Stechmücken übertragene Krankheiten den nicht immunisierten britischen, französischen und spanischen Soldaten in der Karibik, in Mittel- und Südamerika Tod und Niederlagen gebracht hatten – auch in Mexiko. Sein Widersacher Santa Anna wusste ebenfalls um den Schaden, den sein tödlicher Verbündeter unter den einfallenden Amerikanern anrichten könnte. Wie er es bereits während der Mexikanischen Revolution gegen Spanien getan hatte, beabsichtigte er, die amerikanischen Landungstruppen festzusetzen und so Zeit zu gewinnen, bis die Stechmücke ihren blutroten Teppich ausgerollt hatte und ihr infektiöses Begrüßungsritual beginnen konnte. »Der Sommer mit seinen zahlreichen Seuchen und Krankheiten wird unerwartet über sie kommen«, sagte er zu seinen höheren Offizieren. »Er ist eine tödliche Gefahr für die Nicht-Akklimatisierten; daher werden sie ohne einen einzigen Schuss aus den mexikanischen Reihen zu Hunderten sterben ... und innerhalb kurzer Zeit werden ihre Regimenter dezimiert sein.«

Entschlossen, die durch Mückenstiche herbeigeführten, katastrophalen Verluste (und die dadurch schlussendlich bedingte Niederlage) zu vermeiden, wollte Scott die Stadt Veracruz rasch einnehmen, um so bald wie möglich ins Inland auf höheres, trockenes Gelände vorstoßen zu können, wo Malaria und Gelbfieber seltener waren. In der Landungszone gebe es einen Feind, so sagte er, der »stärker ist als die Verteidigungsanlagen anderer Länder: Damit meine ich das *vómito*.« Nach seiner Landung in Veracruz teilte der junge Leutnant Ulysses S. Grant die Bedenken seines Kommandeurs: »Wir alle müssen rasch aus diesem Teil Mexikos verschwinden, sonst befällt uns das Gelbfieber, vor dem ich zehnmal mehr Angst habe als vor den Mexikanern.« Die tatsächlichen Infektionswege der von Mücken übertragenen Krankheiten waren zwar noch nicht erforscht, doch hatte Scott die herrschende Miasmatheorie verinnerlicht und richtete seine Taktik danach aus, um seine Truppen vor Krankheit und Tod zu schützen. Bewusst umging er die sumpfigen Küstengebiete und vermied dadurch unbewusst den Kontakt mit Stechmücken und ihren bösen Zwillingen Gelbfieber und Malaria.

Scott verlor keine Zeit und schlug sowohl Santa Anna als auch der Stechmücke ein Schnippchen. Er sicherte rasch den Hafen und marschierte mit seinen Truppen bereits Anfang April in Richtung Hauptstadt. Anders als zuvor im Kampf gegen die Spanier konnte die Mücke Mexiko nicht vor den Amerikanern retten. Diesmal musste sie eine Heimniederlage hinnehmen, da Scott ausgezeichnet vorbereitet war und darauf beharrt hatte, ihre Jagdgründe an der Küste zu verlassen und jenseits ihrer tödlichen Reichweite sichere Stellungen im Inland zu beziehen. Im September fiel Mexiko-Stadt, was zur offiziellen Kapitulation im Februar 1848 führte. Obwohl der Krieg sowohl in Amerika als auch im Ausland verurteilt wurde, musste Mexiko schließlich 55 Prozent seiner Gebiete an die Vereinigten Staaten abtreten. Die Kriege im Zuge der *Manifest Destiny* hatten die wachsende und blühende Zivilisation Columbias zum goldenen Gate und den glitzernden Wellen des Pazifischen Ozeans geführt.

General Scotts nüchternes Herangehen und seine klug ausgearbeitete Strategie zur Vermeidung von Krankheiten hatten den Vereinigten Staaten die Gebiete von Kalifornien, Nevada, Utah, Arizona, New Mexico, den Großteil Colorados, kleinere Teile von Wyoming, Kansas, Oklahoma und natürlich Texas beschert. J. R. McNeill meint, dass Amerika hinsichtlich dieser Territorialgewinne »alles dem Entschluss Scotts verdankt, den Sommer in den Küstengebieten ... und damit die Gelbfieberzone zu vermeiden.« Scotts Sieg, so McNeill, »führte zu den Vereinigten Staaten des Jahres 1848 und konsolidierte deren Stellung als größte Macht in der amerikanischen Hemisphäre.« Viele Amerikaner waren allerdings der Ansicht, man habe Mexiko genötigt und betrachteten den Krieg als feigen Akt imperialistischer Aggression. Grant erklärte später: »Ich glaube nicht, dass es jemals einen verwerflicheren Krieg gegeben hat als denjenigen, den die Vereinigten Staaten gegen Mexiko führten. Das fand ich schon damals, als ich noch ein junger Mann war, aber ich hatte nicht den Mut, meinen Dienst zu quittieren.«

Der Krieg gegen Mexiko war das Übungsgelände für viele spätere Bürgerkriegsgeneräle, von denen die meisten miteinander bekannt, wenn nicht befreundet waren. Aufseiten der Union standen später George McClellan, William Tecumseh Sherman, George Meade, Ambrose Burnside und Ulysses S. Grant. Zur späteren Konföderation gehörten Stonewall Jackson, James Longstreet, Joseph E. Johnston, Braxton Bragg, Robert E. Lee und der künftige konföderierte Präsident Jefferson Davis.[71] Grant zog eine direkte Verbindungslinie vom Krieg gegen Mexiko zum Amerikanischen Bürgerkrieg: »Ich war zutiefst gegen diese Maßnahme eingestellt und betrachte den Krieg bis heute als einen der ungerechtesten, den je eine stärkere Nation gegen eine schwächere geführt hat. Es [ist] ein Fall, in welchem eine Republik dem schlechten Beispiel europäischer Monarchien folgte und in ihrem Bestreben, sich neues Territorium anzueignen, keinerlei Gerechtigkeitsabwägung vornahm. Texas war ursprünglich ein Staat, der zur Republik Mexiko gehörte ... Seine Besetzung, Separation und Annexion waren somit, vom ersten Gedanken bis zur endgültigen Ausführung, eine gezielte Annexion von Gebieten, aus denen sich Sklavenstaaten für die Amerikanische Union bilden ließen.« Hiermit steigt Grant direkt in die Diskussion um die künftige Ausdehnung der Sklaverei auf das riesige, frisch eroberte Territorium ein.

Denn nun, da die ehemals mexikanischen Gebiete gesichert waren, kamen Fragen um die Aufnahme neuer Staaten und Territorien als sklavenfreie oder sklavenhaltende Staaten in die Union auf. Kalifornien wurde 1850 als sklavenfreier Staat aufgenommen, was die Bevölkerung im Norden und die Abolitionisten gleichermaßen besänftigte. Im Gegenzug erließ der Kongress im Rahmen des sogenannten Kompromisses von 1850 den Fugitive Slave Act, der besagte, dass entflohene Sklaven in die Sklaverei zurückzuführen seien. Wer Flüchtigen half oder Obdach gewährte, musste mit einer Geldstrafe von rund 30.000 US-Dollar nach heutiger Währung rechnen. Kopfgeldjäger hatten das Recht, Sklaven auch in den sklavenfreien

Staaten zu verfolgen und gefangen zu nehmen. Kurz gesagt: einmal Sklave, immer Sklave. Umherstreifende »Bluthundbanden« kidnappten regelmäßig Afroamerikaner, frei oder nicht, und brachten sie in die Knechtschaft »zurück«. Dies diente 2013 als Vorlage für den hervorragenden Kinofilm *12 Years a Slave*, der mit einem Oscar als bester Film ausgezeichnet wurde. Entflohene Sklaven und freie Afroamerikaner im Norden blieb nun nur noch eine Option – die Flucht nach Kanada.

Harriet Tubmans *Underground Railroad* wuchs zu einem weitverzweigten Netzwerk heran, über welches flüchtige Sklaven und schwarze Einwohner aus dem Norden nach Kanada gelangten. Eine vorläufige Endstation war etwa die Farm von Josiah Henson im Süden Ontarios. Zwischen dem Erlass des Fugitive Slave Act und dem Ausbruch des Bürgerkriegs im Jahr 1861 fanden mehr als 60 000 Afroamerikaner in Kanada eine sichere Zuflucht und die Freiheit. Hensons Erinnerungen dienten als Quelle für Harriet Beecher Stowes einflussreichen Bestseller *Onkel Toms Hütte* von 1852, in dem Stowe in ungeschönter, anschaulicher Prosa die Grausamkeit und Brutalität der Sklaverei schilderte. Der Einfluss von Stowes Buch auf die öffentliche Wahrnehmung des Abolitionismus kann kaum überschätzt werden. In der Diskussion um die Zukunft der Sklaverei entstand nicht zuletzt durch *Onkel Toms Hütte* eine tiefe Kluft zwischen Norden und Süden. Bei einer Einladung der Autorin als Ehrengast ins Weiße Haus soll Präsident Lincoln sie 1862 mit den Worten begrüßt haben: »Sie sind also die kleine Frau, die das Buch geschrieben hat, das einen riesengroßen Krieg ausgelöst hat.«

In den kriegerischen Jahrzehnten vor dem Bürgerkrieg führte die Rodung von Land für den Baumwollanbau und andere landwirtschaftliche Zwecke im Süden und Westen zu einer explosionsartigen Vermehrung von Stechmücken und einer weiteren Verbreitung von Gelbfieber und Malaria, das ein fester Bestandteil des Lebens in den Grenzgebieten war. »Mitte des 19. Jahrhunderts war die Malaria in den gesamten Vereinigten Staaten weit verbreitet«, berichtet der

Epidemiologe Mark Boyd in seiner 1700 Seiten starken Abhandlung *Malariology*. »In den südöstlichen Staaten gab es hyperendemische Gebiete, etwa die Flusstäler von Ohio oder Illinois und praktisch das gesamte Gebiet entlang des Mississippi von St. Louis bis zum Golf von Mexiko.« Als die Bevölkerungsdichte zunahm, und die Hafenstädte an der Golfküste und am Mississippi zu Umschlagplätzen globalen Handels wurden, erblühten mit ihnen auch Malaria und Gelbfieber.

Der Schriftsteller Edgar Allan Poe schilderte die Verbreitung des Gelbfiebers in seiner 1842 veröffentlichten makaberen Geschichte *Die Maske des roten Todes*: »Und nun erkannten sie die Gegenwart des roten Todes. Er war gekommen wie ein Dieb in der Nacht. Und einer nach dem anderen sanken die Gäste des Prinzen Prospero in den blutbedeckten Sälen ihrer Lustbarkeit dahin ... Und Finsternis und Verwesung legten sich über das Totenschloss.« New Orleans, Vicksburg, Memphis, Galveston, Pensacola und Mobile waren vor dem Bürgerkrieg drei Jahrzehnte lang Schauplatz jährlicher Gelbfieberepidemien. Besonders schwer war der Ausbruch von 1853, bei dem entlang der Golfküste 13 000 Menschen starben, darunter 9000 allein in New Orleans. »Derartige Szenen massenhaften Todes, Leichengräben und Flüchtlinge rufen Erinnerungen an Bürgerkriegsschlachtfelder wach«, schreibt der Historiker Mark Schantz. »Die Todeszahlen in New Orleans vom Sommer 1853 beispielsweise waren gewiss höher als die Gesamtzahl der im Sommer 1863 in Gettysburg gefallenen Konföderationssoldaten.« In Mobile berichtete Josiah Nott, einer der Ersten, die eine Übertragung des Gelbfiebers durch Insekten vermuteten: »Sicher ist, dass diese furchtbare Epidemie in vielen Dörfern um die Golfstaaten besonders heftig wütete und zahllose Opfer forderte.«

Während der 30-jährigen Herrschaft des Gelbfiebers im Süden wurde New Orleans, wie üblich, besonders hart getroffen. An die 50 000 Menschen erlagen der Seuche. Von ihrem ersten Auftritt an der Atlantikküste im Jahr 1693 bis zur Schlussvorstellung 1905 in

New Orleans, als die Stadt endlich von ihrem Stigma als Gruft von Tod und Verzweiflung befreit wurde, forderte das Gelbfieber in den USA bundesweit über 150 000 Menschenleben.[72] Die durch die Stechmücke übertragenen Epidemien und ihre Todesherrschaft waren jedoch nur die Kostümprobe für die dunklen Wolken des Krieges und der Verwüstung, die sich über der verängstigten Nation zusammenbrauten.

Die Festigung internationaler Grenzen und die in den Kriegen der *Manifest Destiny* gegen Britisch-Kanada, die Ureinwohner und Mexiko eroberten und annektierten neuen Gebiete brachten die reifenden, aber unsicheren Vereinigten Staaten an eine kulturelle, politische und ökonomische Belastungsgrenze. Die von Stechmücken geplagte und konfliktbelastete Nation bewältigte ihre Wachstumsschmerzen in einem grausamen, monumentalen Bürgerkrieg, der die sozioökonomische Rivalität zwischen dem freien Norden und der Sklavenwirtschaft des Südens bereinigen sollte. In diesem Kampf verfiel die Stechmücke in einen wahren Blutrausch, verhalf der Union zum Sieg und klärte damit letztlich die Frage des »Hauses, das uneins ist«. Sie war eine geschickte Pirschjägerin auf den Schlachtfeldern und forderte Tausende und Abertausende von Menschenleben, »damit diese Nation leben möge«. Die Stechmücke ermöglichte, dass Abraham Lincolns Amerika eine »Wiedergeburt der Freiheit erleben soll – und auf dass die Regierung des Volkes, durch das Volk und für das Volk, nicht von der Erde verschwinden möge«. Lincolns Definition von »Volk« umfasste auch die Afroamerikaner. Während des Bürgerkriegs agierte die Stechmücke als eine Art dritte Partei, die vorrangig die Sache des Nordens, den Erhalt der Union, unterstützte. Nach dem Inkrafttreten von Lincolns Emanzipationsproklamation im Jahr 1863 trug sie schließlich zur Abschaffung jener Institution bei, die durch ihr Zutun erst geschaffen wurde – der Sklaverei.

KAPITEL 15

BILLY YANK, JOHNNY REB UND DIE MÜCKE: DER AMERIKANISCHE BÜRGERKRIEG

Am 21. November 1864 saß ein hagerer und verloren wirkender Abraham Lincoln vornübergebeugt an seinem Schreibtisch und starrte mit tief liegenden Augen auf ein leeres Blatt Papier. Der Präsident der Vereinigten Staaten war zwar erst 54, doch hatten ihn dreieinhalb Jahre blutiger Bürgerkrieg vorzeitig altern lassen. Sein Gesicht wirkte müde und kraftlos von zu vielen schlaflosen Nächten, in denen ihm die Toten keine Ruhe gelassen hatten. Obgleich die darbende Konföderation mittlerweile in den letzten Zügen lag, fand er im Gedanken an das nahe Ende des Krieges keinen Trost. Die Opferzahlen waren in Höhen geklettert, die am 15. April 1861, als er seine Armee mobilisiert hatte, um die Union zu bewahren, noch unvorstellbar gewesen waren.

Wie konnte er die Opfer der vielen in Worte fassen, die »bis zum letzten Maße treu« gewesen waren? Er hob den Kopf, drückte auf seinen Füllfederhalter und hauchte dem Blatt Papier Leben ein. »Executive Mansion, Washington, 21. Nov. 1864«, begann Lincoln, bevor er sich in seinem Brief formell an Frau Lydia Bixby wandte, eine Witwe aus Boston:

Meine verehrte Dame,

in den Akten des Kriegsministeriums findet sich eine Aussage des Generaladjutanten von Massachusetts, dass Sie die Mutter von fünf Söhnen seien, die ihr Leben ruhmreich auf dem Schlachtfeld gelassen haben. Ich kann mir denken, wie leer und fruchtlos jedes meiner Worte sein muss, mit denen ich versuche, sie dem Kummer über einen solch überwältigenden Verlust zu entreißen. Ich kann jedoch nicht umhin, Ihnen jenen Trost zu überbringen, der im Dank der Republik liegen mag, für deren Rettung sie starben. Ich bete, dass unser Himmlischer Vater die Qualen Ihres Verlustes lindert, und Ihnen nur die kostbare[n] Erinnerung[en] an die lieben Verstorbenen bleibt sowie der feierliche Stolz, welcher der Ihre sein muss, dass Sie auf dem Altar der Freiheit ein solch teures Opfer erbracht haben.

Hochachtungsvoll, Ihr sehr ergebener
A. Lincoln[73]

Lincoln, der 1809 auf der Sinking Spring Farm im Sklavenstaat Kentucky in bescheidenen Verhältnissen zur Welt kam, war von einem Land hervorgebracht und geprägt worden, das sich scheinbar ständig im Kriegszustand befand. In seine Lebensspanne fielen die Kriege zur Erfüllung der *Manifest Destiny* vom Krieg von 1812 (auch Britisch-Amerikanischer Krieg, 1812–15) bis zum Krieg gegen Mexiko 1846–48. Im Zuge des Black-Hawk-Krieges, einer der zahlreichen Feldzüge Präsident Jacksons zur Zwangsumsiedlung der Urbevölkerung im Rahmen seiner harten Umsiedlungspolitik, diente Lincoln 1832 sogar kurzzeitig als Milizhauptmann in Illinois. Lincoln fasste seine einzige Militärdienstzeit, die gerade einmal drei Wochen betrug, mit einer knappen Bemerkung zusammen: »Ich kämpfte, ich blutete und kam davon. Ich hatte viele blutige Kämpfe mit Stechmücken; und wenngleich ich nie wegen Blutverlustes die Besinnung verlor, kann ich doch wahrhaft sagen, dass ich oft hungrig war.«

Heftige und blutige Kämpfe mit Stechmücken – oder »kleinen Zwickern«, wie sie die Soldaten nannten – sollten auch während des Bürgerkriegs ein fester Bestandteil des militärischen Alltags werden. Sich mit blutrünstigen Mücken herumschlagen zu müssen, war so selbstverständlich wie zu marschieren oder eine Waffe zu tragen, eine inoffizielle soldatische Pflichtübung. »Für Billy Yank und Johnny Reb [die Soldaten der Union bzw. der Konföderation] gehörten widerwärtige Infektionen und brennende Fieber ebenso zum Krieg wie lange Märsche und Frontalangriffe … kurz, wären von Stechmücken übertragene Krankheiten in den 1860er-Jahren im Süden nicht allgegenwärtig gewesen, wäre der Krieg anders verlaufen«, betont Andrew McIlwaine Bell in seinem akribischen und beeindruckenden Buch *Mosquito Soldiers*. »Soldaten beider Seiten klagten regelmäßig über die lästigen Insekten, die sich an ihrem Blut labten, in ihren Ohren summten, in ihre Zelte eindrangen und ihren Teil zum Elend des Armeedaseins beitrugen. Sie konnten ja nicht ahnen, dass die kleinen Plagegeister obendrein auch die größeren politischen und militärischen Ereignisse jener Epoche mitbestimmten.« So spielte die Stechmücke nicht nur eine entscheidende Rolle beim Ausgang des Krieges, sondern verschob nach zwei Jahrzehnten des Schlachtens unter Brüdern auch Lincolns strategische Ziele für den blutigen Kampf selbst. Dadurch veränderte die Mücke das kulturelle und politische Antlitz der amerikanischen Nation für immer.

Assistiert von den fähigen Generälen der Konföderation, ging die Stechmücke in den ersten Kriegsjahren vor allem die von zögerlichen und ungeschickten Generälen geführten Uniontruppen hart an, was eine zermürbende Atmosphäre eines »totalen« Krieges schuf. Lincolns ursprüngliches Ziel, der Erhalt der Union und deren ungeteiltem ökonomischen Portfolio, wurde erst stufenweise um ein die Nation definierendes Kriegsziel ergänzt – die Abschaffung der Sklaverei. Hätte die Stechmücke den Krieg nicht in die Länge gezogen und der Union einen raschen Sieg ermöglicht, hätte es die Emanzipationsproklamation möglicherweise nie gegeben.

Abermals sorgte die Mücke für eine ironische Wendung der Geschichte: Sie war nicht nur die Ursache des afrikanischen Sklavenhandels, sondern trieb während des Bürgerkriegs auch die letzten Nägel in den Sarg dieser Institution. Damit befreite sie grob 4,2 Millionen Afroamerikaner von den Fesseln der Sklaverei. Bell stellt fest: »Indem sie unbewusst als Soldaten dienten, griffen die Stechmücken stärker in den Lauf unserer Geschichte ein, als den meisten Menschen bewusst ist.« Er spitzt diese Aussage noch zu: »Ein Wissenschaftler, der den Bürgerkrieg in seiner ganzen hochinteressanten und verwirrenden Komplexität begreifen will, darf nicht ignorieren, welch wichtige Rolle diese Insekten spielten.« Die Gründe für den Bürgerkrieg waren ebenfalls komplex und beschränkten sich keinesfalls auf unterschiedliche Ansichten zur Sklaverei in den Nord- und Südstaaten. Die Sklaverei war unleugbar *ein* Grund, aber keineswegs der *alleinige* Grund, der sämtliche anderen Ursachen in den Schatten stellte. Zahlreiche wirtschaftliche, politische und kulturelle Faktoren spielten ebenfalls eine Rolle. Als die Sezessionsbewegung an Dynamik gewann, wurde die Präsidentschaftswahl von Abraham Lincoln 1860 zum letzten Schlag gegen die Weltanschauung des Südens. Zwar versicherte Lincoln, die Sklaverei werde in jenen Staaten nicht abgeschafft, in denen sie bereits existiere, doch blieb er hartnäckig dabei, dass sie sich nicht weiter gen Westen in neue Staaten und Gebiete ausbreiten dürfe. Arme weiße Farmer wie sein eigener Vater mussten die Möglichkeit haben, durch die Bewirtschaftung »freien Landes« ihren Lebensunterhalt angemessen zu bestreiten, ohne dabei in Konkurrenz zur unbezahlten Sklavenarbeit zu stehen. Durch die Sklavenwirtschaft verarmten ganze Teile der amerikanischen Gesellschaft, Sklaven und Freie gleichermaßen. Die Baumwollgewinnung durch Sklavenarbeit durfte jedoch weiter bestehen, da sie als wahre Geldmaschine auch den industriellen Wohlstand des Nordens nährte. Nicht gestattet hingegen sollte die Verschmelzung der Sklaverei mit anderen, bislang sklavenfreien landwirtschaftlichen Märkten sein. In den Südstaaten aber wollte man nicht nur die

Sklaverei weiter gen Westen ausdehnen; obendrein traute man schlicht dem neu gewählten Präsidenten nicht. Man ging davon aus, dass Lincoln, sobald er im Amt wäre, die Sklaverei abschaffen würde. Zwischen Lincolns Wahlsieg im November 1860 und seinem formalen Amtsantritt im März 1861 lösten sich die Nähte im Flickenteppich der 34 »vereinigten« Staaten auf.

Vor Lincolns Amtseinführung spalteten sich sieben Staaten friedlich von der Union ab und gaben jeweils eigene »Erklärungen der unmittelbaren Gründe für eine Sezession« ab. Gemeinsam bildeten sie eine neue Regierung mit Sitz zunächst in Montgomery, Alabama, und ab Mai 1861 dann in Richmond, Virginia. Sie ratifizierten eine Verfassung und wählten Jefferson Davis zum Präsidenten der Konföderierten Staaten von Amerika. Als Lincoln am 4. März 1861 vereidigt wurde, übernahm er ein Land an der Schwelle zum Bürgerkrieg. »In Ihren Händen, meine unzufriedenen Landsleute, nicht in den meinen, liegt die gewaltige Frage des Bürgerkriegs«, reflektierte er bei seiner Antrittsrede. Zum Krieg kam es einen Monat später, als konföderierte Truppen die Übergabe von Fort Sumter in der Bucht von Charleston erzwangen. Bis zum Juni stimmten weitere vier Staaten für eine Abspaltung, sodass die Konföderation nunmehr elf Staaten umfasste. »Beide Seiten verabscheuten den Krieg, doch eine davon zog lieber in den Krieg, als eine Nation überleben zu lassen«, drückte sich Lincoln aus. »Die andere nahm den Krieg in Kauf, damit sie nicht starb. Und so kam es zum Krieg.« Als am 12. April 1861 die ersten Querschläger der Rebellion an den Mauern von Fort Sumter abprallten, war es Lincolns unumstößliches Kriegsziel, die territoriale und ökonomische Einheit der Nation zu bewahren – und damit auch die Sklaverei im Süden.

Wie den amerikanischen Kolonien während der Revolution blieb auch der Konföderation nichts anderes übrig, als den Krieg zu gewinnen. Im Gegensatz zu den Kolonisten kam ihnen dabei jedoch niemand zu Hilfe, keine genialen französischen Generäle wie der Marquis de Lafayette und keine französische Flotte, welche die

Seeblockade der Union gebrochen hätte. Die Konföderation setzte alles auf eine Karte, besser gesagt: auf zwei. Die erste war, dass Lincoln einen Rückzieher machen würde. Tat er aber nicht. Die zweite war, dass Großbritannien, dessen lukrative Textilindustrie von amerikanischer Baumwolle abhing, die Konföderierten retten und die Unionsblockade brechen oder wenigstens militärische Nachschubgüter und andere Ressourcen schicken würde. Taten die Briten aber auch nicht.

Großbritannien hatte 1807 den Sklavenhandel verboten und 1833/34 die Sklaverei insgesamt. Die Bevölkerung war strikt gegen die Sklaverei, eine Opposition, die mit der Veröffentlichung des Bestsellers *Onkel Toms Hütte* im Jahr 1852 noch stärker wurde. Zudem hatte Großbritannien etwas gegen das Gelbfieber. Politiker und Zivilisten waren gleichermaßen bestürzt darüber, dass Schiffe, welche die Route »Britische Inseln – Karibik – Konföderation – Britische Inseln« befuhren, zu schwimmenden Leichenwagen wurden. »Wenngleich die Einzelheiten der Diskussionen der Öffentlichkeit vermutlich weitgehend unbekannt blieben, so gaben die beiden Gelbfieberausbrüche auf europäischem Boden innerhalb weniger Jahre doch Anlass zu großer Sorge«, meint Mark Harrison, Professor für Medizingeschichte in Oxford. Die britischen Medien spekulierten, dass »das Klima und das schreckliche Gelbfieber« die Konföderation möglicherweise selbst in die Lage versetzten, alles abzuwehren, »was der Norden gegen sie aufbringen kann«. Großbritannien scheute das konföderierte Gelbfieber, welches ironischerweise kaum auftreten sollte.

Vor dem Bürgerkrieg wurden die südlichen Staaten jahrzehntelang von durch Stechmücken übertragenen Krankheiten heimgesucht. Aus diesem Grunde beeinflusste das Gelbfieber den Ausgang des Krieges auch nicht wie in vergangenen Krisen, da viele bereits immunisiert waren. Zudem kam zu Beginn des Krieges der sogenannte Anakonda-Plan des befehlshabenden Unionsgenerals Winfield Scott zum Tragen, der durch eine Blockade der konföderierten Häfen den Handel im Süden in einen Würgegriff nahm. Ausländische Schiffe, insbesondere aus der Karibik kommende, konnten nicht anlegen und ihre Fracht löschen. Somit gelangte weder das gefürchtete Virus an Land noch dessen Überträger, die Seeleute und Stechmücken.

New Orleans, das Herz des Dixie-Handels, wurde im April 1862 kurz nach dem Ende des ersten Kriegsjahrs von der Union erobert, gefolgt von Memphis einen Monat später. Folglich war der Mississippi praktisch dicht und der Weg für konföderierten Nachschub versperrt. Unbewusst verwehrte die Union damit auch dem Gelbfieber den Zugang zum Fluss, was die Besatzungstruppen vor dem Albtraum aus Krankheit und Tod bewahrte, der New Orleans und das Mississippi-Delta traditionell regierte. Die Strategen der Konföderation erwarteten indes, dass New Orleans der Union arge Kopfschmerzen bereiten würde. Eine Zeitung in Virginia prophezeite, der wichtige Hafen von New Orleans sei »ein Preis, der ihnen weitaus teurer zu stehen kommen wird, als er es wert ist, wenn seine safrangelbe Majestät ihren alljährlichen Besuch abstattet«. Von derselben Angst geleitet, orakelte ein Wundarzt der Union bei Kriegsausbruch, dass »sowohl im Norden als auch im Süden vorhergesagt wurde, dass die große Geißel der Tropen, das Gelbfieber, jegliche Armeen des Nordens dezimieren werde, die einen Vorstoß in die ›Baumwollstaaten‹ innerhalb der ›Gelbfieberzone‹ wagen«.

Wie es sich erweisen sollte, trat das Gelbfieber während des Krieges nur selten auf, insbesondere in New Orleans, wo ihm ganze elf Einwohner zum Opfer fielen. Die Besatzungstruppen der Union hielten sich an strikte Hygienemaßnahmen und eine strikte Quarantäne. Während des Bürgerkriegs kam es nach offiziellen Berichten unter den Unionstruppen lediglich zu 1355 Infektionen und 436 Todesfällen. Als der Anakonda-Plan den Süden noch fester in seinen Würgegriff nahm, wurde ein Ausbruch von Gelbfieber zunehmend unwahrscheinlich. Auf seine Zwillingsschwester Malaria traf dies allerdings nicht zu: Während das Gelbfieber unter Kontrolle blieb, breitete sich die Malaria aus.

Wie das Gelbfieber war auch die Malaria schon vor dem Bürgerkrieg ein gewaltiges Problem, doch im Gegensatz zum Gelbfieber wütete sie auch auf den Schlachtfeldern und raubte zwischen 1861 und 1865 Millionen von Männern die Kräfte. »Stechmücken«, erklärte ein an Malaria erkrankter Soldat aus Connecticut, seien »die schlimmsten Feinde«, mit denen er es je zu tun bekommen habe. Dank einer Mobilisierung von insgesamt 3,2 Millionen Mann während des Krieges konnte die Malaria regelrecht aufblühen. Nicht immunisierte Yankees überquerten in großer Zahl die Mason-Dixon-Linie in Richtung Süden und durchbrachen so die epidemiologische Barriere. »Als Männer aus dem ganzen Land zusammenkamen, um den Streit um Föderalismus und Sklaverei auf dem Schlachtfeld auszufechten, waren die Stechmücken des Südens wie elektrisiert angesichts der großen Zahl neuer Opfer, die plötzlich in ihrer Mitte erschienen«, betont Bell. »Diese winzigen Insekten spielten in den Ereignissen des Bürgerkriegs eine entscheidende und bis dato unterschätzte Rolle.« Mit der Massenbewegung und -migration von Soldaten und Zivilisten quer durch unsere drei Infektionszonen erstarkten auch die dortigen Mückenpopulationen und beschleunigten den Marschtritt der Malaria.

Ohne britische Hilfe musste die zahlenmäßig unterlegene und schlecht versorgte Konföderation ihren Kampf gegen Stechmücken und Union allein bestreiten. Lincolns Militärmaschine besaß in sämtlichen kriegswichtigen Bereichen einen überwältigenden Vorteil, von der Truppenstärke über Nachschub, Infrastruktur, Industrie, Lebensmittelversorgung und alle möglichen Waffengattungen bis hin zum Chinin, das ebenso entscheidend für den Sieg war wie Kugeln und Bajonette. Alles, was der Süden dem entgegenzusetzen hatte, waren Baumwolle und Sklaven – und doch beherrschte die Konföderation die ersten beiden Kriegsjahre. Bis zu den Unionssiegen in Gettysburg und Vicksburg im Juli 1863 war die unterlegene Konföderation die treibende Kraft des Krieges. Johnny Reb und die Stechmücke nahmen es mit Lincolns arg zuversichtlichen, blau gekleideten Jungs und ihren stümperhaften Generälen auf. Angesichts seiner militärischen Überlegenheit hatte der Norden weder mit einer solchen Kriegsdauer gerechnet noch damit, dass sich der Konflikt festfahren und zu einem Zermürbungskrieg entwickeln könnte. Als die ersten harmlosen Schüsse der Konföderierten auf Fort Sumter abgefeuert wurden, glaubte man an eine rasche Beilegung zugunsten der Union – bis die Rebellion der Südstaaten in der ersten Schlacht von Bull Run in vollem Ausmaße losbrach.

An einem wunderschönen, sonnigen Tag im Juli 1861 saß Wilmer McLean auf seiner Veranda in Manassas, Virginia, und lauschte dem Getöse der Artillerie und dem Poltern marschierender Soldaten. Sein Haus war von dem konföderierten General P. G. T. Beauregard zum Hauptquartier auserkoren worden. In der Ferne erblickte er auf den umgebenden Hügeln Hunderte gut gekleideter, gepflegter Zuschauer, die im Schatten von Schirmen auf Stühlen saßen und aus Picknickkörben speisten. Es war die entzückte Elite und der Geldadel Washingtons, darunter zahlreiche Senatoren, Kongressangehörige und deren Familien, welche die rund 40 Kilometer weite Anreise unternommen hatten, um das blutige Spektakel und historische Ereignis zu beobachten. Auf keinen Fall wollten sie verpassen, wenn die Union die Rebellen aus dem Süden mit einem einzigen raschen Schlag besiegte. Als das Jammern lauter wurde, schützte McLean seinen Kopf und erschauerte. Eine Kanonenkugel der Unionsseite durchschlug seinen Küchenkamin, was Beauregard dazu veranlasste, zu schreiben, »ein skurriler Effekt dieses Artilleriekampfes ist die Vernichtung meines und des Stabes Abendessens«. Es war die Mücke, die McLeans Vorgarten in der Nähe des kleinen Flusses Bull Run zum Schauplatz der ersten signifikanten Scharmützel des Bürgerkriegs auserkoren hatte, wenngleich man ihr die Verwüstung seiner Küche nicht anlasten kann.

Winfield Scott war ein Veteran des Krieges von 1812, der Seminolenkriege und des Mexikokriegs. Nach mittlerweile 54 Dienstjahren kannte er die Gefahren, die von Stechmücken übertragene Krankheiten für nicht immunisierte Truppen darstellten, aus eigener Erfahrung. In Mexiko hatte er sowohl Santa Anna als auch die Mücke überlistet und war nun nicht bereit, seine Soldaten durch einen Feldzug auf konföderierte Gebiete zu opfern. Zu Beginn des Bürgerkriegs warnte der befehlshabende Unionsgeneral Scott Präsident Lincoln und seinen nächsten militärischen Untergebenen, Major General George McClellan, dass die Öffentlichkeit unruhig werde, wenn man den Süden nicht unverzüglich angreife. Sein Anakonda-Plan benötigte jedoch eine gewisse Zeit, um die Konföderation auszuhungern. Scott war sich außerdem bewusst, dass die Öffentlichkeit im Norden, die dank eines günstigeren Klimas von endemischen Seuchen weitgehend verschont blieb, die bittere Realität eines Krieges im mückenverseuchten Süden nicht vollständig erfasste. »Ich fürchte, sie wird auf ein sofortiges und rigoroses Handeln drängen, ungeachtet aller Konsequenzen«, meinte er. »Das heißt, sie ist nicht gewillt, das langsamere Vorgehen abzuwarten ... und die Rückkehr des Frostes, der das Virus der heimtückischen Fieber unterhalb von Memphis tötet.«

Als das Kriegskabinett im Juni 1861 tagte, einen Monat vor Bull Run, mussten die Mitglieder darüber entscheiden, ob man die Hauptoffensive in Virginia oder im Flusstal des Mississippis führen sollte. Die Wahl fiel schließlich auf Virginia, da man befand, es sei militärischer Selbstmord, »in ein ungesundes Land zu gehen«. Ärzte der Union hatten Lincoln zudem gewarnt, dass »Truppen des Nordens, auch, wenn sie nicht weiter südlich als bis zur unteren Chesapeakebucht vorrücken, ein Klima [mit] Sumpfausdünstungen betreten, das ihrer Konstitution vollkommen fremd ist«. Am 21. Juli 1861, am von der Stechmücke gewählten Schauplatz in der Nähe von McLeans Haus in Manassas, Virginia, an den Ufern des Bull Runs, trafen die beiden Armeen schließlich aufeinander.

Nach heftigen Kämpfen, die fast den ganzen Tag andauerten und vom heftigen Widerstand des konföderierten Generals Thomas

J. Jackson, der dadurch als *Stonewall Jackson* Unsterblichkeit erlangte, geprägt waren, flohen die chaotischen Unionstruppen und eine verstörte Menge entsetzter Zuschauer in Panik und Regen zurück nach Washington. Die Nation taumelte in einen totalen Krieg. Die allzu selbstsicheren Unionsstreitkräfte wurden in der bis dahin größten und blutigsten Schlacht der amerikanischen Geschichte in die Flucht geschlagen. Weitere immer brutalere Schlachten sollten folgen – Namen wie Antietam, Shiloh, Chancellorsville, Spotsylvania, Chickamauga und Gettysburg hallen im kollektiven Gedächtnis des Landes bis heute nach. Auf dem blutgetränkten Schlachtfeld von Bull Run, übersät mit den geschundenen, entstellten und aufgedunsenen Leichen Tausender Amerikaner, gingen alle Illusionen und Hoffnungen auf einen kurzen Krieg in Rauch auf. Es sollte ein langer, grausiger Kampf werden, und die Stechmücke würde alles in ihrer Macht Stehende tun, um ihn zu verlängern.

Nach der ersten Schlacht von Bull Run ließ sich der neue Oberbefehlshaber der Armee von Nordost-Virginia, George B. McClellan, fast ein Jahr lang Zeit und ermöglichte so der Konföderation, eine Kriegswirtschaft aufzubauen, militärische Ressourcen zu mobilisieren und Kräfte zu sammeln. Da sie einen Angriff auf Richmond erwarteten, bewilligten sowohl Davis als auch General Robert E. Lee einen Truppentransfer vom tiefen Süden dorthin, wohl wissend, dass die Stechmückenzeit größere Operationen der Union in dieser Region verhindern würde, während ihre eigenen Truppen von Krankheiten verschont blieben. »Um diese Jahreszeit ist es dem Feind meiner Ansicht nach unmöglich, einen Vorstoß ins Landesinnere zu wagen«, schrieb Lee. »Die Truppen, die Sie dortbehalten, werden mehr unter Krankheiten leiden als durch die Hand des Feindes.« Lees konföderierte Armee von etwa 100 000 Mann, die sich um Richmond herum verschanzt hatte, war bereit für McClellans Angriff. Die nächsten Generationen der gierigen, epochemachenden Stechmücken Yorktowns, deren Ahnen 80 Jahre zuvor britisches Blut gekostet hatten, warteten nun auf die Soldaten der Union.

McClellan war ein besessener Planer ohne militärische Aggressivität, überschätzte regelmäßig die Stärke seiner Gegner und sorgte sich, dass eine Niederlage oder größere Truppenverluste unter seinem Kommando seine Präsidentschaftspläne durchkreuzen könnten. Ein frustrierter Lincoln und die ungeduldige Presse forderten ein umgehendes Handeln. Schließlich beugte sich McClellan dem wachsenden Druck und begann im März 1862 seinen mit Spannung erwarteten Angriff auf Richmond. *Little Mac* beorderte 120000 Mann auf die von Bächen und Sümpfen geprägte Halbinsel zwischen den Flüssen York River und James River – ein ideales Brutgebiet für Stechmücken. Nachdem er seine zahlenmäßig überlegene Streitmacht in Marsch gesetzt hatte, ergriff McClellan jedoch nicht die Initiative, sondern setzte vielmehr auf seine bevorzugte Strategie des Zögerns.

Nach der Eroberung Yorktowns durch die Union Mitte April geriet der Vorstoß aufgrund McClellans nervösen Zauderns sowie einer gezielten Verzögerungstaktik der Konföderation ins Stocken. Die Truppen kamen inmitten der durch Frühlingstauwetter und Aprilregen anschwellenden Flüsse und neu entstandenen Sümpfe nur noch langsam voran. Ein Soldat meinte, »eine Armee von Stechmücken aus Virginia« habe ihn angegriffen. »Es waren die größten Spezies, die ich je gesehen hatte, und auch die blutrünstigsten.« Ein anderer klagte über »Schwärme riesiger Stechmücken«. Der Wundarzt Alfred Castleman kommentierte: »Alles vom Regen durchweicht, kalt und freudlos. Immerhin werden wir nach und nach zu Amphibien.« Während der folgenden zwei Monate kamen die Unionstruppen in den Mückenkolonien von Jamestown und Yorktown nur knappe 50 Kilometer voran. Castleman beschrieb die gesundheitsgefährdende Umgebung folgendermaßen: »Vermehrt Krankheitsfälle innerhalb der Truppe. Vorherrschend sind Fieberanfälle, Durchfall und Ruhr.« Malaria und Ruhr waren mit Abstand die schlimmsten Seuchen des Krieges.

Mit dem schleppenden Vorstoß der Unionstruppen auf Richmond wuchs die Zahl der Malariainfektionen, was die ohnehin steigenden Verlustzahlen zusätzlich in die Höhe trieb. Als seine Armee Ende Mai vor den Toren der Stadt stand, war McClellan schwer an Malaria erkrankt. Auch war mehr als ein Viertel seiner Unionsarmee zu schwach, um zu kämpfen. Während seiner malariabedingten Abwesenheit stolperten einzelne Kolonnen der Union in einem Gebiet umher, welches die Konföderierten die »verseuchten Sümpfe der Halbinsel« nannten. Die Kommandostruktur der Unionstruppen brach zusammen, und große Teile der Chininvorräte wurden in der Nachhut belassen, um den Nachschub von Munition, Artillerie und anderen kriegswichtigen Gütern zu gewährleisten. Malaria und Ruhr setzten ihren Siegeszug bis in den Juli hinein fort.

Der konföderierte Soldat John Beall erkannte, in welch misslicher Lage sich die Unionstruppen befanden. »McClellan lagert jetzt ... Seine Truppen sind den malariösen und miasmatischen Winden ausgesetzt«, schrieb er nach Hause. »Durch Erschöpfung, Hunger und Erregung entkräftet und durch Niederlagen entmutigt, erliegen sie sicherlich zu Tausenden den Fiebern und Seuchen.« McClellans geschwächter Armee gelang es nicht, die Verteidigungslinien von Richmond zu durchbrechen, und Ende Juni führte Lee heftige Gegenangriffe, welche die Unionstruppen zu einem überstürzten Rückzug an die Küste zwangen. Die Zahl kampfunfähiger Männer in den Reihen der Unionstruppen hatte inzwischen die Marke von 40 Prozent erreicht. »Die schleichende Malaria des Rebellenlandes tötet und lähmt mehr Soldaten aus dem Norden als alle durch Rebellenwaffen zugefügten Wunden«, bestätigte der Wundarzt Edwin Bidwell. Die konföderierten Truppen waren in höher gelegenen Gebieten positioniert, weit entfernt von den Sümpfen und Stechmücken. Zwar raubte die Malaria auch dem Süden Kraft, doch waren die Krankheitsraten hier erheblich niedriger: Sie lagen nur zwischen 10 und 15 Prozent.

McClellans nachrangiger Offizier, Brigadegeneral Erasmus Keyes, drängte Lincoln in einem Schreiben, die Verstärkung zurückzuhalten und die Armee komplett abzuziehen: »Frisch im Norden ausgehobene Truppen in den Monaten Juli, August und September in den Süden zu schicken, wäre, als würden wir unsere Ressourcen ins Meer werfen. Die schutzlosen Truppen würden dahinschmelzen und wären für immer verloren.« Obwohl McClellan um Verstärkung für einen weiteren Angriff auf Richmond bat, erhielt er die unverblümte Weisung, die mückenverseuchte Halbinsel zu evakuieren. »Ihre Armee in ihrer derzeitigen Position zu halten, bis Verstärkung eintrifft, würde sie in dem dort herrschenden Klima so gut wie vernichten«, hieß es zur Begründung. »Die Monate August und September sind für Weiße, die in jener Gegend am James River leben, fast tödlich.« Virginias malariöse Stechmücken, die bereits Cornwallis' Niederlage in Yorktown erzwungen hatten, sorgten nun für eine Verlängerung des Bürgerkriegs, indem sie zu McClellans peinlichem Misserfolg bei der versuchten Einnahme Richmonds beitrugen. »Die hohe Malariarate während des Feldzugs beschleunigte den Rückzug nach Washington«, bekräftigt Bell. »McClellans zumindest teilweise durch Krankheiten bedingte Niederlage bewirkte ein grundlegendes Umdenken des Nordens hinsichtlich der Kriegsziele; danach ging es statt um den Erhalt der alten Republik vorrangig um die Abschaffung der Sklaverei und die Geburt einer neuen Freiheit.« Dem von Stechmücken geplagten McClellan blieb ein Sieg für Lincoln im Osten versagt. Den ebenfalls von Mücken gepeinigten Befehlshabern im Westen erging es derweil nicht besser.

Die Stechmücke ließ nicht nur McClellans Armee in Virginia dahinschmelzen, sondern verlängerte den Konflikt auch im Westen, wo sie zwischen Mai und Juli den ersten Versuch der Union zunichtemachte, die konföderierte Festung von Vicksburg, Mississippi, zu erobern. Nachdem er die konföderierte Armee unter Beauregard aus dem etwa 150 Kilometer östlich von Memphis gelegenen Corinth vertrieben hatte, hütete sich der Unionskommandeur General Henry Halleck, diesem zu Beginn der Gelbfieber- und Malariajahreszeit südlich von Scotts »Memphis-Linie« nachzusetzen. Er glaubte zu Recht, dass ein Vorstoß gen Süden auf Vicksburg einem Suizid durch

Stechmücken gleichkam. »Wenn wir dem Feind in die Sümpfe von Mississippi folgen, wird unsere Armee zweifelsohne durch Krankheiten kampfunfähig gemacht«, meldete er seinen politischen Herren in Washington. Seine Armee hatte durch das Gespann Malaria und Ruhr bereits hohe Ausfälle zu verzeichnen. Der an Malaria erkrankte Generalmajor William Tecumseh Sherman, damals noch kein großer Name, warnte seine Vorgesetzten, dass nur die Hälfte seiner 10 000 Soldaten diensttauglich seien. Vor seinem rettenden Rückzug in den Süden meldete Beauregard, etwa 15 Prozent seiner Männer litten an Malaria. General Halleck blieb, wo er war, und nahm aus Angst vor Krankheiten nicht die Verfolgung auf.

Stattdessen war es Admiral David Farragut, der seine Männer in die von den Mücken Vicksburgs ausgeheckte und gestellte Malariafalle führte. Nach der Einnahme von New Orleans im April 1862 erhielt Farragut Befehl, weiter gen Norden entlang des Mississippis vorzurücken. Als Kommunikations-, Nachschub- und Transportumschlagplatz war Vicksburg zu wichtig für die Union, um einfach links liegen gelassen zu werden. Vicksburg sei, so meinte auch Jefferson Davis, »der Nagelkopf, der die beiden Hälften des Südens zusammenhält«. Im Mai machte Farragut einen halbherzigen, abgebrochenen Versuch, Vicksburg einzunehmen, das »Gibraltar des Westens«. Da die Stadt die letzte Bastion der Konföderierten am Mississippi darstellte, waren Lincoln und seine Militärstrategen angesichts Farraguts glanzloser Aktion frustriert und weiterhin bestrebt, den Fluss von der Quelle bis zur Mündung zu kontrollieren, um diese Lebensader der Konföderation vollends abzuschneiden. Farragut erhielt Befehl, die Vicksburgoffensive Ende Juni mit einer Flotte von insgesamt 3000 Mann zu wiederholen. »Sie wurden von Zehntausenden Konföderierten und unzähligen Anophelesmücken erwartet«, schreibt Bell. »Beide erwiesen sich als todbringende Gegner.« Die Festungsstadt Vicksburg liegt an einer hufeisenförmigen Biegung am Ostufer des Flusses auf einer Anhöhe und ist umgeben von zahllosen wilden Sümpfen und Nebengewässern. Außer vom Fluss aus gab es keinen geeigneten Zugang zu der erhöht gelegenen Stadt. Die Geografie verhinderte, dass Farragut seine Überlegenheit zu Wasser ausspielen oder Truppen an Land gehen lassen konnte. Als Lösung versuchte er, einen Kanal über den Hals der gegenüberliegenden De-Soto-Halbinsel zu graben, um die befestigten Klippen (und deren Geschütze) zu umgehen. Was er aber auch unternahm, es wurde von Stechmücken vereitelt.

Die Unionstruppen, so berichtete Brigadegeneral Thomas Williams aus Vicksburg, seien »durch Malaria derart geschwächt, dass sie zu nichts zu gebrauchen sind«. Als Farragut sein Vorhaben Ende Juli schließlich aufgab, waren 75 Prozent der Truppen unter seinem Kommando entweder tot oder lagen mit von Stechmücken übertragenen Krankheiten darnieder. »Der einzige Kurs, welcher nun zu verfolgen ist«, so wurde vorgeschlagen, »ist es, auf das Klima zu achten und jede weitere Aktion in Vicksburg zu verschieben, bis die Fieberzeit vorüber ist.« Der konföderierte Befehlshaber General Edmund Kirby Smith sah das ähnlich. »Ich glaube, der Feind wird in diesem Sommer keine Invasion Mississippis oder Alabamas mehr wagen«, teilte er seinem Vorgesetzten General Braxton Bragg mit. »Die Beschaffenheit des Landes, das Klima ... sind unüberwindbare Hindernisse.« Da sich gleichzeitig McClellan von Richmond zurückzog, sah es sogar aus, als könnten die konföderierten Staaten ihren Unabhängigkeitskrieg gewinnen.

Angesichts der Erniedrigungen, welche die Union 1862 in Virginia und in Vicksburg zu verkraften hatte, sprach Finanzminister Salmon P. Chase, ein früher Befürworter der Rekrutierung von Afroamerikanern, laut aus, was die meisten Unionspolitiker und Militärstrategen bereits dachten: »Mit den bestehenden Nachteilen können wir diesen Kampf nicht weiterführen; unsere Truppen sind nicht akklimatisiert und müssen aus der Ferne versorgt werden, wohingegen der Feind in der Lage ist, die halbe Bevölkerung unter Waffen zu stellen, während die andere Hälfte arbeitet, ohne jegliche Kosten außer der für das bare Auskommen des bewaffneten Teils notwendigen.« Auch wenn Chase mitverantwortlich dafür war, dass der Satz *In God We Trust* bis heute auf der amerikanischen Währung prangt, war Gott damals vor allem aufseiten der größten und am besten mit Chinin versorgten Bataillone. Im Zusammenspiel mit Erwägungen zu Moral und Truppenstärke rüttelte die Mücke an den etablierten kulturellen, rassischen und rechtlichen Konventionen der Vereinigten Staaten, indem sie die Bedingungen für die Emanzipationsproklamation und deren Versprechen einer neuen Geburt der Freiheit für Afroamerikaner schuf, welches General Ulysses S. Grant garantierte und schließlich einlöste.

Die Niederlagen des Frühjahrs und Sommers 1862 führten zu einem grundlegenden Wandel der Unionsstrategie. Lincoln und seine Ratgeber einigten sich auf ein neues Vorgehen – die vollständige Vernichtung der konföderierten Streitkräfte und die Politik einer erzwungenen Kapitulation des Südens durch Aushungern. Mittel zum Zweck war hier die Abschaffung der Sklaverei, wodurch Wirtschaft und Kriegsanstrengungen der Boden entzogen werden sollte. »Wer anderen die Freiheit verweigert, verdient sie selbst nicht«, bemerkte Lincoln. Die Verluste und durch Stechmücken verursachten militärischen Misserfolge des Jahres 1862 trugen laut Bell dazu bei, »die Lincoln-Administration davon zu überzeugen, dass nur die vollständige Unterwerfung des Südens und die damit einhergehende Abschaffung der Sklaverei die Union wiederherstellen und den Frieden bringen könnte«. Charles Mann stimmt zu, »dass die Malaria den Unionssieg um Monate, wenn nicht Jahre verzögerte. Langfristig gesehen könnte man sich darüber freuen, hatte der Norden ursprünglich doch verkündet, sein Kriegsziel sei der Erhalt der Union, nicht die Befreiung der Sklaven ... Je länger sich der Krieg hinzog, desto eher war Washington bereit, radikale Maßnahmen in Erwägung zu ziehen.« Was die Rolle der Mücke bei der Verlängerung des zähen Konflikts anbelangt, so meint er, dass »die Emanzipationsproklamation teilweise der Malaria zu verdanken ist«. Nach dem ersten Sieg der Union (oder genauer gesagt: Wiederherstellung eines

Gleichstands) bei der blutigen Schlacht von Antietam im September 1862 änderte Lincoln endgültig die Ziele des Krieges und der Nation selbst, als er seine berühmteste und beständigste Präsidentenverfügung formulierte.[74]

Am 1. Januar 1863 machte die Emanzipationsproklamation rechtlich (zumindest auf dem Papier) etwa 3,5 Millionen versklavter Afroamerikaner, in den zur Konföderation gehörigen Staaten, die noch Widerstand leisteten, zu freien Menschen.[75] Die Emanzipationsproklamation ermöglichte und begrüßte zudem offiziell die Anwerbung von Afroamerikanern für einen Krieg, in dem es, wie Lincoln flüsternd verriet, »in gewisser Weise um die Sklaverei« ging. Lincolns Motivation, die Sklaven in den konföderierten Staaten zu befreien, war zwar moralischer Natur, jedoch direkt an militärischen Pragmatismus gekoppelt. Wie von Chase dargelegt, konnte man durch freie, »akklimatisierte« Sklaven die Unionstruppen verstärken und gleichzeitig die Konföderation ihres Arbeiterheers berauben.

Auch wenn diese Komponente der Emanzipationsproklamation meist übersehen wird, war das Dekret ebenso als militärische Maßnahme ausgelegt, um der Konföderation die Arbeitskräfte zu entziehen und Teile der kämpfenden Truppe zurück aufs Feld und in die Fabriken zu zwingen. »Die Entscheidung des Präsidenten, die Sklaven zu befreien und zu bewaffnen, um ihre ehemaligen Herren zu töten, stellte eine radikale Abkehr von seiner bisherigen Politik dar«, so Bell. »Die militärischen Rückschläge von 1862 überzeugten Lincoln jedoch, dass die Befreiung und Anwerbung von Schwarzen militärische Notwendigkeiten waren. Beide Maßnahmen stärkten die Streitkräfte des Nordens und nahmen gleichzeitig der Konföderation ihre wichtigsten Arbeitskräfte.« Lincoln teilte zudem die Auffassung seiner medizinischen Behörden und Berater, dass afroamerikanische Soldaten, ausgestattet mit einer undurchdringlichen genetischen Abwehr gegen die von Stechmücken übertragenen Krankheiten, bei Operationen an den schwülen Kriegsschauplätzen des Südens von unschätzbarem Wert seien, um »während der

Krankheitszeit Positionen im Süden zu halten«. Dem Militärarzt General William A. Hammond zufolge war es »eine gut gesicherte Tatsache«, dass Afrikaner »für die Leiden malariösen Ursprungs weniger anfällig sind als Europäer«. Von den etwa 200 000 Afroamerikanern, die schließlich in den Unionsstreitkräften dienten, waren zwei Drittel ehemalige Sklaven aus dem Süden. Sie nutzten ihre neu gewonnene Freiheit, um als Soldaten für die Befreiung ihrer gefangenen Leidensgenossen zu kämpfen, an der Front und auf den Schlachtfeldern eines Krieges, in dem nun das Schicksal der Sklaverei entschieden wurde.

Neben dem primären Ziel, die wirtschaftliche Einheit der Union zu erhalten, ging es in diesem Krieg nun also auch um die Ächtung und Abschaffung der Sklaverei und die damit verbundene militärische Zweckdienlichkeit. »Die Emanzipationsproklamation veränderte die moralische Atmosphäre des Krieges«, bestätigt der angesehene Militärhistoriker John Keegan. »Von nun an war es ein Krieg um die Sklaverei.« Ohne einen Sieg der Union jedoch war die Proklamation ein bloßer Papiertiger. Die Freiheit von mehr als vier Millionen Menschen stand auf dem Spiel, welche sich an die Hoffnung auf einen Unionssieg und die bedingungslose Kapitulation der Konföderation klammerten. Mit der Hilfe von Chinin und General Anopheles gelang es Ulysses S. Grant, die mitreißenden Worte von Lincolns Proklamation zur juristischen Realität zu machen.

Im Gegensatz zu McClellan, den Lincoln bei den Präsidentschaftswahlen 1864 schlug, musste sich Grant nicht um politische Machenschaften und Heucheleien scheren und fürchtete sich auch nicht davor, im Kampf Risiken einzugehen. Er wirkte einerseits introvertiert, still, ungeschickt und verschroben, ging aber andererseits mit harter Hand vor und war bereit, Menschenleben für den Sieg zu opfern. Sein Vicksburgfeldzug von Mai bis Juli 1863 war ein kühnes, brillantes und erfolgreiches Meisterstück der Feldherrenkunst. In späteren Jahren betrachtete und beurteilte Grant seine eigenen Kriegsleistungen und Verdienste kritisch. Mit der für ihn typischen

Selbstabwertung befand er, dass sämtliche seiner Bürgerkriegseinsätze verbesserungsfähig seien – außer einem: Vicksburg. Während dieses Feldzugs zur Stechmückenzeit mied Grant mit seiner Unionsflotte die Kanonenmündungen Vickburgs und ließ seine Männer südlich der Stadt an Land gehen. Die Presse kritisierte seine ersten Züge und verwies auf die von Stechmücken übertragenen Krankheiten. Selbsternannte Zeitungsgeneräle in bequemen Lehnsesseln schlossen: »Die nackte Wahrheit ist, dass von heute bis zum ersten Oktober eine 75 000 Mann starke Armee den Tod finden wird, ohne den Feind auch nur gesehen zu haben.« Auch General Lee glaubte, dass ein Vorstoß der Union während der schwülen Sommermonate höchst unwahrscheinlich sei.

Grant kümmerte sich jedoch weder um solche Besserwisser noch um die durchaus vernünftige Einschätzung Lees. Er war, anders als die Parade stolpernder Unionsgeneräle vor ihm, entschlossen. »Ich zähle darauf, die Rebellen in die Irre zu führen und dort eine Landung zu bewerkstelligen, wo sie mich am wenigsten erwarten«, teilte er seinem Offiziersstab mit. Und genau das tat er auch. Er schnitt seine eigene Versorgungskette ab und marschierte mit seiner Armee durch die Hintertür – durch die Sümpfe, die Vicksburg umgaben. Da seine Versorgungsschiffe nicht an den erhöhten Kanonenbastionen Vicksburgs vorbei kamen, waren Grants Soldaten gezwungen, sich selbst zu versorgen. Es war ein brillanter militärstrategischer Schachzug. Während er die Stadt einkreiste, nahm Grant mehrere kleine Hafenstädte und obendrein die Staatshauptstadt Jackson ein.

Zur Unterstützung von Grants Operation kesselte eine 30 000 bis 40 000 Mann starke Abordnung der Union (darunter neun kürzlich rekrutierte Regimenter der hauptsächlich aus befreiten Sklaven bestehenden U. S. Colored Troops) Port Hudson ein, das 32 Kilometer nördlich von Baton Rouge und 240 Kilometer südlich der belagerten Flussbastion Vicksburg lag. Grant, der die Rekrutierung von Afroamerikanern stets nachdrücklich befürwortet hatte, erinnerte Lincoln: »Ich habe die Frage der Bewaffnung der *negros* stets voller

Überzeugung unterstützt. Gemeinsam mit ihrer Befreiung ist dies der schwerste Schlag, den man bisher gegen die Konföderation führen konnte.« Als er die konföderierten Befestigungen in Vicksburg mit einer 24 Kilometer langen Unionslinie in die Zange genommen und die eingeigelten Verteidiger durch zwei ebenso fruchtlose wie kostspielige Frontalangriffe verunsichert hatte, begann Grant am 25. Mai mit der Belagerung der Stadt – pünktlich zu Beginn der Stechmückenzeit.

Grant wusste freilich, dass er über einen Vorteil verfügte, den die erschöpften und belagerten Verteidiger Vicksburgs nicht hatten. Er war zwar bereit gewesen, seine Verpflegung und Versorgungsdepots zurückzulassen, aber es kam nicht infrage, die Sümpfe des Mississippis ohne einen ausreichenden Vorrat an Chinin zu durchqueren. Das Malariamedikament war eines der wichtigsten Güter im Waffenarsenal der Union. »Der Vorteil, den dieses Arzneimittel für die Unionstruppen darstellte, kann nicht hoch genug eingeschätzt werden«, schreibt Bell in *Mosquito Soldiers* und fügt hinzu: »Tatsächlich ließe sich ohne allzu große Überspitzung sagen, dass ein passenderer Untertitel für dieses Buch ›Wie Chinin den Norden rettete‹ gewesen wäre ... Die Konföderation wiederum litt während des Krieges meist an Chininknappheit, was bewirkte, dass malariöse Fieber unter den Rebellen häufig unbehandelt blieben. Auch die Zivilbevölkerung im Süden hatte zu leiden.«

Im Laufe des Krieges gab die Union zur Behandlung und Prophylaxe 19 Tonnen raffiniertes Chinin und 10 Tonnen unraffinierte Chinarinde an ihre Soldaten aus. Für die Konföderation hingegen »bedeutete die effiziente Seeblockade der Union, dass die Militärärzte ... die meiste Zeit des Krieges nicht über ausreichend Chinin verfügten«, schreibt Bell. »Angesichts der Verbreitung von Malaria im Süden ist es geradezu erstaunlich, dass gegen Kriegsende, als das Chinin in Richmond extrem knapp wurde, überhaupt noch konföderierte Truppen gesund genug zum Kämpfen waren.« Das kostbare Chinin gelangte höchstwahrscheinlich nicht bis zu den Soldaten auf

Vorteile der ›Hungerpreise‹: Eine 1863 in *Harper's Weekly* erschienene Karikatur prangert die Chininknappheit und die damit verbundenen überhöhten Preise an. »Kranker Junge: ›Eines weiß ich – ich wünschte, ich wäre im Süden.‹ Krankenschwester: ›Und warum wünschst du, du wärst im Süden, du ungezogener Bengel?‹ Kranker Junge: ›Weil ich gelesen habe, dass Chinin dort einhundertfünfzig US-Dollar die Unze wert ist; und wenn ich dort wäre, würden Sie es mir nicht so eintrichtern!‹«

dem Schlachtfeld. Konföderierte Politiker indes, darunter Jefferson Davis, hatten sich und ihre Familien ausreichend mit dem Medikament bevorratet. Somit gebot die Seeblockade zwar dem Gelbfieber Einhalt, ließ die Malaria aber erblühen.

Die während des Krieges in astronomische Höhen kletternden Preise für Chinin innerhalb der Konföderation sind ein Beispiel für die vielschichtigen Wirkungen der Seeblockade. Sie lassen auch erahnen, dass die Schmuggler rasch erkannten, wie wichtig und begehrt Chinin für eine Bevölkerung war, die ständigen Malariaepidemien ausgesetzt war. Im ersten Kriegsjahr betrug der Preis für eine Unze Chinin etwa vier US-Dollar und stieg dann bis auf 23 US-Dollar im Jahr 1863. Ende 1864 wurden auf dem von Blockadebrechern belieferten Schwarzmarkt Preise zwischen 400 und 600 US-Dollar erzielt. Zu Kriegsende freuten sich von der Karibik aus operierende Chininschmuggler über Renditen von unglaublichen 2500 Prozent auf ihre ursprünglichen Investitionen. Als sich der Schwarzhandel mit Chinin zunehmend profitabel gestaltete, wurde es auf alle nur erdenkliche Weise in die Konföderation geschmuggelt, darunter mit vielen derselben kreativen Methoden, die Drogenschmuggler noch heute anwenden. Es wurde in die Korsetts und Röcke von Frauen eingenäht, die sich als reisende Nonnen oder Angehörige von Hilfsdiensten ausgaben. Es wurde in Kinderpuppen gestopft, in Möbelstücke und Polster. Um die Zoll- und Wegkontrollen der Union ungehindert zu passieren, wurde sorgsam abgepacktes Chininpulver im Analbereich und in Eingeweiden von Vieh transportiert. An einem Zugang nach Vicksburg erwischten Grants Wachtposten ein Damentrio, das unter doppelten Böden in ihren Koffern Chinin schmuggelte. Das lebensrettende Medikament wurde konfisziert und an Unionssoldaten ausgegeben, wenngleich diese – im Gegensatz zu ihren von Malaria geplagten Kollegen aufseiten der Konföderation – bereits über ausreichend Chinin verfügten.

Grants Sanitätspersonal in Vicksburg konnte nicht nur Malariapatienten mit Chinin behandeln, sondern obendrein tägliche

Prophylaxedosen an gesunde Soldaten ausgeben. »Die Ausstattung der Lazarette und die medizinische Versorgung waren so perfekt, dass weitaus weniger Verluste zu verzeichnen waren als erwartet«, sagte Grant lobend. »Ich wage zu behaupten, dass keine Armee jemals besser vorbereitet ins Feld zog.« Chinin war so reichlich vorhanden, dass es selbst fiebernden »bleichen und hohläugigen« konföderierten Gefangenen und »hageren, ausgemergelten« Zivilisten verabreicht wurde. Trotz allem machte die Malaria etwa 15 Prozent von Grants Streitmacht kampfunfähig, da das Medikament – abhängig von Dosierung, Qualität und Wirkstoffkonzentration – keinen 100-prozentigen Schutz bietet, und sich zudem viele Männer weigerten, die bittere Medizin einzunehmen.

Die belagerten konföderierten Streitkräfte und Zivilisten hatten weniger Glück. Sie waren ohne Chinin und mit schwindenden Vorräten in Vicksburg gefangen und sahen einer düsteren Realität voller Stechmücken ins Auge. »Die triste Einöde der Moore und Sümpfe« sei tödlicher »als Schwert oder Kugel«, schrieb ein britischer Kriegsberichterstatter. Ohne Chinin »konnte kein lebender Mann etwas gegen die Wirkungen des Klimas ausrichten«. Aufständische Soldaten und unglückliche Zivilisten, die durch Grants geschickte Strategie in der Stadt festsaßen, führten ein elendes Dasein, geprägt von »Malaria, gepökeltem Schweinefleisch, keinem Gemüse, sengender Sonne und fast giftigem Wasser«. Unter dem Granathagel der Unionsgeschütze hatten die in Vicksburg Eingeschlossenen mit malariösen Stechmücken zu kämpfen, die ein konföderierter Arzt in einem Brief an seine Frau als »die größten, hungrigsten und dreistesten ihrer Art« schilderte. »Mögest Du niemals Bekanntschaft mit ihnen machen!« Es waren dieselben Mücken, die im Jahr zuvor als Schutzengel Vicksburgs agiert und die Unionstruppen vertrieben hatten. »Der feindliche Beschuss plagte uns, aber es gab noch einen weiteren Gegner, dem wir uns stellen mussten«, schrieb der konföderierte Wundarzt W. J. Worsham aus der Festung Vicksburg. Dieser sei »noch lästiger als die feindlichen Granaten – die Stechmücken, oder, wie die Jungs sagen, die ›Zwicker‹«.

Nach sechswöchiger Belagerung erinnerte die Lage in der Stadt an den Hungerwinter in Jamestown. Ein junger konföderierter Soldat schrieb nach Hause an seine Eltern und bat um Verpflegung, da außerordentlich große »Zwicker« ihn »in den Hals« gestochen und seine »Stiefel, Hut & 5.000 US-Dollar in Scheinen« gestohlen hätten. Ausgehungerte Zivilisten und Soldaten verspeisten Hunde, Ratten, Lederschuhe und Gürtel, und nach dem Krieg tauchten Berichte auf, es habe unter den 3000 zusammengepferchten Zivilisten sogar einige Fälle von Kannibalismus gegeben. Um dem Dauerbeschuss zu entgehen, suchten Soldaten und Zivilisten Zuflucht in über 500 Höhlen, die man in den gelben Lehmhügel gegraben hatte, von den Unionssoldaten scherzhaft »Dorf der Präriehunde« genannt. Daneben erkrankten oder starben die Hälfte der anfänglich 33 000 konföderierten Soldaten, die nur noch eine »Armee von Vogelscheuchen« waren, an Malaria. Unionssoldaten empfanden Mitleid angesichts des »erbärmlichen Anblicks einer besiegten, demoralisierten Armee – der Mensch in der letzten Stufe dessen, was zu ertragen er imstande ist. Bleich, hohläugig, zerlumpt, mit wunden Füßen und blutig humpelten die Männer dahin«.

Inmitten der gedämpften Feiern zum amerikanischen Unabhängigkeitstag nahm Grant am 4. Juli, dem Tag nach dem Sieg über Lees konföderierte Armee in Gettysburg, die bedingungslose Kapitulation von Vicksburg entgegen. »Der Vater der Gewässer fließt nun wieder ungestört ins Meer«, verkündete Lincoln, als er von Grants Sieg hörte. Wie Grant vorhergesagt hatte, »wurde der Untergang der Konföderation mit dem Fall Vicksburgs besiegelt«. Da die Union nun die wichtige Hafenstadt unter Kontrolle hatte, war die Konföderation in der Mitte geteilt. Lees Virginia-Armee war damit von lebendem Vieh, Pferden, Mais und anderen westlich des Mississippis erzeugten landwirtschaftlichen Gütern abgeschnitten. Gleichzeitig festigte die Blockade ihren Würgegriff um einen bereits erschöpften Süden, dessen Ressourcen zur Neige gingen. Obendrein hatte die Konföderation durch diesen Kordon auch keinen Zugang zu Chinin, welches dringend benötigt wurde, da die Malaria in den Reihen der »Grauröcke« wütete. Es war also nur eine Frage der Zeit, bis die versklavten Bevölkerungsteile »fortan und für immerdar frei« würden. Der Name des »Siegers von Vicksburg« hallte durch die Flure der Machtzentralen. Wenngleich die meisten Politiker, darunter auch Lincoln, Grant noch nie persönlich begegnet waren, wurde er in höheren Gesellschaftskreisen und in den kriecherischen Cocktailunterhaltungen Washingtons rasch so etwas wie ein Prominenter.

Grants durchschlagender Erfolg auf dem Schlachtfeld, sein fehlender politischer Ehrgeiz, seine Abneigung gegenüber der Bürokratie und seine persönliche Meinung in Fragen der Sklavenbefreiung und Anwerbung afroamerikanischer Rekruten machten ihn dem Präsidenten sympathisch. Nach einer Folge unfähiger, ungeschickter, hinterlistiger und politisch taktierender Generäle hatte Lincoln seit der Niederlage in der ersten Schlacht von Bull Run seine militärische Führungsriege verzweifelt nach einem eigenen Robert E. Lee abgegrast. »Lincoln hatte gehört, dass Grant behauptete, er hätte Vicksburg nicht ohne die Emanzipationsproklamation einnehmen können«, schreibt der renommierte Autor Ron Chernow in seiner 2017 erschienenen, ebenso umfassenden wie herausragenden Biografie, die mit dem schlichten Titel *Grant* auskommt. »Und Grants grundsätzliche Übereinstimmung mit den Kriegszielen war seiner Anziehungskraft in Washington keinesfalls hinderlich.« Chernow meint, der bescheidene 41-jährige Soldat sei nach dem Beweis seiner strategischen Fähigkeiten in Vicksburg zum »aufgehenden Stern an Lincolns Firmament geworden, denn er entsprach dessen Ideal eines Generals: jemand, der regelmäßig den Feind besiegte und überdies die weiteren Kriegsziele unterstützte«.

Grant war nicht nur persönlich gegen die Sklaverei eingestellt, sondern befürwortete offen die moralischen und militärischen Dogmen der Emanzipationsproklamation. »Durch die Bewaffnung der *negros* haben wir einen mächtigen Verbündeten gewonnen«, schrieb er an Lincoln kurz nach dem Fall Vicksburgs. »Sie werden zu guten Soldaten, und indem wir sie dem Feind entziehen, schwächen wir diesen im selben Maße, wie sie uns stärken. Ich spreche mich daher nachdrücklich dafür aus, diese Politik weiter zu verfolgen.« Grants strategische und persönliche Ansichten deckten sich mit denen des Präsidenten. Die beiden Führungspersönlichkeiten schlossen daher einen festen Bund, der das Schicksal des Krieges und des Landes selbst bestimmen sollte.

Im März 1864 beförderte Lincoln Grant zum Generalleutnant. Dieser Dienstgrad war bislang ausschließlich George Washington vorbehalten gewesen. »Der Präsident ... etwa acht Inches größer,« – so schätzte Grants Adjutant Horace Porter während der offiziellen Zeremonie – »blickte voller Wohlwollen auf seinen Gast herab.« Als befehlshabender General der Unionsstreitkräfte war Grant nun ausschließlich dem Präsidenten verantwortlich, der von seinem neuen militärischen Anführer entzückt war. »Dieser Grant war für mich ein größerer Trost als alle anderen Männer in meiner Armee«, pries ihn Lincoln. »Grant ist mein Mann, und ich bin der seine für den Rest des Krieges.« Der Zigarre rauchende, trinkende, wortkarge, klein gewachsene und unelegante Grant, der in scharfem Kontrast zu dem eloquenten, redseligen, großen, schlaksigen und abstinenten Nichtraucher Lincoln stand, meinte knapp, sein Oberbefehlshaber sei ein »großer Mann, ein sehr großer Mann. Je mehr ich von ihm sah, desto mehr beeindruckte er mich. Er war unzweifelhaft der größte Mann, den ich je kennenlernte«.[76] Respekt, Loyalität und Bewunderung waren gegenseitig und unerschütterlich, sodass die Partnerschaft und die enge persönliche Freundschaft der Gleichgesinnten Grant und Lincoln, die beide von Kritikern einst als Hinterwäldler aus den westlichen Prärien verspottet worden waren, schließlich zum Sieg führte, auf welchem die Zukunft der Nation aufbaute.

Grants Vicksburgfeldzug war ein Mikrokosmos der Gesamtsituation während der letzten beiden Kriegsjahre. Größere und gesündere

Unionsstreitkräfte standen kleineren und gesundheitlich angeschlagenen Konföderationstruppen gegenüber. Zum ersten Mal in der Geschichte trug das Chinin entscheidend zum Ausgang eines Krieges bei. Die Kombination aus höherer Population und gesünderen Soldaten verhalf der Union zum Sieg. John Keegan zufolge »siegte die Union schließlich nur aufgrund zahlenmäßiger Überlegenheit und höherer Ressourcen«. Während der letzten beiden Kriegsjahre stand die Konföderation vor einem ernsten personellen Problem. Um den Einfluss von Malaria und Chinin auf den Niedergang der Konföderation voll zu erfassen, müssen wir uns zunächst einigen Zahlen widmen.

Von einer Gesamtbevölkerung von 22 Millionen Menschen aufseiten der Union dienten etwa 2,2 Millionen als Soldaten. Die Streitkräfte der Konföderation umfassten etwa eine Million – bei einer Gesamtbevölkerung von 4,5 Millionen, nicht eingerechnet die etwa 4,2 Millionen Sklaven. Ende 1864 hatten innerhalb der Konföderation 90 Prozent aller Männer zwischen 18 und 60 bereits gedient oder gehörten der kämpfenden Truppe an, im Norden waren es nur 44 Prozent. Ab 1865 wurde die Desertation zu einem schwerwiegenden Problem für die konföderierten Kommandeure. Zu jedem Zeitpunkt des Krieges waren etwa 100 000 Mann fahnenflüchtig. Als das Kriegsende nahte und sich dieser Trend noch verstärkte, senkte man das Einberufungsalter auf 14 Jahre. Doch auch diese drastische Maßnahme konnte weder die schweren militärischen Defizite ausgleichen noch die Jahre des Abschlachtens rückgängig machen, den zur Neige gehenden Nachschub an Kanonenfutter decken, das Blutvergießen eindämmen oder die zunehmende Fahnenflucht wettmachen. Als im Februar 1865 16 Prozent von General Lees Armee abgängig oder vermisst waren, gestand dieser gegenüber Jefferson Davis, dass »jede Nacht Hunderte Männer desertieren«. Diese Zahlen waren umso schlimmer, da die Malaria grassierte und es kaum Chinin gab. Unionstruppen, denen das Mittel im Überfluss zur Verfügung stand, und die mit ihnen verbündeten Stechmücken hatten Kampfkraft und Kampfgeist der Föderation zermürbt.

Wie die US-Streitkräfte später während des Pazifikkriegs und in Vietnam feststellen mussten, war ein kranker Soldat militärisch ebenso nutzlos wie ein verwundeter; und stellte gar die doppelte Last eines toten Soldaten dar. Ein kranker Soldat muss an der Front ersetzt werden, verbraucht aber weiterhin Ressourcen. Die Toten müssen nicht versorgt werden und binden keine Arbeitskraft durch medizinische Versorgung und Fürsorge. Im Fall der von Mücken übertragenen Krankheiten stellen die Betroffenen obendrein einen gefährlichen Infektionsherd für ihre Kameraden dar. Es mag herzlos klingen, aber pragmatisch gesehen sind kranke Soldaten ein Klotz am Bein und ein schweres militärisches Hemmnis. »Der Mangel an Chinin aufseiten der Konföderation hatte während des Krieges signifikanten Einfluss auf die Zahl diensttauglicher Männer«, hebt Margaret Humphreys hervor, Ärztin und Professorin an der Duke University's School of Medicine. »Die Blockade durch die Union

BEFORE PETERSBURG—ISSUING RATIONS OF WHISKY AND QUININE.—[SKETCHED BY A. W. WARREN.]

»Vor Petersburg: Ausgabe von Whisky- und Chininrationen, März 1865«: Diese Darstellung in *Harper's Weekly* zeigt eine »Chininparade« der Union. Chinin war eine kriegsentscheidende Waffe der gut bevorrateten Union. Aufseiten der Konföderation führte die Chininknappheit angesichts heftiger Malariaepidemien zu hohen Ausfällen bei den Truppen.

führte im Süden zu einem akuten Mangel an Chinin, was die Rahmenbedingungen nochmals veränderte.« Im Gegensatz zur Union konnte die Konföderation ihre Verluste nicht ausgleichen; zudem lichteten regelmäßige Malariaausbrüche die ohnehin schwindenden Reihen der konföderierten Streitkräfte.

Im Jahr 1864 hatte der Anakonda-Plan den Handel im Süden zu 95 Prozent buchstäblich abgewürgt. Im Frühling jenes Jahres begann Grants loyaler und zuverlässiger Freund und Untergebener, General William Tecumseh Sherman, seinen »Marsch zum Meer« von Tennessee durch Georgia und schließlich bis nach Süd- und Nord-Carolina. Er hinterließ eine 320 Kilometer breite Schneise verbrannter Erde und willkürlicher Zerstörung. Unionssoldaten verbrannten Ernten und Farmen, beschlagnahmten Vieh, zerstörten Eisenbahnen, Bewässerungsanlagen, Dämme und Brücken. Shermans umstrittene Taktik vergrößerte dabei ungewollt die Habitate der Stechmücken, was zu einer weiteren Ausbreitung der Malaria im Süden führte. Hunger, Krankheit und Mangel betrafen konföderierte Soldaten und Zivilisten gleichermaßen. Der Süden wurde von General Sherman, Stechmücken und Blockadeschiffen praktisch ausgehungert und bis zur Unterwerfung geschwächt.

Derweil landeten konfiszierte, für die konföderierten Truppen bestimmte Rationen von Chinin und Verpflegung, Waffen und andere wichtige Nachschubgüter in den Adern, Mägen und Händen ihrer Feinde. »Die Rationen der Unionssoldaten wurden während des Krieges erhöht, die der Konföderierten hingegen reduziert«, erklärt Keegan und stellt fest, dass »der Unionssoldat aktenkundig der am besten ernährte war«. Während des Krieges beherzigte Präsident Lincoln den Rat Napoleons, dass »eine Armee auf ihrem Magen marschiert«. Wichtiger aber war, wie wir gesehen haben, dass die Union über ausreichende Vorräte an Chinin verfügte. Abgesehen vom lebensrettenden Pulver des Chinarindenbaums waren medizinisches Wissen und medizinische Praxis damals jedoch rudimentär und antiquiert.

Experimente mit Chloroform und Äther als Anästhetika waren zwar ein Durchbruch des Bürgerkriegs, ansonsten aber blieb die Amputation die bevorzugte wundärztliche Praxis, sodass sich in den Feldlazaretten ganze Berge abgetrennter Gliedmaßen türmten. Auch die Behandlung von Krankheiten steckte noch in den Kinderschuhen. Anwendungen aus der Revolutionsära, etwa die Gabe von Quecksilber, Aderlass, Schröpfen und andere abergläubische Heilmethoden waren immer noch gang und gäbe. Wie in der Vergangenheit mieden die Soldaten daher systematisch die Krankenstationen, welche sie mehr als Leichenhäuser denn als Orte der Heilung betrachteten. Die Lazarette waren zudem Umschlagplätze für allerlei Infektionen, die regelmäßig von den Soldaten eingeschleppt wurden. Wer an einer Krankheit litt, biss in der Regel die Zähne zusammen und kämpfte weiter, ohne sich einer Behandlung zu unterziehen. Der Unionskavallerist John Kies etwa wurde eingewiesen, als ihm in der zweiten Schlacht von Bull Run eine Salve der Rebellen den Arm zerfetzte. Er gestand dem Arzt, dass er bereits seit zwei Monaten an Malaria leide. Kies überlebte seine Verwundung. Er überlebte sogar die Amputation seines Armes. Sein Gefecht gegen die Malaria gewann er jedoch nicht.

Als sich der Krieg in die Länge zog und Chinin immer knapper und damit unerschwinglich wurde, verabreichte man im Süden alle möglichen wirkungslosen Baumrinden und andere Ersatzstoffe. Der konföderierte Sanitätsinspekteur wies seine Ärzte an, indigene Heilmittel anzuwenden, »die vermutlich in der Nähe jedes Hospitals und Lazaretts wachsen«. Im Jahr 1863 wurde an konföderierte Ärzte und Feldkommandeure der Ratgeber *Resources of the Southern Fields and Forests* ausgegeben, in welchem ein riesiger Katalog wirkungsloser pflanzlicher Austauschstoffe für Chinin und andere Medikamente aufgelistet war. Im gesamten Süden wurden Ersatzstoffe für alle möglichen Arznei- und Nahrungsmittel konsumiert, darunter auch Kaffee.

Ein Artillerieoffizier der Union schrieb später: »Kaffee gehörte zu den wichtigsten Bestandteilen der Ration. Man kann zwar nicht sagen, dass der Kaffee den Krieg gewinnen half, doch machte er seine Teilnahme wenigstens erträglicher.« Tatsächlich wurde 1862 die maschinell gefertigte Papiertüte erfunden, ein leichtes, billiges und kompaktes Behältnis, in welchem die Unionssoldaten ihren Kaffee transportieren konnten. Wenn sich Rebellen und Yankees gesellschaftlich näher kamen, stand Kaffee ganz oben auf der Tauschliste der Konföderierten. »Die Jungs sind ein paar Mal ausgezogen, um Kaffee gegen Tabak einzutauschen«, vermerkte Unionsfeldwebel Day Elmore aus Atlanta im Juli 1864 zu Beginn von General Shermans »Marsch zum Meer«. Als Kaffee-Ersatz dienten im Süden vorwiegend Eicheln, Zichorie, Baumwollsaat und Löwenzahnwurzel. Kaffee hin oder her – im Jahr 1865 konnten auch noch so kreative Substitute die Zivilbevölkerung nicht ernähren oder heilen, ganz zu schweigen von Lees geschundener Armee, die von Grants widerstandsfähigen Unionstruppen durch Virginia geprügelt wurde. Nach beharrlichem neunmonatigem Widerstand bei Richmond überließ Lee die Stadt am 2. April ihrem Schicksal.

Am 9. April 1865 endete der Amerikanische Bürgerkrieg nach 10 000 kleinen und großen Schlachten an einem Ort, den Wilmer McLean, dessen Küche in der ersten Schlacht von Bull Run zerstört worden war, nicht hatte vorhersehen können. Nach den Schlachten von Bull Run war er mit seiner Familie fortgezogen, um dem Krieg zu entfliehen, und hatte sich in einer scheinbar ruhigen und friedlichen kleinen Gemeinde irgendwo in Virginia niedergelassen. Der Name des Örtchens war Appomattox Court House. Doch der Krieg holte ihn dort ein, so unwahrscheinlich das auch war. Somit wurde er zum Gastgeber der Kapitulationsverhandlungen zwischen den Generälen Grant und Lee im Salon seines geräumigen, beinahe herrschaftlichen Hauses. Der Bürgerkrieg war vorüber.

Lincoln beharrte auf seinen Kriegszielen, die Union zu erhalten und die Sklaverei abzuschaffen. Doch der Preis dafür war hoch: Insgesamt 750 000 Amerikaner hatten durch den Krieg ihr Leben verloren, darunter etwa 50 000 Zivilisten (vorwiegend aus dem Süden).

HARD TIMES IN OLE VARGINNY, AN' WORSE A CUMIN'!
Scene.—Rebel Pickets in Western Virginia.
First Picket. "Awful Cold, ain't it?"
Second Picket. "Co-o-ld! yes, an' I'm jist gitting another Shake of that Ager, and n inine in the 'Federacy!"
First Picket. "Worser still! Got them Blue Devils after me, an' nary drop o' Whi (*With much feeling.*)
Second Picket. "I wish I was Ho-o-me."

»Harte Zeiten im guten, alten Virginia, und Schlimmeres steht bevor! – Feldwachen der Rebellen in West-Virginia«, *Harper's Weekly,* Januar 1862: Zwei konföderierte Soldaten klagen über einen erneuten »Fieberanfall [Malaria] und kein Chinin in der Konföderation! Schlimmer noch! Mich packt der Säuferwahn, und es gibt keinen Tropfen Whisky!« Als die Seeblockade der Union, der sogenannte Anakonda-Plan, den Handel im Süden erstickte, kam es unter konföderierten Soldaten und Zivilisten zunehmend zu endemischer Malaria bei gleichzeitiger Chininknappheit.

In heutigen Maßstäben würden diese Zahlen mehr als sieben Millionen Toten entsprechen, was das Ausmaß der Katastrophe verdeutlicht. Im Bürgerkrieg starben mehr Amerikaner als in allen anderen amerikanischen Kriegen zusammen. Von den 360 000 Toten aufseiten der Union verloren 65 Prozent durch Krankheiten ihr Leben. In den Unionslazaretten wurden mehr als 1,3 Millionen Fälle von Malaria diagnostiziert, wenngleich die tatsächlichen Zahlen vermutlich weitaus höher waren. An bestimmten Kriegsschauplätzen des Südens, insbesondere in den beiden Carolinas, erreichten die jährlichen Malariaraten erschreckende 235 Prozent (was bedeutet, dass es zu zahlreichen Mehrfachinfektionen und Rückfällen kam).

Die Aufzeichnungen der Konföderierten gingen mit dem Fall Richmonds zwar in Rauch auf, doch schätzte der sachkundige konföderierte Sanitätsinspekteur, dass von den insgesamt 290 000 Verlusten unter den Soldaten 75 Prozent auf Krankheiten zurückzuführen seien. Wir können nur erahnen, welche Auswirkungen die Malaria auf die konföderierten Truppen hatte. Historiker sind sich einig, dass die malariabedingten Krankheits- und Sterbeziffern im Süden etwa 10 bis 15 Prozent höher waren als bei den Unionsstreitkräften. Vor dem Hintergrund der bestehenden Nachschubprobleme trug die Stechmücke also dazu bei, den Süden militärisch zu schwächen, verhalf dem Norden zum Sieg, ermöglichte den Erhalt der Union und schaffte die Institution der Sklaverei ab. Die Stechmücke führte maßgeblich die Emanzipationsproklamation mit herbei, die es ermöglichte, befreite Sklaven aus dem Süden zu Soldaten zu machen, welche dann wiederum halfen, das Freiheitsversprechen einzulösen.

Unter den mehr als 200 000 Afroamerikanern, die während des Bürgerkriegs in den Unionsstreitkräften dienten, kam es zu gesicherten 152 000 Fällen von Malaria. »Ich hatte angenommen, der schwarze Mann besäße besondere Abwehrkräfte gegen Malaria«, berichtete der Unionsarzt John Fish, der ein afroamerikanisches Regiment entlang des Mississippis von Baton Rouge nach Vicksburg begleitete.

»Daher hatte ich mit einer derart hohen Anzahl von Wechselfiebererkrankungen keinesfalls gerechnet.« Rund 40 000 Afroamerikaner starben im Kampf um ihre Freiheit, davon drei Viertel an Krankheiten. Das wissenschaftliche Stereotyp der afrikanischen Immunität gegen von Mücken übertragene Krankheiten wurde entkräftet. »Trotz der angeblichen Immunität der *negros* gegen die klimatischen Seuchen des Südens sehe ich unter ihnen andauernd Fälle derselben Fieber und Durchfälle, wie sie auch bei den anderen Soldaten auftreten, und offensichtlich auch in derselben Heftigkeit und Häufigkeit«, verriet ein Wundarzt der Union aus Memphis. »Ich bin geneigt zu glauben, dass ihre Widerstandskraft gegen die klimatischen Einflüsse des Südens maßlos überschätzt wird, wenngleich zweifellos gewisse Anhaltspunkte vorliegen, welche diese weitverbreitete Meinung rechtfertigen.« Die Annahme, die hinter dieser Meinung steckte, beruhte auf Erbimmunitäten wie der Duffy-Negativität oder der Sichelzellenanlage. Durch die Teilnahme afroamerikanischer Soldaten am Bürgerkrieg erwies sich das letztlich als Trugschluss.

Hohe Malariaraten unter diesen im Lande geborenen Afroamerikanern, die über keinen genetischen Schutz mehr verfügten, ließen die aus der Vorkriegszeit stammende »Rassenkunde« mitsamt ihren haarsträubenden pseudowissenschaftlichen Behauptungen, die über Generationen zur bequemen Rechtfertigung der Sklaverei gedient hatten, wie ein Kartenhaus in sich zusammenstürzen. Ein Unionsarzt stellte nüchtern fest, dass die wissenschaftliche Doktrin bezüglich afrikanischer Widerstandskraft gegenüber Malaria und anderen Seuchen, welche »so oft in unseren Lehrbüchern zitiert wird«, nachweislich unbegründet sei. Die 4,2 Millionen Afroamerikaner waren keine Leibeigenen der Plantagenbesitzer mehr, und auch die rassischen Stereotype hinsichtlich ihrer Immunität gegen Krankheiten wurden ad absurdum geführt.

Der Einsatz von Afroamerikanern als Teil der kämpfenden Truppen im Bürgerkrieg untergrub zudem die herrschenden, rassistischen Theorien über ihre Waffentauglichkeit. Nach den beispiellosen Verlusten bei Antietam im September 1862 griff Lincoln mit einer Anordnung der Emanzipationsproklamation vor. Noch im selben Monat wurde die erste afroamerikanische Einheit, die First Louisiana Native Guard, formell in die Armee der Vereinigten Staaten aufgenommen, wenngleich dies technisch gesehen inoffiziell war. Als es die Emanzipationsproklamation offiziell ermöglichte, afroamerikanische Kontingente befreiter Sklaven anzuwerben, wurden während des Krieges insgesamt 175 segregierte Regimente der U.S. Colored Troops aufgestellt. Innerhalb dieser Regimente gab es jedoch weniger als 100 afroamerikanische Offiziere, davon keiner mit einem Rang über einem Hauptmann, und bis zum Juni 1864 erhielten afroamerikanische Soldaten auch weniger Sold als ihre weißen Kameraden. Das Militär akzeptierte Afroamerikaner zwar dem Gesetz nach, doch eine offizielle Aufhebung der Rassentrennung der U.S. Armed Forces erfolgte erst nach dem Zweiten Weltkrieg mit der Präsidentenverfügung Harry Trumans im Jahr 1948. Während die Union den Kriegseinsatz freier Afroamerikaner im festgelegten und kontrollierten Rahmen gestattete, kam es der Konföderation nicht in den Sinn, ihre Sklaven zu bewaffnen.

Generalmajor Howell Cobb, der bis zur Wahl von Jefferson Davis im Februar 1861 als Sprecher des Provisorischen Konföderiertenkongresses fungiert hatte, fasste die konföderierte Position in Fragen rassischer Hierarchie im Zusammenhang mit einer Dienstverpflichtung von Sklaven knapp zusammen: »Man kann aus Sklaven keine Soldaten und aus Soldaten keine Sklaven machen«, erklärte er. »Der Tag, an dem man sie zu Soldaten macht, ist der Anfang vom Ende. Wenn Sklaven gute Soldaten sind, ist unsere gesamte Theorie der Sklaverei falsch.« Als der Krieg Ende März so gut wie verloren war und die Truppenstärke eine kritische Untergrenze erreicht hatte, lenkte der Konföderierte Kongress ein und bat Sklavenbesitzer, ein Viertel ihres menschlichen Kapitals für den Militärdienst zur Verfügung zu stellen. Hastig und konfus wurden ganze zwei Kompanien mit Sklavensoldaten aufgestellt, die man um Richmond herum demonstrativ aufmarschieren ließ – dann ergab sich Lee. Die Konföderation und ihre Kultur der Sklaverei brachen zusammen.

In den feindlichen Reihen indes kämpften afroamerikanische Soldaten mit Mut und Tapferkeit für die Sache der Union. Sie lieferten sich in Port Hudson nahe Vicksburg ein Gefecht, welches Grant das Lob abrang: »Alle, die auf die Probe gestellt worden sind, haben tapfer gekämpft.« Afroamerikanische Regimenter stellten sich auch bei Nashville den konföderierten Soldaten, kämpften während der Belagerung Petersburgs in der sogenannten Kraterschlacht und waren unter den ersten Truppen, die in den frühen Morgenstunden des 3. April 1865 die verlassene und rauchende konföderierte Hauptstadt Richmond betraten. Der legendäre, wenngleich fruchtlose Angriff des 54th Massachusetts Colored Regiment auf das Inselbollwerk Fort Wagner im Hafen von Charleston im Juli 1863 fand mit dem preisgekrönten Historiendrama *Glory* 1989 Eingang in die Populärkultur (in dem Film ist unter anderen der junge Denzel Washington zu sehen).

Der hochgeachtete Abolitionist, Autor und ehemalige Sklave Frederick Douglass, dessen eigene Söhne in afroamerikanischen Regimentern kämpften, bekannte kurz nach der Emanzipationsproklamation: »Ein schamloser Krieg, der zur ewigen Versklavung farbiger Menschen begonnen und geführt wird, schreit geradezu danach, dass farbige Menschen helfen, ihn zu unterdrücken.« Die Afroamerikaner folgten nicht nur Douglass' Logik, dass durch den Kampf »keine Macht der Erde leugnen [könne], dass [sie] das Bürgerrecht der Vereinigten Staaten erworben haben«, sondern setzten mit Heldenmut und Tapferkeit auch seine größere Vision von Leben und Freiheit in die Realität um. Dreiundzwanzig afroamerikanische Soldaten wurden während des Bürgerkriegs mit der Ehrenmedaille ausgezeichnet. Trotz Ehrungen und Lobreden war ihr Krieg mit Sicherheit ein ganz anderer als der, den andere amerikanische Truppen führten, sowohl bei der Union als auch unter der Flagge der Konföderation.

Afroamerikaner kämpften innerhalb einer segregierten und skeptischen Armee gegen einen gnadenlosen Feind, der Freude dabei empfand, sie zu töten – alles unter der mikroskopischen Aufsicht einer neugierigen, kritischen und urteilenden Nation. Kapitulation kam für Afroamerikaner nicht infrage. Konföderierte Soldaten waren angewidert darüber, in einem Krieg, der ihrer Meinung nach ein Krieg des weißen Mannes hätte bleiben sollen, gegen ehemalige Sklaven kämpfen zu müssen und rächten sich dafür an Verwundeten und Gefangenen. Afroamerikanische Soldaten hatten unter der sadistischen Gewalt konföderierter Soldaten zu leiden und wurden häufig für Folter und Exekutionen ausgesondert. Die schlimmsten Gräueltaten und Massaker ereigneten sich im April 1864 am Mississippi in Fort Pillow, Tennessee. »Das Gemetzel war schrecklich«, schrieb ein Augenzeuge, der konföderierte Feldwebel Achilles V. Clark. »Mit Worten kann man den Anblick nicht beschreiben. Die armen, getäuschten *negros* rannten auf unsere Männer zu, fielen auf die Knie und schrien mit erhobenen Händen um Gnade, doch man befahl ihnen, wieder aufzustehen. Dann wurden sie niedergeschossen. Den weißen Männern erging es nicht viel besser. Das Fort wurde zu einem großen Schlachthaus. Blut, menschliches Blut stand überall in Pfützen, und man hätte beliebig viele Gehirne sammeln können. Gemeinsam mit einigen anderen versuchte ich, das Schlachten zu beenden, was mir zum Teil auch kurz gelang, doch General Forrest befahl, sie wie Hunde zu erschießen, und das Massaker fand seinen Fortgang. Schließlich wurden unsere Männer des Blutes überdrüssig, und das Schießen endete.« Konföderierte Truppen unter Generalmajor Nathan Bedford Forrest, der 1867 zum ersten Großen Hexenmeister des Ku-Klux-Klan gewählt wurde, folterten und töteten afroamerikanische Truppen und ihre weißen Offiziere nach deren Kapitulation oder Gefangennahme gnadenlos. Forrest nannte es »das massenhafte Abschlachten der Garnison in Fort Pillow«. Drei Tage nach diesem Grauen berichtete er: »Der Fluss war über zweihundert Yards gefärbt vom Blut der Getöteten. Es steht zu hoffen, dass diese Tatsachen den Leuten im Norden demonstrieren, dass Negersoldaten es nicht mit Südstaatlern aufnehmen können.« Etwa 80 Prozent der afroamerikanischen Soldaten und 40 Prozent ihrer weißen Offiziere wurden exekutiert. Lediglich 58 afroamerikanische Soldaten marschierten in die Gefangenschaft, was möglicherweise schlimmer als eine Hinrichtung war, da auch die Internierung nicht selten nur eine verlängerte und qualvolle Todesstrafe darstellte.

Konföderierte Gefangenenlager waren ein grausiger Albtraum, in welchem Hunger, katastrophale hygienische Zustände, Verzweiflung, Elend und Seuchen herrschten. Tausende abgemagerter und ausgemergelter Unionssoldaten holte der Tod. Vor der Befreiung des berüchtigten Kriegsgefangenenlagers Andersonville in Georgia im Mai 1865 starben dort in weniger als einem Jahr 13 000 Soldaten an einer Reihe von Krankheiten, darunter Skorbut, Malaria, Ruhr, Typhus und der Hakenwurmkrankheit. Die Berichte über das Leid und die erbärmlichen Zustände in Andersonville sind so grauenerregend, dass sie jeder Beschreibung spotten und jenseits aller Vorstellungskraft liegen.[77] Die Kriegsgefangenenlager waren jedoch nur Spiegelbild der großen Themen des Bürgerkriegs: Massaker, Stechmücken, Seuchen, Blutvergießen und Tod.

Wie so viele Kriege zuvor und danach wurde also auch der Bürgerkrieg durch von Stechmücken übertragenen Krankheiten und tödlichen Seuchen bestimmt. Im Gegensatz zu den meisten anderen Kriegen jedoch entfaltete das beispiellose Gemetzel eine positive, menschliche und eine ganze Nation erhellende Wirkung. Mitverfasst von der Stechmücke, stützte sich Lincolns Emanzipationsproklamation auf die These, »dass alle Menschen gleich erschaffen wurden [und] alle als Sklaven gehaltenen Personen … fortan und für immerdar frei sein sollen«. Mit der Ratifikation des 13. Verfassungszusatzes am 6. Dezember 1865 war die Sklaverei in den Vereinigten Staaten für immer beendet.

Der Preis der Freiheit war schwindelerregend – 750 000 tote Amerikaner. Als eloquenter, poetischer und mitreißender Präsident tröstete Lincoln die Hinterbliebenen des Bürgerkriegs, darunter auch Frau Bixby aus Boston, mit den Worten: »Am Ende zählen nicht die Jahre des Lebens, sondern das Leben in diesen Jahren.« Die Gefallenen waren jedenfalls nicht umsonst gestorben. Trotz aller entsetzlichen Gräuel und Gemetzel während des Krieges schloss General Grant: »Wir sind jetzt besser dran, als wir es ohne [den Krieg] wären.« Wie Lincoln glaubte er, der Krieg sei eine »Strafe für nationale Sünden [die Sklaverei], die früher oder später in der einen oder anderen Gestalt kommen und wahrscheinlich auch blutig sein musste.«

Nach dem unvorstellbaren Gemetzel des Bürgerkriegs hatten die Vereinigten Staaten eigentlich einen langen Urlaub vom Tod verdient gehabt. Dem kriegsgebeutelten Land blieb jedoch kaum Zeit, seine Wunden zu lecken. Die Mücke schert sich nicht um Trauerzeiten und nutzt kleine Konflikte ebenso zu ihrem Vorteil wie einen uneingeschränkten Krieg. Als das Töten auf dem Schlachtfeld endete, waren der Stechmücke die Friedensgespräche zwischen Lee und Grant auf Wilmer McLeans Veranda vollkommen gleichgültig. Millionen von Soldaten kehrten vom Kampf traumatisiert und mit Krankheitserregern im Blut zurück in ihre Heimat. Während der politisch turbulenten Jahrzehnte der sogenannten Reconstruction, in welche auch Grants skandalumwitterte Präsidentschaft fiel, löste die Stechmücke innerhalb einer bereits trauernden und kriegsmüden Bevölkerung die schlimmsten Epidemien der amerikanischen Geschichte aus.

KAPITEL 16

DER STECHMÜCKE AUF DEN FERSEN: KRANKHEIT UND IMPERIALISMUS

Luke Blackburn, ein Arzt aus Kentucky und führender Experte für Gelbfieber, war zu alt, um als Soldat in den Krieg zu ziehen. Doch als glühender Anhänger der Konföderierten wollte er unbedingt die Südstaaten unterstützen. Und so heckte er den irrwitzigen Plan aus, die Union mithilfe einer eingeschleppten Gelbfieberepidemie im District of Columbia zu besiegen, einer biblischen Plage, in deren Verlauf auch Präsident Lincoln ums Leben kommen sollte. Als Blackburn im April 1864 von einem schweren Ausbruch des Gelbfiebers auf der Insel Bermuda hörte, die den Blockadebrechern der Konföderierten als Stützpunkt diente, reiste er sofort in die Karibik. Nach seiner Ankunft füllte er mehrere Truhen mit beschmutzten Kleidungsstücken und Bettzeug von Gelbfieberopfern. Die Truhen wurden auf einen Dampfer verladen, der den vermeintlich kontaminierten Inhalt mit dem gefürchteten Erreger und todbringenden Fieber nach Washington bringen sollte. Im August verkaufte Blackburns Mitverschwörer Godfrey Hyams, dem die stattliche Summe von 60.000 US-Dollar versprochen worden war, die Truhen und Kisten an einen Händler in der Nähe des Weißen Hauses. Blackburn hatte seinem Handlanger gesagt, die »infizierten« Kleidungsstücke würden die nichts ahnenden Einwohner der Stadt auf »eine Entfernung von 60 Yards töten«. Die ohnehin seltsame und schockierende Geschichte der Mücken als biologische Waffe erhält damit eine unerwartete Wendung zum Bizarren, ganz nach der Feststellung von Mark Twain, dass die Wirklichkeit oft befremdlicher ist als die Fiktion.

Im April 1865, als General Lee und General Grant in höflichem Ton in Wilmer McLeans Salon im Appomattox Court House verhandelten, war Blackburn erneut auf Bermuda, um eine zweite Ladung Decken und Kleidungsstücke einzusammeln. Dieses Mal sollte ein gewisser Edward Swan die Truhen nach New York City bringen, »um die Massen dort zu vernichten«. Doch Blackburn hatte noch eine zusätzliche Überraschung für die Stadt in petto. Wenn das Gelbfieber zugeschlagen hatte und die erkrankte Bevölkerung in Panik war, wollte er für eine weitere Terrorwelle sorgen – er hatte Pläne entwickelt, das Trinkwasser von New York zu vergiften. Die »verdammten Yankees« sollten massenhaft sterben und im Chaos versinken.

Am 12. April, zwei Tage vor der Ermordung Präsident Lincolns, betrat ein verärgerter (und noch nicht ausbezahlter) Godfrey Hyams das Konsulat der Vereinigten Staaten in Toronto. Ruhig und strukturiert legte er den Behörden die Details seiner Beteiligung an Blackburns makaberen Intrigen dar. Als die Nachricht Bermuda erreichte, durchsuchten die Behörden Swans Hotel und fanden die Truhen samt Inhalt, getränkt mit dem für Gelbfieber typischen schwarzen Erbrochenen. Swan wurde verhaftet und verurteilt, weil er gegen lokale Gesundheitsvorschriften verstoßen hatte. Da die Verschwörung aufgeflogen war, wurde auch Blackburn verhaftet, aber schließlich freigesprochen.

Wie die mit Pocken verseuchten Decken der Briten beim Aufstand der Pontiac und die Versuche von Cornwallis, im Amerikanischen Unabhängigkeitskrieg Pocken mithilfe von freigelassenen infizierten Sklaven zu verbreiten, blieb auch Blackburns heimtückischer Plan ohne Erfolg. Sein Scheitern verdeutlicht das begrenzte medizinische Wissen im Zusammenhang mit von Stechmücken übertragenen Krankheiten; immerhin galt Blackburn als einer der führenden Gelbfieberexperten des Landes. Die Mücke als Überträger der Krankheit blieb noch anonym, die von ihr vorangetriebene tödliche Unterwanderung unerkannt.

Nur Stechmücken der Gattung Aedes können das tödliche Gelbfiebervirus übertragen, beschmutzte Kleidung oder Bettwäsche zeigen keine Wirkung. In den Jahrzehnten nach dem Krieg waren die Mücken als Überträger besonders aktiv. Während der Reconstruction, einer Phase des Wiederaufbaus und der Neuordnung nach dem Bürgerkrieg, wurde von ihnen eine der schlimmsten Epidemien in der Geschichte der Vereinigten Staaten ausgelöst. Und in Memphis sollte sich niemand Geringeres um die zahlreichen Kranken und Toten kümmern als der berüchtigte Luke Blackburn, was ihm den morbiden Spitznamen *Dr. Black Vomit* einbringen sollte. Die Bewohner der Stadt am träge vorbeifließenden Mississippi waren erschöpft und ernüchtert. Der Bürgerkrieg hatte dem geschäftigen Baumwollhafen und Eisenbahnknotenpunkt, an dem sich vier Linien trafen, die Lebensgrundlage genommen. Im Frühjahr 1878 lebten 45 000 Menschen in der Stadt, darunter gerade freigelassene ehemalige Sklaven, kleine Farmpächter, kürzlich eingewanderte Deutsche, Sympathisanten der Konföderierten, Besitzer von Baumwollplantagen sowie Schifffahrtsunternehmer und reiche Geschäftsleute aus dem Norden. Diese heterogene Einwohnerschaft war fast doppelt so groß wie die von Atlanta oder Nashville, südlich der Mason-Dixon-Linie war nur New Orleans größer. Die kontrastreiche Stadt Memphis, die aufgrund ihrer Lage als kultureller Schnittpunkt zwischen Norden und Süden fungierte und gleichzeitig das Tor zu den Grenzgebieten im Westen bildete, galt als Hort von Mutlosigkeit, Verschmutzung und Krankheiten. Direkt nach dem Bürgerkrieg wüteten die blutgierigen, mörderischen Stechmücken dort besonders heftig. Allerdings war Memphis nicht die einzige Stadt im Süden, in der der melancholische Delta-Blues regierte. Gierige Mücken trugen auf ihre heimtückische Art zur Zersetzung der ehemaligen Konföderation bei. Während der verheerenden Gelbfieberepidemien der 1870er-Jahre reiste Blackburn ähnlich wie der Virus durch viele Städte des Südens.

Die erste größere Epidemie nach dem Krieg brach 1867 aus, als sich das von Stechmücken verbreitete Virus durch die Staaten am Golf von Mexiko arbeitete und dabei über 6000 Menschen tötete. Da Blackburn für seine Versuche mit biologischer Kriegsführung nie verurteilt worden war, lebte er als freier Mann in New Orleans, dem Epizentrum der Epidemie, und behandelte dort die Kranken. Trotz seiner Bemühungen (die allerdings aus medizinischer und wissenschaftlicher Sicht unzulänglich waren) forderte das Gelbfieber dort 3200 Opfer. Sechs Jahre später starben wieder 5000 Menschen an Gelbfieber, darunter auch 3500 in Memphis, wo Blackburn mittlerweile praktizierte. Danach zog er mit seinem medizinischen Wanderzirkus Richtung Osten nach Florida, wo bei einer weiteren Gelbfieberepidemie 1877 etwa 2200 Menschen ums Leben kamen. Ein Jahr später war Blackburn wieder in Memphis, da die Stechmücken nun das Tal des Mississippis heimsuchten und die tödliche Krankheit übertrugen. Ende August 1878 fühlte sich Luke Blackburn erschöpft. Er kümmerte sich nicht nur um Tausende Gelbfieberopfer, die in der brütenden Hitze von Memphis litten, sondern kandidierte auch für die Demokraten bei den Gouverneurswahlen von Kentucky. Eine gespenstische Stille lag über der Stadt, während sich Blackburn, nach wie vor ein überzeugter Konföderierter, eine kurze Ruhepause gönnte und die historischen Gebäude der Stadt besichtigte, darunter auch das Haus von Jefferson Davis in der Court Street. Die Straßen waren völlig verwaist, allenfalls ein paar Gespenster waren in der Union Avenue unterwegs. Die Beale Street lag schweigsam und leblos, und in der Main Street sah man nur den Müll, den der Wind vor sich her trieb, und einige verschreckte Bürger, die es offensichtlich eilig hatten. Fast 25 000 Menschen, mehr als die Hälfte der Einwohner, hatten die Stadt bereits in Panik verlassen. Von den etwa 20 000, die geblieben waren, sollten sich 17 000 mit Gelbfieber infizieren. Memphis war fest in der Hand der Mücken.

Der erste Gelbfieberfall war Ende Juli gemeldet worden. Ein Seemann auf dem Weg von Kuba nach Memphis mit Zwischenstopp in New Orleans hatte die Krankheit eingeschleppt. »Viele Schiffe kamen 1878 aus Kuba, wo der zehnjährige Kampf um Unabhängigkeit kurz vor seinem Ende stand und wo seit März das Gelbfieber grassierte«, schreibt Molly Caldwell Crosby in ihrem spannenden, brillant formulierten Buch *The American Plague*, in dem sie die Gelbfieberepidemie schildert, die 1878 den Süden der USA heimsuchte. »Hunderte Flüchtlinge landeten in New Orleans … Der Hafen füllte sich mit Schiffen, die auf den Wellen tanzten und die gelbe Quarantäneflagge gehisst hatten.« Nur einen Monat später quälten sich die Einwohner von Memphis, die in der traumatisierten Stadt geblieben waren, schweißüberströmt und mit Fieberschüben auf ihren Lagern. Die Stadt war wie gelähmt, ein Hort des Todes, des Verlustes und der Angst. Allein im September starben im Schnitt täglich 200 Menschen. Die Mücken hatten Memphis praktisch das Leben ausgesaugt und die Stadt in eine Ansammlung von Grabstätten und Leichen verwandelt. Während man in Amerika aufmerksam den Aufstand der Kubaner gegen die spanische Herrschaft verfolgte und dabei an die Vorteile für den Handel und die eigene Wirtschaft dachte, konnte sich das Gelbfieber von Memphis aus ungehindert über den Mississippi, Missouri und Ohio River und ihre Einzugsgebiete verbreiten.

Zu der Zeit war Blackburn bereits nach Louisville gereist und behandelte dort die Kranken und Sterbenden, die Opfer von *Yellow Jack* geworden waren. Die Epidemie von 1878 wütete in den Südstaaten, bis die kalten Winde und der erste Frost im Oktober den unbekannten Angreifer in Form der Stechmücken töteten und damit dem über fünf Monate währenden Leiden ein Ende bereiteten. Blackburn nahm seinen Wahlkampf wieder auf und konnte die Wahl mit einem Vorsprung von 20 Prozent gegenüber seinem republikanischen Konkurrenten für sich entscheiden. Er war von 1879 bis 1883 Gouverneur von Kentucky und praktizierte bis zu seinem

Tod 1887 weiter als Arzt. Auf seinem Grabstein prangt ein Bildnis des »guten Samariters«. Als Tribut an *Dr. Black Vomit* wurde im Blackburn Correctional Complex, einem Gefängnis mit niedriger Sicherheitsstufe in der Nähe von Lexington in Kentucky, 1972 der offene Vollzug für die Insassen eingeführt. Angesichts seiner Versuche zur biologischen Kriegsführung (und einem indirekten Anschlag auf Lincolns Leben), für die er nie zur Rechenschaft gezogen wurde, birgt diese Maßnahme durchaus eine gewisse Ironie.

Bei der Epidemie von 1878 starben von den 120 000 Infizierten über 20 000 am Gelbfieber: 1100 in Vicksburg, 4100 in New Orleans und 5500 in Memphis – das sind erschreckende 28 Prozent der nicht geflüchteten oder zwölf Prozent der ursprünglichen Bevölkerung. Stellen Sie sich das Chaos und die Panik in unserer heutigen Zeit mit ihrem soziokulturellen Klima vor, wenn innerhalb weniger Monate 165 000 Menschen in der Metropolregion Memphis an Gelbfieber oder einer anderen Krankheit sterben würden. Die Epidemie von 1878, die schlimmste Gelbfiebertragödie der amerikanischen Geschichte, war glücklicherweise der letzte große Ausbruch dieser Krankheit. Doch das Virus suchte die Südstaaten regelmäßig heim, die letzte kleinere Epidemie, die aus Kuba eingeschleppt worden war, forderte noch 1905 in New Orleans 500 Menschenleben.

Die Epidemien in den von Schlachten gezeichneten und Stechmücken geplagten Südstaaten der 1870er-Jahre wurden durch den massiven Anstieg des Handels und die Ausdehnung der Märkte nicht nur in den USA, sondern auch in Süd- und Mittelamerika und in der Karibik befeuert. So gelangten die Viren der Epidemie von 1878 von Kuba, das um seine Unabhängigkeit von Spanien kämpfte, über New Orleans nach Memphis. Die USA bedachten die wenigen noch verbliebenen spanischen Kolonien, Überbleibsel einer einst dominierenden Großmacht, mit gierigen imperialistischen Blicken, weil sie sich von einer Ausweitung ihres Einflussbereichs auf internationale Gewässer einen Schub für die im Aufschwung begriffene eigene Industrie und ihr merkantilistisches Wirtschaftssystem erhofften. Als die USA im April 1898 Spanien den Krieg erklärten, handelten sie erstmals nach dem Prinzip »warum Handel treiben, wenn man auch einmarschieren kann«. Das erste Ziel der USA auf dem Weg zur Weltmacht war Kuba.

Beim ersten Versuch der USA zur Kolonialisierung Kubas stand die Stechmücke zwischen den Invasoren und den erhofften sprudelnden Geldquellen. Wohlstand ist ein starkes Motiv, das es einen auch mit tödlichen kubanischen Stechmücken aufnehmen lässt. Einige eifrige und wild entschlossene Stechmückenbekämpfer unter der Führung von Walter Reed begleiteten den ersten echten imperialistischen Ausflug der USA im Spanisch-Amerikanischen Krieg. Während die amerikanischen Soldaten des Fifth Army Corps ihre Waffen auf nicht immunisierte Spanier richteten, nahm Reeds US Army Yellow Fever Commission mit ihren Mikroskopen die kubanischen Stechmücken ins Visier.

Als die amerikanische Infrastruktur massiv wuchs und der Handel nach dem Bürgerkrieg aufblühte, griffen auch die von Stechmücken übertragenen Krankheiten stärker um sich. Doch nicht nur die durch Mücken verbreiteten Epidemien (einschließlich des 1878 aus Kuba eingeschleppten Gelbfiebers) mit ihrer erhöhten Reichweite und Wucht machten den Bürgern zu schaffen, die Stechmücken setzten auch den Bankkonten der amerikanischen Kaufleute und Investoren zu. Vor dem Ausbruch des Spanisch-Amerikanischen Krieges vernichteten sie nicht nur Menschenleben, sondern auch Gewinne in rekordverdächtigem Ausmaß.

So verursachte etwa die Epidemie von 1878 den gewaltigen Verlust von 200 Millionen US-Dollar *für die amerikanische Wirtschaft. Der Kongress gab bekannt: »Für keine andere große Nation auf Erden hat das Gelbfieber so verhängnisvolle Auswirkungen wie für die Vereinigten Staaten von Amerika.« Die Stechmücken wüteten im Süden wie eine Abrissbirne und zerstörten die Dämme zum Schutz der Wirtschaft, woraufhin die amerikanische Finanzwelt und der Handel schon bald auf dem* Trockenen saßen. Der Kongress reagierte ein

Gelber Springteufel: Eine Karikatur in *Leslie's Weekly* aus dem Jahr 1873 zeigt den Bundesstaat Florida in den Klauen eines gelben, Gollum ähnlichen Fieberdämons, der aus einer Kiste mit der Aufschrift »Handel« springt, während Columbia, die nationale Personifikation der Vereinigten Staaten von Amerika, Hilfe herbeiwinkt. Hinter dem Trio rennen verschreckte Amerikaner um ihr Leben. Mit der Wiederbelebung und Ausweitung des Handels (vor allem des Handels mit der Karibik) nach dem Bürgerkrieg breitete sich auch das Gelbfieber in den 1870er-Jahren aus und forderte zahlreiche Todesopfer.

Jahr später mit der Gründung des National Boards of Health (Nationale Gesundheitsbehörde), das sich um die negativen Auswirkungen der Epidemie auf Gesundheit und Wirtschaft kümmern sollte. Doch die Behörde konnte nur wenig ausrichten, da der eigentliche Auslöser der Krankheiten (einschließlich des Gelbfiebers) immer noch nicht bekannt war. Obwohl die Mücken ihr Unwesen ganz offensichtlich trieben, tappten Wissenschaftler und Forscher auf der Suche nach dem meistgesuchten Serienmörder der Welt lange im Dunkeln. Unfähig, einen Zusammenhang zwischen den Stechmücken und der von ihnen übertragenen Krankheiten herzustellen, blieb dem neu geschaffene National Board of Health auch verborgen, dass ausgerechnet der viel gepriesene und so erwünschte Handel die Verbreitung der Krankheiten begünstigte. Das Gelbfieber, das auch als Geisel des Südens bezeichnet wurde, profitierte vom gewaltigen Anstieg des amerikanischen (und globalen) Handels, vom Ausbau der Infrastruktur und der Transportwege einschließlich des sich immer weiter ausdehnenden Schienennetzes, und von der letzten großen Einwanderungswelle in die Vereinigten Staaten.

Die Felder und Baumwollplantagen, die im Bürgerkrieg brach gelegen hatten, wurden nach dem Krieg wieder bestellt und vergrößert, wobei die ehemaligen Sklaven nun als Farmpächter arbeiteten. Der militärisch-industrielle Komplex, der maßgeblich zum Sieg der Nordstaaten im Bürgerkrieg beigetragen hatte, wurde umstrukturiert und produzierte nun Massengüter für den Export. Der verstärkte internationale Handel erreichte auch wieder die Hafenstädte der Südstaaten. Die Stechmücken und die von ihnen übertragenen Erreger von Gelbfieber, Malaria und Denguefieber konnten ihre Aktivitäten im Süden wieder verstärkt aufnehmen. Die Einwanderungswelle nach dem Krieg verstärkte das Elend noch zusätzlich, weil die Neuankömmlinge ihre eigenen Varianten der Krankheiten mitbrachten. So wurde etwa die endemische Malaria, die Jahrzehnte lang nicht mehr aufgetreten war, wieder in ganz Neuengland eingeschleppt. »Der amerikanische Fortschritt war ein weiterer Verbündeter des

Virus. Zahlreiche Einwanderer – aus Irland, Deutschland und Osteuropa –, deren Zustrom sich nach dem Bürgerkrieg noch erhöhte, zogen nun in den Süden«, schreibt Molly Caldwell Crosby. »Sie fungierten als Treibstoff des Fiebers, eine frische Quelle nicht immunisierten Blutes für das Virus. Das verbesserte Verkehrs- und Transportwesen ebnete den Einwanderern den Weg. Zum ersten Mal erstreckten sich Bahnlinien bis in den letzten Winkel des Landes – von Ost nach West, von Norden nach Süden.« 1878, als die Südstaaten unter der Gelbfieberepidemie ächzten, waren in den USA fast 130 000 Kilometer Schienen in Betrieb. Zur Jahrhundertwende erstreckte sich das Schienennetz über mehr als 400 000 Kilometer, nur 15 Jahre später waren es bereits über 650 000 Kilometer. Dieser massive Ausbau des Schienennetzes und der Infrastruktur an sich sollte die amerikanische Wirtschaft international wettbewerbsfähig machen.

Die Eisenbahn erleichterte außerdem das Vordringen der landhungrigen Siedler nach Westen. Im eigenen Hinterhof setzten die USA weiterhin auf die Doktrin der *Manifest Destiny* und die Unterwerfung indigener Völker als wirtschaftliche Triebfeder. Das »Dampfross« transportierte immer mehr Pioniere und Siedler, Glücksritter und Goldsucher sowie die US-Kavallerie zu ihrem Schutz in die Great Plains und Rocky Mountains, wo sie in Konflikt mit den aufbegehrenden indigenen Stämmen gerieten, die bereit waren, für die Verteidigung ihrer Heimat zu sterben. Kavalleristen und gedungene Mörder wie William »Buffalo Bill« Cody rotteten die Bisons aus, die Lebensgrundlage der indigenen Bevölkerung, und ermordeten oder trieben die wenigen versprengten und hungernden Überlebenden in Reservaten auf unfruchtbarem Land zusammen.

Entlang der Wagentrecks und Eisenbahnschienen drang die Malaria mit den Farmern nach Westen vor und fand im neuen Grenzgebiet ideale Bedingungen vor. In Laura Ingalls Wilders autobiografischem Roman *Unsere kleine Farm*, in dem sie ihre Kindheit in den 1870er-Jahren in Independence in Kansas schildert, finden sich gleich mehrere Hinweise auf Malaria. Etwa zehn Prozent des 7. Kavallerieregiments unter dem Kommando von Lieutenant Colonel George Armstrong Custer litten an Malaria, als die Sioux, Cheyenne und Arapahoe unter Führung von Sitting Bull und Crazy Horse den US-Soldaten in der Schlacht am Little Big Horn im Juni 1876 eine vernichtende Niederlage beibrachten. Die Schlacht war zwar Custers »letztes Gefecht«, aber auch das letzte Aufbäumen der indigenen Bevölkerung Amerikas. Die Sioux hatten eine Schlacht gewonnen, doch nach dem Massaker von Wounded Knee 1890 verloren sie den Krieg. Damit war das Schicksal der indigenen Völker überall in den Vereinigten Staaten besiegelt. Die erfolgreiche Binnenexpansion auf Kosten der indigenen Völker zog den Wunsch nach weiteren Eroberungen, Stützpunkten in Übersee und Ressourcen nach sich, um die heimische Industrie und den Export zu stützen.

Der massive Anstieg von Gewerbe und Handel war verbunden mit einer wachsenden Ansammlung amerikanischer Kolonien. Diese Ära der amerikanischen Expansion bedeutete eine dauerhafte Abkehr von der isolationistischen Doktrin des Präsidenten James Monroe von 1823.[78] Der amerikanische Imperialismus entwickelte eine beeindruckende Eigendynamik, die sich bis zu den beiden Weltkriegen und darüber hinaus fortsetzte. In den gut 100 Jahren zwischen dem Ende des Krieges von 1812 und dem Ausbruch des Ersten Weltkriegs 1914 erweiterten die USA ihr Territorium massiv und sicherten sich Florida, die noch verbliebenen unabhängigen Gebiete westlich der Rocky Mountains, Alaska, Kuba, Puerto Rico, Hawaii, Guam, einen Teil der Samoa-Inseln, die Philippinen und den Panamakanal.

Während die Amerikaner ihre wirtschaftlichen und imperialistischen Fühler bis in die Karibik und weit in den Pazifik ausstreckten, unternahmen die imperialistischen Mächte Europas letzte eigene unbeholfene Versuche in Afrika, Indien und Südostasien. Von der Niederlage Napoleons 1815 bis zum Ausbruch des Ersten Weltkriegs 1914 waren die europäischen Staaten damit beschäftigt, ihre Wunden zu lecken, diplomatische Beziehungen zu pflegen und den Rest der noch unbeanspruchten Welt mehr oder weniger friedlich unter sich aufzuteilen. Als die westliche Hemisphäre immer stärker unter amerikanischen Einfluss geriet, verlagerte sich der europäische Imperialismus von Amerika nach Afrika, nicht zuletzt auch mit der Unterstützung des Malariamittels Chinin. Auf dem »schwarzen Kontinent« wurde nun eine Art Monopoly gespielt, bei dem sich wirtschaftliche Interessen und militärische Risiken gegenseitig in Schach hielten. Mitunter griff das Spiel auch auf Indien, Zentralasien, den Kaukasus und den Fernen Osten über.

Bei diesen letzten Zügen auf dem imperialen Schachbrett wurde die Stechmücke schließlich enttarnt. Die klammheimlich agierende Überträgerin so tödlicher Krankheiten wie Filariose, Malaria und Gelbfieber war endlich entlarvt worden. Wie viele andere wissenschaftliche Erfindungen und technische Innovationen war auch die Entdeckung der Stechmücke als Überträgerin tödlicher Krankheiten direkt mit dem Kapitalismus in den britischen Kolonien Indien und Hongkong und der französischen Kolonie Algerien verbunden sowie mit der amerikanischen Invasion Kubas.

Ab den 1870er-Jahren strömten amerikanische Unternehmer nach Kuba. Nach und nach wurde die Insel von amerikanischen Unternehmen aufgekauft und die wirtschaftlichen Verbindungen zu Spanien Stück für Stück gekappt. Bereits 1820 hatte Thomas Jefferson Kuba als »die interessanteste Ergänzung« bezeichnet, »die je unserem System von Staaten hinzugefügt werden könnte«, und argumentiert, Amerika müsse Kuba »bei der erstbesten Gelegenheit einnehmen«. Tatsächlich hatte Spanien die Kaufangebote von fünf amerikanischen Präsidenten – Polk, Pierce, Buchanan, Grant und McKinley – abgelehnt. Eine ähnliche kommerzielle Amerikanisierung zeichnete sich für die unabhängige Inselgruppe Hawaii ab. Doch da Kuba und Hawaii nicht als amerikanische Territorien galten, mussten die dort ansässigen amerikanischen Plantagenbesitzer zu ihrem Ärger bei der Einfuhr »ausländischer Güter« in amerikanischen Häfen Zölle entrichten. Trotz dieser Einfuhrzölle gingen im Jahr 1877 bereits

83 Prozent der kubanischen Exporte in die USA (das Gelbfieber war eines der wenigen kubanischen Importgüter, für die kein Zoll entrichtet werden musste).

In den Jahrzehnten nach dem Bürgerkrieg erlebte die amerikanische Industrie einen enormen Aufschwung. Im Jahr 1900 waren die USA der Weltmarktführer bei der Herstellung von Industriegütern, die fast die Hälfte der amerikanischen Exporte ausmachten. Das Land verfügte über üppige Rohstoffvorkommen, außerdem konnte das benachbarte Kanada bei den meisten fehlenden Ressourcen aushelfen, allerdings fehlte es beiden Ländern an Gummi, Seide, einer ausreichenden Zuckerrohrproduktion und anderen tropischen Handelswaren. Die wachsenden Schiffsflotten erleichterten die relativ rasche Expansion des amerikanischen Handels, erforderten aber auch Kohlestationen für die Dampfer und den Schutz einer Marine. Der amerikanische Kapitalismus benötigte merkantilistische Kolonien. Und so richtete Uncle Sam seinen gierigen Blick auf die eigenwillige spanische Kolonie Kuba, die seit 1868 immer wieder von Aufständen gegen die spanische Vorherrschaft erschüttert wurde.

Kuba profitierte direkt von Toussaint Louvertures (dank Stechmückenunterstützung) erfolgreichem Sklavenaufstand auf Haiti. Der Preis (oder die Strafe), die Haiti 1804 für seine kostbare Freiheit bezahlen musste, war die Zerstörung der Plantagen, wodurch die Insel weltweit als ökonomischer Paria galt. Kuba konnte dieses kommerzielle Vakuum füllen und entthronte und ersetzte Haiti schon bald als größten Zuckerproduzenten der Welt (die Insel produzierte die Hälfte des globalen Angebots). Gleichzeitig entwickelte sich Kuba zum wichtigsten Exporteur von Tabak und Kaffee. Aufgrund der Investitionen und Kapitalströme blühte Havanna mit seiner beeindruckenden Strandpromenade auf und wurde zu einem ethnischen Schmelztiegel, zum Spielplatz multinationaler Eliten und kosmopolitischen Mekka, das in Hinblick auf Glanz und Glamour durchaus mit New York mithalten konnte. Im gesamten 19. Jahrhundert kam es zu zahlreichen Aufständen gegen die sich hartnäckig haltende spanische Herrschaft, doch es fehlte ihnen an Zusammenhalt und ausländischer Unterstützung, sodass sie von den Spaniern und ihrem kubanischen Marionettenregime brutal niedergeschlagen werden konnten.

Ab 1868 gerieten die Aufstände jedoch zum Dauerzustand der Insel. Ein Großteil der Sklaven, die etwa 40 Prozent der Bevölkerung ausmachten, kämpfte um die Freiheit. Die Spanier reagierten mit der Entsendung massiver Truppenkontingente, deren Immunsystem jedoch nicht mit den lokalen Erregern vertraut war. Im Gegensatz zu vielen anderen karibischen Inseln lebte auf Kuba eine gesunde spanische Kolonialbevölkerung in der Diaspora, ausgewanderte Spanier und ihre Nachkommen, die den Großteil der insgesamt 1,7 Millionen Einwohner stellten. Zwischen 1865 und 1895 siedelten sich über 500 000 spanische Einwanderer auf Kuba an. Der stete Zustrom an Neuankömmlingen, Glücksrittern und spanischen Soldaten versorgte die für ihre Gier berüchtigten kubanischen Stechmücken mit frischem Blut. In den letzten Jahrzehnten des 19. Jahrhunderts suchten massive Gelbfieberepidemien Jahr für Jahr die Insel heim und forderten insgesamt 60 000 Opfer.

Mit der Abschaffung der Sklaverei 1886 brachen die Gewinne der reichen spanisch-kubanischen Elite ein. Auch der wachsende Anteil des Rübenzuckers am Welthandel schmälerte die Gewinne aus der Rohrzuckerproduktion. (Wie bereits erwähnt, trieb Frankreich unter Napoleon nach dem Verlust von Haiti die Gewinnung von Zucker aus Zuckerrüben voran). Aufgrund der wirtschaftlichen Probleme erhob Spanien in Kuba ähnliche Steuern wie die, welche die Briten von den amerikanischen Kolonien vor dem Unabhängigkeitskrieg verlangt hatten. Spanien quetschte Kuba, die letzte Bastion seines einst so lukrativen Kolonialreichs, finanziell aus, versagte der spanisch-kubanischen Bevölkerung jedoch zugleich das Wahlrecht und rechtliche Privilegien. Die Amerikaner verstanden nur zu gut, warum sich die Kubaner gegen die tyrannische spanische Herrschaft wandten, die ihnen nur eine gewaltige Steuerlast auferlegte, aber keine Mitspracherrechte oder eine politische Vertretung gewährte. Die Verhältnisse auf Kuba lieferten den geeigneten Vorwand für die Amerikaner, ihre eigenen imperialistischen Ziele zu verfolgen. Angesichts der wachsenden Unterstützung vor Ort und im Ausland erhielten die kubanischen »Söhne der Freiheit«, von denen viele mit den Geschichten von Simon Bolivars Freiheitskampf aufgewachsen waren, immer mehr Zulauf und gewannen an Stärke. 1895 kam es zur Rebellion.

Im Verlauf des Aufstands gingen etwa 230 000 spanische Soldaten unter dem Kommando des Generals Valeriano Weyler, der den Beinamen »Der Schlächter« trug, rücksichtslos gegen die Rebellen vor. Landarbeiter und Bauern wurden in hastig gebauten, völlig überfüllten Lagern zusammengetrieben. Ernten wurden beschlagnahmt, das Vieh wurde geschlachtet, Felder und Dörfer niedergebrannt. 1896 war über ein Drittel der kubanischen Gesamtbevölkerung in Lager verschleppt worden, wo 150 000, also fast zehn Prozent der Bevölkerung, an Krankheiten zugrunde gingen. Von den 45 000 Toten beim spanischen Militär gingen über 90 Prozent auf das Konto von Krankheiten, vor allem Gelbfieber und Malaria. Im Januar 1898 waren von den verbliebenen 110 000 spanischen Soldaten 60 Prozent aufgrund einer von Stechmücken übertragenen Krankheit kampfunfähig. Da die spanischen Truppen durch Mücken immer weiter dezimiert wurden und die militärischen Erfolge ausblieben, wuchs in Spanien der Widerstand gegen den Krieg. »Obwohl wir 200 000 Männer entsandt und so viel Blut vergossen haben«, erklärte der Führer der spanischen Opposition, »beherrschen wir auf der Insel nur das Territorium, wo unsere Soldaten gerade stehen.« Nicht immunisierte Truppen, die zur Verstärkung direkt aus Spanien kamen, wurden von Stechmücken schon wenige Wochen nach der Landung außer Gefecht gesetzt. Die Zahl der Krankenhausaufnahmen aufgrund der von Mücken übertragenen Krankheiten lag bei 900 000 – also mehreren Aufnahmen pro Mann.

Den Architekten der Revolution war klar, dass Gelbfieber, Malaria und Denguefieber ihre besten Verbündeten waren und ihre herausragenden Generäle »Juni, Juli und August« heißen müssten, man aber auch September und Oktober nicht vergessen sollte. Bei den immunisierten Kubanern waren nur 30 Prozent der 4000 Gefallenen auf die genannten Krankheiten zurückzuführen. Laut J. R. McNeill stachelten die Revolutionsführer die Spanier »zu unpopulären Maßnahmen an, warben um ausländische Unterstützung – vor allem um die der USA – und nutzten die Beweglichkeit der Rebellentruppen, um den spanischen Truppen auszuweichen, es sei denn, sie fanden Patrouillen in angreifbaren Positionen vor. Wie Washington, Toussaint und Bolivar vor ihnen hielten sie dadurch die Rebellion am Leben und gingen am Ende als Sieger hervor, weil sie die Zeit und das ›Klima‹ auf ihrer Seite hatten.«

Die amerikanische Presse unter Führung der beiden konkurrierenden New Yorker Medienmogule Joseph Pulitzer und William Randolph Hearst nutzte Weylers Gräueltaten als Rechtfertigung für einen Krieg gegen Spanien und heizte die öffentliche Meinung zugunsten einer Intervention an (natürlich konnte man damit auch den Absatz der eigenen Zeitungen steigern). Der amerikanische Präsident William McKinley warf den Spaniern vor, einen »Vernichtungskrieg« zu führen. Doch es waren vor allem die amerikanischen Unternehmer, die sich von einer Annexion Kubas viel versprachen, und auf eine Lösung des Konflikts drängten. Der Krieg ließ ihr Privatvermögen schmelzen und minderte die Gewinne, gleichzeitig litt die gesamte amerikanische Wirtschaft unter dem Produktionsrückgang der kubanischen Plantagen, der Einschränkung des Schiffsverkehrs und der Abwanderung der lokalen Arbeitskräfte.

Nachdem die Vermittlungsversuche der Amerikaner von den Spaniern nur belächelt wurden, entsandten die USA das Schlachtschiff *USS Maine* nach Kuba, um amerikanische Handelsschiffe, amerikanisches Eigentum, Gewinne und andere Vermögenswerte zu schützen. Im Februar 1898 erschütterte eine mysteriöse Explosion die im Hafen von Havanna liegende *Maine* und tötete 266 Seeleute. Angeblich war ein spanischer Torpedo die Ursache.[79] Die erzürnte amerikanische Öffentlichkeit, von der Sensationspresse bis zur Raserei aufgestachelt, forderte Vergeltung mit dem populären Slogan *Remember the Maine! To Hell with Spain!* (»Denkt an die Maine! Zur Hölle mit Spanien!«). Im April 1898 begann die amerikanische Marine mit der Blockade der Insel, und der Kongress erklärte Spanien und seinen Kolonien offiziell den Krieg. Als die ersten amerikanischen Soldaten Ende Juni zu Beginn der Stechmückensaison kubanischen Boden betraten, waren nur 25 Prozent der 200 000 spanischen Soldaten kampffähig. »Es ist mitunter ein schrecklicher Anblick«, berichtete der leitende spanische Militärarzt aus Kuba. »Diese ahnungslosen, kranken spanischen Bauern, die von Spanien hierhergeschickt wurden, um die spanische Flagge zu verteidigen, sterben jeden Tag zu Hunderten.« Doch auch die Amerikaner hatten unter den legendären kubanischen Mücken zu leiden.

Nachdem seine Vorgesetzten an Gelbfieber gestorben oder zu krank zum Kämpfen waren, erhielt der junge und eifrige Theodore Roosevelt unerwartet das Kommando über seine Einheit. Die unter dem Einfluss der Stechmücken erfolgte Beförderung Roosevelts auf dem Schlachtfeld rückte ihn ins Blickfeld der Öffentlichkeit. »Die Schlacht von San Juan Hill«, schreibt David Petriello, »sollte dem jungen stellvertretenden Marineminister den Weg zur Präsidentschaft ebnen, eine Konstellation, die nur möglich war, weil die etablierte Kommandostruktur aufgrund von Krankheit ausgefallen war.« Tatsächlich wurden Colonel Roosevelt und sein kleines Freiwilligenkavallerieregiment, die *Rough Riders*, auf dem San Juan Hill von Lieutenant John »Black Jack« Pershing und einer Gruppe afroamerikanischer *Buffalo Soldiers* begrüßt, die die Anhöhe bereits erstürmt und die Verteidiger in alle Winde zerstreut hatten. Dennoch prahlte Roosevelt vor Reportern mit seinen Fähigkeiten auf dem Schlachtfeld und beanspruchte den Ruhm für sich.

Der Krieg auf Kuba dauerte nur wenige Monate und wurde daher auch *Splendid Little War* (»Herrlicher kleiner Krieg«) genannt. Der schnelle Sieg der Amerikaner wurde von insgesamt 23 000 Soldaten errungen, von denen nur 379 im Kampf fielen. Allerdings starben 4700 Mann an von Stechmücken übertragenen Krankheiten. Als die schockierenden Todeszahlen in Washington bekannt wurden, war Politikern und Anlegern schnell klar, dass die Mücken das größte Hindernis bei der Erschließung des wirtschaftlichen Potenzials und der Eingliederung Kubas in das amerikanische Wirtschaftssystem darstellten. Dass die schlimmen Verhältnisse auf die Stechmücken und die von ihnen übertragenen Krankheiten zurückzuführen waren, entging auch den Soldaten vor Ort nicht und bestimmte die Strategie für Kuba. Ein längeres militärisches Engagement auf der Insel wäre einem von Stechmücken herbeigeführten Selbstmord gleichgekommen. Die Spanier zu vertreiben, war eine Sache, sich als Besatzungsmacht mit den Mücken anzulegen, eine ganz andere. Doch eine Lösung lag nicht mehr allzu weit entfernt.

Die ersten imperialistischen Unternehmungen der USA im Spanisch-Amerikanischen Krieg waren eng mit der Epidemiologie verbunden und sollten die Weltordnung für immer verändern. Wissenschaftliche und technische Neuerungen lieferten neue Waffen im Kampf gegen die Stechmücken. Von nun an konnten die Mücken nicht mehr unter dem Radar fliegen. Die antike Miasmatheorie, die über 3000 Jahre lang als vorherrschende Erklärung für Krankheiten galt, wurde revidiert. Wie viele historische Ereignisse war die Entdeckung, dass Stechmücken zahlreiche Krankheiten wie Filariose, Malaria und Gelbfieber übertrugen, direkt an die Entstehung von Weltreichen, den Merkantilismus und Kapitalismus auf Kuba, in Panama und darüber hinaus gekoppelt.

In den 1880er-Jahren wurden die Miasmatheorie und Viersäftelehre nach Hippokrates durch moderne Theorien von Keimen und Erregern ersetzt. Die Wissenschaftler, die von Mücken übertragene Krankheiten untersuchten, stützten sich auf die Keimtheorie, die ab den 1850er-Jahren von Louis Pasteur (Frankreich), Robert Koch (Deutschland) und Joseph Lister (England) vertreten und bewiesen wurde.[80] Fortschritte in der Forschung und bei der Entwicklung medizinischer Instrumente wie etwa des Mikroskops ermöglichten eine deutlich umfassendere und gründlichere Untersuchung von Krankheiten. Die Stechmücken und die von ihr übertragenen Krankheitserreger konnten sich nicht mehr länger im Dunkel wissenschaftlicher Schlichtheit und medizinischer Unwissenheit verstecken. Wobei man anmerken sollte, dass sich die Stechmücken mit einer weltweiten Population von 110 Billionen auch nie sonderlich darum bemüht haben, im Verborgenen zu agieren. Immerhin fliegen sie schon seit Beginn der Menschheit um uns herum.

In den Jahrzehnten nach der epochalen Entdeckung der Keime und der daraus entwickelten Theorie, dass Krankheiten durch Mikroorganismen übertragen werden, konnte eine Handvoll Mückenjäger endlich die Übeltäterin stellen und der Welt verkünden, dass unserem letzten bislang unbesiegbaren Feind nun all die Verbrechen nachgewiesen worden seien, die er über Jahrtausende gegen die Menschheit verübt hatte. Da zahlreiche medizinische Kopfgeldjäger die Verfolgung aufnahmen, wurde es zu einem kollektiven internationalen Unterfangen, die Mücke schließlich dingfest zu machen.

Nachdem die Stechmücken über Jahrmillionen unauffällig Tod und Elend unter die Menschheit gebracht hatten, wurden sie nun in einer raschen Folge wissenschaftlicher Entdeckungen enttarnt. 1877 konnte der britische Arzt Patrick Manson in der britischen Kolonie Hongkong die Übertragung der Filariose oder Elefantiasis durch Stechmücken nachweisen. Zum ersten Mal in der Geschichte hatte Manson ein Insekt eindeutig mit der Übertragung einer Krankheit in Verbindung gebracht. Anschließend postulierte er, obwohl ihm dafür die wissenschaftlichen Nachweise fehlten, dass auch die Malaria von Stechmücken übertragen wurde. Drei Jahre später, 1880, machte der französische Militärarzt Alphonse Laveran, der in Algerien tätig war, beim Blick durch sein rudimentäres Mikroskop eine ungewöhnliche Entdeckung. In der Blutprobe eines Patienten, der am »Sumpffieber« litt, bewegten sich kleine runde Fremdkörper. Nach genaueren Untersuchungen konnte er die vier verschiedenen Stadien im

Lebenszyklus des Malariaerregers identifizieren. 1884 äußerte er die Theorie, dass Stechmücken die tödlichen Erreger übertrugen. Auch ein amerikanischer Arzt und Veteran des Bürgerkriegs (in dem er beide Seiten medizinisch versorgt hatte) mit dem beeindruckenden Namen Albert Freeman Africanus King verdächtigte 1882 die Mücke und erklärte: »Es gibt Stechmücken ohne Malaria …, aber es gibt keine Malaria ohne Stechmücken.« Kings Behauptung wurde jedoch zunächst abgelehnt, man machte sich sogar über ihn lustig, als er vorschlug, die Hauptstadt Washington durch ein 180 Meter hohes Mückennetz zu schützen.[81] Die Entdeckungen von Manson, King und Laveran bildeten die Grundlage für die Malariologie, aus der schließlich das »Trio der Entdeckungen von 1897« hervorging, ein Begriff, mit dem der Historiker James Webb die bahnbrechende Arbeit von Ronald Ross, Giovanni Grassi und dem bereits erwähnten Robert Koch mit seiner Keimtheorie beschrieb.

Ronald Ross war ein britischer Mediziner, der als Sohn eines Generals der britischen Armee in Indien geboren wurde. Aufgrund seines relativ unspektakulären Lebens würde man auf den ersten Blick nicht unbedingt vermuten, dass Ross derjenige war, der den tödlichsten Gegner des Menschen enttarnen würde. Um seinen Vater zufriedenzustellen, studierte er widerwillig Medizin, vertrödelte jedoch einen Großteil seiner Zeit und schrieb lieber Theaterstücke und Novellen oder hing Tagträumen nach. Ross schnitt im Examen so schlecht ab, dass er nach seinem Abschluss 1881 nur in der britischen Kolonie Indien praktizieren durfte. Dort verbrachte er die nächsten 13 Jahre in verschiedenen Anstellungen. Bei einem kurzen Aufenthalt in London 1894 lernte er Manson kennen, der den lustlosen jungen Arzt unter seine Fittiche nahm und ihn in seine eigene Malariaforschung einführte. Angesichts der endemischen Malaria in Indien redete Manson Ross gut zu, dorthin zurückzukehren und konkrete Beweise für seine Malaria-Stechmücken-Theorie zu sammeln. »Wenn Sie damit Erfolg haben, wird Ihre Karriere steil nach oben gehen und alle Türen werden Ihnen offen stehen«, sagte er seinem jungen Assistenten und Schützling. »Betrachten Sie das als den Heiligen Gral und sich selbst als Sir Galahad.« Kaum war Ross wieder in Indien, klapperte er die Krankenhäuser auf der Suche nach Malariapatienten ab.

Die nächsten drei Jahre verbrachte er hinter dem Mikroskop und betrachtete mit zusammengekniffenen Augen sezierte Stechmücken. Seine Notizen und die Beschreibungen seiner Objekte vor der Linse deuten darauf hin, dass er meist gar nicht wusste, wonach er eigentlich suchte oder was er da überhaupt betrachtete. Er hasste die Naturwissenschaften und hatte keine Ahnung von den tatsächlichen biologischen Prozessen bei Stechmücken. So führte er ursprünglich Experimente an Mücken durch, die Malaria gar nicht verbreiten konnten. Er beklagte sich, seine Untersuchungsobjekte seien »störrisch wie Maulesel«, weil sie sich weigern würden zuzustechen. Ebenso gut könnte man eine Kastanie als faul bezeichnen, weil sie nicht vom Baum fällt. Währenddessen untersuchte und sezierte auch ein italienischer Zoologe namens Giovanni Grassi Stechmücken, um den Malariaparasiten zu finden, der Not und Elend über sein Land brachte.

Im Jahr 1897 hatten Ross und Grassi beide ihren »Aha-Moment« und konnten einen Durchbruch erzielen. Ross entdeckte, dass Stechmücken Überträger der Vogelmalaria sind und postulierte aufgrund seiner laufenden Versuche, jedoch ohne ausreichende Belege, dass dieser Übertragungsweg auch für die Malaria beim Menschen gelten müsse. Grassi schlug Ross auf der Ziellinie, weil er schlüssig beweisen konnte, dass die Stechmücke der Gattung Anopheles Überträger der Malaria beim Menschen ist. Diese fast zeitgleich erfolgten Entdeckungen setzten eine Fehde zwischen den beiden Männern und eine Schmutzkampagne in Gang, die man mit der zwischen Thomas Edison und Nikola Tesla im frühen 20. Jahrhundert vergleichen kann.[82] Zu Grassis großem Ärger konnte sich Ross mit seiner PR-Kampagne durchsetzen; er erhielt 1902 den Nobelpreis.

Der letzte aus dem Trio der Entdeckungen von 1897 ist Robert Koch, der 1905 den Nobelpreis bekam. Bei seinen Forschungen in der von Malaria geplagten Kolonie Deutsch-Ostafrika konnte der renommierte Bakteriologe wissenschaftlich nachweisen, dass Chinin auf Malariaerreger im menschlichen Blut wirkt, eine These, die bereits seit 250 Jahren vertreten wurde, als angeblich die schöne Gräfin von Chinchón, die Frau des spanischen Vizekönigs von Peru, geheilt wurde. »Diese drei epochalen Entdeckungen versetzten der Miasmatheorie einen schweren Schlag«, erklärt Webb. »Nach 1897 war die Miasmatheorie praktisch eine Wasserleiche.«

Die Mücke als Überträger der Malaria, die seit den Anfängen der Menschheit unendliches Leid und Milliarden Todesfälle verursacht hatte, war enttarnt. Die bislang namenlose Nemesis, der Erzfeind, der uns seit unserer Entstehung aufgelauert hatte, war endlich aufgeflogen. Die tödliche Verbindung zwischen Stechmücke und Malariaerreger war dank der gemeinsamen Anstrengungen der Wissenschaft aufgedeckt. Nachdem nun die Ursache der Krankheit bekannt war, würde sicher bald eine narrensichere Behandlung oder ein Impfstoff entwickelt werden. Oder vielleicht konnte man auch den abscheulichen Überträger, dieses zerstörerische Ungeziefer, ausrotten. Schließlich wurde Malaria nur von einer kleinen, nutzlosen Stechmücke übertragen, oder etwa nicht?

Die Stechmücke wurde nun zum Objekt intensiver Forschungen und Untersuchungen. Wenn die Stechmücke der einzige Überträger für Filariose und Malaria war, verbreitete sie mit ihrem Stechrüssel womöglich noch andere tödliche Gifte? Dass sich in ihrem tödlichen Waffenarsenal auch das Gelbfiebervirus befand, war zu der Zeit zwar noch nicht bekannt, doch da sie nun von der Wissenschaft so genau unter die Lupe genommen wurde, konnte ihre Mittäterschaft nicht lange verborgen bleiben. Die Amerikaner, die auf Kuba seit April 1898 gegen die Spanier und das Gelbfieber kämpften, um von den wirtschaftlichen Möglichkeiten der Insel zu profitieren, wollten das gefürchtete Schwarze Erbrechen ein für alle Mal unschädlich machen.

Der amerikanische General William Shafter, der die zerstörerische Kraft des Gelbfiebers auf seine Soldaten in Kuba direkt miterlebt hatte, erklärte, sich gegen die Stechmücke zu wehren, sei »tausendmal schwieriger als gegen die Geschütze des Feindes«. Nachdem die Spanier im August 1898 nach nur vier Monaten kapituliert hatten, war der Militärführung schnell klar, welchen Gefahren eine militärische Besatzungsmacht auf Kuba ausgesetzt war. Gelbfieber und Malaria breiteten sich unter den amerikanischen Soldaten aus. In einem Brief an Präsident McKinley berichtete Shafter, seine Truppe sei »ein Heer von Rekonvaleszenten«, 75 Prozent der Soldaten seien außer Gefecht. In einem zweiten, sehr direkt formulierten Beschwerdebrief, einem sogenannten Round Robin, den mehrere Generäle (und Colonel Roosevelt) unterzeichneten, wurde der Kongress gewarnt: »Eine dauerhafte Stationierung wird nach allem menschlichen Ermessen in einer entsetzlichen Katastrophe enden, denn die Ärzte hier schätzen, dass über die Hälfte der Soldaten sterben wird, wenn sie während der Krankheitssaison hierbleiben müssen.« Das Schreiben schloss mit der unverhohlenen Warnung: »Diese Armee muss sofort von hier abgezogen werden, ansonsten wird sie zugrunde gehen. Als Armee kann sie jetzt noch gefahrlos verlegt werden. Diejenigen, die einen Abzug verhindern, werden für den unnötigen Verlust Tausender Leben verantwortlich sein.« Während die amerikanischen Soldaten mit den spanischen Truppen auf Kuba kurzen Prozess gemacht hatten, zogen sie sich nun angesichts des Sperrfeuers der mit Malaria und Gelbfieber bewaffneten Stechmücken hastig zurück. Mitte August wurde mit der Evakuierung der US-Truppen begonnen. »Kuba wurde ein von den USA abhängiges Gebiet. Das blieb bis 1902 so. Danach war die Insel offiziell frei ... dank Gelbfieber und Malaria«, schreibt J. R. McNeill. »Bei den Kubanern werden Helden vergöttert. Bei den Amerikanern werden sie verehrt; einen dieser Helden, Theodore Roosevelt, wählten sie zu ihrem Präsidenten und verewigten ihn am Mount Rushmore. Für Stechmücken gibt es keine Denkmäler, dabei waren sie die bei weitem tödlichsten

Feinde der spanischen Armee auf Kuba.« Die Mücken bewahrten Kuba auch vor einer direkten Annexion durch die USA, was allerdings ein knappes Jahrhundert der feindseligen Beziehungen und blutigen Ausschreitungen nach sich ziehen sollte.

Da die von Stechmücken übertragenen Krankheiten eine militärische Besetzung durch die Amerikaner verhinderten, wurde Kuba 1902 offiziell unabhängig, allerdings unter einem Marionettenregime, das Washington verantwortlich war. Die symbolische Unabhängigkeit war an geheime Bedingungen geknüpft. Kuba durfte keine Bündnisse mit anderen Staaten eingehen. Die USA behielten den Vortritt bei allen Handels- und Wirtschaftsabkommen und Infrastrukturmaßnahmen, durften militärische Interventionen durchführen und sicherten sich dauerhaft die Bucht von Guantánamo als Militärstützpunkt. Unter dem neuen, US-gestützten Regime wurde Kuba zu einer Diktatur und Bananenrepublik, zu einem ökonomischen Tummelplatz und Vergnügungsort der Amerikaner auf Kosten der verarmten kubanischen Bevölkerung.

1959 beendeten sozialistische Revolutionäre unter der Führung Fidel Castros und Ernesto »Che« Guevaras die Herrschaft der von den Amerikanern gestützten autoritären Regierung und stürzten das korrupte Regime des Präsidenten Fulgencio Batista. Schon bald wurde Kuba zu einem kommunistischen Satelliten der Sowjetunion. Die unter US-Präsident John F. Kennedy durchgeführte Invasion in der Schweinebucht von 1961, bei der von der CIA ausgebildete Exilkubaner und Kontrarevolutionäre auf Kuba landeten, scheiterte kläglich. »Ein Sieg hat hundert Väter, doch eine Niederlage ist stets ein Waisenkind«, bemerkte Kennedy und übernahm die volle Verantwortung für das Fiasko. Der Invasionsversuch ließ Kuba noch enger an die Sowjetunion heranrücken. Im Oktober 1962 mündete die Kubakrise um die Stationierung sowjetischer Atomraketen beinahe in einem Atomkrieg. Doch am Ende bewahrten die Verantwortlichen einen kühlen Kopf. Durch einen rationalen Dialog wurde die Lage deeskaliert und eine gegenseitige Auslöschung abgewendet, allerdings hatte die

Weltbevölkerung 13 Tage lang den Atem angehalten, während die Welt am nuklearen Abgrund taumelte. Es dauerte über 50 Jahre, bis sich unter Präsident Barack Obama die Beziehungen zwischen Kuba und den USA wieder normalisierten.

Doch der Spanisch-Amerikanische Krieg blieb nicht auf Kuba beschränkt. Über den Pazifik hinweg griff er auch auf die Philippinen über, ebenfalls eine spanische Kolonie. Am 1. Mai 1898 bereitete die amerikanische Marine ihrem spanischen Gegner in der Schlacht in der Bucht von Manila eine vernichtende Niederlage. Gleichzeitig landeten amerikanische Truppen auf Puerto Rico, Guam und Hawaii. Die aufstrebende Wirtschafts- und Militärmacht Japan verfolgte mit Unbehagen, wie die USA ihren Einfluss über den Pazifik ausdehnten. Präsident McKinley versicherte der Welt, trotz des imperialistischen Anscheins sei »die amerikanische Flagge nicht zum Erwerb von Territorien, sondern zum Segen der Menschheit in fremden Boden gepflanzt worden«. Der Spanisch-Amerikanische Krieg endete offiziell am 13. August 1898 mit der Einnahme der philippinischen Hauptstadt Manila durch die Amerikaner.

Nach der spanischen Kapitulation auf den Philippinen verkündete Präsident McKinley: »Uns blieb nichts anderes übrig, als uns ihrer aller anzunehmen und die Filipinos zu erziehen und emporzuheben, zu christianisieren und mit Gottes Hilfe das Bestmögliche für sie zu tun.« In Wirklichkeit aber führten die amerikanischen Besatzungstruppen brutale und barbarische Säuberungs- und »Rekonzentrationsmaßnahmen« unter den philippinischen Bürger durch, bei denen sie General Weylers Taktik zur Bekämpfung Aufständischer auf Kuba anwandten. Ein amerikanischer General, der später vor ein Kriegsgericht gestellt wurde, befahl seinen Männern, jeden männlichen Filipino zu töten, der älter als zehn Jahre war. Dennoch verbreiteten die Medien Präsident McKinleys Worte, die offizielle Mission der USA sei die der »wohlwollenden Assimilierung«.

Während dieses in Vergessenheit geratenen Philippinisch-Amerikanischen Krieges führten philippinische Revolutionäre, die bereits

»Feste drauf!«: Präsident McKinley: »Die Mücken scheinen auf den Philippinen noch schlimmer zu sein als auf Kuba.« Die amerikanischen Invasionen auf Kuba und den Philippinen während des Spanisch-Amerikanischen Krieges rückten die Gefahren imperialistischer Vorstöße in die Tropen ins Blickfeld. Die im Februar 1899 erschienene Karikatur in der Satirezeitschrift *Judge*, die sich über Präsident McKinley lustig macht, stellt kubanische und philippinische Aufständische als hartnäckige Stechmücken dar. Allerdings führte die amerikanische Invasion Kubas 1898 auch dazu, dass die US Army Yellow Fever Commission unter der Leitung von Walter Reed die Aedesmücke als Überträger des Gelbfiebervirus identifizierte.

seit 1896 gegen die spanische Kolonialmacht kämpften, bis 1902 einen Guerillakrieg gegen die amerikanischen Truppen. Ihr Ziel war die Unabhängigkeit von allen ausländischen Mächten. William Taft, Gouverneur der Philippinen und späterer US-Präsident, argumentierte, es bedürfe eines Jahrhunderts voller Blut, bis man den Filipinos beibringen könne, »was angelsächsische Freiheit bedeutet«. Am Ende ließen sich die amerikanischen Gräueltaten nicht länger verheimlichen oder zensieren. Die weitverbreitete Wochenzeitschrift *Nation* berichtete von dem gar nicht so »herrlichen« und auch nicht »kleinen« Krieg, der zu einem Eroberungskrieg degeneriert sei, »gekennzeichnet durch Plünderungen und Grausamkeit, wie man sie von Wilden erwarten würde«. Bei ihrem ersten militärischen Einsatz außerhalb der westlichen Hemisphäre entsandten die USA über 126 000 Mann auf die Philippinen.[83] Von den etwa 4500 Gefallenen starben 75 Prozent an Krankheiten, darunter auch Malaria und Denguefieber. Im Laufe des brutalen drei Jahre währenden Krieges kamen laut Schätzungen insgesamt 300 000 Filipinos ums Leben, sie wurden ermordet, starben im Kampf, durch Hunger und Krankheiten oder im Schmutz und Elend der Lager. Die Philippinen blieben unter amerikanischer (oder japanischer) Herrschaft, bis sie schließlich 1946 die volle Unabhängigkeit erhielten.[84]

Der Spanisch-Amerikanische Krieg bildete nicht nur den Auftakt für den Aufstieg der USA zur Weltmacht, er führte auch dazu, dass die Stechmücke als Überträger des Gelbfiebers enttarnt wurde. Als die amerikanischen Truppen 1898 auf Kuba landeten, waren sich die Militärs, Ärzte und Politiker über die Bedrohung durch das Gelbfieber vollkommen im Klaren. Kuba stand zu Recht in dem Ruf, eine Brutstätte zahlreicher Krankheiten zu sein. Nachdem ein Jahr zuvor der Zusammenhang zwischen Stechmücken und Malaria aufgedeckt worden war, untersuchten zahlreiche führende Wissenschaftler das Insekt nun in Hinblick auf die Übertragung des Gelbfiebers. 1881 identifizierte Carlos Finlay, ein kubanischer Arzt, der in den USA und Frankreich studiert hatte, die Mücken der Gattung Aedes als Überträger des Gelbfiebers, allerdings musste er damals noch einräumen, dass seine Experimente nicht beweiskräftig waren. Somit galt die Stechmücke weiterhin als unschuldig, bis ihre Schuld wissenschaftlich nachgewiesen war.

Die amerikanischen Planer des Krieges verfolgten die medizinischen Berichte aus Kuba mit großem Interesse, aber auch mit Sorge. Sie erkannten, dass die kubanischen Mücken wie schon zuvor über das Schicksal der amerikanischen Pläne für die Insel entscheiden konnten. Die Aufgabe, das Gelbfieber zu bekämpfen, einen Feind, der weit gefährlicher war als die Spanier, fiel dabei Walter Reed zu. Reed hatte bereits 1869 im Alter von 17 Jahren sein Medizinstudium abgeschlossen. 1875 meldete er sich für das US Army Medical Corps und wurde überwiegend im Grenzgebiet im amerikanischen Westen eingesetzt, wo das Militär die indigene Bevölkerung befriedete, abschlachtete oder zwangsumsiedelte. Reed behandelte neben den US-Soldaten auch Ureinwohner, darunter den berühmten Apachenhäuptling und Medizinmann Geronimo. 1893 erhielt Reed eine Professur für Bakteriologie und klinische Mikrobiologie an der neu gegründeten Army Medical School, wo er seine Schwerpunkte frei wählen und ungehindert forschen konnte. Beim Ausbruch des Spanisch-Amerikanischen Krieges wurde er nach Kuba beordert, um dort eine Typhusepidemie zu untersuchen, und kam zu dem Schluss, dass sie durch den Kontakt mit Fäkalien und durch von Fliegen verunreinigte Lebensmittel und Getränke verursacht worden war. Während seines Aufenthalts auf Kuba begann er, sich verstärkt für Gelbfieber zu interessieren, das die amerikanischen Truppen in alarmierendem Maße dezimierte. Im Juni 1900 wurde Reed mit der Bildung der Yellow Fever Commission der US Army beauftragt, die er anschließend auch leitete. Er war ein großer Anhänger von Carlos Finlays These zur Gelbfieberübertragung, entsprechend bildete dessen Arbeit die Grundlage für seine eigene Forschung.

Sein vierköpfiges Forschungsteam auf Kuba, das aus ihm selbst, einem weiteren Amerikaner, einem Kanadier und einem Kubaner bestand, erhielt zwar die volle Unterstützung seiner militärischen Vorgesetzten, doch die Medien redeten die Theorie von Stechmücken als Krankheitsüberträgern schlecht. So spottete etwa ein Artikel in der *Washington Post:* »Unter all dem dummen und unsinnigen Geschwätz über Gelbfieber, das seinen Weg in den Druck fand – von dem dafür verwendeten Holz könnte man eine ganze Flotte bauen –, findet sich das unvergleichlich dümmste in den Argumenten und Theorien, die auf der Stechmücken-Hypothese basieren.« Im Oktober 1900 gab Reed nach einer Reihe von Tests an Versuchspersonen bekannt, von denen viele starben, unter anderen auch ein Mitglied des Forschungsteams, er habe die weibliche Aedesmücke definitiv und wissenschaftlich belegbar als Ursache des Gelbfiebers ausgemacht und gleichzeitig den zeitlichen Rahmen der Übertragung von Mücke auf den Menschen identifiziert.[85] Der Generalgouverneur von Kuba, Leonard Wood, ein ehemaliger Militärarzt, honorierte Reeds Leistung mit den Worten: »Die Bestätigung von Doktor Finlays Doktrin ist der größte Fortschritt in der Medizin seit Jenners Entdeckung der [Pocken-]Impfung.« Walter Reed erfuhr späte Würdigung für seine Leistung, die Aedesmücke als gefährlichen Killer identifiziert zu haben, zahlreiche Institute wurden nach ihm benannt. Doch vor seinem verfrühten Tod 1902 aufgrund eines Blinddarmdurchbruchs teilte er die öffentliche Anerkennung mit seinem Team sowie mit seinem Helden und Mentor Carlos Finlay.[86]

Nach der Bekanntgabe von Reeds Forschungsergebnis machte sich der leitende Stabsarzt William Gorgas in Havanna eifrig dran, die Insel vom Gelbfieber zu befreien, und startete ein systematisches Programm zur gezielten Stechmückenbekämpfung. Gorgas, der als Jugendlicher in Texas selbst an Gelbfieber erkrankt war, hatte keine direkte Verbindung zu Reed und dessen Team und war auch nicht in der Forschung tätig. Er war Militärarzt, der die Anweisung, das Gelbfieber in Havanna auszurotten, mit fanatischem Eifer umsetzte. bung anfertigen. Anschließend schickte er über 300 Mann in sechs Teams los, die rund um die Uhr im Einsatz waren und seinen akribischen Plan zur Bekämpfung der Stechmücken in die Tat umsetzten. Die »Reinigungstrupps« nahmen sich die Brutstätten der Aedesmücken mit ihrem komplizierten Fortpflanzungsmuster vor und begrenzten ihre Ausbreitung, indem sie Teiche und Sümpfe trocken legten. Sie gingen gegen stehende Gewässer und offene Fässer vor, hängten Netze auf, rodeten Pflanzungen oder bestäubten sie mit Schwefel und dem Insektizid Pyrethrum und besprühten alle erreichbaren oder verdächtigen Stellen mit Petroleum, das mit Pyrethrum versetzt war. Hinzu kamen weitere Säuberungsmaßnahmen in der gesamten Stadt. Dank Gorgas' entschlossenem Vorgehen wurde das Gelbfieber 1902 zum ersten Mal seit 1648 in Havanna komplett ausgerottet. Nach dem letzten Ausbruch der Krankheit auf dem amerikanischen Festland (1905 in New Orleans) kehrten die »Säuberungstrupps« wieder nach Kuba zurück, sodass 1908 das ganze Land vom Gelbfieber befreit war. Allerdings wurde die Insel weiterhin von Malaria und Denguefieber heimgesucht.

Das eigentliche Gelbfiebervirus wurde allerdings erst 1927 isoliert. Dank der finanziellen Unterstützung der Rockefeller Foundation konnte ein Jahrzehnt später, 1937, eine erfolgreiche Impfung durchgeführt werden, den Impfstoff hatte der südafrikanisch-amerikanische Bakteriologe Max Theiler entwickelt. Als Theiler 1951 für diese Leistung den Nobelpreis erhielt, wurde er gefragt, was er mit dem Preisgeld vorhabe. Er antwortete: »Eine Kiste Scotch kaufen und mir die Dodgers ansehen.« Das Gelbfieber hatte ausgespielt, und auch sein Einfluss auf den Gang der Geschichte war Vergangenheit. Die Malaria hingegen erwies sich als deutlich schwierigerer Gegnerin, die sich jedem Bekämpfungsversuch hartnäckig widersetzte.

Nach dem Abzug der Amerikaner und ihrem erfolgreichen Kreuzzug gegen die kubanischen Mücken wurde Gorgas durch niemand geringeren als Carlos Finlay ersetzt, der fortan über die Gesundheit der kubanischen Bevölkerung wachte. Gorgas' besonderes Talent und sein Fachwissen wurden anderswo benötigt. Er sollte seine nahezu magischen Fähigkeiten bei der Bekämpfung der Stechmücken

Panamas anwenden, deren tödliche Wirkung legendär war. Nachdem sie bereits die Spanier, Engländer, Schotten und Franzosen besiegt und vertrieben hatten, legten sich die bis dahin ungeschlagenen panamaischen Stechmücken mit den vor Selbstvertrauen strotzenden USA an, angeführt von ihrem willensstarken Präsidenten Teddy Roosevelt. »Wenn wir uns im Kampf um die Vorherrschaft auf dem Wasser und im Handel durchsetzen wollen, müssen wir unsere Macht ausbauen«, verkündete der dynamische junge Präsident. »Wir müssen uns die strategischen Punkte sichern, die es uns ermöglichen, über das Schicksal der Ozeane im Osten und Westen mitzubestimmen.« Damit die neu erworbenen Kolonien im Pazifik wie die Philippinen, Guam, Samoa, Hawaii sowie kleinere Atolle und Inseln finanziell lukrativ waren und die zurückzulegenden Distanzen im neu geschaffenen Weltreich nicht allzu groß waren, mussten die USA einen knapp 80 Kilometer langen Kanal durch Panama bauen. Diese Abkürzung, die den Atlantischen mit dem Pazifischen Ozean verband, sollte die gefährliche, zeitraubende und kostspielige Seereise rund um die Spitze Südamerikas und Kap Horn überflüssig machen. Roosevelt war überzeugt, dass die Amerikaner Erfolg haben würden, auch wenn die Spanier, Engländer, Schotten und Franzosen gescheitert waren. Die USA würden einen Handelsweg quer durch Panama bauen. Von seinen Ingenieuren verlangte er ganz einfach: »Lasst den Dreck fliegen!«

Die Idee war nicht neu, die Ingenieurleistung und die Stechmückenbekämpfung dagegen schon. Der erste Versuch der Spanier, 1534 einen Weg durch die panamaische Region Darién anzulegen, wurde von Stechmücken unterbunden. Spätere spanische Versuche zur Kolonialisierung mussten aufgrund der hohen Sterberate der Arbeiter ebenfalls abgebrochen werden. Nachdem über 40 000 Mann den Mücken geopfert worden waren, hatten die mühevollen Anstrengungen nicht viel mehr als einen schmalen schlammigen Maultierpfad hervorgebracht, der zwei fiebergeplagte Dörfer miteinander verband. Die Stechmücken unterbanden auch einen Versuch der

Engländer im Jahr 1668, um dann 1698 eine wahre Horrorshow für William Paterson zu inszenieren, die ihren traurigen Höhepunkt mit dem Verlust der schottischen Unabhängigkeit fand.

1882 wollte der viel gerühmte französische Unternehmer Ferdinand de Lesseps, der 1869 den Suezkanal fertiggestellt hatte, seinen Erfolg in Panama wiederholen. Er bestach Regierungsbeamte und überredete Investoren, sein Vorhaben zu unterstützen. Doch auch die Bemühungen der Franzosen scheiterten an Schlamm und Stechmücken. Der französische postimpressionistische Maler Paul Gauguin, der sich nach einem Besuch in Panama 1887 von einem Malariaanfall erholte, erinnerte sich an die bis aufs Skelett abgemagerten Arbeiter im Dschungel und beschrieb sie als »aufgefressen von Mücken«. Das beliebte Magazin *Harper's Weekly* fragte in einer Überschrift: »Ist Monsieur de Lesseps ein Kanalbauer oder ein Totengräber?« Fast 85 Prozent der Arbeiter litten an von Stechmücken übertragenen Krankheiten. Über 23 000 Mann (25 Prozent der Belegschaft) starben, die meisten davon an Gelbfieber, bevor das Vorhaben 1889 begleitet von Bankrotten und Skandalen eingestellt werden musste. Das gescheiterte Bauprojekt (nur 40 Prozent der Arbeiten waren fertiggestellt worden) verschlang insgesamt 300 Millionen US-Dollar, die Einlagen von über 800 000 Anlegern waren den panamaischen Stechmücken zum Opfer gefallen. Zahlreiche Politiker und Unternehmer wurden wegen geheimer Absprachen und Korruption verurteilt, darunter auch Gustave Eiffel, der kurz zuvor bei der Pariser Weltausstellung von 1889 den Eiffelturm zur Feier des 100. Jahrestags des Sturmes auf die Bastille eingeweiht hatte.

Um sich die Kanalzone für ihre eigenen Zwecke zu sichern, sorgten die USA mithilfe von Kanonenbootdiplomatie und der militärischen Unterstützung lokaler Revolutionäre für die Abspaltung Panamas von Kolumbien. 1903 erkannten die USA die unabhängige Republik Panama an, zwei Wochen später erhielten die Amerikaner die dauerhaften Hoheitsrechte über die Kanalzone, einen acht Kilometer breiten Streifen auf jeder Seite der Kanaltrasse. 1904 machten sich die Amerikaner ans Werk, bewaffnet mit der neuen Erkenntnis, dass Stechmücken tödliche Krankheiten verbreiteten. Gorgas wurde, als er sich auf den Weg zum unfertigen französischen Kanal machte, von einem Einheimischen ermahnt: »Ein weißer Mann, der dorthin geht, ist ein Dummkopf, ein noch größerer Dummkopf ist jedoch der, der dort bleibt.« Nach der erfolgreichen Ausrottungskampagne auf Kuba wollten Gorgas und 4100 Arbeiter nun systematisch gegen das Gelbfieber in der Kanalzone vorgehen.

Gorgas und seine Reinigungstrupps wandten die gleichen Maßnahmen an, mit denen sie der Aedesmücke auf Kuba zu Leibe gerückt waren, erweitert durch Bekämpfungsmethoden nach dem Trial-and-Error-Prinzip. Laut Sonia Shah verbrauchte der »Blitzkrieg« gegen die Stechmücken »die gesamten US-Vorräte an Schwefel, Pyrethrum und Petroleum«. Zudem wurde zur Malariaprävention an 21 Stationen entlang des Kanals eine tägliche Chinindosis an einen Großteil der Arbeiter ausgegeben. 1906, zwei Jahre nach Beginn der Bauarbeiten, war das Gelbfieber komplett verschwunden, die Malariaquote war um 90 Prozent zurückgegangen. Obwohl Gorgas klagte, »anders als auf Kuba wurden wir die Malaria in Panama nicht los«, war ihm die enorme Bedeutung seiner Arbeit bewusst. 1905 lag die Sterblichkeit bei den Kanalarbeitern dreimal so hoch wie in den USA. Bei der Fertigstellung 1914 war die Todesrate nur noch halb so hoch wie in den USA. Offiziell starben in den Jahren 1904 bis 1914 5609 Arbeiter (von insgesamt 60 000) an Krankheiten oder Verletzungen. Der Kanal wurde am 4. August 1914, nur wenige Tage nach Ausbruch des Ersten Weltkriegs, für den Schiffsverkehr freigegeben.

Im Gefolge der Entdeckungen und Erkenntnisse von Manson, Ross, Grassi, Reed, Gorgas und vielen anderen richteten Länder weltweit nationale Gesundheitsbehörden ein. Dazu kamen Institute für Tropenmedizin und Stiftungen, die Medizin und Forschung unterstützten wie etwa die Rockefeller Foundation, Gesundheitsdienste beim Militär, Sanitätsdienste, Müllentsorgungssysteme und Gesundheitsgesetze. In einer Untersuchung zur Auswirkung der

Stechmückenbekämpfung beim Bau des Panamakanals schreibt Paul Sutter: »Es war vor allem die wirtschaftliche und militärische Expansion der USA ins tropische Lateinamerika und in die Asien-Pazifik-Region, die entomologisches Fachwissen mit Kampagnen zur Verbesserung der öffentlichen Gesundheit verband. Tatsächlich trugen die imperialistischen Vorstöße zum Aufbau eines staatlichen Gesundheitswesens bei und sorgten dafür, dass die Bekämpfung von Krankheiten im frühen 20. Jahrhundert verstärkt ins Blickfeld des Staates rückte und neu organisiert wurde.« Nicht nur in den USA, auch in vielen weiteren Staaten stand die nationale Gesundheit nicht nur als wichtiges ziviles Anliegen (oder vielleicht auch als Anrecht der Bürger) im Mittelpunkt, sondern als militärische Notwendigkeit. Die Bekämpfung der Stechmücken stand dabei bei allen ganz oben auf der Liste.

Der Bau des Panamakanals sicherte die wirtschaftliche Vorherrschaft der amerikanischen Industrie und die Dominanz der US-Marine.[87] »Eine effektive Kontrolle der Malaria und des Gelbfiebers«, schreibt J. R. McNeill, »veränderte das Kräftegleichgewicht in Nord- und Lateinamerika und der Welt insgesamt.« Die Waagschale neigte sich zugunsten der USA, einer aufsteigenden industriellen, wirtschaftlichen und militärischen Supermacht. Theodore Roosevelt erschloss neue wirtschaftliche Möglichkeiten für die USA, doch gleichzeitig stürzte er mit seiner Politik die USA in das große Spiel der Weltpolitik. Er selbst beteiligte sich aktiv am internationalen Machtpoker, 1906 erhielt er sogar den Friedensnobelpreis für seine Vermittlung im Russisch-Japanischen Krieg.

Der japanische Sieg über Russland 1905 versetzte den internationalen Beobachtern einen Schock und markierte einen Wendepunkt in der Weltgeschichte. Es war der erste größere militärische Triumph einer asiatischen über eine europäische Macht, seit die Mongolen 700 Jahre zuvor unter Dschingis Khan mit ihrer Kriegsmaschinerie Furcht und Schrecken verbreitet hatten. Japan war scheinbar aus dem Nichts auf der Weltbühne aufgetaucht. Das einstmals zurückhaltende

»Lasst den Dreck fliegen!«: Eine innovative und effektive Stechmückenbekämpfung unter der Leitung von William Gorgas ermöglichte den Erfolg der Amerikaner beim Bau des Panamakanals, an dem Spanier, Briten, Schotten und Franzosen unter dem Druck der von Stechmücken übertragenen Krankheiten gescheitert waren. Die amerikanischen Bauarbeiten begannen 1904 unter Präsident Theodore Roosevelt, 1914 wurde der Kanal für den Schiffsverkehr geöffnet. Das Bild zeigt ein Mitglied des Säuberungstrupps, das Öl auf Brutgebiete der Stechmücken sprüht, Panama 1906.

und introvertierte Land wollte sich modernisieren, industrialisieren und am internationalen Handel beteiligen. Die USA hatten sich seit dem Spanisch-Amerikanischen Krieg mit seinen Gebietsgewinnen und dem Bau des Panamakanals auch im Pazifikraum als Großmacht positioniert und waren nicht mehr länger auf den Atlantik beschränkt. Japan gefiel dieses wirtschaftliche Vordringen der USA in den Pazifikraum nicht. Mit seinem Bedarf an Öl, Gummi, Zinn wollte das Inselreich eine eigene »Großostasiatische Wohlstandssphäre« schaffen, ähnlich wie die USA um die Jahrhundertwende in ihrem Einflussbereich. Der Konflikt zwischen den beiden Konkurrenten im Pazifik schwelte jedoch vorerst noch im Verborgenen.

Die kolonialen Gewinne aus dem Spanisch-Amerikanischen Krieg schienen den USA noch nicht zu genügen, sie nutzten den Konflikt auch als Vorwand zur Annexion von Hawaii. 1893 stürzte eine Gruppe amerikanischer Plantagenbesitzer, Unternehmer und Anleger mit der Unterstützung amerikanischer Soldaten die traditionelle hawaiianische Regierung und stellten Königin Lili'uokalani unter Hausarrest. Zwei Jahre später wurde sie zur Abdankung gezwungen. Das Ziel der amerikanischen Verschwörer war klar. Wie im Falle Kubas würde eine Annexion durch die USA bedeuten, dass sie für ihre Zuckerimporte in die USA keine Einfuhrzölle mehr zahlen müssten. Anhänger einer Annexion argumentierten, Hawaii sei von großer wirtschaftlicher und strategischer Bedeutung und die Annexion der Inselgruppe Voraussetzung dafür, dass die USA ihre Interessen in Asien schützen und vorantreiben könnten. Trotz der Einwände der meisten Einheimischen stimmte der US-Kongress 1898 kurz nach dem Ausbruch des Krieges mit Spanien für die offizielle Annexion Hawaiis. Ein Jahr später errichteten die Amerikaner einen dauerhaften Flottenstützpunkt – Pearl Harbour.

KAPITEL 17

»DAS IST ANN ... SIE TRINKT GERN BLUT!«: DER ZWEITE WELTKRIEG, DR. SEUSS UND DDT

Nach dem japanischen Angriff auf Pearl Harbour im Dezember 1941 zogen über 16 Millionen Amerikaner in den Krieg, um gegen die Achsenmächte und tödliche Stechmücken zu kämpfen. Der Überfall der Japaner, der traurige Berühmtheit erlangte, zog die USA in den Malstrom eines totalen Krieges und setzte eine Reihe weitreichender Ereignisse in Gang, die das internationale Machtgefüge verschoben und neu ordneten. Auch der Stellenwert der Mücke in dieser neuen Weltordnung änderte sich. Sie war in die historischen globalen Entwicklungen mit all ihren Gefahren und Risiken unentwirrbar verstrickt. Wie für die Menschen, die ihre Konflikte auf Leben und Tod auf den blutgetränkten Schlachtfeldern des bislang größten Krieges austrugen, waren die Zeiten auch für die Stechmücken bedrohlich und lebensgefährlich.

Bei Ausbruch des Zweiten Weltkriegs war das Auftreten von Malaria in den USA, wie das Office of Malaria Control in War Areas vermerkte (eine amerikanische Behörde zur Malariakontrolle in Kriegsgebieten und ein Vorläufer des Center for Disease Control and Prevention, kurz CDC, dem »Zentrum für Seuchenkontrolle und -prävention«), »auf dem niedrigsten Stand in der Geschichte«. Doch das sollte sich im Laufe des Krieges ändern. Die Bekämpfung der Mücken an allen Fronten war ebenso wichtig für den Sieg wie der Kampf gegen den Feind. Der Zweite Weltkrieg brachte zahlreiche Neuerungen im Bereich der Naturwissenschaften, Medizin, Technologie und Rüstung. Dazu zählten auch die Modernisierung und Verbesserung der Waffen und Munition im Kampf gegen die Stechmücken. Während des Krieges und der unmittelbar anschließenden »Friedenszeit« des Kalten Krieges gerieten die Mücken und die von ihnen verbreiteten Krankheiten aufgrund effektiver synthetischer Malariamedikamente wie Mepacrin (Handelsname Atebrin) und Chloroquin und des in großen Mengen herstellbaren, günstigen Insektenvernichtungsmittels DDT (Dichlordiphenyltrichlorethan) in eine tödliche Abwärtsspirale und wurden weltweit zurückgedrängt. Zum ersten Mal in der Geschichte gewann der Mensch die Oberhand in seinem ewigen Kampf gegen die Mücke.

Ausgerüstet mit dem Wissen, dass Krankheiten von Stechmücken übertragen wurden (wie Ross, Grassi, Finlay, Reed und andere mit ihren Forschungen festgestellt hatten), konnten staatliche Organisationen und das Militär im Ersten und vor allem im Zweiten Weltkrieg effektiver gegen diese vorgehen, eine Ansteckung verhindern und Krankheiten besser behandeln. Nachdem die Stechmücke gestellt und als Überträger von Malaria, Gelbfieber und anderen belastenden oder tödlichen Krankheiten identifiziert worden war, lernte die Menschheit endlich, mit wissenschaftlichen Methoden gegen ihre Angriffe vorzugehen.

Allerdings benötigten die Forschung, Entwicklung und Erprobung der innovativen Methoden zur Stechmückenbekämpfung Zeit. Einen jähen Schub erhielten sie durch den Überfall der Japaner auf Pearl Harbour, mit dem der schlafende amerikanische Riese geweckt wurde. Der gigantische militärisch-industrielle Komplex der USA räumte der Stechmückenforschung höchste Priorität ein und betrachtete ihre Ausrottung als wichtigen Faktor im Kampf der Alliierten.

Anstelle von Chinin wurden die wirksameren synthetischen Malariamedikamente Atebrin und Chloroquin eingesetzt. Die insektenvernichtenden Eigenschaften des billigen Wundermittels DDT, die 1939 entdeckt wurden, erwiesen sich als wahrer Lebensretter.

Doch für die neuen wissenschaftlichen Erkenntnisse gab es auch heimtückischere Anwendungen: Die Stechmücke sollte als biologisches Kampfmittel das militärische Waffenarsenal ergänzen. Sie und die von ihr übertragenen Krankheiten bildeten die Grundlage entsetzlicher Experimente in der medizinischen wie militärischen Forschung sowohl der Achsenmächte als auch der Alliierten. Ihre zerstörerische Kraft und ihre Macht über Leben und Tod sollten nun zur Vernichtung feindlicher Soldaten und Zivilisten genutzt werden. In den Pontinischen Sümpfen bei der Stadt Anzio setzten die Nationalsozialisten Mücken vorsätzlich als Waffe gegen die Alliierten bei deren Vormarsch auf Rom ein.

Die Stechmücke war von der Wissenschaft, synthetischen Medikamenten und dem Insektenvernichtungsmittel DDT in die Enge getrieben worden, doch sie war noch längst nicht am Ende. Obwohl ihre Geheimnisse aufgedeckt worden waren, infizierte und tötete sie zwischen dem Ausbruch des Ersten Weltkriegs 1914 und der bedingungslosen Kapitulation der Achsenmächte des Zweiten Weltkriegs 1945 weltweit weiterhin Millionen Soldaten und Zivilisten. Allerdings gelang es den amerikanischen Forschern und Stechmückenbekämpfungstrupps des streng geheimen »Malariaprojekts« während des Zweiten Weltkriegs, mit der chemischen Formel von DDT den Enigmacode der Stechmücken zu knacken. Endlich gab es einen Silberstreif am Horizont.

Im Gegensatz zum Zweiten Weltkrieg, in dem sich Stechmücken bereitwillig und begeistert in die Schlacht gestürzt hatten, spielten sie auf den bedeutenden Schlachtfeldern des Ersten Weltkriegs nur eine Nebenrolle. Im Westen gab es von den Stechmücken nichts Neues, die kalten europäischen Kriegsschauplätze lagen einfach zu weit nördlich. Allerdings absolvierten sie einige Gastauftritte bei deutlich kleineren Truppenkonzentrationen auf »Nebenschauplätzen« in Afrika, dem Balkan und im Nahen Osten. Der Einfluss der Stechmücken blieb jedoch auf einzelne Todesfälle beschränkt und spielte für den allgemeinen Verlauf des Krieges und seinen Ausgang keine Rolle.[88]

Über 65 Millionen Soldaten waren im Ersten Weltkrieg im Einsatz. Etwa zehn Millionen wurden getötet, weitere 25 Millionen verwundet.[89] Man schätzt, dass sich etwa 1,5 Millionen Soldaten mit Malaria infizierten, darunter mein Urgroßvater William Winegard, der als Teenager an Malaria erkrankte. Im Gegensatz zu 95 000 anderen Infizierten überlebte er glücklicherweise. Angesichts der ungeheuren Zahl der Männer, die im Krieg kämpften und starben, sind diese Zahlen minimal. Die von Stechmücken übertragenen Krankheiten verursachten weniger als ein Prozent aller Kriegsopfer – kein Vergleich zu früheren Kriegen. Aufgrund ihrer isolierten Situation im Niemandsland hatte die Stechmücke keinen Einfluss auf diesen Krieg. Der Konflikt wurde außerhalb ihres Verbreitungsgebiets entschieden, im Stellungskrieg in den Schützengräben der Westfront, die sich wie eine schmerzhafte Narbe über 720 Kilometer von den Schweizer Alpen bis zur belgischen Nordseeküste ziehen, und (vor der Russischen Revolution und dem darauf folgenden Bürgerkrieg) in geringerem Maße an der Ostfront.

Doch in der trügerischen Friedenszeit nach Abschluss des Versailler Vertrags hatten Krankheiten eine weitaus verheerendere Wirkung als im Krieg. Begünstigt durch die beengten und unhygienischen Verhältnisse in den Schützengräben und Rückführungslagern, von denen die Soldaten in ihre verschiedenen Heimatkontinente zurückkehren sollten, wütete in den Jahren 1918 und 1919 eine Grippepandemie, die 500 Millionen Menschen infizierte. Weltweit fielen ihr 75 bis 100 Millionen zum Opfer, fünf Mal so viele wie im Weltkrieg, der zu ihrer Verbreitung beigetragen hatte.[90] Doch die Grippe war nicht die einzige Krankheit, die von den Kriegsveteranen bei ihrer Rückkehr verbreitet wurde, auch wenn sie im kollektiven Gedächtnis alle anderen dominiert. In Australien, Großbritannien, Kanada, China, Frankreich, Deutschland, Italien, Russland und den USA sowie vielen weiteren Ländern wurde ein deutlicher Anstieg der Malariaerkrankungen verzeichnet. In den Zwischenkriegsjahren holte die Stechmücke die verlorene Zeit auf und sorgte für eine Flut von Erkrankungen. Obwohl man wusste, dass Mücken Malaria, Gelbfieber, Filariose und Denguefieber übertrugen, war es nach wie vor schwierig, ihrem tödlichen Treiben Einhalt zu gebieten, selbst in den wohlhabenden westlichen Ländern.

So errechnete man etwa in den 1920er-Jahren eine durchschnittliche Infektionsrate für Malaria von gewaltigen 800 Millionen Fällen weltweit und pro Jahr, was eine jährliche Todesrate von 3,5 bis 4 Millionen ergab. In den USA steckten sich in den 1920er-Jahren 1,2 Millionen Amerikaner mit Malaria an, im darauffolgenden Jahrzehnt waren es nur noch 600 000 Erkrankungen, von denen 50 000 tödlich verliefen. In den amerikanischen Südstaaten wütete das Denguefieber, 1922 waren 600 000 Texaner erkrankt, davon 30 000 allein in Galveston. Ein zeitgenössischer Beobachter meinte damals, die Bekämpfung der von Stechmücken übertragenen Krankheiten sei ähnlich fruchtlos, wie »wenn ein einarmiger Mann versuchen würde, die Großen Seen mit einem Löffel trockenzulegen«. In den 1930er-Jahren verursachten die von Stechmücken übertragenen Krankheiten in den USA durchschnittliche Kosten von 500 Millionen US-Dollar, um die Jahrhundertwende waren es nur 100 Millionen US-Dollar gewesen. Als 1932 in China der Jangtsekiang über die Ufer trat, erreichte die Infektionsrate für Malaria in den betroffenen Gebieten 60 Prozent und forderte insgesamt 300 000 Opfer. In den folgenden fünf Jahren erkrankten schätzungsweise 40 bis 50 Millionen Chinesen an Malaria. Die neu gegründete Sowjetunion, zerrissen von Revolution und Bürgerkrieg, bot ebenfalls ideale Bedingungen für Stechmücken.

Mit dem Ausbruch der Revolution 1917 war der Weltkrieg für das Zarenreich zu Ende, die Ostfront der Entente brach zusammen. Der anschließende Russische Bürgerkrieg hatte verheerende

Auswirkungen auf die Menschen, das Land und die gesundheitliche Versorgung der Bevölkerung im gesamten ehemaligen Reich der Romanows. Es folgte eine klassische malthusianische Katastrophe mit Überschwemmungen, Hungersnöten und Seuchen, bei der bis zum Ende des Bürgerkriegs 1923 mehr als zwölf Millionen Russen umkamen. Mit dem Triumph der Roten Armee wurde unter Lenin, Trotzki und Stalin die Sowjetunion gegründet und der Kommunismus als konkurrierendes politisches, militärisches und wirtschaftliches System zu den westlichen Demokratien aufgebaut, doch dieser historische Wendepunkt ging auch einher mit einer Welle von Krankheiten und Verlusten.

Während Lenin seine Macht rücksichtslos konsolidierte, profitierten *Plasmodium vivax* und *falciparum* von der großen Hungersnot und einer katastrophalen Fleckfieberepidemie und breiteten sich in der gesamten Sowjetunion bis hoch in den Norden zur Hafenstadt Archangelsk aus, die über 200 Kilometer südlich des Polarkreises und auf einem Längengrad mit Fairbanks in Alaska liegt. Die Epidemie in der Arktis in den Jahren 1922 und 1923 zeigt, dass die Geißel der Malaria bei der richtigen Kombination von Temperatur, Handel, inneren Unruhen, geeigneten Stechmücken und menschlicher Bevölkerung keine Grenzen oder territoriale Parameter kennt. Man schätzt, dass bei dieser speziellen und erstaunlichen polaren Malaria 30 000 Personen infiziert wurden und 9000 starben. Der Historiker James Webb schreibt dazu: »1922 und 1923 wütete die größte europäische Malariaepidemie der Neuzeit.« In den besonders schwer betroffenen Gebieten wie dem Wolgabecken, Südrussland, den zentralasiatischen Republiken und im Kaukasus lagen die regionalen Infektionsraten bei 50 bis 100 Prozent. Allein im Jahr 1923 gab es etwa 18 Millionen Malariafälle in der Sowjetunion mit 600 000 Toten. Das von Flöhen übertragene, in den Jahren 1920 bis 1922 in Russland grassierende Fleckfieber suchte 30 Millionen Menschen heim, drei Millionen starben, bevor die Epidemie 1923 allmählich abebbte, demselben Jahr, in dem in Deutschland das auf Blausäure basierende Schädlingsbekämpfungsmittel Zyklon B entwickelt wurde.[91] 1934 verzeichnete die Malaria in der Sowjetunion mit fast zehn Millionen Erkrankten einen weiteren Höhepunkt. Angesichts dieser Aufwärtsentwicklung bei den von Mücken übertragenen Krankheiten in den Zwischenkriegsjahren erhielten auch die medizinische Forschung und Programme zu deren Bekämpfung neuen Auftrieb. Während der Erste Weltkrieg mit seinen vielen Opfern der Vergangenheit angehörte und auch seine gewalttätigen Nachwirkungen allmählich abebbten, wurde der Stellungskrieg gegen die Stechmücken weitergeführt.

»Vernichtet die Mückenlarven«: Der Aufruf im unteren Abschnitt des sowjetischen Plakats zur Stechmückenbekämpfung verweist auf den Krieg gegen die Mücke und die Trockenlegung von Sümpfen in der Sowjetunion. Die Geschichte der Malaria in Russland reicht weit zurück. Bei der schlimmsten je in Europa verzeichneten Malariaepidemie, die das Land im Gefolge der Russischen Revolution und des anschließenden Bürgerkriegs in den Jahren 1922 bis 1923 heimsuchte, blieben selbst die Bewohner der arktischen Hafenstadt Archangelsk nicht verschont. Man schätzt, dass allein 1923 etwa 18 Millionen Personen in der Sowjetunion an Malaria erkrankten, von denen 600 000 starben.

Im Bemühen, ein Mittel gegen die von Stechmücken übertragenen Krankheiten und die Überträger selbst zu finden, gelang 1917 ein merkwürdiger Durchbruch. Auf der Suche nach möglichen Methoden zur Behandlung der Neurosyphilis infizierte der österreichische Psychiater Julius Wagner-Jauregg seine Patienten mit einer nicht tödlichen, aber dennoch schwächenden Form der Malaria, um sie vor den im Spätstadium der Syphilis auftretenden Zerstörungen des Gehirns und Nervensystems zu bewahren. Der ungewöhnliche Ansatz funktionierte. Bei den durch die Malaria ausgelösten Fieberschüben mit bis zu 42 Grad wurden die hitzeempfindlichen Erreger abgetötet. Die Patienten tauschten den sicheren, qualvollen Tod durch die Syphilis gegen Malaria, die in diesem Fall das kleinere der beiden Übel war. Die Stechmücken waren nun Mörder und Retter zugleich, obwohl Jauregg warnte, dass »die Malariatherapie immer noch Malaria« sei. Seine Behandlung fand zunehmend Beachtung, und 1922 wurde die Malariatherapie bei Syphilispatienten in zahlreichen Ländern angewandt, auch in den USA. 1927, dem Jahr, in dem Jauregg für seine verrückte, aber innovative Behandlungsmethode den Nobelpreis erhielt, gab es in amerikanischen Kliniken Wartelisten für Patienten, die sich in der Hoffnung auf eine vermeintlich schnelle Heilung ihrer Syphilis mit Malaria infizieren lassen wollten. Zum Glück entdeckte Alexander Fleming ein Jahr später das Antibiotikum Penicillin, das die Welt der Medizin für immer veränderte. Die Nachfrage nach Jaureggs Malariatherapie ließ entsprechend nach. Die Syphilis (und andere bakterielle Infektionen) konnte nun geheilt werden, ohne dass man Patienten mit Malaria infizieren musste. 1940 wurde schließlich mit der industriellen Produktion von Penicillin begonnen.

Allgemein waren die Fortschritte im Kampf gegen den tödlichsten Feind der Menschheit in der Zwischenkriegszeit jedoch weniger innovativ. So wurden Chinarindenbaumplantagen nicht nur in Südamerika, Mexiko und Niederländisch-Indien angelegt, sondern auch in anderen Teilen der Welt. Der Chinarindenbaum wurde in kleinerem Umfang in Indien und Sri Lanka ebenso angepflanzt wie in den

US-Territorien der Philippinen, Puerto Rico, den Jungferninseln und Hawaii. In den USA und anderen von Stechmücken geplagten Ländern und Kolonien wurden Behörden zur Stechmückenbekämpfung eingerichtet. 1924 gründete der Völkerbund, ein Vorläufer der Vereinten Nationen, der jedoch wenig Einfluss hatte, eine Malariakommission unter dem Dach seiner Gesundheitsorganisation. Die Rockefeller Foundation, die 1913 vom durch American Standard Oil reich gewordenen amerikanischen Öltycoon John D. Rockefeller ins Leben gerufen worden war, war ein bahnbrechendes Beispiel für Philanthropie, das von vielen späteren Wohltätigkeitsorganisationen übernommen wurde, unter anderem von der vorbildlichen Gates Foundation. Bis 1950 hatte die Rockefeller Foundation unter dem Motto, »das Wohl der Menschheit auf der ganzen Welt zu fördern«, 100 Millionen US-Dollar für die Stechmückenbekämpfung sowie für die Malaria- und Gelbfieberforschung zur Verfügung gestellt und zahlreiche weitere Gesundheitsprogramme unterstützt.

Das kühnste und erfolgreichste Programm zur Ausrottung der Stechmücken in den Zwischenkriegsjahren wurde jedoch von Benito Mussolini in den Pontinischen Sümpfen durchgeführt. Der italienische Diktator erklärte die Ausrottung der Malaria durch die Trockenlegung der Pontinischen Sümpfe zu einem seiner wichtigsten Anliegen. Für seine Partito Nazionale Fascista war dies ein Mittel, die Bevölkerung für sich einzunehmen, die landwirtschaftliche Entwicklung in dem unbewohnten Gebiet voranzutreiben, »starke ländliche Krieger« hervorzubringen und Mussolinis »zweite italienische Renaissance« in den Blickpunkt der Weltöffentlichkeit zu rücken. Sein Programm zur Landgewinnung begann 1929, als die durchschnittliche Lebenserwartung eines Bauern in den italienischen Malariaregionen bei gerade einmal 22,5 Jahren lag. Bei einer Volkszählung im Vorfeld stellte man fest, dass es in den Pontinischen Sümpfen keine dauerhaften Siedlungen und nur 1637 »schwimmhäutige, fiebergeschüttelte Korkschneider« gab, die in heruntergekommenen schilfgedeckten Hütten hausten. In dem Bericht wurde außerdem gewarnt, dass 80 Prozent derjenigen, die einen Tag in den Sümpfen verbrachten, damit rechnen mussten, an Malaria zu erkranken.

In einer ersten von insgesamt drei Phasen wurden die Sümpfe und Tidengewässer trockengelegt oder eingedämmt. »Die Schlacht gegen die Sümpfe«, wie die Faschistische Partei das Vorhaben nannte, wurde von Zwangsarbeitern ausgetragen, deren Zahl 1933 den Höchststand von 125 000 Mann erreichte, von denen die meisten als »rassisch minderwertig« galten. An über 2000 wurden außerdem medizinische Experimente zur Malariaforschung durchgeführt. In einer zweiten Phase wurden Steinhäuser gebaut, Infrastrukturmaßnahmen durchgeführt und das Land unter zwangsumgesiedelten Familien aufgeteilt. In der dritten Phase ging man gegen die Mücke vor, etwa mit Netzen an Fenstern, Verbesserungen der sanitären Verhältnisse und einem Gesundheitsdienst. Gegen Malaria wurde Chinin in gut bevorrateten, strategisch gelegenen Depots ausgeteilt. Ab 1930 rodeten die von Malaria geplagten Arbeiter Unterholz und Gestrüpp, pflanzten über eine Million Pinien und bauten hydraulische Pumpstationen in einem schachbrettartig angelegten Gebiet, dessen neu errichtete Kanäle und Deiche insgesamt eine Länge von 16 480 Kilometern hatten, darunter auch der Mussolini-Kanal, der bei Anzio ins Tyrrhenische Meer fließt. Mussolini nutzte das jahrzehntelange Bauvorhaben für einen Propagandafeldzug und ließ sich gern zwischen Arbeitern mit nacktem Oberkörper und Schaufel oder Dreschflegel in der Hand fotografieren oder posierte für die Wochenschauen auf seinem roten Motorrad zwischen kranken (aber lächelnden) Arbeitern oder picknickenden Paaren. Fünf architektonisch unterschiedliche Modellstädte wurden zwischen 1932 und 1939 erbaut, darunter Latina, Aprilia und Pomezia sowie 18 auf dem Reißbrett geplante Satellitendörfer. Wenn man Mussolinis Propaganda beiseitelässt, muss man feststellen, dass sein Programm zur Trockenlegung der Sümpfe und Bekämpfung der Stechmücken, eines der ersten dieser Art, ein durchschlagender Erfolg war. Die Malariarate in den ehemaligen Sümpfen und ganz Italien ging von 1932 bis 1939 um 99,8 Prozent zurück.

Allerdings sollten die Nazis 1944 mit einem dreisten Akt der biologischen Kriegsführung innerhalb weniger Wochen viele Jahre der Malariabekämpfung zunichtemachen.

Obwohl in den Zwischenkriegsjahren fieberhaft in der Stechmückenforschung gearbeitet wurde, war ein geheimes Forschungsprogramm der Amerikaner im Zweiten Weltkrieg nötig, um die Stechmücken endlich in die Schranken zu weisen. Dabei kamen neue synthetische Malariamedikamente und das Insektenvernichtungsmittel DDT zum Einsatz. DDT war zwar bereits 1874 von deutschen und österreichischen Chemikern synthetisiert worden, doch seine insektenvernichtende Wirkung wurde erst 1939 von dem Schweizer Chemiker Paul Hermann Müller entdeckt, der 1948 »für die Entdeckung der starken Wirkung von DDT als Kontaktgift gegen mehrere Arthropoden«, wie es in der Begründung hieß, den Nobelpreis erhielt.

Müller befasste sich ursprünglich mit organischen und pflanzlichen Farb- und Gerbstoffen, doch seine Liebe zur Natur, vor allem zur Flora und Fauna (und seine Vorliebe für Obst) veranlassten ihn, mit Pflanzenschutzmitteln und Desinfektionsmitteln zu experimentieren. Durch die Beobachtung und Untersuchung von Insekten erkannte Müller, dass sie Chemikalien anders als Menschen oder andere Säugetiere aufnahmen. Ein weiterer Ansporn für Müller war die Lebensmittelknappheit im Jahr 1935 in der Schweiz, die durch schädlingsbedingte Ernteausfälle verursacht worden war, sowie die bereits erwähnte tödliche Fleckfieberepidemie in Russland, die sich weit nach Osteuropa ausbreitete. Entschlossen, Leben zu retten, Höfe zu schützen und seine geliebten Obstbäume zu bewahren, machte sich Müller daran, »das ideale Kontaktinsektizid zu synthetisieren – das eine schnelle und starke toxische Wirkung auf die größtmögliche Zahl von Insektenarten hat und gleichzeitig wenig oder keinen Schaden an Pflanzen und warmblütigen Tieren verursacht«. Nach vier Jahren ergebnisloser Laborexperimente mit 349 Chemikalien, die sich als unbrauchbar erwiesen, entpuppte sich die 350. Substanz – DDT – als die gesuchte Wunderwaffe.

Nach erfolgreichen Versuchen an der gewöhnlichen Stubenfliege und dem verheerenden Kartoffelkäfer ergab eine Reihe von Schnelltests an anderen Schädlingen, dass DDT Flöhe, Läuse, Zecken, Sandmücken, Stechmücken und einen Schwarm weiterer Insekten mit erstaunlicher Zuverlässigkeit und Effizienz tötete – und dabei auch gleich die Erreger des Fleckfiebers, der Schlafkrankheit, Pest, Leishmaniose, Malaria, Gelbfieber und zahlreicher weiterer Krankheiten erledigte. Die Wirkweise von DDT bei Insekten basiert darauf, dass es Proteine und Plasma der Natriumionenkanäle und Neurotransmitter blockiert und dadurch das Nervensystem seines Opfers stört, was zu Krämpfen und Lähmungen und schließlich zum Tod führt. Im September 1939, als die Nazis Polen überfielen und das Land gemäß dem Deutsch-Sowjetischen Nichtangriffspakt zwischen sich und der Sowjetunion aufteilten und damit den Zweiten Weltkrieg auslösten, stand Paul Müller im Labor der Geigy AG (heute Novartis) in Basel und läutete das Zeitalter von DDT ein.

Obwohl DDT von deutschen Chemikern mitentwickelt worden war, verhinderte Hitler den Einsatz innerhalb der deutschen Wehrmacht, weil sein Leibarzt das Mittel als nutzlos und zudem als Gefahr für die Volksgesundheit einstufte. Erst 1944 wurde DDT von den Deutschen in geringem Umfang verwendet. In den USA hingegen war bereits 1942 mit der Massenproduktion für den Krieg begonnen worden, vor allem in Verbindung mit einem gewaltigen Malariaprojekt, das in Hinblick auf Geheimhaltung, Sicherheit und Ausmaß durchaus mit dem Manhattan Project zur Entwicklung der Atombombe vergleichbar war. Am Ende umfasste das Arsenal der Alliierten nicht nur Nuklearwaffen, sondern auch DDT-Kanister.

Das amerikanische Kriegsministerium richtete im Mai 1942 die Army School of Malariology ein und ließ dort Spezialkräfte ausbilden, die den Spitznamen *Mosquito Brigades* oder *Dipstick Soldiers* (wegen der Teststäbchen, die sie mitführten) erhielten. Ihre offizielle Bezeichnung lautete »Malaria Survey Units« innerhalb der ebenfalls neu geschaffenen Abteilung für Tropenmedizin der US-Streitkräfte.

Ausgerüstet mit ihren DDT-versprühenden Zauberstäben waren die unkonventionellen *Mosquito Brigades* ab Anfang 1943 in den alliierten Operationsgebieten im Einsatz, um Stechmücken zu vertreiben und zu vernichten. Mit DDT ging man zwar direkt gegen die Mücken vor, die Malaria an sich bekämpfte man damit jedoch nicht. Diese Ehre war zu Beginn des Krieges allein dem Chinin vorbehalten. Ein zusätzlicher Ansporn für die Entstehung des Malariaprojekts war die Tatsache, dass sich die Chinarindenbaumplantagen und die Chininvorräte fest in japanischer Hand befanden.

Das rasche Vordringen der Japaner Anfang 1942 im Pazifikraum schloss auch Niederländisch-Indien mit ein, wo 90 Prozent der globalen Chinarindenproduktion herstammten. Die Erbeutung von Chinin war zusammen mit Öl, Kautschuk und Zinn ein wesentliches Ziel der japanischen Militärplanung, die auch Lieferungen an das verbündete Deutsche Reich vorsah. Für die Alliierten stellte der Chininmangel ein gravierendes Problem und einen ernsthaften militärischen Nachteil dar. Da aus Indien, Südamerika und den Außengebieten der Vereinigten Staaten nur unzureichende Mengen Chinin geliefert werden konnten, waren synthetische Alternativen von entscheidender Bedeutung für die Fortführung des Krieges. Unter dem Dach des Malariaprojekts wurden die amerikanischen Chemiker aktiv und begannen mit der fieberhaften Suche nach einem synthetischen Chinin-Chinarindenersatz.

Über 14 000 Verbindungen wurden getestet, darunter auch Derivate von Mefloquin und Malarone (ein Kombinationspräparat aus Proguanil und Atovaquon), die jedoch erst eingesetzt wurden, als 1957 erstmals Resistenzen gegen Chloroquin auftraten. Leo Slater erklärt in *War and Disease*, einer Untersuchung zur biomedizinischen Malariaforschung: »1942 und 1943 hatte das Programm zur Malariabekämpfung drei wissenschaftliche (und klinische) Prioritäten: Die Synthetisierung neuer Präparate, die Entschlüsselung der Wirkweise von Atebrin und die Entwicklung von Chloroquin … Auf die Entwicklung von Atebrin als Ersatz für Chinin folgte unmittelbar Chloroquin, ein vielversprechender neuer Wirkstoff ..., der jedoch erst nach Kriegsende die klinische Testphase durchlaufen hatte.« 1943 lag die Atebrinproduktion bei 1,8 Milliarden Tabletten, 1944 war sie sogar auf 2,5 Milliarden gestiegen.[92] Während alle alliierten Soldaten systematisch gegen Gelbfieber geimpft wurden, konnten ihre Kommandeure im Feld nicht garantieren, dass sie auch ihre (nur teilweise wirksamen) Atebrintabletten nahmen.

Aufgrund der angeblichen und tatsächlichen Nebenwirkungen verzichteten viele Soldaten darauf. Die Tabletten hinterließen einen bitteren Nachgeschmack, verursachten eine Gelbfärbung der Haut und der Augen und einen farblosen Urin und führten zu Kopf- und Muskelschmerzen. In seltenen Fällen kam es zu Erbrechen, Durchfall und Psychosen.[93] Allerdings führte Atebrin nicht zu Impotenz und Sterilität, wie unter den G.I.s gemunkelt wurde. Die deutsche und japanische Propaganda nutzen die Gerüchte, um den Kampfgeist, die Kampfstärke und Gesundheit der alliierten Truppen zu schwächen. Indem sie Atebrin schlecht redeten, so die Hoffnung der Achsenmächte, würden die alliierten Soldaten auf ihre Malariaprophylaxe mit derselben fröhlichen Unbekümmertheit verzichten, mit der sie auch Zigaretten, Kaugummi, Schokolade in Form des *Ration-D-Riegels* und Fotos der Pin-up-Sexbomben Rita Hayworth, Betty Grable und Jane Russell verteilten und eintauschten.[94]

Obwohl auch Moskitonetze zur Standardausstattung gehörten, waren sie für die Soldaten kaum von Nutzen, wie ein G.I. mir erzählte. Sie hätten »weder die Zeit noch die Kraft gehabt, sich um Moskitonetze, Kopfschutz und Handschuhe zu kümmern«. Einige Soldaten verzichteten absichtlich auf die Malariaprophylaxe, um wieder zurück in die Heimat zu kommen, manche Kommandanten sprachen in diesem Zusammenhang von »Malariadeserteuren«, allerdings war ein derartiger Vorwurf extrem schwer zu beweisen und konnte selten als Vergehen geahndet werden. Vorsichtige und aufmerksame Vorgesetzte gingen daher so weit, die Atebrintabletten beim Appell auszugeben und die Soldaten beim Urinieren zu beobachten, um optisch überprüfen zu können, ob die Soldaten die Anweisungen befolgten. Dennoch blieb die Malaria für die Soldaten aller Nationalitäten auf dem pazifischen Kriegsschauplatz »unvermeidlich und ein ganz normaler Teil des Soldatenlebens«, wie es ein Soldat formulierte. Selbst mit DDT und Atebrin war die Zahl derjenigen, die an von Stechmücken übertragenen Krankheiten litten, erschreckend hoch. Man kann jedoch nur raten, um wie vieles höher die Zahl der Malariafälle ohne diese beiden lebensrettenden wissenschaftlichen Durchbrüche gewesen wäre.

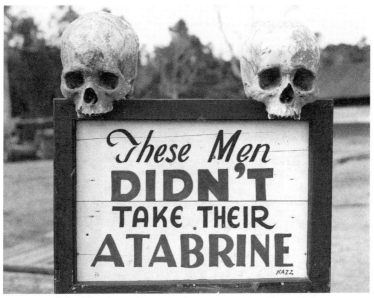

»Diese Männer haben ihr Atebrin nicht genommen«: Schild vor dem 363rd US Station Hospital in Port Moresby auf Papua-Neuguinea während des Zweiten Weltkriegs, um Soldaten von der Einnahme ihrer Malariatabletten zu überzeugen. Viele Soldaten verzichteten auf die tägliche Einnahme, weil das Medikament eine Gelbfärbung der Haut und Augen sowie einen farblosen Urin hervorrief, außerdem konnte es Kopf- und Muskelschmerzen, Erbrechen und Durchfall verursachen. In seltenen Fällen führte es zu vorübergehenden oder dauerhaften Psychosen ähnlich wie das heutige Mefloquin.

Während des Krieges wurden etwa 725 000 Fälle gemeldet, bei denen sich amerikanische Soldaten mit von Stechmücken übertragenen Krankheiten infiziert hatten, darunter ungefähr 575 000 Fälle von Malaria, 122 000 Fälle von Denguefieber und 14 000 Fälle von Filariose. Sie verursachten 3,3 Millionen Krankheitstage bei den Soldaten. Man schätzt, dass sich 60 Prozent aller im Pazifik stationierten Amerikaner mindestens einmal Malaria zuzogen. Zu den berühmten Krankheitsfällen im Krieg zählen der spätere Präsident John F. Kennedy, der Kriegsreporter Ernie Pyle und der Soldat Charles Kuhl. Während der Invasion der Alliierten auf Sizilien im August 1943 war Kuhl einer der beiden Soldaten, die von General George S. Patton empört geohrfeigt wurden, weil er sie für feige hielt

»Operation Pestilence«: Ein Mitglied der 1st American Marine Division wird während der Schlacht um Guadacanal im September 1942 aufgrund von Malaria evakuiert. Zwischen August 1942 und Februar 1943 wurden über 60 000 Malariafälle bei den in der Schlacht eingesetzten US-Truppen gemeldet.

und glaubte, sie würden ihr Kriegstrauma oder ihren *Shell Shock* nur simulieren. Dabei hatte Kuhl 39 Grad Fieber und litt unter Malaria, die man anschließend auch diagnostizierte. Die Militärunterlagen der Achsenmächte sind in Hinblick auf Malaria und andere durch Mücken übertragene Krankheiten lückenhaft. Man schätzt jedoch, dass die Infektionsraten mit denen der Alliierten zu vergleichen sind, wenn nicht sogar noch etwas höher lagen.

Die alliierten Soldaten hatten vor allem im Pazifikraum schwer mit Malaria zu kämpfen. General Douglas MacArthur, der Oberbefehlshaber der alliierten Truppen im Südwestpazifik, soll bei einer Inspektion unheilvoll orakelt haben: »Das wird ein langer Krieg, wenn auf jede Division, die dem Feind gegenübertritt, eine zweite Division kommt, die mit Malaria im Krankenhaus liegt, und eine dritte Division, die sich von dieser kräftezehrenden Krankheit erholt!« Die Flächenbombardierung winziger Vulkaninseln und Atolle im Rahmen der Island-Hopping-Strategie der Amerikaner im Pazifikkrieg erweiterte die Brutgebiete der Stechmücken und sorgte für deren massiven Anstieg. Die 1st Marine Division wurde 1942 bei der Schlacht um Guadalcanal, die den Spitznamen »Operation Pestilence« trug, von Stechmücken förmlich aufgefressen; in ihrem Verlauf wurden 60 000 Malariafälle bei den amerikanischen Streitkräften gemeldet. Nach dem Rückzug der Japaner im Februar 1943 zeigte sich, dass auch die japanischen Soldaten massiv unter Malaria gelitten hatten. Fast 80 Prozent der australischen und neuseeländischen Truppen auf Papua-Neuguinea infizierten sich mit Malaria, und auch die japanischen Soldaten auf Saipan wurden während der Invasion der Amerikaner im Sommer 1944 durch Malaria erheblich geschwächt. Auf der philippinischen Halbinsel Bataan schlugen sich die Stechmücken auf die Seite der Japaner und sorgten dafür, dass die amerikanischen Truppen, die die Insel verteidigten, ebenso wie ihre philippinischen Verbündeten bis aufs Skelett abmagerten. Tausende Kriegsgefangene kamen auf dem Todesmarsch von Bataan ums Leben, viele weitere starben in Lagern unter unmenschlichen Bedingungen.

Auf Initiative des Malarialogen Paul Russell, der von MacArthur sehr geschätzt und entsprechend unterstützt wurde, begann man 1943 mit dem flächendeckenden Einsatz von DDT im Pazifikraum und in Italien. Beim ersten Zusammentreffen der beiden stand MacArthur auf und erklärte rundheraus: »Doktor, ich habe ein echtes Problem mit Malaria.« Russell, der erst drei Tage zuvor aus den USA gekommen war, wusste nicht, dass MacArthur ihn persönlich angefordert hatte, indem er dem Generalstabschef ein Telegramm mit der knappen Bitte gesandt hatte: »Finden Sie Doktor Russell. Schicken Sie ihn her.« Auf Neuguinea hatte es Russell mit einem hartgesottenen Kommandeur der Infanterie zu tun, der schnaubte: »Wenn Sie mit den Mücken spielen wollen, dann gehen Sie zurück nach Washington und stören Sie mich nicht weiter, ich habe genug damit zu tun, gegen die Japaner zu kämpfen.« Ein weiterer Anwesender klinkte sich ein: »Wir sind hier, um die Japaner zu töten, zur Hölle mit den Mücken.« Als Russell MacArthur über den Vorfall informierte, musste nicht er, sondern der Kommandeur das Feld räumen.

Ab März 1943 waren amerikanische Malariabekämpfungstrupps in MacArthurs Operationsgebiet im Einsatz. Sie versprühten DDT, beseitigten Brutstätten und überhäuften die Soldaten mit Atebrin und gut gemeinten Ratschlägen. Die G.I.s witzelten, wenn sie auch nur einen Tropfen Wasser verschütteten oder auf den Boden spuckten, würde binnen Sekunden ein *Dipstick* auftauchen und das Wasser aufwischen oder Insektizide versprühen. Die »Mückenjäger« versprühten über 45 Millionen Liter Petroleum in den Brutgebieten des Pazifikraums, was in etwa der Ölmenge entspricht, die beim berüchtigten Tankerunglück der *Exxon Valdez* 1989 vor Alaska ins Meer floss. Ende 1944 waren über 400 »Mückenkiller« in 2070 Lagern an über 900 Kriegsschauplätzen im Einsatz. Der Vormarsch des DDT schien unaufhaltsam. Die Produktion in den USA stieg von etwa 70 Tonnen 1943 auf über 16000 Tonnen 1945. Endlich hatten die USA die richtige Munition gegen die Mücken gefunden, die noch dazu kriegsentscheidend sein sollte. Neben der Stechmückenbekämpfung mit DDT war die Aufklärung und Schulung der Soldaten eine wichtige Komponente des Malariaprojekts. Im gesamten Pazifikraum (und an anderen Malariafronten) erhielten die Truppen entsprechendes Propagandamaterial.

Das Malariaprojekt: Ein amerikanischer Soldat wird mit DDT besprüht. Während des Zweiten Weltkriegs war DDT eine unverzichtbare Waffe im Kampf gegen die Stechmücken, den die US Division of Tropical Medicine und ihre Malariabekämpfungstrupps, besser bekannt als *Mosquito Brigades* oder *Dipstick Soldiers*, führten. DDT erwies sich als wirksames Insektizid, das Leben rettete.

Walt Disneys Malariaaufklärungsfilm *The Winged Scourge* (»Die geflügelte Plage«) mit Gastauftritten der Sieben Zwerge aus dem Film *Schneewittchen* war 1943 ein Riesenhit bei den Truppen. Auch das mit Anzüglichkeiten gespickte Mückenhandbuch *This is Ann: She's Dying to Meet You*, das 1943 erstmals veröffentlicht wurde, fand großen Anklang und war eine beliebte Bettlektüre der G. I.s. Das anspielungsreiche Pamphlet war von dem amerikanischen Kinderbuchautor Captain Theodor Seuss Geisel, der unter dem Namen Dr. Seuss veröffentlichte, verfasst und illustriert worden. Seine gewagt gezeichnete Stechmücke ist ein lüsterner, verführerischer Succubus, eine Art Dorfprostituierte, die liebestolle ungeschützte Soldaten umgarnt und sich von ihrem Blut ernährt. »Ann kommt ganz schön herum. Ihr voller Name lautet Anophelesmücke und sie ist im horizontalen Gewerbe tätig, um Malaria zu verbreiten ... Sie arbeitet hart und weiß, wie's läuft ... Ann ist nachts unterwegs, von der Abenddämmerung bis in den Morgen (ein echtes Partygirl), und sie hat gewaltigen Durst. Doch Whisky, Gin, Bier oder Rum-Cola sind nichts für Ann ... sie steht auf Blut ... Nach einer Weile will Ann einfach noch einen kleinen Drink und macht sich auf den Weg, immer auf der Suche nach einem Trottel, der blöd genug ist, sich nicht zu schützen.«

Im Zweiten Weltkrieg schuf der beliebte Kinderbuchautor Dr. Seuss für das Kriegsministerium zahlreiche Plakate, Pamphlete und Aufklärungsfilme über die Gefahren, die von »Ann« ausgingen.[95] Ann konnte zwar nicht mit Pin-up-Girls wie Rita, Betty oder Jane mithalten, dennoch hatte die Stechmücke mehrere Auftritte in den Arbeiten, die Dr. Seuss in Kriegszeiten ausführte, darunter auch eine Hauptrolle in drei Episoden der Zeichentrickreihe *Private Snafu* (G. I.-Jargon für »Situation Normal, All Fucked Up«, deutsch etwa »Lage normal, alles im Arsch«), die Soldaten auf lustige Art informieren und aufklären sollte. In den drei Episoden ging es natürlich um Stechmücken und die von ihnen ausgehende Bedrohung, mit einer verführerisch gezeichneten Ann. Die beliebte, von Warner

»Das ist Ann ... sie trinkt gern Blut! Ihr voller Name lautet Anophelesmücke und sie kann es kaum erwarten, dich kennenzulernen!« Der Handzettel aus dem Jahr 1943 zählt zu den vielen Plakaten und Pamphleten, die für das Animation Department der Special Service Division entworfen wurden, um die Soldaten vor den von Stechmücken ausgehenden Gefahren zu warnen und sie über Schutzmaßnahmen und Mittel der Bekämpfung aufzuklären. Zeichner und Texter war Captain Theodor Seuss Geisel, unter dem Namen Dr. Seuss als beliebter Kinderbuchautor bekannt. Die Karte zeigt die geografische Verbreitung von Malaria. Ann, eine stark sexualisiert dargestellte, verführerische Stechmücke, taucht in den Druckerzeugnissen und Filmen der Kriegszeit häufiger auf.

Brothers produzierte Zeichentrickreihe war mit der Musik der *Looney Tunes* unterlegt und mit den bekannten Stimmen der Sprecher von Bugs Bunny, Daffy Duck und Schweinchen Dick synchronisiert.

Hunderte Zeichentrickfilme, Pamphlete und Plakate, die über die Gefahren durch Stechmücken und Malaria informierten, wurden während des Krieges für die Special Servies produziert. Um die Aufmerksamkeit der unter Frauenentzug leidenden G. I.s zu wecken, war das Aufklärungsmaterial bewusst anzüglich gestaltet. Auf einer

Werbetafel in Neuguinea posierte eine halb nackte, vollbusige Schönheit neben der Mahnung »Atebrin nicht vergessen!« Ähnliche Reklametafeln mit halb nackten Frauen und vergleichbaren Botschaften begrüßten die Truppen im gesamten Pazifikraum, in Italien und im Nahen Osten. Andere zeichneten die Stechmücken als Japaner mit vorstehenden Zähnen und Schlitzaugen hinter runden Brillengläsern. General MacArthur lobte die gemeinsamen Anstrengungen des Propagandafeldzugs gegen Malaria und der *Mosquito Brigades* unter Russell, um eine weitere Schwächung der Kampfkraft seiner Truppen zu verhindern. »Die Japaner zu besiegen, war für MacArthur

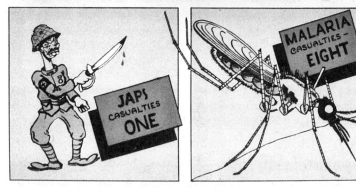

»Ist deine Organisation gewappnet, gegen beide Feinde zu kämpfen?« Ein überaus rassistisches amerikanisches Plakat zur Malariabekämpfung, das im Zweiten Weltkrieg im Pazifikgebiet zum Einsatz kam, verweist auf das Malariarisiko nach einem Mückenstich und den Einfluss der Stechmücken auf die Kampfkraft und Truppenstärke. Während des Krieges gab es etwa 725 000 gemeldete Fälle, bei denen sich amerikanische Soldaten mit von Stechmücken übertragenen Krankheiten infiziert hatten.

kein Problem«, erinnerte sich Russell, »doch angesichts der bisherigen Versäumnisse machte er sich große Sorgen, ob wir die Anophelesmücke besiegen konnten.«

Wie sein amerikanischer Kollege Mac Arthur klagte auch der britische Feldmarschall Sir William Slim, der das Kommando über die britischen Truppen in Burma hatte, über den Kampf gegen die Japaner: »Auf jeden Mann, der wegen einer Verwundung evakuiert wurde, kamen 120, die wegen einer Erkrankung evakuiert werden mussten.« Slim wusste nicht, dass seine Truppen während des brutalen Burmafeldzugs, der von wolkenbruchartigen Regenfällen im Monsun, Kämpfen im unwegsamen Dschungel und kaum einzudämmenden Epidemien geprägt war, in Hinblick auf Malaria gegenüber den Japanern im Vorteil waren. Die Infektionsrate der Japaner in Burma lag bei verheerenden 90 Prozent, während die der Briten *nur* 80 Prozent betrug. Die Bevölkerung (und die japanischen Besatzer) im kriegsverwüsteten China litten ebenfalls massiv, während des Krieges gab es im Schnitt etwa 30 Millionen Malariainfektionen pro Jahr.

In Nordafrika und Italien wechselte die Stechmücke wiederholt die Seiten. Im Wüstensand von Marokko, Tunesien, Libyen und Ägypten war die Malariarate bei den deutschen und italienischen Truppen doppelt so hoch wie bei den Soldaten der Alliierten, erst in Sizilien war sie ausgeglichen. Auf dem italienischen Festland besetzten die Deutschen höher gelegene Stellungen, sodass Malaria (und das von Läusen übertragene Fleckfieber) die Alliierten härter traf, vor allem um Salerno/Neapel, Anzio und entlang der weiter nördlich gelegenen Flüsse Arno und Po. Doch dank der DDT-versprühenden *Mosquito Brigades*, die den mühsamen Vorstoß der Alliierten begleiteten, gingen die Malaria- und Fleckfieberraten sowohl unter den Soldaten als auch unter den italienischen Zivilisten kontinuierlich zurück. »Ein wesentlicher Punkt bei der erfolgreichen Durchführung des Programms zur Fleckfieberkontrolle«, erklärte Colonel Charles Wheeler, sei »der Einsatz eines lausiziden [sic!] Pulvers wie DDT« gewesen.

»Alltagsleben«: Mitten in der Wüste schreiben zwei britische Soldaten Briefe in die Heimat, geschützt durch Moskitonetze um den Kopf, Ägypten 1941.

Für die Soldaten aller Nationen, die auf den Kriegsschauplätzen im Pazifik oder in Italien im Einsatz waren, erwies sich die Malaria als »Der große Debilitator«, eine Krankheit, die alle gleichermaßen schwächte. Strategisch betrachtet war die Krankheit ein Opportunist und traf alle Kriegsteilnehmer. Das Kräfteverhältnis wurde durch die Mücke weder in Europa noch im Pazifik zugunsten der Alliierten beeinflusst. Den entscheidenden Beitrag zum Sieg leisteten die 25 Millionen Kriegstoten der Sowjetunion. Die Achillesferse der Achsenmächte – der Mangel an Öl und Stahl sowie anderen Rohstoffen – trug ebenfalls zum Sieg der Alliierten bei. Die beispiellose und bis heute unübertroffene Rüstungs- und Industrieproduktion, darunter auch von Petroleum und DDT, sowie eine futuristische Technologie einschließlich der Atombombe waren ein weiterer wichtiger Faktor für den Sieg der Alliierten.

Während die mit DDT ausgerüsteten US-Einheiten und Dr. Seuss' provokante Aufklärungskampagne in Comicform die »Ann«ophelesmücke bekämpften, wurde diese von den Nationalsozialisten als Trumpf in einer heimtückischen Nacht-und-Nebel-Aktion eingesetzt. 1944 nutzten die Deutschen in Anzio Stechmücken als biologische Waffe gegen den Vormarsch der Alliierten und die italienische Bevölkerung, die kurz zuvor das Bündnis mit den Achsenmächten aufgekündigt und sich stattdessen den Alliierten zugewandt hatte. Hitler tobte. Der Verrat bestätigte seine bereits in Vorkriegszeiten erworbenen Vorurteile, die Italiener seien rassisch minderwertig. In seinen Augen mussten die italienischen Verräter bestraft werden. Die Verteidigung Italiens und die Unterdrückung der aufbegehrenden Bevölkerung wurden der Wehrmacht überlassen, die mit ihrer Besatzungspolitik einen »Krieg gegen die Zivilbevölkerung« betrieb.

Nach dem Verlust Siziliens 1943 verteidigten die Deutschen erfolgreich die sogenannte Gustav-Linie südlich der Pontinischen Sümpfe, wodurch die Alliierten, um die deutschen Stellungen zu umgehen, zu einer Landung bei Anzio hinter den deutschen Linien gezwungen waren. Zu diesem Zeitpunkt war jedoch die Ausbreitung der Mücken und Malaria in den Sümpfen bereits wieder systematisch gefördert worden, ebenso ihr weiteres Vordringen in Italien. Im Oktober 1943 hatte Feldmarschall Albert Kesselring oder vielleicht sogar Hitler persönlich den Befehl ausgegeben, gezielt für die Verbreitung von Stechmücken und Krankheiten in den Pontinischen Sümpfen zu sorgen – ein klassisches Beispiel für biologische Kriegsführung. Kesselring hatte seine Einheiten angewiesen, den Kampf »mit allen verfügbaren Mitteln« und »mit größter Schärfe« zu führen. Er werde »jeden Führer decken, der in der Wahl und Schärfe des Mittels ... über das bei uns übliche Maß hinausgeht«. Hitler vertrat die gleiche Haltung: Der Kampf müsse »mit dem heiligen Hass« geführt werden.

Zunächst beschlagnahmten die Deutschen sämtliche Chininvorräte und Moskitonetze der Zivilbevölkerung und entfernten Fliegengitter an Privathäusern. Zusätzlich begünstigt wurde die Verbreitung der Malaria durch den Umstand, dass italienische Veteranen, die von der Balkanfront zurückkehrten, chininresistente Stämme des Malariaerregers *Plasmodium falciparum* mit ins Land brachten. Die Deutschen stellten die Entwässerungspumpen ab und zerstörten die Deiche, wodurch sich 90 Prozent der Sümpfe wieder mit Brackwasser füllten, in dem sich Landminen verbargen. Die bei der Landgewinnung so mühsam gepflanzten Bäume wurden von den Deutschen gefällt und dienten als Barrieren gegen die vorrückenden Amerikaner. Der innere Kreis der nationalsozialistischen Führung wurde von deutschen Malarialogen beraten, die erklärten, durch die Rückkehr des Salzwassers werde die Ausbreitung der besonders aggressiven Art *Anopheles labranchiae* gefördert, die besonders gut in Brackwasser gedeiht (und sich hervorragend für die biologische Kriegführung eignet, da sie *Plasmodium falciparum* überträgt).

Die Flutung des trockengelegten Sumpfgebiets richtete sich nicht nur gegen die vorrückenden Truppen der Alliierten, sondern auch gegen die aus Sicht der Deutschen abtrünnige italienische Zivilbevölkerung, die noch lange nach Kriegsende unter den Auswirkungen zu leiden hatte. »Mit diesen zwei Zielsetzungen vor Augen«, schreibt Frank Snowden, der an Yale University Geschichte lehrt, in seiner umfassenden Untersuchung zur Malaria in Italien, »setzten die Deutschen das einzige Beispiel für biologische Kriegführung im 20. Jahrhundert in Europa in die Tat um ... Die von den Deutschen verursachte medizinische Notlage hielt drei Jahre hintereinander über die Epidemiesaison an und verursachte großes Leid.« Am Mussolini-Kanal in Anzio infizierte sich auch der Großvater meiner Frau, Sergeant Walter »Rex« Raney, mit Malaria. Bevor ich ihm 73 Jahre später, im Frühjahr 2017, davon erzählte, wusste Rex, ein typischer amerikanischer G. I., nicht, dass er Opfer eines vorsätzlichen Biowaffeneinsatzes der Nazis gewesen war.

Geboren und aufgewachsen in einer kleinen Farmergemeinde im westlichen Colorado meldete sich Rex 1940 bei der 45. US Infantry Division »Thunderbird«. Im Frühjahr 1943 kämpfte sich seine Division durch Nordafrika und nahm im Juli an der Landung der Alliierten auf Sizilien teil. Während der fünf Wochen dauernden Kämpfe um die Insel gab es 22 000 Malariafälle bei den amerikanischen, kanadischen und britischen Soldaten. Bei den italienischen und deutschen Truppen auf der gegnerischen Seite dürften die Zahlen ähnlich hoch gewesen sein. Im September landete Rex bei Salerno auf dem italienischen Festland und kämpfte sich mit seiner Division bis Januar 1944 zur Gustav-Linie am Fuß des Monte Cassino vor. Im gleichen Monat war er bei der Landung bei Anzio hinter den deutschen Stellungen dabei. Von Januar bis Juni saßen Rex und seine Division am Mussolini-Kanal fest. »Wir verschanzten uns an diesem wasserumschlossenen Kanal und bewegten uns nicht mehr weg, bis wir im Juni abgezogen wurden, um uns auf die Invasion in Südfrankreich im August 1944 vorzubereiten«, erinnerte sich Rex. Dann nannte er mir die englischen Übersetzungen von Ortsnamen bei der Landung seiner Einheit in Anzio, die auf einen langen Kampf mit den todbringenden Stechmücken hinwiesen: Field of Death, Dead Woman, Dead Horse, Field of Meat und Charon (zu Ehren des Fährmanns, der die Toten über den Fluss Styx in die Unterwelt bringt). »Diese kaltblütigen Mücken waren in Anzio überall. Ich glaube, die Biester waren sogar noch schlimmer als die bei unserer Ausbildung und bei den Manövern in Pitkin, Louisiana. Die verdammten Biester waren gnadenloser als der Beschuss durch die Deutschen«, erzählte mir Rex, während er in seinem Fernsehsessel saß und an seinem Scotch nippte, den er gern nach dem Abendessen trank. »Als dann die Typen mit dem Spray kamen und uns und alles, was sie erreichen konnten, mit DDT besprühten, da war es wohl schon zu spät für mich, denke ich, nach dem, was du mir über diese deutschen Sumpfmücken erzählt hast.« Rex erinnerte sich an ein Schild am Mussolini-Kanal, dessen Aufschrift typisch für den Galgenhumor der G.I.s im Krieg war: »Da stand so etwas drauf wie ›Fieberfabrik der Pontinischen Sümpfe: Malaria-Direktverkauf‹.« Er sah mich mit einem schiefen Grinsen an und sagte mit seinem trockenen Humor: »Da habe ich mir wohl auch gleich ein paar Packungen abgeholt.« Während des viermonatigen Einsatzes bei Anzio wurden 45 000 amerikanische Soldaten, unter ihnen auch Sergeant Rex Raney, wegen Malaria und anderer Erkrankungen behandelt, obwohl fast 2000 Liter DDT eingesetzt worden waren. Mark Harrison weist in seiner detaillierten Untersuchung *Medicine and Victory* darauf hin, dass sich die biologische Kriegsführung für die Deutschen (wie nicht anders zu erwarten) als Bumerang erwies, da ihre Truppen infolge ihrer Maßnahmen selbst unter Malariaerkrankungen zu leiden hatten.

»Jane geht es gut – sie ist nicht in Anzio«: Ein britischer Soldat bewundert ein Malaria-Warnschild an der Front bei Anzio in Italien im Mai 1944. Um die Aufmerksamkeit der frauenlosen Soldaten zu erregen, waren viele Schilder überaus anzüglich. Ähnliche Reklametafeln mit nackten Frauen und vergleichbaren Botschaften begrüßten die Truppen im übrigen Italien, im Pazifikgebiet und im Nahen Osten.

Nach seiner Malariainfektion in Anzio kämpfte Rex, mittlerweile zum Sergeant Major befördert, tapfer gegen seine Krankheit und nahm im August 1944 an der Landung der Alliierten in Südfrankreich teil, bevor er im harten Winter 1944/45 an den schweren Gefechten zur Abwehr der deutschen Ardennenoffensive beteiligt war. Mitte März 1945 durchbrach seine Division den Westwall und überschritt den Rhein. Am 28. April erhielt Rex »für einen kämpfenden Soldaten verwirrende und merkwürdige Anweisungen«. Sie lauteten: »Morgen wird sich das berüchtigte Konzentrationslager Dachau in unserem Einsatzgebiet befinden. Nach der Einnahme darf nichts verändert werden. Internationale Kommissionen werden nach dem Ende der Kampfhandlungen die dortigen Bedingungen untersuchen. Nach der Einnahme von Dachau durch ein Bataillon muss der Luftraum streng überwacht werden, niemand darf das Lager verlassen oder betreten.« Am 29. April, am Vorabend von Hitlers Selbstmord, befreiten Rex und seine Kameraden das Konzentrationslager Dachau in der Nähe von München und sahen mit eigenen Augen die entsetzlichen Gräueltaten, die im nun zerfallenden Dritten Reich begangen worden waren. Als ich Rex bat, mehr darüber zu erzählen, senkte er langsam den Blick aus seinen mit Tränen gefüllten Augen und stellte mit zitternder Hand den Scotch ab. »Das war ein dunkler Tag«, flüsterte er gequält. »Ich wünschte, ich könnte diesen Tag vergessen.« Ich drängte ihn nicht weiter.

In Dachau war auch das Tropenmedizinprogramm der Nationalsozialisten angesiedelt, bei dem jüdische Häftlinge als Versuchspersonen für die Malariaforschung benutzt wurden. Laut der Geschichte der Einheiten aus Rex' 157. Regiment wurden »die ›Patienten‹ unvorstellbar unmenschlichen Experimenten unterzogen. Andere wurden mit Krankheiten infiziert, um die Wirkung verschiedener Behandlungen zu testen ... ein gewisser Professor Schilling ließ Häftlinge mit verschiedenen Krankheiten infizieren, darunter auch Malaria.« In Dachau steckte sich Rex ein zweites Mal mit Malaria an, dieses Mal durch eine Stechmücke aus dem Labor der Nazis. »Diese zweite

Runde Malaria war viel schlimmer als die erste. So gern ich bei meiner Einheit geblieben wäre, der Doc sagte mir, ich müsste nach Hause«, erinnerte sich Rex bedauernd. »Die Deutschen haben mich nicht erwischt, aber diese Malaria hat mich echt umgehauen. Ich dachte, ich wäre erledigt.« Für Rex war der Krieg nach 511 Kampftagen vorbei. Er verbrachte elf Tage im Krankenhaus, in denen er immer wieder ins Fieberdelirium fiel, bis er schließlich als dienstunfähig eingestuft und nach Hause geschickt wurde. Sergeant Major Rex Raney schlief 2018 in seinem Haus im westlichen Colorado kurz vor seinem 97. Geburtstag für immer ein und wurde mit allen militärischen Ehren beigesetzt.

Während der NS-Arzt Claus Schilling, der federführende Arzt der tropenmedizinischen Forschungsstation in Dachau, menschenverachtende Experimente an seinen unfreiwilligen Versuchspersonen durchführte, waren die amerikanischen Ärzte des US-Malariaprojekts mit eigenen klinischen Versuchen beschäftigt.[96] Malaria wurde von den amerikanischen Militärstrategen und der Militärführung als so gefährlich eingestuft, dass in den Zeiten des »totalen Krieges« die üblichen ethischen und wissenschaftlichen Leitlinien ignoriert wurden. Ende 1943 genehmigte die US Division of Tropical Medicine im Rahmen des Malariaprojekts Experimente an amerikanischen Häftlingen oder Syphiliskranken, die sich freiwillig als Versuchspersonen zur Verfügung stellten (ihnen wurde eine verringerte Haftstrafe oder eine Heilung in Aussicht gestellt). Die amerikanischen Versuche ähnelten den nationalsozialistischen Experimenten an jüdischen Häftlingen in Dachau, »wo Claus Schilling jeden Tag seiner Tätigkeit nachging«, wie Karen Masterson in ihrem hervorragenden und detaillierten Buch *The Malaria Project* schreibt. »Er nahm seine Arbeit im Februar 1942 auf, mit einer ganz ähnlichen Zielsetzung wie die des amerikanischen Malariaprojekts – ein Medikament gegen Malaria zu finden.« Der große Unterschied bestand darin, dass Schilling seine sadistischen Versuche und Experimente an unfreiwilligen Testpersonen durchführte. Nach seiner Verhaftung

»Ich dachte, ich wäre erledigt«: Sergeant Rex Raney im Mai 1944 im italienischen Anzio, kurz bevor er sich mit Malaria infizierte, die von den Nationalsozialisten in den Pontinischen Sümpfen als Mittel der biologischen Kriegsführung gezielt gefördert worden war, um den Vormarsch der Alliierten aufzuhalten. Bei der Befreiung des Konzentrationslagers Dachau im April 1945 wurde Rex ein zweites Mal mit Malaria infiziert, dieses Mal durch Malariamücken aus dem Labor des nationalsozialistischen Forschungsprogramms zur Tropenmedizin.

wurde er beim ersten Dachauer Prozess als Kriegsverbrecher zum Tode verurteilt.[97]

Schillings schwache Verteidigung für seine unsäglich grausamen und bösartigen Verbrechen – er sei vom Reichsführer SS Heinrich Himmler mit der Durchführung der Malariaexperimente beauftragt worden – konnte die Richter nicht beeindrucken. Sein Rechtsbeistand fragte daraufhin das Gericht, wo denn der Unterschied zwischen Schillings Arbeit und den Experimenten liege, die amerikanische Forscher während des Krieges an amerikanischen Häftlingen durchgeführt hätten, etwa an den Insassen des Atlanta Federal Penitentiary und des berüchtigten Stateville Correctional Center in der Nähe von Chicago oder an den Patienten zahlreicher Nervenheilanstalten. Schillings Verteidiger verwiesen auch auf australische Malariaexperimente an Freiwilligen, darunter verwundete Soldaten und jüdische Flüchtlinge. Doch auch diese verdrehte Argumentation griff nicht. Schilling wurde 1946 wegen seiner Verbrechen gegen die Menschheit gehängt, die amerikanischen Malariaexperimente an Gefängnisinsassen wurden noch bis in die 1960er-Jahre fortgesetzt. Doch auch diese Forschung diente einem dunkleren Zweck – der Entwicklung biologischer Waffen.

1941 einigte man sich bei der ABC-1-Konferenz, geheimen Gesprächen zwischen britischen, kanadischen und amerikanischen Militärdelegationen, auf eine gemeinsame Strategie und koordinierte Ressourcenplanung sowie eine »Kooperation zur Verteidigung auf breiter Basis«. 1943 arbeiteten Forscher aus allen drei Ländern gemeinsam an der Entwicklung biologischer Waffen in Fort Detrick, Maryland, wo das Biowaffenprogramm der USA seinen Sitz hatte. Das internationale Forscherteam führte verschiedene Experimente (einige auch mit menschlichen Versuchsobjekten, darunter auch Kriegsdienstverweigerer aus Gewissensgründen wie die Siebenten-Tags-Adventisten) mit zahlreichen Giftstoffen durch. Neben den üblichen Verdächtigen wie Pest, Pocken, Milzbrand, Botulismus und Gelbfieber fanden sich auch zwei Neulinge, die von Stechmücken übertragene Venezolanische Pferdeenzephalomyelitis und die Japanische Enzephalitis. »Es gab innovative Ansätze, eine Reihe von Viren als Waffe zu nutzen«, berichtet Donald Avery in seinem Buch *Pathogens for War*. »Das Gelbfieber galt als besonders vielversprechend.« Die Forscher gingen verschiedene Ideen zur Übertragung des Gelbfiebers durch. Eine Überlegung war, Millionen Stechmücken der Gattung Aedes mit Gelbfieber zu infizieren und sie dann in großen Schwärmen in Japan auszusetzen. Eine andere war, deutsche Kriegsgefangene mit einer Krankheit wie etwa Gelbfieber zu infizieren und sie per Fallschirm über dem Dritten Reich abzusetzen, wo sie dann eine Epidemie auslösen sollten.

Doch nicht nur das ABC-Forschungsteam war in der geheimen Welt der biologischen Waffen aktiv. Das in China ansässige japanische Forschungszentrum zur biologischen Kriegsführung, das den Namen »Einheit 731« trug, benutzte Tausende chinesische und koreanische Zivilisten sowie amerikanische, britische und sowjetische Kriegsgefangene als Versuchspersonen. Die Einheit 731 führte Experimente mit den Erregern verschiedener Krankheiten durch, darunter Gelbfieber, Pest, Cholera, Pocken, Botulismus, Milzbrand und verschiedene Geschlechtskrankheiten. Bei diesen Experimenten und mehreren Feldversuchen, bei denen die Kampfstoffe per Flugzeug über Städten ausgebracht wurden, darunter vor allem Erreger der Cholera und Pest, wurden über 580 000 Chinesen getötet. Die gezielte biologische Verseuchung wurde von Japan erst im Jahr 2002 zugegeben. Höhepunkt der Tests sollte ein biologischer Angriff auf Kalifornien sein, bei dem mit dem Pesterreger versetzte Bomben über dem Bundesstaat abgeworfen werden sollten. Als Transportmittel waren Flugzeuge mit Kamikazepiloten oder Ballons gedacht, deren Lebensdauer so festgelegt war, dass sie bei richtigem, konstantem Wind bis nach Kalifornien fliegen und dort zu Boden sinken sollten. Doch Japan kapitulierte angesichts einer drohenden nuklearen Auslöschung durch die Amerikaner, bevor die Operation »Kirschblüten bei Nacht« in die Tat umgesetzt werden konnte.

Im nationalsozialistischen Deutschland gab es für die Forschung zu biologischen Waffen die Arbeitsgemeinschaft »Blitzableiter«, die überwiegend in den Konzentrations- und Todeslagern Mauthausen, Sachsenhausen, Auschwitz-Birkenau, Buchenwald und Dachau tätig war und Experimente an jüdischen und sowjetischen Häftlingen durchführte. Die deutschen Wissenschaftler, die Informationen und Forschungsergebnisse mit ihren japanischen Kollegen der Einheit 371 austauschten, entwickelten ähnliche Ideen für die Übertragung von Gelbfieber wie die Wissenschaftler der ABC-Allianz. Wenn man die Feldversuche der Japaner in chinesischen Siedlungen nicht mitrechnet (ohne sie jedoch kleinreden zu wollen), bleibt die einzige gezielte Anwendung einer biologischen Waffe während des Zweiten Weltkriegs die absichtliche Verbreitung malariaübertragender Stechmücken in den Pontinischen Sümpfen 1944. 1948 war der Schaden dank DDT und der Wiederherstellung der Infrastruktur zur Trockenlegung der Sümpfe (Mussolinis Landgewinnungsprogramm aus der Vorkriegszeit) weitgehend eingedämmt. Anzio und die Pontinischen Sümpfe, im weiteren Sinne auch ganz Italien, liefern einen eindeutigen Beleg für die stechmückenabtötende Wirkung des »Wundermittels« DDT.

Die Schlacht um Anzio hatte die Region ins Chaos gestürzt. Fast alles, was in der Vorkriegszeit unter den Faschisten aufgebaut worden war, war durch Sabotage zerstört worden. Die Städte lagen in Trümmern, die Felder brach, die Stechmücken trieben fröhlich ihr Unwesen in den Sümpfen, und die Malaria forderte hohe Opfer in der Bevölkerung. Die Todesrate der Krankheit stieg in den Sumpfgebieten enorm an, von 33 Todesfällen 1939 auf 55 000 im Jahr 1944. Gegen Ende des Krieges hatte sich die Zahl der Malariaerkrankungen im ganzen Land vervierfacht und lag 1945 bei einer halben Million. Und doch konnten die Auswirkungen für die Menschen in den Sümpfen wieder rückgängig gemacht werden. Innerhalb weniger Jahre, in denen in Italien massiv DDT eingesetzt wurde, wurde die Infrastruktur zur Trockenlegung der Sümpfe und Bekämpfung der

Mücken wieder aufgerichtet. Das Insektengift war so wirksam, dass manche Italiener, wie berichtet wurde, »Bräute freudig mit DDT bestäuben, anstatt sie mit Reis zu bewerfen«. Der letzte Fall einer italienischen Malaria trat 1948 auf, danach galt die Krankheit als besiegt, dank DDT und dem neuen Malariamedikament Chloroquin, welches das Chinin ersetzte, gegen das die Malariaparasiten eine Resistenz entwickelt hatten.

Der Zweite Weltkrieg läutete mit seinen technologischen Schrecken und wissenschaftlichen Fortschritten eine schöne, aber auch schreckliche neue Welt ein. »DDT war nur eine von zahlreichen Neuerungen im Rahmen des technischen und wissenschaftlichen Fortschritts, der typisch war für die Moderne«, schreibt David Kinkela in seinem Buch *DDT and the American Century*, in dem er die Entwicklung des Insektenvernichtungsmittels nachvollzieht. In dieser modernen Welt befreite sich die Menschheit erstmals von den von Stechmücken übertragenen Krankheiten. Innovationen wie die Atomenergie und DDT konnten zum Wohl der Menschheit genutzt werden, um sie mit Energie zu versorgen und die Stechmücken endgültig als Bedrohung der Vergangenheit abzutun.

1945 wurde DDT in den USA für den kommerziellen Einsatz in der Landwirtschaft freigegeben. Internationale Hilfsorganisationen nutzten das Insektizid in Verbindung mit dem preiswerten und wirksamen Malariamedikament Chloroquin im Kampf gegen die von Stechmücken übertragenen Krankheiten. Die in Kriegszeiten gegründete School of Malariology der US-Army und das Office of Malaria Control in War Areas wurden erweitert und 1946 zum Communicable Disease Center zusammengefasst (später wurde daraus das Center for Disease Control and Prevention [CDC]), um den Krieg gegen die Mücke fortzuführen. Mit seiner Lage im Zentrum der südlichen Zone endemischer Malariainfektionen war Atlanta der ideale Standort für das neue Hauptquartier dieser Zweigstelle der amerikanischen Gesundheitsbehörde. Ausgestattet mit einem anfänglichen Jahresbudget von etwa einer Million US-Dollar waren

60 Prozent der ursprünglichen 370 Mitarbeiter (schematisch dargestellt in einem Personaldiagramm in Form einer Stechmücke) für die Bekämpfung von Stechmücken und Malaria vorgesehen. 1949 wurden Programme gestartet, die sich mit der Abwehr biologischer Waffen befassten und die 1951 offiziell in der Abteilung Epidemic Intelligence Service des CDC zusammengefasst wurden. Fest entschlossen, den Überträger der Malaria auszumerzen, versprühten die Mückenbekämpfungsteams des CDC in den ersten Jahren DDT in 6,5 Millionen amerikanischen Haushalten.

Zwei Jahre nach dem Entstehen des CDC wurde 1948 die Weltgesundheitsorganisation der Vereinten Nationen (WHO) gegründet, die in ihren Anfangszeiten noch voller Optimismus agierte. Ein Schwerpunkt war die Fortsetzung der in Kriegszeiten so erfolgreichen Stechmückenbekämpfung. Mit der finanziellen Unterstützung der USA startete die WHO 1955 ihr Programm zur Ausrottung der Malaria. Bewaffnet mit DDT und Chloroquin sollte der nächste Weltkrieg der Krieg gegen die Mücke sein. Dank der erfolgreichen Umsetzung in weiten Teilen der sogenannten Entwicklungsländer ging die Malariarate in vielen Ländern Lateinamerikas und Asien um 90 Prozent oder sogar noch weiter zurück. Selbst in Afrika schien die Hoffnung, dass die Jahrtausende alte Geißel der Menschheit endlich besiegt werden könnte, zum Greifen nah. 1970 hatte es den Anschein, das Blatt im Kampf gegen den gefürchteten Feind der Menschheit, die Stechmücke, hätte sich endlich gewendet, und ein weltweiter Sieg wäre möglich.

Zwischen 1947 und 1970, dem Jahr, in dem der Gewinn aus dem DDT-Absatz mit einem Wert von über zwei Milliarden US-Dollar seinen Höhepunkt erreichte, war die Produktion von DDT, die überwiegend in den USA erfolgte, um über 900 Prozent gestiegen. Im Jahr 1963 beispielsweise pumpten 15 amerikanische Unternehmen, darunter Dow, DuPont, Merck, Monsanto (heute ein Teil von Bayer), Ciba (mittlerweile Novartis), Pennwalt/Pennsalt, Montrose und Velsicol 82 000 Tonnen DDT im Wert von 1,04 Milliarden US-Dollar auf den

Markt. Unser Planet wurde mit etwa 1,8 Millionen Tonnen DDT überschwemmt, von denen allein in den USA über 600 000 Tonnen ausgebracht wurden.

1945 wurden durch die Einwirkung von Insekten landwirtschaftliche Erzeugnisse im Wert von 360 Millionen US-Dollar (vier Milliarden US-Dollar in heutigem Wert) vernichtet. Zwischen 1945 und 1980 wurden in der Landwirtschaft weltweit 40 000 Tonnen DDT bei der Produktion von Lebensmitteln eingesetzt, wodurch sich die Erträge erhöhten und üppige Ernten ohne das Einwirken lästiger Fraßschädlinge möglich waren. In Indien dämmte die großflächige Anwendung von DDT die Verbreitung von Stechmücken ein und machte der endemischen Malaria ein Ende, darüber hinaus erhöhte sich in den 1950er-Jahren die Produktivität in der Landwirtschaft und Industrie um durchschnittlich über eine Milliarde US-Dollar pro Jahr. Weltweit stiegen die Erntemengen, während gleichzeitig die Kosten für die Verbraucher bei Grundnahrungsmitteln wie Weizen, Reis, Kartoffeln, Kohl und Mais in bestimmten Regionen Afrikas, Indiens und Asiens um bis zu 60 Prozent sanken. DDT war auf der ganzen Welt ein Erfolg und wurde als lebensrettende Chemikalie gepriesen. Das Wundermittel gegen die Stechmücke gab Millionen Menschen auf der ganzen Welt eine Zukunft.

Überall, wo DDT in erheblichen Mengen eingesetzt wurde, ging das Auftreten von Malaria deutlich zurück. So sank etwa in Südamerika die Zahl der Malariafälle zwischen 1942 und 1946 um 35 Prozent. 1948 gab es in Italien keinen einzigen Todesfall durch Malaria. Die USA wurden 1951 für malariafrei erklärt. In Indien betrug die Zahl der Malariaerkrankungen 1951 noch 75 Millionen, ein Jahrzehnt später waren es nur noch 50 000 Fälle. In Sri Lanka, wo die durchschnittliche Zahl der Malariaerkrankungen bei etwa drei Millionen pro Jahr lag, wurde 1946 mit dem Einsatz von DDT begonnen. 1964 steckten sich nur noch 29 Einwohner des Landes mit Malaria an. 1975 war die Malaria in Europa ausgerottet. Weltweit ging die Zahl der von Stechmücken übertragenen Krankheiten in den Jahren 1930 bis

»DDT ist gut für mich!« Eine Reklame für die DDT-Produkte von Pennsalt im *Time Magazine* von 1947. In den USA wurde DDT 1945 zur Verwendung in der Landwirtschaft freigegeben. Internationale Hilfsorganisationen und einzelne Staaten nutzten das Insektizid in Kombination mit dem preiswerten und wirksamen Malariamedikament Chloroquin zur Ausrottung der von Stechmücken übertragenen Krankheiten. In den ersten Nachkriegsjahren hatte es den Anschein, dass DDT eine effektive Waffe im Krieg gegen todbringende Stechmücken wäre.

1970 um erstaunliche 90 Prozent zurück (und das bei einer Bevölkerung, die sich im gleichen Zeitraum nahezu verdoppelte).

Nicht nur totalitäre Regime waren besiegt worden, die Menschheit war im Begriff, ihren größten Feind endgültig niederzuringen – die Mücke. »Das ist die DDT-Ära der Malariologie«, erklärte Paul Russell, der die Stechmücke in Kriegszeiten so energisch bekämpft hatte, in seinem Buch Man's Mastery of Malaria. »Zum ersten Mal«, verkündete er 1955, sei es möglich, »die Malaria vollständig auszurotten«. Das Insektengift DDT, synthetische Malariamedikamente und die Impfung gegen Gelbfieber schienen Teil einer unaufhaltsamen Entwicklung. Das Schlachtenglück hatte sich gewendet, die Mücke und ihre Armee der Krankheitserreger zogen sich auf ganzer Linie zurück. Zum ersten Mal in diesem langen und blutigen Krieg gegen unseren hartnäckigsten Feind konnten wir an allen Fronten Erfolge verbuchen. Doch wie sich zeigen sollte, war der Krieg alles andere als vorbei. Der Widerstand, den die Stechmücken und der Malariaerreger in ihrem Kampf gegen DDT, Chloroquin und unsere anderen Vernichtungswaffen leisteten, sollte schon bald Wirkung zeigen.

KAPITEL 18

STUMMER FRÜHLING UND SUPERKEIME: DIE RENAISSANCE DER STECHMÜCKEN

2012 feierten Naturschützer auf der ganzen Welt den 50. Jahrestag der Veröffentlichung von Rachel Carsons bahnbrechendem Buch *Der Stumme Frühling*. Der Übeltäter in ihrer Geschichte war das DDT, das »Elixier des Todes«. »Nur wenige Bücher in den USA haben eine ähnliche Wirkung wie *Der stumme Frühling* entfaltet«, erklärt der Historiker James McWilliams in seinem Buch *American Pests*. »Rachel Carsons Attacke gegen DDT und ähnliche Insektenvernichtungsmittel hatte großen Einfluss. Es wurde mit der Wirkung von Thomas Paines *Common Sense* und Harriet Beecher Stowes *Onkel Toms Hütte* verglichen ... und führte zur Entstehung der modernen Umweltbewegung.« Laut McWilliams rührte »*Der stumme Frühling* wie *Common Sense* und *Onkel Toms Hütte* an eine tief in der amerikanischen Psyche verwurzelte Emotion, einen unauslöschlichen und aufrichtigen Glauben«. Nach der Veröffentlichung des Buches, erinnert sich Judy Hansen, die damalige Vorsitzende der American Mosquito Control Association, sei »Umweltschutz plötzlich angesagt« gewesen. Das Buch hielt sich erstaunliche 31 Wochen lang an der Spitze der Bestsellerliste der *New York Times*. 1964, gerade einmal 18 Monate nach der Veröffentlichung, erlag Carson im Alter von 56 Jahren ihrem Krebsleiden. Doch sie starb in dem Wissen, dass sie mit ihrem Buch ein Umdenken beim Einsatz von DDT eingeleitet hatte.

In den turbulenten, von Protesten geprägten 1960er-Jahren hatte Carson mit ihrer Weltsicht die Saat für eine Umweltbewegung gelegt, die durch den Einsatz des Entlaubungsmittel Agent Orange im Vietnamkrieg und Joni Mitchells Hit »Big Yellow Taxi« aus dem Jahr 1970 weiter Auftrieb erhielt. Als wissenschaftliche Erkenntnisse und Feldforschungen Carsons fatalistische Haltung bestätigten, forderte die kanadische Folksängerin in ihrem Song die Farmer auf, zugunsten von Vögeln, Bienen und der von Paul Müller, dem Chemiker, der an der Entwicklung von DDT maßgeblichen Anteil gehabt hatte, so geliebten Apfelbäume auf den Einsatz von DDT zu verzichten, auch wenn die Äpfel dann die eine oder andere schadhafte Stelle hätten. Heute, nachdem sich die DDT-Wolken gelegt haben und wir die Entwicklung objektiv betrachten können, zeigt sich, dass Mitchell Recht mit ihrem Vorwurf hatte, das Paradies werde mit DDT planiert. Der weitverbreitete flächendeckende Einsatz von DDT in der Landwirtschaft war der Grund für massive Umweltschäden und die Entstehung wachsender Resistenzen (und nicht, wie oft angenommen, die relativ begrenzte Verwendung des Mittels bei der Mückenbekämpfung).

Während die toxischen Auswirkungen des flächendeckenden Einsatzes von DDT auf Mensch und Natur bekannt und weitgehend akzeptiert sind, stützen nicht alle heutigen Experten Carsons Prophezeiung, dass wir bald nur noch im goldenen Käfig der Städte leben, wo aufgrund des zweckentfremdeten Einsatzes von DDT keine anderen Blumen außer die von uns gehegten Rosen mehr blühen. Es sei zu beachten, meldete das American Institute of Medicine of the National Academies 2004, dass »der Eintrag von DDT in die globale Nahrungskette bei einer Verwendung in Innenräumen und in begrenzter Menge minimal ist«. Die Diskussion um Carsons wissenschaftliche Belege und Methodik sowie um die erneute Verwendung von DDT zur Bekämpfung der Stechmücken (und der von ihnen übertragenen Krankheiten) hält nach wie vor an, obwohl die Realität mittlerweile eine ganz andere ist: Tatsächlich ist es so, dass DDT einfach nicht mehr wirkt. Der erbitterte Hass, mit dem sich Umweltschützer und Carsons Kritiker begegnen, die auf ihr herumhacken, weil sie in ihr die Schuldige für das Verbot von DDT und das anschließende Wiedererstarken der von Stechmücken verbreiteten Krankheiten sehen, ist völlig sinnlos und dreht sich endlos im Kreis. Carson ist unschuldig.

Falls es zur Beruhigung der Debatte und zum allgemeinen Frieden beiträgt, könnte man mit dem Finger auf die Evolution und den Überlebensinstinkt der Mücke zeigen: Die beiden sind die eigentlichen Schuldigen. Im Zermürbungskrieg zwischen Mensch und Mücke überstand Letztere den anfänglichen Schock nach der Giftattacke und wehrte sich. Die Stechmücken setzten auf den Faktor Zeit als mächtigen Verbündeten und fanden ihre biologische Stärke wieder, am Ende waren sie sogar stärker als die Wissenschaft, die sie überlisteten, indem sie mit ihren eigenen genetischen Waffen gegen DDT vorgingen. Im Schatten der Protestkundgebungen und gesellschaftlichen Revolutionen der turbulenten 1960er-Jahre starteten die Mücke und die Malaria ihre eigene Gegenbewegung und begehrten gegen die etablierte Ordnung des DDT und der Malariamedikamente auf.

1972, ein Jahrzehnt nach dem Erfolg von *Der stumme Frühling* und dem Jahr, in dem der Einsatz von DDT in der amerikanischen Landwirtschaft verboten wurde, spielte das alles ohnehin keine Rolle mehr. Für DDT als wichtigste Verteidigung gegen Stechmücken hatte die letzte Stunde schon geschlagen gehabt. Die Anwendung von DDT war zu übermäßig erfolgt. Die Mücke hatte den längeren Atem bewiesen und musste die Wirkung des Insektengifts nicht länger fürchten. Kurz vor ihrer endgültigen Auslöschung schlug sie mit ihrem Arsenal an Krankheiten zurück. In den »stummen Frühlingen« der 1960er-Jahre passte sie sich an das Gift an und entwickelte sich weiter. Während die Malariaerreger an Chloroquin und anderen Malariamitteln naschten, bildete die Mücke während der großflächigen Sprühaktionen eine Resistenz gegen DDT heraus.

Tatsächlich hatte das 1972 in den USA verhängte DDT-Verbot mehr mit dessen Wirkungslosigkeit gegen resistente Stechmücken zu tun (die Resistenz wurde 1956 erstmals nachgewiesen, doch vermutlich gab es bereits 1947 erste Resistenzen) und weniger mit einem weitreichenden Umweltschutz oder anderen Argumenten Carsons. Sie räumte in *Der stumme Frühling* selbst ein: »Die selten erwähnte, aber für jedermann sichtbare Wahrheit ist, dass die Natur sich nicht so einfach umformen lässt und die Insekten Mittel und Wege finden, unsere Angriffe mit Chemikalien zu vereiteln.« Je nach Spezies entwickelte sich die DDT-Resistenz innerhalb von 2 bis 20 Jahren. Im Durchschnitt dauerte es sieben Jahre, bis die Mücken gegen DDT aufbegehren konnten. In den 1960er-Jahren wimmelte es weltweit von DDT-immunen Stechmücken, die Malariaerreger übertrugen, die wiederum resistent gegen die besten Medikamente waren.

Der ungeheure anfängliche Erfolg von DDT hatte unbeabsichtigte Folgen. Aufgrund der guten Wirkung des Insektizids wurde die Forschung an Malariawirkstoffen und an anderen Insektenvernichtungsmitteln vernachlässigt. Wie sagt man so schön? »Was nicht kaputt ist, sollte man auch nicht reparieren.« Die Forschung und Entwicklung von Alternativen stagnierte von den 1950er-Jahren bis in die 1970er-Jahre hinein. Als dann eine massive DDT-Resistenz auftrat, gab es keine geeigneten Waffen, um den Kampf gegen den neu erstarkten Feind weiterzuführen. »Zwischen 1950 und 1972 gaben verschiedene US-Behörden etwa 1,2 Milliarden US-Dollar für die Bekämpfung der Malaria aus, doch bei fast allen Maßnahmen wurde DDT eingesetzt«, schreibt Randall Packard in seinem fundierten Buch *The Making of a Tropical Disease*. »Die Erklärung, das Programm zur Malariabekämpfung der WHO 1969 zu beenden, ließ das Interesse an Maßnahmen gegen Malaria schwinden.« Verbunden mit der Schwierigkeit, die wirtschaftlichen Vorteile der Bekämpfung nachzuweisen, so Packard, »sorgte das sinkende Interesse dafür, dass Ende der 1970er- und Anfang der 1980er-Jahre auch die Forschung zurückging.« In diesen Jahrzehnten erholten sich die Vögel und Bienen, aber auch die Stechmücken, die weltweit wieder auf dem Vormarsch waren – und mit ihnen die von ihnen übertragenen Krankheiten. Die Resistenz gegen DDT entwickelte sich relativ schnell, ganz wie es Friedrich Nietzsche 1888 mit seinem Spruch über die Willensstärke formuliert hatte: »Aus der Kriegsschule des Lebens: Was mich nicht umbringt, macht mich stärker.« Ausgestattet mit schützenden Resistenzen konnten die Stechmücken nach ihrem vorübergehenden Rückzug stärker und blutrünstiger denn je wiederauferstehen.

1968 stellte Sri Lanka die Ausbringung von DDT ein, was sich jedoch als verfrüht erwies. Unmittelbar danach wütete eine Malariaepidemie auf der Insel, bei der sich 100 000 Menschen infizierten. Im Jahr darauf lag die Infektionsrate bereits bei einer halben Million. 1969, in dem Jahr also, in dem die WHO ihr 1,6 Milliarden US-Dollar (11 Milliarden US-Dollar im Wert von 2018) umfassendes Programm zur Ausrottung der Malaria nach 14 Jahren einstellte, meldete Indien 1,5 Millionen Malariafälle. 1975 gab es wieder über 6,5 Millionen dokumentierte Malariafälle in Indien. Die Zahl der Fälle bei den von Stechmücken übertragenen Krankheiten in Süd- und Mittelamerika, im Nahen Osten und in Zentralasien erreichte Anfang der 1970er-Jahre wieder den Stand, den sie vor dem Einsatz von DDT gehabt hatte. Afrika wurde wie eh und je von Krankheiten heimgesucht, die von Mücken übertragen wurden. Selbst in Europa gab es 1995 wieder einen Malariaausbruch mit 90 000 dokumentierten Fällen. Derzeit werden in europäischen Kliniken und Krankenhäusern achtmal so viele Malariapatienten behandelt wie in den 1970er-Jahren, die Malariaraten in Zentralasien und im Nahen Osten sind um das Zehnfache gestiegen.

Mit der Vermehrung und Ausbreitung DDT-resistenter Stechmücken geriet das Insektenvernichtungsmittel aufgrund seiner toxischen und krebserregenden Eigenschaften zunehmend in die Kritik und wurde in den Medien, in der Forschung und in der Politik intensiv diskutiert. Die Mücke hatte unserer besten Waffe ein biologisches Schnippchen geschlagen, ihre Bestände erholten sich nun mitsamt der von ihr übertragenen Erreger. Ein großartiges Comeback für die Stechmücken, denen nun die Weltherrschaft offenstand. Dabei hatten sie sich natürlich nie offiziell aus dem Spiel der Evolution oder Darwins ewigem *survival of the fittest* zurückgezogen. »1969 gab die WHO das Ziel der Ausrottung in den meisten Ländern auf«, erklärt Nancy Leys Stepan, Geschichtsprofessorin an der Columbia University, in ihrem umfassenden Buch *Eradication*, »und empfahl stattdessen die Rückkehr zur Malariakontrolle – eine Maßnahme, die, wie sich zeigen sollte, in vielen Fällen zum Zusammenbruch der Malariabekämpfung führte. Die Malaria kehrte zurück, oft in Form von Epidemien.« Paul Russell, der im Krieg unter General MacArthur die Stechmücken so erbittert bekämpft hatte, gab »resistenten Stämmen des *Homo sapiens*« die Schuld am Abbruch des Programms und nannte als Schuldige ausdrücklich korrupte Bürokraten und ignorante Umweltschützer, die unbegründete Ängste schürten, sowie einen kapitalistischen Kreuzzug, der Geld und Ressourcen verschleuderte.

Obwohl das Versagen von DDT gut dokumentiert war und die USA den Einsatz im eigenen Land 1972 verboten hatten, setzten amerikanische Firmen als die größten Produzenten des Insektengifts den Export bis Januar 1981 fort. Fünf Tage vor Ende seiner Amtszeit erließ Präsident Jimmy Carter eine Executive Order im Namen der Environmental Protection Agency (die Umweltbehörde war 1970 als Reaktion auf Rachel Carsons grüne Revolution gegründet worden), die den Export von in den USA nicht zugelassenen Chemikalien verbot. »Damit wollen wir gegenüber anderen Ländern betonen«, verkündete Carter, »dass sie Waren und Gütern vertrauen können, die das Etikett ›Made in USA‹ tragen.« Dem amerikanischen Beispiel folgend, kam es zu einer Art Dominoeffekt beim Verbot von

DDT, dessen Vormachtstellung sich nun als relativ kurzlebig erwies. China stellte die Produktion 2007 ein, womit Indien und Nordkorea (mit etwa 3000 Tonnen pro Jahr) als die einzigen Hersteller des Insektizids verbleiben, das einst als Wundermittel gefeiert wurde. DDT, das Insektenvernichtungsmittel, das so viele Leben gerettet hatte, war am Ende. Leider galt das auch für die Medikamente zur Behandlung von Malaria.

Während die Stechmücke ihr Schutzschild gegen DDT ausbaute, entwickelte sich *Plasmodium malariae* ebenfalls weiter und bildete im Lauf der Zeit immer weitere Resistenzen gegen jede neue Generation von Malariamedikamenten. »Obwohl wir die Malaria seit der Antike kennen«, meint Sonia Shah, »hat diese Krankheit etwas an sich, das unsere Waffen immer wieder stumpf werden lässt.« Chinin, Chloroquin, Mefloquin und andere Mittel sind mittlerweile nutzlos, sie wurden vom Überlebensinstinkt der hartnäckigen Parasiten ausgetrickst. Eine eindeutige Chininresistenz wurde 1910 erstmals nachgewiesen, aber wahrscheinlich trat sie schon deutlich früher auf. 1957, zwölf Jahre nach der Einführung von Chloroquin, fanden amerikanische Ärzte chloroquinresistente Malariaparasiten im Blut von Ölarbeitern, Rucksacktouristen, Geologen und Mitarbeitern von Hilfsorganisationen, die aus Kolumbien, Thailand und Kambodscha in die USA zurückgekehrt waren. Die anschließenden Tests bei der einheimischen Bevölkerung jener Länder bestätigten die schlimmsten Befürchtungen der Tropenmediziner.

In nur einem Jahrzehnt hatte sich der furchtlose Parasit neu aufgestellt, um sich gegen Chloroquin zur Wehr zu setzen, das damals als eines der besten unter den verfügbaren Malariamedikamenten galt. In den 1960er-Jahren wurde Chloroquin »weltweit in massivem Umfang eingenommen«, wie Leo Slater feststellt, »und die Erreger passten sich entsprechend an.« Zu der Zeit war das Medikament bereits in weiten Teilen Südostasiens und Südamerikas wirkungslos, gleichzeitig breiteten sich Stechmücken mit dem chloroquinresistenten Parasiten in den Regionen Indiens und Afrikas, in denen das

Mittel in hohen Dosen zum Einsatz kam, immer weiter aus. In den 1980er-Jahren war es überall wirkungslos geworden. Da keine geeigneten Alternativen oder Medikamente einer neueren Generation zur Verfügung standen, verteilten Hilfsorganisationen die zu günstigen Preisen eingekauften Lagerbestände an Chloroquin bis Mitte der 2000er-Jahre in Afrika, wo das Mittel 95 Prozent der verabreichten Malariamedikamente stellte.

Der Erreger wehrte sich auch gegen die nachfolgenden Medikamente, sobald sie entwickelt waren. Eine Resistenz gegen Mefloquin wurde bereits ein Jahr nach der Markteinführung 1975 festgestellt. Ein Jahrzehnt später wurden weltweit Malariafälle gemeldet, bei denen Mefloquin nicht mehr wirkte. Bei den jüngsten Einsätzen von Koalitionstruppen in Malariagebieten, etwa in Somalia, Ruanda, Haiti, Sudan, Liberia, Afghanistan und im Irak, traten Nebenwirkungen von Mefloquin zutage, die schon den Atabrineinsatz im Zweiten Weltkrieg geisterhaft begleitet hatten. 2012 nannten Mediziner bei einer Anhörung des US-Senats »heftige Albträume, Angstzustände, Aggressionen, Verfolgungswahn mit Sinnestäuschungen, dissoziative Störungen und gravierende Gedächtnisverluste« als häufige und manchmal dauerhafte Symptome eines »massiven Vergiftungssyndroms«. Diese Symptome sind für einen Soldaten im Kampfeinsatz alles andere als vorteilhaft. Neben der posttraumatischen Belastungsstörung PTSD (*posttraumatic stress disorder*) und dem Schädel-Hirn-Trauma ist dieses Vergiftungssyndrom nach Aussage der Experten »die dritte anerkannte typische Kriegsverletzung in einem modernen Krieg«. Mefloquinvergiftungen erfahren allmählich größere Beachtung in den Medien, da Soldaten und Veteranen über ihre Symptome und Probleme sprechen. Die Zahlen sind zwar relativ niedrig, dennoch sind US-Soldaten und die Soldaten anderer Nationen bei Operationen der jüngsten Zeit an Malaria und Denguefieber erkrankt.

Die derzeit verfügbare beste Behandlung vor allem gegen den tödlichen *falciparum*-Stamm ist eine Kombinationstherapie namens ACT (*Artemisinin-based combination therapy*) – im Grunde ein

Cocktail aus verschiedenen Malariamitteln, die sich um einen Artemisinin-Kern gruppieren (stellen Sie sich einen großen Kaugummi mit verschiedenen gehärteten Zuckerschichten um den eigentlichen Kaugummikern vor). Allerdings sind die ACT relativ teuer, sie kosten etwa 20 Mal so viel wie andere, weniger wirksame Malariamittel, darunter auch Primaquin. Die Kombinationstherapie auf Grundlage von Artemisinin bombardiert den Parasiten quasi mit mehreren Wirkstoffen, die verschiedene Proteine und Stoffwechselvorgänge von *Plasmodium malariae* angreift und es praktisch dadurch lahmlegt, dass es an so vielen Fronten gleichzeitig kämpfen muss. Der Malariaerreger hat beim Kampf ums Überleben Probleme, seinen beeindruckenden generativen Zyklus fortzuführen, unter anderem auch während seines Ruhestadiums in der Leber. Das Artemisinin ist die Komponente, die für den endgültigen K. o. sorgt, denn sie verstärkt die Wirkung der anderen Komponenten, indem sie an verschiedenen Stellen angreift und in verschiedene Prozesse eingreift, anstatt nur ein einzelnes Protein oder einen bestimmten Prozess zu stören.

Die medizinischen Eigenschaften von Artemisinin, das aus dem Einjährigen Beifuß gewonnen wird, einer Pflanze, die in ganz Asien beheimatet ist, sind seit Jahrtausenden in China bekannt, gerieten aber in Vergessenheit. In einem 2200 Jahre alten chinesischen Arzneibuch mit dem wenig inspirierenden Titel *52 Rezepte* fand sich (wie Sie vielleicht noch aus Kapitel 2 wissen) eine nüchterne Beschreibung der fiebersenkenden Wirkung eines bitteren Tees aus der kleinen, unscheinbaren Pflanze *Artemisia annua*. Und so schließt sich mit Artemisinin der Kreis, denn das Mittel ist eines der ältesten und zugleich neuesten Malariapräparate in unserem stetig wachsenden Medizinschrank.

Die Wirkung des Beifußes gegen Malaria wurde erst 1972 wiederentdeckt, und zwar im Rahmen des von Mao Zedong initiierten Projekts 523 – eines streng geheimen Unternehmens der chinesischen Volksbefreiungsarmee zur Malariaforschung, das auf Bitten

Nordvietnams zustande kam. Nordvietnam befand sich damals mitten im Krieg gegen die USA, in dem Malaria eine ständige Belastung für alle Soldaten darstellte. Mit dem Einsatz ausländischer Truppen, die unwirksame Chloroquintabletten schluckten, und aufgrund der großen Zahl von nicht immunisierten Flüchtlingen in Vietnam, Laos, Kambodscha und den südlichen Provinzen Chinas fand Malaria weite Verbreitung, vor allem in der »Perle des Ostens«, wie Saigon genannt wurde. »Der vietnamesische Dschungel wurde schon bald zur weltweit größten Brutstätte für Malariaerreger, die gegen sämtliche Wirkstoffe resistent waren«, berichtet Sonia Shah in ihrer Analyse des Projekts 523.

Zhou Yiqing, ein chinesischer Arzt und Mitglied des Projekts 523, erinnert sich, wie von ganz oben der Befehl kam, Feldforschung zu Tropenkrankheiten in Vietnam zu betreiben. »China unterstützte Nordvietnam und leistete medizinische Hilfe. Wie angeordnet reisten meine Genossen und ich am Golf von Beibu (Tonkin) entlang und dann auf dem Ho-Chi-Minh-Pfad in den Dschungel – nur so konnte die Versorgung Nordvietnams aufrecht erhalten werden, da aufgrund intensiver Bombardierungen durch die Amerikaner die gesamte Infrastruktur zerstört worden war. Unterwegs wurden wir von stetem Bombenhagel begleitet. Am Ziel angekommen, sah ich mit eigenen Augen die Auswirkungen der grassierenden Malaria, die die Kampfstärke der Truppen um die Hälfte reduzierte, manchmal auch um bis zu 90 Prozent, wenn die Soldaten akut erkrankten. Damals gab es den Spruch: ›Wir haben keine Angst vor den amerikanischen Imperialisten, wohl aber vor der Malaria‹, auch wenn die Krankheit auf beiden Seiten viele Opfer forderte.«

Auf dem Höhepunkt der Stechmückensaison berichteten die nordvietnamesischen Kolonnen, die über den Ho-Chi-Minh-Pfad und durch den Dschungel von Laos und Kambodscha Richtung Süden vordrangen, von einer Malariarate um die 90 Prozent, die auch Zhou Yiqing in seinem Augenzeugenbericht nennt. Den Amerikanern erging es nur im direkten Vergleich etwas besser. Zwischen

Mückenbekämpfung in Hoa Long, Südvietnam, 1968: Corporal Les Nunn vom 1. Australian Civil Affairs Unit verteilt mithilfe eines tragbaren Nebelgeräts ein Insektizid in einem vietnamesischen Dorf. Die Sprühaktionen sollten die hohe Malariarate unter den australischen Soldaten und der vietnamesischen Zivilbevölkerung reduzieren. Vor den Sprühtrupps fuhren Wagen mit Lautsprechern durch die Dörfer, um die Maßnahme zu erklären.

1965 und 1973 gab es 68 000 *stationäre Aufnahmen* wegen Malaria im Land, die Zahl der gemeldeten Krankheitstage lag bei 1,2 Millionen. Die tatsächliche Infektionsrate einschließlich derer, die sich nicht medizinisch behandeln ließen, lag wahrscheinlich deutlich höher.[98] Wie schon häufiger geschehen, fungierte auch hier ein kriegerischer Konflikt als Katalysator für Neuerungen und Erfindungen in unserem Kampf gegen die Mücke. In diesem Fall war es die Wiederentdeckung von Artemisinin, ein uraltes Heilmittel, das nun gegen Malaria eingesetzt wurde.

Im Jahr 1967 hatte sich Ho Chi Minh, Symbolfigur der Revolution und Präsident der Demokratischen Republik Vietnam, hilfesuchend an Zhou Enlai gewandt, einen ranghohen chinesischen Politiker, der Maos Säuberungsaktionen während der Kulturrevolution überstanden hatte. Die Volksrepublik unterstützte ihren nordvietnamesischen Verbündeten bereits mit Militärtechnik und Geld im Krieg gegen die Südvietnamesen und Amerikaner, nun wurde Unterstützung benötigt, um einen viel gefährlicheren und kräftezehrenderen Feind zu bekämpfen und unschädlich zu machen. Die Malaria schwächte die Kampfkraft der Soldaten und behinderte die Kampagnen der regulären nordvietnamesischen Soldaten ebenso wie die Guerillaaktionen des Vietcongs. Zhou Enlai unterbreitete Mao den Vorschlag zum Aufbau eines Malariaprogramms, »um Truppen unserer Verbündeten [Nordvietnam] kampffähig zu halten«. Mao musste nicht weiter überzeugt werden, denn in den 1960er-Jahren hatten sich auch 20 Millionen Chinesen mit Malaria infiziert. »Die Lösung Ihres Problems«, lautete Maos Reaktion auf Ho Chi Minhs Bitte, »löst auch unser Problem«.

So wurde am 23. Mai 1967 das Projekt 523 (benannt nach dem Datum des Projektstarts) zur Malariabekämpfung ins Leben gerufen, für das etwa 500 Wissenschaftler tätig waren. »Die Geschichte, die ich heute erzählen möchte«, begann Tu Youyou bei der Verleihung des Nobelpreises im Jahr 2015 ihre Dankesrede, »ist eine Geschichte über den Fleiß und die Hingabe chinesischer Wissenschaftler auf der Suche nach einem Malariamittel unter den Wirkstoffen der Traditionellen Chinesischen Medizin, die vor 40 Jahren mit geringen Mitteln und unter erschwerten Bedingungen erfolgte.« Ironischerweise sollte der Durchbruch in der Forschung von Tu Youyou und ihrem Team ausgerechnet während Maos Kulturrevolution gelingen, die, wie schon der »Große Sprung nach vorn«, von systematischer Unterdrückung, Massenhinrichtungen und einer Hungersnot mit unzähligen Hungertoten gekennzeichnet war. Während dieses soziokulturellen Kreuzzugs zur Durchsetzung einer kollektivierten Industrie und Landwirtschaft wurden Universitäten und höhere Schulen geschlossen, und Akademiker und Wissenschaftler mussten wie andere Intellektuelle ihre Hinrichtung oder »Umerziehung« befürchten. Vermutlich rettete das Projekt 523 vielen Malariaexperten das Leben. Unter strengster Geheimhaltung und in völliger Abgeschiedenheit verfolgten die Wissenschaftler zwei Ansätze: Die einen suchten nach synthetischen Wirkstoffen, während die anderen traditionelle medizinische Texte durchforsteten und organische und pflanzliche Heilmittel testeten.

Nach vier Jahren der erfolglosen Versuche mit über 2000 »Rezepten« aus über 200 Pflanzen stießen Tu Youyou und ihre Kollegen auf den uralten Hinweis zur fiebersenkenden Wirkung des Beifußes. Nachdem sie die richtige Zubereitung der Pflanze herausgefunden und den hitzeempfindlichen medizinischen Wirkstoff Artemisinin (*qinghaosu*) isoliert hatten, meldeten die Wissenschaftler im März 1972, ein altes Heilmittel sei tatsächlich das vielversprechendste neue Malariamittel, das man je entdeckt oder in diesem Fall wiederentdeckt habe. »Ende der 1970er-Jahre wurde aus China über enorme Fortschritte bei der Malariabekämpfung berichtet«, schreibt der Historiker James Webb. »Die Infektionsrate sei um fast 97 Prozent zurückgegangen.« Die Malaria hatte zumindest in China endlich ihren Meister gefunden. 1990 wurden nur noch 90 000 Malariafälle in China gemeldet, ein Jahrzehnt zuvor waren es noch über zwei *Millionen gewesen.*

Anfangs schützten die Chinesen ihre wirksame Waffe im Kampf gegen die Malaria. Die Teilnehmer am Projekt 523 wurden zur Verschwiegenheit verpflichtet. Nach dem hastigen Abzug der Amerikaner aus Saigon, der auch das Ende der direkten US-Beteiligung im Vietnamkrieg bedeutete, wurde der Nachweis für die Wirkung von Artemisinin außerhalb Chinas erstmals 1979 in einem auf Englisch verfassten wissenschaftlichen Artikel im *Chinese Medical Journal* veröffentlicht, verfasst von der »Qinghaosu Antimalaria Coordinating Research Group«. Sieben Jahre nach der lebensrettenden Entdeckung wurde Artemisinin endlich bekannt gemacht und der Welt vorgestellt. Doch außerhalb Chinas und Südostasiens zeigte sich die internationale wissenschaftliche Gemeinschaft weder sonderlich begeistert noch interessiert an einem traditionellen Heilmittel der

»Wir sind fest entschlossen, Malaria auszurotten«: Mithilfe von DDT und dem geheimen Malariamittel Artemisinin, das im Rahmen des Projekts 523 wiederentdeckt wurde, führten die Chinesen von den 1950er- bis zu den 1970er-Jahren eine dynamische und sehr erfolgreiche Kampagne zur Bekämpfung von Stechmücken und Malaria durch. Die sechs Bilder auf dem Plakat zur Malariabekämpfung von 1970 zeigen die Verbreitung von Malaria und mögliche Schutzmaßnahmen.

chinesischen Medizin. Als das Projekt 523 im Jahr 1981 offiziell beendet wurde, fanden Artemisinin und Tu Youyou keine große Beachtung, Anfragen westlicher Pharmaunternehmen blieben aus. Außerhalb Chinas produzierte und forschte nur das amerikanische Militär in seiner biomedizinischen Abteilung des 1953 in der Nähe von Fort Detrick in Maryland gegründeten Walter Reed Army Institute of Research mit dem neuen Wirkstoff.

Ursprünglich hatte Tu Youyou ihre Arbeit 1977 in China anonym veröffentlicht, doch 1981 präsentierte sie den »großen Sprung nach vorn«, den Artemisinin für die Malariabekämpfung bedeutete, einem Expertengremium der WHO. Doch immer noch waren einige Hindernisse für eine groß angelegte Herstellung zu überwinden, da die WHO das Medikament erst zulassen wollte, wenn die Produktion in amerikanischen Unternehmen angelaufen war. Immerhin waren es die USA, die den Großteil des WHO-Budgets stemmten. Außerdem hielt man es mitten im Kalten Krieg für erforderlich, dass die Produktion eines so wertvollen Wirkstoffs, vor allem in Zeiten verstärkter Konflikte, in einem »freundlich gesinnten« Land erfolgte, was die Chinesen wiederum rundweg ablehnten. Zu der Zeit war der Gewinn bei der Herstellung von Malariamitteln stark zurückgegangen und damit auch ihre Attraktivität für die Pharmaunternehmen. Das Interesse galt einer anderen Krankheit. In jener Zeit setzte man alles daran, ein lukratives Heilmittel für eine neue globale Bedrohung zu finden – Aids.

Für die wohlhabenden westlichen Länder der MTV-Ära mit ihrer Orientierung an der Popkultur war die neue, furchterregende Bedrohung deutlich greifbarer als eine von Mücken übertragene Krankheit. Als der Basketballstar Magic Johnson am 7. November 1991 einer erstaunten Öffentlichkeit im Fernsehen verkündete, dass er HIV-positiv war, und kurz darauf der Sänger der Band Queen, Freddie Mercury, an einer Aids-bedingten Lungenentzündung starb, ließ sich mit Malariamitteln nicht mehr viel Geld verdienen. Das mysteriöse und beunruhigende Humane Immundefizienz-Virus

(HIV) und sein symptomatisches Gegenstück, das erworbene Immundefizienzsyndrom (*acquired immunodeficiency syndrome*, AIDS), nahmen die öffentliche Aufmerksamkeit in Beschlag, beförderten kulturelle Ängste und dominierten die Budgets für die medizinische Forschung. Ein mögliches Heilmittel gegen Aids wäre zugleich ein Rezept für enorme Gewinne.

Als die Pharmakonzerne 1994 endlich das Recht zur Herstellung von Artemisinin erwarben, begann in den westlichen Ländern das langwierige Zulassungsverfahren für eine Kombinationstherapie auf Artemisinin-Basis. Mit den Tests und Studien wurde 1999 begonnen, zehn Jahre später lag die Genehmigung der amerikanischen Food and Drug Association vor. Die ACT wurden schon bald zum bevorzugten Malariamittel, und Tu Youyou, die Wegbereiterin beim Projekt 523, erhielt 2015 den längst überfälligen Nobelpreis »für ihre Entdeckungen in Hinblick auf eine neue Malariatherapie.« Sie teilte diese Ehre mit William Campbell und Satoshi Omura, die den Wirkstoff Ivermectin entdeckt hatten, der bei der Behandlung verschiedener von Fadenwürmern verursachten Infektionen eingesetzt wird, unter anderem auch bei der von Stechmücken übertragenen Filariose und der vor allem bei Hunden auftretenden Herzwurmerkrankung.

Derzeit sind Kombinationstherapien auf Artemisinin-Basis teuer, weshalb sich das Marketing vor allem auf wohlhabende Urlauber und Rucksackreisende konzentriert – um die Kosten für Forschung und Entwicklung wieder hereinzuholen, aber auch, weil bei den ACT bereits die Resistenzuhr tickt. Pharmaunternehmen müssen ihr Geld verdienen, bevor sich der Parasit weiterentwickelt und anpasst und sich wie bei fast allen anderen Malariamitteln Resistenzen gegen Artemisinin bilden. »So wirksam und robust die Artemisinin-Medikamente heute sein mögen«, warnte das amerikanische Institute of Medicine 2004, »ist es doch nur eine Frage der Zeit, bis sich genetisch resistente Stämme entwickeln und verbreiten.« Vier Jahre später war es bereits so weit.

Angesichts der längeren Verwendung in Südostasien wenig überraschend trat die erste Resistenz gegen das neue Medikament 2008 in Kambodscha auf. 2014 hatten sich die artemisininresistenten Malariastämme bereits in die benachbarten Länder Vietnam, Laos, Thailand und Myanmar ausgebreitet. Wie Sonia Shah schreibt, geht es bei Malaria ums große Geld, daher verdienten zahlreiche Pharmafirmen weltweit »ein Vermögen, indem sie Artemisinin – ohne einen begleitenden Wirkstoff – verkauften ... Doch wenn man den Malariaerreger mit Artesiminin behandelt, ohne das Mittel durch ein weiteres Medikament zu verstärken, fordert man die Entwicklung von Resistenzen geradezu heraus.« Anders ausgedrückt, wenn man Artemisinin allein und nicht in Kombination mit anderen Malariawirkstoffen einsetzt (denken Sie an unseren Kaugummi mit den verschiedenen Schichten), kann sich der Parasit wehren und anpassen. Und da das Medikament günstig in ganz Asien und Afrika verkauft wurde, tat der Malariaerreger genau das. Im Zusammenhang mit dem Debakel um Artemisinin könnte man die von Paul Russell im Zusammenhang mit der DDT-Resistenz von Insekten getadelten »resistenten Stämme des *Homo sapiens*« leicht abwandeln in »geldgierige Stämme des *Homo sapiens*«. Der schlimmste Feind in unserem ewigen Kampf gegen die Mücke, wie Russell deutlich macht, sind mitunter wir selbst.

Man könnte noch weitergehen und sagen, dass wir auch aufgrund unseres katastrophalen massenkulturellen Verhaltens als »hypochondrische Stämme des *Homo sapiens*« Schuld an der Bildung von Resistenzen sind. Unser ständiger Antibiotikaeinsatz und der Missbrauch von Antibiotika, *die nur gegen Bakterien wirken*, nicht jedoch gegen Viren wie etwa Schnupfenviren oder die Erreger der Magen-Darm-Grippe, hat zur Entstehung von unverwundbaren und tödlichen bakteriellen »Superkeimen« geführt. Diese Wahrheit lässt sich nicht beschönigen, weil durch diese üble Angewohnheit oder vielleicht sogar ein allgemeines mangelndes Verständnis Millionen Leben aufs Spiel gesetzt werden. Die WHO hat wiederholt an die gesamte

Menschheit appelliert, dass es sich bei »dieser ernsthaften Bedrohung nicht um eine zukünftige handelt; sie tritt bereits jetzt in jeder Region der Welt auf und hat das Potenzial, jeden unabhängig vom Alter zu treffen, in jedem Land. Antibiotikaresistenzen – bei denen sich Bakterien so verändern, dass Antibiotika nicht mehr wirken – sind heute eine große Gefahr für die Gesundheit aller Menschen.«

Trotzdem rennen viele weiterhin beim kleinsten Niesen zum Arzt und verlangen Antibiotika zur Behandlung ihrer nicht bakteriellen alltäglichen Krankheiten. Und leider gehen viele Ärzte, obwohl sie es besser wissen sollten, auf die absurden Rezeptwünsche ihrer Patienten ein. Nach Angaben des Center for Disease Control and Prevention »infizieren sich in den USA jedes Jahr mindestens zwei Millionen Menschen mit antibiotikaresistenten Bakterien, und mindestens 23 000 Personen sterben pro Jahr in direkter Folge dieser Infektionen«. Die jährlichen Kosten hierfür belaufen sich auf 1,6 Milliarden US-Dollar. Der hemmungslose Gebrauch von Antibiotika, die Entstehung multiresistenter Keime und die entsprechenden Todesfälle sind nicht auf Amerika beschränkt: Es handelt sich um eine globale Entwicklung, die unsere Herdenimmunität bedroht. Nach Schätzungen der WHO werden die Superkeime, wenn sich dieser steile Trend fortsetzt, bis 2050 jährlich zehn Millionen Menschen weltweit das Leben kosten.

Wie unsere bakteriellen Superkeime erlebten auch die Stechmücken in den letzten Jahrzehnten des 20. Jahrhunderts eine Art Renaissance. Wieder einmal gediehen sie prächtig, und ihre Parasiten und Viren strotzten nur so vor evolutionärem Einfallsreichtum. Zusätzlich gabelten die Stechmücken einige neue Zoonosen als blinde Passagiere auf, darunter das West-Nil- und das Zikavirus, die beide für den Menschen tödlich sein können. Die Zoonoseraten haben sich in den vergangenen zehn Jahren verdreifacht, heute stellen Zoonosen 75 Prozent aller Erkrankungen des Menschen. Das Ziel der Forschung besteht nun darin, potenzielle »Überläufer« zu identifizieren, bevor sie den Sprung zum Menschen schaffen. Ein

Kandidat ist das von Mücken übertragene Usutuvirus, das ursprünglich bei Vögeln vorkommt, aber die Fähigkeit zur schnellen Mutation besitzt. Obwohl bislang nur drei Fälle einer Erkrankung bei Menschen bekannt sind – 1981 und 2004 in Afrika, 2009 in Italien –, ist das Virus in der Lage, die Schranke zwischen Vogel und Mensch zu überwinden. Das Ebolavirus ist ein weiterer Kandidat, der kürzlich den Sprung von Tier zu Mensch schaffte, allerdings wird es nicht von Stechmücken, sondern von Flughunden und Primaten übertragen. Die ersten dokumentierten Fälle traten 1976 im Sudan und Kongo auf. Ähnlich wie im Hollywoodblockbuster *Outbreak – Lautlose Killer* war »Patient Null« beim jüngsten Ebolaausbruch ein zweijähriger Junge in Guinea, der sich im Dezember 2013 beim Spielen mit einem Flughund angesteckt hatte.

Aufgrund der defätistischen Haltung, die sich nach Beendigung des WHO-Programms zur Ausrottung von Malaria 1969 einstellte, war es ein Leichtes, die Renaissance der Stechmücken zu übersehen oder zu ignorieren, es war jedenfalls einfacher, als Milliarden US-Dollar für die Forschung und Bekämpfung aufzutreiben, die nie wieder hereingespielt werden würden. Schließlich treten 90 Prozent aller Malariaerkrankungen in Afrika auf, wo sich die meisten Opfer ohnehin keine Medikamente leisten können. »Die mit jeder neuen Generation von Malariamitteln steigenden Kosten drohen, den Preis für die Kontrolle weiter zu erhöhen, was sich negativ auf die Fähigkeit der Länder auswirkt, ihre Programme zur Bekämpfung fortzusetzen«, schreibt Randall Packard in seiner fundierten Geschichte der Malaria. »Die Entwicklung und Anwendung der Kombinationstherapien auf Artemisinin-Basis haben die Kosten der Behandlung bereits deutlich erhöht.« In unserer modernen materiellen Welt kann der Kapitalismus, dessen Logik des Profits auch auf die medizinische Forschung angewendet wird, ein grausamer Meister sein.

Susan Moeller, Professorin für Medien und internationale Angelegenheiten an der University of Maryland, gibt auch den Medien die Schuld an dieser apathischen Haltung, die sie als »Mitgefühls-

»Versuche zur Insektizid-Resistenz in Uganda«: Der Entomologe David Hoel zeigt Kindern 2013 in Norduganda, wie man Stechmückenlarven erkennt.

müdigkeit« bezeichnet. Während neue modische Designerkrankheiten wie SARS, Vogelgrippe (H5N1), Schweinegrippe (H1N1) und vor allem das gefürchtete Ebolafieber eine potenzielle Bedrohung für reiche Länder darstellen, treten von Mücken übertragene Krankheiten hier seit Jahrzehnten relativ selten auf. Zwar erinnerte Aids die reichen Länder daran, dass Epidemien nicht nur der Vergangenheit angehören oder nur auf fernen Kontinenten vorkommen. Die jüngere Generationen von Amerikanern, Kanadiern, Europäern und die Bewohner anderer westlicher Länder leben jedoch im Unterschied zu ihren Vorfahren nicht mehr in einer Welt der Malaria und fürchten die von Stechmücken übertragenen Krankheiten daher nicht mehr – falls sie überhaupt je von ihnen gehört haben.

Dank der Sensationsmedien und einem steten, schwindelerregenden Strom formelhafter Hollywoodfilme und Serien, die nach dem Muster »virenübertragender Zombie« ablaufen und auf einer »Kultur der Angst« basieren (etwa *Outbreak, 12 Monkeys, I Am Legend, Contagion, 28 Days Later, World War Z, The Walking Dead, Andromeda – Tödlicher Staub aus dem All* und *The Passage*, um nur ein paar zu nennen), fürchten sich die vor dem Bildschirm aufgewachsenen Mitglieder der Generation Z vor Ebola, SARS, den verschiedenen Grippeformen oder einem futuristischen, noch unbekannten menschenverschlingenden Virus. »Dass Ebola zum Superstar wurde und sogar in Metaphern auftaucht, hat viel mit dem Popstarstatus der Krankheit zu tun«, erklärt Moeller. »Andere Krankheiten verblassen im Vergleich zu Ebola, das zugegebenermaßen einen gewissen Sensationswert hat und von den Medien und von Hollywood entsprechend aufbereitet wird. Berichte über prosaischere Krankheiten werden daher kaum wahrgenommen; sie werden ignoriert, über sie wird kaum berichtet. Der Maßstab für Nachrichtenwerte verschiebt sich.« So schrieb etwa Howard French, Journalist bei der *New York Times*: »Tausende Tote bei alljährlichen Masernepidemien oder Millionen Malariatote finden für die Außenstehenden überhaupt nicht statt, die restliche Welt assoziiert Afrika ohnehin mit endemischen HIV-Infektionen und hat nun ein noch düstereres und spektakuläres Symbol für den krankheitsgeplagten Kontinent gefunden: Ebola.« Wer sich im Urlaub oder auf Rucksacktour (oder wie im Anfangskapitel beim Camping) mit einer von Stechmücken übertragenen Krankheit infiziert, der ist selbst schuld oder hat eben einfach Pech gehabt. Malaria, behauptet Karan Masterson, »ist wahrscheinlich die am intensivsten erforschte Krankheit aller Zeiten, und dennoch existiert sie nach wie vor.«

Nachdem DDT in Ungnade gefallen war, vergingen 40 Jahre, bevor die Mücke wieder als Staatsfeind Nummer eins und weltweit meistgesuchter Verbrecher verfolgt wurde. »Aus den Augen, aus dem Sinn« war die vorherrschende Haltung in der westlichen Welt, die ja auch nicht unter den entsprechenden Krankheiten zu leiden hatte. Doch in den vergangenen zwei Jahrzehnten änderte sich diese Einstellung aufgrund einer wiedererstarkten Stechmückenoffensive, die immer weitere Todesopfer forderte. Durchgeführt wurde diese Attacke von schlachtenerprobten Veteranen wie Malaria und Denguefieber, unterstützt von neuen Rekruten wie dem West-Nil- oder Zikavirus. Scheinbar aus dem Nichts schlug die Mücke 1999 plötzlich in New York City zu und lehrte eine Supermacht das Fürchten. Die USA reagierten mit einem immer mehr an Stärke gewinnenden Gegenangriff unter dem Kommando von Bill und Melinda Gates.

KAPITEL 19

DIE MÜCKE UND IHRE KRANKHEITEN HEUTE: AN DER SCHWELLE ZUR AUSROTTUNG?

Am 23. August 1999 erhielt das zur New Yorker Gesundheitsbehörde gehörige Amt für die Kontrolle übertragbarer Krankheiten einen unerwarteten und seltsamen Anruf von Deborah Asnis. Die Spezialistin für Infektionskrankheiten am Flushing Hospital Medical Center in Queens war ratlos und benötigte dringend ein paar lebensrettende Antworten. Es waren vier Patienten eingeliefert worden, die unerklärliche und besorgniserregende Symptome aufwiesen: Fieber, Verwirrung, Desorientierung, Muskelschwäche und sogar Lähmungserscheinungen. Diese Patienten bauten zudem rasch ab, sodass Eile geboten war. Asnis musste schnell herausfinden, was um aller Welt diese alarmierenden Krankheitszustände auslöste.

Erste Tests am 3. September weisen auf eine Form der Enzephalitis hin, einer Entzündung des Gehirns. Für diese gibt es zahlreiche Ursachen, darunter Viren, Bakterien, Parasiten, Pilze oder akzidentelle Hyponaträmie (eine zu niedrige Konzentration von Natrium, also Elektrolyten, im Gehirn). Blut- und Gewebeproben der Patienten wurden sofort im Labor untersucht und mit bekannten Viren verglichen, die Gehirnentzündung und ähnliche Symptome hervorrufen.

Die Resultate deuteten auf eine von Mücken übertragene St. Louis-Enzephalitis hin, welche durch die gemeine Culexmücke von Vögeln auf den Menschen übertragen wird. Am Tag darauf begann man in der Stadt mit dem konzentrierten Ausbringen von Insektiziden und Larviziden, was, klinisch betrachtet, eigentlich keinen Sinn machte. Inzwischen hatte sich auch das Zentrum für Seuchenkontrolle und -prävention (Center for Disease Control and Prevention, CDC) in Atlanta eingeschaltet. Nach einem eilig durchgeführten Datenabgleich gaben Situation und Kontext weitere Rätsel auf. Seit Ende des Zweiten Weltkriegs und der Gründung des CDC im Jahr 1946 hatte es in den Vereinigten Staaten lediglich 5000 bekannte Fälle von St. Louis-Enzephalitis gegeben, in New York gar keine. Das CDC war daher nicht vollständig überzeugt, dass es sich um eine St. Louis-Enzephalitis handelte. Offenbar hatte man irgendetwas übersehen.

Biowaffenexperten der CIA und der militärischen Forschungseinrichtung in Fort Detrick hatten die Ereignisse in New York ebenfalls aufmerksam im Blick. Damit waren sie nicht allein. Horden aufdringlicher Journalisten schwärmten aus, um als Erste einen Exklusivbericht zu ergattern. Die Medien nutzten die Gelegenheit und zimmerten aus Gerüchten und Halbwissen eigene Theorien. Angesehene, weltweit erscheinende Zeitungen, Regenbogenblätter und ein langes Exposé im *New Yorker* kamen alle zum selben Schluss: Es war ein viraler biologischer Terrorangriff, der Saddam Hussein zuzuschreiben sei. Im Jahr 1985, so hieß es, habe das CDC Proben eines relativ neuen und seltenen, von Stechmücken übertragenen Virus an irakische Forscher geschickt. Irak, das von 1980 bis 1988 in einen brutalen Krieg mit dem Nachbarn Iran verstrickt war, erhielt aus Amerika millionenschwere wirtschaftliche und technische Hilfen in Form von militärischer Ausbildung, Kriegsmaterial und chemischen Waffen. Für die sensationshungrigen Journalisten lag die Verbreitung eines von Mücken übertragbaren Virus somit durchaus im Bereich des Möglichen.

Als die Story nach und nach ein Eigenleben entfaltete, behauptete Mikhael Ramadan (ein ehemaliger Doppelgänger und politischer Lockvogel Saddam Husseins, der später zum Überläufer und Informanten wurde), der irakische Diktator habe das von den Amerikanern erhaltene Virus waffenfähig gemacht. »Es war 1997 bei einer der letzten Begegnungen mit Saddam«, verkündete Ramadan. »Er rief mich in sein Arbeitszimmer. Selten hatte ich ihn so guter Dinge gesehen. Er öffnete die rechte oberste Schublade seines Schreibtischs, zog ein dickes, in Leder gebundenes Dossier daraus hervor und begann, Auszüge daraus vorzulesen. Saddam prahlte, er habe den Stamm SV 1417 des West-Nil-Virus entwickelt, welcher in einer städtischen Umgebung 97 Prozent allen Lebens vernichten könne«.

Als diese weit hergeholten Theorien über Saddams neuen West-Nil-Supervirus die weltweite Medienberichterstattung infizierte, standen die Telefone in Polizeiwachen, bei verschiedenen Gesundheitsbehörden in New York und im CDC nicht mehr still. Der Bronx-Zoo berichtete vom merkwürdigen Ableben seiner Flamingos und den rätselhaften Todesfällen anderer in Gefangenschaft gehaltener Vogelarten. Zahllose Anrufer berichteten, in den Parkanlagen, auf Straßen und Spielplätzen der Stadt Vogelkadaver gesehen zu haben, vorwiegend Krähen. Das St. Louis-Virus wird zwar über Stechmücken von den Vögeln direkt auf den Menschen übertragen (also nicht von Mensch zu Mensch via Mücke wie etwa Malaria, Gelbfieber und die meisten anderen von Stechmücken übertragenen Seuchen), unsere gefiederten Freunde sind jedoch dagegen immun und nicht betroffen. Andere Berichte handelten von Pferden in der Gegend, die auf einmal ein groteskes, exzentrisches Verhalten an den Tag legten und ungewöhnlich schwer erkrankten. Bei alledem handelte es sich aber weder um die St. Louis-Enzephalitis noch um eine von Stechmücken übertragene Pferde-Gehirnentzündung oder eine bekannte und katalogisierte Vogelkrankheit. Es war etwas ganz anderes und, zumindest für die Vereinigten Staaten, vollkommen

Neues. Die Epidemie, die Vögel, Pferde und Menschen befiel, war tatsächlich das von Mücken übertragene West-Nil-Fieber. Saddam Hussein hatte allerdings nichts damit zu tun und erwies sich hierbei in sämtlichen Punkten als unschuldig. Das zur Vernichtung New Yorks ausgebrachte Supervirus war eine Erfindung der Medien.

Während des Ausbruchs im Jahr 1999 steckten sich vermutlich an die 10 000 Menschen mit dem West-Nil-Virus an, davon kamen 62 ins Krankenhaus, sieben starben. Daneben wurden 20 Fälle von West-Nil-Fieber bei Pferden festgestellt. Die höchste Mortalität wurde bei den Vögeln verzeichnet. Schätzungen zufolge starben bis zu zwei Drittel der gesamten Krähenpopulation in und um New York City an dem Virus, das noch mindestens 20 weitere Vogelarten betraf, darunter Blauhäher, Adler, Habichte, Tauben und Rotkehlchen.

Angesichts der Tatsache, dass unsere tierischen Freunde die Hauptlast der Epidemie zu tragen hatten, wäre sie als Terrorangriff ein absoluter Fehlschlag gewesen – natürlich rein hypothetisch gesprochen. In einer Ära von Terrorismus, Massenvernichtungswaffen und Paranoia angesichts realer und befürchteter Risikoszenarien ist auch die Mücke nicht dagegen gefeit, dass man sie auf der Liste potenzieller biologischer Bedrohungen führt. »Wenn ich einen biologischen Terroranschlag plante, würde ich mit äußerster Bedacht vorgehen, damit es wie ein natürlicher Ausbruch aussieht«, meinte ein ranghoher Wissenschaftsberater des FBI. Marineminister Richard Danzig ergänzte, dass ein Bioanschlag »schwer nachzuweisen«, aber dadurch auch »ebenso schwer auszuschließen« sei.

Zwei Jahre nach dem West-Nil-Auftreten in New York City lösten die al-Qaida-Attentate des 11. September 2001 bei den Vereinigten Staaten und ihrer entsetzten Bevölkerung die höchste Alarmstufe aus. Wenn diese Terroristen unbemerkt Angriffe auf das World Trade Center und das Pentagon finanzieren und organisieren konnten, wozu waren sie dann sonst noch in der Lage? Diese Angst steigerte sich in den Wochen nach den Anschlägen, als mit Anthrax-Bakterien präparierte Briefe im Stil des »Unabombers« an verschiedene führende Pressestellen und zwei US-Senatoren geschickt wurden, wobei fünf Menschen getötet und 17 weitere infiziert wurden.

Die Schattenwelt amerikanischer Geheimorganisationen, darunter die zahlreichen in Fort Detrick ansässigen Biowaffenbehörden, begann für jedes denkbare Szenario eine Risikobewertung aufzustellen, auch für die Möglichkeit eines biologischen Terroranschlags. Pocken, Pest, Ebola, Anthrax und Botulismus führten die Liste an. Auch Gelbfieber und ein gentechnisch veränderter Malariastamm wurden als Bedrohung ernsthaft in Betracht gezogen. In V. A. MacAlisters 2001 erschienenem, fiktionalem Biotech-Thriller *The Mosquito War* geht es genau darum – nämlich, was passiert, wenn Terroristen am Unabhängigkeitstag mitten in Washington genetisch veränderte, tödliche Stechmücken aussetzen.

Das ist freilich keine ganz neue Idee. Dem teuflischen Krimikomplott gehen – neben anderen Beispielen biologischer Kriegsführung – etwa Napoleons Walcherenfieber, Luke Blackburns makabere Gelbfiebermissionen und die absichtliche Wiederansiedlung malariöser Stechmücken in den Pontinischen Sümpfen bei Anzio durch die Nazis voraus. In seinem im 4. Jahrhundert v. Chr. verfassten Werk über die Verteidigung belagerter Städte empfahl schon der griechische Militärschriftsteller und frühe Militärstratege Aineias Taktikos, in den von feindlichen Pionieren gegrabenen Tunneln »stechende Insekten freizulassen«.

Im Jahr 2010 kam eine Gruppe führender Stechmückenexperten in Florida zusammen. Man diskutierte das Thema »Maßnahmen gegen eine bio-terroristische Ausbringung mit Pathogenen infizierter Stechmücken«. Dabei ging es um die simple Frage: »Was würde geschehen, wenn ein einzelner, mit Gelbfieber infizierter Terrorist 500 *Aedes aegypti* durch Kontakt mit seinem Blut infizierte und sie eine Woche später im French Quarter in New Orleans oder in South Beach in Miami frei ließe?« Die breite Bevölkerung ist derzeit weder geimpft noch vorimmunisiert und verfügt über keinerlei Herdenschutz. Bedenkt man, wie verheerend das Gelbfieber in der Vergangenheit wütete, würde das Ganze wohl sehr schnell sehr hässlich werden.

Das plötzliche und unerwartete Auftreten des West-Nil-Fiebers in den Vereinigten Staaten im Jahr 1999 hatte uns wachgerüttelt. Wir hatten völlig vergessen, wer tatsächlich unser gefährlichster und mächtigster Feind war. Irak verfügte nicht über die mobilen Biowaffengeheimlabore, welche die Bush-Cheney-Administration andauernd anführten. Andererseits gab es durchaus Massenvernichtungswaffen, die seit Jahrmillionen auf dem ganzen Planeten herumschwirrten und sich freudig vermehrten. Sie waren wesentlich tödlicher als Saddams gesamtes Arsenal und obendrein weitaus vertrauter – unsere ewigen Feinde, die Mücke und die von ihr übertragenen Krankheiten.

Das eng mit dem Dengue verwandte West-Nil-Virus wurde erstmals im Jahr 1937 in Uganda isoliert und trat gelegentlich in Afrika und Indien auf. Seit Beginn der 1960er-Jahre gab es immer wieder Berichte von kleineren Ausbrüchen in Nordafrika, Europa, Südostasien, Australien und im Kaukasus. Ende der 1990er-Jahre mehrten sich diese Meldungen und nahmen sowohl in ihrer geografischen Breite als auch hinsichtlich der Infektionsraten zu. Bis 1999 jedoch blieb das West-Nil-Fieber unter dem Radar der Medien, da Ausbrüche selten waren und sich auf eine Handvoll abgeschiedene Ecken der Welt beschränkten. Vor allem aber kam es in den Vereinigten Staaten nicht vor. Es war eine ausländische Krankheit.

Das änderte sich, als New York City im Sommer 1999 vor Angst erstarrte. Der Virenstamm, der wahrscheinlich aus Israel stammte (und nicht aus irgendeiner herumreisenden irakischen Stechmückenfabrik), reiste vermutlich per Anhalter mit Zugvögeln, einwandernden Mücken oder menschlichen Besuchern. Der Ausbruch in New York war der erste in der westlichen Hemisphäre. Die Wissenschaftler des CDC erkannten rasch, dass es nicht der Einzige bleiben würde. Als die Seuche im Sommer darauf erneut zuschlug, stellte das CDC fest: »Es geht inzwischen nicht mehr um eine Eindämmung. Wir müssen damit leben und tun, was wir können.« Seit 1999 wurden in den

Vereinigten Staaten rund 51 000 Fälle von West-Nil-Fieber diagnostiziert. Dabei kam es zu 2300 Todesopfern.

Der schlimmste Ausbruch ereignete sich im Jahr 2012. Dem CDC zufolge kam es zu »insgesamt 5674 Fällen von West-Nil-Fieber beim Menschen, darunter 286 Todesfälle, die dem CDC aus 48 US-Staaten gemeldet wurden (außer Alaska und Hawaii)«. Zuvor war 2003 das schlimmste Jahr mit der bis dato höchsten Infektionsrate gewesen, als es zu 9862 Fällen und 264 Todesopfern gekommen war. Zum Vergleich: Im Jahr 2018 gab es 2544 bestätigte Fälle von West-Nil-Fieber und 137 Tote in allen US-Staaten zusammen, ausgenommen New Hampshire und Hawaii.

Nach dem New Yorker Sommerschrecken 1999 verbreitete sich das West-Nil-Virus über die gesamten Vereinigten Staaten, Süd-Kanada, Süd- und Mittelamerika und trat gleichzeitig auch in Europa, Afrika, Asien und im pazifischen Raum verstärkt auf. Innerhalb eines Jahrzehnts nach seinem Debüt im Big Apple erwies sich das West-Nil-Virus somit als globale Gefahr. Wie bei der St. Louis-Enzephalitis verläuft der komplizierte Übertragungsweg des West-Nil-Fiebers vom Vogel über die Mücke zum Menschen. Etwa 80 bis 90 Prozent der Infizierten (mehrere Millionen Menschen) wissen nichts davon und zeigen keinerlei Symptome. Die Verbleibenden leiden einige Tage lang an schwachen, grippeartigen Symptomen. Nur bei unglücklichen 0,5 Prozent tritt die volle Symptomatik auf, bei der es zu Gehirnschwellung, Lähmung, Koma und Tod kommen kann.

Mit dem Auftreten des West-Nil-Fiebers, insbesondere in Amerika, war die Stechmücke plötzlich überall und wurde zum Medienliebling, obgleich sicher keinerlei Sympathie für diesen Teufel bestand. Ein flotter Werbeclip für die Microsoft Cloud, in welchem sowohl Bill Gates Software als auch sein Bestreben beworben wurde, unseren tödlichsten »Feind zu einem Verbündeten« zu machen, flimmerte über die Bildschirme. Der Discovery Channel zeigte 2017 den Film *Mosquito*, um zu illustrieren, was man dort »den gefährlichsten einzelnen Todesbringer der modernen Menschheitsgeschichte«

nannte. Während sich die Vereinigten Staaten und der Rest der infizierten Welt mit dem West-Nil-Virus arrangierten, trat eine andere von Stechmücken übertragene Krankheit mit einem noch schickeren Namen ins globale Rampenlicht.

Im Vorfeld der Olympischen Sommerspiele in Rio de Janeiro 2016 hielt Zika die Welt in Atem. Diese dem West-Nil- und dem Denguefieber ähnliche Erkrankung wurde erstmals 1947 in Uganda bei einem Affen isoliert. Fünf Jahre später kam es zur ersten bekannten menschlichen Infektion. Von 1964 bis 2007, als Zika auf der abgeschiedenen Pazifikinsel Yap auftrat, gab es nur 14 weitere bestätigte Fälle, allesamt in Afrika und Südostasien. Bis 2013 jedoch breitete es sich von Yap über zahlreiche andere Inseln aus, bis es 2015 in Brasilien weltweite Beachtung fand. Die Epidemie von 2015 bis 2016 erfasste schließlich Länder der gesamten westlichen Hemisphäre.

Im Epizentrum Brasilien wurden rund 1,5 Millionen Menschen infiziert, dabei kam es zu mehr als 3500 gemeldeten Fällen von Mikrozephalie (Babys, die mit kleinen Köpfen oder anderen fötalen Hirndeformationen und Beeinträchtigungen zur Welt kommen), welche durch »vertikale Transmission« von der Mutter auf den Fötus übertragen worden war. Noch beunruhigender war, was über die Ansteckungswege verlautbart wurde. Im Allgemeinen fungiert die Aedesmücke als Vektor. Im Gegensatz zu allen anderen von Stechmücken übertragenen Krankheiten kann Zika jedoch auch durch sexuellen Kontakt zwischen Partnern beiderlei Geschlechts (in neun Ländern dokumentiert) sowie von der Mutter auf das ungeborene Kind übertragen werden, wie die schrecklichen Fälle von Mikrozephalie beweisen, welche eine ganze Reihe neurologischer und physischer Komplikationen auslöst. Die Symptomatik ist beinahe dieselbe wie beim West-Nil-Fieber, sprich: 80 bis 90 Prozent der Infizierten weisen keinerlei Anzeichen für eine Infektion auf. Diejenigen, die erkranken, zeigen schwache Symptome, die dem West-Nil-, dem Dengue- oder dem Chikungunyafieber ähneln. Wie beim West-Nil-Fieber kommt es nur bei einem Prozent der Infizierten zu einer schweren

Erkrankung. Zika kann außerdem das neurologische Guillain-Barré-Syndrom auslösen, welches zu Lähmung und Tod führen kann. Wie das West-Nil-Fieber ist auch Zika zu einem globalen Problem geworden. Auch Infektionsraten von Dengue und Chikungunya sind seit 1960 um das 30-fache gestiegen, was wiederum Kosten in Höhe von mehr als zehn Milliarden US-Dollar jährlich verursacht. Im Jahr 2002 verzeichnete die Stadt Rio de Janeiro fast 300 000 Fälle bei einer Dengueepidemie, die danach im Untergrund schwelte, bis sie 2008 mit weiteren 100 000 Fällen erneut aufflammte. Aktuellen Schätzungen zufolge liegen die jährlichen Infektionsraten mit dem Denguevirus bei etwa 400 Millionen Menschen. Sonia Shah meint, es sei »zu erwarten, dass Dengue in Florida endemisch wird«. In Texas sei die Krankheit bereits aufgetreten und werde sich »vermutlich auch weiter gen Norden ausbreiten, wo Millionen von Menschen davon betroffen sein werden«. In Texas kam es nicht nur zu lokal begrenzten Ausbrüchen von Dengue oder West-Nil-Fieber, sondern auch zum ersten inländischen Fall von Chikungunya in den Vereinigten Staaten.

Nach ihrer Nahtoderfahrung nach dem Zweiten Weltkrieg hat sich die Mücke wie ein Phönix aus der DDT-verseuchten Asche erhoben, um abermals eine Weltmacht zu werden. Die Fackel der Ausrottung und Vernichtung, die nach den stummen Frühlingen der 1960er-Jahre erloschen war, wurde von einer multinationalen Koalition mit Bill und Melinda Gates an der Spitze kürzlich wieder neu entfacht.

Eine Reihe internationaler Treffen in den 1990er-Jahren führte 1998 schließlich zur Gründung der Roll Back Malaria Partnership, die ein Jahrzehnt später den von zahlreichen Organisationen gemeinsam entwickelten Global Malaria Action Plan vorlegte. Die internationalen Ausrottungsbestrebungen wurden von einer wirtschaftswissenschaftlichen Informationskampagne unterstützt, angeführt von Jeffrey Sachs, Ökonom und Professor an der Columbia University. Sachs verwies auf die finanziellen Ungleichheiten und

Belastungen, die von Stechmücken übertragene Krankheiten mit sich brächten. Sachs schätzte 2001, dass allein die durch Malaria verursachten Kosten in Afrika an die zwölf Milliarden US-Dollar jährlich betrügen. Im Jahr 2000 gründeten Bill und Melinda Gates offiziell ihre Stiftung und brachten die Malaria damit global auf den Radarschirm, was sich auch in den Milleniumszielen der Vereinten Nationen und der WHO niederschlug.

Der Global Fund to Fight AIDS, Tuberculosis and Malaria, der zum großen Teil von der Gates Foundation finanziert wird, wurde 2002 eingerichtet, um in großem Maßstab Mittel zur Erreichung dieser Jahrtausendziele verfügbar zu machen. Im Jahr 1998 betrugen die Gesamtausgaben für die Eindämmung der Malaria weltweit etwa 200 Millionen US-Dollar. Zwischen 2002 und 2014 bewilligte der Global Fund beinahe zehn Milliarden US-Dollar für den Kampf gegen die Seuche. Die Gates Foundation geht jedoch davon aus, dass von heute bis zum Ziel der endgültigen Ausrottung der Malaria im Jahr 2040 weitere 90 bis 120 Milliarden US-Dollar vonnöten sein werden. In derselben Zeitspanne werden direkt auf die Eindämmung zurückzuführende wirtschaftliche Produktivitätszuwächse von rund zwei Billionen US-Dollar erwartet.

Zehn Milliarden erscheinen zwar als gewaltige Summe, doch machen sie nur 21 Prozent der gesamten Mittel aus. Von diesen fließen 60 Prozent in die HIV-/AIDS-Forschung und -bekämpfung, 19 Prozent entfallen auf Tuberkulose. In den vergangenen zehn Jahren betrugen die jährlichen Sterbeziffern durch AIDS weniger als die Hälfte der durch Malaria verursachten Todesfälle. Die »drei großen Seuchen« ziehen aber gewissermaßen an einem Strang und nutzen dabei entstehende Synergien. So bleibt die Tuberkulose mit 35 Prozent die Haupttodesursache bei AIDS-Patienten. Afrika leidet am schwersten unter dieser Seuchenüberschneidung. Dort werden 85 Prozent aller Malaria- und 50 Prozent aller HIV-Neuinfektionen verzeichnet.

Malaria erhöht die virale Replikation von HIV, während HIV seine Träger durch Schwächung des Immunsystems anfälliger für

Malaria macht. Es ist also ein zweiseitiges Problem. Seit 1980, so schätzen Wissenschaftler, war das HI-Virus für mehr als eine Million Malariainfektionen in Afrika verantwortlich, die Malaria wiederum, durch ihre direkte Rolle bei der Reproduktionssteigerung, für immerhin 10 000 HIV-Infektionen. Man darf dabei nicht vergessen, dass die Duffy-Negativität, wie bereits erwähnt, zwar widerstandsfähiger gegen die *Vivax*-Malaria macht, das Risiko einer HIV-Infektion jedoch um 40 Prozent erhöht. Zum Unglück der am schlimmsten Betroffenen sind Malaria (und ihr genetischer Schutz), HIV und Tuberkulose wechselseitig wirksame Übeltäter.

In den letzten Jahrzehnten haben die Gates Foundation und andere gemeinnützige Organisationen den weltweiten Krieg gegen die Mücke angeführt. »Das beeindruckendste Beispiel für die Macht und den Einfluss des Philantro-Kapitalismus ist die Bill and Melinda Gates Foundation«, schreibt Nancy Leys Stepan. »Die 1999 von Bill Gates mit Wertpapieren seines Unternehmens Microsoft gegründete Stiftung verfügt über 31 Milliarden US-Dollar von Gates eigenem Geld sowie über weitere 37 Milliarden in Wertpapieren der Berkshire Hathaway Inc., des von Warren Buffett geleiteten Hedgefonds (zugestiftet 2006). Die jährlichen Ausgaben für Gesundheit stiegen von 1,5 Milliarden im Jahr 2001 auf 7,7 Milliarden im Jahr 2009. Die Stiftung ist, wenn man so will, die Rockefeller Foundation des globalen Zeitalters.« Der Einfluss von Gates und Buffett reichte sogar noch weiter. In seinem Buch *Lifeblood* schildert Alex Perry die jüngsten Bekämpfungsmaßnahmen. Dort heißt es: »Für frischen Wind sorgten Gates und Buffett am 4. August 2010, als sie 40 der reichsten Menschen dieser Erde – darunter Oracle-Gründer Larry Ellison, Citigroup-Schöpfer Sandy Weill, Star-Wars-Regisseur George Lucas, Medienmogul Barry Dille und eBay-Gründer Peter Omidyar – dazu überredeten, öffentlich zu verkünden, dass sie mindestens die Hälfte ihrer Vermögen spenden wollten.« Eine Aktion, die Beifall verdient.

Die Gates Foundation ist nach den Regierungen der Vereinigten Staaten und Großbritanniens der drittgrößte Finanzier weltweiter

Gesundheitsforschung. Sie ist zudem der größte private Einzelspender der WHO und des Global Fund to Fight AIDS, Tuberculosis and Malaria. Im Gegensatz zu manchen Regierungen und Konzernen hat die Gates Foundation – neben anderen Gesundheitsprogrammen – außer der Ausrottung von Malaria und anderer von Stechmücken übertragener Krankheiten keine versteckten oder gar finanziellen Interessen. In ihrer menschenfreundlichen Arbeit und transparenten Verwaltung ist sie außer ihren eigenen guten Absichten nichts und niemandem verpflichtet.

Im Kielwasser von First Lady Laura Bushs »2007 Malaria Awareness Day« im Weißen Haus sickerte das Thema Malaria sogar bis in die Untiefen des Reality-TV hinab. In der Reihe *American Idol* wurde im April 2007 eine zweistündige Sonderfolge mit dem Titel »Idol Gives Back« ausgestrahlt, in welcher Dutzende prominenter Schauspieler und Musiker als Gaststars auftraten. Höhepunkt der Sendung war ein Duett der kanadischen Sängerin Celine Dion mit dem Hologramm eines möglicherweise etwas verwirrten Elvis Presley. Die von 26,4 Millionen Amerikanern gesehene TV-Gala löste in den sozialen Medien eine wahre Lawine aus. Insgesamt kamen 75 Millionen US-Dollar an Spenden für die Malariaforschung zusammen. Im April 2008 erbrachte eine Zweitauflage weitere 64 Millionen. Der Krieg gegen Malaria und Mücken ist wahrhaft international.

Die altruistischen Bemühungen von Gates, Sachs und *Idol*-Produzent Simon Fuller (dessen Vater sich während des Zweiten Weltkriegs in Burma mit Malaria infizierte) in allen Ehren, doch findet der globale Krieg gegen die Stechmücke noch immer unter dem Dach des Kapitalismus und der Interessen großer Konzerne statt. Zwar hat sich hinsichtlich der Ausrottung von Malaria und Mücken sowie der begleitenden Medienaufmerksamkeit in den letzten zehn Jahren eine ganze Menge getan, doch werden Hilfsprogramme nicht selten durch administrative Schwierigkeiten, Korruption und andere Hemmnisse ausgehebelt. Pharmakonzerne investieren Milliarden von US-Dollar in die Forschung und Entwicklung von Malaria-

Neue Hoffnung: Zwei Schulmädchen warten darauf, dass sie auf Filariose und Malaria getestet werden; Nord-Est Department, Haiti, 2015.

medikamenten und -impfstoffen. Verständlicherweise müssen sie diese Kosten wieder erwirtschaften, sodass eine Behandlung gerade für die am schwersten Betroffenen unerschwinglich wird. »Malaria und Armut verstärken sich gegenseitig«, stellt Tandall Packard fest. Heute treten 85 Prozent aller Fälle von Malaria im subsaharischen Afrika auf, wo 55 Prozent der Bevölkerung von weniger als einem US-Dollar am Tag lebt. Südostasien verzeichnet acht Prozent der Malariafälle, fünf Prozent der östliche Mittelmeerraum, ein Prozent der Westpazifik und etwa ein halbes Prozent der amerikanische Doppelkontinent. Die Masse derer, die unter von Mücken übertragenen Krankheiten zu leiden haben, lebt in armen Ländern.

Unterprivilegierte Menschen in den am schwersten betroffenen Ländern Afrikas und Asiens können sich keine Medikamente leisten und konnten bis vor Kurzem auch keine kommerzielle medizinische Forschung und Entwicklung im Bereich »ihrer« Krankheiten anstoßen. Im Gegensatz zu AIDS, dem der Löwenanteil der weltweiten

Medikamentenförderung zukommt, sind Malaria und andere »vernachlässigte Seuchen« in der reichen Welt selten, sodass sie regelmäßig unter dem Radar von Forschung und Entwicklung fliegen. Nur etwa zehn Prozent der privaten Mittel für Forschung und Entwicklung zielen auf Seuchen wie Malaria, die für 90 Prozent der global zu schulternden Last verantwortlich sind. Von 1975 bis 1999 waren unter den Tausenden weltweit entwickelter und getesteter Arzneimittel ganze vier Malariamedikamente. Es besteht jedoch Hoffnung, da die großen Pharmaunternehmen mittlerweile für den Kampf gegen die Stechmücke gewonnen werden konnten – auch dank einer fortwährenden Medienpräsenz des Problems.

Die Gates Foundation und andere gemeinnützige Organisationen haben die Forschung nach der ersten Malariaimpfung der Welt in großem Maßstab mitfinanziert. Bis heute hat die Gates Foundation zwei Milliarden US-Dollar direkt für die Malariabekämpfung bewilligt. Hinzu kommen weitere zwei Milliarden für den Global Fund to Fight AIDS, Tuberculosis and Malaria, der zwischen 2002 und 2013 acht Milliarden allein im Kampf gegen die Malaria ausgegeben hat. Die Gates Foundation vergibt Mittel an zahlreiche Malariaimpfprojekte, darunter die PATH Malaria Vaccine Initiative und das Malaria Research Institute der Johns Hopkins University. Im Jahr 2004 gab es an Universitäten und Forschungseinrichtungen in verschiedenen Ländern zahlreiche unabhängige, allesamt von der Gates Foundation finanziell unterstützte Teams, die in der Forschung nach dem magischen Serum miteinander wetteiferten.

Der Erste, der in diesem Rennen die Ziellinie erreichte, war der in London ansässige Pharmariese GlaxoSmithKline. Nach 28 Jahren Entwicklungszeit und 565 Millionen US-Dollar von der Gates Foundation und anderen Geldgebern präsentierte das Unternehmen den Impfstoff RTS,S oder Mosquirix. Im Sommer 2018 ging es in die dritte und letzte Runde klinischer Tests mit Versuchspersonen in Ghana, Kenia und Malawi. Gemessen an den ersten Ergebnissen ist RTS,S jedoch nicht gerade sicher. Vier Jahre nach den ersten Impfungen in den 1990er-Jahren und einer Reihe Auffrischungen lag die Erfolgsquote bei 39,9 Prozent, sank dann aber nach sieben Jahren rapide ab auf 4,4 Prozent. »Das Problem mit den meisten Impfstoffen ist, dass sie in ihrer Wirksamkeit oft zeitlich begrenzt sind«, erklärt der Forscher Klaus Früh. Nach weiterer Forschung und Entwicklung sei ein lebenslanger Schutz vor Malaria jedoch durchaus denkbar. Auch andere experimentelle Impfstoffe stehen kurz vor der Schwelle zu den ersten klinischen Tests am Menschen, darunter das von ExpreS2ion Biotechnologies in Zusammenarbeit mit der Universität von Kopenhagen entwickelte Pregnancy Associated Malaria Vaccine (PAMVAC) und der attenuierte Lebendimpfstoff PfSPZ (*Plasmodium falciparum* Sporozoit) der Biotech-Firma Sanaria. Im Sommer 2018 stellte GlaxoSmithKline zudem das radikal neue Medikament Tafenoquin (oder KRINTAFEL) vor, das durch Gabe einer einzigen Dosis die in der Leber eingenistete Form des Parasiten angreift und dadurch einen Rückfall der *Vivax*-Malaria unterdrückt. Diese laufende Forschung macht zwar Mut, doch unser Kampf gegen das veränderliche Malariaplasmodium scheint längst noch nicht vorüber. Was die Impfstoffe betrifft, fängt er vielmehr gerade erst an.

Angesichts des medizinisch-wissenschaftlichen Fortschritts und der Aussicht auf mögliche Impfstoffe könnte man leicht den Eindruck gewinnen, eine neue Ära der Menschheitsgeschichte wäre angebrochen. Es scheint, als ließen sich alle Sorgen und Probleme dieser Welt durch moderne Wissenschaft und zukunftsweisende Technologien vom Tisch fegen. Tag für Tag gelingen brillanten Köpfen in allen Bereichen der Wissenschaft fast schon übernatürlich anmutende Durchbrüche. Alles ist greifbar, alles scheint möglich. Bei unseren vielen Entdeckungsreisen erkunden wir seltsame neue Welten, suchen nach neuen Lebensformen in und jenseits unserer Sphäre und steuern kühn die unbekannten Grenzen des Weltalls an. Wir sprechen über die Besiedelung fremder Planeten, als wäre es nur eine Frage der Zeit.

Bei den spannenden Visionen und weiten Horizonten der legendären Figuren der Geschichte und der neugierigen Eroberer der

Kolonisierung, darunter Alexander der Große, Leif Erikson, Dschingis Khan, Kolumbus, Magellan, Raleigh und Drake, war das nicht anders. Auch sie erkundeten die fernen Ränder Alexanders unendlicher »Enden der Welt«. In längst vergangenen Entdeckerzeitaltern erschienen die Möglichkeiten des Fortschritts, ebenso wie uns heute, schier grenzenlos. Selbst das große, narzisstische Genie Sir Isaac Newton neigte zu der Ansicht, dass, »wenn ich weiter geblickt habe, so deshalb, weil ich auf den Schultern von Riesen stehe«. Dem schloss sich Friedrich Nietzsche mit einer eigenen Erkenntnis an. Er erklärte, Fortschritt sei nur möglich, wenn »ein Riese dem anderen durch die öden Zwischenräume der Zeiten zuruft«. Wir haben die Grenzen dessen, was uns heute grenzenlos erscheint, immer wieder gesprengt und weiter hinausgeschoben. Es gilt längst nicht mehr als irrational, über irdische Unsterblichkeit zu sprechen. In unserer modernen Vorstellungswelt ist »falls« durch »wenn« ersetzt worden.

Inmitten der schönen neuen Welt der allmächtigen Technologie erinnert uns die kleine Mücke auf vielerlei Weise daran, dass wir nicht so viel anders sind als Lucy und unsere hominiden Urahnen oder unsere afrikanischen Vorfahren der Gattung *Homo sapiens*. Auch sie führten einen Überlebenskampf gegen die Stechmücke und brachten uns auf Kollisionskurs mit unserem historischen Todfeind. Ja, je mehr die moderne Welt an Fahrt aufnimmt, desto häufiger repliziert sie jene frühen, zufälligen Begegnungen zwischen Menschen – wie den Jamsbauern vom Stamme der Bantu – und den todbringenden Mücken. Als der Mensch aus Afrika emigrierte oder emigrieren musste, reisten tödliche Pathogene heimlich mit, darunter auch von Stechmücken übertragene Krankheiten. Mit der Zeit verbesserten sich unsere Transportmöglichkeiten und damit auch die Krankheitsübertragungswege: Wir gebrauchen nicht mehr nur unsere Füße, sondern Lasttiere, Schiffe, Wagen, Flugzeuge, Züge und Automobile. Durch diesen technologischen Fortschritt hat sich das Tempo unserer ersten stolpernden Schritte, aber auch die Verbreitung von Seuchen beschleunigt. Die Mittel und Wege der Übertragung von Mikroorganismen mögen sich geändert haben, doch die Ansteckung ist mehr oder minder dieselbe geblieben, abgesehen davon, dass sich die Reisedauer drastisch verringert hat, und Seuchen heute innerhalb weniger Stunden von Tür zu Tür verbreitet werden anstatt in Monaten und Jahren oder, im Falle frühmenschlicher Migrations- und Siedlungsmuster, sogar in Jahrtausenden. Die Paliopathologin Ethne Barnes stellt daher fest: »Tödliche Viren werden ihrer schlummernden Isolation entrissen, wenn sie durch Kriege, Hungersnöte und Gier mit größeren Zahlen von Menschen in Kontakt kommen. Migration und Flugreisen bringen Menschen in Kontakt mit Mikroben, die ihrem Organismus bis dahin vollkommen fremd waren.« Im Jahr 2005 etwa waren 2,1 Milliarden Fluggäste unterwegs. Fünf Jahre später waren es schon 2,7 Milliarden, 2015 sogar 3,6 Milliarden. Weltweit wurden 2018 rund 4,3 Milliarden Flugpassagiere abgefertigt, und für 2019 wird ein weiteres Wachstum auf 4,6 Milliarden erwartet. Mit ihnen durchläuft eine Reihe ansteckender Krankheiten, darunter SARS, Schweine- und Vogelgrippe, Ebola und von Mücken übertragene Seuchen wie West-Nil- oder Zikafieber die Sicherheitskontrollen und begibt sich mit einer wachsenden Anzahl von Passagieren und Destinationen auf eine zyklische, nicht endende All-inclusive-Weltreise rund um den Globus. Viel hat sich im Grunde nicht geändert – ob die Erreger nun mit (oder in) den ersten Menschen, die Afrika verließen, als blinde Passagiere oder per Anhalter reisten, auf einem Sklavenschiff oder per Flugzeug. Seuchen haben ihren festen Platz im menschlichen Gepäck.

Seit Thomas Malthus 1798 das Bestehen ökonomisch bedingter Grenzen der menschlichen Demografie postulierte (was vielleicht schon in der Offenbarung des Johannes mit ihren apokalyptischen Reitern zum Anklang kommt), haben paranoide Endzeitpriester und selbst ernannte Wahrsager malthusianische Plagen und Hungersnöte prophezeit, nur um die angeblich unüberwindbaren Grenzen des Bevölkerungswachstums regelmäßig durch moderne Technologie gesprengt zu sehen. Und doch scheint es diesmal etwas anders zu sein. Als Malthus wirkte, lebten auf unserem Planeten etwa zwei Milliarden Menschen (mehr als doppelt so viele wie gleichbleibend in den vorangegangenen 2000 Jahren). Die heutige, ständig wachsende und gedeihende Weltbevölkerung hat sich seit 1970 auf etwa 7,7 Milliarden *Homo sapiens* verdoppelt. 2055 wird die globale, superbakteriell infizierte Weltfamilie eine Zahl zwischen zehn und elf Milliarden erreicht haben. Mit der wachsenden Bevölkerung geht eine entsprechende Verknappung der Ressourcen einher.

Da die Stechmücke mit Abstand unser gefährlichster Feind ist, sprechen sich viele Vertreter eines malthusianischen Weltbilds gegen die Ausrottung der durch sie übertragenen Krankheiten aus. Mensch und Mücke sind gleichermaßen Teil einer globalen Ökologie und Biosphäre und existieren innerhalb eines natürlichen Lebenssystems wechselseitiger Wirkung und Kontrolle. Dieses Gleichgewicht durch die Vernichtung unseres schlimmsten Feindes zu stören, wäre demnach ein riskantes Unterfangen, das einem russischen Roulette gleichkäme. Angesichts begrenzt verfügbarer Ressourcen könnten die Auswirkungen eines ungehinderten Menschheitswachstums aus malthusianischer Sicht zu unvorstellbarem Leid, Hunger, Krankheiten, Katastrophen und Tod führen.

Geht man indes davon aus, dass Gleichheit und Gerechtigkeit für alle das oberste Ziel sind, ist es schwer, der zwingenden Logik der Gegenargumentation nicht zuzustimmen – der bedingungslosen und vollständigen Ausrottung der Stechmücke und ihrer Krankheiten vom Antlitz der Erde. Derzeit sind vier Milliarden Menschen in 108 Ländern weltweit von durch Stechmücken übertragenen Seuchen bedroht.[99] Wie unsere Vorfahren bestätigen können, ging es in unserem Kampf gegen die Mücke schon immer um Leben und Tod. Heute, wo Krankheitsüberträger den Globus in Rekordzahl und -zeit umrunden und unsere Spezies die ökologische Kapazität unseres Planeten überschreitet, scheint sich unsere historische Konfrontation mit der Mücke weiter zuzuspitzen.

Rachel Carson schrieb, unsere Haltung gegenüber Pflanzen und Tieren sei beispiellos kurzsichtig, da wir, »wenn wir ihr Vorkommen aus irgendeinem Grund für nicht wünschenswert oder auch nur für irrelevant befinden, sogleich beginnen, sie zu vernichten«. Sie konnte freilich die molekularbiologische CRISPR-Technologie nicht vorhersehen, in deren Lichte die Worte »sogleich« und »vernichten« eine ganz andere Bedeutung gewinnen. Im Labor können wir heute Einfluss auf natürliche Auslese und biologischen Aufbau nehmen und nicht wünschenswerte oder unwichtige Spezies zum Aussterben verdammen.

Seit ihrer Entdeckung durch ein von der Biochemikerin Jennifer Doudna geleitetes Team der University of California in Berkeley im Jahr 2012 hat die als CRISPR (*Clustered Regularly Interspaced Short Palindromic Repeats*) bezeichnete molekularbiologische Innovation die Welt schockiert und unsere bisherigen Auffassungen über unseren Planeten und unseren Platz darauf verändert. Die Titelseiten viel gelesener Zeitschriften und Magazine sind derzeit mit dem Thema CRISPR und Stechmücken besetzt. Bei der 2013 erstmals angewandten CRISPR-Technologie wird ein Abschnitt eines DNS-Strangs in einem Gen herausgenommen und durch einen anderen, gewünschten ersetzt, wodurch sich ein Genom schnell, präzise, billig und dauerhaft verändern lässt. Man kann sich das Ganze als eine Art »Ausschneiden und Einfügen« der Gentechnik vorstellen.

Im Jahr 2016 betrugen die Investitionen der Gates Foundation in die CRISPR-Stechmücken-Forschung insgesamt 75 Millionen US-Dollar. Es war die größte Einzelsumme, die je für die Gentechnologie bereitgestellt worden war. »Unsere Investitionen in die Stechmückenbekämpfung umfassen nicht traditionelle biologische und genetische Ansätze ebenso wie neue chemische Interventionen, die auf Dezimierung oder Unschädlichmachen Krankheiten übertragender Mückenpopulationen gerichtet sind«, heißt es vonseiten der Stiftung. Unter die »genetischen Ansätze« fällt auch der Einsatz der CRISPR-Technologie bei der Ausrottung von Seuchen, vor allem der

Malaria. In einem Artikel mit dem Titel »Gene Editing for Good: How CRISPR Could Transform Global Development«, der im Frühjahr 2018 in *Foreign Affairs* erschien, fasste Bill Gates die offenkundigen Vorzüge des Einsatzes der CRISPR-Technologie und die spezifischen, von seiner Stiftung (und seiner Frau Melinda) geförderten und finanzierten Forschungsbereiche folgendermaßen zusammen:

> Die Beseitigung der hartnäckigsten Seuchen und Armutsursachen erfordert schließlich jedoch wissenschaftliche Entdeckungen und technische Innovationen. Dazu gehören CRISPR und andere Technologien zur Genmanipulation. Im Laufe des kommenden Jahrzehnts könnte die Erbgutveränderung dazu beitragen, einige der größten und anhaltendsten Herausforderungen im Bereich globaler Gesundheit und Entwicklung zu überwinden. Die moderne Technik ermöglicht es der Wissenschaft, bessere Diagnosen, Behandlungsmethoden und Instrumente im Kampf gegen Krankheiten zu finden, an welchen immer noch jedes Jahr Millionen vorwiegend armer Menschen sterben. Sie beschleunigt die Forschung, die der extremen Armut ein Ende setzen könnte, indem sie Millionen von Bauern in Entwicklungsländern befähigt, produktivere, nahrhaftere und widerstandsfähigere Pflanzen anzubauen und entsprechende Tiere zu halten. Neuen Technologien wird häufig mit Skepsis begegnet. Doch wenn die Welt ihren bemerkenswerten Fortschritt der vergangenen Jahrzehnte fortsetzen will, ist es unabdingbar, dass Wissenschaftler unter Einhaltung von Sicherheits- und Ethikleitlinien solch vielversprechende Instrumente wie die CRISPR-Technologie weiterhin einsetzen dürfen.

Man kann leicht sehen, warum. Ein Biologenteam in Berkeley berichtete, CRISPR fresse sich »wie Pac-Man« durch Zika, HIV und andere Krankheiten. Das strategische Langzeitziel der Gates Foundation war und ist die Ausrottung von Malaria und anderen von Stechmücken übertragenen Krankheiten – nicht das Aussterben der Mücke, die völlig harmlos ist, wenn sie allein und ohne blinde Passagiere in Form von Mikroorganismen fliegt. Von den mehr als 3500 Stechmückenarten kommen nur einige Hundert als Krankheitsüberträger infrage. Künstlich erzeugte, genveränderte Stechmücken, die den Parasiten nicht beherbergen können (eine Erbeigenschaft) könnten das Ende der uralten Geißel Malaria bedeuten. Doudna und die Gates Foundation sind sich selbstverständlich bewusst, dass die CRISPR-Technologie daneben auch das Potenzial birgt, finstere, bösartige gentechnische Blaupausen mit gefährlichen und bedrohlichen Möglichkeiten zu erzeugen. Die CRISPR-Forschung ist ein globales Phänomen, und weder Doudna noch die Stiftung haben ein Monopol auf ihre grenzenlosen Möglichkeiten, ihre Anwendungsbereiche oder ihren konkreten Einsatz.

Die CRISPR-Methode ist als Ausrottungsmechanismus bezeichnet worden, denn genau das lässt sich damit bewerkstelligen – die Ausrottung der Stechmücke durch genetische Sterilisation. Eine derartige Theorie kursiert seit den 1960er-Jahren innerhalb der wissenschaftlichen Gemeinde, dank CRISPR können die Prinzipien nun in die Praxis umgesetzt werden. Fairerweise sei gesagt, dass die Mücke unsere DNS in Form der Sichelzellenanlage und anderer genetischer Schutzschilde gegen die Malaria verändert hat, also ist es vielleicht an der Zeit, diesen Gefallen zu erwidern. Durch CRISPR genmanipulierte männliche Stechmücken mit dominanten »Ego-Genen« werden freigesetzt, um sich dort mit Weibchen zu paaren, woraus sich eine totgeborene, unfruchtbare oder ausschließlich männliche Nachkommenschaft ergibt. Mit dieser kriegsentscheidenden Waffe bräuchte die Menschheit nie wieder einen Mückenstich zu fürchten. Wir würden eine schöne neue Welt erschaffen, eine Welt ohne von Stechmücken übertragene Krankheiten.

Anstatt im Museum für ausgestorbene Spezies eine Abteilung für Mücken einzurichten, ist auch denkbar, sie schlicht harmlos zu machen. Diese Strategie wird von der Gates Foundation befürwortet und gefördert. Mit der sogenannten *Gene Drive*-Technologie (etwa: Genantrieb), erklärte Gates im Oktober 2018, »könnten Wissenschaftler im Prinzip ein Gen in eine Mückenpopulation einbringen, das diese Population entweder unterdrückt – oder sie daran hindert, Malaria zu verbreiten. Jahrzehntelang war es schwierig, diese Idee zu testen. Mit der Entdeckung des CRISPR-Mechanismus hingegen ist die Forschung sehr viel einfacher geworden. Gerade im vergangenen Monat verkündete ein Team des Forschungskonsortiums Target Malaria, sie hätten Studien abgeschlossen, in denen Mückenpopulationen vollkommen unterdrückt worden seien. Eins ist klar: Der Test erfolgte nur in einer Reihe Laborkäfige mit jeweils 600 Mücken darin. Aber es ist ein vielversprechender Anfang.« Anthony James, Molekulargenealoge an der University of California-Irvine und nach eigenem Bekunden »seit 30 Jahren besessen von Mücken«, schuf mithilfe der CRISPR-Methode eine Spezies der Anophelesmücke, um die Ausbreitung von Malaria zu unterbinden. Wenn die Parasiten in die Speicheldrüse gelangen, werden sie dort vernichtet. »Wir haben ein kleines Genpäckchen hinzugefügt, das es den Mücken erlaubt, wie bisher zu funktionieren, abgesehen von einer kleinen Änderung«, erklärt James. Sie können den Malariaparasiten nicht mehr beherbergen. Die Aedesmücke stellt ein etwas schwierigeres Problem dar, da sie eine ganze Handvoll verschiedener Krankheiten überträgt, darunter Gelbfieber, Zika, West-Nil-Fieber, Chikungunya, Mayaro, Dengue und andere Formen von Hirnentzündung. »Man muss einen *Gene Drive* konstruieren, der die Insekten steril macht«, sagt James über die Aedesmücke. »Es hat keinen Sinn, eine Mücke zu erschaffen, die gegen Zika resistent ist, aber immer noch Dengue und andere Seuchen überträgt.« Wir haben einen Punkt in der Geschichte erreicht, an dem wir nach Belieben Lebensformen ausrotten können – ebenso leicht, wie wir etwas von einer Speisekarte wählen, eine peinliche Show auf Netflix anwählen oder irgendetwas bei Amazon einkaufen.

Wir haben berechtigte, wenngleich noch weitgehend unbekannte Gründe, mit unseren Wünschen vorsichtig zu sein. Wenn wir Krankheiten übertragende Mückenarten wie Anopheles, Aedes und Culex ausrotten – würden dann nicht andere Mücken oder Insekten diese ökologische Nische besetzen, die zoonotische Lücke schließen und die Übertragung von Krankheiten übernehmen? Wie würde sich die Ausrottung der Stechmücke auf das biologische Gleichgewicht von Mutter Natur auswirken (dasselbe gilt auch für andere Tierarten sowie für die Wiedereinführung längst ausgestorbener Spezies)? Was würde geschehen, wenn wir Spezies ausrotten, die eine unerkannte, aber wichtige Rolle im globalen Ökosystem spielen? Wozu könnte das in letzter Konsequenz führen? Da wir mit diesen moralisch aufgeladenen und biologisch ambitionierten Fragen erst ganz am Anfang stehen, kennt niemand die Antworten.

Die einzige menschliche Krankheit, die vollständig ausgerottet wurde, sind die Pocken (das *Variola*-Virus). Im Laufe des 20. Jahrhunderts, bevor sie ausgerottet und der Geschichte anheimgegeben wurde, starben Schätzungen zufolge etwa 300 Millionen Menschen an der Seuche. Die WHO nahm das Virus ins Visier – nicht nur aufgrund seiner Gefährlichkeit für den Menschen, sondern auch, weil es sich nicht verstecken konnte. Menschen waren die einzigen Wirte, und das Virus konnte allein nicht länger als ein paar Stunden überleben. Der letzte natürliche Fall dieser legendären, tödlichen Krankheit wurde 1977 in Somalia gemeldet. Der dreitausendjährige Zyklus der Pockenübertragung war damit endgültig am Ende. Gleichzeitig aber brach das noch unentdeckte HI-Virus von Afrika aus zu seiner Weltreise auf. Eine tödliche Krankheit wurde durch eine andere ersetzt. Polio und verschiedenen Wurmerkrankungen, darunter die Filariose, stehen ebenfalls kurz vor ihrem Ende. Doch auch an ihre Stelle treten neu aufkommende Seuchen wie Ebola, Zika, West-Nil-Fieber und andere. Seit dem Jahr 2000 beispielsweise hat sich das neu entdeckte, von Stechmücken übertragene Jamestown-Canyon-Virus, eine abgeschwächte Form des

West-Nil-Virus, das zum ersten Mal im Jahr 1961 in Jamestown, Colorado, isoliert wurde, in ganz Nordamerika und bis nach Neufundland ausgebreitet.

Dank CRISPR sind wir als Spezies nunmehr in der Lage, jedweden Organismus, der uns gefährlich erscheint, vorsorglich auszurotten. Umgekehrt besitzen wir die Fähigkeit, ausgerottete Spezies zu neuem Leben zu erwecken, solange noch brauchbare DNS verfügbar ist. Im Februar 2017 verkündete ein Team von Harvard-Forschern, »das Wollhaarmammut wird es in wenigen Jahren wieder geben«. Hatte ich das nicht schon mal als Kind gehört und im Kino gesehen? Damals hieß das *Jurassic Park*. Hollywood hat eine Schwäche für die kapitalistische Verwertung aus dem Ruder laufender wissenschaftlicher Wunder und aus Selbstüberhebung erwachsener technologischer Fehleinschätzungen. Sollten uns die Velociraptoren auf dem Times Square und am Piccadilly Circus oder der Tyrannosaurus beim Einkaufsbummel auf den Champs-Élysées einmal langweilig werden, die Konsequenzen eines Missbrauchs oder einer Instrumentalisierung der CRISPR-Technologie sind durchaus real. »Wir können die Biosphäre so gestalten, wie wir sie haben wollen, von Wollhaarmammuts bis zur nicht stechenden Stechmücke«, meint Henry Greely, Professor der Rechtswissenschaften und Leiter des Zentrums für Recht und Biowissenschaften an der Stanford University. »Wie sollten wir damit umgehen? Wollen wir in der Natur leben oder in Disneyland?« Wir stehen vor einem noch nie da gewesenen moralischen Dilemma, mit Folgen, die nicht abzuschätzen und höchstwahrscheinlich ungewollt sind. Der Tsunami katastrophaler Veränderungen würde jeden Bereich unserer Zivilisation betreffen. Science-Fiction würde Realität werden, falls sie das nicht schon längst ist.

Thomas Walla zufolge, Professor der Biologie mit Spezialgebiet tropische Ökologie und mein Kollege an der Colorado Mesa University, »ist die CRISPR-Technologie so einfach, so billig und breit verfügbar, dass jeder Aufbaustudent in der Lage ist, mit neuen Anwendungen im Labor zu experimentieren. Mit der Einführung der CRISPR-Technologie haben wir möglicherweise eine Büchse der Pandora geöffnet.« Mit CRISPR können die Bausteine jedes Organismus, auch des menschlichen, beliebig neu geordnet werden. »Was sind die unbeabsichtigten Folgen der Genom-Editierung?«, fragte sich Doudna. »Ich denke nicht, dass wir genug wissen«, lautet ihre Antwort. »Doch die Menschen werden die Technologie anwenden, ob wir nun genug über sie wissen oder nicht. Ich fand es ungeheuer beängstigend, dass möglicherweise schon Studenten an solchen Sachen arbeiten. Es ist wichtig, sich vor Augen zu führen, was diese Technologie anrichten kann.« Revolutionär, ja, aber zugleich auch erschreckend. Wie J. Robert Oppenheimer, Leiter des Manhattan Project, nach dem ersten erfolgreichen Atombombentest im Juli 1945 klagte: »Ich erinnerte mich an eine Zeile aus einer Hinduschrift, der Bhagavadgita; Vishnu versucht dort, den Prinz zu überreden, seine Pflicht zu tun, und, um ihn zu beeindrucken, nimmt er seine vielarmige Gestalt an und sagt, ›jetzt bin ich der Tod, der Weltenzerstörer.‹«

Diese Art genetischer Manipulation könnte bei der Anwendung am Menschen zwar Krankheiten besiegen, biologische Fehlbildungen und im Prinzip alle »unerwünschten« Eigenschaften beseitigen, gleichzeitig aber auch für Eugenik, biologische Massenvernichtungswaffen, andere verwerfliche Zwecke oder zur Ausrottung von »Unerwünschten« missbraucht werden. Allzu rasch kommt einem hier der Film *Gattaca* von 1997 in den Sinn. Im Februar 2016 warnte US-Geheimdienstchef James Clapper den Kongress und Präsident Barack Obama in seinem Jahresbericht, dass CRISPR als mächtige und potenzielle Massenvernichtungswaffe zu betrachten sei. »*Gene Drives* können verhindern, dass Stechmücken den Malaria-Parasiten übertragen«, sagt David Gurwitz, Professor für Humanmolekulargenetik und Biochemie an der Universität von Tel Aviv. »Aber sie könnten ebenso gut mit *Gene Drives* ausgestattet werden, die tödliche bakterielle Toxine auf den Menschen übertragen.« Zoonotische tierische Vektoren wie die Stechmücke ließen sich genetisch dahingehend manipulieren, dass sie die Verbreitung von Pathogenen unterbrechen, aber freilich auch zu hochpotenten Superüberträgern derselben Krankheiten gemacht werden. Wir haben zwar die Geheimnisse dieser Technologie entschlüsselt, jedoch gerade einmal an der Oberfläche ihrer Möglichkeiten gekratzt. Die Kehrseite von CRISPR entspricht mehr oder weniger der Definition von Dystopie.

Im Jahr 2016 führten die Chinesen die ersten CRISPR-Versuche am Menschen durch, Anfang 2017 eilig gefolgt von den Vereinigten Staaten und Großbritannien. »Mit CRISPR ist alles möglich«, sagt der Genforscher Hugo Bellen vom Baylor College of Medicine. »Ich scherze nicht.« Inmitten des Wirbelwindes genetischer Umprogrammierung durch CRISPR laufen in Laboratorien auf der ganzen Welt derzeit mehr als 3500 menschliche *Gene Drive*-Experimente. Wir können die Stechmücke ausradieren oder die Menschheit neu erschaffen. Wie alle anderen Spezies sind wir das Produkt von Jahrmillionen komplexer Evolution. Mit CRISPR nehmen wir die Sache nun selbst in die Hand.

Am 26. November 2018, beim zweiten International Summit on Human Genome Editing, verkündete der chinesische Genforscher He Jiankui der Welt, er habe den Regulierungen und Richtlinien seiner Regierung zuwidergehandelt und erfolgreich die Embryonen zweier weiblicher Zwillinge mit CRISPR genmanipuliert. Eines der Mädchen, Nana, sei dadurch mit vollständiger HIV-Immunität ausgestattet; ihre Zwillingsschwester Lulu indes verfüge lediglich über eine Teilimmunität.[100] Mit seiner Rede stach er in ein Wespennest. Es kam zu heftigem Streit, zu Verurteilung und Kritik, aber vor allem entspann sich ein internationaler Dialog über die künftige Anwendung der CRISPR-Technologie. Führende Genforscher und Biologen, darunter auch Jennifer Doudna, waren angesichts der Offenbarung entsetzt und reagierten mit deutlichen Worten: »unverantwortlich«; »Wenn das stimmt, ist das Experiment monströs«; »Wir haben es hier mit der Bedienungsanleitung für den Menschen zu tun. Das ist keine Kleinigkeit«; oder »Ich verurteile das Experiment mit aller

Entschiedenheit«, hieß es unter anderem. In einem Artikel in der Zeitschrift *Nature* war zu lesen, dass man insbesondere in China wenig erfreut darüber sei und »die Vorwürfe dort besonders laut sind, da die Wissenschaftler empfindlich reagieren, wenn das Land als Wilder Westen biomedizinischer Forschung dargestellt wird«.

In seinem »Jahresrückblick für 2018« kam Bill Gates auch auf He Jiankuis skrupellose Experimente an den »CRISPR-Babys« zu sprechen und stellte fest, er »stimme jenen zu, die sagen, dieser Wissenschaftler sei zu weit gegangen«. In seiner hoffnungsvollen und inspirierenden Vision für die Zukunft ergänzte er jedoch:

> Trotzdem kann auch aus seiner Arbeit etwas Gutes erwachsen, wenn sie mehr Menschen dazu anregt, sich über Gen-Editierung zu informieren und darüber zu sprechen. Möglicherweise ist das eine ungemein wichtige öffentliche Debatte, die wir bislang nicht eingehend genug geführt haben. Die ethischen Fragen sind enorm. Die Gen-Editierung sorgt für gewaltigen Optimismus hinsichtlich der Behandlung und Heilung von Krankheiten, darunter einigen, mit deren Bekämpfung auch unsere Stiftung befasst ist (wenngleich wir die Veränderung von Pflanzen und Tieren fördern, nicht von Menschen) ... Es überrascht mich, dass diese Themen noch keine breitere öffentliche Aufmerksamkeit erregt haben. Heute steht vor allem die künstliche Intelligenz im Fokus und wird heftig diskutiert. Dabei hätte das Gen-Editieren mindestens dieselbe Beachtung verdient.

Wie dem auch sei – in jedem Fall ist man sich einig darüber, dass CRISPR bald einen beherrschenden Platz im Rampenlicht einnehmen wird, sofern dies nicht schon der Fall ist.

Wenn dieses Buch erscheint, werden durch CRISPR genmanipulierte »Designerbabys« bereits heftige Kontroversen und Diskussionen sowie eine Flut internationaler moralischer und rechtlicher Gewissenskämpfe ausgelöst haben. Das kann ich versprechen und mit Sicherheit vorhersagen. Wie der Genforscher George Church von der Harvard University erklärte, sei in Sachen CRISPR »der Geist längst aus der Flasche«. Viele, die sich wissenschaftlich oder kritisch damit auseinandersetzen, sähen ihn aber am liebsten so rasch wie möglich wieder dorthin zurückgepackt. Wenn sich He Jiankuis Verkündung als wahr erweist und seine Resultate bestätigt werden, ist es dafür aber möglicherweise schon zu spät.

Die Vorstellung, dass wir diese unvorstellbar komplexen genetischen Codierungen und Ökosysteme kontrollieren könnten, ist, als glaubten wir, das Wetter steuern zu können. Sicher, wir können es beeinflussen, aber wir können es dabei zweifellos auch schlechter machen. Wir haben keinen Grund, zu glauben, dass wir *jederzeit* ein 100-prozentig gewünschtes oder makellos gestaltetes Produkt schaffen können. Es braucht nur einen einzigen Fehler, eine Unachtsamkeit, einen unvorhergesehenen menschlichen Irrtum, und schon schießen wir uns in eine katastrophale Flugbahn. Die Naturkatastrophen der jüngsten Vergangenheit – aufkommende oder wiederkehrende Seuchen, verheerende Wirbelstürme, Tsunamis, Waldbrände, Dürren und Erdbeben –, sind malthusianische Kontrollmechanismen, die uns daran erinnern, dass wir relativ hilflos und keinesfalls so allmächtig sind, wie wir gern glauben. Wir sind eine von vielleicht 8 bis 11 Millionen Spezies, die sich diesen Planeten teilen.[101] Wie alle anderen Organismen auch, befinden wir uns in einem steten evolutionären Daseinskampf, wie Charles Darwin ihn beschrieben hat: Nur wer sich anpasst, überlebt. Die Natur hat es immer wieder verstanden, uns in unserer vermeintlichen Überlegenheit als *Homo sapiens* auf den Boden der Tatsachen zurückzuholen.

In seiner epochalen Abhandlung *Über die Entstehung der Arten* von 1859 stellte Darwin fest: »Die natürliche Auslese ist ... eine immerzu einsatzbereite Macht und dem dürftigen Bemühen des Menschen ebenso unermesslich überlegen wie die Werke der Natur den Werken der Kunst.« Ich denke, CRISPR ist eine Art natürlicher Auslese mit anderen Mitteln, wenngleich ich nicht ganz sicher bin, ob Darwin hier unbedingt zustimmen würde. Wenn Arzneimittel und Insektizide gegen unseren blutsaugenden Feind auch versagen, so scheint es doch, als würden wir uns, ausgestattet mit den Wunderwaffen CRISPR und Malariaimpfstoff, in unserem ewigen Krieg gegen die Stechmücke der entscheidenden letzten Schlacht nähern.

Nun, da wir das Genom der Stechmücke manipulieren können, bietet sich uns endlich eine Gelegenheit zum Gegenschlag, doch gibt es Lektionen aus der Geschichte, die wir dabei beachten sollten. Wie wir am Beispiel DDT gesehen haben, ist nicht immer alles gar so einfach. Während unserer gesamten turbulenten, koevolutionären Reise von den ersten unbeholfenen Begegnungen in Afrika bis hin zu Ryan Clarks Sichelzellen und Super-Bowl-Teilnahmen war das Schicksal unserer Spezies stets mit dem der Mücke verwoben. Wir konnten uns unser Abenteuer nicht aussuchen. Im Guten wie im Schlechten waren Schicksal und Geschichte von Mensch und Mücke immer ineinander verschlungen, gefangen in einer einzigen großen Erzählung von Kampf und Überleben mit dem immer gleichen Ergebnis. Es wäre naiv zu glauben, wir könnten uns nun mühelos und ohne jegliche Konsequenzen voneinander lösen. Schließlich und endlich sind wir beide noch hier.

SCHLUSSBEMERKUNG

Wir befinden uns noch immer im Krieg mit der Mücke. Rubert Boyce, Gründer der Liverpool School of Tropical Medicine, stellte im Jahr 1909 trocken fest, das Schicksal der Zivilisation mache sich an einer simplen Formel fest: »Mücke oder Mensch?« Sowohl für unsere heutige Spezies als auch für unsere menschenähnlichen Vorfahren war dies eine existenzielle Frage. Tatsächlich war sie ganz entscheidend für die Ausbreitung des frühen *Homo sapiens*, führte die Koexistenz mit der Stechmücke doch zu Veränderungen in der genetischen Sequenzierung unserer DNS. Durch natürliche Auslese entstanden verschiedene Formen erblichen Malariaschutzes, die wir ihrem tödlichen Stich entgegensetzen konnten. Mit der CRISPR-Genom-Editierungstechnologie steht uns nun ein neues Instrument zur Verfügung, den Gefallen zu erwidern.

Die Stechmücke beherrscht die Erde seit 190 Millionen Jahren und hat während dieser Schreckensherrschaft praktisch unablässig und ausschweifend getötet. Zornig und gnadenlos stand dieses winzige, aber bösartige Insekt stets weit oberhalb seiner Gewichtsklasse im Ring. Über die Zeitalter hat sie der Menschheit ihren Willen aufgezwungen und den Lauf der Geschichte bestimmt. Sie war Impulsgeber für zahllose wichtige Ereignisse, welche unsere moderne Weltordnung erst formten. Sie hat praktisch jeden Winkel unseres Planeten erobert und dabei eine riesige Bandbreite an Tieren verschlungen, darunter die Dinosaurier. Auf ihr Konto gehen Schätzungen zufolge auch etwa 52 Milliarden menschliche Todesopfer.

Die Stechmücke beschleunigte Aufstieg und Fall antiker Reiche, sie war Geburtshelferin unabhängiger Staaten, während sie gleichzeitig andere unterwarf und unterjochte. Sie schwächte und ruinierte ganze Volkswirtschaften. Sie mischte bei entscheidenden und folgenreichen Schlachten mit, bedrohte und vernichtete die größten Armeen ihrer Zeit und überlistete die berühmtesten Generäle und Militärstrategen, die jemals in den Krieg gezogen waren. Viele dieser Männer wurden bei einem ihrem Massaker dahingerafft. Im Laufe unserer gewalttätigen Geschichte waren die Generäle Anopheles und Aedes mächtige Kriegswaffen, die als ernst zu nehmende Gegner oder habgierige Verbündete im Stillen wirkten.

Wenngleich es uns in jüngerer Vergangenheit gelungen ist, ihren Ansturm etwas zu dämpfen, übt die Mücke weiterhin großen Einfluss auf menschliche Populationen aus. Im Zuge der durch Treibhausgase begünstigten globalen Erwärmung erweitert sie ihr Schlachtfeld. Sie eröffnet neue Fronten und dringt in Gebiete vor, die bislang von ihren Seuchen verschont geblieben sind. Ihre Reichweite nimmt zu, sowohl gen Norden als auch gen Süden und nicht zuletzt auch vertikal, da die Mücke in größere Höhen aufsteigt, wo sich bislang unerreichte Regionen für ihren Besuch erwärmen. Die von ihr übertragenen Krankheitsklassiker bleiben feste Elemente im Überlebenskampf und stellen für zunehmend mobile und sich untereinander vermischende menschliche Populationen eine wachsende Bedrohung dar. Selbst im Zeitalter moderner Wissenschaft und Medizin bleibt die Mücke das für den Menschen gefährlichste Tier.

Im Jahr 2018 tötete sie *nur* 830 000 Menschen, übertraf damit aber immer noch bei Weitem unser Gemetzel an der eigenen Art. In jüngster Zeit haben unsere kampferprobten Stechmückenkrieger, unsere wissenschaftlichen Waffenhändler und medizinischen Kriegsherren unser Arsenal um neue und raffinierte Massenvernichtungswaffen in Form von CRISPR-*Gene Drives* und Malariaimpfstoffen erweitert. Diese Instrumente setzen wir an vorderster Front gegen die Mücken ein, denn die Bedrohung von ihrer Seite wächst ständig.

Grund dafür sind clevere neue Munitionsarten wie Zika- und West-Nil-Virus und die Beförderung ihrer historisch erprobten und bewährten Soldaten, darunter Malaria und Denguefieber. In diesem totalen Krieg gegen das für uns gefährlichste Raubtier kann es nur einen Ausgang geben – die bedingungslose Kapitulation der Stechmücke und ihrer Krankheiten. Vielleicht gibt es gar nur einen Weg, diesen Endzustand zu erreichen, nämlich ihre vollständige Vernichtung und Ausrottung.

Die rund 110 Billionen feindlichen Stechmücken mitsamt ihren Pathogenen vom Antlitz der Erde zu tilgen, würde das derzeitige Kontinuum der Menschheitsgeschichte, an welchem sie einen nicht unbeträchtlichen Anteil hat, durch eine andere Realität ersetzen – mit uns unbekannten Folgen. Und auch wenn es wohl ihr letzter Auftritt wäre, so würde sie doch Geschichte schreiben. Es ist eine außergewöhnliche Geschichte, in der möglicherweise CRISPR für das Schlusswort verantwortlich zeichnet.

Wie wir im Lauf der Geschichte jedoch gesehen haben, überlebte die Mücke stets das Beste und Schlimmste, was ihr Mensch und Natur in den Weg legten, und tötete über die Zeiten hinweg in beispiellosem Ausmaß. Sie überdauerte die Dinosaurier und änderte wiederholt ihre Gestalt, sehr zur Frustration derer, die an ihrer Vernichtung arbeiteten. Während unserer gesamten Geschichte hat sie die Schicksale von Nationen gelenkt, epochale Konflikte entschieden und unsere Weltordnung mitgestaltet. Nebenbei hat sie fast die Hälfte der Menschheit dahingerafft. Wie das DDT und andere Vernichtungsmittel könnte daher auch CRISPR letztlich ihrem anpassungsfähigen Stich unterliegen. Die Geschichte hat gezeigt, dass die Mücke eine zähe Überlebenskämpferin ist. Nach jetzigem Stand der Dinge ist und bleibt die Stechmücke unser ärgster Feind.

Für die meisten Leser ist es begreiflicherweise etwas schwierig, die nüchternen Statistiken und schwindelerregenden Sterbeziffern in diesem Buch emotional zu erfassen oder ihnen ein menschliches Gesicht zu geben. Wir haben gesehen, wie die Stechmücke seit dem

Heraufdämmern unserer Spezies immer wieder verheerenden Schaden anrichtete und während ihrer blutigen Reise zahllose Populationen infizierte und vernichtete. Dieses epische Abenteuer spielte die meiste Zeit über in der Vergangenheit, auf einer Reise durch längst vergangene Zeitalter. Wir haben die bekannten Stätten und Schlachtfelder versunkener Reiche und aufstrebender Nationen besucht und durch die viel gelesenen Seiten der Geschichte geblättert. Die Stechmücke und ihre Krankheiten sind jedoch auch heute noch fieberhaft am Werk und verfassen laufend neue Kapitel in unserer menschlichen Odyssee.

Viele Leser dieses Buches leben vermutlich in Regionen, die von durch Stechmücken übertragenen Krankheiten frei oder bislang verschont geblieben sind. Doch nach Lektüre dieses Buches sollte es Sie nicht überraschen, dass die Stechmücke noch immer das Leben Hunderter Millionen Menschen beeinträchtigt, und zwar nicht nur durch ihr lästiges Summen oder ihren juckenden Stich. Auf gut Glück würde ich behaupten, dass sich auch in Ihrem weiteren Bekanntenkreis jemand findet, der auf die Frage nach Malaria, Dengue, West-Nil-Fieber oder Zika mit einem Ja oder einem Nicken antwortet oder aber Träger eines genetischen Schutzschildes wie der Sichelzellenanlage ist.

Da meine Wahlheimat Grand Junction, Colorado, mitten im West-Nil-Gebiet liegt, haben sich zahlreiche Kollegen und Studenten der Colorado Mesa University, wo ich lehre, mit dieser Krankheit angesteckt. Manche haben eine dauerhafte Lähmung und Behinderung davongetragen. Infiziert wurden sie in ihren eigenen Hinterhöfen, auf den Wander- und Radwegen der Umgebung oder beim Bootfahren und Fischen auf dem Colorado oder dem Gunnison, die sich durch das Herz der Stadt winden, welche den »großen Zusammenfluss« dieser beiden Wasserläufe bildet. Ich weiß außerdem von Studenten, Freunden und Bekannten, die auf Reisen oder im freiwilligen Einsatz für Hilfsorganisationen die heftigen Fieberanfälle von Malaria und Dengue am eigenen Leibe erlitten haben. Ein Student beschrieb seinen Dengueanfall, der ihn als Rucksacktourist in Kambodscha ereilte, als zweiwöchigen Urlaub in der Hölle. Abgesehen vom Erbrechen, den durch das hohe Fieber hervorgerufenen Halluzinationen und dem Ausschlag seien die Schmerzen besonders schlimm gewesen. Es habe sich »angefühlt, als ob jemand ganz langsam Nägel in meine Knochen trieb und meine Gelenke und Muskeln nach und nach mit einer Schraubzwinge zerquetschte«. Viele Soldaten und Veteranen, mit denen ich sprach, infizierten sich während ihrer Einsätze oder als private Auftragnehmer des Militärs (*private military contractors*, PMC) in Afrika mit Malaria oder Dengue. Kürzlich erhielt ich einen Anruf eines Freundes aus Mali, der dort als PMC tätig ist und sich Malaria eingefangen hatte. Ich kenne zudem zwei Personen, die Sichelzellenträger sind. Ich selbst habe zwar schon durch Mefloquin ausgelöste wilde Halluzinationen erlebt, mich aber, so weit ich weiß, glücklicherweise noch nie mit einer von Stechmücken übertragenen Krankheit angesteckt. Und doch verdanke ich mein Leben und meine Existenz einer afrikanischen Anophelesmücke, die im Ersten Weltkrieg kämpfte.

Im Jahr 1915 verließ mein damals 15-jähriger Urgroßvater William Winegard zum ersten Mal in seinem Leben seine verschlafene kanadische Heimatstadt, um sich zur Armee zu melden. Seit Ausbruch des Ersten Weltkriegs im August 1914 träumte er von einem ruhmreichen Dienst für König und Vaterland. Diese ritterlichen Illusionen verschwanden in den industrialisierten Schlachthöfen des Stellungskriegs an der Westfront. Im März 1916 wurde William in der Nähe von Ypres in Belgien durch Beschuss und Gas verwundet. Nach seiner Genesung im Krankenhaus wurde er wieder nach Kanada beordert, da er minderjährig war. William kehrte jedoch nicht in das Postkartenidyll seiner Heimatstadt zurück. Kaum war er in Montreal von Bord gegangen, trat er unverzüglich in die kanadische Marine ein. Abermals machte er eine falsche Altersangabe. Den Rest des Krieges über diente William auf einem Minenräumboot, das vor der Küste Zentralwestafrikas patrouillierte, der Geburtsstätte der von Stechmücken

Die vielen Gesichter der Malaria: William Winegard war einer von 1,5 Millionen Soldaten, die sich während des Ersten Weltkriegs mit Malaria infizierten. Im Gegensatz zu 95 000 anderen überlebte er, zum Glück für mich. Hier posiert ein 16-jähriger William bei seiner Aufnahme in die kanadische Marine im August 1916, nachdem er bereits als Soldat an der Westfront gedient hatte und verwundet worden war.

übertragenen Seuchen. Im Sommer 1918 fing er sich gleichzeitig die »spanische Grippe«, Typhus und *Vivax*-Malaria ein. Als der Schiffsarzt ihn für tot erklärte und man ihn schon über Bord werfen wollte, war William, einst ein kräftiger, 1,75 Meter großer und über 87 Kilogramm schwerer Teenager, bis auf die Knochen abgemagert. Er wog keine 50 Kilogramm mehr. Das Schicksal wollte es jedoch, dass ein Mannschaftskamerad ihn blinzeln sah und er so dem nassen Grab unter den Wellen des Ozeans entkam. Wie der Großvater meiner Frau, Sergeant Rex Raney, überlebte auch mein Urgroßvater William seinen persönlichen Kampf gegen die Malaria während des Krieges. Nach einem Jahr im Lazarett in Freetown, Sierra Leone, und einem weiteren in einem englischen Krankenhaus kehrte er 1920 zurück nach Kanada. Beinahe sechs Jahre waren vergangen, seit William in den Krieg gezogen war. Im Zweiten Weltkrieg diente er abermals in der kanadischen Marine und lebte danach bis zum reifen Alter von 87 Jahren.

Als Kind lauschte ich stets voller Staunen und Bewunderung, wenn er stoisch seine Kriegsanekdoten zum Besten gab, darunter auch seine Kämpfe mit der Malaria. Er akzeptierte seine wiederkehrenden Anfälle als Teil einer normalen Immunisierung, beharrte jedoch stur darauf, dem deutschen Kaiser Wilhelm II. und nicht der Stechmücke die Schuld daran zu geben. Wenngleich er seinen Vornamen mit dem deutschen Monarchen teilte, bevorzugte mein Urgroßvater den Spruch »Verdammt sei Kaiser Bill!«

Ich verdanke meine Existenz jener einen ausgehungerten afrikanischen Anophelesmücke, die sich im Sommer 1918 an ihm labte. Diese malariöse Mücke und die durch sie ausgelöste Erkrankung verzögerten Williams Heimkehr nach Kanada um beinahe zwei Jahre. Auf seiner Heimreise im Jahr 1920 näherte er sich einem seekranken Mädchen, das sich gerade über die Reling erbrach, und machte ein paar neckische, schäkernde Bemerkungen. Sie hob den Kopf und »sagte ihm gehörig die Meinung«, wie mir meine Urgroßmutter Hilda erzählte. Die zankenden Liebenden waren 67 Jahre lang glücklich verheiratet. Von Stechmücken übertragene Krankheiten sind jedoch keinesfalls ein Relikt der Geschichte, das nur unsere Vorfahren betraf. Die Mücken sind immer noch da und es geht ihnen bestens.

Im Verlauf dieser epischen, spannenden Reise durch die Geschichte änderte sich meine Meinung über die Stechmücke grundlegend. Vielleicht hat sich auch Ihre Haltung gegenüber der Stechmücke angepasst, entwickelt oder auf andere Weise verändert, sodass aus dieser nicht mehr der gewöhnliche Hass spricht, der in der Einleitung zu diesem Buch seinen Ausdruck findet. Ich persönlich schwanke heute zwischen jener tief empfundenen Abscheu und aufrichtigem Respekt und Bewunderung. Vielleicht ist beides richtig. Im andauernden Krieg unserer Welt gegen die Naturgesetze des Dschungels ist uns die Mücke vielleicht durchaus ähnlich. Schließlich versucht auch sie nur zu überleben.

DANK

Als ich mein letztes Buch fertig hatte, setzte ich mich wie gewöhnlich mit meinem Vater zusammen, um spontan ein paar Ideen für das nächste zu sammeln. Er ist zwar Notfallarzt, aber eigentlich hätte er Historiker werden sollen. Nachdem er mich sanft unterbrochen und mir gesagt hatte, ich solle etwas langsamer machen, meinte er nur: »Seuchen!« Ich war vielleicht nicht ganz überzeugt von dieser knappen Antwort, doch wie üblich hatte mir mein Vater damit eine gewisse Richtung aufgezeigt, sodass ich nun fokussierter vorgehen konnte. Mit dem einfachen Wort »Seuchen« war dieses Buch geboren, und ich nahm die Verfolgung unseres gefährlichsten tierischen Feindes auf.

Für einen Geschichtsbegeisterten wie mich war dies die ultimative Schatzsuche. Zwar konnte ich mich nicht wie ein marodierender spanischer Konquistador (oder Nicolas Cage) auf die Suche nach El Dorado oder Cibola begeben, auch konnte ich mich nicht aufmachen, die verlorene Stadt Z zu suchen. Ebenso blieb es mir versagt, wie Robert Langdon, den legendären *Da Vinci Code* zu entschlüsseln, den Schatz der Tempelritter aufzuspüren, eines von Indiana Jones' epischen Abenteuern nachzuvollziehen oder den Kessel-Flug durch den Hyperraum auf der weniger als zwölf Parsec langen Route zurücklegen. Aber vielleicht könnte ich dieses Rätsel lösen.

Ich durchforstete meine Bücherregale und schnappte mir zunächst die Lehrbücher, die ich für meine Vorlesungen an der Universität empfehle. Mein breit ausgelegter Fachbereich umfasst zahlreiche ganz unterschiedliche Themen, die sich teilweise überschneiden: amerikanische Geschichte, indigene Studien, vergleichende Politikwissenschaften, Geschichte und Politik des Erdöls sowie die ganzen westlichen Zivilisationen. Die Bücher waren voller Heldengeschichten über große Schlachten, entscheidende Kriege, über den Aufstieg und Fall glorreicher antiker Kulturen wie Ägypten, Griechenland und Rom. Überall findet sich etwas über die Entstehung und die soziokulturelle Explosion von Christentum und Islam. Die Geschichten behandeln die genialen Schachzüge einflussreicher Militärführer wie Alexander des Großen, Hannibal und Scipio, Dschingis Khan, George Washington, Napoleon, Tecumseh oder der Generäle Ulysses S. Grant und Robert E. Lee. Sie zeichnen die Reisen von Entdeckern, Piraten und Figuren der Kolonialisierung nach, etwa von Kolumbus, Cortes, Raleigh, Rolfe oder unserer Disneyprinzessin Pocahontas. Sämtliche Lehrwerke versuchen die Entwicklung der Zivilisation und unserer globalen Ordnung zu erklären.

Diese simple Auffassung davon, wie unsere vergangene Welt unsere Gegenwart und unsere Zukunft bestimmte, machte mich nachdenklich. Was und wer waren eigentlich die wichtigsten Katalysatoren des Wandels vom Gestern zum Heute? Ich nahm alle üblichen Verdächtigen unter die Lupe: Wirtschaft, Politik, Religion, europäischer Imperialismus, Sklaverei, Krieg. Ich durchleuchtete alles und jeden in meiner mentalen Kartei, doch war ich überzeugt, dass immer noch etwas fehlte. Als ich das letzte Buch zuklappte, blieb die Antwort unbefriedigend, doch meine Neugier und das Wort »Seuchen«, welches inzwischen meine Gedanken und meine wissenschaftliche Aufmerksamkeit beherrschte, ließen mich weiter stöbern.

Zum Beispiel interessierte mich der berüchtigte Schwarze Tod, der durch das tödliche, von Rattenflöhen übertragene Bakterium *Yersinia pestis* ausgelöst worden war und Mitte des 14. Jahrhunderts die Hälfte der europäischen Bevölkerung ausgelöscht hatte (die weltweiten Opferzahlen der Pest werden heute auf insgesamt 200 Millionen Tote geschätzt). Ich wusste auch, dass von den rund 100 Millionen indigener Menschen, die in der westlichen Hemisphäre lebten, 95 Prozent durch einen Seuchencocktail dahingerafft wurden, der mit den verschiedenen Wellen europäischer Kolonisation eingeschleppt wurde. Den Anfang machte Kolumbus im Jahr 1492, darauf folgte ein schicksalhafter Austausch globaler Ökosysteme. Ich wusste von den episodischen Cholera- und Typhus-Ausbrüchen in Europa und in den amerikanischen Kolonien, auch von der verheerenden »Spanischen Grippe« von 1918 bis 1919, der zwischen 75 und 100 Millionen Menschen zum Opfer fielen, fünfmal mehr als in dem Weltkrieg, der ihre Verbreitung erst ermöglicht hatte. Diese bekannten Epidemien und ihre historischen Folgen waren schon gründlich bearbeitet worden und brachten mich meinem eigentlichen Ziel nicht näher. Schließlich wurde ich dort fündig, wo ich es am wenigsten erwartet hätte.

Ich gehe gern Lebensmittel einkaufen. Ich weiß, das klingt seltsam, aber ich finde es entspannend. Manche Menschen meditieren oder machen Yoga. Ich gehe einkaufen. Einmal, nicht lange nach der Diskussion mit meinem Vater über Seuchen und dem Durchforsten dieser ganzen Bücher, ging ich durch die Regale und wurde mir der beeindruckenden Produktvielfalt bewusst. Ich las die Etiketten und staunte über die Tatsache, dass ich die Wahl zwischen 26 Sorten Dosentomaten, 19 verschiedenen Röstungen oder Mischungen von Kaffee, 57 Ketchup-Varianten und 31 angeblich köstlichen Geschmacksrichtungen Futter für meinen Hund Steven hatte. Ich schob meinen Einkaufswagen durch das globale Lebensmitteldorf und stieß dabei auf Erzeugnisse und Waren aus jedem Winkel dieser Welt. Ich glaubte daher, die Welt wäre mittlerweile ziemlich klein, und wir wären die vorherrschende Spezies. Als ich eine Tüte Chips in meinen Wagen gelegt hatte, sah ich auf. Vor mir, deutlich sichtbar, war meine Antwort. Der Schatz, den ich endlich gefunden hatte, prangte auf einer riesigen Werbetafel in einem Supermarkt in Grand Junction, Colorado.

Ich las den Werbeslogan noch einmal. »*Deep Woods OFF!* Vertreibt Stechmücken, die Zikavirus, Denguevirus und West-Nil-Virus übertragen können.« Ungläubig und ärgerlich schüttelte ich den Kopf darüber, dass ich nicht schon früher eins und eins zusammengezählt hatte. Das Thema meines nächsten Buches, welches Sie nun in Händen halten, war von nun an ein Selbstläufer – die Mücke. Nirgendwo in all diesen wissenschaftlichen Büchern wurde erwähnt, welch gewaltigen, unausweichlichen Einfluss sie auf den Verlauf der gesamten Menschheitsgeschichte gehabt hatte und bis heute hat. Ich hatte mein El Dorado also doch noch gefunden – und war entschlossen, die Dinge richtigzustellen. Dieses Buch ist das Ergebnis meiner Schatzsuche.

Etwa ein Jahr nach jenem schicksalhaften Einkauf (und dem Verzehr der Packung Chips) setzte ich mich mit dem Historiker Tim Cook vom Canadian War Museum in Verbindung und berichtete ihm von meiner Buchidee und meinen bisherigen Recherchen. Unverzüglich machte mich Tim mit seinem – und nun auch meinem – Agenten Rick Broadhead bekannt. Danke für diesen raschen Anruf und vor allem für die Unterstützung und Freundschaft über die Jahre. Rick hat mich seit den ersten Schritten auf diesem Abenteuer begleitet, und ich bin dankbar, ihn auf meiner Seite zu haben. Als ich das Manuskript zwischen meinen Vorlesungen an der Colorado Mesa University und dem Training der Hockeymannschaft (ich bin schließlich Kanadier) endlich fertiggestellt hatte, legte ich den Entwurf meinen Lektoren vor: John Parsley, Nicholas Garrison und Cassidy Sachs von Penguin Random House. Danke für die Aufmerksamkeit, Sorgfalt und Beratung. Die Rückmeldungen und Meinungen waren von unschätzbarem Wert.

Wie immer boten auch viele Freunde, Kollegen und neue Bekanntschaften ihre Expertise, Mitarbeit und Hilfe an. Besonderer Dank gilt hier Sir Hew Strachan, meinem Doktorvater an der Universität von Oxford, der mich lehrte, über die Worte und Seiten hinaus zu blicken und die Geschichte als lebendiges Wesen zu begreifen. Ich hatte das große Privileg, in den Genuss seines Wissens und seiner Mentorschaft zu gelangen. Ebenfalls danken möchte ich, ohne bestimmte Reihenfolge: Bruno und Katie Lamarre, Alan Anderson,

Hoko-Shodee, Jeff Obermeyer, Tim Casey, Douglas O'Roark, Justin Gollob, Susan Becker. Ich habe die zahlreichen Gespräche mit Adam Rosenbaum und John Seebach über Stechmücken (*hoiminid* oder *hominin?*) sehr genossen, wie mir auch die klugen Antworten auf meine Fragen zu frühmenschlicher Evolution und Migrationsmustern, die sich mit unseren netten Plaudereien über Guns n' Roses und The Tragically Hip überschnitten, extrem hilfreich waren. Mein Dank gebührt auch all denjenigen, die mir großzügig ihre ganz persönlichen Mückengeschichten erzählt und ihr Wissen mit mir geteilt haben. Herzlichen Dank an die Bibliotheksangestellten der Colorado Mesa University, die meinen zahllosen Leihanfragen geduldig nachgekommen sind, unter denen sich viele obskure und nicht mehr gedruckte Titel befanden. Sie sind die wahren Schatzsucher. Außerdem danke ich der Colorado Mesa University für die finanzielle Unterstützung bei der Beschaffung von Bildmaterial.

Tausende Menschen haben ihre gesamte akademische oder medizinische Laufbahn in der weiten Welt der Stechmücke verbracht. Jenen Mückenkämpfern und ihrem unermüdlichen Wirken sowie den Wissenschaftlern, auf deren Werken diese Geschichte teilweise aufbaut, bin ich zu Dank verpflichtet. Insbesondere zu nennen sind hier J. R. McNeill, James L. A. Webb Jr., Charles C. Mann, Randall M. Packard, Mark Harrison, Jared Diamond, Peter McCandless, Andrew McIlwaine Bell, Sonia Shah, Margaret Humphreys, David R. Petriello, Frank Snowden, Alfred W. Crosby, William H. McNeill, Nancy Leys Stepan, Karen M. Masterson, Andrew Spielman, Jeff Chertack von der Gates Foundation sowie Bill und Melinda Gates.

Schließlich danke ich meinem Vater und meiner Mutter, dass sie mich die »Wege der Macht« gelehrt haben. Sie sind beide Jedi-Meister und führen gemeinsam mit Alexander dem Großen, Sir Isaac Newton und Yoda meine Heldenliste an. Mein Sohn Jaxson ist noch zu klein, um zu verstehen, warum ich immer wieder so lange nicht daheim bin, auch wenn ich lieber die Tage mit ihm verbringen würde. Wer sonst soll seinen Wayne-Gretzky-Schlagschuss retten, seine Matthew-Stafford-Pässe fangen oder der Darius II für seinen Alexander den Großen sein? Ich liebe ihn auf ewig und in jeder Galaxie, sei sie auch noch so weit entfernt. Meiner Frau Becky danke ich, dass sie während meiner berufsbedingten Abwesenheiten und meiner scheinbaren Abwesenheit, wenn ich zu Hause bin und schreibe, die Stellung hält. Sie hat sich das weise Wort »Geduld« des großen Philosophen Axl Rose zu eigen gemacht und darin wahre Meisterschaft erlangt.

Ihnen allen danke ich.

WEITERFÜHRENDE LITERATUR

Dieses Buch konnte nur auf der großen Grundlage anderer Bücher, Zeitschriften und Veröffentlichungen einer Vielzahl von akademischen Bereichen geschrieben werden. Im Allgemeinen wurden die Autoren, die hauptsächlich zum Entstehen dieses Buches beigetragen haben, in der Danksagung gewürdigt, und im Text selbst wurde mit zahlreichen direkten Zitaten auf sie verwiesen. Das Thema des Buches sowie der Ansatz, den Einfluss der Mücke in Zahlen zu belegen, bringt zahlreiche statistische Tücken mit sich. Oftmals kam ich nicht darum herum, mich an Schätzungen zu bedienen. Die Zahlen des Buches sind die aktuellsten und sie halten sich an den Konsens der Experten oder finden einen Mittelweg innerhalb schwankender Datenbereiche.

Es wird im Folgenden nicht auf alle von mir konsultierten Quellen verwiesen, eine ausführliche Bibliografie finden Sie in der amerikanischen Originalausgabe. Auch haben mich einige Bücher im Denkprozess weitergebracht, ohne direkt mit dem Thema oder Inhalt dieses Buches in Verbindung zu stehen. Die folgenden Anmerkungen zu den Kapiteln sollen denjenigen, die neugierig sind oder detailliertere Erklärungen suchen, weitere Lektüretipps bieten und vor allem den Autoren Anerkennung zollen, die das Baumaterial für die jeweiligen Abschnitte meines Buches bereitgestellt haben. Gleichzeitig möchte ich hier ihre umfassenden Recherchen und brillanten Veröffentlichungen würdigen.

KAPITEL 1

Die Rolle, die Mücken und andere Insekten beim Aussterben der Dinosaurier spielten, beschreiben George und Roberta Poinar, *What Bugged the Dinosaurs. Insects, Disease, and Death in the Cretaceous*, Princeton 2008. Weitere Hinweise dazu finden sich in Charles Officer und Jake Page, *The Great Dinosaur Extinction Controversy*, Boston 1996; Scott Richard Shaw, *Planet of the Bugs. Evolution and the Rise of Insects*, Chicago 2015; und Robert T. Bakker, *The Dinosaur Heresies: New Theories Unlocking the Mystery of the Dinosaurs and Their Extinction*, New York 1986. Zahllose wissenschaftliche und biologische Texte widmen sich dem Lebenszyklus und der Funktionsweise der Stechmücke und ihren Krankheiten. Die verständlichsten Erklärungen liefern Andrew Spielman und Michael D'Antonio, *Mosquito. A Natural History of Our Most Persistent and Deadly Foe*, New York 2001; und J. D. Gillett, *The Mosquito. Its Life, Activities, and Impact on Human Affairs*, New York 1971. Zwei umfassend recherchierte Bände machen die koevolutionäre Entwicklung von Malaria, unseren menschlichen Vorläufern und dem Homo sapiens deutlich: James L. A. Webb Jr., *Humanity's Burden. A Global History of Malaria*, Cambridge 2009; und Randall Packard, *The Making of a Tropical Disease. A Short History of Malaria*, Baltimore 2007. Die zwei brillanten Autoren beschäftigen sich auch mit der globalen Ausbreitung und der Geschichte der Malaria, die unsere gesamte Menschheitsentwicklung durchzieht. Auf sie wird in vielen Kapiteln dieses Buches zurückgegriffen. Meine kurzen Überblicksdarstellungen der von Mücken übertragenen Krankheiten beruhen auf einer Liste verschiedener Quellen, die hier nicht alle aufgezählt werden können. Die von John L. Capinera herausgegebene vierbändige *Encyclopedia of Entomology*, Dordrecht 2008, war eine bedeutende Hilfe für meine Arbeit. Auch S. L. Kotar und J. E. Gessler, *Yellow Fever. A Worldwide History*, Jefferson, NC, 2017; und David K. Pattersons Artikel »Yellow Fever Epidemics and Mortality in the United States,

1693–1905«, in: *Social Science & Medicine* 34 (8/1992), S. 855–865, liefern erhellende und detailierte Einblicke in Bezug auf den tödlichen Virus.

KAPITEL 2

Neben den hervorragenden Werken von Webb und Packard liefert auch Sonia Shah, *The Fever. How Malaria Has Ruled Humankind for 500,000 Years*, New York 2010, einen ausgezeichneten Überblick über den Einfluss der Malaria auf die menschlichen Geschicke, einschließlich der genetischen Immunantworten; ebenso Sylvie Manguin, *Biodiversity of Malaria in the World*, London 2008, wenn auch in sehr wissenschaftlichem Jargon. Ebenso zu empfehlen ist David Reich, *Who We Are and How We Got Here. Ancient DNA and the New Science of the Human Past*, New York 2018. Zahlreiche weitere Werke beschäftigen sich mit den genetischen Antworten auf Malaria, darunter: Barry und David Zimmerman, *Killer Germs. Microbes and Diseases That Threaten Humanity*, New York 2003; Ethne Barnes, *Diseases and Human Evolution*, Albuquerque 2005; Gary Paul Nabhan, *Why Some Like It Hot. Food, Genes, and Cultural Diversity*, Washington, 2004; Michael J. Behe, *The Edge of Evolution. The Search for the Limits of Darwinism*, New York 2007; und Jared Diamond, *Arm und Reich. Die Schicksale menschlicher Gesellschaften*, Frankfurt a. M. 1998. Der Zusammenhang zwischen Kaffee (und Tee) und der Stechmücke (und der Sklaverei und den Revolutionen) findet sich bei Antony Wild, *Coffee. A Dark History*, New York 2005; Mark Pendergrast, *Uncommon Grounds. The History of Coffee and How It Transformed Our World*, New York 1999; und Tom Standage, *A History of the World in 6 Glasses*, New York 2005. Sie finden sich nicht nur in diesem Kapitel, sondern vielmehr im ganzen Buch wieder. Die Migration der Bantu und ihre darauf folgende Herrschaft im südlichen Afrika werden von Diamond, Shah, Packard und Webb beschrieben. Die Leidensgeschichte von Ryan Clark wurde medial stark betrachtet. Zahlreiche Artikel und Interviews wurden für dieses Buch ausgewertet.

KAPITEL 3 UND 4

Diese Kapitel beruhen zum Großteil auf den Werken antiker Gelehrter wie Hippokrates, Galen, Platon und Thukydides. Andere wertvolle Quellen zum antiken Griechenland und dem Römischen Reich sind J. N. Hays, *The Burdens of Disease. Epidemics and Human Response in Western History*, New Brunswick 1998; R. S. Bray, *Armies of Pestilence. The Impact of Disease on History*, New York 1996; Hans Zinsser, *Ratten, Läuse und die Weltgeschichte*, Stuttgart 1949; J. L. Cloudsley-Thompson, *Insects and History*, New York 1976; W. H. S. Jones, *Malaria. A Neglected Factor in the History of Greece and Rome*, Cambridge 1907; Donald J. Hughes, *Environmental Problems of the Greeks and Romans. Ecology in the Ancient Mediterranean*, Baltimore 2014; Eric H. Cline, *1177 v. Chr. Der erste Untergang der Zivilisation*, Darmstadt 2015; Philip Norrie, *A History of Disease in Ancient Times. More Lethal Than War*, New York 2016; William H. McNeill, *Seuchen machen Geschichte. Geißeln der Völker*, München 1978; Adrian Goldsworthy, *Pax Romana. War, Peace and Conquest in the Roman World*, New Haven 2016; Brian Campbell und Lawrence A. Tritle (Hg.), *The Oxford Handbook of Warfare in the Classical World*, Oxford 2013; Adrienne Mayor, *Greek Fire, Poison Arrows, and Scorpion Bombs. Biological and Chemical Warfare in the Ancient World*, New York 2009; Robert L. O'Connell, *The Ghosts of Cannae. Hannibal and the Darkest Hour of the Roman Republic*, New York 2011; Patrick N. Hunt, *Hannibal*, New York 2017; Serge Lancel, *Hannibal. Eine Biographie*, Düsseldorf, Zürich 1998; Richard A. Gabriel, *Hannibal. The Military Biography of Rome's Greatest Enemy*, Washington 2011; und die zwei umfassenden Bände von A. D. Cliff und M. R. Smallman-Raynor, *War Epidemics. An Historical Geography of Infectious Diseases in Military Conflict and Civil Strife, 1850–2000*, Oxford 2004 und *Emergence and Re-Emergence. Infectious Diseases: A Geographical Analysis*, Oxford 2009. Das alte Ägypten und das Leben und Sterben von Tutanchamun finden sich neben den oben genannten besonders in den Werken von Zahi Hawass beschrieben: *Discovering Tutankhamun. From Howard Carter to DNA*, Kairo 2013; *Scanning the Pharaohs. CT Imaging of the New Kingdom Royal Mummies*, Kairo 2018. Für das Leben Alexander des Großen, wie auch für seinen malariabedingten Rückzug, siehe: John Atkinson u. a., »Alexander's Last Days: Malaria and Mind Games?«, in: *Acta Classica* LII (2009), S. 23–46; Partha Bose, *Alexander the Great's Art of Strategy. The Timeless Leadership Lessons of History's Greatest Empire Builder*, New York 2003; Norman F. Cantor, *Alexander the Great. Journey to the End of the Earth*, New York 2005; Paul Cartledge, *Alexander the Great. The Hunt for a New Past*, New York 2004; Paul Doherty, *The Death of Alexander the Great. What – or Who – Really Killed the Young Conqueror of the Known World?*, New York 2004; Philip Freeman, *Alexander the Great*, New York 2011; Pater Green, *Alexander of Macedon, 356–323 B.C. A Historical Biography*, Berkeley 1991; N. G. L. Hammond, *The Genius of Alexander the Great*, Chapel Hill 1997; Frank L. Holt, *Into the Land of Bones. Alexander the Great in Afghanistan*, Berkeley 2012; Thomas Martin und Christopher W. Blackwell, *Alexander the Great. The Story of an Ancient Life*, Cambridge 2012; John Maxwell O'Brien, *Alexander the Great. The Invisible Enemy: A Biography*, New York 1992; Guy MacLean Rogers, *Alexander. The Ambiguity of Greatness*, New York 2005; James Romm, *Ghost on the Throne. The Death of Alexander the Great and the Bloody Fight for His Empire*, New York 2012. Im Laufe der Geschichte waren die Pontinischen Sümpfe rund um Rom vielleicht mehr als jedes andere geografische Gebiet außerhalb Afrikas nicht nur eine regionale Brutstätte der Malaria, sondern vielmehr ein bedeutender Faktor der Entwicklung der frühen westlichen Zivilisation. Der umfangreiche

Katalog an Primär- und Sekundärliteratur hierzu erstreckt sich vom Römischen Reich bis zum Zweiten Weltkrieg. Kyle Harper, *The Fate of Rome. Climate, Disease, and the End of an Empire*, Princeton 2017, sticht dabei ebenso heraus wie die oben genannten Werke von Hughes, Bray und Jones. Zwei weitere empfehlenswerte Bücher sind: Robert Sallares, *Malaria and Rome. A History of Malaria in Ancient Italy*, Oxford 2002; und Frank M. Snowden, *The Conquest of Malaria. Italy, 1900-1962*, New Haven 2006. Die Artikel von David Soren, »Can Archaeologists Excavate Evidence of Malaria?«, in: *World Archaeology* 35 (2/2003), S. 193-205 und Jennifer C. Hume, »Malaria in Antiquity: A Genetics Perspective«, in: ebd., S. 180-192, bieten archäologische Beweise für die Herrschaft der Malaria in der gesamten antiken Welt; auch Webb und Shah legen Fragmente der Mücke in der Antike frei.

KAPITEL 5

Die Korrelation zwischen Seuchen, einschließlich der endemischen Malaria, und dem Aufstieg und der Verbreitung des Christentums wird bei Hays detailliert beschrieben, ebenso in: David Clark, *Germs, Genes, and Civilization. How Epidemics Shaped Who We Are Today*, Upper Saddle River 2010; Gary B. Ferngren, *Medicine and Health Care in Early Christianity*, Baltimore 2009, und *Medicine & Religion. A Historical Introduction*, Baltimore 2014; Daniel T. Reff, *Plagues, Priests, and Demons. Sacred Narratives and the Rise of Christianity in the Old World and the New*, Cambridge 2005; Kenneth G. Zysk, *Religious Medicine. The History and Evolution of Indian Medicine*, London 1993; Kimberly Stratton und Danya S. Kalleres (Hg.), *Daughters of Hecate. Women and Magic in the Ancient World*, Oxford 2014; in den Büchern von Irwin W. Sherman, *The Power of Plagues*, Washington 2006, und *Twelve Diseases That Changed Our World*, Washington 2007; und den Werken von Cloudsley-Thompson und Zinsser. Webb und Packard bieten einen Überblick über die Verbreitung der Malaria in Europa während des Mittelalters und der Kreuzzüge. Alfred W. Crosby, *Die Früchte des weißen Mannes. Ökologischer Imperialismus 900–1900*, Frankfurt a. M. 1991, hebt die Rolle der von Mücken übertragenen Krankheit während der Kreuzzüge mit derart brillanter Klarheit hervor, dass ich ein langes Zitat daraus in den Text aufgenommen habe (eines von nur einer Handvoll im Buch). Seine Arbeit bildete die Grundlage für weitere wichtige Werke: Piers D. Mitchell, *Medicine in the Crusades. Warfare, Wounds and the Medieval Surgeon*, Cambridge 2004; Helen J. Nicholson (Hg.), *The Chronicle of the Third Crusade. The Itinerarium Peregrinorum et Gesta Regis Ricardi*, London 2017; John D. Hosler, *The Siege of Acre, 1189–1191. Saladin, Richard the Lionheart, and the Battle That Decided the Third Crusade*, New Haven 2018; Geoffrey Hindley, *The Crusades. Islam and Christianity in the Struggle for World Supremacy*, London 2003; Thomas F. Madden, *Die Kreuzzüge*, Köln 2008; Jonathan Riley-Smith, *Die Kreuzzüge*, Darmstadt 2016.

KAPITEL 6

Die besten Darstellungen von Dschingis Khan und der mongolischen Ära finden sich in: Peter Frankopan, *The Silk Roads. A New History of the World*, New York 2017; Frank McLynn, *Genghis Khan. His Conquests, His Empire, His Legacy*, Cambridge 2016; Jack Weatherford, *Genghis Khan and the Making of the Modern World*, New York 2005; James Chambers, *The Devil's Horsemen. The Mongol Invasion of Europe*, New York 1979; John Keegan, *The Mask of Command. Alexander the Great, Wellington, Ulysses S. Grant, Hitler, and the Nature of Leadership*, New York 1988; Robert B. Marks, *Tigers, Rice, Silk, and Silt. Environment and Economy in Late Imperial South China*, Cambridge 1998; Jacques Gernet, *La Vie quotidienne en Chine à la veille de l'invasion mongole*, Paris 1959; Peter Jackson, *The Mongols and the West, 1221–1410*, New York 2005; Carl Fredrik Sverdrup, *The Mongol Conquests. The Military Operations of Genghis Khan and Sübeʾetei*, Warwick 2017. Auch die Werke von Bray, Crosby, Capinera und William McNeill bieten Einblicke in die mongolische Welt.

KAPITEL 7 UND 8

Die Literatur zum sogenannten *Columbian Exchange* ist äußerst umfangreich. Ich habe so viel wie möglich auf Primärquellen, wie beispielsweise die Schriften von Bartolomé de Las Casas, zurückgegriffen. Auch konnte ich für diese Kapitel auf meine Archivrecherchen in Großbritannien, Kanada, Australien, Neuseeland, den Vereinigten Staaten und Südafrika für meine früheren Bücher über die indigenen Völker der britischen Dominions und den Ersten Weltkrieg zurückgreifen. Die bedeutendsten Sekundärquellen sind: Alfred W. Crosby, *The Columbian Exchange. Biological and Cultural Consequences of 1492*, New York 2003; Charles C. Mann, *Kolumbus' Erbe. Wie Menschen, Tiere, Pflanzen die Ozeane überquerten und die Welt von heute schufen*, Reinbek bei Hamburg 2013, und *Amerika vor Kolumbus. Die Geschichte eines unentdeckten Kontinents*, Reinbek bei Hamburg 2016; William H. McNeill, *Seuchen machen Geschichte. Geißeln der Völker*, München 1978; Mark Harrison, *Disease and the Modern World. 1500 to the Present Day*, Cambridge 2004; Kenneth F. Kiple und Stephen V. Beck (Hg.), *Biological Consequences of the European Expansion, 1450–1800*, Aldershot 1997; Robert S. Desowitz, *Who Gave Pinta to the Santa Maria? Torrid Diseases in the Temperate World*, New York 1997; Tony Horwitz, *A Voyage Long and Strange. On the Trail of Vikings, Conquistadors, Lost Colonists, and Other Adventurers in Early America*, New York 2008; Noble David Cook, *Born to Die. Disease and New World Conquest, 1492–1650*, Cambridge 1998; Daniel J. Boorstin, *The Discoverers. A History of Man's Search to Know His World and Himself*, New York 1985; Dorothy

H. Crawford, *Deadly Companions. How Microbes Shaped Our History*, Oxford 2007; Jared Diamond, *Arm und Reich. Die Schicksale menschlicher Gesellschaften*, Frankfurt a. M. 1998, von welchem ich den Begriff »zufällige Eroberer« geliehen habe; Lawrence H. Keeley, *War Before Civilization. The Myth of the Peaceful Savage*, Oxford 1996; Emmanuel Akyeampong, Robert H. Bates, Nathan Nunn und James A. Robinson (Hg.), *Africa's Development in Historical Perspective*, Cambridge 2014; Robert A. McGuire und Philip R. P. Coelho, *Parasites, Pathogens, and Progress. Diseases and Economic Development*, Cambridge 2011; Peter McCandless, *Slavery, Disease, and Suffering in the Southern Lowcountry*, Cambridge 2011; Margaret Humphreys, *Yellow Fever and the South*, New Brunswick 1992; Sheldon Watts, *Epidemics and History. Disease, Power and Imperialism*, New Haven 1997. Für die Entdeckung und Bedeutung des Chinarindenbaums und des Chinins siehe: Fiammetta Rocco, *The Miraculous Fever-Tree. Malaria, Medicine and the Cure That Changed the World*, New York 2003; Mark Honigsbaum, *The Fever Trail. In Search of the Cure for Malaria*, London 2002; Rohan Deb Roy, *Malarial Subjects. Empire, Medicine and Nonhumans in British India, 1820–1909*, Cambridge 2017. Zum Zusammenhang von Malaria und Opiumhandel siehe Paul C. Winther, *Anglo-European Science and the Rhetoric of Empire: Malaria, Opium, and British Rule in India, 1756–1895*, New York 2003.

KAPITEL 9 UND 10

Wenn möglich habe ich auf Primärquellen zurückgegriffen. Daneben lieferte vor allem Mann, *1493*, eine Fülle prägnanter und spannend erzählter Informationen. Webb, Packard, Kiple/Beck, Spielman/D'Antonio und David Petriello, *Bacteria and Bayonets: The Impact of Disease in American Military History*, Oxford 2016, skizzieren die Verbreitung der Malaria in Europa und England sowie deren Ankunft und Ausbreitung in Amerika detailiert. Eine wichtige Referenz war auch Virginia

DeJohn Anderson, *Creatures of Empire. How Domestic Animals Transformed Early America*, Oxford 2004. Das schottische Dariénprojekt wird unter anderem bei Shah, Mann, und J. R. McNeill, *Mosquito Empires. Ecology and War in the Greater Caribbean, 1620–1914*, Cambridge 2010, nachgezeichnet. Das Konzept der drei Infektionszonen und der Mason-Dixon-Linie habe ich von Webb, J. R. McNeill und Mann entliehen, modifiziert und zusammengesetzt.

KAPITEL 11

Die Schlüsselwerke für die Epoche der Geschichte sind Fred Anderson, *Crucible of War. The Seven Years' War and the Fate of Empire in British North America, 1754–1766*, New York 2000; Alvin Rabushka, *Taxation in Colonial America*, Princeton 2008; Erica Charters, *Disease, War, and the Imperial State. The Welfare of the British Armed Services during the Seven Years' War*, Chicago 2014; Robert S. Allen, *His Majesty's Indian Allies: British Indian Policy in the Defence of Canada, 1774–1815*, Toronto 1992; William M. Fowler, *Empires at War. The Seven Years' War and the Struggle for North America, 1754–1763*, Vancouver 2005; Richard Middleton, *Pontiac's War. Its Causes, Course and Consequences*, New York 2007. Petriello, *Bacteria and Bayonets* arbeitet sich von Kolumbus bis zu den jüngsten amerikanischen Militärkampagnen vor und war in vielen Kapiteln dieses Buches eine nützliche Referenz. J. R. McNeill, *Mosquito Empires*, beschreibt die Rolle der Mücke in den Kolonialkriegen, einschließlich der französischen Katastrophe auf der Teufelsinsel, die zu Aufständen in ganz Amerika führte.

KAPITEL 12 UND 13

Zwei unverzichtbare, außergewöhnliche und umfassend recherchierte Veröffentlichungen zur Rolle der Mücke bei den Ergebnissen der Amerikanischen Revolution (und anderer Aufstände gegen die Kolonialherrschaft in Amerika) sind J. R. McNeill, *Mosquito Empires;* und McCandless, *Slavery, Disease, and Suffering in the Southern Lowcountry*, dessen Artikel »*Revolutionary Fever.* Disease and War in the Lower South, 1776–1783«, in: *Transactions of the American Clinical and Climatological Association* 118 (2007), S. 225–249, sein Buch erweitert. Auch die Arbeiten von Sherman, Mann, Shah und Petriello beschäftigen sich mit der Rolle der Mücke bei den Ereignissen, die zu amerikanischen Unabhängigkeit führen sollten. Die darauf folgenden Revolutionen (und die Explosion des Gelbfiebers) in ganz Amerika, einschließlich jener von Toussaint Louverture in Haiti und Simon Bolivar in den spanischen Kolonien, sind ausgezeichnet dargestellt in den schon erwähnten Werken von J. R. McNeill, Mann, Sherman, Cliff/Smallman-Raynor und Watts. Außerdem: Billy G. Smith, *Ship of Death. A Voyage That Changed the Atlantic World*, New Haven 2013; Jim Murphy, *An American Plague. The True and Terrifying Story of the Yellow Fever Epidemic of 1793*, New York 2003; J. H. Powell, *Bring Out Your Dead. The Great Plague of Yellow Fever in Philadelphia in 1793*, Philadelphia 1993; Rebecca Earle, »›*A Grave for Europeans*‹? *Disease, Death, and the Spanish-American Revolutions*«, in: *War in History* (3,4/1996), S. 371–383.

KAPITEL 14 UND 15

Zum Krieg von 1812 siehe Alan Taylor, *The Civil War of 1812. American Citizens, British Subjects, Irish Rebels, and Indian Allies*, New York 2010; Walter R. Borneman, *1812. The War That Forged a Nation*, New York 2004; Donald R. Hickey, *The War of 1812. A Forgotten*

Conflict, Champaign 2012. Die schon erwähnten Arbeiten von J. R. McNeill, Petriello wie auch Amy S. Greenberg, *A Wicked War. Polk, Clay, Lincoln, and the 1846 U. S. Invasion of Mexico*, New York 2013, weisen auf die Rolle der Stechmücken im Mexikanisch-Amerikanischen Krieg und der Besiedlung des amerikanischen Westens hin. Andrew McIlwaine Bell, *Mosquito Soldiers. Malaria, Yellow Fever, and the Course of the American Civil War*, Baton Rouge 2010, bietet eine blendende, sorgfältige und gelehrte Darstellung des Zusammenspiels zwischen Mücke, Malaria, Chininversorgung und militärischer Strategie während des Konflikts, das letztlich sowohl zur Emanzipationsproklamation als auch zum Sieg der Union führen sollte. Andere unverzichtbare Quellen zum Amerikanischen Bürgerkrieg sind: Margaret Humphreys, *Marrow of Tragedy. The Health Crisis of the American Civil War*, Baltimore 2013, und *Intensely Human. The Health of the Black Soldier in the American Civil War*, Baltimore 2008; Kathryn Shively Meier, *Nature's Civil War. Common Soldiers and the Environment in 1862 Virginia*, Chapel Hill 2013; Jim Downs, *Sick from Freedom. African-American Illness and Suffering during the Civil War and Reconstruction*, Oxford 2012; Mark S. Schantz, *Awaiting the Heavenly Country. The Civil War and America's Culture of Death*, Ithaca 2008; Frank R. Freemon, *Gangrene and Glory. Medical Care during the American Civil War*, Chicago 2001; Paul E. Steiner, *Disease in the Civil War. Natural Biological Warfare in 1861–1865*, Springfield 1968; John Keegan, *Der amerikanische Bürgerkrieg*, Berlin 2010. Ron Chernow, *Grant*, New York 2017, ist nicht nur eine großartige Biografie, sondern situiert seinen Protagonisten, ebenso wie Abraham Lincoln, im weiteren Kontext und den wandelnden Kriegszielen, bis hin zur Emanzipationsproklamation. Weitere hilfreiche Informationen finden sich bei Mann, McGuire/Coelho, Petriello, Mark Harrison und Cliff/Smallman-Raynor.

KAPITEL 16

Die Ausbreitung der von Stechmücken übertragenen Krankheiten in den Vereinigten Staaten nach dem Bürgerkrieg, einschließlich der Gelbfieberepidemien der 1870er-Jahre, wird detailiert beschrieben bei Webb und Packard; ebenfalls Molly Caldwell Crosby, *The American Plague. The Untold Story of Yellow Fever, the Epidemic That Shaped Our History*, New York 2006; Jeanette Keith, *Fever Season. The Story of a Terrifying Epidemic and the People Who Saved a City*, New York 2012; Khaled J. Bloom, *The Mississippi Valley's Great Yellow Fever Epidemic of 1878*, Baton Rouge 1993; Stephen H. Gehlbach, *American Plagues. Lessons from Our Battles with Disease*, Lanham 2016. Informationen zu den Entdeckungen und Ausrottungsprogrammen von Manson, Laveran, Ross, Grassi, Finley, Reed, Gorgas und anderen sind in einer Vielzahl von Quellen verstreut zu finden, einschließlich deren eigener Veröffentlichungen. Gordon Harrison, *Mosquitoes, Malaria and Man. A History of the Hostilities Since 1880*, New York 1978, bietet einen gründlichen Überblick, ebenso Greer Williams, *The Plague Killers*, New York 1969; James R. Busvine, *Disease Transmission by Insects. Its Discovery and 90 Years of Effort to Prevent It*, New York 1993; Gordon Patterson, *The Mosquito Crusades. A History of the American Anti-Mosquito Movement from the Reed Commission to the First Earth Day*, New Brunswick 2009; James E. McWilliams, *American Pests. The Losing War on Insects from Colonial Times to DDT*, New York 2008; Nancy Leys Stepan, *Eradication. Ridding the World of Diseases Forever?*, Ithaca 2011. Die Bedeutung der von Mücken übertragenen Krankheiten für Kuba und die Philippinen während des Spanisch-Amerikanischen Krieges und während des Baus des Panamakanals findet sich beschrieben bei Ken de Bevoise, *Agents of Apocalypse. Epidemic Disease in the Colonial Philippines*, Princeton 1995; Warwick Anderson, *Colonial Pathologies. American Tropical Medicine, Race, and Hygiene in the Philippines*, Durham 2006; Joseph Smith, *The Spanish-American War. Conflict in the Caribbean and the

Pacific, 1895–1902, New York 1994; Vincent J. Cirillo, *Bullets and Bacilli. The Spanish-American War and Military Medicine*, New Brunswick 1999; Paul S. Sutter, »*Nature's* Agents or Agents of Empire?: Entomological Workers and Environmental Change during the Construction of the Panama Canal«, in: *Isis* 98 (4/2007), S. 724–754. Ebenfalls hilfreich sind: J. R. McNeill, Petriello, Watts, Shah, Cliff/Smallman-Raynor, Rocco und Honigsbaum.

KAPITEL 17

Für das Zeitalter der Weltkriege zu empfehlen: Karen M. Masterson, *The Malaria Project. The U.S. Government's Secret Mission to Find a Miracle Cure*, New York 2014. Außerdem: Leo B. Slater, *War and Disease. Biomedical Research on Malaria in the Twentieth Century*, New Brunswick 2014; Paul F. Russell, *Man's Mastery of Malaria*, London 1955; Snowden, *The Conquest of Malaria*; Emory C. Cushing, *History of Entomology in World War II*, Washington 1957; David Kinkela, *DDT and the American Century. Global Health, Environmental Politics, and the Pesticide That Changed the World*, Chapel Hill 2011; Mark Harrison, *Medicine and Victory. British Military Medicine in the Second World War*, Oxford 2004, und *The Medical War. British Military Medicine in the First World War*, Oxford 2010; Donald Avery, *Pathogens for War. Biological Weapons, Canadian Life Scientists, and North American Biodefence*, Toronto 2013; Anne L. Clunan u. a., *Terrorism, War, or Disease? Unraveling the Use of Biological Weapons*, Stanford 2008; Ute Deichmann, *Biologen unter Hitler. Portrait einer Wissenschaft im NS-Staat*, Frankfurt a. M. 1995; Bernard J. Brabin, »*Malaria's* Contribution to World War One – the Unexpected Adversary«, in: *Malaria Journal* 13 (1/2014), S. 1–22. Die Arbeiten von Gordon Harrison, Stepan, Webb, McWilliams, Petriello, Cliff/Smallman-Raynor halfen beim Aufbau dieser Kapitel. Die Recherchen für mein vorangegangenes Buch, *The First World Oil War*, waren mir für diese Kapitel hilfreich, vor allem was die Nebenschauplätze des Ersten Weltkriegs, den Mittleren Osten, Thessaloniki, Afrika und den Kaukasus als auch den Russischen Bürgerkrieg betraf.

KAPITEL 18 UND 19

Informationen über die Jahrzehnte der Ausrottung in der Nachkriegszeit, den Aufstieg von DDT, Rachel Carsons *Stummen Frühling* und die moderne Umweltbewegung sowie das relativ junge Wiederaufleben der von Mücken übertragenen Krankheiten finden sich in den Veröffentlichungen zahlreicher akademischer Bereiche und den Massenmedien. Im Allgemeinen beruhen die Kapitel auf den schon erwähnten Arbeiten von Slater, Masterson, Stepan, McWilliams, Spielman/D'Antonio, Packard, Cliff/Smallman-Raynor, Webb, Patterson, Kinkela, Russell und Shah. Außerdem auf Alex Perry, *Lifeblood. How to Change the World One Dead Mosquito at a Time*, New York 2011; Kenneth J. Arrow u. a. (Hg.), *Saving Lives, Buying Time. Economics of Malaria Drugs in an Age of Resistance*, Washington 2004; Susan D. Moeller, *Compassion Fatigue. How the Media Sell Disease, Famine, War and Death*, New York 1999; Mark Harrison, *Contagion. How Commerce Has Spread Disease*. New Haven 2012; und den Veröffentlichungen der WHO, der CDC und der Gates Foundation. Für den Ausbruch des West-Nil-Fiebers in New York 1990 siehe: Zimmerman/Zimmerman, *Killer Germs*; Sonia Shah, *Pandemic. Tracking Contagions, from Cholera to Ebola and Beyond*, New York 2016; Madeline Drexler, *Secret Agents. The Menace of Emerging Infections*, New York 2003; sowie die zahlreichen Veröffentlichungen des CDC. Angesichts des jüngsten Aufkommens der CRISPR-Technologie waren Artikel in Magazinen und Zeitungen von entscheidender Hilfe, um eine Analyse unseres aktuellen und anhaltenden Krieges gegen die Mücke und unserer Versuche, bestimmte Mückenarten auszurotten, zu erstellen. Wissenschaftliche Zeitschriften und Magazine, darunter

Economist, Science, National Geographic, Nature and Discover sowie Veröffentlichungen und Pressemitteilungen der WHO, der CDC und der Gates Foundation lieferten wichtige und aktuelle Informationen zu den laufenden Malaria-Impfstoffprojekten und der sich weiterentwickelnden Verwendung von CRISPR. Hierzu auch Jennifer Doudna und Samuel Sternberg, *A Crack in Creation. The New Power to Control Evolution*, New York 2018; James Kozubek, *Modern Prometheus. Editing the Human Genome with CRISPR-CAS9*, Cambridge 2016. Dank der erschütternden und ungeahnten Fähigkeiten erwarte ich in naher Zukunft eine wahre Flut von Sachbüchern (sowie apokalyptische und dystopische Belletristikbücher) zum Thema CRISPR.

ANMERKUNGEN

EINLEITUNG

1 Für diesen Zeitraum reichen die jährlichen Todeszahlen bei von Stechmücken übertragenen Krankheiten von einer bis drei Millionen. Meist einigt man sich auf zwei Millionen.

2 Diese Schätzungen und Hochrechnungen basieren auf folgenden Faktoren und wissenschaftlichen Modellen: Herkunft und Lebensdauer von sowohl *Homo sapiens* als auch von durch Stechmücken übertragenen Krankheiten in Afrika; Zeitrahmen und Migrationsmuster von Menschen, Stechmücken und von Stechmücken übertragener Krankheiten außerhalb Afrikas; erstes Auftreten und Entwicklung zahlreicher ererbter Abwehrkräfte gegen bestimmte Formen von Malaria; historische Sterbezahlen in Bezug auf von Stechmücken übertragene Krankheiten; menschliches Bevölkerungswachstum und Demografie; historische Phasen natürlichen Klimawandels und globale Temperaturschwankungen; sonstige Betrachtungen und Faktoren.

KAPITEL 1

3 Aus diesem Grund können Stechmücken weder HIV noch andere über das Blut übertragene Viren verbreiten. Die Stechmücke injiziert lediglich Speichel, der kein HIV enthalten kann, und zwar durch eine separate Röhre, über die kein Blut aufgenommen wird. Bei ihrem Stich wird kein Blut übertragen.

4 Das großartige Drei-Minuten-Video von PBS Deep Look bietet eine Nahaufnahme und eine Erläuterung eines Mückenstichs: https://www.youtube.com/watch?v=rD8SmacBUcU [zuletzt eingesehen am 01.03.2020]. Es lohnt sich, den Film anzusehen.

5 Neuere Studien besagen, dass die Aedesmücke möglicherweise lernt, eine Wiederholung unangenehmer Zwischenfälle – etwa das knappe Entgehen einer Fliegenklatsche – bis zu 24 Stunden lang zu vermeiden. Dieser Überlebensmechanismus verringert die Wahrscheinlichkeit eines weiteren Stiches.

6 Man schätzt, dass es etwa eine Billion Spezies von Mikroben auf unserem Planeten gibt, was bedeutet, dass 99,999 Prozent noch nicht bekannt sind.

7 Im Gegensatz zu den Bakterien sind Viren keine Zellen, sondern eine Ansammlung von Molekülen und genetischen Verbindungen. Viren gelten nicht als »lebendig« im eigentlichen Sinne, weil ihnen drei grundlegende Eigenschaften fehlen, nach denen man lebende Organismen definiert. Sie können sich nicht ohne Hilfe einer Wirtszelle fortpflanzen. Sie kapern das reproduktive Werkzeug einer Wirtszelle und bringen diese dazu, ihren eigenen viralen Code zu »fotokopieren«. Viren können sich auch nicht durch Zellteilung vermehren. Schließlich besitzen sie auch keinerlei Stoffwechsel, was bedeutet, dass sie keine Energie aufnehmen müssen, um zu überleben. Angesichts der Tatsache, dass sie bei der Fortpflanzung auf einen Wirt angewiesen sind, tangieren sie praktisch jede Lebensform der Erde.

8 Ob sie mit einziehbarer, faltenbildender Haut auf dem Rücken ausgestattet waren wie unsere heutigen, runzligen Elefanten, ist Gegenstand wissenschaftlicher Spekulation. Wenn sich ein Schwarm Mücken auf der weichen Haut eines Elefanten niederlässt, zieht sich diese plötzlich wie ein Akkordeon zusammen und zerquetscht die nichts ahnenden Mücken. Elefanten können ihren Rücken nicht mit Rüssel oder Schwanz erreichen, doch die geniale evolutionäre Anpassung löst dieses Problem.

9 Menschen und Schimpansen weisen derzeit eine 99,4-prozentige Ähnlichkeit bei nicht synonymer oder »funktionswichtiger« DNS auf und sind zehnmal enger verwandt als beispielsweise Mäuse und Ratten. Angesichts dieser genetischen Verwandtschaft haben einige Wissenschaftler argumentiert, dass die beiden lebenden Spezies der Schimpansen (der Bonobo und der Gemeine Schimpanse) zur Gattung Homo gehören, welche momentan nur der moderne Mensch für sich beansprucht.

10 Diese und andere hier genannte Daten werden kontrovers diskutiert. Für unsere Zwecke genügt es, wenn wir uns statt auf absolute Daten auf die Chronologie und relative Zeitfenster beschränken.

11 Die Wissenschaft streitet immer noch über das erste Auftreten von Gelbfieber auf dem amerikanischen Kontinent, welches manche bereits auf das Jahr 1616 datieren.

KAPITEL 2

12 Das berühmte, etwa 3,2 Millionen Jahre alte vormenschliche Skelett Lucy erhielt seinen Namen von dem Beatles-Song »Lucy in the Sky with Diamonds« (1967), der 1974 am Tag des Fundes im nordostafrikanischen Afar-Dreieck durch Donald Johanson in Endlosschleife lief.

13 Der Begriff *survival of the fittest* (korrekt: Überleben der am besten angepassten Individuen) wird meist – und fälschlich – Charles Darwin zugeschrieben, geht jedoch zurück auf den englischen Biologen und Anthropologen Herbert Spencer, der ihn in seinem 1864 erschienenen Buch *Principles of Biology* erstmals verwendet und prägt, nachdem er sich mit Darwins *Über die Entstehung der Arten* (1859) befasst hat. In der fünften Auflage seines Buches borgt Darwin 1869 den Begriff von Spencer.

14 Die Fiebernamen wurzeln in der römischen Praxis, bei Tag eins zu beginnen, nicht bei Tag null. Zum Beispiel bedeutet *tertian* zwei Tage, wenngleich er die Zahl drei darstellt; *quartana* heißt eigentlich vier, gemeint aber ist hier die drei.

15 Es wurde vermutet, dass König Tut einer inzestuösen Geschwisterbeziehung entstammte, die zahlreiche angeborene Defekte wie etwa einen Klumpfuß verursachte. Für den ägyptischen Adel war es nichts Ungewöhnliches, Geschwister oder sogar deren Kinder zu heiraten. So war Kleopatra Ehefrau, Schwester und Mitherrscherin ihrer beiden adoleszenten Brüder Ptolemäus XIII. und Ptolemäus XIV. Von den 15 Ehen der ptolemäischen Herrschaft bestanden zehn zwischen Geschwistern und zwei mit einer Nichte oder einer Cousine.

16 Sokrates war den athenischen Bürgern und der Elite des Stadtstaats mit seiner hartnäckigen Fragerei so lästig, dass er sich selbst den Spitznamen »Stechfliege« oder »Bremse« gab. Die Stechfliege steht hier als Gattungsbezeichnung für ein sirrendes, blutsaugendes Insekt.

17 Auf dem Kyros-Zylinder, einer 1850 gefundenen Backsteininschrift, ist eine Proklamation zum Wiederaufbau der Tempel und Kultstätten überliefert, außerdem wird die Wiedereingliederung der Vertriebenen in ihre Heimat verkündet, einschließlich der Juden, die Kyros aus der babylonischen Gefangenschaft befreite, wie im Buch Esra dargelegt wird. Kyros wird in der Bibel 23 Mal erwähnt und wird als einziger Nichtjude mit dem Messias verglichen. Er starb 530 v. Chr. in einer Schlacht in der kasachischen Steppe. Sein Leichnam wurde in seine geliebte Hauptstadt zurückgebracht und in einem bescheidenen Grabmal aus Kalkstein beigesetzt. Es ist bis heute erhalten und mittlerweile als Weltkulturerbe der Vereinten Nationen anerkannt. Kyros gilt als einer der bedeutendsten und berühmtesten Herrscher der Geschichte und hat den Beinamen »der Große« wirklich verdient.

18 Angesichts von Alexanders launischem Verhalten gegen Ende seines Lebens gibt es auch die These (die sich jedoch nie schlüssig nachweisen lassen wird), dass er aufgrund der vielen Schädeltraumata, die er sich in Schlachten zugezogen hatte, an einer chronisch-traumatischen Enzephalopathie (CTE) litt. Als man in jüngster Zeit Gehirnerschütterungen im Profisport, vor allem beim American Football und Eishockey, genauer untersuchte, stellte man fest, dass Alexanders Verhalten dem früherer Profisportler ähnelt, die an CTE leiden.
19 Die Selbstmorde von Marcus Antonius und Kleopatra wurden von Shakespeare in seiner Tragödie *Antonius und Cleopatra* verewigt. Marcus Antonius stürzte sich im Glauben, dass Kleopatra bereits tot sei, 30 v. Chr. in sein Schwert. Als er erfuhr, dass sie noch lebte, ließ er sich zu ihr bringen, um in ihren Armen zu sterben. Die trauernde Kleopatra reizte eine Giftschlange, bis diese sie mehrfach biss, und beging so Selbstmord.

KAPITEL 4

20 Es ist nicht sicher, ob die Kriegselefanten die felsige Alpenüberquerung überhaupt überlebten und wenn ja, wie viele.
21 Die Zahl der römischen Opfer in der Schlacht von Cannae ist bei Historikern umstritten. Die Schätzungen reichen von 18 000 bis 75 000 Soldaten (von insgesamt 86 000), die direkt in der Schlacht ums Leben kamen. Die meisten Schätzungen liegen bei 45 000 bis 55 000 Toten.
22 Während der großen Pestepidemie in London (1665/66), bei der die Beulenpest ein Viertel der Stadtbevölkerung in nur 18 Monaten dahinraffte, glaubten die Bewohner ebenfalls an die Kraft dieses Zauberspruchs und schrieben ihn über ihre Tür, um die Krankheit abzuhalten.
23 Eine von Kyle Harper vorgenommene Bestandsaufnahme der Stadt Rom im 4. Jahrhundert listet unter anderem auf: 28 Bibliotheken, 19 Aquädukte, 423 Wohnviertel, 46 602 mehrstöckige Mietshäuser, 1790 Atriumshäuser, 290 Getreidespeicher, 254 Bäckereien, 856 öffentliche Bäder, 1352 Zisternen und Brunnen und 46 Bordelle. Die 144 öffentlichen Latrinen produzierten über 45 000 Kilogramm an menschlichen Exkrementen pro Tag!

KAPITEL 5

24 In der Planungsphase des Überfalls der Wehrmacht lautete der Codename »Otto« nach dem deutschen Kaiser Otto I. Im Dezember 1940 wurde die Operation umbenannt.

25 So setzte sich etwa auch noch im Jahr 1865 die Gesamtbevölkerung Jerusalems mit ihren etwa 16 500 Einwohnern zusammen aus 7200 Juden, 5800 Muslimen, 3400 Christen und 100 »anderen«.

26 Mongolische Krieger verfügten stets über frische Pferde, da jeder Soldat drei oder vier eigene Tiere besaß.

27 Das persönliche Reisebordell von Dschingis Khan umfasste mehrere Tausend Frauen. Mit der Eroberung neuer Gebiete nahm er neue Frauen gefangen und ließ andere gehen. Dadurch verbreitete er seine DNS über den halben Globus.

28 Insgesamt starben im Laufe der Zeit etwa 52 Milliarden Menschen an Krankheiten, die von Stechmücken übertragen wurden; in den Jahrhunderten nach Kolumbus fielen 95 Millionen indigener Menschen den aus Europa eingeschleppten Krankheiten zum Opfer. Beide Ziffern beziehen sich jedoch nicht auf einzelne Epidemien, sondern auf endemische Langzeitinfektionen mit sporadischen Epidemien.

KAPITEL 7

29 Wie alle Kulturen der Welt besitzt auch die Urbevölkerung Amerikas eigene Schöpfungsgeschichten und mündliche Überlieferungen, welche ich hier keinesfalls herabwürdigen oder geringschätzen möchte.

30 Der Originaltitel von Jared Diamonds bekanntem Buch *Arm und Reich* lautet *Guns, Germs, and Steel. The Fates of Human Society*.

31 Ponce de Leons angebliche Suche nach dem Jungbrunnen in Florida ist ein interessantes und farbenfrohes Märchen, das freilich jeder realen Grundlage entbehrt.

32 Sir Thomas More (1478–1535) war ein englischer Philosoph, Humanist, Autor und Beamter der Renaissance. Als Katholik war er ein Gegner der Reformation. Obwohl er Großkanzler von England und einer der wichtigsten Berater König Heinrichs VIII. war, weigerte er sich, diesen als Führer der neuen anglikanischen Kirche zu bestätigen oder den 1534 erlassenen Act of Supremacy zu unterstützen. Als er sich weigerte, Heinrich den Lehenseid zu leisten, welchen er als Verstoß gegen die Magna Carta betrachtete, wurde er wegen Hochverrats angeklagt und 1535 im Tower von London

enthauptet. Vierhundert Jahre später, 1935, wurde er von der katholischen Kirche heiliggesprochen.

33 Die Aboriginals in Australien und die neuseeländischen Maori wurden ebenfalls Opfer eingeschleppter Krankheiten. Von einer Bevölkerung von schätzungsweise einer halben Million Menschen vor dem Kontakt mit Europäern waren 1920 noch rund 75 000 Aboriginals übrig. Ähnliches gilt für Neuseeland: Als James Cook 1769 dort landete, belief sich die Bevölkerung der Maori auf 100 000 bis 120 000 Menschen, ging jedoch bis 1891 auf 44 000 zurück. Malaria und Dengue wurden in den 1840er-Jahren von Händlern aus Malaysia nach Australien eingeschleppt, das seit dem letzten großen Ausbruch im Northern Territory 1962 übrigens malariafrei ist. Dengue, mit dem sich weltweit etwa 400 Millionen Menschen jährlich infizieren, hat im letzten Jahrzehnt eine besorgniserregende Wiederkehr erlebt. In Australien und Papua-Neuguinea gibt es zudem einzigartige, wenngleich seltene und in aller Regel nicht lebensbedrohliche Viren wie die Murray-Valley-Enzephalitis und das Ross-River-Virus.

34 Die Einschleppung von Seuchen war eine Einbahnstraße von der Alten Welt in die Neue Welt – mit einer Ausnahme vielleicht. Die Syphilis, wenngleich nicht geschlechtlich in den ursprünglichen amerikanischen Bakterienstämmen von Frambösie und Pinta, könnte mit Kolumbus nach Europa gelangt sein. Der erste Ausbruch auf europäischem Boden wurde 1494 in Neapel verzeichnet, kurz nach Kolumbus' Rückkehr von seiner ersten Reise. Die Frage, ob hier ein Zusammenhang besteht, wird immer noch heiß diskutiert und ist Gegenstand fortlaufender wissenschaftlicher Forschung. Innerhalb von nur fünf Jahren bahnte sich die Seuche klammheimlich einen Weg durch ganz Europa, wobei jede Nation ihren jeweiligen Nachbarn beschuldigte. Im Jahr 1826 verbannte Papst Leo XII. das Kondom, weil es verkommene Menschen davor bewahrte, sich mit Syphilis anzustecken, die er als notwendige und göttliche Strafe für Unmoral und sexuelle Übertritte betrachtete.

35 Im Jahr 1890 war der Gesamtbestand an Bisons in Nordamerika absichtlich auf 1 100 Tiere reduziert worden. Die amerikanische Regierung genehmigte und förderte die systematische Ausrottung, um die indigenen Prärievölker, insbesondere die Sioux, auszuhungern und zur Umsiedlung in Reservate zu zwingen.

36 Derzeit sind etwa 35 Prozent aller in den USA konsumierten Lebensmittel von der Bestäubung durch Bienen abhängig. Je nach Region sind mittlerweile 30 bis 70 Prozent der Populationen einem seltsamen Bienensterben zum Opfer gefallen, das als Colony Collapse Disorder bezeichnet wird und das Überleben dieser wichtigen Insekten gefährdet. Kürzlich wurde eine bemerkenswerte Marketingkampagne zum Schutz der Honigbiene und zur

Förderung bienenfreundlicher Umgebungen ins Leben gerufen. Vor einiger Zeit kaufte ich eine Packung Honey Nut Cheerios, die mit einer Packung Samen warb: »Holt die Bienen zurück!« Mein insektenfreundlicher Sohn drängte seine Mutter und mich (und half mit), unseren Garten möglichst bienenfreundlich zu gestalten.

KAPITEL 8

37 Der Merkantilismus war ein Wirtschaftssystem, das zwischen dem 16. und 18. Jahrhundert von den modernisierten Ländern Europas praktiziert wurde. Es sollte die Gewinne des imperialistischen Mutterlands maximieren. In den überseeischen Kolonien wurden natürliche Ressourcen wie Zucker, Tabak, Gold und Silber mittels afrikanischer Sklaven ausgebeutet. Diese Rohstoffe wurden ins Mutterland verschifft und dort zu Gütern weiterverarbeitet, die sowohl für weitere afrikanische Sklaven eingehandelt als auch zu überhöhten Preisen wieder an die Bevölkerungen der Kolonien verkauft wurden. Eine größere Anzahl von Kolonien erhöhte nicht nur die Verfügbarkeit von Ressourcen, sondern vergrößerte angesichts des Export-Import-Monopols der jeweiligen europäischen Macht auch die Absatzmärkte für die dort hergestellten Produkte. Das merkantilistische Ungleichgewicht zwischen Mutterland und Kolonie war ein Grund für die Revolutionen und Unabhängigkeitsbestrebungen, die Ende des 18. und im 19. Jahrhundert Amerika erfassten, darunter auch die Vereinigten Staaten.

38 Bedenkt man, welche Verheerung die Europäer und ihre Krankheiten durch ihre kolonialen Siedlergesellschaften über die Ureinwohner Amerikas, Neuseelands, Australiens und Afrikas brachten, lässt sich kaum behaupten, dass der kolumbianische Austausch auch nur den geringsten Vorteil für indigene Völker bot. Ein einziges, wenigstens etwas tröstliches Beispiel ist die Übernahme einer alles verändernden Reiterkultur durch die Völker der nordamerikanischen Prärien. Die Ureinwohner Kanadas und der Vereinigten Staaten wurden nach der Einführung des Pferdes durch die Spanier rasch zu berittenen Gesellschaften, die einen Lebensstil zu Pferde pflegten.

39 Das Drehbuch für Francis Ford Coppolas Film *Apocalypse Now* von 1979 basierte direkt auf Conrads Buch. Aus Leopolds Kongo wurden im Kino Vietnam und Kambodscha während des Vietnamkriegs.

40 Der rassistische Begriff *coon* (etwa: »Nigger«) leitet sich vom Wort *barracoon* ab.

41 Charleston war zudem der wichtigste Hafen für die Ausfuhr indigener Sklaven. Zwischen 1670 und 1720 wurden mehr als 50 000 indigene Sklaven von Charleston aus zu Plantagen in die Karibik gebracht.

42 Plymouth war nicht die erste englische Ansiedlung in Neuengland. Diese Ehre gebührt Fort St. George in Popham, Maine, das im Jahr 1607 einige Monate nach Jamestown gegründet wurde. Davor wurde im Jahr 1602 auf Cuttyhunk Island, Massachusetts, ein kleiner englischer Außenposten errichtet, um die Früchte des Sassafrasbaums zu ernten. Dessen Wurzelrinde ist zwar mittlerweile die Hauptzutat für traditionelles Root Beer, doch damals schrieb man dem Kraut des Baums heilende Kräfte bei Tripper und Syphilis zu. Nach Kolumbus' Reisen entstand in Europa eine wachsende und profitable Nachfrage nach Sassafras. Beide genannten Kolonien wurden innerhalb eines Jahres aufgegeben.

KAPITEL 9

43 Der Begriff *Kanata* stammt aus der Sprache der Irokesen und bedeutet Siedlung oder Dorf. Jacques Cartier verstand den Begriff als Bezeichnung für die gesamte Region, die er *le pays des Canadas* (»Land der Kanadas«) nannte.
44 Allgemein wird Heinrich VIII. als übergewichtiger, lasterhafter und wahnsinniger Monarch dargestellt, doch das trifft nicht ganz zu. Als junger Mann war Heinrich ungemein attraktiv, großgewachsen und gutgebaut. Er war intelligent, sprach mehrere Sprachen und war ein hoffnungsloser Romantiker. Außerdem war er ein guter Sportler und talentierter Musiker. Ein echter Renaissancemensch. Aufgrund der abrupten Veränderungen in Heinrichs Verhalten und des massiven körperlichen und geistigen Verfalls ab 1536 nimmt man heute an, dass er wie Alexander der Große unter Chronisch-traumatischer Enzephalopathie (CTE) litt, die auf wiederholte Gehirnerschütterungen und Stöße bei Turnierkämpfen zurückzuführen wäre. Heinrich starb 1547 krankhaft verfettet mit nur 25 Jahren.
45 Andere häufige Mittel zur Insektenabwehr bei indigenen Völkern waren neben Rauch Lotionen aus tierischem Schmalz, idealerweise Bärenfett. Ocker diente zudem als natürlicher Sonnenschutz.
46 Neufundland wurde 1907 ein eigenständiges Dominion innerhalb des Britischen Empire, 1949 schloss sich die Insel als letzte territoriale Ergänzung Kanada an.
47 Biber (die eigentlich große Nagetiere sind) können bis zu 45 Kilogramm wiegen und leben in kuppelförmigen Biberburgen, deren Eingänge unter Wasser liegen. Dafür stauen sie Gewässer mit Bäumen, Schlamm und Steinen und schaffen ein Labyrinth kleinerer Kanäle und Sümpfe. Ein Fluss- oder Bachabschnitt kann auf einer Länge von 1,6 Kilometern bis zu 20 Dämme aufweisen. Der größte bekannte Biberdamm ist fast einen Kilometer lang

und befindet sich in Alberta im nordwestlichen Kanada. Bei der Ankunft der Engländer in Jamestown war eine Fläche von 890 000 Quadratkilometern in den USA mit Sümpfen bedeckt, das entspricht mehr als der doppelten Fläche von heute, einschließlich Alaska.

48 Die mangelnde Eignung und die Trägheit der Siedler zeigt sich auch darin, dass sie zwei Jahre benötigten, um die naheliegende Lösung für das Problem zu finden – einen Brunnen zu graben.

49 Matoaka wurde auf dem Friedhof der Gemeinde von St. George in Gravesend begraben. Der genaue Ort ihrer letzten Ruhestätte ist heute nicht mehr bekannt, weil die Kirche 1727 bei einem Feuer zerstört und anschließend wiederaufgebaut wurde. Zu ihrem Andenken und in Erinnerung an ihr unbekanntes Grab wurde im Kirchgarten eine lebensgroße Statue errichtet. Über ihren Sohn Thomas und seine direkten Nachkommen gibt es heute mehrere Hundert lebende Nachfahren von Pocahontas.

50 Der Vertrag verlangte, dass Indianer eine Identifikationsmarke trugen, wenn sie ihr Reservat verließen, was sehr an die *Pass Laws* (»Passgesetze«) zur Rassentrennung Ende des 19. Jahrhunderts in den USA und in Kanada sowie in Südafrika während der Apartheid erinnert.

KAPITEL 10

51 Bei kleineren, weniger wertvollen und nur schwach befestigten Inseln wie St. Lucia und St. Kitts war das anders. Sie waren leichte Ziele und wechselten immer wieder den Besitzer. So ging St. Lucia zwischen 1651 und 1814 insgesamt 14 Mal zwischen Engländern und Franzosen hin und her, weil die Insel immer wieder erobert und zurückerobert wurde.

52 Es gibt Hinweise darauf, dass das Denguefieber durch afrikanische Sklaven und/oder Stechmücken 1635 nach Martinique und Guadeloupe eingeschleppt wurde, zwölf Jahre vor dem ersten dokumentierten Fall von Gelbfieber in Nord- und Südamerika. Zudem finden sich Hinweise für eine Dengueepidemie 1699 in Panama.

53 Man mag es kaum glauben, doch Paterson versuchte gleich nach seiner Rückkehr aus Panama, weitere Investoren davon zu überzeugen, 1701 eine dritte Expedition nach Darién zu finanzieren.

54 Der erste dokumentierte Hinweis auf den Felsen als Landungsstätte der *Mayflower* findet sich für das Jahr 1741 (121 Jahre nach Ankunft der Puritaner). Die beiden verlässlichsten Zeitzeugenberichte zur Gründung der Kolonie von Plymouth, die von Edward Winslow und William Bradford, erwähnen den Felsen nicht. Der Bestsellerautor Bill Bryson bemerkt spöt-

tisch: »Man kann mit Sicherheit davon ausgehen, dass die Pilgerväter garantiert nicht am Plymouth Rock an Land gingen.«

55 Tatsächlich entschieden sich neben Maryland noch vier andere Sklavenstaaten gegen eine Abspaltung von der Union und kämpften im Bürgerkrieg auf der Seite der Nordstaaten: Missouri, Kentucky, West Virginia und Delaware.

56 Simcoe war von 1791 bis 1796 der erste Gouverneur der Provinz Upper Canada. Er gründete die Stadt York (das heutige Toronto), etablierte ein Gerichtswesen auf Grundlage des englischen Gewohnheitsrechts, führte Geschworenenverfahren ein, ermöglichte freies Grundeigentum, wandte sich gegen Rassendiskriminierung und schaffte die Sklaverei ab. Von vielen Kanadiern wird er als Gründungsvater verehrt und gefeiert, nach ihm sind viele Straßen, Städte, Parks, Gebäude, Seen und Schulen im ganzen Land benannt. Die irreguläre Rangerkompanie, die er im amerikanischen Unabhängigkeitskrieg befehligte, existiert heute als Queen's York Rangers weiter, ein bewaffnetes Aufklärungsregiment der kanadischen Streitkräfte.

KAPITEL 11

57 Der Name für das Getränk »Grog« wird »Old Grog« Vernon zugeschrieben (abgeleitet von dessen Umhang aus *Grogram*), der die Schiffsration Rum verdünnen ließ. Ursprünglich bestand Grog aus Wasser, Rum und Zitronensaft und diente zur Vorbeugung gegen Skorbut.

58 Einer der bekanntesten Häftlinge war Alfred Dreyfus, der im Rahmen der berüchtigten antisemitischen »Affäre Dreyfus« 1895 des Hochverrats bezichtigt wurde, weil er angeblich Militärgeheimnisse an die Deutschen verraten hatte. Ein anderer war Henri Charriere, der in den 1930er-Jahren wegen Mordes auf der Teufelsinsel einsaß. Sein Buch *Papillon*, in welchem er seine Erlebnisse und die unmenschlichen Methoden der Strafkolonie detailliert schildert, erschien 1969. Mit Steve McQueen und Dustin Hoffman in den Hauptrollen wurde es 1973 zu einem Kassenschlager im Kino. In dem Hollywoodremake gleichen Namens aus dem Jahr 2018 sind Charlie Hunnam und Rami Malek zu sehen. Eine historische Analyse von Charrieres »Erinnerungen« entlarvte fast alles, was er geschrieben hatte, als Lügen. Heute gilt sein Werk als großteils fiktional oder bestenfalls stark ausgeschmückt und basierend auf den Erlebnissen anderer, ganz ähnlich wie Marco Polos *Wunder der Welt*.

59 Die Kolonialsteuern unterschieden sich regional. In Massachusetts etwa betrugen sie 5,4 Mal, in Pennsylvania hingegen volle 35,8 Mal weniger als die im Mutterland England erhobenen Steuern.

60 Lind war der Erste, der durch klinische Versuche schlüssig nachweisen konnte, dass Zitrusfrüchte Skorbut vorbeugten und heilten. Er war auch der Erste, der vorschlug, durch Destillation von Meerwasser Trinkwasser zu gewinnen. Seine Erkenntnisse bewirkten eine enorme Verbesserung der Gesundheit und der Lebensqualität britischer Seeleute.

KAPITEL 12

61 Es ist bekannt, dass acht amerikanische Präsidenten an Malaria litten: Washington, Lincoln, Monroe, Jackson, Grant, Garfield, T. Roosevelt und Kennedy.
62 Georgia, die jüngste der 13 Kolonien, schickte aus Furcht, die Briten zu verärgern, keine Abgesandten. Die Bevölkerung brauchte die Unterstützung britischer Soldaten, die versuchten, den Widerstand der Cherokee und der Creek niederzuschlagen, die sich der kolonialen Expansion heftig widersetzten.
63 Die Wurzeln dieses Konzepts reichen zurück bis zu den Fabeln Äsops um das Jahr 600 v. Chr. Auch im Markusevangelium wird darauf verwiesen: »Und wenn ein Haus mit sich selbst uneins wird, kann es nicht bestehen.« Lincoln interpretierte diese Passage 1858 in den Lincoln-Douglas-Debatten. Kulturen auf der ganzen Welt haben ähnliche Grundsätze, von der Konföderation der Irokesen über die Mongolen bis hin zum russischen Märchen »Die kleine rote Henne«.
64 Benjamin Rush war behandelnder Arzt in Philadelphia. Er beschrieb die Symptome der Seuche als »Knochenbrecherfieber«, heute ein weit verbreiteter Spitzname oder gar Synonym für Dengue.

KAPITEL 13

65 Die Malaria war im Haushalt Washington ein häufiger Gast. Im Juli 1783, kurz vor der Ratifizierung des Pariser Friedens, durch den die amerikanische Unabhängigkeit international anerkannt wurde, erkrankte Martha Washington schwer an Malaria. George berichtete seinem Neffen: »Sie hatte drei Anfälle von Wechselfieber und ist immer noch sehr krank – wenigstens ließ sich der letzte gestern durch eine reiche Gabe der Rinde etwas lindern – sie ist nicht in der Lage, Dir zu schreiben.«
66 Zwischen Revolutionen und dem illegalen Schmuggel von Drogen und anderen Waren besteht immer noch eine starke Verbindung. Man denke nur

an die Schlafmohnproduktion in Afghanistan und die Taliban/al-Qaida, an das Kokain und die maoistischen Revolutionen in Südamerika oder an das erbeutete Erdöl im Falle des IS, von Boko Haram in Nigeria und al-Shabaab in Somalia.
67 Ironie der Geschichte: Vor Napoleons letztem Exil, der Insel St. Helena im Südatlantik, wo er 1821 starb, patrouillierte der britische Kreuzer *HMS Musquito*.

KAPITEL 14

68 William Henry Harrison, der im Jahr 1840 zum Präsidenten gewählt wurde, starb nach nur 32 Tagen im Amt vermutlich an Typhus.
69 Jacksons Papagei Poll musste vom Staatsbegräbnis entfernt werden, weil er unablässig Obszönitäten krächzte, die er zweifellos von seinem verstorbenen Herrn gelernt hatte.
70 Allein der zweite Seminolenkrieg (1835–1842) kostete den amerikanischen Steuerzahler satte 40 Millionen Dollar, eine für die damalige Zeit ungeheure Summe.
71 Im Jahr 1835 heiratete Leutnant Jefferson Davis Sarah, die Tochter seines befehlshabenden Offiziers, General Zachary Taylor. Drei Monate nach der Hochzeit erkrankten sie während eines Besuchs ihrer Familie in Louisiana beide an Malaria. Sarah überlebte nicht.
72 In derselben Zeit infizierten sich Schätzungen zufolge zwischen 500 000 und 600 000 Menschen mit Gelbfieber, sodass sich eine Sterblichkeitsziffer von insgesamt 25 bis 30 Prozent ergibt.

KAPITEL 15

73 Später stellte sich heraus, dass von Frau Bixbys fünf Söhnen zwei den Krieg überlebt hatten, zwei gefallen waren und einer vermutlich in Kriegsgefangenschaft verstorben war.
74 Nach einem Sieg in der zweiten Schlacht von Bull Run drang Lee in den Norden vor und traf am 17. September 1862 in Antietam Creek in der Nähe von Sharpsburg, Maryland, mit Unionstruppen zusammen. Obwohl die Schlacht eigentlich unentschieden ausging, wurde sie als Sieg für die Union verkauft, da sich Lees Streitkräfte wieder nach Virginia zurückzogen. Am einzigen Tag der Schlacht gab es insgesamt fast 23 000 Verluste, davon 3700 Tote (weitere 4000 starben später an ihren Verletzungen).

Antietam ist bis heute die blutigste eintägige Schlacht der amerikanischen Geschichte.
75 Die am 22. September 1862 verfasste Proklamation galt nur für Sklaven im Gebiet der Konföderation und umfasste somit nicht die Sklavenstaaten Delaware, Maryland, Kentucky, Missouri und Tennessee, die zuvor von Unionstruppen besetzt worden waren.
76 Grant war etwas über 1,70 Meter groß und wog um die 68 Kilo, wohingegen Lincoln 1,90 Meter maß und 90 Kilo auf die Waage brachte.
77 Der Kommandant von Andersonville, Hauptmann Henry Wirz, wurde im November 1865 wegen Kriegsverbrechen hingerichtet.

KAPITEL 16

78 Die Monroe-Doktrin, die sich gegen weitere Kolonialisierungsbestrebungen der europäischen Staaten in Nord- und Lateinamerika wandte, um den USA ein Handelsmonopol in der westlichen Hemisphäre zu sichern, wurde von Monroes Außenminister John Quincy Adams formuliert.
79 Der eigentliche Grund für die Explosion, ein unbemerkter Heizkesselbrand, der auf das Munitionslager übergriff, wurde erst viele Jahre später bekannt gegeben.
80 Daher der Begriff *Pasteurisierung* für die Abtötung von Keimen in Flüssigkeiten und Lebensmitteln und der Produktname *Listerine* für antiseptische Mundspüllösungen.
81 King saß am 14. April 1865 im Publikum, als John Wilkes Booth im Ford Theatre auf Abraham Lincoln schoss. King war einer der ersten Ärzte, die sich um den sterbenden Präsidenten bemühten und ihn ins Petersen House brachten, ein Privathaus direkt gegenüber vom Theater, wo der Präsident am nächsten Morgen starb.
82 1915 sollten Tesla und Edison gemeinsam den Nobelpreis erhalten. Als sich beide hartnäckig weigerten, den Preis mit dem anderen zu teilen, wurde er stattdessen dem Vater-Sohn-Team William und Lawrence Bragg für ihre Forschung auf dem Gebiet der Radiologie verliehen, wo Tesla ebenfalls Pionierarbeit geleistet hatte.
83 Die Entsendung von Seeleuten im Jahr 1801 unter Präsident Jefferson (und 1815 erneut unter Präsident Madison) während der beiden kurzen Barbareskenkriege gegen nordafrikanische osmanische Piraten wurde hier beiseite gelassen.
84 Diese schwer erkämpfte Unabhängigkeit erfolgte erst nach dem Zweiten Weltkrieg, in dessen Verlauf die Inselgruppe den Einmarsch der Japaner 1942

und den Rückzug der Amerikaner, eine schwere japanische Besatzungszeit und eine erneute Invasion durch die Amerikaner 1944 durchmachen musste.

85 Reeds Testpersonen wurden bezahlt und über die Risiken aufgeklärt. Zum ersten Mal in der Medizingeschichte hatten sie auch Einverständniserklärungen unterzeichnet, die sich als richtungsweisend für die allgemeine rechtliche Verwendung derartiger Dokumente erwiesen.

86 Finlay war zwar mehrfach für den Nobelpreis nominiert, erhielt die prestigeträchtige Auszeichnung jedoch nie.

87 Die USA behielten die Kontrolle über den Kanal bis 1977, anschließend wurde der Kanal von den USA und Panama gemeinsam verwaltet, bis die Hoheitsrechte 1999 vollständig auf Panama übergingen.

KAPITEL 17

88 So wurden etwa die Briten und Franzosen, die an der Mazedonischen Front oder Salonikifront gegen die Bulgaren kämpften, schwer von Malaria geplagt. »Bedaure, meine Armee liegt mit Malaria im Krankenhaus«, antwortete ein französischer Kommandeur auf den Befehl zum Angriff im Oktober 1915. »Mit nichts kann man auch nichts bewirken.« Etwa 50 Prozent der dort eingesetzten 120 000 französischen Soldaten infizierten sich mit Malaria. Unter den 160 000 britischen Soldaten gab es 163 000 gemeldete Malariaerkrankungen (also mehr als eine pro Mann). Ein Kriegsreporter beschrieb die britischen Soldaten als »lustlose, anämische, unglückliche und fahlgesichtige Männer, deren Leben eine körperliche Belastung für sie und eine materielle Belastung für die Streitkräfte war.« Als sich die Bulgaren schließlich im September 1918 ergaben, hatte die Armee der Entente zwei Millionen Diensttage an die Malaria verloren. Der britische Vormarsch im östlichen Mittelmeerraum, vom Norden Ägyptens durch Palästina nach Syrien unter Edmund Allenby war, wie bereits erwähnt, von Malaria geplagt, allerdings fiel die Zahl der Erkrankungen geringer aus als erwartet, was unter anderem an Allenbys hartnäckigem Bestehen auf der Einnahme von Chinin, dem Einsatz von Moskitonetzen und der Bevorzugung höher gelegener Lagerplätze lag. Von den 2,5 Millionen Soldaten des Britischen Empire, die in Nordafrika, dem Nahen Osten, auf Gallipoli und im südrussischen Kaukasus im Einsatz waren, wurden nur 110 000 Malariafälle gemeldet. Bei den gegnerischen Truppen des Osmanischen Reiches, die unterversorgt waren und hungern mussten, hatte die Malaria dagegen deutlich leichteres Spiel, von ihnen erkrankten 460 000 Soldaten.

89 Die Todeszahlen bei der Zivilbevölkerung sind ungenau und umstritten, doch im Allgemeinen geht man von 7 bis 10 Millionen Opfern aus.
90 Die Herkunft des Patienten Null bei dieser »Spanischen Grippe« ist unter Fachleuten auch heute noch heiß umstritten. Aller Wahrscheinlichkeit nach hatte die Krankheit ihren Ursprung nicht in Spanien, sondern ging, je nach Theorie, von Boston, Kansas, Frankreich, Österreich oder China aus. Als wahrscheinlichster Kandidat gilt Boston.
91 Ursprünglich als Insektizid entwickelt und eingesetzt, erlangte Zyklon B traurige Berühmtheit, weil es von den Nationalsozialisten für den systematischen Massenmord an Juden und anderen Häftlingen in Konzentrationslagern während des Holocausts verwendet wurde.
92 Atebrin ist auch unter den Namen Mepacrin und Quinacrine bekannt.
93 Vor Kurzem wurden aktuelle Fälle aus den Streitkräften bekannt, bei denen Soldaten dauerhafte Psychosen unter der Gabe von Mefloquin erlitten, demselben Mittel, das 2004 bei mir drogenrauschähnliche psychedelische Träume ausgelöst hatte.
94 Während des Krieges stellte die Hershey Chocolate Company drei Milliarden Stück der »Ration-D-Riegel« und der geschmacklich leicht verbesserten »Tropenriegel« her. 1945 wurden 24 Millionen Riegel pro Woche produziert.
95 Geisel war auch für die künstlerische Gestaltung der Werbung für das DDT-haltige Insektenschutzmittel FLIT verantwortlich, er zeichnete die für ihn so typischen Figuren und kreierte den beliebten Slogan »Quick, Henry! The Flit!« Auch Werbeplakate für Esso und Standard Oil stammen aus seiner Feder.
96 Nach dem »Trio der Entdeckungen« 1897 durch Ross, Grassi und Koch war die internationale wissenschaftliche Gemeinschaft der Malarialogen zunächst noch recht klein. So leitete etwa Schilling als erster Direktor überhaupt die neu gegründete tropenmedizinische Abteilung des Robert Koch-Instituts von 1905 bis 1936. Gegründet worden war das Institut bereits 1891 von dem berühmten Mikrobiologen selbst als Ideenlabor und Forschungseinrichtung für die Untersuchung und Prävention von Krankheiten. Nach seiner Emeritierung 1936 nahm Schilling eine Stelle im faschistischen Italien an, um dort Malariaexperimente an Psychiatriepatienten in italienischen Anstalten und Krankenhäusern durchzuführen.
97 Von den etwa 1000 Häftlingen, an denen er seine Experimente durchführte, starben über 400 an Malaria oder an tödlichen Dosen der bei den Tests verabreichten synthetischen Malariamedikamente.

KAPITEL 18

98 Zum Vergleich: Im Koreakrieg wurden zwischen 1950 und 1953 insgesamt 35 000 Fälle von Malaria bei den amerikanischen Truppen gemeldet.

KAPITEL 19

99 Wenn Vorhersagen zur Erderwärmung und andere Szenarien eintreten, kann man bis 2050 noch einmal 600 Million hinzuzählen.
100 Nachfolgende Untersuchungen ergaben, dass möglicherweise die Gehirne der »CRISPR-Zwillinge« unbeabsichtigt (oder vielleicht auch beabsichtigt) durch den Vorgang verbessert wurden.
101 Schätzungen sind schwierig und umspannen daher eine entsprechend große Bandbreite. Relativ häufig stößt man auf die Zahlen 8,7 Millionen und elf Millionen, aber ich fand in der wissenschaftlichen Forschung auch die Angaben zwei Milliarden, eine Billion und alles Mögliche dazwischen, mit allein 40 Millionen Insekten. Wie die fraglichen Organismen ist auch die Taxonomie keine in sich geschlossene Angelegenheit und entwickelt sich kontinuierlich weiter.